全国高职高专教育"十二五"规划教材

经济动物
生产技术

● 高文玉
● 张淑娟   主编

【畜牧兽医及相关专业使用】

中国农业科学技术出版社

图书在版编目（CIP）数据

经济动物生产技术/高文玉，张淑娟主编 . —北京：中国农业科学技术出版社，2012.8
ISBN 978 - 7 - 5166 - 0991 - 5

Ⅰ.①经…　Ⅱ.①高…②张…　Ⅲ.①经济动物 – 饲养管理
Ⅳ.①S865

中国版本图书馆 CIP 数据核字（2012）第 158019 号

责任编辑　闫庆健　晋大鹏
责任校对　贾晓红　范潇

出版发行　中国农业科学技术出版社
　　　　　北京市中关村南大街 12 号　邮编：100081
电　　话　（010）82106632（编辑室）（010）82109704（发行部）
　　　　　（010）82109703（读者服务部）
传　　真　（010）82106632
网　　址　http://www.castp.cn
经 销 者　各地新华书店
印 刷 者　北京建宏印刷有限公司
开　　本　787mm×1092mm　1/16
印　　张　24.375
字　　数　604 千字
版　　次　2012 年 8 月第 1 版　2020 年 1 月第 4 次印刷
定　　价　38.00 元

《经济动物生产技术》编委会

主　　编　高文玉　张淑娟

副 主 编　汤俊一　陈滕山

编　　委（以姓氏笔画为序）

王春强（辽宁医学院畜牧兽医学院）

汤俊一（黑龙江生物科技职业学院）

张云良（黑龙江农业经济职业学院）

张林媛（黑龙江畜牧兽医职业学院）

张淑娟（黑龙江畜牧兽医职业学院）

陈滕山（黑龙江农业职业技术学院）

郑翠芝（黑龙江农业工程职业学院）

高文玉（辽宁医学院畜牧兽医学院）

主　　审　王子轼（江苏畜牧兽医职业技术学院）

前　言

　　经济动物养殖是一种新兴的农业产业，具有投资少、见效快、经济效益高等特点，符合现代农业发展战略要求，在农业产业结构调整中占有重要地位。经济动物的各种高档次产品不仅极大地丰富了农产品市场、商场，为医药工业、毛皮工业等提供了优质的原料，而且在对外贸易、换取外汇中也有着不可替代的重要作用。因此，对繁荣农村经济，促进农业生产，加快农民脱贫致富起到了越来越大的作用。与传统的家畜、家禽相比，经济动物养殖是一种新兴产业，其教材建设相对比较薄弱，为了满足社会对经济动物领域人才的需求，适应我国中等教育人才培养目标的需求，本着知识、能力、素质协调发展的人才培养原则，培养知识够用、实践能力过硬的人才培养目标，编写了本教材。

　　《经济动物生产技术》是研究经济动物生物学特性、繁殖与育种、营养与饲料、饲养管理、产品初加工以及疾病防治等方面知识和技术的综合性学科。根据经济动物的生物学特点，全书分为哺乳类经济动物、珍禽经济动物、药用及其他经济动物、实训指导四大部分，涉及 25 种经济动物。为了协助教师教学和满足学生自学的需求，每章之后留有复习思考题，部分思考题是编写人员多年经验教训的结晶，以及科研成果的积累，希望对学生的学习及指导生产与科研会有较大的帮助。本教材选择了不同地区饲养比较普遍、数量较多、经济效益较好的经济动物种类，选择动物种类时还考虑了我国特有的物种，以及有利于野生动物保护与产品可持续性开发等因素。由于我国地域广阔，地理环境差异较大，各校可根据实际情况，因地制宜地选择适宜的动物种类作重点讲授。

　　本教材从我国农业产业结构调整对专业技术人才的需求出发，紧密结合当前我国农业院校专业结构调整与教材建设实际，坚持内容的科学性、先进性、实用性和准确性，力争反映国内外经济动物生产、科研的最新成果与技术。本教材既可作为畜牧兽医专业、兽医专业、畜牧专业、经济动物专业教材，还可作为科研单位、生产一线专业技术人员的必备参考书。

　　本教材是集体智慧的结晶，除 26 章主要内容外，还设有实训指导内容，其中绪论部分、第二章茸鹿、第五章狐、第十章毛皮加工与质量鉴定、第十七章鸵鸟、实训指导等内容由高文玉编写；第三章水貂、第六章貉等内容由张淑娟编写；第十一章肉鸽、第十二章鹌鹑、第十三章雉鸡等内容由郑翠芝编写；第七章麝鼠、第八章海狸鼠、第九章竹鼠、第二十五章黄粉虫等内容由陈滕山编写；第十四章绿头野鸭、第十五章大雁、第十六章火鸡、第十八章蛇等内容由张云良编写；第一章家兔由王春强编写；第二十三章中国林蛙、第二十四章鳖、第三章麝等内容由汤俊一编写；第十九章蛤蚧、第二十章蝎子、第二十一章蜈蚣、第二十二章地鳖虫、第二十六章蚯蚓等内容由张林媛编写。

　　本书得到了中国农业科学技术出版社、编者所在院校以及众多从事经济动物养殖、科研、教学同行的大力支持与诚挚的帮助，引用了一些专家、学者的研究成果及相关的书刊资料，在此一并表示深深的感谢！

　　虽然我们全体编写人员做了很大的努力，参考了众多的专业书籍与教材取长补短，以实现编写初衷，但由于本教材涉及内容广泛、动物种类繁多，加之水平有限，错误与不妥之处在所难免，恳请广大读者多提宝贵意见，以便我们今后进一步修订，在此先表谢意！

编　者

2012 年 6 月

目　　录

绪　论

一、经济动物的概念及分类

经济动物是由具有一定特点动物组成的动物群体，从广义上讲泛指对人类有益、并具有一定经济价值的动物。从动物学的观点来看，包括了哺乳动物、鸟类、爬行类动物、两栖类、鱼类、节肢类、软体类及昆虫类动物；从这个意义上讲，家畜、家禽都属于经济动物。而从畜牧兽医行业的狭义角度来讲，经济动物是指除家畜、家禽以外，由人类驯养历史相对较晚、产品比较独特、产品经济价值比较高、在家养条件下能够比较正常的繁殖、具有各自不同生物学特性、由野生变为家养的动物。

按照动物的主要经济用途，经济动物可分成毛皮动物、观赏动物、药用动物、伴侣动物。这种分类方法优点是动物的用途明确，而缺点是一种动物可同时归属于不同经济动物类，甚至部分动物很难归属其中。按照动物的自然属性，经济动物可分为哺乳动物类、珍禽类、特种水产类及其他类，此分类方法优点是动物来源明确，但分类方法不科学，有些动物的归属不明确。按照生物学分类原则进行分类，将经济动物划分成哺乳类、鸟类、两栖、爬行类及其他类。由于各分类方法各有优点与不足，本书采用综合的方法进行分类，将哺乳类、特禽类、药用动物及其他经济动物，分 3 篇进行编写。

二、经济动物发展概况

我国是世界上家兔驯养最早的国家，早在先秦时期就已进行驯养，距今已有 2 000 多年的历史。据统计，世界上 186 个国家和地区，家兔饲养量约为 12.1 亿只，其中，肉用兔占 94%，毛用兔占 5.8%，皮用兔占 0.2%。兔肉总产量为 161.36 万 t，西欧是兔肉的主产区，占世界总产量的 43%，年生产兔肉约 64.7 万 t；东欧占 24%，年生产兔肉约 42.6 万 t；中国年生产兔肉约 40.9 万 t。

据推测，人类数千年前已有放牧鹿。我国人工驯养茸用鹿是从清朝末期开始的，为了完成贡鹿任务，在吉林省东风、双阳，辽宁省西丰等地围圈养鹿，开创了人类驯养梅花鹿的历史。苏格兰是世界上养鹿比较发达的国家，早在 1070 年就建立了 Glensaugh 鹿场，17 ~ 18 世纪养鹿业曾一度受到冲击，至 20 世纪初有圈养鹿群，现饲养赤鹿和黇鹿约 15 万只。前苏联养鹿是从狩猎食肉起步的，养鹿业历史久远，18 世纪 60 年代中国商人将鹿茸药用知识传入后，开始猎取马鹿取茸。19 世纪 70 年代采用围栏散放饲养马鹿，至 90 年代建立养鹿场 200 多处，养马鹿 3 000 余只，梅花鹿 2 000 余只。第二次世界大战前，前苏联国营鹿场养鹿近 2 万只；1952 年开始进行放牧养鹿试验，至 1977 年养鹿达 8 万多只。新西兰鹿的野生资源丰富，曾一度达到 700 万 ~ 800 万只，1969 年政府允许养鹿，出现一大批养鹿场，1990 年新西兰围栏养鹿达 100 万只，居世界第一位。

毛皮动物生产始于北美，加拿大是野生动物实施人工养殖较早而先进的国家。早在 1860 年加拿大就开始从野外捕捉野生银狐进行驯养，1883 年人工繁殖获得成功，1894 年建立起第一个养狐场，1912 年起养狐业走向企业化生产。1937 年挪威成为世界上最大的狐皮生产国。20 世纪 80 年代后，狐皮的主要产区在欧洲，年产量占世界总产量的 70%。水貂产于北美，1866 年人工养殖获得成功，1867 年美国首次建立饲养场，第一次世界大战后，德国、挪威、苏联、瑞典、南斯拉夫等欧洲国家相继从北美引种饲养，并在欧洲得到了发展。20 世纪 70 年代以后，水貂皮、狐皮、波斯羔羊皮成为国际裘皮市场的三大支柱产业。

我国经济动物的发展主要是在新中国成立以后，1956 年我国由苏联引进银黑狐、北极狐和水貂等毛皮动物，并先后建立了黑龙江横道河子、太康、密山，辽宁省金州，吉林左家，山东烟台等大型国营养殖场。20 世纪 50 年代后期发展较快，但 60 年代我国养狐业受到很大冲击。80 年代随着我国对外开放，对内搞活经济政策的进一步落实，又重新引进种兽，包括养兔在内的经济动物养殖业得到较大的发展，十分明显的变化是养殖不仅局限在国营养殖场，经济动物的养殖逐渐在群众中以每家每户的个体养殖形式发展起来，市场出现了前所未有的大好局面。1989 年受国际市场的影响，我国经济动物养殖出现大的滑坡，特别是对毛皮动物的影响更为明显，1992 年后才得以逐渐恢复，至 2006 年我国水貂、狐、貉等主要毛皮动物存栏量估计可达数千万只以上。20 世纪 80~90 年代养鹿业总体形势比较好，但 1997 年受东南亚经济危机的影响，鹿茸市场受到暂时冲击，最近几年鹿茸市场由于受到来自国际和国内多种因素的影响，价格比较低，梅花鹿三杈茸生产场家售价仅在 2 000 元/kg 左右，可喜的是 2008 年鹿茸价格有了较大的回升。近年来，一些小型药用动物、珍禽类以及犬的养殖也都随着市场需求的增加，有了不同程度的发展，特别是肉用犬、宠物犬的养殖，呈现快速发展的势头。

三、经济动物生产的意义

经济动物生产有利于缓解和避免珍稀野生动物种群资源下降乃至濒临灭绝的境况，对于野生动物保护有着重大意义。通过人工驯养，发展经济动物养殖，不仅可以保护野生经济动物种群资源、减少对野生经济动物的乱捕乱猎，还可以创造新的类型和品种、使野生经济动物种群资源得以恢复和发展，把利用、开发和保护有机结合起来，麋鹿、麝的人工驯养就是一个典型的事例。

随着经济的高速发展和人们生活水平的不断提高，人们对衣食住行提出了新的要求，发展经济动物养殖业，可为高档服装制作提供优质原料、开发保健食品、为我国传统的中医药工业提供原料、提供宠物，从而满足人们日益增长的物质和精神生活的需要。

经济动物的许多产品都是我国传统的出口产品，其中不少种类是备受国外消费者青睐的名、特、优产品，出口换汇率高。据统计，我国每年出口的鹿茸达 50~60t，创汇 3.6 亿美元，水貂皮年创汇 1 亿美元，兔毛、兔皮等产品在国际市场上也很畅销。

四、经济动物生产中应注意的问题

经济动物生产是我国近年来形成的一个新兴产业，虽然发展很快，但目前也存在很多阻碍其发展的问题。

第一，一些地区发展经济动物不能根据本地区的自然条件因地制宜，一些适合高纬度地区饲养的长毛型毛皮动物，受利益的驱使，在低纬度地区也在大力发展，其结果，不仅繁殖机能很差，而且产品质量也逐渐下降。

第二，不重视选种选配、科学饲养管理，过分重视数量而忽视质量，致使我国经济动物产品在国际市场上缺乏强有力的竞争力，因此，在国际市场竞争比较激烈时就会败下阵来，使养殖业产生较大起伏，严重影响养殖者的经济效益。

第三，很多经济动物养殖者文化水平较低，生产的产品质量较差，经济动物养殖知识的普及有待进一步加强。

第四，一哄而上是经济动物养殖的大敌，而我国目前养殖业缺乏有效的行业控制的法律和法规做保证，所以一旦某一种经济动物养殖效果比较明显时，就会迅速招引大量的新养殖者的加盟，从而使原有市场的供需平衡遭受严重破坏，产生大起大落，最终对所有经济动物养殖者都产生严重的负面影响。

第五，产、供、加、销一体亟待进一步加强，以适应规模化生产的需要；要不断加大产品深加工力度，提高产品的科技含量，充分挖掘国内市场潜力，摆脱过分依赖国际市场的被动局面，这样才能促进经济动物养殖业健康有序的发展。

第六，尽管近年来不同规模的协会、学会不断形成，但大多数经济动物养殖者还停留在单打独斗的落后状态，缺乏必要的联合与协作，严重制约着其发展和养殖效果。经济动物养殖需要来自社会的多方面有利而诚挚的帮助，使之形成一种合力，在技术上有保障，在产品销售上能够获得及时有效的信息，这样，经济动物养殖业才能真正形成一种产业，得到健康、持续的发展。

第一章　家　兔

家兔属草食性经济动物，兔肉、兔皮和兔毛都在我国市场经济中占有非常重要的地位。随着经济的快速发展和人民生活水平的不断提高，人们的膳食结构正在向高蛋白、低脂肪、低胆固醇方向发展，兔肉的营养特点正好符合这一发展趋势；兔毛是高档纺织原料，兔毛织品具有轻软、保暖、吸湿、透气和穿着舒适的特点；兔皮是廉价的皮革加工原料，兔皮制品质地轻柔保暖，獭兔皮更是兔皮中的精品。

与其他养殖业相比，养兔业具有投资少、风险小、周转快、效益高、节粮多等优点。饲养管理方式也比较简单，饲养规模可大可小，既可大规模集约化生产，又可千家万户庭院式养殖，因此，发展家兔养殖业是农民脱贫致富奔小康的重要途径之一。

第一节　家兔的生物学特性

一、分类与分布

家兔（Domestic Rabbit）在生物学分类上属于哺乳纲（Mammalia）、真兽亚纲（Eutheria）、兔形目（Lagomorpha）、兔科（Leporidae）、兔亚科（Leporinae）、穴兔属（Oryctolagus）、穴兔种（Oryctolagus cuniculus）、家兔变种（Oryctolagus cuniculus var. domesticus）。家兔在分类学上曾被列为啮齿目，而后又被称为兔形目，因为一般啮齿目动物有 4 颗切齿，而兔有 6 颗切齿，包括一对较小的切齿（第二对门齿，亦称痕迹小齿），紧贴于上颚大切齿的后方，呈圆形而不尖锐。家兔按经济用途可分为肉用兔、皮用兔、毛用兔和兼用兔四大类。我国的肉用兔和皮用兔主要分布在北方一些省份，而毛用兔主要集中在江苏省、安徽省、浙江省等南方地区。

二、生活习性

世界上所有的家兔品种都起源于欧洲的野生穴兔（Oryctolagus cuniculus）。我国现存的野兔共 9 种，分别为雪兔、东北兔、东北黑兔、华南兔、草兔、塔里木兔、高原兔、西南兔和海南兔等，但均为兔类而非穴兔。我国早在先秦时代即已养兔，至今已有两千多年的历史，是驯养家兔较早的国家之一。现在的家兔不同程度地保留着原始祖先的某些习性和生物学特性。

野生穴兔体格弱小，御敌能力差，在野生条件下，被迫白天穴居于洞中，夜间外出活动与觅食，久而久之，形成了昼伏夜行的习性。至今家兔仍然保留这一习性，白天表现安静，静卧休息，黄昏至清晨表现相当活跃。据测定，在自由采食的情况下，家兔在晚上的采食量和饮水量占全日量的 50% 左右。根据这一习性，饲养管理中应注意进行夜间补饲，白天各项饲养管理操作要轻，不打扰其休息，对接近临产期的妊娠母兔，要加强夜间检查和护理。

嗜眠性指家兔在某种条件下，易进入困睡状态，在此状态的家兔除听觉外，其他刺激不易引起兴奋，如视觉消失，痛觉迟钝或消失。在进行人工催眠的情况下可以对家兔完成一些小型手术和管理操作，如刺耳号、去势、投药、注射、创伤处理、强制哺乳、长毛兔剪毛等，不必使用麻醉剂，免除因麻醉药物而引起的副作用，既经济又安全。人工催眠的具体方法是：将兔腹部朝上，背部向下仰卧保定在“V”字形架上或者其他适当的器具上，然后顺毛方向抚摸其胸、腹部，同时用食指和拇指按摩头部的太阳穴，家兔很快就进入睡眠状态。只要将进入困睡状态的家兔恢复正常站立姿势，兔即完全苏醒。兔进入睡眠状态的标志是：两眼半闭斜视，全身肌肉松弛，头后仰，出现均匀的深呼吸。

家兔大门齿是恒齿，出生时就有，且终生生长，为了保持适当齿长便于采食，家兔养成了经常啃咬物品的习惯。在制作兔笼时，要注意边框用材，木质材料容易被啃咬损坏。日常饲养管理中，可在兔笼中放一些树枝或木块等，以满足家兔啃齿行为需要。在生产中要经常检查兔的第一对门齿是否正常，如发现过长或弯曲，应及时修剪，并查找出原因。

家兔抗病力弱，在潮湿污秽的环境中易染疾病。家兔被毛浓密，比较耐寒，除鼻镜和鼠蹊处有极少的汗腺外，全身无汗腺，故散热能力差，气温高时，家兔心跳加快，急促呼吸散热。所以，在日常管理中，要保持兔舍的干燥、清洁和卫生，在夏季要做好兔舍的防暑降温工作。

家兔的嗅觉相当发达，靠嗅觉识别仔兔和食物。因此，在生产中饲喂家兔要注意避免堆草堆料，在进行仔兔寄养时，要让仔兔带上继母的气味后方可放入母兔。家兔味觉也相当发达，喜食具有甜味、苦味和辣味的食物。

家兔后腿长，前腿短，后肢飞节以下形成脚垫，静止时呈蹲坐姿势，运动时重心在后腿，整个脚垫全着地，呈跳跃式运动，这种运动方式称为跖行性。由于家兔有跖行性习性，生产中要特别注意兔笼底联间隙的大小，间隙大小不当容易造成家兔后肢的损伤，造成不必要的损失。

家兔性格孤独，群居性较差，特别是成年公兔之间争斗相当激烈。由于家兔行动敏捷，咬斗后果严重，因此在管理上不可轻易重组兔群。生产中种兔要单笼饲养，成年公兔在运动场中要单独运动，母兔可小群运动，性成熟前的幼兔很少咬斗，可以小群饲养。

家兔有打洞穴居的习惯，虽然这一习性对现代养兔业已无意义，但在修建兔舍时要充分考虑到这一习性，如果考虑不周，家兔直接接触土质地面，容易打洞逃走或深藏不出，给管理造成十分被动的局面。

家兔耳长且大，听觉灵敏，在健康情况下，常常竖起耳朵来听声响。家兔对声响和异物非常敏感，一有声响就变得十分紧张。为此，修建兔舍要远离闹市、交通要道、机场、工厂，在日常管理中动作要轻，不要大声喧哗，避免陌生人参观，严防猫、狗等动物进入兔舍。

三、生理特点

1. 食性

家兔是草食动物，其肠道长度相当于体长的 10 倍以上；家兔有近于体长、在其肠道中最为粗大的盲肠，盲肠中有大量的微生物，对家兔消化纤维素起着重要作用。在家兔的小肠末端，入盲肠前，有一个中空壁厚的囊状器官——淋巴球囊，具有吸收、机械压榨和分泌碱性物质作用，分泌的碱性物质对调控家兔盲肠酸碱环境起着重要作用（图 1 - 1）。

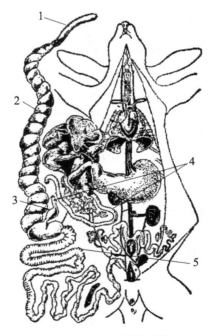

图 1 - 1　家兔消化系统
1. 蚓突　2. 盲肠　3. 圆小囊　4. 小肠　5. 结肠

家兔喜欢吃植物性饲料而不喜欢吃动物性饲料，考虑营养需要并兼顾适口性，配合饲料中动物性饲料所占的比例不能太大，一般应小于10%，且脂肪含量应在5%～10%范围内。在饲草中，家兔喜欢吃豆科、十字花科、菊科等多叶性植物，不喜欢吃禾本科、直叶脉的植物如稻草之类。家兔喜欢吃植株的幼嫩部分。

家兔喜欢吃颗粒料（Granular Feed）而不喜欢吃粉料（Mash Feed）。多次试验证明，在饲料配方相同的情况下颗粒饲料的饲喂效果要好于湿拌粉料的饲喂效果。饲喂颗粒饲料，生长速度快，消化道疾病的发病率降低，饲料的浪费也大大减少。据资料报道，饲料利用率可提高20%～40%，发病率降低10%，产毛量提高15%～55%。据测定，家兔对颗粒饲料中的干物质、能量、粗蛋白质、粗脂肪的消化率都比粉料高。颗粒饲料由于受到适温和高压的综合作用，使淀粉糊化变形，蛋白质组织化，酶活性增强，有利于兔肠胃的吸收，可使肉兔的增长速度提高18%～20%。因此，在生产上应积极推广应用颗粒饲料。

家兔具有食粪的特性。家兔的食粪行为指家兔有吃自己部分粪便的本能行为，与其他动物的食粪癖不同，家兔的这种行为不是病理的，而是正常的生理现象。家兔的食粪特性发生在出生后18～22d，从开始采食硬质饲料起就有食粪行为，这种习性终身保持。家兔排出两种粪便，一种是常见的硬粪，另一种是软团状粪，软粪排粪时间通常在夜间，这种软粪排至肛门即被家兔自己吃掉。家兔硬粪球和软团状粪部分成分的比较见表1-1。

表1-1 家兔粪便营养成分含量 （单位:%）

成分	水分	粗蛋白质	脂肪	灰分	微生物（亿个/g）	碳水化合物
软粪团	75	37.4	3.5	13.1	95.6	11.3
硬粪球	50	18.7	4.3	13.2	27	4.9
维生素营养	维生素 B_1（μg/g）	维生素 B_2（μg/g）	泛酸（μg/g）	维生素 B_6（μg/g）	维生素 B_{12}（μg/g）	烟酸（μg/g）
软粪团	40.84	30.2	51.6	84.02	2.9	139.1
硬粪球	2.29	9.4	8.4	11.67	0.9	39.7
矿物质营养	钙		磷	钠		钾
软粪团	0.61		2.20	0.22		1.80
硬粪球	1.01		1.30	0.11		0.57

注：表中钙、磷、钠、钾的含量指软粪团和硬粪球干物质中的含量

家兔的食粪行为具有重要的生理意义：家兔通过吞食软粪得到大量全价的菌体蛋白质，对改善饲料蛋白质的生物学价值具有重要意义。另外，家兔食粪可延长饲料通过消化道的时间。据试验，在早晨8点随饲料被家兔食入的染色微粒，在食粪的情况下，基本上经过7.3h排出，在下午4点食入的饲料，则经13.6h排出；而在禁止食粪的情况下，上述指标为6.6h和10.8h排出。家兔食粪相当于饲料的多次消化，提高了饲料的消化率。据测定，家兔食粪与不食粪时，营养物质的总消化率分别是64.6%和59.5%。家兔的食粪还有助于维持消化道正常微生物群系；在饲喂不足的情况下，食粪还可以减少饥饿感。在断水断料的情况下，可以延缓生命1周，这一点对野兔的生存有着重大意义。

2. 消化特点

家兔对粗纤维的消化率较高，对纤维素的消化能力与马和豚鼠相近。适量的粗纤维对家兔的消化过程是必不可少的，可保持消化物的稠度，有助于食物与消化液混合，形成硬粪，对维持家兔正常的消化机能、减少肠道疾病具有重要的意义。在家兔的饲料中，纤维素的含量在11%～13%比较适宜，不宜超过15%。

家兔对青粗饲料中的蛋白质有较高的消化率。以苜蓿为例，猪对其中蛋白质消化率不

足 50%，而兔接近 75%；又如全株玉米颗粒料，对其中蛋白质的消化率，马为 53%，而兔为 80.2%。

幼兔消化道发生炎症时，肠壁渗透性增强，消化道内的有害物质容易被吸收，这是幼兔腹泻时容易自身中毒死亡的重要原因。因此，夏季有效预防家兔消化道疾病的发生在生产中有十分重要的意义。

1. 繁殖力强 家兔性成熟早，妊娠期短，窝产仔数多，一年四季均可繁殖。以中型兔为例，仔兔生后 5~6 个月龄就可配种，妊娠期 31d。在正常的集约化生产条件下，每只繁殖母兔可年产 6~8 窝，每窝可成活 6~7 只，一年内可育成 40~60 只仔兔。若培育种兔，每年可繁殖 4~5 胎，获得 25~30 只种兔，这是其他家畜不能相比的。

2. 刺激性排卵 家兔卵巢内发育成熟的卵泡，必须经过交配刺激的诱导之后才能排出。一般排卵多在交配后 10~12h，若在发情期内未进行交配，母兔就不排卵，其成熟的卵泡就会在雌激素和孕激素的相互作用下老化衰退，经 10~16d 逐渐被吸收。

3. 不规律性的发情周期 家兔的发情周期受外界环境的影响也很大，营养、高温、低温和光照等都影响母兔的发情周期，使得发情周期存在不稳定性。在正常条件下，经产母兔的发情周期为 8~15d。在不交配的情况下，发情持续期 3~5d，交配后持续期缩短。实际上，在正常情况下，母兔的卵巢内经常有许多处于不同发育阶段的卵泡，在前一发育阶段的卵泡尚未完全退化时，后一发育阶段的卵泡又接着发育，而在前后两批卵泡的交替发育中，体内的雌激素水平有高有低，因此，母兔的发情征状就有明显与不明显之分。没有发情征状的母兔，其卵巢内仍有处于发育过程中的卵泡存在，此时若进行强制性配种，母兔仍有受胎的可能。

4. 家兔胚胎在附植前后的损失率高 家兔的胚胎在附植前后的损失率较高。据报道，胚胎在附植前后的损失率为 29.7%，附植前的损失率为 11.4%，附植后的损失率为 18.3%。对附植后胚胎损失率影响最大的因素是肥胖。哈蒙德在 1965 年观察了交配后 9 日龄胚胎的存活情况，发现肥胖者胚胎死亡率达 44%，中等体况者胚胎死亡率为 18%；从分娩只数看，肥胖体况者，窝均产仔 3~8 只，中等体况者，窝均产仔 6 只。母体过于肥胖时，体内沉积大量脂肪，压迫生殖器官，使卵巢、输卵管容积变小，卵子或受精卵不能很好发育，以致降低了受胎率和使胎儿早期死亡。另外，高温应激、惊群应激、过度消瘦、疾病等也会影响胚胎的存活。据报道，外界温度为 30℃时，受精后 6d 胚胎的死亡率高达 24%~45%。

5. 家兔是双子宫动物 母兔有两个完全分离的子宫，两个子宫有各自的子宫颈，共同开口于一个阴道，而且无子宫角和子宫体之分。两子宫颈间有间膜固定，不会发生受精卵移行现象。

6. 家兔的卵子大 家兔的卵子是目前已知哺乳动物中最大的卵子，直径约为 160μm。同时，它也是发育最快、在卵裂阶段最容易在体外培养的哺乳动物的卵子，因此，家兔是很好的实验材料，被广泛用于生物学、遗传学、家畜繁殖学等学科的研究。

7. 家兔可以血配 家兔在产仔后 3d 内处于发情状态，进行配种可以受胎。根据这一特点，可进行频密繁殖，增加在有限时间内的繁殖窝数。

家兔是恒温动物，正常体温是 38.5～39.5℃，但热调节机能较差，随环境温度变化体温有差别，夏季比冬季的体温高 0.5～1℃。家兔主要靠呼吸散热，保持体温平衡是有一定限度的，所以高温对家兔十分有害。家兔生长繁殖的适宜温度是 15～20℃，临界温度为 5℃、30℃。仔兔初生时，调节体温的能力最弱，产箱内的温度应保持在 30～32℃，随日龄增长，对体温的调节能力逐步增强，到 10 日龄仔兔初步具有调节体温的能力，30 日龄时被毛已长齐，调节机能进一步加强。

仔兔出生时全身裸露无毛，闭眼封耳，几乎不具备调节体温能力。出生后 3～4 日龄开始长毛，6～8 日龄耳朵内长出小孔与外界相通，10～12 日龄睁眼，17～18 日龄开始吃料，30 日龄时全身被毛基本形成。仔兔初生时体重一般为 50～70g，但生后体重迅速增长，正常情况下 1 周龄体重增加 1 倍，4 周龄时增加 10 倍，8 周龄时可达成年兔体重的 40%。生长快的中型肉用品种兔，8 周龄时体重可达 2kg。

仔兔断奶前的生长速度除受品种因素的影响外，主要取决于母兔的泌乳力和同窝仔兔的数量。泌乳力越高，同窝仔兔越少，生长越快。据报道，肉用兔 1 月龄平均日增重为 24g，2 月龄为 33.1g，3 月龄为 34.8g，4 月龄为 22.2g，5 月龄为 18.6g。可见，家兔在 2～3 月龄时为生长高峰阶段，应充分加以利用，以提高肉兔饲养效益。

兔毛长到一定的时间，便会自行脱落，又长出新的被毛，这个变换的过程就是换毛。换毛除了遗传因素以外，主要是受光照的影响。家兔的被毛有一定的生长期，不同类型的家兔，兔毛生长期不同。普通家兔的兔毛生长期只有 6 周，6 周后毛纤维就停止生长，并有明显的季节性换毛，而安卡拉兔的兔毛生长期为 1 年。

1. 季节换毛　季节换毛随着季节的变化，兔体感受到日照的变更，引起内分泌的变化，逐渐进行换毛，这是自然进化的结果。3～4 月份，日照逐渐延长，意味着夏季将要到来，家兔会逐渐脱掉冬毛，换上较稀疏的夏毛，便于散热。9～11 月份，日照明显缩短，气温下降，意味着冬季的到来，家兔又脱掉夏毛，换上浓密的冬毛，便于保温。这个过程，实际上并不受温度的影响，而主要是日照时间变化引起的。

2. 年龄换毛　年龄换毛主要受遗传因素的影响。仔兔出生以后，随着年龄的增长，要进行两次换毛。第一次在 30～90 日龄，脱掉乳毛，准备进入性成熟。第二次在 150 日龄左右（120～180 日龄），准备进入体成熟，长到成年兔以后，便有规律的进行季节性换毛。

3. 病理换毛　病理换毛主要是由于患病、营养不良、新陈代谢紊乱、皮肤代谢失调等引起全身或局部性的脱毛，在全年任何时候都会出现，不受季节和年龄的影响。

第二节　家兔的品种

全世界大约有 60 多个家兔品种和 200 多个家兔品系，大多数品种是在 19～20 世纪育成的。目前，我国所饲养的家兔品种有 20 多个，少量由我国自己培育，多数是引入品种。家兔品种的分类主要采用 3 种方法。

一、品种分类

1. 肉用型品种 产肉性能比较突出的家兔品种。主要有新西兰白兔、加利福尼亚兔、比利时兔、公羊兔等。

2. 皮用型品种 以兔皮为主要产品的家兔品种。著名的品种有亮兔、力克斯兔、银狐兔等。

3. 毛用型品种 以兔毛为主要产品的家兔品种。毛用型品种只有安卡拉长毛兔一个品种，在土耳其育成后，推广到世界各国，在不同的国家和地区，又选育出了德系、法系、英系、中系、日系兔等。

4. 皮肉兼用型品种 产肉和产皮性能都比较好的家兔品种。主要有中国白兔、塞北兔、哈白兔、青紫蓝兔、日本大耳白兔等。

5. 实验用品种 白色被毛、耳静脉清晰易于实验操作的家兔品种。以日本大耳白兔用得较多。

6. 观赏用兔 体型、外貌具有独特之处，观赏价值较高的家兔品种。如公羊兔、花巨兔、英系安卡拉兔、袖珍小型兔等。

1. 长毛型品种 成熟毛毛纤维长度在 10cm 以上的品种。如安卡拉兔。

2. 标准毛型品种 成熟毛毛纤维长度在 3~3.5cm 的品种。被毛特点为粗毛与细毛的长度相差较大；粗毛在整个被毛中所占比例大。如绝大多数肉用兔和皮肉兼用兔品种。

3. 短毛型品种 成熟毛毛纤维长度在 1.3~2.2cm 的品种。被毛特点为毛短、密、直立；粗毛和细毛的长度几乎相等，粗毛不出锋，被毛平齐。如力克斯兔。

1. 大型品种 成年体重在 4.5kg 以上的品种。如比利时兔、德国花巨兔、巨型青紫蓝兔等。

2. 中型品种 成年体重在 3.5~5kg 的品种。如新西兰白兔、加利福尼亚兔、日本大耳白兔等。

3. 小型品种 成年体重在 2.5~3.5kg 的品种。如中国白兔、标准型青紫蓝兔等。

4. 微型品种 成年体重在 0.5kg 左右的品种。如小型荷兰兔、德国微型力克斯兔等。

二、常见品种

中国本地兔是我国劳动人民长期培育和饲养的一个古老的地方品种，我国各地均有饲养，但以四川等省区饲养较多。中国本地兔以白色者居多，兼有土黄、麻黑、黑色和灰色。中国本地兔历来主要供肉用，故又称中国菜兔。被毛短而密，毛长 2.5cm 左右，粗毛较多，皮板厚而结实。全身结构紧凑而匀称，头清秀，嘴较尖，耳短小而直立，被毛洁白而紧密，眼睛粉红色。

仔兔初生重 40~45g，30 日龄断奶体重 300~450g，3 月龄体重 1.2~1.3kg，成年体重 1.5~2.5kg。繁殖力强，产仔数高，对频密繁殖忍耐力强。母兔有乳头 5~6 对，性情温顺，哺乳性能强，仔兔成活率高。耐粗饲，抗寒、抗暑、抗病力强，适应性强。该兔体型小，生长速度慢，屠宰率低，皮张面积小。

中国本地兔为优良的育种材料，在日本大耳白兔的育种中起着重要作用。近年来由于外来品种的冲击，中国本地兔数量有减少趋势，为了抢救这一宝贵的"基因库"，四川省农业科学院畜牧兽医研究所做了大量的保种工作，并取得一定的成绩。

喜马拉雅兔原产于喜马拉雅山南北两麓，1868 年，达尔文曾经把它作为一个品种描述过。除我国饲养外，前苏联、美国、日本等均有饲养。喜马拉雅兔是小型皮肉兼用型品种。

被毛毛长 3.8cm 左右，底毛为白色，两耳、鼻端、尾背及四肢下部为黑色，故称"八点黑"；眼睛呈淡红色。仔兔全身被毛为白色，1 月龄后，鼻、尾等处逐步长出浅黑色毛。黑色被毛颜色的深浅受环境温度的影响，冬季颜色较深，夏季颜色较浅。

成年体重 2.5 ~ 3.5kg，性成熟较早，繁殖力强，适应性好，抗病力强，耐粗饲。体型紧凑，体质健壮，是良好的育种材料。世界著名的加利福尼亚兔和青紫蓝兔等，均含有喜马拉雅兔的血液。

日本白兔又称日本大耳白兔，原产于日本，是 19 世纪末 20 世纪初以中国白兔为基础选育而成的中型皮肉兼用型品种。

全身被毛纯白，浓密而柔软，针毛含量较多，眼睛红色，头较长，额较宽，耳朵长且直立，耳根细，耳端尖，耳穴向外，形似柳叶。颈和体躯较长，四肢粗壮，母兔颈下有肉髯。兔耳大、薄而直立，血管清晰，适于采血和注射，是理想的实验动物。

该兔成年体重可达 4.0 ~ 6.0kg，每胎产仔 7 ~ 8 只。具有耐粗饲、抗寒性强、成熟早、繁殖力强、母性好、泌乳力强等特点。

青紫蓝兔又叫山羊青兔，原产于法国，是利用野灰嘎伦兔、喜马拉雅兔和蓝色贝韦伦兔采用双杂交法育成的皮肉兼用品种，以后又引入了其他大型家兔的血缘，形成了标准型、大型和巨型青紫蓝兔。该兔因其毛色很像产于南美洲的珍贵毛皮兽青紫蓝绒鼠（Chinchilla）而得名。

被毛整体为蓝灰色，耳尖和尾面为黑色，眼圈、尾底、腹下和额后三角区的毛色较淡呈灰白色。单根毛纤维可分为 5 段不同的颜色，从毛纤维基部至毛稍依次为深灰色—乳白色—珠灰色—白色—黑色。毛被中间通常夹有全黑或全白色的毛。青紫蓝兔被毛颜色由于控制毛被特征基因不同有深有浅，研究表明，其特征基因有 c^{chd}、c^{chl}、c^{chm}3 种，与喜马拉雅兔特征基因 c^h、白化兔基因 c 为复等位基因，一般小型被毛颜色较深，美国型（大型）和巨型兔被毛颜色较淡。

1. 标准青紫蓝兔（Chinchilla Standard）　体型较小，体质结实紧凑，耳中长直立，面部较圆，母兔颌下无肉髯。成年公兔体重 2.5 ~ 3.5kg，母兔 2.3 ~ 3.6kg。

2. 美国青紫蓝兔（Chinchilla American）　由标准型青紫蓝兔与美国白兔杂交选育而成，体型中等，腰臀丰满，体质结实，耳大，单耳立。繁殖性能较好，生长发育快。成年公兔体重 4.1 ~ 5.0kg，母兔 4.4 ~ 5.4kg。

3. 巨型青紫蓝兔（Chinchilla Giant） 由大型青紫蓝兔与弗朗德巨兔杂交而成，体型大，肌肉丰满，耳朵较长而直立，母兔颌下有肉髯，属偏于肉用型的巨型兔种。成年母兔体重 5.9～7.3kg，公兔 5.4～6.8kg。

青紫蓝兔性情温顺，耐粗饲，体型健壮，抗病力强，生长发育快，产肉力强，肉质鲜嫩，繁殖力强，仔兔成活率较高。

新西兰白兔原产于美国，系用弗朗德巨兔、美国白兔和安卡拉长毛兔杂交育成，是当代世界著名的专门化的中型肉用品种。全身被毛纯白色，眼睛呈粉红色，头宽圆而粗短，耳朵较短小直立，后躯滚圆，腰肋肌肉丰满，四肢较短，健壮有力，全身结构匀称，发育良好，具有肉用品种的典型特征。

早期生长发育快，在良好的饲养管理条件下，8 周龄体重可达 1.8kg，10 周龄体重可达 2.3kg，成年体重 4.5～5.4kg。产肉力高，肉质鲜嫩，繁殖力较强，耐粗饲，饲料利用率高，适应性和抗病力较强。

加利福尼亚兔育成于美国加利福尼亚州，又称加州兔，系用喜马拉雅兔、标准型青紫蓝兔和白色新西兰母兔杂交选育而成，是著名的中型肉用兔品种。

毛色似喜马拉雅兔，全身被毛以白色为基础，鼻端、两耳、四脚下部及尾背被毛为黑色，又称"八点黑"。被毛丰厚平齐、光亮，毛绒厚密、柔软。眼睛呈红色，耳较短小直立，体长中等，肩部和后躯发育良好，胸围较大，肌肉丰满，体型短粗紧凑。

在良好的饲养管理条件下，成年公兔体重 3.6～4.5kg，母兔 3.9～4.8kg。生活力和适应性较强，肌肉丰满，早熟易肥，肉质肥嫩，屠宰率高，净肉率优于丹麦白兔、日本大耳白兔和比利时兔。母兔性情温顺，哺乳力强，可做"保姆"兔。生长速度略低于新西兰白兔，在生产中利用其作父本与新西兰白兔杂交生产商品肉兔效果较好。

比利时兔是用比利时贝韦伦一带的野生穴兔改良而成的大型肉用兔品种。被毛为深褐或浅褐色，体躯下部毛色呈灰白色，与野兔毛色相近。耳朵宽大直立，稍倾向两侧。头型粗大，颊部突出，脑门宽圆，鼻梁隆起。骨骼较细，四肢较长，体躯离地面较高，故有家兔中竟走马之美喻，称其为"马兔"。

仔幼兔阶段生长快，6 周龄体重 1.2～1.3kg，3 月龄体重 2.8～3.2kg，成年体重公兔 5.5～6.0kg，母兔 6.0～6.5kg，最高的可达 9.0kg。肌肉丰满，体质健壮，适应性强，繁殖力较高，仔兔生长发育均匀。在生产中常用比利时兔与中国白兔、日本大耳白兔、公羊兔等杂交生产商品肉兔，可获得较好的杂交优势。

公羊兔原产于北非，也称法比兔或垂耳兔，是一种大型肉用品种，有法系、德系、英系和荷系，我国引入的主要是法系和英系。

公羊兔因其两耳长宽而下垂、头型似公羊而得名。两耳较大，耳尖的直线距离可达 60～70cm，宽 20cm。被毛颜色以黄褐色最多，也有黑色、白色和棕色。公羊兔颈短、背腰宽、胸围大、臀圆、骨骼粗壮，体质比较疏松肥大，动作迟缓。

公羊兔体型大，早期生长快，40 日龄断奶重 1.5kg，成年体重 6～8kg。公羊兔耐粗饲，抗病能力较强，易于饲养，性情温顺，不爱活动；但繁殖性能较低，主要表现在受胎率低，哺育仔兔性能差，产仔数少。公羊兔和比利时兔杂交生产商品肉兔效果较好。

塞北兔是我国近年培育成的大型肉皮兼用新品种，用法系公羊兔和弗朗德巨兔采用二元轮回杂交的方式并经严格选育而成。

该品种有3个品系：A系被毛黄褐色，尾巴边缘枪毛上部为黑色，尾巴腹面、四肢内侧和腹部的毛为浅白色；B系被毛纯白色；C系被毛草黄色或橘黄色。塞北兔体型呈长方形，头大小适中，眼眶突出，眼大而微向内陷，下颌宽大，嘴方正。两耳宽大，一耳直立，一耳下垂，又称斜耳兔，这是该品种兔的重要特征。体质结实，颈部短粗，颈下有肉髯，肩宽胸深，背腰平直，后躯肌肉丰满，四肢健壮。

仔兔初生重60~70g，30日龄断奶重可达650~1 000g，90日龄体重2.5kg，成年体重5.0~6.5kg。塞北兔具有体型大、生长发育快、饲料报酬高、性情温顺、耐粗饲、抗病力和适应性强、繁殖力强等优点。

哈尔滨白兔也称哈白兔，是中国农业科学院哈尔滨兽医研究所利用比利时兔、德国花巨兔、日本大耳白兔和当地白兔通过复杂杂交，经过10年时间培育而成，系大型皮肉兼用型品种。被毛纯白，毛纤维比较粗长。体型大，头大小适中，两耳宽大而直立，眼大有神呈粉红色，体质结实，结构匀称，肌肉丰满，四肢健壮，适应性强，耐寒、耐粗饲、抗病性能强。

仔兔初生重60~70g，90日龄体重2.5kg，成年公兔体重5.5~6.0kg，母兔6.0~6.5kg。哈尔滨白兔皮毛质量好，遗传性能稳定，繁殖力强，早期生长发育快，屠宰率高。

安卡拉兔是世界最著名的毛用兔品种，也是已知的最古老品种之一。原产于小亚西亚，以土耳其首都安卡拉（1930年前称安哥拉城）为名。安卡拉兔育成后流传到各国，形成了不同品系，1734年发现于英国。安卡拉兔的毛色有白色、黑色、棕红色和蓝色等12种之多，但以白色较普遍。

1. 法系安卡拉兔　法系安卡拉兔是为手工艺需要培育而成的，培育过程中重视毛纤维的长度和强度。法系安卡拉兔耳部、头部、四肢下部无长毛，是与英系安卡拉兔相区别的主要特征。头较大、稍长，面部长，鼻梁较高，耳朵大而直立，骨骼较粗壮。成年体重3.0~4.0kg。繁殖力强，母兔泌乳性能好，抗病力和适应性较强。该品系毛长可达10~13cm，粗毛含量8%~15%，年均产毛量800~900g，优秀母兔可产1 200~1 300g。

2. 英系安卡拉兔　英系安卡拉兔在英国多用于观赏，逐渐向细毛型方向发展。全身被毛雪白，蓬松似棉球，被毛密度较差。耳端有缨穗状长绒毛，飘出耳外，甚为美观，俗称"一撮毛"。额毛、颊毛较多。毛长而细软，有丝光，枪毛含量很少，不超过1.5%。头形圆小，鼻梁低，鼻端缩入，耳朵较短、宽、薄。体型较小，成年兔体重2.0~2.5kg，年均产毛量300~500g。该品系繁殖力较强，但体质弱，抗病力不强。英系安卡拉兔对我国长毛兔的选育曾起过积极的作用，目前纯种安卡拉兔已极为少见。

3. 德系安卡拉兔　德系安卡拉兔体型较大，成年体重3.5~4.5kg。德系安卡拉兔耳中长、直立，耳尖有耳缨，头部被毛覆盖个体间不一致，四肢、脚毛和腹毛较浓密。属细毛型品系，细毛占90%以上，两型毛甚少，粗毛长度为8～13cm。被毛密度大，有毛丛结构，不易缠结，毛纤维有明显的波浪形弯曲。产毛量高，一般年产毛量960～1 400g，高产的可达1 600g。德系安卡拉兔引入我国后，产毛性能、繁殖性能和适应性等均有所提高，对改良中系安卡拉兔和培育我国新的长毛兔品系起到了重要作用。

4. 中系安卡拉兔 中系安卡拉兔是我国引进法、英两系后杂交，并掺入中国白兔的血缘，经过多年选育而成的毛用兔品系，1959年通过鉴定。在各地又形成了不同的类型，有耳毛细长浓密的"全耳毛兔"，有头毛较丰盛的"狮子头兔"，有趾间及脚底密生绒毛的"老虎爪兔"等。全身被毛都普遍较稀，容易缠结，体型较小，成年体重2.5～3.0kg。年产毛量300～500g，高产个体可达750g。该品系繁殖力较强，哺乳性能好，仔兔成活率高，适应性和抗病力强，耐粗饲，但产毛量低，需要选育提高。

在上海，以本地安卡拉兔作母本，德系安卡拉兔作父本，经过级进杂交与横交固定，培育出唐行长毛兔，分为A型和B型两种，成年体重4.5kg，年产毛量950～1 050g。在安徽，以德系长毛兔与新西兰白兔杂交和横交选育成皖系长毛兔，成年体重4.2kg，年产毛量830g以上。在浙江，以本地长毛兔与德系长毛兔进行杂交，高强度择优选育成镇海巨高长毛兔，分A、B、C三型，主要特点是体型大，生长快，产毛量高，绒毛粗，密度大，不缠结。成年公兔体重5.5～5.8kg，母兔6.1～6.3kg，公兔年产毛量1 700～1 900g，母兔2 000～2 200g。

力克斯兔是著名皮用兔品种，原产于法国，是由普通家兔变异分化出来的短毛、多绒类型家兔，再经过选育、杂交、扩群而成。由于被毛酷似水獭皮，我国普遍称其为獭兔。该兔最大特点是被毛短、密、毛纤维直立、被毛平齐，头小嘴尖，眼大而圆，耳长中等，肉髯明显，体形清秀。

最初育成的力克斯兔被毛为深咖啡色，引到各地后，培育出许多色型的獭兔，有白色、黑色、红色、蓝色、加利福尼亚兔毛色、青紫蓝色、海狸色、巧克力色等。我国各地饲养的獭兔多数是从美国引进的美系獭兔。20世纪末，又引入了德系和法系獭兔，对改良原有獭兔起到了良好作用。

1. 法系獭兔（France Rex） 法系獭兔原产于法国，是世界著名的良种獭兔。但是，今天的法系獭兔与原始培育出来的獭兔不可同日而语，经过几十年的选育，今天的法系獭兔取得了较大的遗传进展，到现在已有海狸色、白色、红色、蓝色、青紫兰色等90多种颜色。1998年11月，我国山东省荣成玉兔牧业公司从法国克里莫兄弟育种公司引入法系獭兔，主要为黑、白、蓝3个色型。其主要特征特性如下：法系獭兔体型匀称，颊下有肉髯，耳长且直立，毛绒细密、丰厚、短而平整，外观光洁夺目，手摸被毛有凉爽的丝绸感。胸腔较小，腹部较大，背腰弯曲而略呈弓形，臀部宽圆而发达，肌肉丰满，发育匀称。

法系獭兔生长发育快，饲料报酬高。在良好的饲养条件下，仔兔21d窝重达2 850g，35d断奶个体重达800g，出生100d体重达到2.5kg左右，150d平均达到3.8kg左右。商品獭兔出栏月龄为5～5.5个月，出栏体重达3.8～4.2kg。法系獭兔初配时间，公兔为25～26周，母兔为23～24周。每胎平均产活仔数8.5只，每胎提供断奶仔兔数7.8只左右，断奶成活率91.76%左右，胎均出栏数7.3只，母兔年出栏商品兔42只左右。母兔母性良好，护仔能力强，泌乳量大。法系獭兔皮张面积 0.4m² 以上，皮毛质量好，风吹不漏皮，95% 以上达到一级皮标准。

该品系引进之后，于全封闭兔舍饲养，自动饮水，采食颗粒全价营养饲料，标准化管理，具有较好的生产性能和较大的生长潜力。但其在农户较粗放的饲养管理条件下，生产性能有一定的下降趋势。

2. 德系獭兔（German Rex） 德系獭兔是北京万山公司于 1997 年由德国引进，投放在河北省承德市滦平县境内饲养。该品系体型大，被毛丰厚、平整，弹性好，遗传性稳定。外貌特征为体大粗重，头方嘴圆，公兔尤其明显，无明显肉髯。耳厚而大，四肢粗壮有力，全身结构匀称。该品系生长速度快，饲料转化率高，商品獭兔出栏月龄为 5 ~ 5.5 个月，出栏体重 3.8 ~ 4.2kg。根据北京某兔场测定，成年兔体重平均为 4.08kg，体长41.67cm，胸围38.91cm。体重和体尺高于同条件饲养的美系和法系獭兔。该品系产仔数较低，胎均产仔6.8 只，初生重为 54.7g，平均妊娠期为 32d。德系獭兔被毛致密、直立、柔软、富有弹性，短而平整，毛长 1.8 ~ 2.0cm。由于该兔引入时间较短，适应性不如美系獭兔，繁殖率较低。但将其作为父本与美系杂交，后代表现良好，对于提高生长速度、被毛品质和体型有很大的促进作用。因此，许多地方采用这种方式生产商品兔，经济效益很好。

3. 美系獭兔（American Rex） 目前国内所饲养的獭兔绝大多数属于美系，占獭兔存栏数的85%以上。但由于引进的年代和地区不同，特别是国内不同兔场饲养管理和选育手段的不同，美系獭兔的个体差异较大。美系獭兔头小嘴尖，眼大而圆，耳长中等、直立，转动灵活；颈部稍长，肉髯明显；胸部较窄，腹腔长达，背腰略呈弓形，臀部发达，肌肉丰满。毛色类型较多，美国承认有 14 种，我国引进的以白色为主。

美系獭兔繁殖性能比较好，年可繁殖 4 ~ 6 胎，初生体重 45 ~ 55g，每胎平均产仔数为8.7 只左右，断奶只数7.5 只左右；母兔泌乳性能较强，母性好，30d 断奶个体重达 400 ~ 550g。但个体小，成年体重2.5 ~ 3.5kg，体长39.5cm 左右，胸围37cm 左右。美系獭兔的被毛品质好，粗毛率低，被毛密度大，每平方厘米皮肤面积内为 1.5 万 ~ 3.5 万根，毛纤维一般长 1.2 ~ 2.2cm（以 1.6cm 最佳），绒毛细度为 16 ~ 19μm，粗毛4% ~ 7%，毛纤维与皮板附着良好，不易脱落，皮板比较坚韧结实。在良好饲养管理条件下，4 月龄时体重可达 2.5kg，据测定，5 月龄商品兔，每平方厘米被毛密度在 1.3 万根左右，最高可达 1.8万根以上。

第三节　家兔的繁育

一、生殖生理

初生仔兔生长发育到一定年龄，体内产生成熟的配子时叫性成熟。性成熟因性别、品种、营养水平的不同稍有差异，母兔的性成熟较公兔早，小型品种较大型品种早，营养条件好的较营养水平差的早，一般为 4 ~ 5 个月。

家兔的初配月龄是指性成熟后一段时间，亦即达到体成熟的时期。家兔性成熟后，虽有发情表现，但其他组织器官尚未发育完全，身体并未完全成熟，不宜立即进行配种。过早初配，不但影响家兔本身的生长发育，而且配种后受胎率低，产仔数少，仔兔初生重小，母兔泌乳量低，死亡率高；连续几个世代过早配种还会造成品种退化。但过晚配种也不好，一方面会缩短种兔利用年限，造成种兔浪费，另一方面也会影响公、母兔的繁殖机能和终身繁殖力。因为配种过晚，易引起种兔发胖或长期性抑制，造成性机能降低，母兔发情不正常，受胎率低，公兔性欲降低，产生恶癖。因此要确定家兔的初配年龄，做到适时配种。家兔的初配年龄主要根据年龄、性别、体重和兔场性质来确定。按家兔的体重来判定是否达到初配月龄比较准确，一般要达到成年体重的70%，小型品种兔4~5月龄，中型品种5~6月龄，大型品种8月龄以上才能配种使用。不同品种兔性成熟和初配月龄见表1-2。

表1-2　不同品种兔性成熟和初配月龄

品种	性成熟月龄	初配月龄
新西兰兔	4~6	5.5~6.5
德系长毛兔	5~8	6~10
比利时兔	4~6	7~8
青紫蓝兔	4~6	7~8
加利福尼亚兔	4~5	6~7
日本大耳白兔	4~5	6~7
哈尔滨白兔	5~6	7~8
塞北兔	5~6	7~8

随着兔年龄的不断增长，其繁殖性能逐渐下降，母兔的产仔数减少，公兔的繁殖机能降低，考虑到经济效益，需要确定兔的利用年限。种兔利用年限为2~2.5年，个别有育种价值的公兔可延长至3年以上，实际生产中一般使用2年。商品兔场可以适当延长兔的利用年限，但应在体质健壮、繁殖率高的前提下；育种场为了保证所出售仔兔的质量，利用年限不得延长。

1. 发情周期　性成熟以后的母兔，在没有妊娠的情况下，间隔一定时间发情一次，称之为发情周期。母兔发情周期变化较大，为8~15d，母兔的发情持续期为3~4d。

母兔发情后若不与公兔交配，成熟卵子并不会自行排出，经10~16d后被全部吸收，此间新的卵子不断形成，从而使得母兔的发情周期并不十分规律。母兔只有在接受公兔交配或相互爬跨，或注射外源激素后才发生排卵，这种现象称为刺激排卵或诱发排卵。

2. 发情表现　发情母兔有行为上和生理上的可视变化。行为表现为活跃不安，跑跳刨地，啃咬笼门，后肢"顿足"，频频排尿，食欲减退。常在食盘或其他用具上摩擦下腭，有的衔草做窝，散养兔有挖洞表现。主动爬跨公兔，甚至爬跨自己的仔兔或其他母兔。当公兔追逐爬跨时，抬升后躯以迎合公兔。

外阴部可视黏膜的生理变化可作为发情鉴定的主要依据。母兔在休情期，外阴部黏膜苍白、干涩；发情初期呈粉红色、松软；发情盛期表现为潮红或大红、水肿湿润；发情后期表现为紫红色、皱缩。从粉红色到紫红色为 3~4d，称为发情持续期。

鉴定为发情后应适时配种。自然交配的最适时间为发情盛期，早晚两次配种为好。人工授精时，最佳输精时机在排卵刺激后 2~8h 为宜。

1. 妊娠　受精卵在母体内发育成胎儿的过程叫妊娠，完成这一过程所需的时间叫妊娠期。中型体重母兔的妊娠期平均为 31~32d（28~35d），妊娠期的长短与品种、年龄、营养、胚胎数量等因素有关。大型兔比小型兔的妊娠期长，老年兔比青年兔的妊娠期长，经产兔比初产兔妊娠期长，胎儿数量少比数量多的妊娠期长，营养好比营养差的妊娠期长。

母兔的子宫是双子宫结构，互不相通。交配后 72~75h 胚胎进入子宫，在两侧子宫角均可着床，约 7~7.5d 胎膜与母体子宫黏膜相连，形成胎盘。

2. 妊娠检查

（1）外部观察法：配种后 8d 起观察母兔表现，判断是否妊娠。妊娠后，食欲增强，采食量增加；十几天后，散养的母兔开始打洞，作产仔准备，腹部逐渐增大。

（2）复配检查法：交配 5~7d 后进行一次复配试验，若母兔拒绝交配，沿笼逃窜，并发出"咕咕"叫声，可判断为妊娠。

（3）摸胎检查法：交配 7~10d 后可进行摸胎检查。将母兔捕捉到笼外置于地面或桌面上，头向术者，术者左手抓住两耳和颈皮，右手呈"八"字形伸到腹下，沿腹壁后部两旁轻轻摸索。如腹部柔软如棉，则没有妊娠，若摸到轻轻滑动的球状物，可判断为妊娠。球状物大小依妊娠天数而异，妊娠 10d 左右，如兔粪球大小，15d 左右如普通玻璃球大小，20d 左右生长到核桃大小，23~25d 后胚胎已经分化发育有兔的形状，并有胎动表现。初学者容易把 10d 以内的胚胎与粪球相混淆，粪球多为扁圆形，指触时没有弹性，不光滑，分布面积较大，不规则。胚胎的位置比较固定，呈圆球形，指触时光滑而有弹性。摸胎检查准确率较高，但动作要轻，避免造成流产。

发育成熟的胎儿和胎盘通过母兔生殖道产出的过程叫分娩。母兔分娩前 3~5d 乳房开始肿胀，软部凹陷，尾根和坐骨间韧带松弛，外阴部肿胀、充血，阴道黏膜潮红湿润，行动不安，食欲减退；分娩前 1~2d 开始衔草作窝，分娩前 10~12h 用嘴将胸部和乳房周围的毛拉下；分娩前 2~4h 频繁出入产箱。

拉毛是一种母性行为，一则可刺激乳腺泌乳，二则便于仔兔捕捉乳头，三是为仔兔准备良好的御寒物。凡是拉毛早、拉毛多、做巢大的母兔，泌乳量大，母性好。对于不会拉毛的母兔，饲养管理人员可代为铺草、拉毛，以唤起母兔营巢做窝的本能。

分娩多在晚上进行，由于子宫阵缩，使母兔精神不安，腹部阵痛，四肢刨地，顿足，弓背努责。胎儿进入产道后，胎衣破裂，羊水流出，仔兔连同胎衣一起产出。产第一只仔兔时，母兔呈半蹲姿式，产出仔兔以后，改为犬坐式，每隔 2~3min 产仔 1 只，产完一窝仔兔需 20~30min。母兔边分娩边将仔兔脐带咬断，吃掉胎衣，舔干仔兔身上的血迹和黏液。分娩结束后，母兔给仔兔哺乳 1 次，再拉一些毛盖在仔兔身上，而后跳出产箱喝水。

二、配种技术

配种方法有自然交配、人工辅助交配和人工授精。自然交配方法，是一种原始而落后的配种方法，目前在养殖业中很少采用。规模较小、以商品兔生产为主的兔场主要采用人工辅助交配法，管理水平较高以繁育种兔为主的兔场采用人工授精法。

人工辅助交配公、母兔分笼饲养，鉴别出发情母兔后，放入公兔笼内进行自然交配，并做好记录。这样就能有计划地进行配种，避免近亲交配和系谱混乱，保证繁殖效果。能进行选种选配，保持优良品种的优良性状，不断提高兔群质量。能合理安排公兔配种频率，延长种兔的利用年限，发挥优良公兔的作用。

配种前要查阅配种计划，准备配种记录；不论是发情检查还是健康检查，检查的重点都在兔的外阴部。发情检查主要看母兔外阴黏膜的颜色，粉红早、紫红晚、大红正当时。发情好的母兔可以配种，发情不好的母兔暂不配种或进行催情。健康检查主要观察公母兔外阴是否健康正常，如有炎症、溃疡、结痂者，不允许配种；毛用兔在配种前要剪去外阴附近的长毛，便于配种过程顺利完成，同时防止交配时将脏物带入母兔生殖道，引起炎症；配种前应撤去公兔笼内的食槽、水盆等一切器具，给公母兔提供一个较为宽敞的活动场地，便于公兔追逐爬跨母兔，并保持场地干净卫生。在繁殖季节，要对母兔群进行例行鉴定，每只母兔处于什么状态要做到心中有数。鉴定出处于发情盛期、膘情适度、没有疾病的母兔，准备配种。

用正确的捉兔方法将母兔捉入公兔笼内。通过嗅觉识别对方性别后，公兔开始追逐母兔，若母兔处于发情盛期，当公兔爬跨时举尾迎合交配。公兔交配动作很快，顺利射精后，后躯蜷缩，倒向一侧，同时发出"咕咕"叫声，爬起后频频顿足，表明配种成功。

有时母兔虽处于发情盛期，但并不接受交配，此时可以简单地更换一只公兔，有可能使配种成功。对于不接受交配或未发情的母兔可进行人工辅助配种，术者用左手抓住母兔两耳和后颈皮，将其头部朝向术者胸部，右手伸到母兔后腹下，将后躯托起，调整高度和角度，迎合公兔的爬跨和交配。

为确保配种成功，配种后5d左右可进行复配。如母兔拒绝交配，边逃边发出"咕咕"的叫声，可基本判定为妊娠。如母兔接受交配，则表明未孕，应将复配日期记入配种卡。

1. 公、母比例 1只健壮的成年公兔，可为8~10只母兔配种。

2. 配种频率 公兔一天可交配1~2次，连续配种2d后休息1d。若遇母兔发情集中，可适当增加配种次数或延长交配日数。

3. 交配场地 要在公兔笼内进行配种。公兔熟悉环境，使配种更易成功。

4. 遇下列情况不配 不到交配月龄不配，有病的母兔不配，血缘关系相近的不配，老龄的不配。

三、繁殖季节和方式

公兔一年四季均可配种，母兔均可发情，但由于气温不同，季节对家兔繁殖的影响是明显的，尤其是室外饲养的家兔。

春季气候温和，母兔发情率可达85%～90%，配种受胎率高达80%～90%，平均每胎产仔数达7～8只，是家兔配种繁殖的最好季节。仔兔断奶后，青绿饲料较为丰富，幼兔生长快，生产效果好。

盛夏季节气候炎热，温度高，湿度大，家兔食欲减退，性机能不强，配种受胎率低，产仔数少。当外界温度高于30℃时，公兔性欲降低，射精量少，高于35℃时，公兔性欲丧失，配种效果很差，有"夏季不孕现象"。母兔发情率仅为20%～40%，受胎率降为40%～50%，平均每胎产仔3～5只，不宜进行繁殖活动。

秋季气候温和，饲料丰富，公、母兔体质得到恢复，性活动能力增强，尤其是晚秋，母兔发情旺盛，配种受胎率高，产仔数多，是母兔配种繁殖的又一个好季节。9～11月份公兔性欲旺盛，母兔发情率、受胎率和产仔数可恢复到春季水平。秋季也是家兔繁殖的有利季节。

冬季气温降低，特别是严寒季节，缺乏青绿饲料，营养水平下降，种兔体质差，受胎率和产仔数均降低，保温条件不好时，仔兔成活率低，室外饲养的家兔，所产仔兔难以成活。冬季也不宜进行繁殖活动。

规模化养兔生产要求每只母兔每年提供断奶仔兔40～50只，按传统繁殖方式，仔兔40～45日龄断奶，断奶后母兔发情配种，一年仅能繁殖4～5胎。

为提高生产效率，可利用母兔有产后发情的特性，合理采用频密繁殖方式——"血配"，在产后1～2d配种，仔兔在28日龄左右断奶，这样在室内控温条件下，每年可繁殖8～10胎，室外饲养时，也可繁殖5～6胎。采用频密繁殖方式，要选用体质健壮的母兔，充分满足母兔的营养需要。频密繁殖时母兔只能使用1年。

频密繁殖方式对母兔有较大的伤害，妊娠与哺乳同时进行，营养上总是处于负平衡，仔兔断奶较早，也影响其成活率和断奶后生长发育。为减轻此种方式的负面影响，可采用半频密繁殖方式，母兔产后10～15d配种，仔兔30～35d断奶，每年也可繁殖5～6胎。

第四节　家兔的营养与饲料

一、常用饲料

青绿饲料指天然水分含量高于60%的一类饲料，凡家兔可食的绿色植物均包含其中。这类饲料种类很多，主要包括牧草类、野草野菜类、水生饲料、树叶、蔬菜类等。青绿饲料的特点是水分含量高、适口性好、有丰富的维生素，但体积大、营养不平衡。

1. 栽培牧草 如苜蓿、紫云英、三叶草、黑麦草、羊草等，营养含量高，适口性强。栽培牧草除青饲以外，可晒成干草，在枯草季节饲喂，还可制成草粉与其他饲料配合制成颗粒饲料。

2. 野草、野菜 种类繁多，生长广泛，采集方便，是农村养兔的主要青绿饲料。除毒草以外，家兔几乎什么野草都吃，较喜食的有蒲公英、车前草、苦荬菜、曲荬菜、牵牛花、山扁豆、鸡眼草等。

3. 水生饲料 如水浮莲、水葫芦、水花生、浮萍等。含水量高，多生长在肥水里，污物较多，饲喂前应洗净晾干，并控制用量。

4. 树叶 如洋槐叶、桑叶、榆树叶等。营养价值较高，蛋白质、矿物质和无氮浸出物含量都比较高。蛋白质含量春季幼嫩时高，秋季低，脂肪、纤维素和无氮浸出物含量则正相反。树叶都含有单宁，喂量不宜超过20%。

5. 蔬菜类 各种蔬菜都可用来喂兔，为防止消化道疾病，应控制喂量。

青绿饲料应趁新鲜时直接饲喂，如有剩余要摊开，不得堆积存放。带有各种污物、雨水露水的饲草，先洗净，再摊开晾干后饲喂。含水分多的饲草，应晾到半干后饲喂。施过农药或有其他污染，施过兔粪的饲草，都不应喂兔。

均衡供应青绿饲料，能促进家兔生长、繁殖和泌乳等活动，要做好计划，无论盛草期或枯草期，都应饲喂青绿饲料。

常用的有胡萝卜、白萝卜、甜菜、马铃薯、红薯以及青贮饲料等。含淀粉、水分高，蛋白质、纤维含量少。洗净，切成小片饲喂或切成丝拌料喂。

主要有青干草和农作物秸秆等。秸秆类饲料含粗纤维较多，水分少，蛋白质和维生素含量少，质地粗硬，适口性差，营养价值低。青干草的营养价值受收获、晾晒、运输和贮存工艺的影响。在盛花期收获、晾干而不是晒干、叶子保存较好、保持青绿颜色和芳香气味的青干草，营养价值较高。直接饲喂，浪费很大，最好制成草粉加工成颗粒料饲喂。粗饲料的最大饲喂量一般不要超过300g。

各种农作物籽实和加工副产品。营养价值高，适口性强，是家兔日粮的主体部分。精饲料要按营养需要加工成配合饲料，再加入草粉制成颗粒料，能有效地利用饲料中的营养物质，大大减少精粗饲料的浪费。要控制颗粒的大小，规格不同，对家兔的生长速度、采食量和料肉比将产生一定的影响（表1-3）。

表1-3 颗粒直径和长度对断奶新西兰白兔性能的影响

颗粒大小（mm）		平均日增重（g）	平均日采食量（g）	料肉比
直径	长度			
4.0	6.4	33.7	111	3.30:1
4.0	12.7	38.5	127	3.32:1
4.8	6.4	40.2	127	3.17:1
4.8	12.7	37.5	127	3.41:1

常用的矿物质饲料有食盐，喂量占日粮的 0.5%～1%，以及骨粉、石粉、贝壳粉等，喂量占日粮的 2%～5%。常用的添加剂有氨基酸、维生素、微量元素和抗病保健类等。添加剂用量很少，需和饲料按顺序充分搅拌。维生素添加剂不宜和矿物质添加剂混在一起。

二、营养需要

1. 能量　家兔正常的生理代谢活动、生长发育、繁殖等都需要足够的能量。但日粮中能量过高对家兔是有害的，一是易引起消化不良和刺激肠道细菌的繁殖而产生肠炎；二是脂肪沉积过多而肥胖，损害繁殖机能。所以，兔日粮中的能量要合适。

2. 脂肪　脂肪可以提供热能，补充家兔体内不能合成的 3 种必需脂肪酸（亚麻油酸、次亚麻油酸、花生油酸）。家兔缺乏这 3 种脂肪酸，会出现生长不良、皮肤干燥、脱毛及公兔生殖机能衰退等现象。还可满足对脂溶性维生素的需要。日粮中维持 2%～5% 的脂肪能提高适口性。

3. 蛋白质　与长毛、生长、繁殖、妊娠泌乳等活动关系密切，日粮中的蛋白质主要由油饼类饲料提供，日粮中粗蛋白可达 15%，泌乳母兔和配种期的公兔还应再高一些。家兔对饲料中的蛋白质利用率较高，如苜蓿草粉中的蛋白质利用率可达 74%。家兔对饲料中粗蛋白质的利用率和品质有关。

4. 纤维素　家兔对粗纤维的消化率较高，日粮中粗纤维含量应在 11%～15%，不应低于 10%。粗纤维对胃有填充作用，可刺激胃肠蠕动，促使饲料在消化道通过，还具有夹带作用，可将食入胃中的毛带走，这对毛兔是有意义的。

5. 矿物质　家兔维持正常生命活动需要的矿物质元素主要由饲料中得到。在配合日粮时主要添加钙、磷和食盐。青粗饲料以苜蓿为主时会出现高钙现象，但家兔能忍受高钙饲料，即使到 4.5%，也能采食和生长。若磷的含量超过 1%，家兔就会拒食。日粮中食盐约占 0.5%。

6. 维生素　家兔日粮中维生素 A 容易缺乏，应注意补充。

7. 水分　家兔体内含水约 70%，如失去体内水分的 20%，可引起死亡。家兔对缺水比较敏感，长时间饮水不足，引起消化障碍，便秘，生长缓慢，体重下降，严重的肾、脾肿大。在日常饲养管理中不可忽视水的供应。

三、饲养标准

饲养标准是根据养兔生产实践中积累的经验，结合能量和其他物质代谢试验结果，科学地规定出不同种类、品种、生理阶段和生产水平的家兔每天每只所需营养物质的数量，或每千克日粮中各种营养物质的含量，是制定饲料配方，组织生产的科学依据。饲养标准也不是一成不变的，要不断的补充和完善。

目前我国尚未制定出通行的家兔饲养标准，以美国国家研究委员会（NRC）和法国家兔营养学家（F. Lebas）公布的家兔营养需要为主要参考依据（表 1-4、表 1-5、表 1-6）。

表 1-4 我国建议的家兔营养供给量

营养指标	生长兔 3～12 周龄	生长兔 12 周龄之后	妊娠兔	哺乳兔	成年 产毛兔	生长 肥育兔
消化能（MJ/kg）	12.2	11.29～10.45	10.45	10.87～11.29	10.03～10.87	12.12
粗蛋白（%）	18	16	15	18	14～16	16～18
粗纤维（%）	8～10	10～14	10～14	10～12	10～14	8～10
粗脂肪（%）	2～3	2～3	2～3	2～3	2～3	3～5
钙（%）	0.9～1.1	0.5～0.7	0.5～0.7	0.8～1.1	0.5～0.7	1.0
总磷（%）	0.5～0.7	0.3～0.5	0.3～0.5	0.5～0.8	0.3～0.5	0.5
赖氨酸（%）	0.9～1.0	0.7～0.9	0.7～0.8	0.8～1.0	0.5～0.7	1.0
胱氨酸＋蛋氨酸（%）	0.7	0.6～0.7	0.6～0.7	0.6～0.7	0.6～0.7	0.4～0.6
精氨酸（%）	0.8～0.9	0.6～0.8	0.6～0.8	0.6～0.8	0.6	0.6
食盐（%）	0.5	0.5	0.5	0.5～0.7	0.5	0.5
铜（mg/kg）	15	15	10	10	10	20
铁（mg/kg）	100	50	50	100	50	10
锰（mg/kg）	15	10	10	10	10	15
锌（mg/kg）	70	40	40	40	40	40
镁（mg/kg）	300～400	300～400	300～400	300～400	300～400	300～400
碘（mg/kg）	0.2	0.2	0.2	0.2	0.2	0.2
维生素 A（IU）	6 000～10 000	6 000～10 000	6 000～10 000	8 000～10 000	6 000	8 000
维生素 D（IU）	1 000	1 000	1 000	1 000	1 000	1 000

表 1-5 自由采食家兔的营养需要量（NRC）

	营养指标	生长	维持	怀孕	泌乳
	消化能（MJ/kg）	10.45	8.78	10.45	10.45
	粗蛋白（%）	16	12	15	17
	粗脂肪（%）	2	2	2	2
	粗纤维（%）	10～12	14	10～12	10～12
矿物质	钙（%）	0.40	—	0.45	0.75
	磷（%）	0.22	—	0.37	0.50
	镁（mg/kg）	300～400	300～400	300～400	300～400
	钾（%）	0.6	0.6	0.6	0.6
	钠（%）	0.2	0.2	0.2	0.2
	氯（%）	0.3	0.3	0.3	0.3
	铜（mg/kg）	3.0	3.0	3.0	3.0
	碘（mg/kg）	0.2	0.2	0.2	0.2
	锰（mg/kg）	8.5	2.5	2.5	2.5
维生素	维生素 A（IU/kg）	580	—	10 000	—
	胡萝卜素（mg/kg）	0.83	—	0.83	—
	维生素 E（mg/kg）	40	—	40	40
	维生素 K（mg/kg）	—	—	0.2	—

（续表）

营养指标	生长	维持	怀孕	泌乳
吡多醇（mg/kg）	39	—	—	—
胆碱（mg/kg）	1.2	—	—	—
尼克酸（mg/kg）	180	—	—	—

氨基酸	营养指标	生长	维持	怀孕	泌乳
氨基酸	蛋氨酸＋胱氨酸（%）	0.6	—	—	—
	赖氨酸（%）	0.65	—	—	—
	精氨酸（%）	0.6	—	—	—
	苏氨酸（%）	0.6	—	—	—
	色氨酸（%）	0.2	—	—	—
	组氨酸（%）	0.3	—	—	—
	异亮氨酸（%）	0.6	—	—	—
	缬氨酸（%）	0.7	—	—	—
	亮氨酸（%）	1.1	—	—	—
	苯丙＋酪氨酸（%）	1.1	—	—	—

表 1-6　法国 F. Lebas 推荐的家兔营养需要量

	营养指标	生长（4～12 周龄）	哺乳	妊娠	维持	哺乳母兔和仔兔
	粗蛋白（%）	15	18	18	13	17
	消化能（MJ/kg）	10.45	11.29	10.45	9.20	10.45
	粗脂肪（%）	3	5	3	3	3
	粗纤维（%）	14	12	14	15～16	14
	非消化纤维（%）	12	10	12	13	12
氨基酸	蛋氨酸＋胱氨酸（%）	0.50	0.60	—	—	0.55
	赖氨酸（%）	0.60	0.75	—	—	0.70
	精氨酸（%）	0.90	0.80	—	—	0.90
	苏氨酸（%）	0.55	0.70	—	—	0.60
	色氨酸（%）	0.18	0.22	—	—	0.20
	组氨酸（%）	0.35	0.43	—	—	0.40
	异亮氨酸（%）	0.60	0.70	—	—	0.65
	缬氨酸（%）	0.70	0.35	—	—	0.80
	亮氨酸（%）	1.05	1.25	—	—	1.20
矿物质	钙（%）	0.5	1.1	0.8	0.6	1.1
	磷（%）	0.3	0.8	0.5	0.4	0.8
	钾（%）	0.8	0.9	0.9	—	0.9
	钠（%）	0.4	0.4	0.4	—	0.4
	氯（%）	0.4	0.4	0.4	—	0.4
	镁（%）	0.03	0.04	0.04	—	0.04
	硫（%）	0.04	—	—	—	0.04
	钴（mg/kg）	1.0	1.0	—	—	1.0
	铜（mg/kg）	5.0	5.0	—	—	5.0

（续表）

	营养指标	生长（4～12周龄）	哺乳	妊娠	维持	哺乳母兔和仔兔
	锌（mg/kg）	50	70	70	—	70
	锰（mg/kg）	8.5	2.5	2.5	2.5	8.5
	碘（mg/kg）	0.2	0.2	0.2	0.2	0.2
	铁（mg/kg）	50	50	50	50	50
维生素	维生素A（IU/kg）	6 000	12 000	12 000	—	10 000
	胡萝卜素（mg/kg）	0.83	0.83	0.83	—	0.83
	维生素D（IU/kg）	900	900	900	—	900
	维生素E（mg/kg）	50	50	50	50	50
	维生素K（mg/kg）	0	2	2	0	2
	维生素C（mg/kg）	0	0	0	0	0
	硫胺素（mg/kg）	2	—	0	0	2
	核黄素（mg/kg）	6	—	0	0	4
	吡多醇（mg/kg）	40	—	0	0	2
	维生素 B_{12}（mg/kg）	0.01	0	0	0	—
	叶酸（mg/kg）	1.0	—	0	0	—
	泛酸（mg/kg）	20	—	0	0	—

四、饲料配方

根据家兔饲养标准和各自的实践经验，制定出相对稳定的、经济实用的饲料配方，以配合家兔日粮。现推荐以下几种家兔饲料配方（表1－7、表1－8、表1－9）。

表1－7　江苏省新沂县冷冻加工厂肉兔饲料配方（%）

饲料种类兔别	玉米	麸皮	米糠	豆饼	草粉	骨粉	食盐	生长素	日喂量（g）	
									精料	青料
幼兔	20	15	15	20	25	3.5	1.0	0.5	30～50	200～300
青年兔	10	15	10	25	35	3	1.5	0.5	60～80	400～600
成年兔	15	20	—	11	50	2	1.5	0.5	80～100	700～800
配种期种公兔	11	20	—	25	40	2	1.5	0.5	100～120	600～700
妊娠后期母兔	15	20	—	25	34	4	1.5	0.5	110～130	600以下
哺乳母兔	20	10	10	20	35	3	1.5	0.5	150	800～1 000

表1－8　四川省军区生产基地养兔场饲料配方（%）

饲料	维持	生长	妊娠	泌乳
玉米	23	39	29	17
小麦	0	0	0	10
麦麸	30	28.5	30	20
黄豆	0	8	14	12.8
米糠	28	0	13	18
胡豆	8	0	0	0

（续表）

饲料	维持	生长	妊娠	泌乳
菜籽饼	6	6	6	6
蚕蛹	2	6	5	3
草粉	0	10	0	10
贝壳粉	2	1	2	2.2
骨粉	0	0.5	0	0
食盐	1	1	1	1
添加剂（另加）	0.5	0.5	0.5	0.5

表1-9　河北平山县太行山家兔原种场饲料配方（%）

饲料	维持		生长		妊娠		泌乳	
	1号料	2号料	1号料	2号料	1号料	2号料	1号料	2号料
玉米	31.5	40	20	33	25	35	20	30
洋槐叶	15	10	27	9.5	27	15	32	20
麸皮	11	3.5	21	7.5	23	3	20	20
花生饼	6	4	12	1.5	6	7	10	8
甘薯秧	3	3	3	31	3	20	4.5	6
青干草	28	20	10	3	9	10	4	6
花生秧	3	16	3	3	3	3	3	3
豆饼	1	2	2	10	2	5	4	4.5
食盐	0.5	0.5	0.5	0.5	0.5	0.5	0.5	0.5
骨粉	1	1	1	1	1.5	1.5	2	2

注：兔乐1号或2号（河北农业大学添加剂厂生产）按说明添加，夏秋用1号，冬春用2号。引自：单永利等，现代养兔新技术，2003。

第五节　家兔的饲养管理

一、兔场建筑与设备

1. 封闭式　房屋结构，建筑形式较标准。受室外环境影响小，保温遮阳，人工控制舍内温度、湿度、通风、光照等因素，一定程度上克服了季节的影响，便于管理及机械化操作，同时可防兽害。有利于发挥优秀品种的优势，能做到按计划均衡生产，生产效率高。但成本较高，对饲养管理要求较高，对水、电及其他设备条件依赖程度高。粪尿沟在舍内，有害气体浓度高，呼吸道疾病较多，通风与保温的矛盾突出。兔笼多以重叠式双列或多列摆放。

2. 半开放式　兔舍具有房屋结构的特点，有正式屋顶，三面有墙与顶相接，前面设半截墙，为防兽害，半截墙上部可安铁丝网。冬季加保温设施。还可将兔笼直接安置在南北墙上，兔笼直接通室外。这种形式的兔舍通风透光好，可防兽害，投资少，管理方便。适用于四季温差较小且较温暖的地区。

3. 开放式 以笼舍合一形式为主，以砖、石等砌成，2层或3层，重叠式，正面设笼门，三面为墙。舍顶大而厚，以遮阳防雨。有的另设产仔室。开放式兔舍通风透光，空气新鲜，管理方便，家兔患病少。投资少，见效快。可用于饲养各类型家兔。但受环境影响大，北方地区冬季不宜繁殖。笼舍合一形式的兔舍宜大不宜小，宜宽不宜深，底层笼底距地面不少于40cm，笼舍严密结实，以防兽害，冬季增加保温设施。还有室外棚式或塑料大棚式兔舍。

1. 兔笼的材质 金属兔笼主要部件用金属材料制作而成，适用于不同规模的种兔生产及商品兔生产。金属兔笼配以竹制底网和耐腐蚀的承粪板是最理想的笼具。水泥预制件兔笼以钢筋水泥制成兔笼支架及兔笼主体的大部分，多配以竹制底网，金属笼门。在我国南北方均有采用。砖、石制兔笼以砖、石、水泥或石灰砌成，是我国室外笼养家兔普遍采用的一种，农村大规模室内养兔也有采用，一般2~3层，笼舍合一。木制兔笼以木材为主要原料制作而成，在我国北方农村家庭副业少量养兔常被采用。竹制兔笼以不同粗细的圆竹和竹板制作而成，我国南方产竹地区家庭养兔较普遍。塑料兔笼以塑料为原料，先以模具制成单片，然后组装成型，也可一次压模成型。

2. 兔笼规格 兔笼的规格应本着符合家兔的生物学特性、便于管理、成本较低的原则设计。兔笼过大，虽然有利于家兔的运动，但成本高，笼舍利用率低，管理也不方便。兔笼过小，密度过大，不利于家兔的活动，还会导致某些疾病的发生。一般而言，种兔笼适当大些，育肥笼宜小些；大型兔应大些，中小型兔应小些；毛兔宜大些，皮兔和肉兔可小些；炎热地区宜大，寒地带宜小。若以兔体长为标准，一般笼宽为体长的1.5~2倍，笼深为体长的1.1~1.3倍，笼高为体长的0.8~1.2倍。成年种兔所需面积0.25m²，母兔及其仔兔所需面积0.25~0.35m²，育肥兔每平方米可养18~22只。德国兔笼的大小见表1-10，仅供参考。

表1-10 德国兔笼大小

兔别	体重（kg）	笼底面积（m²）	宽×深×高（cm）
种兔	<4.0	0.20	40.0×50.0×30.0
种兔	<5.5	0.30	50.0×60.0×35.0
种兔	>5.5	0.40	55.0×75.0×40.0
育肥兔	<2.7	0.12	30.0×30.0×30.0
安卡拉兔	1只	0.20	40.0×50.0×35.0

1. 食槽 食槽种类很多，用材有竹、木、水泥、陶瓷和金属等。

（1）竹制：把粗毛竹劈成两半，除去节间中隔，两端固定长方形木块，适于栅养或在运动场上使用。

（2）木制：用木板钉成长方形食槽，表面光滑，大小与铁槽相当。竹、木制作的食槽易被啃咬。

（3）水泥制：用水泥铁丝筋制成长方形或圆形食槽，大小容量相当于一个碗，笨重结实，不易打翻，但不便于清洗。

（4）白铁食槽：用白铁皮焊制成半圆形食槽，长约15cm、宽10cm、高10cm，固定在笼门上，喂料时不需打开笼门，便于加料，易拆卸，便于清洗。边角要光滑。

2. 草架 用粗铁丝焊制成"V"字形草架，固定于笼门上，内侧铁丝间距 4~5cm，外侧 2cm，草架可以活动，拉开加草，推上让兔吃草。草架是养兔必备的工具。国外大型工厂化养兔场，尽管饲喂全价颗粒饲料，但仍设有草架，来投放粗饲料供兔自由采食，以预防消化道疾病。

3. 饮水器 常用的饮水器有盆、碗、瓶等多种，材质也多种多样。但以乳头式自动饮水器最为科学，将饮水器连接于减压水箱，再接自来水系统，清洁卫生，不易污染，节水，是理想的饮水装置。但安装乳头式自动饮水器要注意安装高度和倾斜角度等问题。

4. 清粪设备 小型兔场一般采用人工清粪，即用扫帚将粪便集中，再装入运输工具内运出舍外。大型兔场机械化程度较高，则采用自动清粪设备。常用的有导架式刮板清粪机和水冲式清粪设备。

5. 产仔箱 产仔箱是母兔产仔和育仔的地方，多用 1.5~2.0cm 厚木板钉制，注意产箱内面底板不要刨光，钉子不外露，也可用无毒塑料制作。产仔箱规格一般为长 45cm、宽 30~35cm、高 25~30cm（图 1-2）。

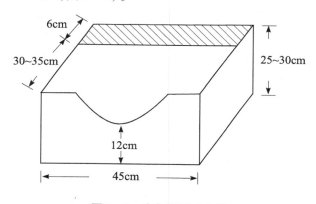

图 1-2 家兔双面式产箱

二、饲养方式与饲喂方法

1. 笼养 笼养是将家兔饲养在铁笼、木笼或竹笼内的一种饲养方式。可提高饲养密度，便于管理，便于控制环境，家兔较少接触粪便，疾病发病率低，可提高生产性能和饲料报酬，能合理组织配种，但一次性投入较多。

兔笼组合形式有单层或多层，单层笼适合于饲养特别优良、贵重的种兔，多层笼有重叠式、阶梯式或半阶梯式。有单只饲养笼或小群饲养笼，单只笼用来饲养种兔或毛兔，小群笼用来饲养幼兔或育肥兔。有室内兔笼或室外兔笼，室内兔笼为笼架结构，室外兔笼为笼舍结构。笼养的技术优势是明显的，笼底为网状结构，粪便和其他杂物由底网下漏到承粪板，再聚集到排粪沟内，环境整洁卫生，能发挥优良兔种的经济优势。

兔笼可用金属、木材、竹材制成，还可用砖、水泥砌成，笼的规格要根据品种大小与经济用途和生理阶段来确定。一般中型体重品种的家兔，种兔兔笼的规格长、宽、高通常为 90cm、50cm、45cm。

2. 栅养 商品肉兔和皮用兔可采用栅养的饲养方式。在室内或室外用栅栏（金属、竹竿等）围成小圈，也可室内外结合。家兔以小群饲养，饲养环境空气质量好，家兔运动量大，体质健壮，投资少。此法需注意避免早配。为减少球虫病发生，生产中可将栅栏离开地面，采用饲养床饲养。栅栏式饲养方法比较适合于饲养幼兔，可在一定程度上减少笼具的投资。

3. 放养 将成群家兔在一定范围内放牧饲养，任其自由活动，自由交配，自由采食。要求场地干燥，周围有2m高围墙，墙有1m深地基。场内设置凉棚，以避风雨，设饲槽和水槽，用以补饲和饮水。场中堆砌土丘，供家兔打洞栖居，也可在土丘内砖砌洞穴，在场地内种植多年生牧草。放牧饲养是一种简单粗放的方式，省钱省工，空气和草料新鲜，家兔运动充分，体质健壮，繁殖率高，可饲养肉兔和皮兔。但所需场地大，管理粗放，难以保持兔群质量。

1. 分次饲喂 每天定时定量喂给家兔饲料，长期采用这种方法可以使兔养成良好的进食习惯，胃肠有规律地分泌消化液，利于饲料的消化和营养物质的吸收，同时可以使家兔习惯于在很短时间内采食完所给饲料。采用分次饲喂要掌握饲喂量的大小，一般一刻钟内采食完的饲料为一次饲喂适宜量（混合精料）。同时还要根据兔的品种、体型、季节、健康状态等灵活掌握。幼兔比较贪吃，而且患消化道炎症时容易自体中毒，所以幼兔多采用分次饲喂的方法，以防消化道疾病的发生。

2. 自由采食 兔笼中经常备有饲料和饮水，让兔随便吃。自由采食通常采用颗粒饲料、自动饮水，集约化兔场大多采用自由采食的饲喂方法。根据饲槽的大小1周或1d添1次料，国外多为1周添1次料。

3. 混合饲喂法 将家兔的饲粮分成两部分，一部分是基础饲料，采用自由采食的方法，主要是青粗饲料；另一部分是补充饲料，采用分次饲喂的方法，主要是混合精料、颗粒饲料、块根块茎类饲料。我国农村养兔普遍采用混合饲喂法。

三、家兔的一般饲养管理原则

1. 青粗料为主，精料为辅 家兔为食草动物，应以青粗饲草为主，然后将营养不足部分以精料补充，这是饲养食草动物的一个应有的基本原则。兔为单胃食草动物，如果日粮中粗纤维含量太低，兔的正常消化功能就会紊乱，甚至引起消化道疾病。

在养兔生产中要避免两种偏向：一种认为兔是草食动物，只喂给草，不喂精饲料也能养好，结果造成生长缓慢，生产性能下降，效益差；另一种认为要使兔快长高产，喂给大量精料，甚至不喂青粗饲料，结果导致消化道疾病，甚至死亡，而且增高了饲养成本。

2. 合理搭配、饲料多样化 家兔由于生长快、繁殖力高、体内代谢旺盛，需要从饲料中获得多种养分才能满足其需要。各种饲料所含的养分的质和量都不相同，如果饲喂单一的饲料，不仅不能满足兔的营养需要，还会造成营养缺乏症，从而导致生长发育不良。多种饲料合理搭配，实现饲料多样化，可使取长补短，以满足兔对各种营养物质的需要，获得全价营养。

3. 注意饲料品质及合理调制饲料 饲料的质量要引起高度的重视，注意饲料品质，是减少兔病和死亡的重要前提。在生产中要做到严格的"五不喂"，即不喂雨水草和露水草、不喂发霉和变质的草料、不喂含水分过大的饲草、不喂带泥沙的饲草、不喂有异味的饲料和有毒的牧草。要喂新鲜、优质的饲料，对各种饲料按不同的特点进行合理调制，可提高消化率和减少浪费。籽实类、油饼类饲料和干草，喂前宜经过粉碎；粉料应加水拌湿喂给，有条件最好加工成颗粒饲料；块根、块茎类饲料应洗净、切碎、单独或拌合精料喂给，薯类饲料熟喂效果更好。

4. 定时定量　喂料的定时定量，就是每天喂兔要定次数、定时间、定顺序和定数量，以养成家兔定时采食、休息和排泄的习惯，有规律地分泌消化液，促进饲料的消化吸收。相反，喂料多少不均，早迟不定，先后无序，不仅会打乱兔的进食规律，造成饲料浪费，还会诱发消化系统疾病，导致胃肠炎的发生。

一般要求日喂 3~5 次，精、青粗料可单独交叉喂给，也可同时拌合喂给。仔幼兔消化力弱，生长发育快，要多喂几次，做到少吃多餐。夏季中午炎热，兔的食欲降低，早晚相对凉爽，兔的食欲较好，给料时应掌握中餐精而少，晚餐吃得饱，早餐吃得早；冬季夜长日短，要掌握晚上精而饱，早餐喂得早。粪便太干时，应多喂多汁饲料，减少干料喂量；阴雨天要多喂干料，少喂青绿饲料，以免引起腹泻。

5. 调换饲料，逐渐增减　夏、秋以青绿饲料为主，冬、春以干草和根茎类多汁饲料为主。家兔的日粮要保持相对稳定，严禁日粮的突然改变，否则会影响家兔采食和消化。饲料改变时，新换的饲料要逐渐增加，一般过渡期为 1 周左右，以便家兔适应。

6. 要注意饮水　水为家兔生命活动所必需，维持生理机能活动，完成营养物质在体内的消化、吸收及代谢产物的排泄都离不开水，缺水对各类家兔都会造成严重的危害。因此，保证清洁饮水的供给，应列入日常的饲养管理操作规程。日供水量可根据家兔的年龄、生理状态、季节和饲料特点而定。幼龄兔处于生长发育旺期，饮水量往往高于成年兔；妊娠母兔需水量增加，尤其是产后易感口渴，饮水不足易发生咬吃仔兔现象；高温季节需水量大，喂水不应间断；当喂给较多青饲料时，兔的饮水量可能减少，但绝不能不供水。集约化兔场使用颗粒料喂兔，最好采用自由饮水。

家兔品种多，生产特点各异，但都有共同的生物学特性：昼伏夜行、胆小怕惊、怕热、怕潮、群居性差等。要根据兔的生物学特性，针对当地的自然生态条件，做好如下工作，尽量创造一个良好的饲养环境。

1. 保持清洁卫生　每天打扫兔笼舍，清除粪便，经常洗刷饲具，勤换垫草，定期消毒，以保持兔舍清洁、干燥、使病原微生物无法孳生繁殖。这是增强兔体质、预防疾病必不可少的措施。

2. 要求安静，防止骚扰　兔是胆小易惊，听觉灵敏的动物，经常竖耳听声，稍有骚动，则惊慌失措，乱窜不安，尤其在分娩、哺乳和配种时影响更大。因此，应保持环境安静，同时，还要注意防御敌害，如狗、猫、鼠的侵袭。

3. 加强运动　运动可增强兔的体质，对于笼养的种母兔每周应放养 1~2 次，种公兔和幼兔最好每天运动 1 次，每次运动的时间以 1~2h 为宜。放出运动时，应将公母兔分开，避免乱配混交；种公兔要单独运动，以免互相咬斗；幼兔可群体运动，这样可做到集中运动，合理利用运动场；母兔可小群运动。

4. 做好夏季防暑，冬季防寒，雨季防潮　兔的最适温度为 15～25℃，舍温超过 30℃ 或低于 5℃，持续时间越长，对兔的危害就越大。家兔怕热，舍温超过 25℃ 即食欲下降，影响繁殖，如气温超过 30℃（舍内）时，应加强兔舍通风降温，同时，喂给清洁饮水，水内加少许盐，以补充兔体内盐分的消耗。寒冷对家兔也有影响，舍温降至 l5℃ 以下即影响繁殖，因此冬季要做好防寒，保暖工作，尤其是仔兔。雨季应特别注意舍内干燥，垫草应勤换，兔舍地面应勤扫，在地面上撒石灰以吸湿气，保持干燥。规模较大的兔场，须设置防暑、保温设备，家庭小规模饲养应加强管理，如在兔舍周围植树、搭葡萄架、种植丝瓜、南瓜等藤蔓植物，进行遮阳，兔舍门窗打开或安置风扇等，以利通风降温。

5. 分群分笼饲养，搞好管理　家兔不喜群居，把成年兔放在一起易打架、咬伤。为了保障家兔的健康，便于管理，防止乱配、早配等，要按家兔的年龄、性别等进行分群饲养管理。种公兔和繁殖母兔，必须实行单笼饲养，繁殖母兔笼应有产仔箱。

6. 注意观察，搞好防疫　要做到每天注意观察兔群的健康、食欲、粪便等情况，观察兔子神经状态，鼻孔周围有无分泌物，被毛是否有光泽，有无脱毛或脓肿等。发现病兔必须及时隔离观察、治疗，并采取防疫措施。养兔要做到四防、五及时。四防是：夏季重点防球虫，春秋注意防感冒和巴氏杆菌病，冬季注意防仔兔冻害，常年防疥癣和兔瘟病；五及时是：发现疾病及时报告、及时隔离、及时诊断、及时治疗，传染病及时处理。

四、种公兔的饲养管理

饲养种公兔的目的是用来与母兔进行配种，获得大量后代，因此，种公兔质量的好坏直接影响着整个兔群的质量，而种公兔质量的好坏又与饲养管理有着密切的关系，所以，种公兔的饲养管理十分重要。

1. 注意营养的全面性　种公兔的配种能力取决于精液品质，而精液品质又与饲料的营养有着密切的关系，特别是蛋白质、矿物质和维生素等营养物质，对精液品质影响很大，因此，种公兔的饲粮必须营养全面。精液的质量与饲料中蛋白质的数量和质量关系最大，饲粮中加入动物性蛋白可使精子活力增强，提高受精能力。维生素对精液品质也有显著影响，缺乏时精子数目减少，异常精子增多。小公兔饲粮中缺乏维生素时会引起生殖系统发育不全，睾丸组织退化，性成熟推迟，特别是维生素 A，缺乏时引起睾丸曲细精管上皮细胞变性，精子生成过程受阻，精子密度下降，畸形精子增加。矿物质元素对精液品质也有明显的影响，其中钙缺乏引起精子发育不全，活力降低，公兔四肢无力；锌对精子成熟具有重要作用，缺乏时精子活力下降，畸形精子增多；磷为核蛋白形成的要素，亦为产生精子所必须，饲粮中配有谷物和糠麸时磷不致缺乏，但应注意钙磷比例要适宜。

2. 注意营养的长期性　家兔的繁殖周期短，不像有些经济动物，如毛皮动物中的水貂和貂等有较长时间的准备期。饲料对精液品质的影响较为缓慢，所以，要通过优质饲料来改善种公兔的精液品质时，需要提前 20d 才能见效。在配种期要提高饲料质量，适当增加动物性饲料的比例，如鸡蛋、鱼粉等。

1. 严格选留种公兔　3月龄时进行一次选择，将发育良好，体质健壮，符合品种要求的个体留下，其余的公兔做商品兔处理。达到性成熟时，再进行一次严格选择，数量上要有15%左右的余量，以便补充。进入使用阶段，不断地淘汰不符合品种要求、体重过大或过小、交配能力差、精液量少且品质较差、有残疾的个体，用青壮年兔代替老年兔。使青年、壮年、老年兔的比例为3∶6∶1。

2. 合理使用　对种公兔的使用要有一定的计划性，严禁使用过度。一般青年公兔初配时每天配种1次，连续2d休息1d；壮年公兔每天可配种2次，连续2d休息1d，或每天配种1次，连续3~4d休息1d。如果种公兔出现消瘦现象，应停止配种，待其体力和精液品质恢复后再参加配种。换毛期内种公兔营养消耗较多，体质较差，影响配种受胎率，所以换毛期内应减少配种次数或停止配种，并加强饲养管理。患病的种公兔不应参加配种。另外，种公兔的配种时间要合理，在喂料前后0.5h之内不宜配种或采精。冬季最好在中午前后配种，春、秋季节上、下午配种均可，夏季高温季节应停止配种。

3. 加强运动　为保证种公兔体质健壮，有条件的兔场最好每天让公兔到运动场运动1~2h，最少也要每周让公兔到运动场运动2次，一方面可接受阳光照射，起到消毒杀菌的作用，另一方面可促进钙、磷吸收和血液循环，增强配种能力。

4. 单笼饲养，防止早配　公兔群居性差，群养时易争斗，易造成伤害，接近性成熟时应单笼饲养。3月龄以后的兔，逐渐进入性成熟，为了防止早配，应公、母兔分开饲养。

5. 维持舍温，精心管理　夏季高温和冬季温度过低时，种公兔的精液品质都很差。舍温保持在10~20℃，对维持公兔性欲和提高精液品质有利。据报道，兔舍温度由25℃上升到33.6℃时，精子活力从76.6%下降到55.6%，活精子数从74.1%下降到33.6%，射精量从0.61ml下降到0.34ml。而温度过低，种公兔的活动量减小，精液品质也较差。因此，夏季要做好种公兔舍的防暑降温工作，冬季为保温可在保证空气新鲜的前提下，适当减小通风量，严重低温时可进行必要的取暖。种公兔在换毛期间不宜进行配种，毛兔在配种期间要减少剪毛次数，发病和投药期间的种公兔应停止使用。种公兔的笼舍应宽大一些，以利于种公兔自由活动和配种采精活动。

6. 做好记录，建立档案　要有详细配种记录，以便观察每只公兔所产后代的品质，以利于成绩评估，选种选配；对优良的种公兔除需要加强饲养管理外，还应充分利用其种用性能，使之繁殖更多更好的仔兔，不断提高兔群的质量。

五、种母兔的饲养管理

根据母兔的生理状况，可分为空怀期、妊娠期和哺乳期，各阶段生理代谢特点不同，需要采取不同的饲养管理措施。

空怀母兔是指从仔兔断奶到再次配种妊娠前这一段时期的母兔。母兔空怀期的长短取决于繁殖制度，采用频密式和半频密式繁殖制度时，空怀期很短或几乎不存在，而采用分散式繁殖制度的母兔，有一定的空怀期。这期间饲养管理的关键是补饲催情，通过日粮调整，使母兔在上一繁殖周期下降的体况在短时间内迅速得以恢复，以促使母兔发情，正常进入下一繁殖周期。

空怀母兔养得不要过肥也不要过瘦，对体况较差的母兔，应适当增加精饲料，日加精料50~100g，供给充足的青绿饲料；体况较好的母兔，要以青粗饲料为主，减少精料，使其保持中等体况。注意饲料营养要全面，维生素和微量元素的供给量要充足，配种前半个月进行短期优饲。在缺青季节要增喂胡萝卜、大麦芽等富含维生素的饲料，可促进发情与提高受胎率。

1. 加强营养 妊娠期母兔除了维持自身的生命活动所需营养外，还要供给胎儿生长发育及乳腺发育所需的营养，因此，妊娠期母兔需要大量的营养物质。据报道，妊娠母兔的营养需要量是空怀母兔1.5倍，所以妊娠期应给予母兔富含蛋白质、维生素和矿物质的饲料，提供充足和全价的营养以满足妊娠的需要。

2. 防流保胎 流产现象多在妊娠15~25d内发生。导致流产的原因很多，如不正确的频繁捕捉母兔，突然的惊吓使母兔乱跑乱撞，饲喂变质的饲料，感染疾病等。为防止流产，应精心管理，不能无故地捕捉母兔。妊娠母兔需单笼饲养，保持环境安静，避免其他兽害侵入，禁止大声喧哗。笼舍要保持干燥，要搞好卫生消毒，防止疾病发生。夏季饮用井水或自来水，有利于防暑降温，冬季严禁饮用冰渣水。严禁饲喂霉变饲料、喷撒农药的草料。同一舍内有多种类型兔时，要先喂妊娠母兔，后喂其他兔。毛用兔妊娠期应停止梳毛和采毛。

3. 做好产前准备和产后护理工作 产前5d左右要放入产箱，以利于母兔熟悉适应产箱。使用前要对产箱进行洗净晒干，进行消毒处理。母兔在分娩前1~3d，有的在数小时之内，叼草做窝，要放入一些洁净的干草，以备母兔做窝用。不必把干草直接放入产箱，应放在产箱外，母兔自己会叼草做窝，这样有利于培养母兔母性。在临产前数小时内拉毛，垫在草窝上，做好褥毛，产后再拉毛为仔兔作盖毛。母性强的兔拉毛很多，但有一些现代育成品种母兔，特别是初产母兔自己不会拉毛做窝，或拉毛很少，应进行人工辅助拉毛，以刺激母兔泌乳和冬季仔兔保暖。

母兔分娩时一定要保持兔舍安静，突然惊吓会使母兔残食仔兔或延长产仔时间。产后要及时供给母兔温糖盐水或稀米汤，以便催乳和防止食仔。应及时整理产箱，清点仔兔，称初生窝重，将污湿的草、毛、死胎、畸形胎和弱胎取走。

哺乳期母兔泌乳量较高，相对体重来讲比牛还高，而且乳汁黏稠，干物质含量达24.6%（表1-11），约相当于牛羊的2倍，仅次于鹿。此期的中心任务是保证哺乳母兔正常泌乳，提高母兔泌乳力和仔兔成活率。

表1-11 兔乳与牛羊乳干物质含量对比（%）

种 类	蛋白质	脂肪	乳糖	灰分
兔乳	10.4	12.2	1.8	2.0
牛乳	3.1	3.5	4.9	0.7
山羊乳	3.1	3.5	4.6	0.8

1. 科学饲喂，加强营养 哺乳母兔要分泌大量乳汁，加上自身的维持需要，每天都要消耗大量的营养物质，而这些营养物质必须从饲料中获取。因此，哺乳母兔的饲粮必须营养全面，富含蛋白质、维生素和矿物质，在自由采食颗粒料的同时要适当补喂青绿多汁

饲料。据报道，仔兔在哺乳期的生长速度和成活率，主要取决于母兔的泌乳量，因此，保证哺乳母兔充足的营养，是提高母兔泌乳力和仔兔成活率的关键。

在家兔妊娠的不同阶段要注意饲料的及时调整，妊娠前期日喂青草 500 ~ 750g，精料 50 ~ 100g，15d 以后逐渐增加精料，20 ~ 28d 可日喂青草 500 ~ 750g，精料 100 ~ 125g，28d 以后喂给适口性好、易消化、营养价值高的青绿多汁的饲料，产前 3d 要适当减少精料。

2. 保证饮水　哺乳母兔由于需要分泌大量乳汁，所以对水的需求量比较大，要有充足且干净的饮用水，冬季应饮温水。

3. 严防乳房炎的发生　哺乳母兔要注意预防乳房炎的发生，以预防确保母兔健康和仔兔黄尿病，提高仔兔成活率，促进仔兔生长发育。应经常检查维修产仔箱、兔笼，减少乳房、乳头被擦伤和刮伤的机会，保持笼舍及其用具的清洁卫生，减少乳房或乳头被污染的机会。经常检查母兔的乳房、乳头，了解泌乳情况，如发现乳房有硬块、红肿，应及时进行治疗，防止诱发乳房炎。在产前 3d 降低精饲料的前提下，产仔 3d 以后再逐渐恢复精饲料给量，以避免由于产仔初期泌乳过剩引发乳房炎。当乳汁过稠时，应增加青绿多汁饲料的喂量和饮水量；乳汁过多时，可适当增加哺乳仔兔的数量或使兔多运动，同时适当减少精料和多汁饲料的喂量，可多喂些优质青干草，必要时也可饮些凉的盐开水。

4. 加强饲养管理　母兔哺乳时要保持安静，防止产生吊乳现象的发生和避免影响正常哺乳。实行母仔分养定时哺乳的管理方法，在保证母兔和仔兔充分休息的同时，对预防母兔乳房炎和仔兔肠炎亦十分有利。

六、仔幼兔的饲养管理

从出生到断奶这段时期的小兔称仔兔，这个时期是从胎生期到独立生活时期的一个过渡时期。仔兔出生后生活环境发生了急剧变化，而仔兔的生理功能尚未发育完全，适应外界环境的能力很差，抵抗力低，生长发育极为迅速。此期的中心任务是进行细致周到的饲养管理，保证仔兔的正常生长发育，提高仔兔成活率。按照仔兔的生长发育特点，将仔兔期分为 3 个时期：即睡眠期、开眼期和追乳期。每个时期仔兔的特点不同，饲养管理的侧重点不同。

1. 睡眠期的管理（0 ~ 12 日龄）　仔兔出生后 12d 左右睁开眼睛，这一段称为睡眠期。此阶段的管理重点是让仔兔早吃奶、吃足奶，防止兽害及其他意外伤亡，避免黄尿病、脓包病的发生，避免冻死。

（1）及时吃到初乳：母兔分娩后 1 ~ 3d 内所分泌的乳汁叫初乳，营养成分含量明显高于常乳，是初生仔兔唯一营养来源。初乳中还含有一定量的免疫球蛋白，仔兔在产生主动免疫之前，免疫抗体主要通过胎盘来自于母体，初乳中抗体含量并不高，但对提高机体免疫力有不可替代的作用。出生后 4 ~ 6h 内吃到初乳，仔兔体质健壮，生长发育快，生活能力强。母兔分娩后应给仔兔喂饱第一次奶，在仔兔出生后 5 ~ 6h 内必须检查母兔的哺乳情况，看仔兔是否吃上奶、吃足奶。

生产中为保证仔兔尽早吃到初乳，在产后 6h 内要进行哺乳检查，通过观察仔兔在产仔箱内的状态了解母兔的哺乳情况。吃饱奶的仔兔，在毛窝中安睡不动，腹部圆胀，肤色红润，绒毛光亮，身上没有皱褶，用手触摸时会立即有反应，但不会大动，手一离开即安睡。未吃饱奶的仔兔，不能安静，在产箱内乱爬，腹部不胀，皮肤干燥发暗，皱褶多，绒毛无光，用手触摸时，头向上拱，吱吱乱叫。

发现未吃饱奶时，若母兔有奶，可强制哺乳。活动能力很弱的仔兔，可将母兔腹部向上固定，露出乳头，把仔兔放在乳头上，帮助仔兔吃奶。若母兔本身有问题，应采取寄养或人工哺乳措施。

（2）合理寄养：一般母兔有 4 对乳头，可带仔 7 ~ 8 只，若母兔产仔过多，产后患病不能哺乳，产后乳汁少等，或优良种兔需减少泌乳负担，可采用寄养办法。寄养的具体做法是：选择分娩时间相近的母兔，产期相差不超过 3d，将仔兔放入保姆兔的产箱内，和其他仔兔混在一起，经 1 ~ 2h 后，一窝仔兔的气味基本相近，保姆兔一般不会拒绝。仔兔寄养很容易，成功率很高，只要注意母仔都健康无病，保姆兔泌乳能力要与所带仔兔相适应。

（3）人工哺乳：如母兔患病、死亡或缺乳，而又找不到保姆兔，或建立无特种病原菌兔群时，可采用人工哺乳的办法。哺乳器可选用注射器、玻璃滴管、小眼药瓶等，嘴上接上一段细橡皮管（气门芯）即成。人工哺乳要掌握好乳汁的温度、浓度和给量。喂牛、羊奶时，最初加入 1 ~ 1.5 倍的水，1 周后加 1/3 的水，半个月后喂全奶，随着仔兔的生长，营养不足时，再加入 2% ~ 5% 奶粉。乳汁温度掌握在夏季 35 ~ 37℃，冬季 38 ~ 39℃。喂乳时，将仔兔仰面握在左手，右手平握哺乳器，将哺乳器嘴放入仔兔口中，使仔兔自由吮吸，不要人为强行灌喂。每次喂量以吃饱为限，每天喂 2 次。乳汁浓度可通过观察仔兔的粪、尿情况来判断，尿多，说明乳汁太稀，尿少，说明乳汁太稠，需做调整。

（4）防止吊乳：母兔的乳汁不足，仔兔总是咬住乳头不放，或母兔在哺乳时受到惊吓，突然跳出产箱，都会把仔兔带到产箱外边来，这种现象叫吊乳。被吊出的仔兔在气温低时很容易被冻死、饿死。预防吊乳的办法是对乳汁少的母兔进行人工催奶或进行仔兔调整，另外，母兔哺乳时要避免惊扰。发现被吊出的仔兔要及时进行抢救，刚吊出的仔兔，四肢活动力较强时，可直接放回窝内；吊出时间长已失去活动能力仔兔，可以慢慢试着放入 40℃ 左右的温水中（露出头部），几分钟到十几分钟，皮肤恢复红润以后，擦干身体并进行人工辅助哺乳后放回窝箱。

（5）防止冻死：刚出生的仔兔体温调节能力很差，产箱内的温度要保持在 30℃ 以上，若早春晚秋仍有繁殖活动，特别是冬季，须采取保温措施（表 1 - 12）。产箱内要有充足的垫毛和盖毛，母兔拉毛少，要人工给以补加。仔兔撒尿多时会使垫草垫毛潮湿，对仔兔是极为不利的，应及时更换。封闭式兔舍有加温设施时，能有效地避免冻害，也有的兔场将仔兔养在暖房内，只在哺乳时将产箱拿到母兔笼。

表 1 - 12 不同日龄家兔适宜的舍内温度

日龄	1	5	10	20 ~ 30	45	60 以上	成年
温度（℃）	35	30	30 ~ 25	30 ~ 20	30 ~ 18	24 ~ 18	25 ~ 15

（6）防止鼠害：出生 1 周之内的仔兔很容易受到鼠害，兔舍封闭不严，老鼠自由出入时，死亡仔兔的 70% ~ 80% 是受到鼠害，半封闭式和开放式兔舍更要防鼠害。笼舍要做得严密，使老鼠不能出入。

（7）防止兔毛粘结和缠伤仔兔：长毛兔的毛细而长，垫在产箱中，当仔兔来回爬动时，易将长毛拉成细线，缠在仔兔的颈、腿部都会引起伤害，预防的办法是将长毛剪成短毛或将长毛拿掉换上短毛。

（8）预防黄尿病：1周以内的仔兔易感染黄尿病，这是仔兔吃了患乳房炎母兔的乳汁后引起的，乳汁中含有葡萄球菌，仔兔吃下后引起急性肠炎，排出黄色腥臭的稀粪，尿液也是黄色的。患病仔兔体质弱，皮肤灰色，死亡率高，耐受过的仔兔，体型较小，不健壮，发育迟缓。预防黄尿病的关键是预防母兔乳房炎的发生，搞好窝箱卫生。

2. 开眼期的管理　仔兔从睁开眼到断乳这段时期叫开眼期。出生后10d左右，仔兔眼睛已能睁开一条缝，到12～14d，眼睛全部睁开。少数仔兔眼睛被一些分泌物粘住，需用脱脂棉蘸上温水或用2～3%硼酸溶液轻轻搽敷，就可以睁开。

3. 追乳期仔兔的饲养管理　仔兔睁开眼睛后，精神非常振奋，在产箱内蹦蹦跳跳，表现异常活跃，几天后便可跳到产箱外面，这种现象叫出巢。出巢时间的早晚和母乳多少有关，仔兔体重越来越大，母乳已不能满足其营养需要，每次哺乳，仔兔都感到吃不饱，追着母兔要吃奶，逐渐就追到产箱外面，母乳仍不能满足其需要，仔兔就开始吃一些植物性饲料。吃饲料是一个重要的转变，营养需要逐渐以饲料为主，管理重点是做好补料和断奶工作。追乳期是仔兔从完全依靠母乳提供营养逐渐转变为以饲料为主要营养物来源的时期，此时仔兔消化道功能尚不健全，对饲料品质和饲养条件要求较高，稍有疏忽就会导致仔兔发生消化道疾病而死亡。为了提高哺乳期仔兔成活率，此期饲养管理的重点应放在仔兔补料和断奶上。

（1）科学补料：母兔的泌乳量在整个泌乳期呈抛物线状变化，产后3周内泌乳量逐渐增高，一般在21d左右达到高峰，以后逐渐降低，到42d泌乳量仅为高峰期的30%～40%。因此，及早开展补饲，不仅能促进仔兔的生长发育，提高仔兔的断奶体重和成活率，而且更为重要的是有利于锻炼仔兔的肠胃消化功能，帮助仔兔过好"断奶关"，提高断奶幼兔的成活率。仔兔出巢以后，就尝试着吃饲料，一般肉兔皮兔16日龄，毛兔18日龄开始吃饲料。刚开始补料时给一些易消化的营养高的青绿饲料，如苜蓿草、菜叶等，18～21日龄以后，增加一些配合饲料，25日龄以后，仔兔要以饲料为主，离开母兔也能生活。仔兔的消化机能还比较弱，但生长发育快，需要营养多，补料时少喂多餐，逐渐增加数量，一般每天补料5～6次。开始时作为诱料，不要给得太多，以免造成伤食，每次喂料采食时间不超过20min。18～20日龄，每天补料15g，20～27日龄20g，27～34日龄30g，35～41日龄45g。为防止母兔抢食，可将仔兔料槽用铁丝网罩住，只允许仔兔头进入。也可将仔兔取出，待补饲完后放回。

（2）做好卫生防疫工作：仔兔出巢以后，在尝试吃饲料时，会误食母兔的粪球或采食被粪便污染的饲料而感染球虫病，在炎热潮湿的环境更易发生。平时应注意及时清理粪便，消毒笼具，保持兔舍干燥卫生，在仔兔的饲料中按预防量加入抗球虫药物，如氯苯胍、磺胺类药物等。

对一些常发传染病如兔瘟（兔病毒性出血症）、巴氏杆菌病、魏氏梭菌病、大肠杆菌病、波氏杆菌病等应及时进行注射疫苗和药物预防。兔瘟疫苗在断奶后15d内皮下注射1ml/只，7d左右产生免疫力，免疫期6个月，成年兔每年注射2～3次；巴氏杆菌和魏氏梭菌病疫苗30日龄以上的家兔皮下或肌肉注射1ml/只，间隔14d后再注射1ml/只，免疫期6个月。支气管败血波氏杆菌灭活苗，断奶前1周仔兔、幼兔、成年兔皮下或肌注1ml/只，7d左右产生免疫力，免疫期4~6月。

（3）适时断奶：断奶是仔兔饲养的又一关键，一般以45日龄断奶为宜，频密繁殖时，在30日龄左右进行早期断奶。仔兔消化机能尚未完全建立，对环境适应能力和抗逆能力比较弱，对母乳还有依赖，断奶越早，对仔兔的不利影响越大，死亡率越高。

生产上一般采取一次性断奶的方法，将母仔一次分开饲养，断奶后的母兔少喂青绿多汁饲料和精饲料，以减少乳汁分泌，避免乳房炎。较小的兔场断奶时应将仔兔留在原笼位饲养1周，将母兔移走，因此又称原窝断奶法，可防止因环境的改变造成仔兔的精神不安、食欲不振等应激反应，能提高仔兔成活率和整齐度，也有利于增重。据测定，原窝断奶法可提高断奶幼兔成活率10%~15%，且生长速度较快。对于全窝仔兔生长发育不均匀、体质强壮不一的情况常采用分批断奶法，即先将体质强壮的仔兔断奶，体质弱的仔兔继续哺乳，几天后看情况再行断奶。断奶母兔在2~3d内只喂青粗饲料，停喂混合精料，以减少乳汁分泌，促进断奶。

从断奶到90日龄的兔为幼兔。幼兔阶段是死亡率最高、较难饲养的时期，这与幼兔的生理特点有关。幼兔刚刚断奶，脱离母兔开始独立生活，环境条件发生了很大变化，需要有一个适应过程。断奶以后的幼兔，会有几天过渡阶段，精神不好，静卧少动，食欲不好，胆小易受惊，对环境的变化极为敏感，抗病能力差。过了这几天以后，精神状态转为良好，活动能力大大增强，生长发育快，食欲旺盛，消化机能增强，吃的也多，对环境的适应能力和耐受能力也逐渐增强。幼兔期间生长发育快，对饲料条件要求高，而且表现贪吃。此期幼兔消化系统的功能还不完善，消化机能较弱，往往因贪吃引起腹泻。

为了减轻断奶应激，断奶后15d内应喂给与断奶前基本相同的饲料，幼兔适应断奶以后，表现得比较贪吃，饲喂上要定时定量，饲料种类和数量逐渐增加。饲喂方法要少喂勤添，每天饲喂5次：3次青绿饲料，2次精饲料。

幼兔离乳后要按体重大小、体质强弱、品种、年龄、性别分笼饲养，并进行编号，建立档案。每笼可养4~5只，以使幼兔吃食均匀，生长发育均衡。对体弱有疾病的幼兔还要单独饲养，仔细观察，精心管理。幼兔笼舍、运动场、食具要经常打扫，保持干净。幼兔活动量大，若有室外运动场，让幼兔多接触阳光和新鲜空气，对生长发育极为有利。要搞好卫生消毒，按照免疫程序，做好免疫接种。在球虫病的高发时节进行药物预防，要定期驱虫，注意预防疥癣的发生与传播。

七、青年兔的饲养管理

青年兔是指从3月龄到初次配种这一时期的兔，又称育成兔，此阶段的兔有后备种兔，也有商品兔。

青年兔适应能力和抗逆能力大大增强，抗病力较强，死亡率低，体质健壮，消化系统已发育完备，采食量增加，对粗纤维的消化利用率高，生长发育快，特别是肌肉和骨骼发育快。养好青年兔，不仅可提高其产肉性能和产毛量，还可以培育出优良的后备种兔。3月龄后，公、母兔相继进入性成熟，后备公兔单笼饲养，母兔每笼2~3只，非种用公兔应去势作商品兔。

青年兔的日粮应以青粗饲料为主，适当搭配精料，粗纤维的含量提高到14%～15%，能量、蛋白质水平相对降低，并注意矿物质、维生素的供给。一般在4月龄之内，自由采食，使之吃饱吃好，5月龄以后，适当控制精料，防止过肥。留做种用的青年兔到6月龄时，要进行全面鉴定，符合种用标准的转入种兔群，准备参加繁殖，对不符合要求的，做商品兔处理。青年兔应多运动，多晒太阳。按时做好预防接种，防止发生传染病，特别要搞好兔瘟病的免疫。3月龄前的幼兔兔瘟感染率较低，但3月龄以上的青壮年兔则极易感染，死亡率高达80%～100%。要严格按照免疫程序进行疫苗接种，搞好卫生消毒，以减少疾病的发生。

八、肉用兔的饲养管理

目前，世界家兔生产仍以肉用兔为主，主要集中在中国、意大利、法国、独联体国家和西班牙等，这5个国家和地区兔肉的总产量占全世界的70%～80%。西欧是肉兔生产的最大基地，主要生产国有意大利、西班牙和法国，年产兔肉总量65万t。东欧的肉兔生产主要集中在俄罗斯、乌克兰和匈牙利，兔肉总产量42万t。亚洲以中国为主，年产兔肉达40万t，占世界兔肉生产总量的1/5，出口量占国际贸易总量的50%～60%，产兔肉较多的省份是山东、四川、河北、山西、河南、江苏等。

在兔的品种中，肉用品种是最多的，各类体型的都有，大体型品种我国引入的也不少，对于这些品种应做正确的分析，不必盲目地追求。中型品种兔如新西兰白兔、加利福尼亚兔、丹麦白兔等，成年体重4～5kg，生产能力一般都比较好，3月龄前生长速度快，屠宰率比较高，饲料报酬比较高，生活能力正常，容易饲养。商品肉兔的生产可选择中型品种，充分利用前期生长快的特点，养到2.5kg出售或屠宰，屠宰率可在50%以上。

法国、匈牙利、意大利等处于领先地位，生产水平比较高，品种良种化，饲料颗粒化，环境恒定。母兔年产仔兔6～10窝，每年提供商品仔兔40～50只，2.5月龄体重能达到2.5～2.7kg，饲料报酬2.7∶1～3.0∶1。我国的生产水平还低于这些指标，母兔年产3～5窝，提供商品仔兔20～30只，2.5月龄时体重为1.5～2.0kg，饲料报酬在3.5∶1～5.5∶1。规模生产小，千家万户的副业生产方式多，是生产指标低的主要原因。

对于育肥兔来说室温控制在15～20℃比较合理，但只要不超过临界温度（5℃、30℃）不会有大的影响。舍内的湿度应在50%～60%，湿度不宜过高。通风量以每小时每公斤活重4m³，冬天降到1～2m³比较适宜。家兔对穿堂风敏感，空气的流动速度每秒钟不超过50cm，冬天不超过20cm，进气孔的面积要大一些，是地面的3%～5%，排气孔是地面的2%～3%。家兔对光照时间长短不很敏感，对于育肥兔，光照时间不超过12h为宜，繁殖母兔可以延长到16h。育肥兔单笼饲养或小群饲养均可，最好网上饲养。

1. 充分利用杂交优势，提高生产水平，是肉兔生产的必然途径　不同的品系，不同的品种间进行简单的杂交也会产生优势，为了使优势更明显，对亲本的选择应该是父本生长速度快、饲料报酬高、肉质好、屠宰率高，而母本要繁殖能力强、哺乳能力强、适应性强、抗病性强。

对于公兔的选择应严格一些，最好通过后裔测定，母兔群由于数量较多，可以适当放宽条件。生产中种兔使用2年左右，每年基本要淘汰50%，因此建立了基础群以后，仍然要继续选种，选择亲本是一项长期的工作。

2. 控制适宜的产仔窝数和哺乳仔兔数 在一般饲养条件下，母兔产仔窝数和带仔数不要太多，过多时母兔不健壮，仔兔也不健壮，成活率低，生长不快。比较合理的繁殖频率是抓住春秋季节环境条件比较好时，繁殖4~5窝，每窝7~8只，使年产仔兔达到30只以上。

3. 限制育肥兔的运动 放养对育肥是不利的，应该进行小群笼养。另外，饲养肥育兔的兔笼要适当小些，环境光线要暗一些，以减少运动消耗，改善肥育效果。

4. 缩短育肥时间 利用3月龄前生长快的特点，给予充足的营养，饲料以精饲料为主，饲喂足量的优质牧草，既降低成本，也可提高育肥速度。

九、毛用兔的饲养管理

毛用兔品种只有安卡拉兔。世界上饲养安卡拉兔的国家主要是中国和法国。法国的存栏量约2万只，主要是法系安卡拉兔。中国是饲养安卡拉兔数量最多、产毛总量最高和出口兔毛数量最多的国家，存栏量约6 000万只，年产兔毛超过2万t，产量和出口贸易量均占世界的90%以上。我国浙江省宁波市镇海种兔场培育和饲养的巨型高产安卡拉兔，产毛量已经达到并超过了世界先进水平，公兔平均年产毛量1 715g，母兔1 940g，创造了千只安卡拉兔群体产毛量世界纪录。法国、匈牙利、智利、阿根廷等国家也生产少量安卡拉兔毛，年产毛量100~200t。

兔毛按其细度可分为细毛、粗毛和两型毛。第一类是细毛也叫绒毛，是兔体上最柔软纤细的毛，一般呈波浪形弯曲，长度5~12cm，平均细度13~14μm，兔毛质量的好坏，很大程度上取决于细毛的多少和品质的好坏。第二类是粗毛或叫枪毛，是兔体上最粗最长而富有光泽的毛，毛质粗硬而脆，不弯曲，长度可达17cm以上，细度为30~120μm，长毛兔体上粗毛含量较少，英系兔只有1%~2%，中系兔10%。粗毛耐摩擦，是毛丛中的骨干，具有保护绒毛、防止毡结的作用。第三类是两型毛，在单根纤维上具有粗毛和细毛两种纤维类型的特点。毛纤维的上部呈粗毛特点，下部呈细毛特点，粗的部分短，细的部分长，粗细相差很大，在交界处容易断裂，毛纺价值介于细粗毛之间。

仔兔出生时无毛，第4d开始长出绒毛，发育正常的全耳毛兔，30日龄时，粗毛的长度可达4cm，细毛的长度也接近3cm，形成了全部乳毛。60日龄时，粗毛长度达7.5cm，细毛长度达4.5cm，90日龄以后毛的生长速度和成年兔一样。

兔毛有一定的生长期，长到成熟以后，毛囊底部的细胞就停止生长，毛根萎缩变细并和毛乳头分离使毛脱落。新毛又开始生长，毛乳头发育增大，细胞加速增生，细胞内不断积累角质蛋白，新毛就逐渐长出来了，平均每昼夜可生长0.6~0.7mm，剪毛后2.5~3月，就可以长到5.6cm，达到优级毛的长度。

1. 国内市场小 国内市场比较小，难以保持生产的稳定，主要依赖国际市场，我国

80%的兔毛及其织品是外销的，兔毛生产受国际市场影响很大，国内缓冲能力较小，易挫伤生产者的积极性。

2. 单产水平低　中系安卡拉兔的生产能力不高，现在虽然已将群体产毛量水平提高到了500g以上，但仍不及其他品系。到了20世纪90年代，法系和日系兔已接近1 000g，德系兔的生产能力早已超过了1 000g，大群水平已达到1 300g以上，我国的毛兔，需要进一步的良种化，需要逐步的改良和选育。

3. 需要较高的饲养条件　由于追求高产，使毛兔本身的生活能力和繁殖能力下降了，母兔的繁殖率仅为肉兔的50%～60%，且产仔数少、死胎率高、仔兔死亡率高，因此需要较高的饲养条件。毛兔营养代谢大量用于产毛，再有妊娠、泌乳、配种等负担，人们必须给它较为优厚的待遇，提供适宜的生活条件。

4. 兔毛易受污染　兔身上浓密的长毛，极易被粪尿、草水污染，很容易毡结成块，形成污染和毡结的毛，会降低甚至失去毛纺价值，增加剪毛次数虽然可以解决这个问题，但会使毛的长度缩短，也会降低经济价值。

1. 品系　毛的产量和品质，受到品系的影响，德系兔产量最高，中系兔含粗率高，产量低。

2. 个体　个体间产量差异比较大，同样是一个品系，差异可以差几百克，个体越大体表面积越大，产量就越高。毛的品质个体间也有差异，选种时应选个体大、绒毛长、粗毛少的兔。

3. 性别　一般公兔毛被生长快，毛长而粗，产量高。母兔由于有妊娠和泌乳的生理负担，毛的生长减缓了，母兔在产仔兔时，拉了一部分毛做窝用，也会影响产量。

4. 年龄　幼兔产毛量低，品质也差；3岁以后毛的产量和品质都会下降，2～3岁时，产毛量最高，品质也最好。

5. 健康状况　体质弱、患病、内分泌腺活动不正常时会影响毛的生长。

6. 营养状况　营养状况良好时，兔毛生长快，产毛量也高。兔毛本身主要是角质蛋白，当饲料中蛋白质不足和含硫氨基酸缺乏时，毛的生长就缓慢，毛粗细不均，品质明显下降。

7. 季节　冬季寒冷，气温低，皮肤代谢活动减缓，毛的生长速度会减慢，但由于冬毛非常浓密，绒毛丰厚，产毛量仍然是高的。夏季被毛稀疏，产毛量减少，夏季比冬季可以减少15%～30%。以越冬以后，春季换毛之前的产毛量最高。

8. 管理　毛兔的饲养需要进行细致的管理，管理跟不上，就难以产出优质兔毛。兔笼内要保持干净卫生，当存有粪尿和杂草时，会污染兔毛，当舍内潮湿污秽时，会引起兔毛的缠结，不经常梳毛，也会使兔毛粘结成块而降低兔毛质量。

1. 多养杂交兔　引入的纯种兔，成本较高，饲养条件要求高，数量不可能多。选取少量高产品系的公兔，和当地的中系兔杂交，改良低产品系，杂交的后代生活力强，个体大，生长快，产毛量高而且品质也好。

2. 去势饲养　毛兔的生长时期都比较长，只要不是留做种用的兔，均应去势饲养。去势以后的兔，贪吃肯长，体大毛长，优质毛也多。

3. 勤于梳毛 梳毛可以有效地防止毡结，使兔毛干净洁白，富有光泽，梳毛对皮肤是一个良好刺激，能促进皮肤的血液循环，促进毛囊细胞的活动，加速毛的生长，正常情况下，致少每15d要梳毛1次。

4. 提高饲料中粗蛋白质含量 在兔毛中，含硫氨基酸占的比较多（以胱氨酸和半胱氨酸的形式存在），在毛的化学成分中硫的含量占40%左右。兔毛越细，硫的含量也越高，绒毛越多，含硫氨基酸也越多。当饲养管理条件改善以后，产毛量的高低取决于营养水平的高低。因此，要想多出毛，饲料中蛋白质含量要高，日粮中粗蛋白质的含量应在17%以上，含硫氨基酸不低于0.6%。

5. 适时采毛 目前主要是拔毛和剪毛两种方法，法国以拔毛为主，其他国家以剪毛为主。高温地区60d剪1次，低温地区90d剪1次，全年可剪4~5次。这样即可保证毛的品质，也防止毛成熟以后自行脱落造成损失。

毛兔2.5~3月龄就开始采毛，以后进入正常程序。

1. 梳毛 梳毛是一种常规管理措施，也是一种采毛的方法。幼兔断奶以后就开始梳毛，每隔10~15d梳1次。换毛的季节应隔天梳1次，将梳下的兔毛收集起来，积少成多。用人用的梳子，顺毛插入，遇有毡结时不要硬梳，用手撕开以后，再继续梳，每次都要梳遍全身。将兔放在剪毛台上，让它逐渐熟悉剪毛台，先梳理颈肩部、背部和后躯，提起颈皮梳理腹部和大腿的内侧，最后梳理头部。

2. 拔毛 左手将兔固定，先用梳子将全身毛梳理一遍，将右手握成拳形，用拇指、中指、食指夹住一小撮毛，轻轻拔起，使劲的程度以兔不感到疼痛为合适，拔不下的毛，可能未成熟，不要强拉硬拽。

拔毛有独到的好处，可以避免皮肤的外伤，直接刺激毛根的生长，新毛着生整齐而不易毡结，优质毛含量高，能避免一些皮肤病，但拔毛太费时间。拔毛方式有拔长留短法和全部拔光法两种。拔长留短法是在换毛季节和冬季，30~40d拔1次，拔下较长的毛，留下短毛，以利于兔的保温。全部拔光法是指除了头、脚、尾、四肢、软裆处的毛留下不拔，其余的毛可以1次拔光，每隔90d拔1次，妊娠母兔、种兔以及寒冷的冬季不宜采用拔光法。

3. 剪毛 是一种主要的采毛方法，幼兔2.5~3月龄时剪掉乳毛，以后就每隔90d剪1次。将兔抓出放在剪毛台上，剪毛台是长40cm、宽30cm、高80cm、周围用2cm高的木条做边的工作台，高度要适宜人的操作。左手固定耳朵，右手握剪，使兔毛沿背中线向左右分开，自臀部向前一行行地直剪至耳根，然后将被毛分成左右两边，逆毛向一排排地剪取。剪完背部、体侧、臀部的毛后，再剪头面及耳毛。剪毛时注意：①将皮肤绷紧，剪刀紧挨着皮肤剪下，剪下最长的毛，剪刀放得高，就会出现二刀毛。②剪刀紧挨着皮肤时，要防止将皮肤剪破，当剪破了皮肤以后，要在剪光毛时，涂上一些碘酒或紫药水，以防感染。③剪腹下时，要看准再剪，以防止将母兔的乳头、公兔的睾丸剪破。④剪毛时间不要过长，20min以内剪完，超过0.5h，兔就会挣扎。⑤冬季剪毛时，可将腹毛留下，以利爬卧时保暖。⑥剪毛后的兔要精心护理，剪完毛后顺便检查全身，只要有剪破的部位，都要涂药。检查耳朵边缘、内侧和脚趾是否有疥癣或耳螨，发现可疑者，用1%~2%敌百虫酒精溶液洗脚和涂擦耳朵。冬季剪毛时要采取防寒保温措施，剪毛后可在笼底铺垫草或放入产箱，以防受凉。夏季剪毛后 1 周内，要防止蚊虫叮咬。兔剪毛后的第 1 个月兔毛生长速度最快，需要较多的营养，这时采食量增加，需及时补足营养和增加饲喂量。

根据毛纤维的长短、粗细、松软、色泽和含杂质的情况，分五个等级。级内毛品质，总的要求：无黏块、无毡结、无虫蛀、无杂质。分级规格标准如下（纺织工业用标准）：

特级毛：长 6.35cm 以上，纯白全松毛，粗毛含量不超过 10%。

一级毛：长 5.08cm 以上，纯白全松毛，粗毛含量不超过 10%。

二级毛：长 3.81cm 以上，纯白全松毛，粗毛含量不超过 20%，略带能撕开、不损品质的毡结毛。

三级毛：长 2.54cm 以上，纯白全松毛，粗毛含量不超过 20%，可带能撕开、不损品质的毡结毛。

次毛：长 2.54cm 以下，全白松毛和有毡结、黏块、变色的毛。

量毛的方法，以细毛的自然长度为准。在验收时，先按细毛主体长度归类（分级），把毡结毛从级内剔出列入次毛，再将混入的有色毛和变色毛分出，除掉草屑、杂质，然后分级验收。为了有利于按质论价，要推行"四分"方法，即分级采毛、分级计价收购、分级保管、分级包装调运。

兔毛的保管：收购兔毛，长度是一个主要指标，在剪毛时，应该分级采毛，准备 4 个纸盒，剪毛时就随时分成四个等级。最好将毛及时出售，保存时间长容易变质，发霉生虫。若需要存放时，应注意使用不褪色的包装材料。每放置一层，最好用纸隔开，包装好以后，不要重压，以防毡结。在包装中放入樟脑丸防止蛀虫。将毛放在通风干燥的地方，以防潮防霉。大规模较长时间存放时，须放入低温、低湿、通风的专用库内。

十、皮用兔的饲养管理

皮用兔品种以獭兔（力克斯兔）为主，全世界饲养总量只占所有家兔数量的 0.3%，主要饲养在中国、德国、美国和法国等国家，中国是目前饲养獭兔数量最多的国家，现存栏量可达 600 万~700 万只，饲养的獭兔主要是从美国引进的獭兔所繁衍的后代。中国也是目前世界上唯一能批量生产和出口獭兔皮的国家，每年生产优质獭兔皮近 100 万张。世界毛皮市场上獭兔皮及制品比较畅销，美国、日本对獭兔皮需求量最大，意大利、韩国、东欧及中国香港等国家和地区对獭兔皮及其制品的需求量也在增长。

皮用兔在饲养管理上除遵从一般要求外，还应注意以下几点。

1. 养好幼兔 幼兔时期的营养水平对取皮时皮张面积和质量有很大关系，幼兔骨骼、肌肉、毛皮组织的发育决定了皮张面积和毛密度。在生产上，应前期补饲，后期限量。刚断奶的幼兔，营养水平高一点，自由采食，消化能 9.8~11.0MJ/kg，粗蛋白质 16%~17%，粗纤维 14%。3 月龄后适当降低配合饲料比例，增加优质青绿饲料和干草。

2. 抓好配种 商品皮用兔饲养时间一般不超过 6 个月，取皮时间是在第 2 次年龄性换毛以后，冬季取皮质量最好，应根据皮用兔的生长规律，统筹规划，确定合理的配种、产仔时间，使大部分商品皮兔在 12 月份前后达到或接近 6 月龄，使生产效益达到最大化。

3. 搞好管理 皮兔催肥的饲料主要是精料，效果比较好的饲料有大麦、麸皮、豌豆、甘薯和马铃薯等，同时保证矿物质、食盐和维生素的供给量，加喂青绿饲料或青干草。3

月龄以后的青年兔应去势催肥，有利于提高饲料利用率。笼舍不宜过大，限制其活动量。催肥的兔以幼兔和青年兔为佳，对淘汰的种公兔、种母兔催肥也能得到较好的效果。搞好笼舍卫生，及时清理掉各种杂物、粪便和剩余饲草。

复习思考题

1. 我国现在所养的家兔起源于何处？
2. 夏季幼兔死亡率为什么较高？
3. 家兔繁殖特性有哪些？
4. 如何区别喜马拉雅兔与加利福尼亚兔？
5. 德系、法系、中系安哥拉兔主要有哪些特点？如何进行区别？
6. 养兔为什么要坚持以青粗料为主、精饲料为辅？
7. 如何养好睡眠期仔兔？怎样提高幼兔成活率？
8. 如何预防母兔乳房炎的发生？
9. 试述如何才能提高安卡拉兔的产毛量？

第二章 茸 鹿

茸鹿是经济价值很高的药用经济动物，全身都是宝，鹿茸、鹿胎、鹿鞭、鹿筋等鹿产品是名贵中药，鹿茸具有补中益气、壮阳、生精、调血脉、益智、散瘀、消肿、活血等功效，不但可提高血压、振奋精神、促进造血功能，还可增进食欲，现代医疗实践中被广泛用于内科、外科、妇科、儿科等多种疾病的治疗中。鹿肉细嫩、味道鲜美，具有高蛋白、低脂肪、易消化等特点，颇受人们青睐，一些养鹿业发达的国家，已经把生产鹿肉作为养鹿的主要经济用途之一。鹿皮是制革工业的原料，其皮革不仅是上等的皮服、皮鞋制品的优质原料，还可用来擦拭精密光学仪器。鹿粪无强烈的气味，能改良土壤，不但可使农作物增产，还被广泛用作花卉栽培的肥料。

第一节 茸鹿的种类与生物学特性

茸鹿在动物分类上属哺乳纲（Mammalia）、真兽亚纲（Eutheria）、偶蹄目（Artiodactyla）、反刍亚目（Ruminantia）、鹿科（Cervidae）。世界上有鹿科动物16属52种，我国有鹿科动物9属15种，它们是鹿亚科（Cervinae）斑鹿属（*Axis*）的豚鹿，鹿属（*Cervus*）的梅花鹿、水鹿、白唇鹿、马鹿、坡鹿，麋鹿属（*Elaphurus*）的麋鹿；白尾鹿亚科（Oaocoileinae）驼属（*Alces*）的驼鹿，驯鹿属（*Rangifer*）的驯鹿，狍属的狍；鹿亚科麂属的黑麂、小麂、赤麂；毛冠鹿亚科毛冠鹿属的毛冠鹿；獐亚科獐属的獐子。其中，毛冠鹿、白唇鹿、麋鹿等系中国特有种。一般将有茸用价值的梅花鹿、马鹿、白唇鹿、水鹿、坡鹿等称为茸鹿，梅花鹿和马鹿是人工养殖的主要茸用鹿种。

一、梅花鹿

梅花鹿主要分布于中国、俄罗斯、朝鲜、日本和越南等地。我国的梅花鹿有华南亚种、四川亚种、华北亚种、山西亚种、台湾亚种、东北亚种等6个亚种。其中，东北亚种主要分布在东北三省、内蒙古自治区（以下称内蒙古）、松花江流域；华南亚种分布在长江以南地区；四川亚种20世纪60年代被认定，分布在四川诺尔盖地区；华北亚种分布在长江以北地区；山西亚种分布在山西及其临近省份；台湾亚种分布在我国台湾地区。现仅存东北亚种和四川亚种，并且四川亚种仅有数百只。人工饲养的主要是东北梅花鹿，东北梅花鹿全国有40万~50万只。

梅花鹿为中型鹿，成年公鹿平均体重 123kg，体长 100cm 左右，肩高 95～105cm；母鹿体重 70～80kg，体长 75～90cm，肩高 80～95cm。梅花鹿东北亚种体高大于体长。

梅花鹿头清秀，耳稍长、直立，眼下有一对泪窝，眶下腺比较发达，呈裂缝状，鼻骨细长，躯干紧凑，四肢匀称、细长，主蹄狭尖，副蹄细小。东北亚种鬣毛卷曲，背中央有一条 2～4cm 宽的棕色或暗褐色背线。夏毛背线两侧有 3～5 条排列整齐的白色斑点，体侧斑点呈星状散布，冬毛斑点模糊，甚至消失。夏毛稀短而鲜艳，呈红棕色，冬毛厚密，呈褐色或栗棕色。腹部及四肢内侧被毛呈白色或黄白色。尾短，背面黑褐色，尾腹面白色，臀端具有扇形白色臀斑。公鹿出生后第 2 年生长鹿茸，秋季骨化成锥形角，第 3 年可生长出分权的茸角。成年梅花鹿成角呈四权形，一般较少超过五权。眉枝在主干基部 4～10cm 处分生，与主干成锐角，向前上方生长，第二分枝位置较高，眉枝与第二分枝间距较远。

1. 食性　梅花鹿食性广，耐粗饲，可采食各种草本植物的茎叶和乔灌木的嫩枝叶、花序，在北方，主要有柞树叶、椴树叶、胡枝子和苔属植物。冬季也采食落叶、细小枝条、树皮和苔藓属植物。

2. 生活习性　梅花鹿性情温顺，耳目锐敏，善跑跳，喜群居，活动范围相对比较固定。公鹿在生茸期非常注意保护自己的茸角，行动谨慎，胆小怕人；配种期颈上被毛直立，皮肤增生变厚，颈围显著增粗，性情粗暴，经常磨角、吼叫，行动分散，常为争偶而进行激烈的角斗。母鹿常年群居，个别母鹿有时在分娩后为保护其仔而扒打其他的鹿。梅花鹿有报警行为，在惊慌时通过尾巴自立、肛门腺释放气味来向同伴报警。

1～10 锯（3～12 岁）生产锯三权鲜茸平均 2.5～3.0kg，母鹿繁殖成活率 60%～80%，双羔率 2.99%，仔鹿出生重 5.6～6.0kg。

我国目前已培育出双阳梅花鹿品种、西丰梅花鹿品种、四平梅花鹿品种、敖东梅花鹿品种，长白山梅花鹿品系和兴凯湖梅花鹿品系，对改良我国鹿群质量，促进养鹿业的持续发展发挥了积极作用。

二、马鹿

东北马鹿分布于东北大小兴安岭、完达山脉、老爷岭、张广才岭及长白山脉等林区和内蒙古东部的阿尔泰山南麓。

1. 形态特征　东北马鹿也叫黄臀赤鹿，属于大型茸用鹿，成年公鹿体高 130～140cm，体长 125～135cm，体重 230～320kg；母鹿体高 115～130cm，体长 118～123cm，体重 160～200kg。眶下腺发达，泪窝明显，肩高背直，四肢较长，后肢和蹄较发达。夏毛红棕色或栗色，因此也叫赤鹿。冬毛厚密，灰褐色，臀斑夏深冬浅，由浅棕色变为黄色，界限分明，边缘整齐。尾扁平且短，尾端钝圆，尾毛较短，颜色同臀斑。颈部鬣毛较长，有些马鹿有背线。初生仔鹿躯干两侧有与梅花鹿相似的白色斑点，白斑随仔鹿的生长发育而逐渐消失。公鹿有角，鹿角多双门桩，眉枝在基部分出，俗称坐地分枝，斜向前伸，与主干几乎成直角。主干较长，后倾，第二分枝（冰枝）紧靠眉枝分生，眉冰间距较近，冰枝与第三枝间距离较远，成角呈 5~6 个权型。

2. 生物学特性　栖息于海拔不高且范围较大的针阔混交林、林间草地或溪谷沿岸林地，主要采食各种植物的嫩枝和嫩叶。冬季的主要食物是杨树、桦树、柳树和一些灌木植物，春季以草本植物为主，夏秋两季则以各种树叶为主。

东北马鹿集群性较强，母鹿及幼鹿常 3~5 只成群，多时可达 10 余只，公鹿平时单独活动或组成 2~4 只的雄性群。发情季节，公鹿加入母鹿群中，每只公鹿占有 3~5 只，甚至 6~8 只母鹿。马鹿听觉和嗅觉比较发达，性机警，行动谨慎，善奔跑。生茸期的公鹿独自隐蔽于山林深处躲避人、兽的侵害。配种期公鹿长声吼叫、扒地、淋尿、泥浴，泪窝开张，向人或其他鹿示威，争偶角斗十分激烈和凶狠。母鹿夏季炎热天气和秋季发情季节，喜欢到水库、池塘、河沟洗浴、扒水嬉戏。

3. 生产性能　公鹿 9~10 月龄开始生长初角茸，初角茸鲜重达 1.0~2.0kg；成年鹿 1~10 锯三权茸鲜重平均单产 3.2kg 左右，锯三权茸鲜重高产可达 4.2kg 以上；3~14 锯鹿锯四权比锯三权茸鲜重增加 33% 左右，干重增加 65% 左右；再生茸平均 270g/ 只，最重的三权型再生茸鲜重高达 3.0kg。鹿茸致密，色黄。

16 月龄育成母鹿有少部分能发情受配，妊娠产仔的很少，到 28 月龄时发情受配的母鹿仅有 20%~30% 产仔，母鹿受胎率为 66%，产仔率 60%，双胎不超过 1%，繁殖成活率为 47.30%。

天山马鹿分布于新疆维吾尔自治区（以下称新疆）的天山山脉，栖息于海拔 1 800~3 200m 的森林草原地带及灌丛草地。

1. 形态特征　天山马鹿也叫青马鹿，成年公鹿体高 130~140cm，体重 210~300kg；成年母鹿体高 115~125cm，体重 160~200kg。体粗壮，胸深、胸围和腹围较大，头大额宽，四肢强健，泪窝明显。夏毛深灰色，冬毛浅灰色，颈部有长而密的鬐毛和鬣毛，头、颈、四肢和腹部的被毛呈明显的深灰色或灰褐色，在颈和背上有较明显的灰黑色带。臀斑为桃形，呈黄褐色，臀斑周围有一圈黑毛。茸角多为 7~8 个权，眉枝向前弯伸并离角基很近，各权之间的距离较大，眉冰间距离较远。

2. 生物学特性　主要采食草本和灌木植物以及乔木的枝叶。天山马鹿性情温顺，耐粗饲，适应性强。初生仔鹿头几天卧藏起来，5~7d 后便跟随母鹿活动，到翌年春季断乳。天山马鹿喜欢戏水，或进行水浴、泥浴。夏季在高山草原活动，秋季下到低层，生茸期隐于林间。有在咸水湖或盐碱滩舐食行为。配种期公鹿也因争偶而争斗，甚至也攻击人。

3. 生产性能　育成鹿初角茸鲜重可高达 1.5~2.5kg，1~10 锯三权鲜茸平均 5.3kg，有相当一部分壮龄鹿能生产鲜重 12.5~16.5kg 的四权茸和 3.0~5.5kg 的三权型再生茸。一般到 28 月龄性成熟，引种到东北的繁殖成活率为 60%~80%，比原产地的高，偶有双胎。

塔里木马鹿分布于新疆的南疆博斯腾湖沿岸、孔雀河和塔里木河流域，栖息于海拔 860~890m 的地带，生境内主要是有水源的干旱灌丛、胡杨林、疏林草地及田野环境。

1. 形态特征 成年公鹿体高120~135cm，体重180~250kg；成年母鹿体高110~120cm，体重120~160kg，体型紧凑，肩峰明显。头清秀，眼大耳尖，母鹿外阴部裸露1/2左右，公鹿阴筒前有一绺长毛。蹄尖细，副蹄发达。鹿角多为5~6权，茸主干粗圆，嘴头肥大饱满，茸质较嫩，眉冰间距离较近，茸毛长密呈灰白色。全身毛色较为一致，夏毛深灰色，冬毛棕灰色，臀斑白色，周围有明显的黑带。新生仔鹿被毛似梅花鹿，不过颜色浅白。

2. 生物学特性 公鹿多单独活动，配种期群居，3岁以内幼鹿可与成年母鹿组成母仔群。发情期公鹿性情凶猛，争偶角斗十分激烈。母鹿于产仔哺乳季节护仔变凶，将仔鹿多隐藏于林端或灌木丛和野草丛中。驯养母鹿产仔时易受惊动而弃仔，初产和年轻母鹿尤为严重。冬季喜舐冰雪，夏季喜欢到沼泽、湖滨、河流中水浴或泥浴。

3. 生产性能 1~10锯三权茸鲜重平均单产为5.3kg左右，5锯以上平均为7.91kg。茸料比为4.938g/kg，产投比为7.6：1，这两项指标均为我国各种茸鹿之首。16月龄大部分可达性成熟。繁殖成活率为80%~90%。

三、水鹿

水鹿（学名：*Cervus unicolor*，英文名：Sambar）广泛分布于我国南方各省，分布在我国的水鹿有两个亚种，分布于四川、云南、广西壮族自治区（以下称广西）、广东等地的为四川亚种（*Cervus unicolor dejeani*），分布于台湾省的为台湾亚种（*Cervus unicolor swinhoei*）。

水鹿体大粗壮，公鹿重150~200kg，高100~130cm，体长130~150cm；母鹿重150kg。体毛粗硬，呈黑棕色或栗棕色，颈部有长而蓬松的鬣毛，有黑棕色的背线。耳大直立，眶下腺发达，泪窝很大。尾长，密生长而蓬松的黑色长毛，无浅色臀斑。公鹿有角，角的枝权较短，并向外倾斜；眉枝与主干呈锐角，在主干远端分出第二枝；角基部有一圈瘤状突起，周围密生被毛；茸毛较长，颜色发黑，成角3尖，很少有4尖的。

1. 栖息地 水鹿一般生活在海拔300~3 500m的阔叶林或针阔混交林之间，春夏季多在高山区采食嫩的枝叶，秋冬季则在背风向阳的低山坡和人迹罕至的灌木丛林中活动。

2. 食性 水鹿可采食数百种草本和木本植物的嫩茎叶、花、果实，冬季也啃食山麻柳、柳树的枝条和树皮。

3. 生活习性 水鹿没有固定的栖息场所，白天在林间或高草丛中休息，黑夜才活动，月光明亮的夜晚也较少出没。水鹿喜水，四季都喜欢到水中活动，且可自由地游2~3km，雨天活动更为频繁。从隐蔽地到饮水处，常因往返而踏出明显的小道。水鹿性机警，善奔跑，平时单独活动，交配时成群，但公鹿间往往为争偶而展开激烈的争斗。

1. 繁殖性能 性成熟时间母鹿为1.5~2岁，公鹿为2.5~3岁。多在4~6月发情，2~3月产仔，但海南及广东的水鹿繁殖没有明显的季节性，终年呈周期性发情。发情周期18~21d，发情持续期36~48h，妊娠期8~9个月，每胎产1仔，仔鹿初生重7~8kg。

2. 产茸性能 1~10锯鹿锯三权茸鲜重平均单产约为1.94kg。生茸最佳年龄为8锯，1~6锯平均年递增27.1%，7~9锯较稳定，10~13锯平均每年下降9.5%。

3. 产肉性能 水鹿肉是一种高蛋白低脂肪、味道鲜美的珍贵补品。成年水鹿的产肉

量分别为：公鹿 150kg，母鹿 100kg，

四、坡鹿

坡鹿（学名：*Cervus eldi*，英文名：Eld's Deer）分布在越南、泰国、缅甸和印度的部分地区，在我国仅分布于海南省。

体形与梅花鹿相似，公鹿体重 70～100kg，母鹿体重 50～70kg。毛被黄棕、红棕或棕褐色，背中线黑褐色，背线两侧各有一列整齐的白斑点。秋末冬初，成鹿全身长出较密的冬毛，斑点褪去或消失，次年春天，斑点复出。公鹿有角，眉枝从主干基部向前上方呈弧形伸展，主干则向后上方呈弧形伸展，且无大的分枝。

1. 栖息地 坡鹿主要栖息于海南省西部和西南部海拔 200m 以下的低山、平坦地区，很少在深山密林中活动，而喜欢在落叶雨林间活动，植被由 3～10m 高的乔木层、1～2m 高的灌木和草本层组成。砂生灌丛林及林缘草地也是坡鹿经常活动的生境。

2. 食性 坡鹿食性较广，但以草本植物为主要食物，主要采食幼嫩植物，对有些植物只在萌发幼枝嫩叶时才采食；坡鹿偏爱肖槿花，在木棉树开花季节，喜食落地木棉花。

3. 生活习性 坡鹿听觉、视觉都很发达，性情温顺，喜群居，善跑跳。昼夜活动，在旱季（12 月～翌年 6 月），每天上午和傍晚各有一个采食高峰，而雨季，每天仅傍晚出现一个高峰，但持续时间较长。坡鹿对栖息地有较强的留恋性，在受到惊扰或追击时，总是在栖息地范围内回避，不会轻易离开，即使被迫暂时逃离，不久就会回到原地。

幼鹿 1.5～2 岁性成熟。每年 3～5 月发情配种，4 月份为发情旺期，妊娠期 220～230d，9 月初至翌年 1 月中旬产仔，每胎产 1 仔。仔鹿初生重为 2.9～3.8kg，在驯养条件下幼鹿每月增重 2.5～3.5kg，至 11 月龄时，公鹿体重达 37.5kg，母鹿达 32.5kg。仔鹿约 7 月龄时形成角基，以后长出锥角。成鹿 6～7 月脱角，7～9 月为生茸旺期，10 月前的坡鹿茸质最佳。鲜茸重可达 1～2kg。

五、白唇鹿

白唇鹿（学名：*Cervus albirostris*，英文名：White - lipped Deer）是我国特产的鹿种，属国家一类保护动物，主要分布于青海、甘肃、四川、西藏自治区（以下称西藏）、云南等省区。

别名岩鹿、白鼻鹿、黄鹿，属大型鹿，与水鹿、马鹿相似，成年公鹿体重为 220～280kg，肩高 125～130cm，体长 140～160cm。成年母鹿体重为 140～200kg，肩高 110～130cm，体长 130～140cm。通体呈黄褐色或暗褐色，背线较宽，夏毛较冬毛色浅，呈米黄色，但鼻、唇、眼的周围和下颌为白色，臀斑较大呈淡棕色。初生仔鹿可见到隐约的白斑。泪窝大而深，头略呈等腰三角形，额宽平、耳尖长、内弯。胸宽而深，尾短。牧区的身体紧凑，农区的腹大。蹄宽阔，行走时 4 个蹄关节发出"咯吱"的响声。公鹿有角，角的直线长可达 1m，有 4～6 个分枝。角基短，角基距很宽，角干略向后外弯曲，各枝几乎

排列于同一平面上呈车轴状。茸的主干和分杈处呈扁平状。黑壳茸，茸下部的 1/4 茸毛很长，呈深灰褐色，上部茸毛渐短，呈灰白色，茸毛呈绒状，到 9 月时茸皮脱落。

1. 栖息地　白唇鹿栖息于海拔 3 000 ~ 5 000m 的高山荒漠、高山草甸、草原和高山灌丛中，特别喜欢在林缘的矮树丛中生活。

2. 食性　以草本类植物为主，冬季除枯草以外，还采食一些柳类等灌木的芽。

3. 生活习性　白唇鹿喜群居，其群的大小因栖息场所而异，平均为 35 只左右。夏季在高山草原上活动，冬季则避开积雪向灌木林移动。喜水浴、沙浴、泥浴。夜间和黄昏前后活动较多，行走时前肢似"僵直"。白唇鹿性情很温顺，耐粗饲，耐风雪和饥寒。

1. 产茸性能　初角茸平均鲜重 0.5kg 左右，1 ~ 10 锯鲜茸平均单产 3.4kg，三杈茸主干长 75 ~ 90cm，眉二间距为 50cm 左右，眉枝仅 12 ~ 13cm。茸的鲜干比一般为 2.56∶1。

2. 繁殖性能　公鹿 3 岁、母鹿 1.5 岁达性成熟。9 ~ 11 月发情，妊娠期 220 ~ 255d，6 ~ 7 月产仔，6 月中旬为产仔旺期，每胎产 1 仔。受胎率为 63% ~ 90%，成活率 56% ~ 66%，繁殖成活率 42% ~ 76%。

六、麋鹿

麋鹿（学名：*Elaphurus davidianus* Milue – Edwards，英文名：Milue，Pere David's Deer）曾广泛分布于我国东经 110° 以东和北纬 43° 以南的地区，主要是长江中下游和黄河中下游地区。麋鹿为我国特产的珍贵鹿种，其"角似鹿非鹿，尾似驴非驴，蹄似牛非牛，头似马非马"，因此，有"四不像"之称。

麋鹿属大型鹿类，成年公鹿体重 200 ~ 250kg，肩高 120 ~ 137cm，体长 200cm，母鹿体重为 130 ~ 150kg，新生仔鹿 12kg，3 个月龄可达 70kg。麋鹿头较长，尾细长，末端有丛毛，全长 60 ~ 75cm。蹄宽大、扁平，强度大，指（趾）间有皮腱膜，指（趾）与地面的夹角约 60°，侧蹄发达，也着地，行走时哒哒有声。麋鹿冬毛呈灰棕色，夏毛红棕色，背线黑褐色，肩部背线最为明显，至臀部的旋涡处消失，臀斑不明显。初生仔鹿毛色橘红，并有白斑，6 ~ 8 周后白斑渐渐消失。公鹿有角，其角有别于其他鹿种，无眉枝，主干离头部一段距离后双分为前后两枝，后枝长而较直，一般不再分叉。前枝延伸一段后再分为前后两杈，前杈偏向内侧（头侧）并再向外分出一小杈，后杈偏向外侧，随年龄的增大，各枝杈还会长出一些刺或突。

1. 栖息地　野生的麋鹿在我国绝迹多年，其栖息的环境只能根据记载及目前圈养群体的相应情况来推测。据《本草纲目·麋》记载："鹿喜山而属阳，故夏至解角；麋喜泽而属阴，故冬至解角……"。博物志云："南方麋千百为群，食泽草，践处成泥，名曰麋，人因耕获之。"有关麋为"泽兽"的记载，古籍中还有很多，而且麋的长尾有驱赶蚊蝇的作用，"肉蹄"（具皮腱膜、蹄分开）也适于在沼泽地中行走。大量化石记录表明，麋鹿的生活环境中有獐、水牛、扬子鳄等。因此可以推断，麋鹿的生活环境离不开沼泽草原。根据对北京南苑麋鹿群和江苏大丰麋鹿群的观察，也发现其特别喜欢沼泽水域。

2. 食性 麋鹿的食物组成主要为各种草本植物。如芦苇、拂子茅、鹅冠草、狐尾藻、狗尾草、菹草等，采食种类随环境植物条件的变化而变化，一般约占当地植物种类的80%。根据对北京南苑和江苏大丰麋鹿群的研究，麋鹿采食的草本植物达260多种。早春主要采食白茅和拂子茅的叶子，暮春和初夏，采食人工种植的黑麦草以及芦苇等多种植物。

3. 生活习性 麋鹿喜平原、沼泽和水域等温暖湿润环境，喜集群生活，但集聚行为受食物分布、生理状况及季节变化的影响，一般脱角生茸期（12月～翌年4月）组成多公多母混合群，产仔哺乳期（3～6月）又多组成母仔群和成年公鹿群，发情期（6～8月）雄性通过竞争，形成单公（群主）多母的繁殖群和雄性单身鹿群。

1. 产茸性能 公麋鹿1岁后开始长出茸角，2岁前初角脱落并逐渐长出2杈角，以后每增加1岁增加1杈，4岁后角枝发育方基本定型，12月至翌年1月脱角生茸，幼龄麋鹿晚于成年麋鹿。3月下旬茸发育成熟，至4月下旬已基本完全骨化，5月中下旬开始脱茸皮。因此，3月是割茸的适时季节。茸皮上长满灰黑色的绒毛，长约1.5cm。

2. 繁殖性能 麋鹿2岁前后性成熟，性成熟的早晚取决于营养状况、栖息地条件和管理水平，公麋鹿一般5岁即可参加配种，6、7岁为最佳配种年龄，到9岁时即不再适宜配种。母麋鹿在饲养条件和机体发育良好的情况下2岁即可参加配种。麋鹿夏秋之际（6～8月）发情配种，妊娠期长达9～10个月，产仔期在3～6月，经产麋鹿产仔较初产麋鹿提前。根据大丰和北京两地的繁殖记录，每胎产1仔，公母比例接近1：1。仔鹿初生重12～13kg，哺乳期可达半年以上，仔鹿生长发育速度也极快，一般3月龄后体重达70kg。

麋鹿是我国重要的自然历史文化遗产，也是较早进行人工圈养的鹿种之一，有着曲折传奇的历史。野生麋鹿从商朝时代（公元1122～1766年）已渐稀少，因为当时这种鹿所栖息的平原已开始开垦。根据各方面的考察，野生麋鹿在秦汉时代就已灭绝，唯一剩下的只是猎苑里养的一个种群，其历史已有3 000年之久。至清代鸦片战争后（1865年9月），我国饲养在南苑的一群麋鹿屡遭浩劫，被明索或暗购到国外。1985～1987年，我国环保局与北京市政府从英国乌邦寺分两批共引进麋鹿38头，圈养于其祖居地北京南苑，并成立麋鹿园。1986年林业部与世界野生生物基金会（WWF）合作由英国5家动物园再引入麋鹿39头，散放于其野生故乡江苏省，并成立麋鹿保护区，现已列为国家一级保护动物，国际自然保护联盟（IUCN）红皮书极危级物种。

七、驯鹿

驯鹿（学名：*Rangifer tarandus*，英文名：Reindeer）又名角鹿，成年公鹿体高100～115cm，体长180cm，体重150～180kg，母鹿体高100cm，体长160cm，体重100～150kg。驯鹿头长，嘴粗、唇发达，耳短，形似马耳，眼较大，无泪窝。颈短粗，下垂明显，"鼻镜"甚至连鼻孔在内，都生长着绒毛。尾短，主蹄圆大，中央裂缝很深，副蹄较大，行走时能接触地面。驯鹿的毛色变异较大，从灰褐色（占86.6%），白花色（占4.2%）到纯白色（占9.2%）。从体色整体上看，还有"三白二黑"的特点：小腿、腹部及尾内侧都是白色，而鼻梁和眼圈为黑色。驯鹿公母均有角，只是母鹿角比公鹿的小。驯鹿角形的特点是分枝复杂，两眉枝从茸根基部向前分生，呈掌状，且分生许多小杈，第二杈（中枝）以后各分枝均从主干向后分出，各分枝上也生出许多小杈，茸主干扁圆，茸毛与体毛颜色一致。

1. 栖息地　驯鹿广泛分布于欧亚和北美大陆之北纬48°以北的地区。我国驯鹿仅见于大兴安岭北部地区。驯鹿栖息在亚寒带针叶林中。在海拔1 000m以上，主要树种有落叶松、偃松、白桦等；低山有杜鹃、越橘、杜香等灌木植物；在山地阳坡多生有艾菊、禾本科杂草；河谷两岸多生有杨树、柳树、桦树丛等。

2. 食性　驯鹿食性广、耐粗饲、适应性强，所采食饲料的种类随季节的变化而有所不同。春季多采食禾本科、莎草科植物；夏季的饲料以绿色植物为主，占70% ~80%，地衣占10% ~15%，其余为苔藓等饲料；秋季除采食一部分绿色植物外，主要采食地衣类饲料，也食蘑菇；冬季则以地衣类为主，占70%左右，也采食部分杨树、桦树、柳树的嫩枝尖。

3. 生活习性　驯鹿的集群性和游牧性都很强，常几十只甚至几百上千只成群游牧几十千米或几百千米。在5 ~6月的产仔期，驯鹿群正处于迁徙季节，因此，仔鹿出生后马上可以行走跟随鹿群活动。冬季幼鹿与母鹿生活在一起。每年6 ~9月为驯鹿的换毛期。

1. 产茸性能　成年公鹿每年3 ~4月脱盘，6 ~7月收茸，留茬高度20cm左右，即连眉枝留下。平均每副成品茸重：公鹿2.0kg左右，母鹿0.25kg左右。驯鹿茸茸质松嫩，茸的鲜干比例很高；茸毛密长，呈灰白褐色或银蓝色。

2. 繁殖性能　16 ~18月龄达性成熟，母鹿最佳利用年龄为4 ~10岁，公鹿为2.5 ~5.5岁。9 ~11月发情配种，母鹿有2 ~4个发情周期，每个发情周期15 ~16d（11 ~22d），发情持续时间1 ~3d。妊娠期225d（215 ~238d），雄性胎儿比雌性的多3 ~5d。每胎产1仔，偶有双胎；母鹿种用年龄2 ~12岁，个别母鹿可利用到15 ~16岁；产仔率为50% ~85%。

3. 产肉性能　成年公鹿的屠宰率为47.4% ~52.8%，净肉重为50 ~80kg；母鹿分别为46.4% ~52.4%和40 ~60kg。

4. 产乳性能　驯鹿乳是牛乳的良好代用品，在产后2 ~3周开始至配种前是挤乳期，每天产乳量50 ~1 500ml，补饲精料时能增加15% ~20%。在一个泌乳期内共产乳30 ~84L。产乳量最高月份为产后第3个月。泌乳年限可到10 ~14岁，最佳年龄为4 ~8岁。

5. 役用运输　驯鹿具有役畜的品质、速度、耐性和载重量，可作为森林、山地、苔藓道路、泥泞地、冰雪地及凸凹不平的岸边等地的交通运输工具。

八、驼鹿

驼鹿（学名：*Alces alces*，英文名：Moose，Elk，Alaskan Moose）分布于欧亚大陆和北美大陆的北部，我国的驼鹿为其分布区的南界。驼鹿产于我国大兴安岭等地区，是鹿类动物中最大的一种，俗称堪达犴，简称犴。这种鹿形如驼，颈多肉，背上颈下仿佛骆驼，故名为驼鹿。

驼鹿肩高 154～177cm，体长 200～260cm，体重达 400～500kg。体躯较短，腿长，尾短，蹄大呈圆形，跑步时呈侧对步。头长大，眼较小，鼻部隆起，喉下部有细长肉垂，嘴宽阔，双唇肥厚，上唇肥大，比下唇长 5～6cm，能遮住下唇，无上犬齿。成体毛被暗灰棕色，幼鹿通体浅黄棕色，无白斑。公鹿有角，角多呈掌状分枝，角面粗糙。

1. 栖息地　驼鹿是典型的亚寒带动物，主要栖息于原始针叶林和针阔混交林中，多在林中平坦低洼地带、林中沼泽地活动，从不远离森林。

2. 食性　根据国外资料介绍，驼鹿采食的饲料多于 355 种，其中 25%～30% 是属森林植物。在夏季主要采食草本植物、乔灌木嫩枝条和叶，特别喜欢吃柳兰、驴蹄草，也吃木贼、睡莲和苔属植物，当雪厚找不到常绿植物时，也吃幼龄乔灌木的枝条和皮（松树、花楸橡树）。驼鹿采食量很大，冬季每昼夜可采食 14～15kg，春季 8～9kg，夏季在 30kg 左右。

3. 生活习性　驼鹿耐寒怕热。夏季喜欢浸泡在水中，能适应沼泽地和在厚达 50cm 以内的深雪层活动。驼鹿不形成大群，通常单独活动或 3～4 只小群活动。一般在每年 8 月或 9 月上旬脱落绒皮。发情期过后茸角脱落，成年鹿通常发生在 12 月，而青年鹿相对晚一些，鹿角脱落后，经 2～3 个月间隔期，新角开始生长。驼鹿每年换毛 1 次，从 4 月持续到 10 月。

驼鹿每年 9 月末至 10 月发情配种，妊娠期 8 个月，5～6 月产仔，发育较好的仔母鹿可以在出生后第 2 年（约 16 月龄）开始繁殖，但大多数青年母鹿第 3 年开始繁殖。虽然公鹿在出生后第 2 年具有繁殖力，但由于与其他成年公鹿竞争的结果，第 3 年的繁殖季节才可能参加交配。仔鹿初生重 10～12kg，胎产 1～2 仔，其中产双胎的多为壮年鹿，双胎率可在 20% 左右，偶有胎产 3 仔的现象发生。幼鹿生长发育迅速，到 6 月龄时可达 80kg 以上。8 月龄幼鹿脱去胎毛。在当年秋天，有些幼鹿可以长出 1～2cm 的初角，第 2 年春天，长出新角，但仍不分权。第 3 年的鹿角开始分权，第 4 年的鹿角可发育成扁平的掌状。只有到 6 岁龄，鹿角尺寸才有可能达到最大。

第二节　茸鹿的繁育

一、茸鹿的繁殖

1. 性成熟时间　茸用鹿性成熟的早晚受种类、性别、气候、出生时间、个体发育、饲养管理等多种因素影响。不同鹿种，性成熟时间有一定的差异，如梅花鹿的性成熟一般要早于马鹿；同一鹿种，母鹿达到性成熟的时间一般比公鹿提前 1 年多；寒冷地区的性成熟一般晚于温暖地区；出生较晚（如秋季出生）的个体，性成熟延长；发育良好的个体，其性成熟较早，发育缓慢或体质较差的个体，其性成熟必然推迟；饲养管理得好、营养水平比较高，鹿的性成熟时间提前；因异性的相互刺激作用，公、母鹿混群饲养的性成熟要早于公、母鹿分群饲养的。母鹿首次排卵年龄通常都在 16～28 月龄之间。

2. 初配年龄　实践证明，生长发育良好的母梅花鹿和母马鹿在生后第 2 年的配种期（已满 16 月龄），体重达到成年体重的 70% 以上者参加配种较为适宜；生长发育较差，出生晚（不足 16 个月龄）的母鹿应推迟 1 年参加配种。如果育成母鹿的初配年龄偏早，对育成母鹿及其仔鹿的生长发育都有一定的影响。种用母鹿的初配年龄要比生产群母鹿晚 1 年。公鹿的初配年龄为 3 岁以上。若过早参加配种，对其生长发育和生产性能均有不利影响。

3. 发情周期和发情表现　鹿是季节性繁殖动物，一年只繁殖 1 次。在我国北方地区，母梅花鹿在 9 月下旬至 11 月中旬发情，10 月中旬达到旺期，母马鹿在 9 月上旬至 10 月中旬发情，9 月中下旬达到旺期，均历时 2～2.5 个月。公鹿一般在 8 月中旬就开始发情，直至配种结束，公马鹿较公梅花鹿发情早 10d 左右。从配种结束到次年发情开始的这段时间为乏情期，在乏情期里鹿的性腺机能活动处于相对静止状态。

绝大多数茸用鹿种为季节性多次发情的动物，一般经历 3～5 个发情周情，梅花鹿、马鹿发情周期平均 12.5d，发情持续期 18～36h。根据母鹿在发情过程中生殖器官的变化和行为表现，可以人为地将母鹿的发情周期划分为发情前期、发情期和发情后期 3 个时期。各时期之间没有十分明显的界线。

发情前期，生殖道轻微充血肿胀，腺体分泌稍有增加，无性欲表现。发情后期母鹿已变得安静，无发情表现。

发情期为发情周期中的主要阶段，又可分发情初期、发情盛期、发情末期 3 个时期。发情初期母鹿刚开始发情，但无显著的发情特征。母鹿食欲时好时坏，兴奋不安，摇臀摆尾，常常站立或来回走动，有的低声鸣叫；喜欢公鹿追逐，但却不愿接受公鹿爬跨；外阴充血肿胀，有少量黏液。此期梅花鹿持续 4～10h，母马鹿 4～9h。发情盛期母鹿急骤走动，频繁排尿，有时吼叫；主动接近公鹿，低头垂耳，有的围着公鹿转甚至拱擦公鹿阴部或腹部；个别性欲强的经产母鹿甚至追逐、爬跨公鹿和同性鹿；两泪窝（眶下腺）开张，排放出一种难闻的特殊气味；外阴肿胀明显，阴门潮红湿润，牵缕状黏液流出增多。此期为配种的最佳时期，母梅花鹿持续 8～16h，母马鹿 5～9h，排卵是在母鹿拒绝公鹿爬跨后的 3～12h。发情末期母鹿的各种发情表现逐渐消退，活动逐渐减少，食欲逐渐恢复，如遇公鹿追逐则逃避，有的甚至回头扒打公鹿。外阴肿胀逐渐消退，黏液减少。此期母梅花鹿持续 6～10h，母马鹿持续 3～6h。

公鹿在整个繁殖季节里一直处于发情状态，发情的持续时间一般达 60d，有的直到第 2 年生茸前期性欲才逐渐消失。公鹿发情后，颈部变粗，颈部皮肤显著增厚，睾丸明显增大；活动频繁，食欲基本废绝；性情粗暴，摩角吼叫，行动分散，为争偶公鹿间常进行激烈的角斗，甚至攻击人；公鹿嗅闻母鹿的外阴部，挑逗或追逐母鹿，用吻端碰撞或舌舔母鹿的肋部、颈部以及外阴部，直到爬跨。

梅花鹿和马鹿的自然寿命可达 20～25 年。目前，国内茸用公鹿的经济利用年限一般不超过 15 年，个体应以产茸数量和质量为依据，群体应以生茸佳期结束为依据；母鹿的生产利用年限一般不超过 10 年，应以若干繁殖参数和繁殖成绩为依据。

1. 梅花鹿的使用年限　4～10 岁的东北梅花公鹿三杈茸和二杠茸的产量逐年增加，10

岁以后趋于稳定且有所下降，因此，东北梅花公鹿的利用年限至少应在 11 岁，公鹿的种用年龄以 5 ~ 8 岁为好，大于 9 岁的鹿不宜参配；已产 7 胎以上的老弱母鹿应淘汰。

2. 马鹿的利用年限 东北马鹿三杈茸的生产佳期为 6 ~ 13 岁，生产最佳年龄为 11 岁（平均产量达 4.580kg）；天山马鹿三杈茸的生产佳期为 6 ~ 12 岁，生产最佳年龄为 10 岁（平均产量达 7.180kg）；塔里木马鹿三杈鲜茸的生产佳期为 5 ~ 11 岁，生产最佳年龄为 10 岁（平均产量达 6.963kg）；可见 3 种公马鹿的使用年限至少应分别在 14 岁、13 岁及 12 岁。

3. 杂交鹿的利用年限 东北梅花鹿（♀）与东北马鹿（♂）的种间杂交子一代（F_1）鹿的生茸最佳年限为 6 ~ 14 岁，因此，其使用年限至少应延到 15 岁。

1. 配种方法

（1）群公群母配种法：具体做法有群公群母一配到底法、群公群母适时替换公鹿配种法两种。

群公群母一配到底法：按 1∶3 ~ 1∶5 的公、母比例，公、母合群饲养，直到配种结束。配种期间及时拨出患病、体弱、性欲不强、失去配种能力的公鹿，不再增补其他公鹿。

群公群母适时替换公鹿配种法：按 1∶5 ~ 1∶7 的公、母比例合群饲养，根据配种进度，在适当时候整批更换种公鹿。第一批公鹿多为育成公鹿，以后各批为壮龄优良种公鹿。

群公群母配种法是原始落后的配种方法，除放牧鹿场外，现已不用。

（2）单公群母配种法：具体做法有单公群母一配到底法、单公群母适时替换公鹿配种法、单公群母昼配夜息配种法、单公群母定时放入公鹿配种法。

单公群母一配到底法：将 1 只优良种公鹿放入 10 ~ 20 只母鹿群中，直到配种结束。

单公群母适时替换公鹿配种法：将 1 只优良种公鹿放入 15 ~ 30 只母鹿群中，根据配种进度适时替换种公鹿。一般在配种初期和末期 1 ~ 2 周替换 1 次公鹿；在配种旺期 3 ~ 7d 替换 1 次，若一天发情母鹿较多时，交配 2 只母鹿后就应更换，否则要影响母鹿受胎率。

单公群母昼配夜息配种法：每天早晨向母鹿群放入 1 只种公鹿，傍晚配种完毕后将公鹿拨出。每天放入的公鹿都可根据具体情况适当变换。

单公群母定时放入公鹿配种法：每天只在确定的时间里（特别是早晨和傍晚，因母鹿发情多集中在这两时间段）向母鹿群放入 1 只种公鹿。

单公群母配种法可以做到选种选配，后代系谱清楚，也能较好地利用种用价值高的公鹿，提高鹿群质量，鹿的伤亡较少，受胎率较高，但占用圈舍较多，劳动强度较大。

（3）单公单母试情配种法：在发情期内，每天（2 ~ 3 次，最好定时）将 1 ~ 2 只试情公鹿放入母鹿群（20 ~ 30 只），根据母鹿的行为表现，判断发情时期，将发情盛期母鹿拨入单圈或走廊和经过挑选的公鹿配种，配后应及时拨出母鹿。试情公鹿多由育成公鹿担当，性欲旺盛。当试情公鹿嗅闻母鹿后欲爬跨时，要立即强行分开，阻止它们交配；也可结扎试情公鹿的输精管，或给试情公鹿带试情布。此法既能提高优良种公鹿的利用率，又能按个体选配方案进行配种，母鹿的受胎率高，后代系谱清楚，但需较多人力和场地。

2. 配种前的准备工作 仔鹿断奶后，按繁殖性能、体质外貌、血缘关系、年龄以及健康状况等重新调整母鹿群，组成育种核心群、一般繁殖群、初配群、后备群、淘汰群。核心群以母鹿生产水平为依据，择优挑选，数量一般可在母鹿总数的 30% 左右。参配母鹿群的大小视圈舍面积和拟采用的配种方法而确定，一般以 20～30 只为宜。

收茸后，根据体质外貌、生产性能、年龄、谱系和后代品质等重新调整公鹿群，分成种用群、后备种用群和非种用群。种公鹿要严格挑选，比例一般不能少于参配母鹿总数的10%。公鹿圈应安排在鹿场的上风向，母鹿圈应安排在鹿场的下风向，尽量加大两圈距离，以免在配种季节因母鹿的发情气味诱使公鹿角斗、爬跨而造成伤亡。

3. 合群时间 公、母鹿的合群时间因配种方法不同而异。据观测，母鹿多集中在早晨 4～7 时和傍晚 17～22 时发情，因此，公、母鹿每天的合群时间应集中在这两段时间。

4. 种公鹿的合理使用 配种期应合理使用种公鹿，以每只种公鹿平均承担 10～20 只母鹿的配种任务为宜。种公鹿每天上、下午各配 1 次较好，两次配种应间隔 4h 以上，连配 2d 应休息 1d。连续交配次数过多的种公鹿常常很快消瘦，到后期不能很好配种。

1. 妊娠期 母鹿妊娠期的长短受多种因素影响。鹿种不同，其妊娠期的长短不同，同一鹿种，品种不同，其妊娠期长短也不同；一般而言，圈养鹿的妊娠期比放牧或圈养放牧相结合鹿的妊娠期稍长。不同鹿种的妊娠期参考表 2-1。

表 2-1　不同鹿种的妊娠期范围

鹿种	妊娠期范围（d）	鹿种	妊娠期范围（d）
梅花鹿	225～245	水鹿	250～270
马鹿	240～260	驼鹿	225～240
白唇鹿	225～255	驯鹿	192～246
坡鹿	220～230	麋鹿	250～315

2. 妊娠表现 母鹿在妊娠初期，食欲逐渐恢复，采食量逐渐增大；在妊娠中期，食欲旺盛，膘情日渐变好，被毛平滑光亮，饲料的消化、吸收、利用率明显提高；在妊娠后期，乳房膨大，腹围显著增大，活动明显减少，行动谨慎、迟缓，时常回头望腹，喜躺卧，爱群居。

3. 保胎措施 母鹿妊娠后，应保证满足母体和胎儿的营养需要，减少不良刺激，维持环境安静。对有流产征兆的母鹿应投给保胎药物如黄体酮（孕酮）、安宫黄体酮、甲地孕酮等，做好保胎工作，防止流产发生。冬季注意防寒保温工作，并预防疾病发生。

1. 分娩时间 母梅花鹿分娩时间为 5 月上旬到 7 月中旬，多集中于 5 月中旬至 6 月中旬；母马鹿分娩时间为 5 月下旬至 6 月中旬。一般而言，发情早，配种早，受孕早，分娩就早，反之，分娩就晚。母鹿产仔早（5～6 月）而且集中有利于仔鹿的生长发育和饲养管理，成活率高；反之出生晚（6 月下旬至 8 月上旬）而且分散时，仔鹿抵抗能力弱，发病率高，生长发育缓慢，不但不能安全越冬，而且还能延迟母鹿的发情配种，造成恶性循环。

2. 临产表现 孕鹿产前 10d 左右乳房开始迅速发育、膨胀，乳头增粗，腺体充实；临产前几天可从乳房中挤出黏稠淡黄色液体，如能挤出乳白色初乳时，即将在 1～2d 内分娩。孕鹿腹部严重下沉，肷部塌陷，在产前 1～2d 尤为明显。阴门明显肿大外露、柔软潮红、皱襞展开、有时流出黏液，在产前 1～2d 有透明絮状物流出，排尿频繁、举尾，自舔外阴，时起时卧，常在圈内徘徊或沿着墙壁行走，表现不安，不时回首视腹，呈现腹痛症状，有时扬头嘶叫或低声呻吟，有时鼻孔扩张或张口呼吸。鹿场一般在 4 月 20 日以后就应注意观察孕鹿的乳房大小和行为表现，一旦有分娩征兆，应及时拨入产仔圈，放牧鹿应留在舍内。

3. 分娩期间的管理 母鹿分娩期间要保证产仔圈舍周围安静，避免任何干扰。准备好产圈或产房、仔鹿保护拦或小床、助产用具和药品以及垫料等用品。昼夜值班，责任落实，做到圈有人看，鹿有人管，人不离圈，随时准备应对突发事件。

加强临产孕鹿的看护，留心观察分娩情况，做好产仔记录，发现异常及时处理。发现母鹿弃仔、扒仔等不正常母性行为时应立即隔离母仔，其仔由性情温顺同期分娩的其他母鹿代养或人工哺乳；仔鹿生后 2h 以上若仍不能哺乳，应考虑人工哺乳或找其他母鹿代养，并设法使初生仔鹿吃上初乳。人工哺乳时应用温湿棉球或纱布涂擦仔鹿肛门以刺激排便，代养时应使被代养仔鹿与代养母鹿的亲生仔鹿的气味相同。仔鹿出生后，母鹿如果不能及时舔干其身上的胎膜和黏液，必须及时用无异味洁净的草或布等人为擦净。初生仔鹿吃过 3~4 次乳汁后，要检查脐带，若未能自然断脐，可人工辅助断脐，并严格消毒。

另外，还应注意仔鹿生后的保温防潮和日常卫生工作。可在产圈（房）内设置仔鹿保护栏和小床，并铺垫清洁柔软的干草或树叶等；应勤换垫料，搞好周围环境卫生及环境、用品的消毒工作。仔鹿 2~3 日龄打耳号，并进行登记。

二、茸鹿的育种措施

茸鹿的编号与标记参见实训一。

为了正确地进行育种工作，应根据鹿的类型、等级、选育方向及亲缘关系等将鹿群分为育种核心群、生产等级群和淘汰群。

1. 育种核心群 育种核心群是进行育种工作的基础，占全群的 20%~25%，主要由特级鹿和少量一级鹿组成，二级以下的鹿一律不准进入核心群。组成核心群后，可逐步进行选种选配提高工作，或者实行群体继代选育提高，为全群的选育提高奠定基础。

2. 生产等级群 根据鹿场的圈舍情况、鹿群数量、性别、年龄、生产成绩等一系列情况将鹿分成若干个等级群，并按优劣的变化随时转群升级。这样既有利于生产的组织管理和生产力的发挥，也有利于鹿群选育工作的开展。

3. 淘汰群 把年老体衰、行动迟缓、生产力差、繁殖机能障碍的鹿列入淘汰群，不准其参加配种，并逐渐淘汰。

种鹿品质的好坏，直接影响鹿群的质量，因此，选择的种鹿必须具备生产性能高、体质外形好、发育正常、繁殖力强、合乎品种标准、种用价值高等六方面的条件，缺一不可。

1. 种公鹿的选择 根据公鹿的遗传稳定性、生产性能、体质外貌等方面的性能综合选择。

（1）按系谱和后裔测定选择：按系谱选择时，一般要求 3 代系谱清楚，各代记录完整可靠，并需有 2 只以上种鹿的系谱对比观察，选出优良者作为种用。

（2）按生产性能选择：公鹿的鹿茸产量、茸型角向、茸皮光泽、产肉量等生产性能均应作为选择种公鹿的重要条件，因为茸重性状的遗传力属高遗传力，因此，根据茸重进行个体选择种公鹿效果很好，种公鹿的产茸量应比本场同龄公鹿平均单产高 20% ~ 30% 。

（3）按体质外貌选择：公鹿体质外貌反映鹿群的类型特征，对鹿群产茸性能影响较大。理想的公鹿必须具有品种或类型的特征，表现出明显的雄性特征，要求体大健壮、精力充沛、性欲旺盛、体型匀称、颈粗、额宽，公鹿茸角要大，且茸型角向适宜、美观整齐、两侧茸角对称。

（4）按生长发育特点选择：主要依据初生重、6 月龄、12 月龄体重、日增重和第一次配种的体重以及角基距、头深、胸围、体斜长、体直长等指标进行选种。在同龄鹿中，体重大往往鹿茸产量高，但体重随季节变化而变化，在参考体重选种时，必须考虑到称重时间。

（5）按年龄选择：种公鹿应在 5 ~ 7 岁的壮年公鹿群中选择，个别优良的种公鹿可利用到 8 ~ 10 岁，种公鹿不足时，可适当选择一部分 4 岁公鹿。

2. 种母鹿的选择　种母鹿应在 4 ~ 7 岁的壮龄母鹿中挑选。选择那些母鹿特征明显，发情、排卵、妊娠、分娩和泌乳机能正常、母性强、繁殖力高、性情温顺、体躯长、体型匀称、体质健壮、后躯发达、肢形正常、四肢强健有力、蹄质坚实、皮肤紧凑、被毛光亮、乳房和乳头发育正常、位置端正，无流产或难产现象的母鹿。

3. 后备种鹿的选择　后备种鹿必须从来自生长发育、生产力良好的公、母鹿的后代中选择。选择那些强壮、健康、敏捷的仔鹿，如躯干长、胸廓发育好、臀宽、四肢健壮、好运动的仔鹿。仔公鹿出生后第 2 年就开始生长出初角茸，初角茸的生长情况与以后鹿茸的生长有密切的关系，在选择后备种公鹿时应考虑初角茸的生长情况。后备公、母鹿在种用前应进行综合的种用价值评定，种用价值高的后备鹿才能参加繁殖，种用价值不大的鹿，只能用于生产而不能参加繁殖。

第三节　茸鹿的饲养管理

一、常用饲料

茸鹿可利用的饲料种类繁多，按其营养特性可分为粗饲料、青绿饲料、青贮饲料、能量饲料、蛋白质饲料、矿物质饲料、维生素饲料、饲料添加剂八大类。

粗饲料主要包括干草类、农副产品类（荚、壳、藤、秸、秧）、树叶类、糟渣类等，是鹿冬季的主要饲料来源。

青绿饲料包括青刈玉米、青刈大豆、紫花苜蓿、茎叶饲料、天然牧草和鲜嫩枝叶等。鹿对良好牧草的有机物消化率达 55% ~ 75% 。鲜嫩枝叶是鹿广泛采食的一类饲料，也是山区、半山区、林区养鹿主要的青饲料来源。

青贮饲料是北方地区养鹿春夏和冬季青饲料的主要来源，要注意添加，但饲喂量不宜过多，过多或不用石灰水进行必要的处理，会影响鹿消化道中微生物的正常活动。

包括谷实类、糠麸类、块根块茎瓜果类等。养鹿业中常用的谷物类有玉米、高粱、大麦、燕麦、小米等，是鹿能量的主要来源，通常占精饲料的60%左右。

1. 饼粕类 饼粕类饲料主要有大豆饼、棉籽饼、菜籽饼、花生饼、向日葵饼和大豆粕等，这类饲料蛋白质含量高，但无氮浸出物含量低于谷物类。大豆饼和豆粕是鹿常用的植物性蛋白质饲料，粗蛋白质含量在46%~56%，总能为19~21MJ/kg。大豆饼粕中赖氨酸、精氨酸、色氨酸、苏氨酸、异亮氨酸等必需氨基酸含量高，而蛋氨酸含量低，与玉米配伍可发挥氨基酸互补作用。生大豆中含胰蛋白酶抑制因子（抗胰蛋白酶）、尿素酶、血细胞凝集素、皂角苷、甲状腺肿诱发因子、抗凝固因子等有害物质，这些物质大都不耐热，如果加热适当，就可以受到不同程度的破坏，而生大豆和未经加热的豆饼、粕不得直接喂鹿。棉仁（籽）饼中蛋氨酸、赖氨酸含量低，但精氨酸过高，与菜籽饼配合饲喂，可缓解赖氨酸与精氨酸的拮抗作用，减少蛋氨酸的添加量。棉仁（籽）饼中含有有毒的游离棉酚，一般来说，游离棉酚不致使鹿中毒，但摄入过量或时间过长，且饲料粗劣的情况下，也会引起中毒。生产实践中较实用的脱毒方法为小苏打去毒法，即以2%的小苏打水溶液浸泡粉碎的棉籽饼24h，取出后用清水冲洗4次，即可达到无毒的目的。

2. 豆科籽实 鹿常用的豆科籽实有大豆、黑豆、豌豆等，以大豆用量最多。大豆的蛋白质达37%，总能为21.32MJ/kg，鹿对其消化能为16.51~17.10MJ/kg。大豆中赖氨酸含量为2.3%~2.5%，是玉米的8.5倍，且赖氨酸与其蛋白质的比例接近动物蛋白质中的比例。生大豆含有抗胰蛋白酶等有害物质，必须经加热处理后熟喂。一般是将大豆浸泡，然后在100℃加热30min，取出冷却后投喂。但必须控制加热温度和时间，如温度过高，会降低赖氨酸和精氨酸的活性，同时亦会使胱氨酸遭到破坏。大豆含有的天然蛋白质在瘤胃中降解率较高，因此，可通过加热或化学处理加以保护，以降低优质蛋白质在瘤胃的降解率。

3. 动物性蛋白质饲料 动物性蛋白质饲料是营养价值较高的一类饲料，其蛋白质氨基酸组成齐全，且比例适当，富含钙、磷、微量元素和维生素。但鹿对鱼、肉、骨的腥味反应敏感，不喜采食，因此，一般很少应用或用量较少。

1. 食盐 常用的是粗食盐，缺碘地区可用碘化食盐，其含碘量为70mg/kg。实践中也可以用食盐作载体，配制微量元素预混料或食盐砖，供鹿舔食。在缺硒、铜、锌地区，还可分别配制含相应元素的食盐砖、食盐块等。

2. 无机钙、磷平衡饲料 生产中多以碳酸钙和磷酸盐为原料，按一定比例配制成无机钙、磷平衡饲料，以满足鹿对钙、磷的营养需要。

鹿常用的饲料添加剂有：矿物质元素添加剂、维生素添加剂、氨基酸添加剂、非蛋白氮添加剂、生长促进剂、饲料保存剂和中药添加剂等。

二、梅花鹿的营养需要和参考饲养标准

鹿的营养需要和饲养标准受多种因素影响，有些营养物质的饲养标准还停留在经验

上，需不断通过科学实验加以完善。表2-2至表2-6提出的为经验饲养标准，供参考。

表2-2　不同年龄公梅花鹿生茸期蛋白质需要量与蛋能比例

年龄（周岁）	饲粮蛋白质水平（%）	精饲料蛋白水平（%）	蛋能比（g/MJ）
1	22	27	13
2	20	26	12
3	19	24	11
4	15	19	9
5	14	18	8

表2-3　离乳仔鹿精饲料的适宜营养水平

月龄	粗蛋白质（%）	总能（MJ/kg）	代谢能（MJ/kg）	蛋能比（g/MJ）	钙（%）	磷（%）	赖氨酸（g）	蛋氨酸（g）
3~6.5	28	17.13	11.37	16.27	0.68	0.56	6.50	3.60

表2-4　离乳仔鹿的参考饲养标准

月龄	体重（kg）公	体重（kg）母	精饲料（kg）	粗饲料（风干）（kg）	粗蛋白质（g）	总能（MJ）	代谢能（MJ）	可代谢蛋白（g）	降解蛋白（g）	钙（g）	磷（g）	食盐（g）
3~6.5	50	40	0.75~0.80	0.70~0.75	245~262	24.24~25.96	12.95~13.68	112~120	135~146	9.1~9.7	5.1~5.5	11~12

表2-5　育成鹿的参考饲养标准

月龄	体重（kg）公	体重（kg）母	精饲料（kg）	粗饲料（风干）（kg）	粗蛋白质（g）	总能（MJ）	代谢能（MJ）	可代谢蛋白（g）	降解蛋白（g）	钙（g）	磷（g）	食盐（g）
9~10	55	46	0.8~1.0	0.9~1.0	269~330	28.38~33.40	14.63~17.51	127~153	146~195	10.6~12.5	5.6~6.9	12~15

表2-6　母梅花鹿各生产时期的适宜营养水平

饲养时期	精饲料的营养水平 粗蛋白质（%）	总能（MJ/kg）	钙（%）	磷（%）	日粮的营养水平 粗蛋白质（%）	总能（MJ/kg）	钙（%）	磷（%）
配种期	15.19	16.13	0.62	0.36	10.37	16.22	0.56	0.24
妊娠前期	15.19	16.13	0.62	0.36	10.37	16.22	0.56	0.24
妊娠中期	16.48	16.88	0.88	0.58	11.14	16.55	0.68	0.34
妊娠后期	20.00	16.88	0.99	0.61	14.80	16.72	0.89	0.43
哺乳期	23.31	17.30	1.02	0.67	16.09	16.97	0.90	0.45

三、鹿的一般饲养管理原则

1. 一般饲养原则　以青粗饲料为主，精饲料为辅，多种饲料合理搭配，保证营养全价性。坚持规律性饲喂，做到定时、定量、定温、定人，坚持由少到多逐渐增减饲料和变更饲料种类，保证供应充足洁净的饮水。

2. 一般管理原则 养鹿生产区合理布局与分群，公鹿舍在上风头、母鹿舍在下风头、幼鹿舍居中。加强卫生防疫制度，仔鹿在出生 24h、1 周岁、2 周岁分别注射 1 次卡介苗；公母鹿夏季注射魏氏梭菌疫苗、秋季注射坏死杆菌病疫苗，全场定期消毒。为鹿群创造适宜的生活环境，保持鹿舍通风凉爽、冬季背风向阳，保持环境安静；饲养密度与鹿舍大小相适应，保证鹿适当的运动，促进鹿群健康。加强驯化及科学饲养和管理，不断应用养鹿新技术，实现养鹿生产优质高效。细心观察和熟悉鹿群基本情况，发现异常及时处理。

四、成年公鹿的饲养管理

饲养公鹿的目的主要是为了生产优质高产鹿茸，繁殖优良后代，提高鹿群整体水平，因此必须科学饲养管理，以保证公鹿有良好的体况和种用价值，延长其寿命和生产年限。

根据公鹿在不同季节的生理特点和代谢变化规律，结合生产实际把公鹿饲养管理划分为生茸前期、生茸期、配种期和恢复期 4 个阶段，其中，生茸前期和恢复期基本上处于冬季，又称为越冬期。在北方，梅花鹿 1 月下旬至 3 月下旬为生茸前期，4 月上旬至 8 月中旬为生茸期，8 月下旬至 11 月中旬为配种期，11 月下旬至翌年 1 月中旬为恢复期。马鹿的各个时期比梅花鹿提前 20d 左右。但是，各饲养时期不是截然分开的，彼此间相互联系、相互影响，每一时期都以前一时期为基础。

1. 生茸期公鹿的饲养要点 公鹿生茸期正值春夏季节，饲料条件转好，但公鹿脱角、生茸和春季换毛需要大量的营养物质，因此，日粮配合必须科学合理，要保证日粮营养的全价性，提供富含维生素 A、维生素 D 的青绿多汁饲料和蛋白质饲料。精饲料中要提高豆饼和豆科籽实的比例，要供给足够的豆科青割牧草及品质优良的青贮饲料和青绿枝叶饲料。同时，可用熟大豆浆拌精饲料，或把精饲料调制成粥状，以提高日粮的适口性。另外，要供给足够的矿物质饲料。公梅花鹿生茸期的饲料配方见表 2-7。

表 2-7 公梅花鹿生茸期精饲料配方（风干基础）

		1 岁	2 岁	3 岁	4 岁	5 岁
饲料组成 %	玉米面	29.5	30.5	37.6	54.6	57.6
	大豆饼、粕	43.5	48.0	41.5	26.5	25.5
	大豆（熟）	16.0	7.0	7.0	5.0	5.0
	麦麸	8.0	11.0	10.0	10.0	8.0
	食盐	1.5	1.5	1.5	1.5	1.5
	矿物质饲料（含磷≥10.32%）	1.5	2.0	2.4	2.4	2.4
营养水平	粗蛋白质（%）	27.0	26.0	24.0	19.0	18
	总能（MJ/kg）	17.68	17.26	17.05	16.72	16.72
	代谢能（MJ/kg）	12.29	12.08	12.12	12.20	12.25
	钙（%）	0.72	0.86	0.96	0.92	0.91
	磷（%）	0.55	0.61	0.62	0.58	0.57

要根据鹿茸的长势情况，合理调配日粮及喂量，防止饥饱不均，保证日饲喂的均衡性，以预防念珠茸和乏养茸的发生。白天投喂 3 次精、粗饲料，夜间补饲 1 次粗饲料，做

到定时定序饲喂。增加饲料时要逐渐进行，可按每 3 ~ 5d 加料 0.1kg 的幅度进行，至生茸旺期加到最大量，防止加料过急而发生顶料现象或发生胃肠疾病。

科学合理饲喂精饲料，梅花鹿头锯公鹿 0.8 ~ 1.55kg，二锯公鹿 0.8 ~ 1.85kg，三四锯公鹿 0.5 ~ 2.1kg，五锯以上公鹿 0.5 ~ 2.5kg，育成公鹿 0.9 ~ 1.2kg；马鹿育成公鹿 1.2 ~ 1.8kg，头锯、二锯公鹿 1.4 ~ 3.0kg，三四锯公鹿 1.8 ~ 3.5kg，五锯以上公鹿 2.3 ~ 5.0kg。

公鹿生茸初期正值早春季节天气变化无常，气温较低，昼夜温差大，鹿茸生长缓慢；生茸中后期，公鹿新陈代谢旺盛，茸生长发育快，营养需要多。因此，在 3 ~ 4 月份早晚喂干粗饲料，中午要饲喂青贮饲料；5 月份后，每天早、午要饲喂青贮饲料，夜间投喂干粗饲料。公马鹿早喂干粗料 2 ~ 3kg，午喂青贮料 5 ~ 6kg，晚喂干粗料 5 ~ 6kg；公梅花鹿早喂干粗料 1 ~ 2kg，午喂青贮料 2 ~ 3kg，晚喂干粗料 2 ~ 3kg。

在生茸期间，应供给充足的食盐和洁净的饮水，梅花鹿每只每天供水 7 ~ 8kg，食盐 15 ~ 25g；马鹿供水 14 ~ 16kg，食盐 25 ~ 35g。

收完头茬茸之后，开始大量饲喂营养丰富的青刈饲料，可减少日粮中 1/3 ~ 1/2 精料。收完再生茸之后，生产群公鹿可少喂或停喂精饲料，但要注意投喂优质的粗饲料，以控制膘情，降低性欲，减少因争偶顶撞造成的伤亡。头锯、二锯公鹿尚未发育成熟，性活动也较低，因此不应停料。

2. 生茸期公鹿的管理要点 应将公鹿群按年龄分成育成鹿群、不同锯别的壮年鹿群、老龄鹿群等若干群，实施分群饲养管理，以便于掌握日粮水平、饲喂量以及日常管理和生产安排，提高劳动效率。舍饲公鹿每群 20 ~ 25 只，放牧的公鹿应采用大群放牧，小群补饲的方式，将年龄相同、体况一致的公鹿每 30 ~ 40 只组成一群进行管理和补饲。

为了防止公鹿惊慌炸群损伤茸角，公鹿生茸期一定要保持舍内安静，谢绝外人参观。饲养人员饲喂及清扫要有规律，出入圈舍时，动作要轻、稳。同时，结合饲喂清扫，进行人鹿亲和及调教驯化，提高其抗应激能力，便于实施科学的饲养和管理。

生茸期间应专人值班，注意看管鹿群，及时制止公鹿间的角斗和顶撞，防止鹿群聚堆撞坏鹿茸。对有啃茸恶癖的公鹿，应隔离饲养或拨入尚未生茸的育成鹿群中去。每天早饲前后是观察鹿群的最佳时间，值班人员要细心观察，发现压茸花盘，可寻找适当时机人工拨掉，以免影响生茸或者出现怪角；观察鹿对饲料采食情况、精神状态、行走步态和反刍情况、呼吸状态、粪便性状和鼻唇镜是否正常，发现问题及时处理。

生茸初期正值初春，万物复苏，是病原微生物孳生、传染病和常见病多发流行季节，应做好卫生防疫工作。在解冻后对鹿舍、过道、饲槽、水槽进行一次重点消毒，圈舍、车辆、用具等可用 1% ~ 4% 热烧碱溶液或 10% ~ 20% 的生石灰乳剂消毒，也可将苛性钠和生石灰各占 50% 配比进行消毒。消毒时间在上午为宜，经全天日照，药效发挥效果好。并经常保持饲槽、水槽、饮水及精、粗饲料的清洁卫生。

公鹿的配种期为 8 月下旬至 11 月中旬。配种期公鹿饲养管理的目的，一是保持种公鹿有适宜的繁殖体况、良好的精液品质和旺盛的配种能力，适时配种，繁殖优良后代；二是使非配种公鹿维持适宜的膘情，准备安全越冬。因此，收茸后应将公鹿重新组群进行饲养和管理。梅花种公鹿配种期饲料配方见表 2 - 8。

1. 配种公鹿的饲养要点 由于精子从形成到发育成熟要经过8周的时间，因此，在配种期到来之前两个月就应加强对公鹿的饲养，使种公鹿在配种季节达到良好的膘情，具有良好的精液品质和旺盛的配种能力。梅花鹿种公鹿配种期饲料配方参见表2-8。

表2-8 梅花鹿种公鹿配种期饲料配方（风干基础）

饲料组成	比例（%）	营养水平	含量
玉米面	50.1	粗蛋白（%）	20.00
豆饼	34.0	总能（MJ/kg）	16.55
麦麸	12.0	代谢能（MJ/kg）	11.20
食盐	1.5	钙（%）	0.92
矿物质饲料（含磷≥10.32%）	2.4	磷（%）	0.60

注：每只公鹿每天补给1~1.5kg块根、块茎、瓜类多汁饲料

由于受性活动的影响，公鹿食欲急剧下降，易发生争偶角斗，同时由于配种负担较重，所以，体质消耗严重，配种期后其体重减少15%~20%。因此，在拟定日粮时，要着重提高饲料的适口性、催情作用和蛋白质生物学价值，力求饲料多样化，品质优良，营养全价。

精饲料日喂量种用公梅花鹿1.4~1.0kg，种用公马鹿2.5~2.0kg。实际投喂时根据种公鹿的膘情调整，如果膘情好，少喂精饲料可避免过肥；如果膘情差，粗饲料质量又低，就必须多喂精饲料。如果喂以优质的粗饲料和混合精饲料，粗蛋白含量达到12%即能满足需要；如果饲料品质低劣，粗蛋白质需达到18%~20%。青贮类饲料日喂量宜控制在1.5kg以下，饲喂过多会影响配种和精液品质。矿物质和维生素对精液品质及对公鹿的健康都有良好作用，必要时可补喂矿物质和维生素添加剂，满足公鹿的需要。

2. 配种公鹿的管理要点 种用公鹿和非种用公鹿应分别进行饲养和管理，在配种以前（8月中下旬）及时收获再生茸，以便伤口愈合，减少由于顶架造成茸根受伤，从而减少来年怪角茸的发生。配种期间必须设专人昼夜值班，细致观察配种情况和进程并做好记录，防止因受配次数过多影响公鹿的合理利用和对母鹿造成穿坏肛的可能。注意观察种公鹿的健康状况和配种能力并及时替换。中途替换或配种结束拨出的种公鹿应单独组群或放入小圈单独饲养，暂时不能同未参加配种的公鹿混群，避免因带母鹿的气味而引起顶架伤亡。

配种期间，水槽应设盖，防止公鹿在顶架或交配后过度喘息时马上饮水，引发肺坏疽等疾病，导致丧失配种能力、降低生产性能。此外，配种期的公鹿常因磨角争斗损坏圈门出现逃鹿或串圈现象，并经常趴泥戏水，容易污染饮水，因此，要做好圈舍检修，定期洗刷和消毒水槽，保持饮水清洁。要经常打扫圈舍，定期消毒，保持地面平整，防止坏死杆菌病的发生。

3. 非配种公鹿的饲养要点 非配种公鹿进入配种期也出现食欲减退、角斗、爬跨其他公鹿等性冲动现象。为了降低配种期生产群公鹿的性反应，减少争斗和伤亡，为安全越冬做好准备，在配种期到来之前，根据鹿的膘情和粗饲料质量等情况适当减少精饲料量，必要时停喂一段时间精饲料，但老弱病残或10锯以上公鹿不应停喂精饲料。进入配种期后应充分供给适口性强的甜、苦、辣味或含糖和维生素丰富的青绿多汁饲料，保证饲料多样化，但精饲料喂量可减少1/3~1/2。非种用公梅花鹿精料日喂量0.8~0.5kg，3~4岁公梅花鹿1.2~1.0kg；非种用公马鹿2.0~1.5kg，3~4岁公马鹿1.9~1.7kg。

4. 非配种公鹿的管理要点 在配种期到来之前，对不参加配种的生产群公鹿按年龄、体况分群。非配种公鹿和后备种用公鹿应养在远离母鹿群的上风头圈舍内，防止受异味刺激引起性冲动而影响食欲。同时，加强看管，控制顶撞和爬跨现象，防止激烈顶撞及高度喘息的公鹿马上饮水，发现被穿肛或撞坏的鹿，及时做好妥善处理。要保持舍内安静，保持鹿群稳定，遵守饲喂规程，减少一切干扰和刺激，从而减少鹿顶架伤亡。

在配种期，生产群中的壮年公鹿性冲动强烈，争斗称王较甚。初期，处于统治地位的"王鹿"会顶撞和损伤其他公鹿，后期"王鹿"因体力消耗，机体消瘦，退居次要地位，又将受到其他公鹿的威胁，因此，发现败阵的"王鹿"要及时拨出，以减少角斗伤亡，延长每只公鹿的利用年限。

鹿的越冬期包括配种恢复期和生茸前期两个阶段，此时正值冬末春初（12月至翌年3月），是茸鹿生产淡季。

1. 越冬期公鹿的饲养要点 此期公鹿饲养管理的目的是迅速恢复体况，增加体重，保证安全越冬，并为生茸贮备营养。精饲料中玉米、高粱等应占50%～70%，豆饼及豆科籽实占17%～32%。北方地区冬季寒冷，昼短夜长，要增加夜饲，均衡饲喂时间，日喂4次。精饲料日喂量：种用公梅花鹿1.5～1.7kg，非种用公梅花鹿1.3～1.6kg，3～4岁公梅花鹿1.2～1.4kg；种用公马鹿2.1～2.7kg，非种用公马鹿1.9～2.2kg，3～4岁公马鹿1.9～2.1kg。粗饲料应尽量利用树叶、大豆荚皮、野干草及玉米秸等。用青贮玉米可以代替一部分多汁饲料，饲喂时应由少到多逐渐增加喂量，酸度过高时，可用1%～3%的石灰水或苏打水冲洗中和后再投喂。

加强老弱病残鹿的饲养是越冬期公鹿饲养管理的重要内容，可单独配制日粮，配方为：玉米30%，豆饼35%，大豆10%，麦麸15%，小米10%，食盐0.5%，骨粉1.0%，日喂4次。通过饲喂营养全面、适口性好、消化率高的精饲料和充足的粗饲料，结合合理的驱赶运动鹿均可安全越冬。公梅花鹿越冬期饲料配方参见表2-9。

表2-9 公梅花鹿越冬期饲料配方（风干基础）

		1岁	2岁	3岁	4岁	5岁
饲料组成（%）	玉米面	57.5	55.0	61.0	69.0	74.0
	大豆饼、粕	24.0	27.0	22.0	15.0	13.0
	大豆（熟）	5.0	5.0	4.0	2.0	2.0
	麦麸	10.0	10.0	10.0	11.0	8.0
	食盐	1.5	1.5	1.5	1.5	1.5
	矿物质饲料（含磷≥3.5%）	2.0 *	1.5	1.5	1.5	1.5
营养水平	粗蛋白质（%）	18.00	19.18	17.00	14.50	13.51
	总能（MJ/kg）	16.30	16.72	16.72	16.26	15.97
	代谢能（MJ/kg）	12.29	11.91	12.41	12.37	12.41
	钙（%）	0.79	0.65	0.65	0.61	0.61
	磷（%）	0.53	0.39	0.39	0.36	0.35

注：* 1岁公鹿所用矿物质含磷量≥10.23%

2. 越冬期公鹿的管理要点 在1月初至3月初，按年龄和体况对鹿群进行两次调整，体弱有病的鹿单独组群饲养，有利于提高其健康状况和生产能力，延长公鹿的利用年限。

饲料投放面积狭窄、成堆成片或投放位置不合理，会造成采食时拥挤，一部分体质强壮的"王"鹿争食霸横，弱鹿、瘦小鹿提前下槽溜边蹲角，不能按时按量进食，造成弱小鹿冬毛生长迟缓，体质下降，影响当年产茸；严重者被顶伤患病，体质极度下降，难以抵抗严冬的侵袭，在越冬期死亡。因此，越冬期公鹿在按年龄、体况科学分群的基础上，投喂饲料要均匀，从头到尾一条线，杜绝成堆或成片投放。

冬季鹿舍要注意防潮保温，避风向阳，定期起垫，及时清除粪便和积雪。寝床上可铺垫 10～15cm 厚的软草，在入冬结冰前彻底清扫圈舍和消毒，预防疾病发生。越冬期每昼夜要驱赶运动 5 次，白天 2 次，夜间 3 次，以增强茸鹿抵抗寒冷的能力。

五、母鹿的饲养管理

母鹿在一年中有 8 个月左右的妊娠期，2～3 个月的泌乳期，生理负担很重，因此，必须根据母鹿不同生产时期的营养需要特点，实施科学的饲养管理才能获得理想的效果。

1. 饲养要点　8 月中旬仔鹿断乳后，母鹿停止泌乳进入配种前的体质恢复阶段，此期间气候适宜，牧草丰盛结籽，放牧鹿群宜选择豆科植物多、营养价值高的牧地，早出晚归，每天保证 7～8h 采食时间，收牧后补饲富含蛋白质、维生素和矿物质等营养成分的精饲料，供给充足的饮水。圈养母鹿应做到及时断乳，饲喂大量鲜嫩多汁饲料，每昼夜供给 3 次精饲料和充足清洁的饮水，使母鹿群在 20～30d 的准备配种期内体况恢复到符合配种要求。

配种母鹿日粮的配合，应以粗饲料和多汁饲料为主、精饲料为辅。精饲料按豆科籽实 30%，禾本科籽实 50%，糠麸类 20% 配比，多汁饲料以富含维生素 A、维生素 E 的根茎类饲料，如胡萝卜和瓜类为宜。圈养母鹿每天均衡喂精、粗饲料各 3 次，夜间补饲鲜嫩枝叶、青干草或其他青刈粗饲料。10 月植物枯黄时开始喂青贮，日喂量为 0.5～1.0kg。放牧母鹿群从 10 月 1 日起，夜间补饲精饲料和粗饲料。初配母鹿和未参加配种的后备母鹿正处于生长发育阶段，应选择新鲜的多汁优质饲料，细致加工调制，增加采食量，促进其迅速生长发育。

2. 管理要点　母鹿在准备配种期不能喂得过肥，保持中等体况，准备参加配种；及时将仔鹿断乳分群，使母鹿提早或适时发情。将母鹿群分成育种核心群、一般繁殖群、初配母鹿群和后备母鹿群，根据各自生理特点，分别进行饲养管理，每个配种母鹿群以 20 只左右为宜。在配种期间，及时注意母鹿发情情况，以便及时配种；参加配种的母鹿群应设专人昼夜值班看管，防止个别公鹿顶撞母鹿，防止乱配、配次过多或漏配现象。配种后公、母鹿要及时分群管理，根据配种日期及体质强弱，适当调整母鹿群；发现有重复发情的母鹿要注意做好复配；要随时做好配种记录，一方面为来年推算预产日期提供方便，另一方面为育种工作打下良好的基础。

母鹿的妊娠期历时 8 个月左右，可分为胚胎期（受精至 35 日龄）、胎儿前期（36～60 日龄）、胎儿期（61 日龄至出生）3 个阶段。胎儿前期是器官发生和形成阶段，妊娠后期胎儿增重快，绝对增重大，所需营养物质多。在胎儿骨骼形成的过程中，需要大量的矿物质，如供应不足，就会导致胎儿骨骼发育不良，或母体瘫痪。此外，由于母体代谢增强，也需较多的营养物质，因此，妊娠期营养不全或缺乏，不仅导致胎儿生长迟缓，活力不足，也影响母鹿的健康。实践证明，妊娠中期精饲料粗蛋白水平在 16.64% ~ 19.92%，能量水平在 16.18 ~ 16.97MJ/kg，妊娠后期精饲料的粗蛋白水平在 20% ~ 23%，能量水平在 16.55 ~ 17.31MJ/kg 的范围内，可以满足母鹿生产的需要。

1. 饲养要点 母鹿妊娠期的日粮应始终保持较高的营养水平，特别是保证蛋白质和矿物质的供给。在制定日粮时，应选择体积小、质量好、适口性强的饲料，并考虑到饲料容积和妊娠期的关系，前期应侧重日粮质量，容积可稍大些，后期在保证质量前提下，应侧重饲料数量，但日粮容积应适当小些。在临产前 0.5 ~ 1 个月应适当限制饲养，防止母鹿过肥造成难产。此外，舍饲妊娠母鹿粗饲料中应喂给一些容积小易消化的发酵饲料，日喂量为 1.0 ~ 1.5kg；青贮饲料日喂量为 1.5 ~ 2.0kg。放牧饲养的母鹿，可适量补给青贮饲料，日喂量 1.0 ~ 1.5kg。饲喂妊娠母鹿的青贮饲料和发酵饲料切忌酸度过高，严防引起流产。

母鹿妊娠期每天定时均衡饲喂精饲料和多汁粗饲料 2 ~ 3 次为宜，一般可在每天的 4 ~ 5 时，午 11 ~ 12 时和 17 ~ 18 时饲喂。如果白天喂 2 次，夜间应补饲 1 次粗饲料。饲喂时，精饲料要投放均匀，避免采食时母鹿相互拥挤。要保证供给母鹿充足清洁的饮水，冬季最好饮温水。

2. 管理要点 整群母鹿进入妊娠期后，必须加强管理，做好保胎工作。应根据参加配种母鹿的年龄、体况、受配日期合理调整鹿群，每圈饲养只数不宜过多，避免在妊娠后期由于鹿群拥挤而造成流产。要为母鹿群创造良好的生活环境，保持安静，避免各种惊动和干扰。各项管理工作要精心细致，出入圈舍事先给予信号，调教驯化时注意稳群，防止发生炸群伤鹿事故。

在北方，冬季寝床应铺 10 ~ 15cm 厚柔软、干燥的垫草，并要定期更换，鹿舍内不能积雪存冰。每天定时驱赶母鹿群运动 1h 左右，增强鹿体质，促进胎儿生长发育。妊娠中期，应对所有母鹿进行一次检查，根据体质强弱和营养状况调整鹿群，将体弱及营养不良的母鹿拨入相应的鹿群进行饲养管理。妊娠后期要做好产仔前的准备工作，如检修圈舍、铺垫地面，设置仔鹿保护栏等。

产仔哺乳期是母鹿饲养的重要阶段，仔鹿生长发育的好坏、繁殖成活率的高低与此期的饲养管理有密切关系。这一时期的主要任务是使妊娠母鹿能顺利产仔，产仔后能分泌丰富的乳汁，保证仔鹿成活和健康生长发育。试验研究表明，母梅花鹿泌乳期精饲料中，粗蛋白水平为 23.60%，能量水平在 17.56MJ/kg 时，母鹿泌乳量足且质优，仔鹿断乳成活率和体增重也较高。而且，在精饲料粗蛋白水平为 23.6% ~ 26.6% 范围内，仔鹿体增重随着饲料能量水平的提高而提高。

1. 饲养要点 此期母鹿日粮中各营养物质的比例要适宜，饲料要多样化，适口性强；除喂良好的枝叶饲料外，应喂给一定数量的多汁饲料，以利于泌乳和改善乳质量。母鹿产后按产前日粮量投喂，第 2 天再根据母鹿健康及食欲情况适当增加 0.2 ~ 0.4kg，2 ~ 3d 后每天应继续增喂 0.1 ~ 0.2kg。凡是生产潜力大，泌乳量较高，食欲旺盛的多加，反之则少加，总的目的是促进母鹿大量采食，以满足泌乳需要，减少体内原有贮积营养的消耗。

产仔泌乳期母鹿消化能力显著增强，采食量比平时增加20%～30%。如果母鹿每天平均产乳按0.5kg计算，加上饲料利用上的消耗，仅供分泌乳汁的精饲料就需要0.5～0.8kg。所以，哺乳母鹿每天喂精饲料0.8～1.0kg为宜，其日粮中的蛋白质应占精饲料量的30%～35%。母鹿产仔后1～3d最好喂一些小米粥、豆浆等多汁催乳饲料。舍饲母鹿在5～6月缺少青绿饲料时，每天应喂青贮饲料，母梅花鹿为1.5～1.8kg。舍饲的泌乳母鹿每天饲喂2～3次精饲料，夜间补饲1次粗饲料；放牧母鹿在午间、晚上补饲精饲料，夜间补饲粗饲料。母梅花鹿粗饲料配方和各时期精饲料组成及营养水平参见表2-10、表2-11。

表2-10　母梅花鹿粗饲料配方　　　　　　　　　　　　（单位：kg）

地区与饲料		1月	2月	3月	4月	5月	6月	7月	8月	9月	10月	11月	12月
山区或半山区	干枝叶类	1.6	1.6	0.8	0.7	1.4	1.4	—	—	—	1.4	0.8	1.6
	发酵饲料	0.5	0.5	0.5	0.5	—	—	—	—	—	—	0.5	0.5
	青贮饲料	—	—	2.0	1.8	1.8	—	—	—	—	2.0	2.0	—
	青草青枝叶	—	—	—	—	—	2.0	6.0	6.0	6.0	—	—	—
	块根块茎	0.3	0.3	—	—	—	—	—	—	—	0.5	0.5	0.3
	瓜类	—	—	—	—	—	—	—	—	—	0.5	—	—
	合计	2.4	2.4	3.3	3.0	3.2	3.4	6.0	6.0	7.0	4.4	3.8	2.4
农区	发酵饲料	1.0	1.0	1.0	0.7	0.7	—	—	—	—	—	0.5	0.5
	大豆荚皮	0.8	0.8	—	—	—	0.7	—	—	—	—	0.8	0.8
	青贮饲料	—	—	2.0	1.8	1.8	1.5	—	—	—	2.0	2.0	2.0
	青割饲料	—	—	—	—	—	2.0	6.0	6.0	6.0	4.0	—	—
	块茎与瓜类	0.3	0.3	—	—	—	—	—	—	1.0	1.0	0.5	0.3
	合计	2.1	2.1	3.0	2.5	2.5	4.2	6.0	6.0	7.0	7.0	3.8	3.6
草原区	青干草	2.4	1.6	1.6	1.6	0.7	—	—	—	—	—	1.6	2.4
	青草	—	—	—	—	—	—	—	—	—	1.5	—	—
	青贮饲料	—	1.5	1.5	1.5	1.0	—	—	—	—	—	1.5	—
	块茎块根类	0.2	—	—	—	—	—	—	—	0.5	0.5	0.5	0.2
	瓜类	—	—	—	—	—	—	—	—	0.5	0.5	—	—
	合计	2.6	3.1	3.1	3.1	1.7	—	—	—	1.0	2.5	3.6	2.6

表2-11　母梅花鹿各时期精饲料组成及营养水平　　　　　　　　（单位：%）

饲料组成	生产时期		
	妊娠中期	妊娠后期	哺乳期
玉米面	56.0	47.0	40.0
豆饼	10.0	19.0	13.0
大豆（熟）	16.5	21.0	27.0
麦麸	14.0	8.0	15.0
食盐	1.5	1.5	1.5
鹿用骨粉	1.0	1.0	1.0
磷酸氢钙	1.0	2.5	2.5
合计	100.0	100.0	100.0

（续表）

营养水平	生产时期		
	妊娠中期	妊娠后期	哺乳期
粗蛋白质	16.60	20.30	23.60
总能（MJ/kg）	16.72	17.14	17.56
粗纤维	19.20	13.10	19.00
钙	0.81	1.29	1.33
磷	0.54	0.75	0.80

2. 管理要点　母鹿分娩后应根据分娩日期、仔鹿性别、母鹿年龄分群护理，每群母鹿和仔鹿以 30 ~ 40 只为宜。放牧的哺乳母鹿可采取大群放牧小群饲养的方法，每天上、下午分别出牧，哺乳初期每次放牧 2 ~ 2.5h，哺乳后期每次放牧 3 ~ 3.5h。对弃仔或扒打仔鹿的恶癖母鹿要严格看管，必要时将其关进小圈单独管理。夏季应注意保持母鹿舍的清洁卫生和消毒，预防母鹿乳房炎和仔鹿疾病的发生。拨鹿时，对胆怯、易惊慌炸群的鹿不要强制驱赶，应以温顺的骨干鹿来引导。对舍饲的母鹿要结合清扫圈舍和喂饲随时进行调教驯化。原来放牧的母鹿在分娩后 20d 可离仔放牧，母鹿放牧后应指定专人在舍内定时补饲和调教仔鹿，以便为以后驯化或随母鹿一起放牧奠定基础。

六、仔幼鹿的饲养管理

从鹿的生长发育规律上看，幼鹿生长强度大，物质代谢旺盛，对营养物质的需要量较多，特别是对蛋白质、矿物质要求较高。生长初期主要是骨骼和急需参加代谢的内脏器官的发育，后期主要是肌肉发育和脂肪沉积，因此，必须保证营养物质的全价性，提供较高的营养水平，能量蛋白比例和钙磷比例适宜。由于幼鹿消化道容积小，消化机能弱，因此其对饲粮的营养浓度要求高，并且要容易消化。2 ~ 3 月龄母鹿每天需可消化蛋白质 100 ~ 105g，2 ~ 3 月龄公鹿每天需要可消化蛋白质 110 ~ 120g，断乳后至 4 月龄每天需要 120 ~ 125g。哺乳期每天需钙 4.2 ~ 4.4g，磷 3.2g；育成期每天需要钙 5.5 ~ 5.6g，磷 3.2 ~ 3.6g。

初生仔鹿生理机能和防御机能还不健全，需要人工辅助护理。其中护理的关键是设法帮助仔鹿尽早吃到初乳，保证仔鹿充分休息。

1. 清除黏液及断脐　优良的母鹿分娩后，寸步不离其仔并舔舐爱抚，使仔鹿很快被舔干，15 ~ 20min 后即可站立就乳。但是，有些母鹿，因为受惊或其他原因（如初产母鹿惧怕新生仔鹿、恶癖母鹿趴咬仔鹿、难产母鹿受刺激过重而遗弃仔鹿等）而不照顾仔鹿，仔鹿躯体的黏液不能及时得到清除，就不能站立就乳。尤其是在早春季节，早晚和夜间气温低，发生这种情况时，仔鹿体热散失较快，引起衰弱和疾病。因此，必须及时用软草或布块将其擦干，或找已产仔的温顺母鹿代为舔干，特别是清除口及鼻孔中的黏液，以免窒息而死。

初生仔鹿喂过 3 ~ 4 次初乳后，需要检查脐带，如未能自然断脐，可实行人工辅助断脐，并进行严格消毒，随之可进行打耳号、注射卡介苗和产仔登记工作。平时要特别注意仔鹿的卫生管理，周围的器具、垫草最好消毒处理。对早春出生的仔鹿要特别注意做好保温防潮工作，产圈和保护栏里要铺垫柔软的干草。

2. 哺喂初乳 初乳对仔鹿的健康与发育具有极为重要的作用。仔鹿在生后 10～20min 就能站立寻找乳头，吃到初乳，最晚不能超过 8～10h。个别仔鹿由于某种原因不能自行吃到初乳时，人工哺乳也可收到良好效果。挤出的鹿初乳或牛、羊初乳应立即哺喂（温度 36～38℃），日喂量应高于常乳，可喂到体重的 1/6，每天不少于 4 次。如遇母鹿产后患病或死亡，找不到代养母鹿或牛、羊初乳时，也可配制人工初乳哺喂仔鹿。配方为：鲜牛奶 1 000ml、鲜鸡蛋 3～4 个、鱼肝油 15～20ml、沸水 400ml、精制食盐 4g、多维萄葡糖适量。配制方法是：先把鸡蛋用开水冲开，加入食盐和多维萄葡糖搅匀，再将牛奶用 4 层纱布过滤后煮沸，待奶温降至 50～60℃ 时，将冲开的鸡蛋液和鱼肝油一并倒入，搅拌均匀，晾至 36～38℃ 即可哺喂仔鹿。另一种方法是用常乳 1 000ml，加入 20ml 鱼肝油，25ml 泻油和 150mg 土霉素，连喂 5d，以后土霉素喂量降至每只 50mg/d。

3. 仔鹿代养 代养是提高仔鹿成活率可靠而有效的措施。当初生仔鹿得不到生母直接哺育时，可为它寻找 1 只性情温顺、母性强、乳量足、产仔时间相近的母鹿作为保姆鹿。在集中分娩期，大部分温顺的经产母鹿都可能被用来作为保姆鹿，但一般看来，选择分娩后 1～2d 以内的母鹿代养容易获得成功。代养时先将保姆鹿放入小圈，送入代养仔鹿，如果母鹿不趴不咬，而且前去嗅舔，可认为能接受代养。继续观察代养仔鹿能否吃到乳汁，凡是哺过 2～3 次乳以后，代养就算成功。双胎仔鹿往往比一般单胎仔鹿体质弱小，有的双胎仔鹿为一强一弱，也应按仔鹿代养的方式加强护理，否则很难保证双仔全活。

4. 仔鹿人工哺乳 当出现产后母鹿无乳、缺乳或死亡、恶癖母鹿母性不强拒绝仔鹿哺乳、初生仔鹿体弱不能站立、从野外捕捉的初生仔鹿、为了进行必要的人工驯化等情况而又找不到代养母鹿时则需要进行人工哺乳。

人工哺乳的方法：先将经过消毒的乳汁（初乳或常乳）装入清洁的奶瓶，安上奶嘴冷却到 36～38℃，用手把仔鹿头部抬起固定好，将奶嘴插入仔鹿口腔，压迫奶瓶使乳汁慢慢流入，防止呛入气管。如仔鹿出现挣扎，需适当间歇，哺喂数次后仔鹿即能自己吸吮。在人工哺乳时，要用温湿布擦拭按摩仔鹿肛门周围或拨动鹿尾，促进胎粪排出，以防仔鹿排泄障碍导致死亡。人工哺乳的时间、次数和哺乳量应根据原料乳的成分、含量、仔鹿日龄、初生重和发育情况决定，实际应用时可参考表 2–12。

表 2–12　仔鹿人工哺育牛乳喂量　　　　　　　　　　　　　　（单位：g）

初生重	1～5 日龄（6 次）	6～10 日龄（6 次）	11～20 日龄（5 次）	21～30 日龄（5 次）	31～40 日龄（4 次）	41～60 日龄（3 次）	61～75 日龄（2 次）
5.5kg 以上	480～960	960～1 080	1 200	1 200	900	720～600	600～450
5.5kg 以下	420～900	840～960	1 080	1 080	870	600～450	520～300

注：1～5 日龄为逐渐增加量，其他日龄各栏为变动范围

1. 哺乳仔鹿的管理 在产仔哺乳期，一些鹿场采用多圈连用，把几个母鹿舍互相连通，将母鹿群分为产前、待产和产后 3 组。临产母鹿进入待产（产仔）圈产仔，产后设法使仔鹿吃到初乳，并注射疫苗、打耳号，再连同母鹿一起调入产后圈。

产后圈内设仔鹿保护栏，仔鹿在保护栏内可以保证安全。仔鹿保护栏应设在运动场西北侧的高处，利于保温与采光，保护栏各柱间距在 15～16cm 为宜，不要过窄或过宽，防止夹伤仔鹿或母鹿进入。保护栏内要经常保持清洁干燥，并铺垫干草，为仔鹿创造一个干

燥、温暖、安全的环境，并能防止母鹿趴咬和抢食仔鹿补饲料。

仔鹿15日龄左右开始采食饲料，并出现反刍现象。此时其消化能力还很弱，抗病力也较低，容易发生胃肠疾病，特别是食入污秽不洁的草料和粪块更易发生仔鹿白痢。为此，要坚持每日清扫圈舍，定期更换垫草，并在保护栏内设料槽进行补饲。仔鹿大部分时间在保护栏内固定的地方伏卧休息，很少出来活动，应定时轰赶，逐渐增加其运动量。同时要注意观察仔鹿的精神状态、食欲、排粪等活动状况，发现有异常现象应及时采取治疗措施。饲养人员要精心护理仔鹿，抓住仔鹿可塑性大的特点，随时调教驯化，使仔鹿不惧怕人，注意发现和培养骨干鹿，为离乳后的驯化放牧打好基础。

2. 哺乳仔鹿的补饲　随着仔鹿日龄的增长，母鹿提供的营养物质不能满足仔鹿生长发育的需要，应对仔鹿尽早补饲，以促进仔鹿消化器官的发育和消化能力的提高，使仔鹿离乳后能很快适应新的饲料条件。15～20日龄的仔鹿便可随母鹿采食少量饲料，应在仔鹿保护栏内设小料槽，投给营养丰富易消化的混合精饲料，比例为：豆粕50%～60%（或豆饼50%、黄豆10%），高粱（炒香磨碎）或玉米30%～40%，细麦麸10%，食盐、碳酸钙和仔鹿添加剂适量。用温水将混合精饲料调拌成粥状，初期每晚补饲1次，后期每天早、晚各补饲1次（表2-13）。开始补饲后应增设水槽，以保证仔鹿饮水。

表2-13　哺乳期梅花仔鹿补料量

日龄	10～30	31～45	46～60	61～75	76～90
日喂次数（次）	1	2	2～3	3	3
日喂量（g）	50	100	150～200	200～350	400～500

从8月中旬离乳到当年底的小鹿称为离乳幼鹿。生产实践中常采取一次离乳的方法对仔鹿进行离乳，因此，仔鹿的哺乳期最长可达110d，而最短的仅为55d。由于离乳仔鹿要经受饲料条件和环境条件双重变化的影响，因此必须加强饲养管理，顺利度过离乳关。在离乳前应结合补饲，有目的的提供精饲料和一些优质的青绿多汁饲料，逐渐增加其采食量，使瘤胃容积逐渐增大，提高对粗纤维的消化能力，增强离乳后对饲料的适应能力。同时，驯化母仔分离，养成母仔分离行动自如的习惯，达到安全分群的目的。分群时，应按照仔鹿的性别、日龄、体质强弱等情况，每30～40只组成一个离乳仔鹿群，饲养在远离母鹿的圈舍里。

刚断乳时仔鹿思恋母鹿，鸣叫不安，采食量大减，3～5d后才能恢复正常，要注意加强护理。饲养员要经常进入鹿圈呼唤和接近鹿群，做到人鹿亲和，并加紧人工调教工作，缓解仔鹿的焦躁不安情绪，使其尽快适应新的环境和饲料条件。仔鹿断乳4周后，在舍内驯化基础上，每天先舍内后过道（走廊），坚持驯化1h，逐渐加深驯化程度，尽快达到人鹿亲和，保证鹿群的稳定，可有效减少幼鹿伤亡事故的发生。越冬期要保持圈内干燥，棚舍内铺垫干草或干软的树叶，保暖防寒，供幼鹿伏卧休息，确保安全越冬。

离乳初期仔鹿消化机能尚未完善，日粮应由营养丰富、容易消化的饲料组成，特别要选择哺乳期内仔鹿习惯采食的饲料。要逐渐增加饲料量，防止一次采食饲料过量引起消化不良或消化道疾病。饲料加工调制要精细，将大豆或豆饼制成豆浆、豆沫粥或豆饼粥，饲喂效果比浸泡饲喂要好。根据仔鹿食量小、消化快、采食次数多的特点，初期日喂4～5

次精粗料，夜间补饲 1 次粗料，以后逐渐过渡到成年鹿的饲喂次数和营养水平。9 月中旬至 10 月末，正是断乳仔鹿采食高峰期，应看上顿采食情况确定下顿投喂量。

幼鹿进入越冬季节，应供给一部分青贮饲料和其他富含维生素的多汁饲料，并注意矿物质的供给，必要时可喂给维生素和矿物质添加剂，在日粮中加入食盐 5 ~ 10g，碳酸钙 10g 左右，以防止佝偻病的发生。由于梅花鹿幼鹿对饲料的选择性较强，因此将青草和农作物秸秆粉碎发酵后由于能产生乳酸香味，饲喂效果较好，可以提高采食量。要经常观察幼鹿的采食和排粪情况，发现异常随时调整精、粗饲料比例和日粮量。梅花鹿离乳仔鹿日粮标准与精饲料配方参见表 2 – 14。

表 2 – 14　离乳仔鹿精饲料配方　　　　　　　　　　　　（单位：g）

饲料组成	梅花鹿					马鹿				
	8 月	9 月	10 月	11 月	12 月	8 月	9 月	10 月	11 月	12 月
豆饼与豆科籽实	150	250	350	350	400	300	400	500	500	600
禾本科籽实	100	100	100	200	200	200	200	300	300	400
糠麸类	100	100	100	100	100	100	100	100	100	100
食盐	5	8	10	10	10	10	10	10	10	10
碳酸钙	5	8	10	10	10	10	10	15	15	15

离乳仔鹿转入第 2 年即为育成鹿，此时鹿只已完全具备独立生活能力，饲养管理无特殊要求，但如得不到应有的重视，就可能达不到预期要求。

1. 育成鹿的饲养　研究表明，梅花鹿育成期混合精饲料适宜的能量浓度（GE）应为 17.138 ~ 17.974MJ/kg，适宜的蛋白质水平应为 28%，适宜的蛋能比应为 16.34 ~ 17.25g/MJ（CP/GE）。饲喂量在 0.8 ~ 1.4kg，精饲料过多会影响消化器官特别是鹿瘤胃的发育，进而降低了对粗饲料的适应性，精饲料过少则不能满足育成鹿生长发育的需要。舍饲育成鹿的基础粗饲料是树叶、青草，以优质树叶最好。此时，可用适量的青贮饲料替换干树叶，替换比例视青贮饲料水分含量而定，水分含量在 80% 以上，青贮饲料替换干树叶的比例应为 2：3，但在早期不宜过多使用青贮饲料，否则鹿胃容量不足，有可能影响生长。育成鹿的日粮配方参见表 2 – 15、表 2 – 16。

母鹿到了 18 个月龄即可初配，此时如能采食到足够的优质粗饲料，基本能满足营养需要，但如果粗饲料品质差，应适当补喂精饲料，以满足生殖器官发育的营养需要。饲养后备育成公鹿，必须限制容积大的多汁饲料和秸秆等粗饲料的喂量。8 月龄以上的育成公鹿，青贮饲料的喂量以 2 ~ 3kg 为限，青割类及根茎类多汁饲料也应参照这个标准。6 ~ 8 月龄的育成鹿，在优质草地上放牧，可进食体重 5% ~ 6% 的青草，尚不能满足迅速发育的需要，仍需喂等量的精饲料。到 1 周岁以后，可进食体重 8% ~ 9% 的青草，如果青草品质好，可少补饲精饲料，但在放牧期，骨粉和食盐等矿物质饲料仍需补充。

表 2 – 15　育成梅花鹿精饲料配方

饲料组成	育成公鹿				育成母鹿			
	1 季度	2 季度	3 季度	4 季度	1 季度	2 季度	3 季度	4 季度
豆饼、豆科籽实（kg）	0.4	0.4 ~ 0.6	0.7	0.7	0.3	0.4	0.45 ~ 0.5	0.5 ~ 0.45
禾本科籽实（kg）	0.2 ~ 0.3	0.2 ~ 0.3	0.2	0.3 ~ 0.4	0.2	0.2	0.2	0.2

（续表）

饲料组成	育成公鹿				育成母鹿			
	1 季度	2 季度	3 季度	4 季度	1 季度	2 季度	3 季度	4 季度
糠麸类（kg）	0.3	0.3	0.3	0.3	0.3	0.3	0.3	0.3
酒糟类（kg）	0.3~0.4	0~0.4	—	0~0.5	0.3~0.4	0~0.4	—	0~0.5
食盐（g）	10	15	15	20	10	15	15	20
碳酸钙（g）	10	15	15	15	10	15	15	15

表 2-16 育成梅花鹿饲粗饲料配方 （单位：kg）

地区与饲料		1 月	2 月	3 月	4 月	5 月	6 月	7 月	8 月	9 月	10 月	11 月	12 月
农区	发酵饲料	0.6	0.6	0.7	0.7	0.8	—					0.4	0.5
	大豆荚皮	0.5	0.6	—	—		0.6						0.7
	青贮饲料	—	—	1.4	1.4	1.5	1.5				1.5	1.5	2.0
	青割饲料						1.5	4.5	5.0	5.0	3.5		
	根茎瓜类	0.3	0.3	—	—					0.5	0.5	0.5	0.3
山区或半山区	干枝叶类	1.0	1.0	0.5	0.6	0.6	1.2				0.6	0.7	1.5
	发酵饲料	0.3	0.3	0.3	0.35							0.4	0.5
	青贮饲料	—	—	1.4	1.4	3.0					3.5	1.8	
	青草、青树叶						1.5	4.5	5.0	5.0			
	块根块茎	0.3	0.3	—	—					0.5	0.5	0.5	0.3
草原区	青干草	1.5	1.0	1.0	1.0	0.5					—	1.2	2.1
	青草	—	—	—	—						1.0		
	青贮饲料	1.4	1.5	1.5	—						—		1.5
	块根块茎	0.2	—	—	—					0.3	0.4	0.4	0.2
	瓜类												0.2

2. 育成鹿的管理 育成鹿处于由幼鹿转向成年鹿的过渡阶段，一般育成期为 1 年，公鹿的育成期更长些。对育成鹿的管理，应抓好如下几个环节。

（1）公、母分群饲养：公、母仔鹿合群饲养时间以 3~4 月龄为限，以后由于公、母鹿的发育速度、生理变化、营养需求、生产目的和饲养管理条件等不同，必须分开饲养。

（2）育成母鹿初配期的确定：应根据育成母鹿的月龄和发情情况确定，参加配种前，必须提高日粮营养水平，保证正常发情排卵，使其在配种期达到适宜的繁殖体况。

（3）防寒保温：处于越冬期的育成鹿，体躯小，抗寒能力仍较差，应采取必要的防寒措施并提供良好的饲养管理条件。

（4）加强运动：育成鹿尚处于生长发育阶段，可塑性大，应加强运动以增强体质。圈养舍饲鹿群每天必须保证轰赶运动 2~3h，夜间最好也轰赶 1 次。

（5）搞好鹿舍内卫生：育成鹿舍内应保持清洁干燥，及时清除粪便，冬季要有足够垫草，鹿舍和料槽、水锅要定期消毒，防止疾病发生。

（6）防止穿肛：育成公鹿在配种期也有相互爬跨现象，造成不必要的体力消耗甚至直肠穿孔。在气候骤变、雨后初晴时表现更为强烈，因此，饲养人员要注意看管，及时制止个别早熟鹿乱配，以免影响正常发育，避免伤亡事故。

（7）继续调教驯化：圈养舍饲的育成鹿群，虽已具有一定的驯化程度，但已形成的条件反射尚不稳定，当遇到异常现象时，仍易惊恐炸群。因此，必须继续加强调教驯化，建立新的条件反射，增强对各种复杂环境的适应能力。放牧饲养的育成鹿群，虽然驯化程度较高，但仍具有脚轻善跑，易惊扰的缺点，可结合放牧继续深入调教驯化。

七、生产区的建筑与布局

生产区是鹿场的核心，其建筑有鹿舍、饲料贮藏室、饲料加工室、粗料棚、青贮窖等，位于全场的中心地段，布局以力求紧凑，便于防疫和作业为主，同时还需考虑机械化程度、安装动力和能源利用等设置要求，各种建筑物力求整齐统一。鹿舍坐北朝南或向东南、西南倾斜15°～30°，运动场设在鹿舍的南面。可采取多列式建筑，以东西并列2～3栋，南北两栋配置方式为好，两栋间距3～5m。

圈养梅花鹿传统的鹿舍规格为：圈棚长10.5m、宽6m，运动场长27m、宽10.5m，可分别养梅花鹿公鹿20～30只，母鹿20～25只，育成鹿35～40只。圈养马鹿传统的鹿舍规格为：圈棚长17.5m、宽6m，运动场长30m、宽17.5m，可分别养马鹿公鹿25只，母鹿20只，育成鹿35只。实践证明，在使用面积一定的情况下，以方形圈舍鹿伤亡较少，而细长的圈舍鹿伤亡较多。圈养鹿每头平均占用面积见表2－17。

表2－17　不同鹿占用鹿舍建筑面积

鹿别	梅花鹿（m²/头）		马鹿（m²/头）	
	圈棚	运动场	圈棚	运动场
公鹿	2.1～2.5	9～11	4.2	21
母鹿	2.5～3.2	11～14	5.2	26
育成鹿	1.6～1.8	7～8	3.0	15

鹿舍墙壁以砖石结构为主，中间隔墙高一般为1.5～1.6m，宽为0.6m。棚舍无前墙，仅有明柱，明柱的基础要深，最好修成圆砖垛或者用水泥柱，木柱不耐久，易因受冻和公鹿磨角顶撞而使棚舍变形。在每栋鹿舍前墙外要设5～6m宽的通道，即走廊，它是出牧、归牧和拨鹿的主要经路，也是安全生产的一种防护设施。通道两端均应留门，门宽3m左右。鹿舍的四周要有坚固的围墙，高度为1.9～2.1m，明石墙高度30～60cm，上砌实砖到1.2m，以上为花砖墙。在采用圈养放牧相结合的饲养方式时，为适应放牧鹿群的需要，棚舍设计应尽量宽大和简易一些。

寝床和运动场要坚实、平坦、有弹性、不硬、不滑、并有3°～5°的坡度，地面下设排水沟，以便清除和冲洗污物。东北地区各鹿场多采用砖铺地面，这样的地面有平整、易排水、便于清扫的优点。沙土地面温差变化小，具有柔软性，但地面容易受到公鹿打泥戏水的影响遭受破坏，同时肢蹄病高发。对于采用砖铺地面的圈舍，为减少由于公鹿彼此顶架造成的腿部伤害，在配种期最好在地面上铺10cm左右厚的沙土。

第四节　鹿　茸

一、鹿茸的种类与形态

鹿茸是茸用鹿的第二性征，着生于额骨顶部，幼嫩时的茸角称为鹿茸，鹿茸骨化后茸皮脱落成为鹿角，鹿角是茸鹿争斗和自卫的武器。

根据茸鹿种类的不同鹿茸分成不同的种类，比如马鹿生长的鹿茸称为马鹿茸、梅花鹿生长的鹿茸称为花鹿茸等；根据鹿茸不同生长阶段、分杈多少的不同，鹿茸可分成二杠茸、三杈茸、四杈茸、莲花茸、初角茸等；根据鹿茸初加工方法及工序的不同，可分成带血茸、排血茸；根据鹿茸收取方式的不同，分成砍头茸、锯茸两种；根据在一年中同一头鹿收取鹿茸的茬次，将鹿茸分成头茬茸、再生茸；根据鹿茸茸形是否与该鹿种应有的正常茸形一致，有正常鹿茸和畸形茸之分。

通常马鹿茸有初角茸、马莲花、马三杈、马四杈等鹿茸，梅花鹿有初角茸（初角毛桃）、花二杠茸、花三杈茸，以及马鹿、梅花鹿再生茸等。鹿茸的种类与形态见图2－1至图2－3。

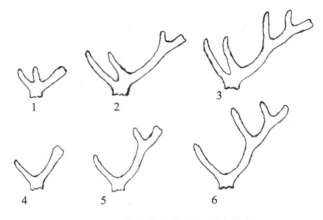

图2－1　鹿茸角的种类与形态变化

1. 马鹿莲花茸　2. 马鹿三杈茸　3. 马鹿四杈茸　4. 梅花鹿二杠茸　5. 梅花鹿三杈茸　6. 花四杈

图2－2　天山马鹿四杈茸

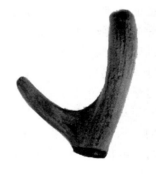

图2－3　梅花鹿二杠茸

茸用鹿的鹿茸角属于实角，与牛、羊等动物生长的洞角不同，鹿的茸角外覆皮肤，未完全骨化前的鹿茸皮肤上生长有茸毛，皮肤层下由外向内依次为皮质层、髓质层。另外，茸用鹿的茸角是分杈的，而牛、羊等角不分杈；牛、羊等动物生长的洞角终生不脱落，而茸用鹿的茸角每年脱换1次。茸用鹿的茸角最基部为茸根（茸冠）或角根，然后是主干，沿主干由下往上逐渐生长出分支，依次为眉枝（第一分支）、冰枝（第二分支）、第三分支、第四分支，鹿茸主干的顶端叫茸顶，鹿茸角眉枝与主干之间的分岔部叫虎口，鹿茸最后一个分支与主干之间的分岔部叫小虎口，夹角部俗称嘴头。鹿茸不同部位名称见图2-4。

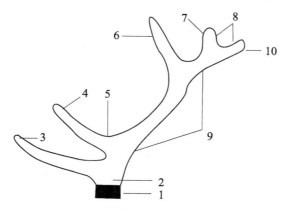

图2-4 鹿茸不同部位名称

1. 草桩 2. 茸根 3. 眉枝 4. 冰枝 5. 虎口 6. 第三分枝 7. 第四分枝
8. 嘴头 9. 主干（大挺） 10. 茸顶

二、鹿茸生长发育规律与适时合理收茸

1. 草桩（角柄）的发生　草桩是茸用鹿额骨上终生不脱落的骨质突，是茸角赖以形成和再生的基础，鹿在茸角生发之前，必须首先生发出草桩。青年鹿草桩有6～8cm长，但随着年龄增长茸角每年的脱落而逐年缩短，也就是说，年龄越大草桩越短。

关于草桩最初萌动的时间依茸鹿鹿种不同而不同，真鹿属的部分鹿和驯鹿属的鹿是在胎儿期（妊娠的后半期），赤鹿是在妊娠的前半期，美洲圆角鹿属的鹿发生在出生后。除鹿种因素外，营养因素对草桩的萌发和生长也有很大影响，若营养条件差和环境恶劣，草桩的发生可大大推迟。

梅花鹿、马鹿出生的小公鹿，头顶上有两个小毛旋，随着月龄增加，在此基础上逐渐形成两个小突起——草桩，随月龄增长草桩也逐渐加粗加长，正常生发的情况下，第2年3～4月即可在此基础上生长出初角茸。

2. 初角茸的发生与锥形角的形成　初角茸是茸用鹿形成的第一副茸角。初角茸和草桩的发生过程是连续的，草桩形成后初角茸随即开始生发，但初角茸的生发时间因鹿种、营养条件和地区不同而有差异。

一般来说，以退化的第二和第五掌骨为肢末端的鹿，如驯鹿、白尾鹿和狍等，在生后的第1年秋季开始生长初角茸。以退化的第二和第五掌骨为肢近端的鹿，如马鹿、梅花鹿和黇鹿等，在生后的第2年春季开始生长初角茸。从营养角度来讲，如果营养条件适宜，初角茸按时发生，但若营养水平差，初角茸可能推迟1～2年发生。

初角茸生发后，随时间的推移逐渐生长，梅花鹿、马鹿等北方鹿种，秋季鹿茸骨化，茸皮脱落，形成鹿角，由于梅花鹿初角茸通常不能分权，因此形成的鹿角称为锥形角。

3. 成年鹿茸角的生长发育　从初角茸骨化后翌年脱落开始，至鹿茸的生长、鹿茸的骨化，呈现周期性规律。梅花鹿每年 4 月份、马鹿 3 月份以后开始脱角，伤口愈合需 7 ~ 10d。脱角后、伤口愈合前尚有凝固的血迹，处于这种状态时称为老虎眼；当伤口愈合，中部处于凹陷的碗状时称为灯碗子。

梅花鹿脱角后 15d 后生长成出两个突起，鹿茸生长高度在 1.5 ~ 2cm 时的初期叫磨脐，继续生长到 3 ~ 4cm 时叫茄包。梅花鹿 20d 分生第一分支，此时的鹿茸形似马鞍，故称为鞍子，生长初期叫小鞍，当主干生长高于眉枝时叫大鞍，再继续生长一定高度称为小二杠。梅花鹿 30 ~ 50d，平均 45d，开始分生第二分支，此时至第三分支分生之前的鹿茸称为三权茸。梅花鹿 51 ~ 75d，平均 70d，开始分生第三分支，分生后的鹿茸骨化程度很高，茸皮脱落后便成为了鹿角，梅花鹿茸角最多可生长成 4 ~ 5 权，有"花不过五"之说。

马鹿 13 ~ 17d，平均 15d，分生第一分支，分支较早，称为坐地分支；23 ~ 30d，平均 25d，分生第二分支，此时的马鹿茸称为马鹿莲花茸；51 ~ 75d，平均 55d，开始分生第三分支，此时至第四分支分生之前的马鹿茸称为马鹿三权茸；76 ~ 85d，平均 80d，开始分生第四分支，此时至第五分支分生之前的马鹿茸称为马鹿四权茸；85 ~ 90d 分生第五分支，分生后的鹿茸骨化程度已经很高，因此马鹿"五权茸"也已经失去了固有的药用价值，茸皮脱落后便成为了鹿角。

正常情况下，成年鹿每年脱角生茸 1 次，每增长 1 岁，可增加 1 个分支。梅花鹿、马鹿春季脱角生茸，春夏是鹿茸快速生长期，秋季 8 月份左右骨化成角，以后进入硬角期。骨化的角称为毛杠，脱皮后叫清枝，脱了皮的三权叫清三权，脱了皮的四权叫清四权。

茸用鹿在同一地区脱角生茸时间，3 ~ 8 岁随年龄增加逐年提前，因此，鹿茸生长期也随年龄的增加而逐年延长，产茸量随之增加。试验表明，梅花鹿 3 ~ 6 岁，二杠茸每年约提高 33%，7 ~ 9 岁每年约提高 6%；三权茸 3 ~ 9 岁每年约提高 9%；优良的个体，产茸高峰可维持到 10 岁以后。茸用鹿脱角早晚还与鹿种有关，同一年龄的茸用鹿，马鹿较梅花鹿脱角时间早 20 ~ 25d。茸用鹿脱角早晚还受营养状况、激素等影响，营养状况不良或患有疾病等，可使脱角时间推迟；在鹿茸生长的不同时期，人为的施加不同激素都会对鹿茸生长产生不同的影响。

1. 收茸的种类 收茸的种类影响鹿茸的产量、质量和产值，应根据鹿的种类、年龄、个体生茸特点、市场需求及茸的价值等情况综合考虑。3 岁（出生后第 3 年——头锯）公梅花鹿，应收取二杠茸；4 岁公鹿，虽然大部分可生长出三权茸，但由于生长潜力有限，要以收取二杠茸为主，对于在 3 岁时鲜茸产量高于 0.5kg 的，可根据具体情况收取部分三权茸。5 岁（三锯）以上的公鹿，脱盘早，生茸期长，生长发育旺盛，茸体肥大，收三权茸较二杠茸增加产量 1 倍左右，重量增加明显，所以，三锯以上的公鹿应大量生产三权茸。但是，对于主干细短、顶端生长无力的锥形茸，主干过于弯曲的羊角茸、爬头茸，嘴头扁平、顶沟长的掌形茸或小嘴头茸，嘴头主侧枝方向不正、大小不相称、不扭嘴或其他畸形茸，应收取二杠茸，这样能避免生长出畸形三权茸，可以增加产值。梅花鹿砍二杠茸和砍三权茸是我国传统出口商品，在国际市场上享有很高的声誉，近年来国内市场也有需求，应严格根据市场需求组织生产。花二杠砍茸的要求是粗壮肥嫩、虎口饱满、长短适度、四衬全美、干重不低于 0.25kg，并应在 6 岁以上公鹿中选择生产砍二杠茸；花三权砍茸的要求是茸型规整、左右对称、嘴头饱满、挺圆、不底老、质地肥嫩，干重在 0.75kg 以上。

2. 收茸的适期 适时收茸是保证鹿茸质量，取得最大经济效益的重要技术措施。在收茸期必须每天晚饲前到鹿群中观察鹿茸生长情况，确定最佳收茸日期。

（1）梅花鹿锯茸。成年公鹿生长的二杠茸，如果主干与眉枝肥壮、长势良好，应适当延长生长期，如果为瘦条茸应酌情早收；壮年鹿生长的羊角茸、爬头茸等，由于通常长势好、生长快，应适当晚收；3 岁公鹿通常第一次生长分叉茸，由于脱盘较晚，生长潜力不大，应适当早收。成年公鹿生长的三权茸如果茸大型佳，茸根不老，上嘴头肥嫩，可适当延长生长期，收大嘴三权，嘴头不超过 14cm；对笨篱茸、马蹄茸可适当晚收 1~2d，嘴头长度不超过 12cm 为宜；对短嘴头茸、嘴头细小、上稍穿尖的三权茸，兔嘴茸，燕尾茸，茸根呈现黄瓜钉、癞瓜皮的茸，应在嘴头长 8~10cm 之间提前收取。

（2）梅花鹿砍头茸。砍头茸的收取应较同规格的锯茸适当提前 2~3d 进行。砍二杠茸应在主干肥壮、顶端肥满、主干与眉枝比例相称时收取；砍三权茸应在主干上部粗壮、主干与第二侧枝顶端丰满肥嫩、比例相称、嘴头适度时收取。

（3）初角茸和再生茸。发育好的育成公鹿在 6 月中旬前后，初角茸长至 5~10cm 时，应锯尖平槎，以避免穿尖，使角基变粗，以利于以后提高鹿茸的产量和质量。以后长至 8 月中、下旬再分期分批收初角再生茸。一般在 7 月上旬前锯过茸的 4 岁（二锯）以上的公鹿到 8 月中旬绝大多数都能长出不同高度的再生茸，于 8 月中旬前依据茸的老嫩程度分期分批收取，但最晚不能晚于 8 月 20 日。

根据收茸前观测鹿茸长势所确定的收茸种类和收茸鹿号，于每天早饲前进行收茸。

1. 夹板式保定器收茸 需 6 人操作，其中掌握操纵杆 1 人、压腰杠 1 人、压脖杠 1 人、抱头 1 人、锯茸 1 人、接血与止血 1 人。先将鹿由原舍拨入小圈，待操作人员准备妥当后，再逐头经过附属设备拨入通道，用推板迅速推入保定器内。当鹿的四肢完全站立在升降踏板上时，由推板人发出保定信号，掌握操纵杆的人向上猛推操纵杆，通过滑动铁架的连动作用，夹板捧起鹿体，踏板下降使鹿的四肢处于悬空状态，用腰鞍压住鹿背，保定人员向上推开滑动门后抓住茸根，将鹿头拉出自动门外，立即压下脖杠挡住肩部即可锯茸。

掌锯人一手持锯一手握住茸体，从珍珠盘上方 2~2.5cm 处将茸锯掉，接血人用接血盘在茸根部接茸血。锯茸后要马上进行止血，先将止血药撒在已消毒好的塑料敷料（15cm×15cm）上，锯茸后马上用手托着敷料扣在锯口上，轻轻按压一下。对产茸量高的梅花鹿应在锯茸前用寸带或草绳将草桩扎紧，锯茸后将止血药压在锯口上，再用塑料布包住锯口，用寸带或草绳系紧，并于当天下午或次日锯茸时或喂鹿时将其取下。目前各鹿场使用的锯茸止血药较多，有七厘散、止血粉、消炎粉和由各种中草药配制的复合型锯茸止血药等，有的鹿场还延用传统的干面粉等。锯茸速度要快，又要防止撕裂茸皮，锯口必须保持平整。

有效止血后，保定头部的人发出放鹿信号，其他人员同时操作，动作迅速，协调一致，使保定器恢复到保定前的状态，开前门，鹿便从保定器中跳出。

2. 化学药物保定法收茸 目前，所用药物有司克林（氯化琥珀胆碱）、静松灵（2，

4-二甲基苯胺噻唑)、氯胺酮、眠乃宁等注射药品,其中以眠乃宁注射液最为确实、可靠,易于使用,并有解药苏醒灵,因此得到国内养鹿界的普遍认可和广泛使用。眠乃宁注射液由作用于中枢神经系统的强效药物二甲苯噻嗪和二氢埃托啡以最优配比复合而成,具有镇静、镇痛和肌肉松弛作用,用药后可使鹿肌肉松弛,自行倒卧,安静睡眠,痛觉消失,进入较深的全身麻醉状态,可直接据茸。眠乃宁用法用量:肌肉注射给药,梅花鹿1.5~2.0ml/100kg体重,马鹿1.0~1.5ml/100kg体重,年老体弱者应适当减量,而年轻体壮者适当增量,宜按推荐剂量的上限给药,便于一针击倒,如给药后15min达不到理想制动效果时,可追加首次用量的1/2至全量。本药配有特效拮抗药苏醒灵3号和苏醒灵4号注射液,苏醒灵4号注射液一般按眠乃宁注射液用量的等容积计算药量,苏醒灵3号注射液则按眠乃宁的倍量使用,静脉注射。

化学药物保定法采用的注射方法有麻醉枪、长杆式注射器、麻醉箭等。使用麻醉枪注射,生产上受很多限制,比如必须按照有关枪支管理条例使用和保存,用于发射飞针的子弹需到相应的部门购买,一般除野生动物保护部门和一些大型养殖场外很少使用。长杆式注射器用于对茸用鹿进行麻醉注射比较普遍,但由于必须与鹿相距较近时才能有效进行注射,且容易造成鹿群惊慌,所以逐渐被麻醉箭所取代。麻醉箭的形状与构造参见图2-5。

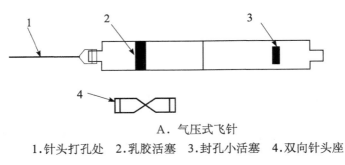

A. 气压式飞针

1.针头打孔处　2.乳胶活塞　3.封孔小活塞　4.双向针头座

B. 乳胶带弹力飞针

图2-5　麻醉箭——飞针

麻醉箭由两部分组成,一是发射管——吹管,长度约1.7m,可用家庭装修用的不锈钢管代替;另一部分是飞针,飞针用2~5ml的塑料注射器制成,自动注射的动力可来源于气压,也可以来源于橡胶带。飞针的注射器针头通常需10~12号,将原针孔用焊锡堵死,并在距针头尖端1~1.5cm处打一小孔(进药孔)。麻醉箭在使用前,先将药物吸入注射器,然后在针头上插一块橡胶块,以便将出药孔堵死,然后套上乳胶带或注入气体,即准备完毕。使用时将飞针装入吹管,对准待麻醉的鹿用力将飞针吹出,只要飞针能准确刺中鹿体,便会自动注射。

注意事项:①鹿患有严重实质脏器病变、饱食或剧烈运动后仍处于高度兴奋状态时禁用本品;妊娠后期鹿慎重使用。②应在早饲前进行,并且当鹿倒地后应将头颈垫高,颈部摆直,防止瘤胃内容物逆流时误吸入肺脏造成窒息。③严寒条件下鹿对眠乃宁的耐受性增大，应增加眠乃宁用量，并相应增加催醒剂的用量。④鹿肌注本品后 7～10min 倒地熟睡，用药量恰到好处，药物反应最平稳，给以等量苏醒灵 4 号，可在 2～3min 内苏醒。如给药后 3～5min 倒卧，用药后反应剧烈、头颈强直后弯或突然摔倒，表明是眠乃宁用量偏大，或是鹿体敏感。⑤本品肌注给药后血药达峰时间 30min，半衰期为 2.5h，24h 后从体内排泄完毕，因此本品不可短时间内连续使用，用药间隔时间至少 24h 以上。⑥本品为化学保定剂，应严格管理并由专业人员使用，药品应存放阴凉处避光保存。

三、鹿茸加工与质量鉴定

鹿茸加工就是将鲜茸脱水干燥，加工成干品的商品茸，便于保存和运输。经过加工过程对鹿茸还起到了防腐、保形、定色的作用。由于鹿茸成分复杂，含水量高，如果加工不当，不仅难于脱水干燥，而且容易腐败变质，影响药效，造成重大经济损失。因此，鹿茸加工技术直接影响产品质量和经济效益，是养鹿生产极为重要的环节。

1. 排血茸加工技术　排血茸的传统加工方法是通过煮前排血、煮炸加工、烘烤、风干、煮头等工序，对收取的各种鲜茸进行处理，排出茸内的血液，蒸散水分，加速干燥，以获得优质的成品茸。煮炸前先将全茸浸入沸水中，只露锯口烫 5～10s，取出仔细检查有无暗伤。在虎口封闭不严或有伤痕等处敷上蛋清面，下水片刻使其固着封闭，以增强茸体的抗热能力，防止在煮炸中破裂，然后便可进入第一水第一排煮炸。

在第一排煮炸的前 1～5 次入水煮炸时，随下水次数的增加而逐渐延长每次煮炸时间。在第一排的 1～5 次煮炸中，应先以嘴头及茸干上半部在沸水中推拉振荡搅水（带水）2～3 次，促进皮血排出，然后继续下水至茸根，在水中轻轻作划圆运动和推拉往复运动（撞水），注意锯口不能入水。至 4～5 次下水时，由于茸体内部受热，开始从锯口排出血液，此时应用长针挑一挑锯口周围的血栓块，并由锯口向茸髓部位深刺数针，必要时用毛刷蘸温水刷洗锯口以利于排血。连续下水，适当延长和保持下水时间，当煮炸至大血排完，锯口流出血沫时，便可结束第一排煮炸，间歇冷凉，当茸皮温度降至不烫手时，便可进行第二排煮炸。

第二排煮炸第一次下水时间与第一排最后一次煮炸时间相同，以后逐次缩短。第二排煮炸下水中间和出水前，需适当提根煮头（把眉枝和茸根提出水面，只煮茸尖和主干上半部）。为了避免眉枝撸皮，可事先在眉枝尖敷蛋清面。当锯口排出的血沫由多变少，颜色也由深红变为淡红，继而出现粉白沫时，说明全茸基本熟透，茸内血液基本排净，即可结束第一水煮炸加工。结束第一水煮炸加工前要将鹿茸全茸（连同锯口）入水煮炸 10s 左右取出，以避免生根现象发生。取出鹿茸后，剥去蛋清面，用毛刷蘸温水刷去茸皮上附着的油脂污物，再用柔软纱布或毛巾彻底擦干，连同茸架一起送至风干室中，放在通风良好的台案上风干。

由于鹿茸的种类、规格和支头大小不同，其煮炸与烘烤时间有很大差别。一般而言，皮薄老瘦的茸比皮厚肥嫩的茸耐煮；三杈茸比二杠茸煮炸时间长些；同等规格的鹿茸，粗大的比细小的煮炸时间长；茸毛细短、皮薄、致密坚韧的鹿茸较耐煮炸。实践中可根据锯口排血状态、茸皮紧缩程度、气味变化情况灵活掌握。排血茸第一水煮炸时间可参照表 2－18。

表 2 - 18　排血茸煮炸时间表

茸别	鲜茸重	第一排水		间歇冷凉	第二排水	
		下水次数	每次时间（s）		下水次数	每次时间（s）
花二杠锯茸	1.5~2.0	12~15	35~45	20~25	9~11	30~40
	1.0~1.5	9~12	25~35	15~20	7~9	20~30
	0.5~1.0	6~9	15~25	10~15	5~7	10~20
花三杈锯茸	3.5~4.5	13~15	40~50	25~30	11~14	45~50
	2.5~3.5	11~13	35~45	20~25	8~11	35~40
	1.5~2.5	7~10	30~35	15~20	5~8	25~35

鹿茸经过第一水煮炸加工后，第 2~4d 继续煮炸称为回水，回水又可分为第二水、第三水和第四水，第二水煮炸两排，第三水和第四水各煮炸一排，每水煮炸都要适当提根煮头。每次回水后都要在 70~75℃ 烘干室中烘烤 40~60min，回水烘烤的主要目的是防腐、消毒、加速干燥。烘烤以后送风干室冷凉风干。经过回水（4 次煮炸、3 次烘烤）后的鹿茸，含水量比鲜茸减少 50% 以上，以后靠自然风干为主，适当地进行煮头和烘烤。最初 5~6d 每隔 1d 煮 1 次茸头，烘烤 20~30min 后自然风干，以后便可根据茸的干燥程度和气候变化情况不定期地煮头与烘烤，避免空头与瘪头。鹿茸每次水煮和烘烤后都应送入风干室脱水风干。每天应由专人对风干的鹿茸检查一遍，对茸皮发黏、茸头变软的鹿茸及时回水和烘烤。特别是在空气湿度大时，更应注意增加煮炸或烘烤次数，防止糟皮。风干室必须通风干燥，阴雨天及时关好门窗，随时扑灭苍蝇和昆虫。

2. 带血锯茸加工技术　带血茸是将茸内血液全部保留在茸内的成品茸，由于茸内流体有效成分不流失或少流失，不仅提高了产品质量，而且鲜茸的干燥率增加 2.4%~3.2%，提高了成品率。带血茸加工是一项操作复杂、要求严格的技术，包括封锯口、称重、测尺、编号、登记、洗刷茸皮、煮炸与烘烤、煮头与风干等过程。收茸后的前 4d 每天煮炸 1 次，烘烤 2 次。从第 5 天开始，连日或隔日回水、煮头或烘烤 1 次。到鹿茸八分干时可视情况不定期煮头、烘烤。煮炸时间、烘烤时间与温度视茸的重量、茸形结构、鹿茸种类、茸皮厚薄及茸质老嫩程度灵活掌握。对分杈处皮薄、封口不严及其他皮薄处涂蛋清面。破损、外伤应作包扎并涂蛋清面加以保护。

带血茸第一水煮炸比排血茸时间短、入水次数少，煮透即可。花二杠茸第一水煮炸共入水 2~3 次，第 1 次入水煮炸 50~60s，间歇冷凉 50~60s，然后再水煮 50~60s，见锯口中心将要流出血液即可结束煮炸。花三杈茸第一水煮炸，共入水 3~4 次，每次入水煮炸 60~80s，之后间歇冷凉 50~60s，待见到锯口中心将要流出血液即可结束煮炸。马鹿茸茸体大，抗水煮能力强，不论三杈茸、四杈茸，第一水煮炸均入水 3~4 次，每次入水 60~80s，之后间歇冷凉 60s，待见到锯口中心将要流出血液即可结束煮炸。

经过第一水煮炸后再进行的煮炸加工叫回水，一到四水煮炸要连续进行。马鹿茸每次水煮 40~50s，共入水煮炸 3~7 次，两次之间间歇冷凉 30s；梅花鹿茸每次水煮 30~40s，共入水煮炸 3~5 次，两次之间间歇冷凉 30s；直至茸毛耸立、茸头有弹性、发出熟蛋黄香味为止，然后进行烘烤。回水煮炸要注意提根，主要煮茸的上 1/2~2/3，四水之后主要煮炸茸的尖部，熟称"煮头"，时间与下水次数不限，主要是把硬茸头煮软，进而至较硬且有弹性。

带血茸脱水主要靠烘烤，一到四水每天烘烤 1～2 次，每水煮炸结束后擦干茸体即可烘烤。烘烤温度为 70～75℃，时间为 2～3h，每次烘烤结束后要擦干茸体上的水珠与油脂，送入风干室进行风干。为了使血液分布均匀，带血茸烘烤时要平放，一到四水烘烤时中间要将鹿茸翻转 1 次。带血茸风干时，最初 2d 要平放，以后进行挂放。带血茸加工程序参见表 2－19。

表 2－19　带血茸加工程序

茸别 天数	马鹿茸				花三杈锯茸				花二杠锯茸			
	煮炸		烘烤		煮炸		烘烤		煮炸		烘烤	
	下水次数	时间(s)	温度(℃)	时间(h)	下水次数	时间(s)	温度(℃)	时间(h)	下水次数	时间(s)	温度(℃)	时间(h)
第 1 天	3～4	60～80	73	2.0～3.0 2.0～2.5	3～4	50～60	73	2～2.5 2～2.5	3～4	40～60	73	1.5～2.0
第 2 天	5～7	40～50	73	1.5～2.0 1.5～2.0	4～5	30～40	73	2～3 2～3	3～4	10～20	73	1.0～2.0
第 3 天	4～5	40～50	73	1.5～2.0 1.5～2.0	4～5	20～30	73	1.0～1.5	3～4	10～20	73	1.0～2.0
第 4 天	3～4	50～60	73	1.0～1.5 1.0～1.5	3～4	10～20	73	1.0～1.5	3～4	10～20	73	1.0～1.5

3. 鹿茸其他加工技术

（1）远红外线烤箱加工鹿茸技术：采用现代先进电子技术，充分发挥远红外线加热效率高、节约能源、脱水快等特点，从而取代传统的烘干室烘干。应用该技术程序简便、工效高，加工的成品茸质量好，能够达到商品规格要求。主要工艺流程如下：鲜茸→封锯口→洗刷去污→煮炸→冷凉→双电子远红外线加热烘干→冷凉→回水→双电子远红外线加热烘干→煮头造型→成品茸。

（2）冷藏保鲜、远红外线鹿茸加工技术：这是应用现代先进技术和工艺，改进传统鹿茸加工的方法。具有程序简便、工效高、节省能源、成品茸质量好等特点。主要工艺流程如下：鲜茸→封锯口（排血茸排血）→煮炸→冷凉→冷藏保鲜→远红外线加热解冻→冷凉→回水↔远红外线烘干→冷凉→煮头造型→成品茸。

（3）活性鹿茸加工技术：这是采用现代食品和生物制品冷冻保鲜与干燥的原理，对鲜茸进行冷冻保鲜与真空脱水干燥的一种加工方法。与远红外线烘烤沸水煮炸加工鹿茸方法相比，可大大缩短加工周期，节省人力 75%，减少破损率 97%，增加干茸重 3.8%～4.2%。冷冻保鲜茸色泽鲜艳、茸型完整、茸质优良。活性冻干茸茸皮松软，色泽鲜艳，茸头饱满，开条含血充足，血色鲜红、不酸败、无异味、无焦化。比传统方法加工的鹿茸氨基酸总含量高 27.59%，谷草转氨酶（GOT）、谷丙转氨酶（GPT）、碱性磷酸酶（ALP）、肌酸激酶（CK）、乳酸脱氢酶（LDH）、r－谷氨酰转肽酶（r－CT）、胆碱脂酶（CHE）等 7 种酶的活性高 2.5～250 倍，不仅填补了我国鹿茸加工理论与技术空白，而且为我国鹿茸加工技术标准化、自动化提供了科学依据。活性鹿茸加工设备包括大规格冰箱、水浴消毒器和真空冻干机。

活性鹿茸加工工艺：冷冻保鲜（鲜茸→称重登记→去污消毒→冷冻保鲜或冷冻贮

藏）→冻干加工（鲜茸或冷冻保鲜茸→真空度 0.67～1.33Pa，板温 −48～−38℃的冻干箱内速冻→升华脱水 72h→活性茸）。

活性鹿茸加工新技术的工艺特点：采用冷藏保鲜方法可将零星收取的鲜茸按照不同规格和种类分别冷冻贮藏，实现有计划的批量加工作业，从而提高了加工效率，节省人力和能源。在高真空度条件下，使鲜茸内的水分速冻成冰，直接升华脱水干燥成干品活性茸，能够最大限度地保持茸内的有效成分及其生理活性，因此活性茸质量更佳。但该方法能耗较高，设备投资多。

鹿茸质量与收茸时期、加工技术密切相关，成品茸质量包括固有质量、加工质量和重量 3 个方面。鹿茸固有质量是指支头大小、茸毛长短、主干圆扁、茸质老嫩等固有品质；加工质量是指鲜茸加工成干品茸后的品质特征，如茸的皮色、茸型的完整性、茸头的饱满程度、排血茸的排血情况、带血茸的血液分布等，加工质量取决于加工技术的高低。鉴定方法以感官鉴定为主，仪器设备鉴定为辅。

1. 取样部位和数量　同一批鹿茸数量不足 100 支（架）时，随机抽取 5 支（架）；100～1 000 支（架）按 5% 抽取；不足 5 支（架）者抽取 1 支。取样部位为主干中间 2cm 一段。

2. 微生物学检验　中国梅花鹿茸微生物指标是致病菌不得检出，大肠杆菌不超过 90 个/100g，霉菌不超过 500 个/g，细菌总数不超过 10 000 个/g。微生物学指标不合格者不能进行理化指标和感官指标的检验。检出致病菌者不复检即行销毁。

3. 理化指标测定　①水分用含水率测定仪测定，将探针刺入茸体的中部，读取测定仪的读数。茸内含水量不超过 18% 为合格品，超过 18% 要扣除多余水分。②铅的测定按 GB/T5009.12－1996 规定方法进行。③砷的测定按 GB/T5009.11－1996 规定方法进行。④汞的测定按 GB/T5009.11－1996 规定方法进行。中国梅花鹿茸理化指标：水分不超过 18%；铅不超过 1mg/kg；砷不超过 1mg/kg；汞不超过 0.05mg/kg。

4. 感官检验　①茸内的含水量感官鉴别合格品轻度撞击时有骨质的清脆声，手摸茸皮不湿，茸毛耸立。②茸的骨化程度反映茸质的老嫩和有效成分变化情况，可以从茸表面疣状突起（骨豆）的多少、锯口面或茸根横断面结构特征进行鉴别。骨化程度低的鹿茸表面疣状突起（骨豆）少、锯口面或茸根横断面呈均匀的蜂窝孔结构，外围无骨化圈；骨化程度高的则相反。茸的密度大，单位体积重量大。③鹿茸具有固有的气味和色泽，当茸内蛋白质等有机物遭受霉菌及微生物破坏时，将产生腐败物质和毒素，茸的颜色和气味发生改变，降低或失去药用价值。鹿茸腐败过程有微生物作用和化学作用，茸内蛋白质和非蛋白含氮物质被分解破坏，最终产生氨（NH_3）、硫化氢（H_2S）、吲哚、粪臭素、硫醇（$CH_3OHC_2H_6-SH$）、毒素（$C_3H_{14}O_8$）及腐败素（$C_8H_{14}H_2O_2$）等有强烈恶臭味的气体。同时霉菌繁殖所产生的菌素和毒素等使茸呈现紫色、黑色或黄色等。因此，在检验鹿茸是否变质时，应在茸体上半部或根部插入 16 号注射针头，吸出其中气体辨别气味，有氨气及硫化氢等恶臭气味的为变质茸；剖开茸纵切面呈黑、紫或黄色等，非茸自身的淡白色、浅红色或深红色，此类茸已变质，为劣质茸，不可入药。④排血茸要求排血充分，皮色鲜亮，带血茸则要求含血充足，分布均匀。检验排血或含血情况时，可将茸纵向剖开，观察纵断面的颜色。一般花二杠排血茸纵断面上 2/3 应为淡白色，以下呈浅红色；排血花三杈茸纵断面上 1/3 呈白色，以下呈浅红色或淡红色。带血茸横断面呈红色，纵断面顶部为红色，以下均呈桃红色或深红色，颜色基本一致，则为血液分布均匀。⑤茸的完整性主要是感官检验茸型是否规整，有无暄皮、破皮、存折、空头、瘪头、生根、臭茸、底漏、糟皮等。

复习思考题

1. 茸用鹿有哪些品种？其有何外貌特征？
2. 如何区分天山马鹿与东北马鹿？
3. 梅花鹿、马鹿有哪些生物学特性？生产中如何应用这些特性？
4. 肺坏疽病是如何发生的？应如何防治？
5. 如何做到适时合理收茸？
6. 掌握收茸工序及收茸的技术要点。
7. 掌握茸鹿不同时期的饲养管理要点。
8. 掌握鹿茸加工工序及技术要点。
9. 理解并掌握常见的有关鹿茸的技术术语。

第三章 麝

　　麝又名獐子、香子、山驴、麝鹿、獐鹿，雄性麝香腺囊的分泌物——麝香是名贵的中药，具有芳香开窍、通经活络、活血止痛、消炎解毒、排脓生肌等功效，以麝香为原料的中成药有290余种。麝香还是名贵的天然原料，被用作高级香水、香皂、香粉以及烟酒糖果中的定香剂。麝肉细嫩味美，富含蛋白质和低脂肪而位居山珍之首，四川阿坝藏族人民常以"香猪腿"馈赠亲朋好友。

　　麝在历史上曾是个广布种，种群数量巨大。20世纪中叶以来，麝的分布区域逐渐缩小，资源下降很快，目前仅分布于亚洲部分地区（大约在10多个国家）。根据有关资料显示，20世纪70年代俄罗斯麝种群数量在10万~12万只，到90年代初则下降了50%。目前，估计俄罗斯的麝种群在5.6万~6万只，其中在远东的麝种群近年内下降了60%；蒙古的麝类已罕见，1985年估计是4.4万只，在那之后未再进行过调查统计；朝鲜半岛种群已濒于灭绝；我国是世界麝的主要分布国，有记录的分布面积约200万平方公里，资源量和麝香产量均约占世界的70%。

　　在20世纪60年代我国麝资源的估计量300万只左右，年产麝香约2 000kg。80年代后，由于钢丝套等猎具的使用和偷猎、走私现象日益严重，其资源受到了极大的破坏，麝资源的估计量不足60万只，随之麝香年产量下降到500kg左右。到90年初代估计量为20万~30万只，仅相当于60年代的10%；90年代末只有10万余只。由于近年来国家大力加强了对野生动物的保护，不仅在其分布区内建立了许多自然保护区，以保护野生麝类资源，而且逐步摸索出了从香囊口直接掏取麝香的科学方法，改变了以往杀麝取香的方法，为减少破坏野生种群、扩大饲养规模、提高麝香产量发挥了重要作用，使得野生麝的资源有所回升，根据各方面数据分析，目前中国麝的资源量约在50万只，仅为50年代的1/5，其中林麝最多，以下依次为原麝、马麝、黑麝和喜马拉雅麝。

　　由于各种麝类动物已经成为濒危物种，自1988年12月10日国务院批准《国家重点保护野生动物名录》后，麝又于2002年10月24日经国务院第一批批准，由国家二级保护野生动物调整为国家一级保护野生动物的重点保护物种，这一重大举措，为保护麝类资源提供了强有力的法律保证和法律武器。

　　我国从20世纪50年代末开始对野生麝进行人工驯养和活体取香的研究，并于1972年获得成功。但是，50多年来，由于体制不顺，基础研究投入不足，又采取封闭落后的饲养方式，缺乏科学的理论技术指导，在饲料配制、饲养管理、疾病防治等方面都存在许多问题，加上饲养成本和销售价格的限制，这些都严重制约着养麝业的发展，家养麝种群发展停滞不前。我国历史上养殖麝的地区有四川、甘肃、陕西、安徽、湖北、广西、贵州、江苏、浙江、福建、上海、北京等10多个省市，目前只有四川（甘孜、马尔康）、甘肃、陕西（陇县、太白县）、福建、上海、北京、广西、贵州等地尚有麝的养殖，累计全国家养麝的总数在 3 000 只左右。麝为小型草食动物，饲养成本低，每只麝年饲养成本约 1 500 元，每只公麝年均产麝香约 15g，按国内市场收购价 200~300 元/g 计算，总价可达 3 000 元以上，年可创造利润 1 500 元以上；每只母麝每年产 1 仔，价值约 6 000 元，除去年 1 500 元的饲养成本，年创造利润约 4 500 元。因此，养麝不仅有利于物种保护，也是山区农民致富的好门路。

第一节　麝的种类与生物学特性

一、生物学分类地位

麝在生物学分类上属于哺乳纲（Mammalia）、真兽亚纲（Eutheria）、偶蹄目（Artiodactyla）、反刍亚目（Ruminantia）、鹿科（Cervidae）、麝属（Moschus），一些学者将麝划分为鹿科下的一个亚科或另为麝科。由于公麝、母麝均无角，且体小、尾短、后肢明显长于前肢，有些国外学者在近代分类学上将麝列为鹿科外的另一个独立科。

二、种属分布与外貌特征

现生的麝属动物在全世界共有 5 种，即原麝、马麝、林麝、喜马拉雅麝和黑麝，主要依据头骨的量度以及染色体的异同来进行分类。因为它们的外部形态差别比较小，从前还曾将它们列为同一种的不同亚种。其中原麝有指名亚种、东北亚种和库页岛亚种；林麝有指名亚种、安徽亚种、云贵亚种、越北亚种和滇西亚种；马麝有指名亚种、横断亚种；黑麝有指名亚种、珠峰类群；喜马拉雅麝有指名亚种、樟木类群、库鲁类群。从体型大小来看，马麝体重大于其他麝种，林麝体重相对较小。

在世界上，麝分布于中国、俄罗斯、朝鲜、蒙古、印度、缅甸、巴基斯坦、尼泊尔、不丹等国家。在我国，麝分布较广，主要分布区有内蒙、山西、四川、西藏、云南、广西、贵州、青海、甘肃、新疆、宁夏回族自治区（以下称宁夏）、陕西、河北、湖南、安徽、吉林、黑龙江等地，并以云贵高原和青藏高原分布最多。

1. 原麝　国内分布于河北、山西五台山、东北大小兴安岭、完达山、张广才岭、老爷岭山地、长白山以及安徽等地。国外分布于西伯利亚东部、蒙古北部和东部、朝鲜及库叶岛。

形状像小鹿，头三角形，雄麝具有终生生长的上犬齿，长而尖，呈獠牙状突出口外，作为争斗的武器，向下微曲；雌麝的犬齿很细小，不露出唇外。耳长直立，上部钝圆形，约为头长的 1/2，眼较大，吻端裸露，雌雄头上均无角。后肢明显长于前肢，四肢趾端的蹄窄而尖，侧蹄特别长，四趾全着地，并且开闭自如，尾短。雄麝肚脐和生殖器之间有麝香囊，呈囊状，外部略隆起，香囊外口毛短而细，稀疏，皮肤外露，其腺体能分泌和贮存麝香，有特殊香气，可制香料，也可入药。

通体暗褐色或深棕色，密被中空的硬毛，只有头部和四肢被软毛，毛尖黑色，中段黄色，毛根白色。耳背、耳尖棕灰色，耳壳内面白色，下颌白色，颈部两侧毛色发白延至左右肩部有两条白带纹，脸部毛色较浅，鼠鼷部呈浅棕灰色。颈背、体背有 4~5 行土黄色斑点，腰部及臀部两侧的斑点明显而密集，无清晰的行次，腋下、鼠鼷部、四肢内侧和臀部周围浅棕灰色，四肢外侧深棕色，尾浅棕色。体重8~12kg，肩高55~60cm，身长65~95cm，雄麝大于雌麝。

2. 林麝 林麝又名南麝、森林麝，体形比原麝小，体长为70~80cm，肩高45~50cm，体重6~9kg。其獠牙较原麝细小，被习惯称为线牙獐。背部为暗棕色，但没有原麝所具有的土黄色斑点，吻部短，颈部前缘有两条明显的浅棕色纵行颈纹，毛色较原麝深。不过，由于林麝的头骨与原麝没有明显的差异，所以最近我国的一些学者趋向于将林麝列为原麝的一个亚种。

林麝在国外仅分布于越南北部。在我国分布于西藏察隅、青海班玛，四川盐源、云南文山、会泽、大理、墨江、峨山、姚安、泸西、建水、开远、弥勒、绿春、元阳、金平、河口、景东、贵州贵阳、黔西、威宁、盘县、兴义、册亨、罗甸、雷山、天柱、梵净山、绥阳、余庆、务山、荔波，甘肃文县、舟曲、迭部、卓尼、碌曲、玛曲、夏河、临潭、平凉、漳县、天水、徽县、关山，湖北宜昌，湖南邵阳、新宁、绥宁、宜章、桂东、城步、资兴，广西靖西、龙州、那坡、田东、田林、德保、宜山、隆林、河池、南丹、大瑶山、全州、贺县、苍梧、玉林、灵山、钦州、上思，广东乐昌、阳山、连州、乳源、曲江、怀集，河南内乡，陕西洋县、陇县、周至、凤县、留坝、佛坪、宁强、宁陕、白河、镇坪、柞水、镇安、商南，安徽佛子岭、舒城、霍山、六安、金寨、岳西等地。林麝的亚种问题目前尚无定论，一般认为没有亚种分化，但也有人认为分布于陕西、甘肃、河南等地的体形明显较大，可能是新的亚种，此外，马麝的安徽亚种实际上可能是林麝的亚种。

3. 马麝 马麝也叫西麝、高山麝，体形比原麝稍大，体长为75~90cm，肩高50~60cm，体重13~17kg。背部为浅黄褐色，较原麝颜色浅，也没有原麝所具有的浅棕色斑点，但出生的仔麝有斑点。吻部较长，有与林麝类似的颈纹，但不明显。马麝獠牙发达，习惯被称为板牙獐。

马麝是我国的特产种，分布于青海天峻、共和、门源、祁连、班玛、玛沁、湟源、芒崖、格尔木、都兰、德令哈、贵德、兴海、同德、贵南、尖扎、西宁、平安、乐都、曲麻莱、囊谦，甘肃临夏、临潭、舟曲、迭部、卓尼、碌曲、玛曲、夏河、张掖、武威、民乐、肃南、阿克塞、天祝、康乐、兰州，四川北川、平武、宝兴、会东、木里、康定、马尔康、小金、汶川、德格、若尔盖、理县、安县、西藏亚东、拉萨、鹿马岭、三安曲岭、旁多、曲水、萨迦、羊卓雍错、林芝、类乌齐、芒康、昂仁、彭波、巴青、察雅、江达、日喀则、山南、那曲、昌都，宁夏贺兰山，陕西眉县，云南德钦、贡山、丽江、维西、中甸、腾冲等地。

马麝主要栖息在海拔2 000~4 500m之间的高山草甸、灌丛或林缘裸岩山地，最高记录为海拔5 050m。性情孤独，大多单独活动。活动路线一般不轻易改变，就连雨后道路受到溪水的阻碍，也不会去寻找捷径，而是尽力涉水而过。只有冬季道路冰封时，才不得不绕道而行。主要以山柳、杜鹃、珠芽蓼等植物的叶、茎、花和种子为食。

4. 黑麝 黑麝又叫褐麂、黑獐子、獐子，体形与林麝相似，体长为70~80cm，体重7~9kg。耳朵的上半部、耳尖比林麝宽圆，四肢也比林麝明显粗壮。身上被有粗硬、疏松的体毛，长度可达2cm左右。通体都是黑褐色或深褐色，没有颈纹，仅背部的中央沾有一些不规则的微黄色，另外头后的颈背处有一个稍宽而模糊的淡黄色半圆环。

黑麝是发现最晚的一种麝，1981年由我国学者确立。它也是我国的特产动物，分布区仅限于云南北部的贡山、高黎贡山和西藏东南部的察隅、墨脱、米林、林芝、波密等地。黑麝栖息于海拔3800~4200m之间的寒冷、潮湿的针叶林线附近，有时还到冰雪覆盖的山坡上活动，栖息地内有时也有林麝出没。早晨和黄昏也在林线以上的高山草甸中觅食。主要食物为各种苔草、杜鹃、高山柳等植物。

5. 喜马拉雅麝　喜马拉雅麝也是我国学者在1981年确立的，它的体形较大，体长为78~92cm，体重11~15kg。毛色比马麝和原麝深，背部及体侧棕褐色，臀部为鲜艳的黄白色，与其他麝类不同。头部宽短，吻部比马麝宽阔，耳尖较圆。上下唇和耳的内侧均为白色，眼圈为棕黄色，没有颈纹。

喜马拉雅麝在国外分布于尼泊尔、锡金等地，在我国仅见于西藏南部喜马拉雅山北坡的亚东、樟木、吉隆等地。麝栖息于海拔2500~3900m之间的混交林和高山草甸地带，活动规律与马麝类似。主要以松萝、苔草、杜鹃等植物为食，有时也吃苔藓。繁殖情况也与马麝差不多，雌麝于5~6月生产，每胎产1~2仔。

三、生物学特性

1. 栖息环境　麝的野生状态通常生活在海拔1500~5000m的高山，家养情况下海拔不低于500m，野麝多栖息于高山地带的针叶林、针阔叶湿交林、疏林灌丛地带的悬崖峭壁和岩石山地，很少见于平地的树林、平原、池沼或没有森林的山地。野生麝栖息地区通常植被较好，便于采食和隐蔽，环境幽静且有水质优良的水源。

2. 生活习性　麝有领地性，栖息在某一领域的麝不肯轻易离开，即使被迫逃走，也往往重返故地，"舍命不舍山"，据考察，1头公麝大约有750000m²的活动区域。麝在领域内活动常循一定路线，有固定的"麝道"。趴卧和便溺均有固定场所，在固定的场所排便，形成粪堆，趴卧有固定的窝，经青海考察队考察，1头公麝约有7个麝窝，其中有主窝和临时窝之分，每只麝一般有2~3个粪堆。麝每天排粪尿4~5次，夏天在上午5时、下午19时和午夜左右排粪，冬天在上午7时、下午18时和22时左右排粪，排粪尿的时间、次数和数量都比较固定，排粪后用前蹄刨土掩盖。雄麝和雌麝都具有发达的尾脂腺，在山路中行走时，往往将尾脂腺中的分泌物通过摩擦涂抹在路旁树干、木桩或岩石突出处，麝摩擦尾部的树干叫"油桩"，麝的"油桩"是比较固定的，且不论距离远近很少有两个连续的"油桩"。

麝活动的规律性强，每天从凌晨4~5时便开始活动，夏季活动到8时，冬季可活动到9时左右，到天亮以后结束，白天休息；17~19时黄昏以后再活动，冬季活动到21时，夏季可活动到午夜之前。麝每天排粪尿的数量和时间次数也是比较恒定的。麝在领地内随季节活动区域发生规律性变化，夏季上高山避暑，每年垂直性迁徙约两个月，然后重返旧巢，所谓"七上、八下、九归巢"。

麝善于跳跃，能平地起跳1.8m的高度，由于麝蹄的特点，麝能登上倾斜的树干和在树枝上站立，紧迫时还可以借助奔跑的惯性冲爬到树的枝丫上避敌。性怯懦、胆小怕惊，在受到惊吓时，其心脏的跳动声距3m远就可以听到，惊扰可能导致麝的死亡。喜凉怕热，即使在冬季，在直射阳光照射下几十分钟后，其呼吸次数就会由几十次增加到100次以上。麝性急，运输时进行捆绑可能造成死亡。性情孤僻，非繁殖季节成年麝在自己领地单独活动，其他麝如误入其领地，就会发生激烈的咬斗，彼此用獠牙刺对方的腹部和四肢。进入繁殖季节麝以香为媒，公麝靠释放麝香香气吸引母麝。麝的寿命十几年。

第二节　麝的繁殖

一、繁育生理

麝的性成熟期一般是18月龄，即在生后第2年的秋季，此时母麝体重已达成年麝的60%～70%。个别发育好的麝在生后6～8月龄即表现出性成熟，可交配受孕。一般适配年龄，公麝3.5岁，母麝2.5岁。发育良好、身体健壮的母麝可在1.5岁配种。

1. 麝的发情规律　麝是季节性多次发情动物，母麝发情期一般都在10月下旬至次年3月初，旺期在11～12月份。母麝是季节性多次发情，母麝在一个发情季节里可出现3～5个发情周期。母麝发情周期为19～25d，平均为21d，发情持续时间为36～60h，发情旺期多在开始发情18～20h以后。麝的整个发情期过去以后，性活动将处于相对静止状态，直到来年秋季才能重新发情。

2. 发情表现　母麝在发情初期表现为烦躁不安，摇尾游走，食欲降低，采食量下降，外阴部略现红肿，阴道有少量的黏液流出，此时虽有公麝追逐，尚不接受交配。至发情旺期出现交配欲，如有公麝追逐，母麝便站立不动或将臀抬起，接受爬跨。发情旺期的母麝，阴道黏膜潮红，并有黏液流出，阴唇略微红胀。性兴奋时，食量减少甚至废食，表现不安，来回走动，到处嗅粪、尿，嗅其他麝，排尿频繁（淋尿），臀毛竖立。翘起尾巴暴露出外生殖器，性欲强的还发出"嘀嘀"或"咩咩"的叫声，愿意接近公麝，并接受交配。当公麝追逐母麝并爬跨时，母麝就发出尖细的"咝咝"叫声，而且扭动臀部，把阴户对着公麝。

公麝在发情季节睾丸变大，表现性情暴躁不安，食欲减退，经常追逐母麝，常仰天吹气，发出"呋呋"声，口喷白沫，沿獠牙流出泡沫状的唾液，常扭动身体后躯恫吓母麝，表现出性冲动，并不时发出发情时特有的叫声。

二、繁殖技术

1. 麝的配种　每天交配2～3次的公麝，每天可配2头母麝，交配量不宜过大。配种方法有以下几种。

（1）单公单母配种法：把发情的母麝和经过挑选的种公麝拨到指定圈，例如，配种圈或走廊，进行单个的配种。这种方法要根据麝场规模大小、繁殖技术水平和人力、物力，灵活掌握与运用。应用时要注意搞好发情鉴定，特别要确切的掌握隐性发情的母麝；对于挑选出用于配种的公麝进行精液检查（公麝1次射精量为0.5～0.65ml，每毫升精液含精子数为20亿～30亿）。

（2）单公群母配种方法：首先根据生产性能、年龄、体质状况将母麝分成若干个配种小群，以 4～6 只母麝为一群，选定 1 头公麝一配到底。或是每群 12～15 只母麝，按 1:5 的比例选定公麝，1 次只放 1 头公麝，每隔 5～6d 更换一次，到母麝发情旺期 2～3d 更换一次种公麝。如果在 1d 之内公麝已配 3～4 次以上，尚有母麝发情需要交配时，应将公麝拨出，让其他种公麝交配，以利于保持种公麝的良好体况和提高后裔品质。

采用此种配种方式时，公母比例和更换时间需根据公麝的配种能力和母麝发情情况决定。配种时必须注意公母比例，及时观察及时调整。每 1 头种公麝可配 10 头母麝，但是配种头数过多会损害公麝健康，降低母麝的受胎率，因此，在一个配种季节，1 头种公麝实际配 3～5 头母麝是比较适宜的。

（3）群公群母一配到底法：是指群公群母一次合群，配种期间不更换种公麝的配种方法。按照公母 1:4～1:6 比例，从配种开始时一次将种公麝全部放入母麝群内进行配种，直到配种结束。在整个配种期，如果种公麝没有什么问题可以不拨出，如果有些公麝患病、性欲不高、体质特别衰弱，起不到配种作用，可及时将公麝拨出，一般在拨出后不再进行补充。

（4）群公群母一次合群，配种期间更换种公麝配种法：将初次参加配种的 3～4 岁公麝放入配种母麝圈内，引诱母麝提早发情。配种初期按 1:6 的公母比例，换入优良种公麝进行配种；到母麝发情旺期，按 1:4～1:5 的公母比例，换入优良种公麝继续进行配种；配种旺期以后，如有 70%～80% 的母麝配种已经完成，可将体弱的公麝拨出，再按 1:6 的比例留公麝，一直坚持到配种全部结束为止。

2. 妊娠　麝的妊娠期 178～189d，平均 181d。麝的妊娠期因麝的种类、个体特点、胎儿性别、驯养方式以及其他外界条件的不同而有所差异。母麝饲养良好，则胎儿生长发育迅速，生命力强，母麝产仔较早；母麝体况不佳，饲养条件差，胎儿发育不好，母麝产仔较晚。初次参加繁殖的幼年母麝妊娠天数比经产母麝少，圈养的麝比放养结合的麝妊娠平均长 2～3d，怀母羔的比怀公羔的长 2～4d，一胎双羔的母麝，其妊娠期最长，平均在 184～188d。

3. 产仔　雌麝每胎产仔 1～2 只，偶尔为 3 只，圈养麝双羔率约占 80%。产出的双羔仔麝多半体小较弱，发育较差，一般来说，单羔的最大初生重 800～950g，而双羔中最小的初生重仅有 400g 左右。双胎中先产出的比后产出的体稍称大一些。

在一般情况下，麝在 5 月初开始产仔，6 月末或 7 月初即可结束，个别配种较迟的幼麝于 9 月初产仔，产仔期持续 1.5～2 个月。麝的产仔期限根据其配种期和妊娠期的不同而不同，如配种期提前而集中则产仔也能随之提前与集中。经产母麝产仔较早，初产母麝产仔较晚。

第三节　麝的饲养管理

一、麝场建筑

圈舍是麝采食、反刍、饮水、排泄、繁殖、泌香、运动等活动的地方，其作用是保证麝正常的生长发育和生产。一般可分为舍式和棚式两类。舍式适用于冬、春气候比较冷的地方，因其能避寒、保暖，减少体温消耗，产仔期可防止将刚产的仔麝冻死。冬、春气候不太寒冷的地方，适用于棚式。棚舍一般是三面有墙，并将其隔成宽 1.5m 左右的小间，其隔墙高 1.2m 左右，棚舍多用于饲养公麝和育成麝。每个棚可设 4~6 个圈舍，每个圈舍宽 1.5m，长 2~2.5m，高 2~2.5m；舍门高 1.6m，宽 60cm；窗高 50cm，宽 70cm。圈舍墙厚 24~50cm，圈舍的屋檐高 2.5~3m，圈舍通向运动场的小门高 52cm、宽 36cm。

麝场围墙应结实，有用砖石结构的围墙，也有用铁丝围起的围栏。如为砖石围墙，墙高 3m 为宜，其墙顶需用瓦覆盖，并向内伸出 30cm 左右，防止麝群外逃。在每圈舍墙的正中距地面 80cm 处设一长宽各为 80cm 的木窗，窗台宽 35cm 左右，供麝躺卧之用。各圈舍之间可用铁丝网、竹栏、木板隔开。

单个笼（箱）养的圈舍规格：笼舍高度 2m、宽 2m、长 3m，门宽 60cm、高 80cm。

圈舍宜建在背风向阳、地势高燥、排水良好和树木较多之地。圈舍一般以南北或东南走向较好。圈舍前面需设运动场，以备麝活动、露宿。运动场内光照充足，可促进麝的新陈代谢，增进麝的健康。运动场四周筑有围墙，墙高 2.5~3m，墙头上设向运动场伸出 20~25cm 的横檐，以防麝蹬墙逃走。每个运动场的大小因头数多少而定，一般每头麝需 20m² 左右即可。如果每个圈喂养 5 头麝时，运动场面积应为 90~100m²（宽 9m 左右，长 10m 左右）。运动场面积大小要恰当，面积过小，麝的密度大，互相影响大；运动场过大，是一种浪费。

二、饲料与营养

成麝每昼夜食青粗饲料 1 000~1 500g，精饲料 100~150g。麝为反刍草食动物，食性很广。喜食鲜嫩多汁的野菜、树枝、树叶、山果及苔藓等。人工饲养条件下，饲料大致分为植物性饲料、动物性饲料、矿物质饲料和添加剂饲料。

1. 植物性饲料 植物性饲料分为精饲料和青粗饲料。精饲料主要有大豆、玉米、绿豆、麦麸等，与其他畜禽的种类基本相同。青粗饲料包括青绿多汁饲料和粗饲料。青绿多汁饲料有青草、野菜、树枝、树叶、地衣、苔藓、胡萝卜、萝卜、白菜、甜菜、马铃薯等；粗饲料有干草、干树叶、干菜及农作物和经济作物的秸秆等。

2. 动物性饲料 主要有牛奶、羊奶、蛋、奶粉、鱼粉、血粉等。这些饲料喂量很少，但因其营养价值高，对麝的生殖、泌乳、生长发育有很大作用，是饲料中不可缺少的成分。

3. 矿物质饲料 主要有食盐、贝壳粉、骨粉、蛋壳粉等。微量元素对麝的配种繁殖、生长发育和提高生产力有重要的作用。成年麝每天每头可供给铁 20mg、铜 15mg、镁 8mg、锌 11mg、硼 1.4mg、锰 1.4mg、钴 2.5mg。微量元素要制成添加剂，均匀拌在饲料中喂给。

不同生理时期麝对营养需要有所差异，其营养需要可参照表 3-1 至表 3-6。

表3-1 育成公麝的营养需要/头·d

月龄	体重 (kg)	干物质 (g)	消化能 (kJ)	代谢能 (kJ)	可消化粗蛋白 (g)	粗纤维 (g)	钙 (g)	磷 (g)	食盐 (g)	赖氨酸 (g)	蛋氨酸+胱氨酸 (g)
3~6	4~5	70	991.6	744.8	8.4	3.6	0.27	0.14	0.11	0.46	1.16
6~12	5~6	139	1 983.2	1 485.3	17.0	7.0	0.54	0.27	0.22	1.28	2.32
12~18	6~7	209	2 974.8	2 230.1	25.0	11.0	0.80	0.41	0.32	1.91	3.47
18~32	7~8	269	3 769.8	2 824.2	32.0	13.5	1.02	0.51	0.41	2.42	4.40

表3-2 育成母麝的营养需要/头·d

月龄	体重 (kg)	干物质 (g)	消化能 (kJ)	代谢能 (kJ)	可消化粗蛋白 (g)	粗纤维 (g)	钙 (g)	磷 (g)	食盐 (g)	赖氨酸 (g)	蛋氨酸+胱氨酸 (g)
3~6	4~6	70	1 150.6	870.3	11.0	3.7	0.33	0.17	0.16	0.85	1.54
6~12	6~7	160	2 297.0	1 740.5	22.0	7.4	0.66	0.35	0.31	1.70	3.08
12~18	7~8	240	3 447.6	2 610.8	33.4	11.0	0.99	0.52	0.47	2.53	4.60

表3-3 成年母麝的营养需要/头·d

月份	干物质 (g)	消化能 (kJ)	代谢能 (kJ)	可消化粗蛋白 (g)	粗纤维 (g)	钙 (g)	磷 (g)	食盐 (g)	赖氨酸 (g)	蛋氨酸+胱氨酸 (g)
1~3	256	3 962.2	2 995.8	31.0	13.8	1.21	0.60	0.50	1.41	2.38
4~7	276	3 828.4	2 899.5	37.0	12.4	1.10	0.58	0.52	1.58	2.49
7~9	292	4 623.3	3 681.9	49.0	14.2	1.26	0.63	0.54	2.45	4.67
10~12	287	5 100.3	4 150.5	42.0	13.6	1.20	0.60	0.53	2.00	2.83

表3-4 成年公麝的营养需要/头·d

月份	干物质 (g)	消化能 (kJ)	代谢能 (kJ)	可消化粗蛋白 (g)	粗纤维 (g)	钙 (g)	磷 (g)	食盐 (g)	赖氨酸 (g)	蛋氨酸+胱氨酸 (g)
1~3	262	3 635.9	2 631.7	23.0	18.5	1.08	0.54	0.42	0.66	2.32
4~7	262	3 016.7	2 087.8	21.2	15.0	1.14	0.57	0.40	1.26	2.18
7~9	269	3 790.7	2 832.6	27.0	14.2	1.06	0.53	0.43	2.03	4.39
10~12	260	3 824.2	2 840.9	27.8	15.0	1.05	0.53	0.45	1.19	2.38

表3-5 妊娠母麝的营养需要/头·d

妊娠阶段	干物质 (g)	消化能 (kJ)	代谢能 (kJ)	可消化粗蛋白 (g)	粗纤维 (g)	钙 (g)	磷 (g)	食盐 (g)	赖氨酸 (g)	蛋氨酸+胱氨酸 (g)
妊娠前期 (1~96d)	262	3 635.9	2 631.7	23.0	18.5	1.10	0.54	0.42	0.66	2.32
妊娠后期 (96d~分娩)	287	4 723.7	3 422.5	32.0	13.6	1.84	0.92	0.71	0.92	3.25

表 3 - 6　哺乳母麝的营养需要/头·d

妊娠阶段	干物质（g）	消化能（kJ）	代谢能（kJ）	可消化粗蛋白（g）	粗纤维（g）	钙（g）	磷（g）	食盐（g）	赖氨酸（g）	蛋氨酸 + 胱氨酸（g）
妊娠前期（1～96d）	313	5 573.0	4 840.9	41.0	16.0	1.99	1.00	0.77	1.16	4.09
妊娠后期（96d～分娩）	348	4 966.4	4 313.7	36.0	16.2	1.77	0.89	0.69	1.03	3.63

三、饲养管理原则

公、母麝所需的营养不同，而且它们在各自不同的生长发育、生理阶段，营养需要也不一样，必须喂给不同的饲料。一般而言，公、母麝在不同生长发育阶段，如公麝的配种期、泌香期；母麝的妊娠期、哺乳期都要求有营养全面、蛋白质含量较高的饲料，所以，在饲养期间，要及时调整，合理搭配饲料。

喂料要求严格定时、定量、定次数，每次给料量以吃饱而无剩料为宜，一般分早、中、晚 3 次喂食，早晨喂日粮的 30%，中午 20%，晚间 50%。喂料要求先粗后精，饲料种类和质量要相对稳定。变换饲料种类时，应由少量到多量，使之逐步适应。突然变换饲料，可引起消化不良，甚至腹泻，食欲减退。供给足够的清洁饮水，夏天应每天换水 1 次。饮水器要经常保持清洁卫生，防止粪尿污染。

麝应分圈饲养，以避免大欺小、强欺弱、公母互相追逐，使其生活环境安静，互不干扰。麝场周围及舍内应种些桑树、杏树、核桃树等，供麝采食树叶和避开阳光直射。圈内应保持干燥、通风、空气新鲜，冬暖夏凉，安静，无不良刺激源。圈舍及运动场每年要定期消毒 2～3 次，食槽必须每天刷洗。

麝要有一定的运动场，使之有充分的运动，以促进新陈代谢，增强体质。种公麝应适当的运动，以增强体质，提高精子的活力，从而使受精率提高；妊娠麝适当的运动能保证胎儿正常发育，减少难产。饲养员接近麝时，态度要温和亲近，切忌简单粗暴的举动。

四、麝的饲养管理要点

应先在光线较暗、环境安静的圈舍内休息 2～4h，再给饮水和适口性好的草料，待喂养至体况恢复正常，基本适应圈舍饲养时，再放入光线充足的舍内饲养。白天打开舍门，任其在运动场自由活动，以加快适应环境，晚上再圈入舍内。

1. 泌香期公麝的饲养管理　由于受泌香反应的影响，麝的活动减少，采食量下降。这与麝的产香需要充足的营养物质相矛盾。为此要饲喂适口性强的优质饲料，使麝日粮中粗蛋白质达 54～57g（可消化蛋白达 37～49g），粗纤维 12～15g，钙 1.1～1.3g，磷 0.6～0.7g，赖氨酸 1.9～2.5g，氨基酸 + 胱氨酸 2.5～4.7g。公麝日粮是根据某场具体情况制定的，其中精料黄豆 60%、绿豆 40%，粗料为干鲜树叶。1～4 月，每日每头饲喂量 726g，其中精料120g，青干树叶100g，多汁饲料500g，钙2～4g，食盐2g。5～7月，每日每头饲喂量约1 005g，精料120g，青干树叶50g，鲜饲料375g，多汁料450g，钙片2～4g，食盐2g，动物性饲料5g。8～10月，每日每头饲喂量726g，其中精料120g，青干树叶50g，鲜饲料500g，多汁饲料100g，钙片2～4g，食盐2g。11～12月，每日每头饲喂量701g，其中精料120g，青干树叶75g，多汁饲料500g，钙2～4g，食盐2g。

麝主要是采食植物的嫩叶、根茎和籽实部分，一般以鲜喂为主，冬贮时可调制成青干饲料。精料要经过粉碎，有的则需煮熟后再喂，如黄豆必须经过煮熟后才能饲喂。要注意和防止饲料的霉变，变质的饲料不能喂。为提高日粮的品质及适口性，要增加精料中黄豆和麦麸、绿豆、玉米的比例，供给充足的青饲料。同时，可将大豆磨成浆调拌精料，以提高日粮的适口性、消化率和生物学效价。

2. 种公麝的饲养管理 在配种前的1个月，就应增加饲料中蛋白质饲料的比例和富含胡萝卜素的饲料，保证充足的运动，使之体质健壮，性欲旺盛。种公麝的配种期是每年9月至第2年3月份。这其中包括配种前期、配种期和配种后期。

进入准备配种期和配种期，麝的殴斗现象和配种次数逐渐增多，体力消耗增大，由于受性活动和季节（从青草期到枯草期）的影响，麝的食欲下降，采食量大减。经过这一阶段，公麝的体重要减轻10%～20%。此时应饲喂适口性强、营养丰富与平衡的饲料，以促进公麝的食欲，促进发情，提高公麝的配种能力和精液品种。配种后期，公麝性活动减弱，争偶现象减少，也能逐渐采食青草，公麝食欲增强，体力也逐渐恢复。

在拟定种麝日粮时，要着重提高饲料的适口性，达到提高采食量、促进发情的目的。饲料要多样化，蛋白质饲料生物学效价要高。配种期的公麝喜欢采食甜、苦或含糖及维生素丰富的青绿饲料，此时最好喂给瓜类、根茎类、鲜枝叶、青草等多汁饲料。喂给胡萝卜、青刈大豆、青柞叶等优质青绿多汁饲料，不仅能提高采食量，还起催情作用。精料以黄豆、绿豆籽实、玉米、麦麸等为主，这些饲料富含蛋白质和磷，能满足公麝营养上的需要，有利于精子的生成和提高性活动能力。每天喂含有丰富的蛋白质和含维生素的优质粗饲料700g左右，多汁饲料如胡萝卜、甘蓝等250g左右，精料100～150g，以保证种公麝的营养需要，提高配种能力，以达到早配、准配的目的。公麝参考日粮见表3－7。

在饲养过程中要不断改进配料技术和饲喂方法，增加饲料种类，尽量做到多样化，以提高适口性。如饲喂瓜类、根茎类多汁饲料时应事先洗净、切碎，然后混合在精料中喂给。青刈多汁饲料切短，每天多喂几次能提高麝的采食量。每天饲喂粗饲料三次，精料一次，夜间要多给些粗饲料。

表3－7 公麝参考日粮（g）

饲料种类		泌香和配种前期									配种期		
		2月	3月	4月	5月	6月	7月	8月	9月	10月	11月	12月	1月
精饲料		—	—	100	100	100	100	100	100	100			
青、粗饲料	粗	500	500	400	250						250	500	500
	青					600	600	600	500	250			

（续表）

饲料种类	泌香和配种前期									配种期		
	2月	3月	4月	5月	6月	7月	8月	9月	10月	11月	12月	1月
多汁饲料	600	600	750	900	650	650	650	650	1 000	750	500	600
合计	1 100	1 100	1 250	1 250	1 350	1 350	1 350	1 250	1 350	1 000	1 000	1 100

注：精料为黄豆30%，绿豆20%，玉米50%；青、粗饲料为干鲜枝叶；多汁饲料为甘蓝、胡萝卜、南瓜等。

1. 配种期母麝的饲养管理　配种期的饲养分为准备配种期和配种期两个阶段。准备配种期实际上也就是哺乳后期7～10月份，由10月中旬开始到次年3月为配种期。

配种期母麝日粮组成以容积较大的粗饲料、多汁饲料和青枝叶饲料为主，精料为辅。精料中有豆饼、黄豆、麦麸和玉米等。母麝的日粮中都要给予一定数量的根茎与瓜类的多汁饲料。母麝每天喂多汁饲料500g，精料100g左右，青干树叶75～100g，钙2～4g，食盐2g。配种前期舍饲母麝日喂3次，1次精料，2次粗料，夜间补饲枝叶或其他青干粗饲料。为了使繁殖母麝提早或适时发情，应使仔麝按时断奶，及时分群。

2. 妊娠期的饲养管理　母麝在妊娠前期，胎儿生长发育的速度较为缓慢，到了妊娠后期胎儿生长发育的特别快，胎儿80%以上的体重是在妊娠后期的2个月内增长的。随着胎儿体重的增加，母麝所需要的营养物质也增多，为满足自身新陈代谢及胎儿生长发育的营养需要，妊娠期的饲料应营养丰富、品质新鲜、适口性强、易于消化。要定时饲喂，粗料每天3次，精料1次（每次100g左右）。每次喂给的量要适当，不能过多或过少，吃得太多，影响下次食欲，过少则营养不足。日粮要多样化，但不能经常变更饲料种类。严禁用发霉、腐烂、露草、霜草和有毒有刺激性的饲料来喂妊娠母麝，饲用的草料、水、饲具等要清洁卫生，以免因饲料品质不良造成流产、胚胎吸收或死胎等。

3. 哺乳期母麝的饲养管理　母麝从5月下旬开始陆续产仔，到8月份仔麝基本断奶，平均哺乳期90～100d。哺乳期的饲养管理直接关系到仔麝成活率和生长发育的好坏，对这一时期的主要任务是使妊娠母麝到产仔期能顺利产仔，产仔后能分泌丰富的乳汁哺乳仔麝，保证仔麝成活和健康生长。

在泌乳期母麝的饲养既要考虑到母麝本身的营养需要，又要考虑到供分泌乳汁的营养需要。母麝昼夜可分泌乳汁150～200ml，多者可达400ml以上。麝乳营养含量高，含有36.24%的干物质，11.3%～12.7%的脂肪。泌乳期母麝采食量高，需水量大，采食量可比平时增加15%～25%，饲养标准相应提高。母麝临产前不太喜欢采食，但产后要及时喂给饲料。哺乳母麝的精料日粮中蛋白质应占60%～75%，此期粗饲料日粮应以青绿多汁饲料为主，大量饲喂青饲料和多汁饲料有助于提高泌乳量和乳品质。母麝每天应喂给精料130～160g，青树叶50～70g，鲜饲料350～380g，多汁饲料450～500g，矿物质饲料2～4g，食盐2～4g，每日每头喂食量1 006～1 020g。圈养哺乳母麝每天饲喂3～4次，3次粗料、2次精料，夜间补饲1次粗料。母麝、成年麝日粮及林麝常用精饲料配方见表3－8至表3－10。

表 3 - 8　母麝参考日粮（g）

饲料种类	妊娠、哺乳和配种前期											
	2 月	3 月	4 月	5 月	6 月	7 月	8 月	9 月	10 月	11 月	12 月	1 月
精饲料	—	—	—	150	150	150	150	150	150	—	—	—
青、粗饲料　粗	650	750	750	500	—	—	—	—	—	250	500	500
青、粗饲料　青	—	—	—	—	750	750	600	500	300	—	—	—
多汁饲料	600	500	500	800	800	800	1 000	1 000	1 000	750	500	600
合计	1 250	1 250	1 250	1 450	1 700	1 700	1 750	1 650	1 450	1 000	1 000	1 100

注：精料为黄豆30%，绿豆20%，玉米50%；青、粗饲料为干鲜枝叶；多汁饲料为甘蓝、胡萝卜、南瓜等。

表 3 - 9　成年麝日粮配方（g）

饲料组成	青干枝叶	多汁饲料	鲜饲料	精饲料	动物性饲料	钙片	食盐	饲喂量
1 ~ 4 月	100	500	—	120	—	2 ~ 4	2	726
5 ~ 7 月	50	450	375	120	5	2 ~ 4	2	1 006
8 ~ 10 月	50	100	500	120	—	2 ~ 4	2	776
11 ~ 12 月	75	500	—	120	—	2 ~ 4	2	701

表 3 - 10　林麝常用精饲料配方（%）

饲料组成	玉米	黄豆	麸皮	菜籽饼	鱼粉	磷酸二氢钙	食盐
成年林麝（♂）	49.5	22.0	19.0	5.0	3.5	0.7	0.3
成年林麝（♀）	51.0	23.5	17.0	4.5	4.0	0.65	0.35
育成麝	42.2	25.0	21.2	5.0	5.0	0.8	0.3

夏季母麝舍要特别注意保持卫生，预防有害微生物感染母麝乳房及乳汁，引起仔麝发生疾病，对舍饲的母、仔麝要结合清扫圈舍工作进行一定的调教和驯化。

仔麝生后 15d 开始吃草，这时供给的草料必须鲜嫩、质软，与此同时，要加强仔麝的护理，密切注意采食情况和精神状态，经常检查粪便，发现异常及时诊治。仔麝哺乳 2 ~ 3 个月以后即可断奶，公母分群饲养，体弱、有病的单独喂养。

麝的驯化程度是野麝家养的决定性因素，1 月龄以前的仔麝，跑跳能力差，易与人接近，要注意驯化。饲养员可经常抚摸仔麝的耳根、额等部位，使其产生舒适感，卧息不动，并使仔麝多见异物，多听各种声响，在适应环境的过程中逐步驯化。驯化可分为个体驯化、群体驯化和控制放牧。

1. 个体驯化　包括人工哺乳、羊代乳、接近抚摸和牵引驯化 4 种方法。接近抚摸是人主动与麝接近并用手抚摸，从 7 月龄的仔麝开始进行，待麝不拒抚摸后作怀抱仔麝的训练，使麝主动与人接近，脚顶刺激不引起惊恐，改变其胆怯习性。牵引驯化是将完成接近抚摸的仔麝戴上笼头牵引到野外放牧的训练，使麝逐步能够顺利地走向牧场和返回圈舍，进而达到能自由放牧的目的。

2. 群体驯化　以断乳后的仔麝为对象在圈舍内进行。采用定时、定量、定点投放饲料的训练方法，使之建立召集信号条件反射，达到麝群集体采食、活动、息卧。

3. 控制放牧 以具备合群习性的麝群为对象，在人工牧场内进行放牧驯练。成功的关键在于调教骨干麝群和培养群体移动性。选择性情温顺、能接近抚摸、合群的个体组成骨干麝群，采用个体驯化和群体驯化的方法重点调教，使之成为麝群放牧的带头麝。然后，采用改变饲料的投递点来引导麝群移动，训练麝群按指定地点移动。最后，麝群通过召集信号集中起来，在饲养员的带领下进行控制放牧，达到能顺利地出牧和归牧的目的。

从断乳生长到性成熟时的麝称为育成麝。

1. 断乳 2 月龄仔麝可以断乳，但最好在 3 月龄后断乳。有病、体弱者可推迟断乳，直到恢复正常后再断乳。断乳时要判明仔麝的性别并编号。

2. 饲养 幼麝对粗饲料的消化能力不如成年麝，所以必须供给质量好的饲草，以保证营养的需要。为使仔麝能很好生长发育，需每天补饲骨粉或矿物饲料 3～4g，食盐每天给 1 次，每次 5g 左右。断乳后的饲料要和断乳前的一致，不要马上更换，饲喂 1 个多月后，更换为冬季的饲料时，要逐渐用新的饲料替换旧饲料。一般离乳初期日喂 4～5 次，夜间可补饲 1 次粗料，到 10 月份与成年麝饲喂相同。

3. 管理 断乳后一段时间内，因环境不习惯而在圈里奔跑，加之依恋乳母，食量稍下降，体重也随之减轻，所以要很好饲养。有病、体弱的要单养，使其很快恢复，安全越冬。运动场应支撑活动架，供麝在活动时攀登运动。冬季及时清扫积雪，保持圈内干燥，并在圈里避风处放些干软的草和树叶，以利于防寒保温。每天要详细检查 2 次，若有体瘦的要放入圈舍里喂养观察，以便及时发现问题，及时处理。公母应分开饲养，一圈里不超过 3～4 头，不要混群乱圈。育成麝在配种期也有互相爬跨的发情表现，容易造成不必要的体力消耗，甚至可能造成死亡，必须防止个别早熟麝混交滥配，影响正常的生长发育。

第四节　麝　香

一、麝香的种类形态

麝香为雄麝麝香腺的分泌物，根据所含成分和状态，可将麝香分成蚂蚁香、蛇头香、银皮香、毛壳香、油香、心结香、逸香和"挡门子"等。按照产地不同，麝香分为产于四川阿坝的川香，产于西藏的宁静山、四川的沙鲁里山、大雪山、大凉山和雀儿山的藏香，产于贵州的苗岭、云南的横断山脉、贡山的云香，产于陕西的秦岭山脉、大巴山山脉以及青海、甘肃的祁连山山脉的西香，产于宁夏贺兰山山脉、内蒙古阴山山脉的口香。

野麝死亡后，立即割取香囊，阴干，得到俗称的"毛壳麝香"，除去囊壳，取出囊中分泌物，得到的是"麝香仁"，香囊重 15～30g。毛壳麝香呈囊状球形、椭圆形或扁圆形，直径 3～6cm，厚 2～4cm。开口面的革质皮棕褐色，密生灰白色或灰棕色短毛，从两侧围绕中心排列，中央有 1 小囊孔，直径约 3mm。

野生麝香仁品质柔、油润、疏松，其中有不规则圆形或颗粒状物，"挡门子"外表呈紫黑色，微有麻纹，油润光亮，断面棕黄色；粉末状者多呈棕色、棕褐色或微带紫色。人工饲养所获的麝香仁呈颗粒状、粉末状、短条状或不规则团状，紫黑色或深棕色，表面不平，显油性，微有光泽。

二、麝香囊

在雄性麝腹下的阴囊与脐部之间（距阴囊约 4.5cm，距脐部约 5cm）有一个椭圆形的囊状物，称麝香囊（简称香囊）。香囊介于腹部皮肤和腹肌外膜之间。在香囊腹侧（香麝口一端）的两个开口，前为麝香囊口（直径 1.2cm 左右），后约 0.5cm 处为阴茎包皮口。两口之间及麝香囊口周围裸露无被毛，其外周有浅黄色的针毛，呈放射环状排列，掩盖麝香囊口及阴茎包皮口。阴茎包皮口后侧环生有一撮长毛，是辨认阴茎包皮口及麝香囊口的明显标志。麝香囊口内侧周围环生浅黄色的短毛，射向囊腔。在分泌麝香反应期后，麝香口内侧短毛混入麝香内。麝香囊背面被包藏在腹壁皮肤内，略呈扁平状态，麝香囊长 4～6cm、宽 3～5cm、厚 2～3cm，鲜重（39.14±2.55）g，干重（17.64±0.81）g，含水量 53.73%±1.92%。香囊的大小根据麝的种类和个体不同而有差异，大者如鸡蛋，小者如核桃。

麝香囊是由外壳、细皮、内皮（银皮）、香仁和囊口组成。

1. 外壳 即粗皮，麝香囊的最外一层，淡褐色（或棕褐色），披覆被毛，为麝皮部分。鲜重为（16.85±1.29）g，含水量 64%～70%，占麝香囊重量的 43%～45%，干重 5～7g，占香囊重量的 30%～40%。

2. 细皮 肌肉皮，粗皮内的肌肉部分，厚度 5～8cm。

3. 内皮（银皮） 即云皮（星皮），是在细皮内包住囊的一层极薄酱褐色膜，膜上有许多皱纹，是麝香囊最里的一层，其干结后变成粉粒，脱落在内皮囊中。内皮鲜重（3.04±0.18）g，含水量 48.59%±3.88%，占麝香囊重的 7.97%±0.45%，干重（1.57±0.14）g，占麝香囊重量的 8.87%±0.72%。

4. 香仁 包于银皮之内颗粒状或者胶体状物质，即麝香，是麝香囊的分泌物，系药用部分。成熟的麝香呈棕褐色或深咖啡色，干后为黑褐色或棕黑色。在大多数麝的麝香中伴有大小不等的棕黑色颗粒，最大直径 13mm，最小直径 0.5mm 以下。麝香中常夹杂着脱落的银皮内膜。麝香鲜重（19.14±1.62）g，含水量 44.41%±3.70%，占麝香囊重量的 48.72%±2.12%；干重（10.18±0.67）g，占麝香囊重量的 57.28%±1.84%。

5. 囊口 位于囊表面中央之小孔，其皮肤机能有收缩性，直径 2～3mm。人工取香，由此口取出。

三、麝香的药效作用

麝香是珍贵的中药材和优质定香剂，具有浓郁香味，穿透力强，对中枢神经系统有兴奋作用。据《本草纲目》记载，麝香有"通诸窍"、开经络、透肌骨、活血通经，消肿止痛的功能，是治疗中风、脑炎的特效药。用于热病神昏，中风痰厥，气郁暴厥，中恶昏迷，经闭，癥瘕，难产死胎，心腹暴痛，痈肿瘰疬，咽喉肿痛，跌扑伤痛，痹痛麻木。安宫牛黄丸、速效救心丹、片仔癀、云南白药等国宝级的传统中成药药品都含有麝香，对我国人民治病保健起到了长期的、重大的作用。

1. 对中枢神经系统的作用 麝香直接或间接兴奋中枢神经，其作用具有双向性，即小剂量兴奋，大剂量则抑制。

2. 对心血管系统作用 麝香具有明显的强心作用，能使动物心脏收缩亢进，但对心率一般无影响。麝香酮能溶解家兔的红血球，降低血小板的凝聚率。

3. 抗炎作用 麝香具有明显的抗炎作用，对炎症病理发展过程的血管通透性增加期、白细胞游走期和肉芽形成期3个阶段都有影响。对子宫的作用：麝香对离体和在位子宫均有明显的兴奋作用，麝香酮具有抗孕作用。

4. 抗肿瘤作用 麝香悬液对小鼠艾氏腹水癌和肉瘤细胞有杀灭作用。

5. 雄性激素样作用 麝香乙醚提取物具有类似睾丸酮样的激素效果。

6. 抗生素作用 麝香汀的稀释液在试管内对猪霍乱弧菌、大肠杆菌及金黄色葡萄球菌均有抑制作用。

四、麝的泌香规律

麝香是雄麝腹部下方生长的香腺和香囊中分泌和贮存的一种外激素或信息化合物。香囊是雄麝的副性征之一，为椭圆形的袋状物，埋于生殖器前的组织深处，香腺处于香囊的前方和两侧，主体部分包绕在香囊的前方，向后侧方逐渐变细，伸向囊的腹面两侧。麝香由香腺部和香囊部的皮脂腺分泌形成，香腺主要是由腺泡细胞和疏松结缔组织组成，高柱状的腺泡细胞游离部脱离腺泡细胞进入腺泡腔，成为麝香的初香液，初香液经导管进入香囊腔后与皮脂腺所分泌的大量皮脂共同形成麝香，并进行熟化和贮存，大约需要两个月的转化过程，才形成粉粒状的"蚂蚁香"和颗粒状的成熟的麝香。

雄麝从1岁（性成熟后）就开始分泌麝香，3～12岁是麝香分泌最旺盛的时期。1.5～7.5岁雄麝平均泌香量达到12.26g/只，有效取香率达到95.64%；4.5～7.5岁平均泌香量达到13.53g/只。在保持相同青绿多汁饲料和精饲料饲喂比例的情况下，提高精饲料的粗蛋白水平，能极显著提高雄麝的泌香量。

麝每年5～7月为泌香期，其形成和分泌过程是连续性的，但每个泌香期只有28d左右。泌香期分为泌香初期、泌香盛期和泌香后期3个时期。泌香初期10～12d，此期麝首先阴囊开始肿大，随后香囊开始肿大，尿液呈碱性，体温正常；泌香旺盛期5～7d，雄麝阴囊、香囊明显肿胀，表现食量逐渐减少甚至拒食、呆立、尿液呈酸性，体温由正常的38.5～39℃升高到40℃，此期香腺开始泌香，囊口常有香液流出出现遗香现象；泌香后期8～10d，雄麝阴囊、香囊肿胀逐渐消退，体温、食欲恢复正常；以后为麝香逐渐成熟期，此期水分和其他气味逐渐挥发，麝香由原来的黄褐色、豆腐渣状、具有膘臭气味变成褐色、颗粒状或粉末状、具有浓烈芳香气味的成熟麝香。

五、人工取香

取香前备全用具与药品，如不锈钢挖勺（图3-1）、盛香盘、固定床、镊子、剪刀、药棉、消炎膏、酒精、红药水等。

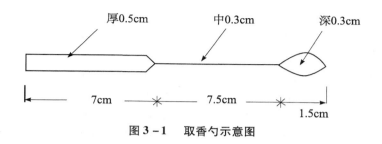

厚0.5cm　　中0.3cm　　深0.3cm

7cm　　　　7.5cm　　　1.5cm

图3-1　取香勺示意图

一般取香需要3人，即1人抓麝，1人取香，1人辅助。取香时间：夏季应在上午10时以前，下午17时以后取香，以避免麝因应激、受热和疲劳造成疾病。将野性较大的公麝提前1~2h关入圈内小舍，以便捕捉。检查取香用具及所需药品，取香用具有挖勺、盛香盘、保定床、镊子、解剖剪、药棉等。药品有磺胺软膏、消炎膏、红药水等。

由饲养人员负责抓麝。抓麝时要在麝不注意时突然出手抓住后腿，并将后肢迅速提起，同时将麝骑跨夹于两腿之间以免过度挣扎，然后将麝两只后腿交于右手，空出左手抓住麝的两只前腿，将其提起；随后，抓麝者迅速选一合适的坐处（最好各一小凳），将麝背里腹外地侧放在两腿上，或固定于取香保定床上。

麝被固定以后（待公麝稍平静后操作），取香前使麝的腹部与操作者相对，略剪去覆盖着囊口的毛，用酒精在香囊上消毒。取香人员首先用手轻轻挤压揉搓香囊，以便将结块麝香揉开，然后用左手中指和食指在香囊基部固定，大拇指按住香囊口，无名指和小指按住香囊体，右手持挖勺插入香囊内（最深不超过2.5cm），徐徐转动挖勺，均衡地向外抽动，麝香便顺香囊口落入香盘。人工活体取香示意图见图3-2。取香时注意不要挖伤香囊，麝香囊内壁受伤会影响麝香腺分泌的麝香进入香囊，从而影响产香量。囊口受伤，取香后要及时涂上消炎药。

刚取出的麝香里大多混有皮毛之类的杂质，应予拣出，用吸湿纸吸干、干燥器或恒温箱干燥制成成品香。待做好取香干湿重记录后，装入有色瓶中密封保存，以防止受潮发霉，防止阳光照射。

人工取香对麝的体质和配种能力均无不良影响。取香以后公麝能再分泌麝香，连续取香可达13年以上，其产量和质量基本稳定和正常。公麝个体年麝香产量为10~15g，3~13岁是产香盛期。

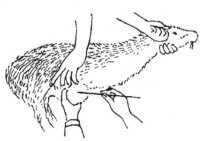

图3-2　人工活体取香示意图

1. 取香时间　取香应在早饲前天气凉爽时进行，以免对麝造成不良影响，造成瘤胃臌气等消化道疾病。

2. 动作要求　抓麝以及取香时动作要稳、准、快，抓麝时注意避免由于麝的剧烈挣扎造成后肢损伤，取香时动作要轻，谨防香勺刺伤香囊。

3. 取香勺选择　根据麝的年龄和香囊口大小，选用不同规格的取香勺。

4. 准确区分麝香囊口与尿口　麝香囊口在尿口前方，与尿口很近，要注意区别，严防将取香勺误插入尿口。

5. 放麝与护理　取香完毕后，放麝时，要先放前腿后放后退，注意不要马上喂饲和饮水，待恢复平静后供给 0.1% 的盐水，并饲喂一些新鲜饲料。

六、麝香的真伪辨别

1. 冒槽现象　取毛壳麝香用特制槽针从囊孔插入，转动槽针，撮取麝香仁，立即检视，槽内的麝香仁应有逐渐膨胀高出槽面的现象，习称"冒槽"。麝香仁油润，颗粒疏松，无锐角，香气浓烈。不应有纤维等异物或异常气味。

2. 手感与味道　取麝香仁粉末少量，置手掌中，加水润湿，用手搓之能成团，再用手指轻揉即散，不应粘手、染手、顶指或结块，指压有弹性。味道辛辣、微苦。

3 灼烧与气味　成熟的麝香具有浓烈的芳香气味，未成熟的麝香具有腥臭味。取麝香仁少量，撒于炽热的坩埚中灼烧，初则迸裂，随即融化膨胀起泡似珠，香气浓烈四溢，应无毛、肉焦臭，无火焰或火星出现。灰化后，残渣呈白色或灰白色。

4. 颜色与形状　麝香微细形态为无数不定形颗粒状物集成的半透明或透明团块，淡黄色或淡棕色（紫红色为最佳）；团块中包埋或散在有方形、柱状、八面体或不规则的晶体，并可见圆形油滴，偶见毛及内皮层膜组织。宏观形态成熟的麝香为粉末状或颗粒状，麝香仁粉末棕褐色或黄棕色，未成熟的麝香呈油脂状或豆腐渣状，呈浅黄褐色，干香表面有白色结晶。毛壳香具有皮肤层、肌肉层和内皮层等香囊的特殊结构；银皮香具有内皮层。

5. 成分　本品在［含量测定］项下所得色谱中的保留时间，与对照品的保留时间一致。成分有麝香酮（0.5% ~2%）、灰分（7% ~8%）、水分（10% ~15%）和胆固醇酯（0.4% ~2.4%）等。

6. 物理特性　比重 0.8628；在水中溶解度 50% ~70%，在 99% 酒精中溶解度 10% ~20%，难溶于氯仿；沸点 142 ~143℃，凝固点 -19℃。

7. 特异反应　遇碱、硫黄和动植物炭香味消失，遇氨水和稀碱香味变浓。将麝香的粉末与五氯化锑共研，会使香气消失，再加入氨水，香气恢复。

复习思考题

1. 麝有哪些种类？对麝进行人工驯养有何意义？

2. 麝有哪些生物学特性？了解这些内容对指导生产有何意义？

3. 如何对麝进行人工活体取香？取香时应主要注意哪些问题？

4. 如何鉴别麝香的真伪？

第四章　水　貂

水貂是短毛型珍贵毛皮动物，其毛皮板质柔软、毛绒细密，轻便美观，针毛呈宝剑状，富有光泽。水貂皮是加工高档女式大衣、披肩、帽子、领子、围巾和服装镶边的理想原料，在国际市场中占有十分重要的位置，是裘皮市场三大支柱之一，有"裘皮之王"的美称。

第一节　水貂的形态与生态

一、分类与分布

水貂属于哺乳纲（Mammalia）、真兽亚纲（Eutheria）、食肉目（Carnivora）、鼬科（Mustelidae）、鼬属（Mustela），是一种小型珍贵毛皮动物。在自然界里，形态上相近的有欧洲水貂和美洲水貂两种，目前国内外广泛饲养的水貂均为美洲水貂的后裔。

在野生状态下，美洲水貂主要分布在北纬40°以北地区，从阿拉斯加到墨西哥湾，从拉布拉达到加利福尼亚以及西伯利亚等地区，均有美洲水貂的分布。在自然条件下，北回归线以南地区水貂不能正常繁殖。目前，水貂已经被世界许多国家和地区广泛饲养，在我国东北、华北、山东等地区饲养量较大。通过采用人为控光技术，在我国北貂南养已获得成功。

二、形态特征

水貂体躯细长，头小而圆，眼小而圆，耳壳较小，四肢短小，尾细长，尾毛蓬松，外形与黄鼬相似。水貂前后肢皆五趾，趾端具有锐爪，趾间有蹼，后肢趾间蹼较前肢明显。肛门两侧有1对臭腺，系水貂用以避敌的秘密武器。

野生水貂毛色为深褐色，下颌有白斑，称为标准色水貂，人工饲养的除标准色水貂外还有彩色水貂。彩色水貂是标准色水貂变异或人工培育而成，目前有白、蓝、灰、黄、红、黑等多个色系和几十种色型，如白化貂、黑十字貂、咖啡貂、蓝宝石貂和米黄貂等。

成年水貂体尺、体重性别差异很大，公貂体重 1.5～3.0kg，体长 38～50cm，尾长 18～22cm；母貂体重 1.0～1.5kg，体长 34～37cm，尾长 15～17cm。仔貂出生重 7～10g，刚出生的仔貂身上裸露无毛，闭眼。标准貂的形态见图 4-1。

图 4-1 标准貂形态

三、生态

野生水貂主要以捕食鼠类、蝼蛄、鱼、麝鼠、昆虫、蛇等为食，食物随季节发生变化。在冬季食物中，哺乳类占 1/2 以上；夏季蝼蛄占 1/3，哺乳类占 1/5；春初秋末鱼类占 1/5。水貂的牙齿 34 枚，齿式为：2 ×（切齿 3/3、犬齿 1/1、前臼齿 3/3、后臼齿 1/2），其犬齿较发达。盲肠已退化，肠道总长仅相当体长的 4~5 倍，大肠欠发达，是典型的食肉性动物。水貂的采食比较匆忙，要注意饲料的加工调剂。

水貂体内缺少胡萝卜素转化酶，所以不可通过添加胡萝卜来满足水貂对维生素 A 的需求。水貂是食肉性动物，在家养条件下容易发生维生素缺乏症，要注意维生素的添加。水貂几乎不能消化纤维素，因此，饲料中纤维素的含量不能超过 3%，否则会出现消化不良。

野生水貂多栖息于河床、湖岸或林中溪旁等近水地带，利用天然岩洞营巢，巢内铺有干草或鸟的羽毛。洞穴在岸边或开口于水下，洞长约 1.5m；在洞穴附近长利用草丛或树丛为掩护。在漫长的进化过程中，野生水貂养成了很多适应环境的生活习性，在家养情况下要注意科学合理地加以利用。

1. 夜行性 野生水貂喜欢在近水且植被茂密的环境活动，并多在夜间活动。生产中要注意早晨喂饲时间不要过晚，下午喂饲时间不要过早。

2. 喜欢游泳和潜水 野生水貂可在水中捕食鱼、麝鼠等动物，家养情况下，水貂喜欢戏水。

3. 性情凶猛、活动敏捷 在人工饲养情况下要避免跑貂现象的发生，同时加强饲养人员的劳动防护，防止被水貂咬伤。一旦被水貂咬住，可采用对准水貂鼻孔猛吹一口气的方法加以摆脱。

4. 为仔兽叼送饲料行为 母貂在产仔哺乳期仔貂开眼前，有为仔貂叼送饲料的习性。由于水貂的这一习性，在母貂产仔期，要加强对窝箱的卫生管理，以减少仔貂尿湿病和仔貂脓疱病的发生。

5. 搬弄仔貂行为 水貂是一种小型的食肉性动物，其自卫能力有限，野生状态下，在受到外界惊扰时，水貂便养成了将仔貂搬弄到其他认为安全的地方的习惯，以避免仔貂受到敌害的侵袭。在人工饲养的情况下，外界的惊扰便可导致母貂搬弄仔貂行为的出现，由于母貂在貂笼中，除窝箱外，并无更为安全的地方可寻，搬弄时间过长仔貂便会死亡，从而引发母貂食仔行为，给生产造成损失。

6. 嗅觉发达　水貂嗅觉发达，其采食、辨别仔貂主要靠嗅觉，环境和仔貂气味的变化都可能引发水貂食仔。在生产中，水貂繁殖季节，饲养管理人员严禁用化妆品。在繁殖季节，场内消毒要选用气味小的药物，最好采用火焰等物理消毒方法。

7. 定点排粪行为　水貂有定点排粪行为，一旦选定排粪地点便很难改变。在人工饲养情况下，引导幼貂选择笼网中合适的地点排粪很重要。如果水貂选择了在窝箱中，或在水槽、料槽附近排粪，可采用"逐步移粪法"帮助其改变排粪地点。

8. 舔食仔貂肛门刺激仔貂排粪尿行为　母貂在仔貂开食前有舔食仔貂肛门刺激仔貂排粪尿行为，这一行为对于保持巢穴或窝箱的卫生十分有利。仔貂一旦开食，母貂便停止这一行为，因而，此时应加强窝箱卫生管理。

四、光周期与水貂换毛、繁殖的关系

1. 光周期与水貂毛被生长脱换的关系　水貂的毛被生长、脱换具有明显的季节性，以春分和秋分为信号，1 年脱换 2 次。每年夏至后随着日照时数的逐渐缩短，到 8 月末、9 月初夏毛开始慢慢脱落，冬毛开始长出；秋分后冬毛生长加快，9～11 月为水貂冬毛生长期，11 月末、12 月初冬毛成熟。由于水貂冬毛的生长与光照关系密切，根据水貂脱换冬季毛被需要短日照的特点，采用控光养貂，人为的改变光周期，将"秋分信号"提前到 7 月 21 日或 8 月 1 日，以后每日缩短日照时间（每 5d 缩短 13min），可以使冬毛提前成熟，提前 1 个月取皮。明显的春分和秋分信号，是水貂毛被脱换与生长的必要条件，在南方，水貂毛被成熟较北方晚。

2. 光周期与水貂繁殖的关系　水貂的繁殖具有明显的季节性，水貂的生殖器官随着一年光周期的变化而变化。公貂睾丸的重量和体积在 8 月份最小，9 月以后开始发育，随着冬毛的成熟睾丸的发育迅速。在 12 月上旬，睾丸平均重 1.14g，到 2 月中旬时达到 2.0～2.5g，开始形成精子并分泌雄性激素，出现性冲动；3 月份性欲旺盛，是水貂的配种期，但到 3 月下旬配种能力有所下降；5 月份公貂的睾丸发生退行性变化，表现为体积缩小，重量减轻，功能下降。夏季时睾丸的重量仅为 0.2～0.5g，仅为配种期的 1/7～1/5，精母细胞的机能相对停滞。

由于纬度的不同，秋分信号和春分信号到来的早晚不同，因而水貂的配种期到来的早晚也不同。在自然情况下，由于纬度越高春分、秋分信号到来的就越晚，所以配种期就越晚。在一定范围内纬度越低，水貂发情越早。然而，高纬度地区光照时数的季节性变化是水貂季节性繁殖的主要信息和必要条件，一年中水貂由非繁殖期转至繁殖期，必须有短日照条件，因此，季节性变化不明显的光周期，往往导致繁殖的失败。在北回归线（北纬 23.5°）以南地区，由于一年中光周期变化不明显，自然情况下水貂不能正常繁殖。

不但水貂的发情配种明显地受光照的影响，而且光照对水貂的妊娠与产仔影响也十分明显。在母貂交配受胎后，有计划地适当增加光照可缩短妊娠期，有利于增加水貂产仔数；如果无计划地随意改变光照，妊娠水貂可出现死胎、化胎现象。

第二节　水貂的繁育

一、繁殖生理

水貂每年 2～3 月份发情配种，4～6 月份产仔。育成貂的初情期为 9～10 月龄。

1. 睾丸和卵巢的季节变化　水貂的季节性繁殖是以生殖器官的季节性变化为生理基础的。每年的 6～12 月份，公貂睾丸的重量和体积，比 1～5 月份相对小而轻，睾丸的内分泌功能很低，处于相对静止状态，没有性欲。约在秋分时睾丸开始发育，但初期发育缓慢。一般从 11 月下旬起，睾丸的体积和重量日益增大；冬至以后，睾丸的发育迅速，其功能逐渐恢复和加快；2 月中旬，开始形成精子并分泌雄性激素，出现性冲动；3 月份性欲旺盛，是水貂的集中配种期，可是到 3 月下旬配种能力有所下降；5 月份睾丸发生退行性变化，表现为睾丸体积减小，重量减轻，功能下降。到夏季时睾丸重量和体积降至最低值。

母貂的卵巢在非动情期平均重量约 0.3g，长约 4.17mm，宽约 2.57mm。在配种季节里，由于卵泡的生长，卵巢的重量和体积都有所增长，平均重量约 0.65g，长约 4.31mm，宽约 2.77mm。非配种季节卵泡的直径为 0.65mm，动情前期 0.90mm，动情期可达 1.0～1.2mm。Hansson（1947）曾观察过母貂性周期与卵巢体积的关系。如果将休情期的卵巢体积定为 100%，那么动情期就增加为 111%，交配后、排卵前卵巢继续增加到 148%，而排卵后又降至到动情期的水平，1 周后又增至 133%，在胎盘期约为 150%。

2. 发情周期　水貂是季节性繁殖动物，公貂在整个配种季节始终处于发情状态，母貂为季节性多次发情。在整个配种季节里，母貂出现 2～4 个发情周期，每个发情周期通常为 6～9d，动情期持续 1～3d，间情期一般为 5～6d。母貂在动情期容易接受交配，并能排卵受孕，但在间情期内不接受交配，即使强行交配，也不能诱发排卵，故此期称为排卵不应期。

3. 排卵　水貂是诱导性排卵的动物，排卵需要交媾刺激或类似的神经刺激。母貂通常在交配后 37～72h 排卵。水貂在接受配种诱发排卵后的一段时间内，虽然也发生闭锁，但并不随即形成有分泌孕酮功能的妊娠黄体，而处于休眠期。在黄体休眠期里，卵巢内又有一批接近成熟的卵泡继续发育成熟，并分泌雌激素，无论前次排出的卵是否受精，仍可通过交配再次排卵。

4. 受精　水貂的受精部位在输卵管上段。排卵后 12h 左右卵细胞就会失去受精能力。精子在母貂生殖道内保持授精能力的时间一般为 48h。

据资料介绍，采用 1+1 配种，有 37% 的仔貂来自第 1 次交配的受精卵，63% 的仔貂来自第 2 次交配的受精卵；采用 1+2 配种，有 73% 的仔貂来自第 1 次交配的受精卵，

27%的仔貂来自第2次交配的受精卵；采用1+7配种，有14%的仔貂来自第1次交配的受精卵，86%的仔貂来自第2次交配的受精卵。3次交配的结果，同2次交配基本上是一致的，大部分仔貂来自第2次受精卵。

二、配种

水貂的配种期虽然依地区、个体和饲养管理条件而有所不同，但一般都在2月末至3月下旬，历时20~25d，配种旺期一般集中在3月中旬。不同毛色的水貂配种期有所差异，如咖啡色、蓝宝石、黑眼白等彩色水貂，比标准貂配种期晚5~7d，咖啡色和白色貂在3月6日开始配种为宜。经产母貂比初产母貂发情早，因此，配种初期尽量先配经产母貂，争取在本场配种旺期达到全配。

水貂的配种方式可分为同期复配和异期复配两种。在一个发情期内连续2d或隔1d交配2次（1+1或1+2），称为同期复配。个别母貂由于初配后不再接受第2次配种，因而自然形成一次交配。

在2个以上的发情周期里进行2次以上的交配称为异期复配。异期复配可分为2个发情周期交配2次和2个发情周期交配3次两种方式，前者是在第一个发情周期进行初配后，再间隔6~9d后的下一个发情期进行复配（1+7）；后者是在第一个发情周期进行初配后，再间隔6~9d后的下一个发情期进行2次复配（1+7+1或1+7+2），或在同期复配后再间隔6~9d进行复配（1+1+7、1+2+7）。

实践证明，采用1+1、1+7、1+7+1的配种方法效果较好。对每只母貂究竟采取哪种配种方式，要根据其初配日期而定。配种开始后1周以内（在3月12日至3月13日以前）进行交配的母貂，多采用1+7的配种方式；而在3月中旬进行初配的母貂，则多采用1+1或1+2的配种方式。不论采用哪种配种方式，配种落点（最后一次复配）应在本场历年的配种旺期，也就是3月12日至3月20日。就配种效果而言，同期复配较异期复配空怀率高一些，在同期复配方式中，1+2配种方式（隔日复配）效果较差。不同交配方式对母貂繁殖力的影响见表4-1。

表4-1 交配方式对繁殖力的影响

| 交配方式
繁殖效果 | 1次交配 | 2次交配 | | 3次交配 | | 总数 | 平均 |
	1	1+1	1+7	1+7+1	1+1+7		
母貂数（只）	3 360	2 731	2 563	1 530	284		–
胎平均（只）	4.64	4.94	5.91	5.98	4.60		4.90
空怀率（%）	32.2	18.7	15.5	10.5	14.8	10 184	21.1
群平均（只）	3.14	4.01	4.24	4.55	3.92		3.81

为了掌握和控制配种结束的适宜时期，合理使用种公貂，提高养貂场总体配种效果，目前我国各地普遍采用"分阶段异期复配"的配种体制。该体制将水貂配种期分成3个阶段，即初配阶段、复配阶段和查空补配阶段，规定初配阶段不进行复配，复配阶段尽可能

完成复配，补配阶段查空补配。

研究表明，母貂卵泡发育成熟的数量配种季节中期（光照时间为 11.5 ~ 12h）比初期和末期多，因此，在配种旺期完成复配，可获得较高的产仔数。另外，由于母貂交配后出现排卵不应期，所以复配应在初配的 2d 内或 7 ~ 10d 进行，不应在初配后的 3 ~ 6d 进行。采取无规律的交配方式，容易造成空怀，过早地放对和勤放对，既增加人和貂的负担，也不会有什么实效。

1. 发情鉴定   准确地对母貂进行发情鉴定，是确保水貂配种的关键，也是提高产仔率和产仔数的前提。发情鉴定有行为观察、外生殖器官检查和放对试情等方法，生产实践中以外生殖器官检查为主。通过发情鉴定，既可摸清水貂的发情规律，准确掌握放对的最佳时机，又可提前发现生产中存在的问题，及时采取补救措施。

公貂发情鉴定一般进行 2 次，分别安排在精选定群的 11 月 15 日前后和 1 月 10 日，用手触摸睾丸的发育情况，以大、中、小或好、中、差作标记，然后逐个淘汰单睾、隐睾、睾丸弹性差及患睾丸炎的公貂。母貂的发情鉴定一般进行 4 次，分别在 1 月 30 日、2 月 10 日、2 月 20 日及配种前，通过鉴定判定每只母貂发情的早晚及所处的发情阶段，逐个用罗马数字标记清楚。

发情母貂食欲下降，活动频繁，时常在笼中来回走动，时而嗅舔外生殖器，排尿频繁，尿液呈绿色，有时发出 "咕咕" 的求偶叫声，捕捉时比较温顺。当检查外阴部时，未发情的母貂外阴部紧闭，阴毛成束；发情的母貂按阴门肿胀的程度、色泽、阴毛的形状及黏液变化情况，通常可分为 3 期：

第一期 （ + ）：阴毛略分开，阴唇微开，呈淡粉红色。

第二期 （ + + ）：阴毛明显分开，倒向两边，阴唇肿胀，突出外翻，有的分几瓣，呈乳白色，有黏液。

第三期 （ + + + ）：阴门状态基本上同一二期，但有皱纹，比较干燥，呈苍白色。

2. 放对   初配阶段的放对时间最好在早晨喂饲后 0.5 ~ 1.0h 进行。当天气变暖时，在早饲前和下午可各放对 1 次。

水貂放对要把发情好的母貂抓到公貂笼中进行，这样由于公貂对环境熟悉，性欲比较旺盛，有利于公貂配种；另外，在抓母貂的同时，便于对母貂进行发情鉴定，提高工作效率，确保配种的顺利进行。

放对时待公貂叼住母貂颈部后，母貂并不激烈挣扎，同时也不发出刺耳的尖叫，才能撒开后手，否则公母貂可能发生激烈的咬斗。放对后要观察一段时间，以便掌握配种情况。对于发情不好或未发情的母貂，当公貂爬跨时往往挣扎或逃避，有时还会发出刺耳的尖叫，对公貂表示敌意，甚至咬公貂，遇此情况应立即抓回母貂，以防咬伤。发情好的母貂，多半在公貂叼住颈部后便举臀翘尾，以迎合公貂交配。对于个别不会抬尾迎合的母貂，可采取人工辅助提尾的方法辅助交配。

交配时，公貂叼住母貂颈皮，以前肢紧抱母貂的腰部，腰荐部与笼底成直角。公貂射精时，两眼微闭，臀部用力向前推进，睾丸向上抖动，后肢微微颤动，母貂时而发出低微的叫声。假配时，公貂的腰荐部与网底呈锐角，身体弯度不大，经不起母貂的移动，并无射精动作。误配时，公貂阴茎插入母貂肛门，母貂发出刺耳尖叫，应立即分开。

水貂交配时间一般 40 ~ 50min，越到配种后期，交配时间越长。通常交配时间 10min 以上都有效。水貂交配不出现锁紧现象。

3. 公貂的利用 加强公貂的调教和合理利用种公貂，是顺利完成配种工作的重要措施之一。当配种工作开始时，应以发情好的、性情温顺的经产母貂与初配公貂交配，这样能使小公貂积累配种经验，确保以后顺利完成配种任务。

配种能力强的公貂，在一个配种期里可交配 20 次左右。在初配阶段，每只公貂每天只能交配 1 次，在复配阶段，每天不宜超过 2 次，2 次间的间隔不能少于 4h。连续 2d 交配 4 次的公貂应休息 0.5 ~ 1d。

4. 精液品质检查 公貂的精液品质直接影响到配种效果。据资料介绍，水貂的一次射精量为 0.1ml 左右，每毫升精液中的精子数为 1 400 万 ~ 8 600 万个。

在生产上可用以下方法检查精液品质：用吸管或钝头玻璃棒插入刚交配完的母貂阴道内 2 ~ 3cm，蘸取公貂射入的精液，涂于载玻片上；在 200 倍视野的显微镜下检查精子的形态、密度、畸形率和活力。经几次检查，无精子和精液品质不良的公貂，不能再放对交配，已经与之交配的母貂，应用另一只公貂重配。

三、妊娠与产仔

水貂的妊娠期变化幅度很大（37 ~ 83d），平均为 51 ~ 52d。水貂的配种落点日期、水貂毛色、配种方法及个体差异等都在不同程度上影响妊娠期。水貂自受精到产仔的整个妊娠过程，可分为 3 个胚胎发育阶段。

1. 卵裂期 卵细胞在输卵管上段受精后，经过 5 ~ 6 次均等分裂形成桑椹胚；然后细胞继续分裂成实囊胚，其表面为滋养层，里面为内细胞团；之后继续分化，在内细胞团的一边发生一个腔，渐渐变大，内细胞团贴附在腔壁上形成腔囊胚。受精卵经输卵管到达子宫的时间需 6 ~ 8d（有人认为 8 ~ 11d）。

2. 胚泡滞育期 胚泡滞育期即从胚泡进入子宫至着床的时间，需 1 ~ 46d（有人认为 6 ~ 31d）。胚泡进入子宫后，由于子宫内膜尚未为胚泡植入作好准备，故处于滞育状态。此期胚泡发育非常缓慢，处于相对静止阶段，胚泡可自如地从一侧子宫角转移到另一侧子宫角。

由于滞育期随着春分后日照时间的延长而逐渐缩短，因此，交配结束早的母貂通常比交配结束晚的母貂有更长的胚泡滞育期（表 4 - 2）。

表 4 - 2 交配结束日期与胚泡滞育期的关系

交配结束日期	2 月底	3 月 1 ~ 5 日	3 月 6 ~ 11 日	3 月 12 ~ 17 日	3 月下旬
胚泡滞育期（d）	15 ~ 22	9 ~ 14	6 ~ 11	4 ~ 7	1 ~ 4

由于胚泡滞育期长短不一，导致个体间妊娠期变化幅度很大。滞育期的结束，与黄体所分泌的孕酮有关，当血浆中孕酮的含量增加后 7 ~ 10d，胚泡开始在子宫角内着床（在 4 月 1 ~ 10 日）。在胚泡着床以前，胚泡从子宫腺体所分泌的子宫乳中获得维持其自身所需的营养。在自然情况下，无论配种结束日期早晚，孕貂血浆中孕酮的浓度，大多在 3 月

25～30日开始升高。人工有计划增加光照可诱发孕酮提前分泌，从而缩短胚泡滞育期。

3. 胎盘期　胚泡在子宫内膜中着床后，母体的子宫内膜与胚体的绒毛膜形成胎盘，这时胚胎开始迅速发育。水貂胎盘期平均（30±2）d。母貂妊娠期的长短，主要与着床前的滞育期有关，胚泡植入后，所有个体的生长速度大致相同。

胚胎在胎盘期死亡率很高，如果将排卵数与胚胎着床和产仔数比较，100个卵中平均只有83.7个着床，而出生的仔貂仅为50.2个；以黄体数目与胚胎数比较，早期死亡率占排卵数的50%～60%。

水貂有时会出现假妊娠现象，即母貂在发情后，虽然未能形成受精卵，或者胚泡未能着床，但是却出现一系列类似妊娠的征兆。假妊娠母貂，交配后黄体经过休眠期不仅未退化，反而不断增长，并分泌出孕酮。经组织学观察，假孕母貂的卵巢中存在小黄体，垂体中分泌促卵泡素（FSH）的细胞明显增强，并有高度活性，因而在卵巢中不仅有成熟的卵泡，而且子宫内膜的变化也完全与正常妊娠母貂相同，只是没有胚泡存在，故不形成胎盘。

大多数标准貂的妊娠期略短于彩色水貂（表4-3）。3月31日交配的母貂妊娠期，要比3月1日交配的母貂妊娠期平均缩短12.4d，配种期每差1d，妊娠期平均缩短0.44d。比如，3月1日交配的标准色母貂，妊娠期平均为58.5d，而3月31日交配的则是46.1d。据资料介绍，在交配1次的情况下，水貂的妊娠期与配种日期的回归关系，可用以下回归方程表示：妊娠期 = 59.31 - 0.44×最后配种日期（$G = 59.31 - 0.44 \times t_1$）。交配日期与妊娠期的相关系数为 $r = -0.48 \pm 0.03$。

表4-3　不同色型水貂的妊娠期

色型	妊娠期（d）	母貂数（只）	色型	妊娠期（d）	母貂数（只）
标准色	51.22	3 466	青铜色	51.95	718
咖啡色	53.04	5 662	粉红色	52.69	12
珍珠色	52.49	686	紫罗兰色	52.81	338
蓝宝石色	52.88	1 152	银蓝色	55.08	55

水貂的妊娠期在个体间的差异很大，在同样的气候和饲养管理条件下，同一天交配的水貂（3月7日、14日和15日），其妊娠期长短可能有19d（44～63d）的差异。由于水貂具有异期复孕的特点，妊娠天数应自最后交配日期至产仔日期来计算。交配方式和配种结束日期对妊娠期的长短有明显的影响，见表4-4和表4-5。由表4-5可见，早期结束配种的母貂，其妊娠期比晚结束配种的母貂的妊娠期长些。

表4-4　交配方式与妊娠期的关系

交配方式 妊娠期	1 n=372	1+1 n=161	1+7 n=629	1+1+7 n=90	1+7+1 n=8
从第一次交配起（d）	49.8	50.5	55.4	57.3	54.1
从第二次交配起（d）	—	49.5	46.3	49.5	46.5
妊娠期相差天数（d）	—	1.0	9.1	7.8	7.6
变化幅度（d）	30～77	39～67	38～74	41～74	43～58

表4－5　配种结束日期与妊娠期的关系

交配日期	3 月							
	1～3 日	4～6 日	7～9 日	10～12 日	13～15 日	16～18 日	19～21 日	22～24 日
母貂数（只）	21	100	136	166	154	93	51	26
妊娠期（d）	58.7	55.2	52.3	51.4	50.7	48.9	48.2	49.0
变化幅度（d）	47～68	46～76	43～63	42～70	39～62	40～63	41～60	41～53

水貂的产仔期虽然依地区、个体而有所差异，但一般都在4月下旬至5月下旬产仔，特别"五一"前后5d是产仔旺期（占产仔胎数的60%～65%）。

水貂的产仔数变异很大，平均6.5只（1～18只）。一般来说，彩色水貂产仔数比标准貂稍低一些。胎产仔数与配种期、妊娠期及产仔日期有关，一般来讲，配种落点越早、妊娠期越长、产仔越晚，则产仔数相对减少。通常在5月5日前产仔的母貂，平均产仔数较高。

母貂多半在夜间或清晨产仔，顺产需3～5h。母貂难产时食欲下降，精神不佳，急躁不安，不断取蹲坐排粪姿势，或舔舐外阴部。

判断产仔的主要依据是听窝箱内仔貂的叫声，结合检查母貂的胎便。一般在产仔后6～8h对仔貂进行初次检查，之后每隔3～5d检查一次，以便随时发现仔貂的异常情况。检查最好在母貂走出窝箱采食时进行。检查时保持安静，动作迅速，窝巢尽量保持原状，并避免将异味带到仔貂身上，以免造成母貂弃仔和搬弄仔貂现象出现。为避免以上现象出现，饲养管理人员此期严禁使用化妆品，检查人员在检查时，可先用窝箱内的垫草搓手，然后再进行检查。

健康的仔貂全身干燥，同窝仔貂发育均匀，体躯温暖，集中趴卧在窝箱内，拿在手中挣扎有力，全身紧凑，圆胖红润。不健康的仔貂，胎毛潮湿，体躯较凉，皮肤苍白；在窝内各自分散，四处乱爬，握在手中挣扎无力，同窝仔貂大小不均。

四、选种选配

选种是选优去劣的过程，是不断改善和提高貂群品质和水貂皮质量的有效方法。通过对水貂的表型性状和遗传力的选择，使其优良的性状在后代中得到保持和提高，特别是对于遗传力较高的性状，正确的选择可以取得明显的效果。个体选择法比较适合于受环境因素影响较小的那些遗传力高的数量性状，如体重、体长、毛色、毛色深浅、毛绒密度和长度、白斑大小等。在毛色基因的选择中可以根据后代的表现型判断亲本的基因型，从而进行有目的的选择。对于一些隐性基因，如脑水肿、先天性后肢瘫痪和短尾等，也可以根据后代的表现对亲本进行有效的选择。在生产实践中选种是一项经常性的重要工作，可分3个阶段进行。

1. 初选　在5月末至6月份进行，主要是窝选。根据配种期和产仔期的情况，淘汰不良的种貂。公貂应选择配种开始早、性情温顺、性欲旺盛、交配能力强（交配母貂4只以上，配种8次以上）、精液品质好、所配母貂全部产仔和产仔数多的公貂继续留种。母貂选择发情正常、交配顺利、产仔早、产仔数多（5只以上）、母性好、乳量充足和所产仔貂发育正常的继续留种。当年出生的仔貂，选择出生早（小公貂5月5日前，小母貂5月10日前）、发育正常、系谱清楚和采食早的仔貂留种。

2. 复选 在9月10日进行。对成年种貂，除个别有病和体质恢复较差者以外，一般继续留种。育成貂则要选择那些发育正常、体质健壮、体型较大和换毛早的个体留种。实践证明，在正常饲养情况下，换毛推迟的水貂，直接影响下一年繁殖，因此，应注意观察换毛情况并做好记录，以作为选种的依据。复选的数量应高于计划留种数的20%～25%。复选时应对所有种貂进行一次血检，全面检查阿留申病。血检可采用对流免疫电泳法，有时检测循环免疫复合物值（CIC·OD），综合测定阳性貂，淘汰阿留申病阳性反应者。

3. 精选 在11月下旬取皮前进行，对所有欲留种的种貂全面进行一次选种，最后按生产计划定群。精选时将毛皮品质列为重点。凡阿留申病阳性的水貂一律淘汰。精选时要掌握以下标准：

（1）毛绒品质：标准水貂毛色深，近于黑色，全身被毛基本一致。针毛灵活、平齐、有光泽、长度适宜、分布均匀、无白针。绒毛厚密，呈青灰色。针绒毛长度比在1:0.65以上。白斑小或仅限下唇。

（2）体型与体质：体型大、体质好、食欲正常、无疾病。公貂后肢粗壮，尾长而蓬松，经常翘尾。母貂体型稍细长、臀部宽、头部小、略呈长三角形，短而粗胖的母貂不能留种。

（3）公、母比例：标准貂是1:4～1:4.5，彩貂为1:3～1:3.5。

（4）年龄：2～4岁的水貂繁殖力高，应占貂群的50%～60%。

选配是选种工作的继续。总的要求是继承、巩固和提高双亲的优良品质，有目的、有计划地创造新的有益性状，以达到获得理想后代的目的。有了优良的种貂后，只有合理选择公、母貂进行交配，才能获得更为理想的效果。

1. 品质选配 可分为同质选配和异质选配两种。同质选配是选择性状相同、性能表现一致的优良公、母貂进行交配，目的在于巩固和发展这些优点。异质选配是选择在主要性状上各不相同的公母貂交配，以综合双亲优点，创造一个新的类型；或选择具有同一性状，而性能优劣表现不同的公母貂进行交配，其目的在于以优改劣。

同质选配时，在主要性状上（尤其是遗传力高的性状），公貂的表型值不能低于母貂的表型值。这样才能保证下一代的优点突出，使群体平均水平更高。同质选配多用于纯种繁育。

异质选配时，在质量性状上必须用优点去纠正缺点，而不能用相反的缺点去互相纠正各方的缺点。在体型选配上，不应采用以大公貂配小母貂和小公貂配大母貂，以及小公貂配小母貂等做法。

2. 亲缘选配 根据个体之间的亲缘关系，亲缘选配可分为近交和远缘杂交。近交可分为自亲间的回交、全同胞交配、半同胞交配等。近交能使基因的纯合数量增加，杂合数量减少，从而产生一系列的表型效应。当然，近交还能使一些有害的隐性基因纯合，从而使水貂出现生长缓慢、生活力下降等现象。近交对繁殖力和生活力等遗传力低的性状均有不良的影响，而对遗传力高的性状，衰退表现十分明显。在确定育种目标的情况下，一般应避免近交，而培育新品种则必须进行近交，使基因的纯合性增加，将优良的性状相对稳定下来。

3. 等级选配　等级选配是根据公母貂交配双方的等级进行的选配方式。由于公貂对后代群体的影响面远远高于母貂，所以要求公貂的等级高于母貂，决不能使母貂的等级高于公貂。

4. 年龄选配　种貂的年龄选配对选配的效果有一定的影响。一般 2～3 岁的壮年种貂的遗传力比较稳定，选配后的生产效果也比较好；而年龄较小的种貂遗传力相对不稳定，老年的种貂选配后其后代的生活力往往较差。所以，生产上要尽量避免老公貂配小母貂、小公貂配小母貂、老公貂配老母貂的选配组合。

五、彩貂毛色育种

野生水貂的毛被颜色呈黑色，其毛色是由许多基因共同作用而形成的，在家养情况下人们把它称为标准色水貂。现在已知控制标准貂毛色的基因有 21 对，其符号为：PP IpIp GG AlAl BB BgBg BiBi BsBs BaBa BmBm BpBp CC HH OO ff ss cmcm ebeb jj fifi cscs。

彩色水貂是标准貂的突变型，其毛色来自将近 30 个突变基因和这些基因的各种组合。到目前为止，水貂毛色组合型已增加到百余种，其中多种彩貂在生产中具有较高的经济价值。

目前世界上通用的彩色水貂名称和基因符号有美国和斯堪的纳维亚两个系统，后者主要用于丹麦、瑞典、挪威、荷兰和俄联邦（前苏联）等国家。斯堪的纳维亚系统野生型（黑褐色标准貂）的基因符号，是美国系统野生型基因符号中的 AlAl BaBa BiBi BmBm BpBp BsBs IpIp CC jj ebeb，分别改写成 AA RR JJ MM KK T^sT^s II C^HC^H nn ee，其余与美国系统相同。彩色水貂的中文名、英文名和基因符号见表 4－6。

表 4－6　彩色水貂名称及基因符号

中文名		英文名	基因符号	
			美国系统	斯堪的纳维亚系统
灰蓝系	银蓝色（白金色）	Silverblu（Platinum）	pp	pp
	阿留申（枪钢色）	Aleution（Gunmetal）	alal	aa
	拟银兰色（拟白金色）	Imperial SilverBlu	ipip	ii
	钴色	Coblt	gg	—
	钢蓝色	Steelblu	p^sp^s（p^sp）	p^sp^s（p^sp）
浅褐系	咖啡色	Pastel	bb	bb
	绿眼咖啡色	Green－eyeb Pastel	bgbg	gg
	拟咖啡色	Imperial Pastel	bibi	jj
	索克洛特咖啡色	Socklot Pastel	bsbs	t^st^s
	琥珀金咖啡色	Ambergold Pastel	baba	rr
	美国米黄色	American Palomino	bpbp	kk
	瑞典米黄色	Swedish palomino	bs^sbs^s	t^Pt^P
	莫依而浅黄色	Moyle buff	bmbm	mm
	潘林浅黄色	Perrin buff	bp^bbp^b	—
	芬兰白色（金士米黄色）	Finn white（Jenz Palomino）	bs^mbs^m	t^Wt^W

（续表）

	中文名	英文名	基因符号 美国系统	斯堪的纳维亚系统
白色系	黑眼白色	Hedlund white	hh	hh
	白化	Albino	cc	$c^h c^h$
	北欧浅黄色（北欧白）	Nordic buff（Nordic albino）	$bs^a bs^a$	$t^n t^n$
	火绒草色（歌夫斯）	Edelweiss（goofus）	oo	oo
显性突变型	煤黑色	Jet black	JJ（Jj）	NN（Nn）
	银紫貂色（蓝霜色）	Silver sable（Blufrost）	Ff	Ff
	黑十字色	Black cross	SS（Ss）	SS（Ss）
	黑蓝色	Ebony	Ebeb	Ee
	科米拉	Colmira	Cmcm	—
	"显性白"	Dominante white	Ff Ss（SS）	Ff Ss（SS）
	王冠貂	Crown sable	Cscs	—
组合色型	蓝宝石色	Sapphire	alal pp	aa pp
	银蓝亚麻色	Platinum blond	bb pp	bb pp
	依立克	Eric	alal bb	aa bb
	芬兰黄宝石色	Finn topaz	bb $b_s b_s$	bb $t^s t^s$
	珍珠色	Pearl	alal bpbp	pp kk
	浅紫色	Lavaender	alal bmbm	aa mm
	红眼白（帝王白）	Regal white	bb cc	bb $c^h c^h$
	米黄色十字貂	Palomimo cross	bpbp Ss	—
	银兰色十字貂	Blucross	pp Ss	pp Ss
	青铜色十字貂	Aleutian cross	alal Ss	aa Ss
	白化十字貂	Cross white	cc Ss	$c^h c^h$ Ss
	咖啡色十字貂	Pastel cross	bb Ss	—
	浅黄褐色	Ofawn	bb bmbm	bb mm
	春意咖啡色	BOS. Pastel	bbFf	bb Ff
	春意银蓝色	BOS. Platinum	pp Ff	pp Ff
	春意枪钢色	BOS. gunmetal	alal Ff	aa Ff
	蓝鸢尾草色	Blue iris	alal $p^s p^s$（$p^s p$）	aa $p^s p^s$（$p^s p$）
	芬兰珍珠色	Finn pearl（Blue beige）	pp $bs^m bs^m$	pp $t^w t^w$
	瑞典珍珠色	Swedish pearl	pp $bs^S bs^S$	pp $t^p t^p$
	瑞典白色	Swedish white	cc $bs^m bs^m$	$c^h c^h t^w t^w$
	索克洛特咖啡银色	Socklot pastel silver	bb pp bsbs	bb pp $t^s t^s$
	"希望"	Hope	pp alal baba	pp aa rr
	冬蓝色	Winterblu	alal bb pp	aa bb pp
	紫罗兰色	Violet	alal bmbm pp	aa mm pp
	乳白色	Opaline	bb bmbm pp	bb mm pp
	粉红色	Pink	alal baba bmbm pp	aa rr mm pp
	玫瑰色	Rose	Ff bb bsbs bpbp	Ff bb $t^s t^s$ kk

　　水貂的毛色育种，一方面通过杂交获得新的彩貂类型，另一方面利用现有的突变型，将2对、3对基因甚至4对突变基因，重新组合后获得新的毛色类型。组合型的彩貂皮经济价值很高，据报道，粉红色水貂（alal pp baba bmbm）皮单价比标准貂皮高10～15倍，玫瑰色水貂（Ff bb t^{s}t^s kk）皮的单价比标准貂皮高25～40倍。

　　根据引起彩貂毛色发生变化的基因型不同，可将彩色水貂划分为隐性突变型，如阿留申貂（aa）、银蓝色貂（pp）、白化貂（cc）、咖啡色貂（bb）等；显性突变型，如黑十字貂（SS、Ss）、银紫色貂（Ff）等；组合型，如蓝宝石貂（aa pp）、银蓝十字貂（ppSS、ppSs）、帝王白貂（bb cc）。根据对控制毛色特征起主要作用的基因（特征基因）数不同，通常将彩貂分为1对特征基因彩貂、2对特征基因彩貂、3对特征基因彩貂、4对特征基因彩貂等。只要了解了亲本的基因型，就可以有计划地进行彩貂的育种工作。

　　如果彩貂的特征基因为隐性时，其基因型必然是纯合的，为了保持某种彩色水貂，我们采用的最基本的方法是进行纯种繁育。但是，由于彩色水貂的数量往往有限，久之容易造成近交退化现象，因此应进行有计划地与标准貂进行杂交，然后再进行横交或与亲本回交将彩貂分离出来，这样既可保留彩貂的毛色，又可起到换血作用，较好地达到保种的目的。

　　显性突变型彩貂与标准貂杂交，其杂种一代的表现型均为基因型杂合的彩貂；隐性突变型彩貂与标准貂杂交，其后代均为基因型杂合的暗褐色貂（标准貂）。下面以阿留申貂（aa）、黑十字貂（SS）为例，将1对特征基因彩貂的保种情况分别介绍如下：

1. 阿留申貂

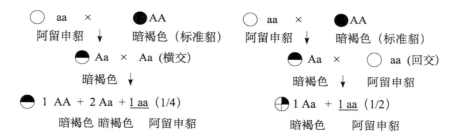

2. 黑十字貂

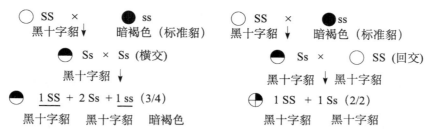

　　在显性突变型中，有些基因只有在杂合时才形成特有的表现型，如黑十字貂（Ss）就是如此。在黑十字貂的杂合个体中，由于部分个体黑毛明显多于白毛，所以难以辨认出黑

十字特征。黑毛过多个体的出现率与选配组合有关（表4－7）。

表4－7　不同选配组合与黑毛过多个体出现率的关系

选配组合 （公×母）	子一代表现型（%）			黑毛过多个体的 出现率（%）
	SS	Ss	ss	
SS×ss	—	100	—	7
Ss×Ss	25	50	25	5.8～6.1
Ss×ss	—	50	50	23～25

2对特征基因彩貂的育种，包含已有彩貂的保种（略）和利用现有1对相关特征基因彩貂进行杂交育种两部分内容。2对特征基因的彩貂，是通过将具有1对特征基因彩貂之间杂交，将2对不同的特征基因组合在一起培育而成的。以蓝宝石貂（aapp）为例，它有1对阿留申貂基因（aa）和1对银蓝色貂基因（pp），因此将这2种彩貂进行杂交，就可以育成蓝宝石貂。

P　　　aaPP　×　AApp

　　　阿留申貂 ↓ 银蓝色貂

F₁　　　　AaPp × AaPp

　　　暗褐色 ↓

F₂　　　9A_P_＋3A_pp＋3aaP_＋1aapp（1/16）

　　　暗褐色　银蓝色貂　阿留申貂　蓝宝石貂

再以银蓝十字貂（SSpp）为例，它有1对黑十字貂基因（SS）和1对银蓝色貂基因（pp），因此将这2种彩貂进行杂交，就可以育成银蓝十字貂。

P　　　SSPP　×　sspp

　　　黑十字貂 ↓ 银蓝色貂

F1　　　　SsPp　×　SsPp

　　　黑十字貂 ↓

F2　　　9S_P_　＋3S_pp　＋3ssP_＋1sspp

　　黑十字貂　银蓝十字貂　暗褐色　　银蓝色貂

　　　　　　　　　　　　（SSnn1/16）

培育具有多对特征基因的彩貂，要将具有1对、2对乃至3对特征基因的彩貂进行杂交，将不同的相关特征基因组合在一个个体上。培育的彩貂拥有的特征基因越多，培育的方案就越多，需要根据现场条件和具体情况进行选择。下面以冬蓝貂（aappbb）为例介绍如下：

冬蓝貂具有阿留申貂基因（aa）、银蓝貂基因（pp）和咖啡貂基因（bb），要想培育冬蓝貂有以下3种方案：

第1方案（采用只拥有1对特征基因的彩貂培育）：

第1年 aaPP × AApp
　　　阿留申貂 ↓ 银蓝色貂
第2年 AaPp × AaPp
　　　暗褐色 ↓
9A_P_ + 3A_pp + 3aaP_ + 1aapp（1/16）
暗褐色　银蓝色貂　阿留申貂　蓝宝石貂
第3年 aappBB × AAPPbb
　　　蓝宝石貂 ↓ 咖啡貂
第4年 AaPpBb × AaPpBb
　　　暗褐色 ↓
27A_P_B_ + 9A_P_bb + 9 A_ppB_ + 9aaP_B_ + 3 A_ppbb
暗褐色　咖啡貂　银蓝色貂　阿留申貂　银蓝亚麻貂
+3aaP_bb + 3aappB_ + 1aappbb（1/64）
依力克貂　蓝宝石貂　冬蓝貂

第 2 方案（采用拥有 1 对与 2 对特征基因的彩貂杂交）：

aappBB × AAPPbb
第1年 蓝宝石貂 ↓ 咖啡貂
AaPpBb × AaPpBb
第2年 暗褐色 ↓
27A_P_B_ + 9A_P_bb + 9 A_ppB_ + 9aaP_B_ + 3 A_ppbb
暗褐色　咖啡貂　银蓝色貂　阿留申貂　银蓝亚麻貂
+3aaP_bb + 3aappB_ + 1aappbb（1/64）
依力克　蓝宝石貂 冬蓝貂

第 3 方案（采用拥有 2 对特征基因的彩貂杂交）：

aappBB × AApbbb
第1年 蓝宝石貂 ↓ 银蓝亚麻貂
AappBb × AappBb
第2年 银蓝色貂 ↓
9A_ppB_ + 3A_ppbb + 3aappB_ + 1aappbb（1/16）
银蓝色貂 银蓝亚麻貂 蓝宝石貂　冬蓝貂

　　对冬蓝貂培育的 3 种方案所需的时间不同，第 1 方案需要 4 年时间，最后培育出的冬蓝貂只有 1/64；采用第 2 方案，仅需要 2 年时间，最后培育出的冬蓝貂也只有 1/64；采用第 3 方案，需要 2 年时间，最后培育出的冬蓝貂有 1/16。因此，如果条件具备，最好选用第 3 方案。在具有相关的 2 对基因彩貂时要直接利用，不要走弯路而采用 1 对特征基因彩貂培育；只有仅具备 1 对特征基因彩貂的情况下，才采用第 1 方案。

第三节　水貂的饲养管理

一、饲料种类及利用

水貂饲料种类繁多，在生产实践中将饲料分为动物性饲料（包括鱼类、肉类及副产品、乳类和蛋类）、植物性饲料（包括谷物类、果类和蔬菜）和添加饲料（包括维生素、矿物质、抗生素和抗氧化剂）等3大类。

1. 鱼类饲料　鱼类饲料是水貂动物性蛋白质的主要来源之一。我国沿海地区及内陆的江河、湖泊和水库，每年出产大量的小杂鱼，除了少量有毒的鱼外都可以用来养貂。鱼的种类很多，据调查，常用的海鱼类有33种。由于鱼的种类和大小不同，其营养价值和含热量也有很大差异。为此，在拟定日粮时，可利用下列等价物比例进行概算：100g 筋肉所含的可消化蛋白质与130g 全鱼大致相同，150g 含刺少的鱼与180g 含刺多的鱼大致相同。就营养成分而言，100g 杂鱼中平均含 10～15g 可消化蛋白质、1.5～2.3g 脂肪和334.4～355.3kJ 代谢能。

鱼的营养成分依其种类、年龄、捕获季节及产地等条件有很大差异。一般鲜鱼中，蛋白质的含量占15%～20%，脂肪为0.7%～13%。新鲜海鱼含有较多的脂溶性维生素（维生素 A、维生素 E），但利用长期保存的鱼类时，必须考虑在日粮中补加脂溶性维生素。

鱼肉中的蛋白质有肌蛋白、肌球蛋白和可溶性肌蛋白纤维3种，其中肌球蛋白容易变性，甚至贮存在 -4～-2℃时也发生大量的变质，达到 -20℃时较为稳定。鱼类还含有大量的不饱和脂肪酸，在运输、贮存和加工过程中，容易氧化酸败，所以要注意保鲜，尽量减少保存时间。因此，鲜鱼捕捞后应马上放在 -5～0℃条件下，然后于 -20℃冷库中急冻，再放在 -18℃左右条件下贮存。

有些鱼类的肌肉中含有硫胺素酶，对饲料中的硫胺素具有破坏作用。含有硫胺素酶的鱼类有鲤鱼、胡爪鱼、狗鱼、金鱼、海鲱、弹涂鱼、虾虎鱼、山鲶鱼等，尤以鲤鱼科的鱼类为多。这些鱼在生喂情况下，可引起维生素 B_1 缺乏症。据资料介绍，450g 生鲤鱼可破坏25万单位的硫胺素，相当于 10kg 干酵母中维生素 B_1 的含量；每克鲤鱼肉可破坏42.1μg 的维生素 B_1。生喂淡水鱼养貂时，初期无异常反应，但半个月后出现食欲减退，引起消化机能紊乱，多数死于胃肠炎或胃溃疡等疾病，这与维生素 B_1 缺乏有关。经高温处理可破坏硫胺素酶的活性，因此，采用淡水鱼养貂时应熟喂。但是，新鲜的海杂鱼最好生喂，生喂可提高适口性和消化率（蛋白质消化率达87%～90%）。

葫芦籽鱼、黄鲫鱼、青鳞鱼等含脂肪高，而且有特殊的苦味，尤其是干鱼，如果用量过多，水貂拒食。喂饲鳕鱼类时间过长，数量过多，会因缺铁而引起贫血，毛绒呈棉絮状。新鲜的明太鱼会引起水貂呕吐，但经过冷冻1周后再喂，就不会发生此种现象。像泥鳅鱼等无鳞鱼，体表有较多的黏液蛋白，这些鱼可先用2.5%的食盐搅拌，然后用清水洗净或用热水浸烫，除去黏液之后饲喂，能明显提高适口性。

不新鲜的鲐巴鱼、竹荚鱼等含有大量组织胺，容易引起水貂中毒。组织胺是蛋白质分解的产物，在脱羧酶作用较强的细菌作用下，由组胺酸脱去羧基而产生组织胺，当组织胺蓄积到一定量时，便有中毒的危险。即使在新鲜的鱼肉中，每 100g 中也含有约 160mg 的组织胺，所以以鱼类作为水貂的饲料时，要注意鱼的新鲜程度。

在海杂鱼中，常遇到河豚和马面豚等有毒鱼。据分析，河豚有河豚精、河豚酸、河豚卵巢毒素、河豚肝脏毒素等 4 种毒素，主要分布在卵巢、睾丸、肝脏、眼球、血液及神经系统中，尤其是 1～5 月份（产卵期），鱼卵和卵巢中含毒量最多。这些毒素，耐高温（100℃经 6h 仅能破坏一半，在 115℃经 9h 才能完全失去毒性），耐酸，但易被碱分解。河豚的毒性很强，0.00017g 河豚毒素能在 30min 内麻醉神经纤维，河豚卵巢毒素的毒力是河豚酸的 2 倍。如用马面豚作饲料，应将鱼皮去净。

鱼类的新鲜程度，可根据其眼球、腮片、鳞片和气味的变化来辨别。新鲜鱼眼球突出明亮，带有原色；不新鲜的鱼，眼球凹陷浑浊，腮片呈褐色或黑土色，并有臭味。常见的鱼类的营养成分和必需氨基酸含量见表 4-8 和表 4-9。

表 4-8 不同鱼类的必需氨基酸含量 （占蛋白质的%）

氨基酸	鱼（平均）	杂鱼	鳕鱼	黑背鲱
色氨酸	1.3	1.0	1.1	0.8
赖氨酸	6.8	8.8	7.1	7.2
蛋氨酸与胱氨酸	4.6	3.7	4.3	4.0
异亮氨酸	6.40	4.50	4.27	5.20
亮氨酸	8.0	7.0	7.0	6.9
苏氨酸	4.4	4.6	4.4	4.3
组胺酸	1.9	2.0	2.4	2.5
苯丙氨酸	4.5	3.8	3.8	3.1
缬氨酸	5.1	4.9	4.0	5.3
精氨酸	5.6	5.9	8.1	5.3

表 4-9 常见的鱼类的营养成分 （g/100g）

鱼的种类	干物质	灰分	可消化营养		代谢能（kJ）
			蛋白质	脂肪	
海杂鱼	19.3	0.9	13.8	2.3	351.1
小黄花鱼	19.1	0.9	15.8	0.7	326.0
小比目鱼	22.2	1.0	18.1	1.4	392.9
比目鱼头	26.1	6.5	9.8	4.5	355.3
带鱼	21.8	1.1	14.6	3.2	401.3
小鲱鱼	23.7	2.9	12.2	6.5	480.7
鲭鱼、竹荚鱼头	21.0	2.8	16.5	1.0	355.3
鲱鱼头、内脏	27.3	3.6	13.2	7.0	522.5
鳕鱼脊骨	20.8	4.6	13.3	0.6	271.7
鳕鱼、黑线鳕、北鳕	21.0	2.8	16.5	1.0	355.3
淡水杂鱼	18.0	1.4	13.8	1.5	313.5
鲭鱼（春）	24.5	2.2	15.7	4.8	480.7
鲭鱼（秋）	34.5	2.2	15.5	14.0	836.0
鲤鱼	21.0	1.1	16.7	1.5	334.4
鲫鱼	15.0	0.8	12.0	1.0	263.3
鲶鱼	19.7	1.9	14.8	1.6	342.8
狗鱼	22.0	2.5	16.9	0.7	342.8

2. 肉类及副产品 肉类饲料种类很多，只要新鲜、无病、无毒，均可作为水貂饲料。新鲜而健康的动物肉应生喂，其消化率高，适口性好，但被污染或不新鲜的肉应熟喂。对病畜肉和来源不明及可疑被污染的肉类，必须经过兽医检查或高温无害处理后方可利用。牛、马、驴、骡的肌肉，含可消化蛋白质达18%～20%。

利用痘猪肉时，要进行高温、高压处理，并适当搭配鱼粉、兔头、兔骨架等含脂肪低的饲料。夏季日粮中可搭配35%，秋季为15%，同时在日粮中增加维生素E和酵母。熟的痘猪肉中含有蛋白质27.2%，脂肪22.3%。

在水貂的繁殖期里，严禁利用经乙烯雌酚处理过的畜禽肉。如果日粮中含有10μg以上的乙烯雌酚就可能导致不育。用难产死亡及注射过催产素的动物肉饲喂水貂可造成水貂流产，要特别引起注意。

肉类副产品包括畜禽的头、骨架、内脏和血液等，在生产中被广泛使用。肉类副产品在日粮中可占40%～50%。

（1）肝脏：在日粮中添加肝脏5%～10%（15～30g）能显著提高适口性，并能提高日粮中蛋白质的生物学价值。新鲜肝脏可以生喂，但来源不明和可疑被污染的必须熟喂。因肝脏有轻泻作用，喂量不要超过30g。当每日每只喂量15g以上时，不必再添加鱼肝油。

（2）心脏和肾脏：新鲜的可生喂，适口性好，消化率高。在繁殖期饲喂肾脏要将肾上腺摘除，以免造成繁殖紊乱。

（3）胃：胃蛋白质不全价，所以不能用以代替全部动物性饲料，必须与鱼、肉类搭配，才能获得良好的生产效果。在繁殖期可占动物性蛋白质的20%～30%，育成期为30%～40%。猪、兔的胃要熟喂。

（4）肺脏、脾脏、肠：单纯利用肺脏或脾脏，易引起食欲减退或消化不良，有时还会出现呕吐现象。在繁殖期日粮中，可占动物蛋白质的15%～20%，育成期可占30%～35%。

（5）兔头、兔骨架、兔耳：在繁殖期日粮中，兔副产品可占动物性蛋白质的15%～25%，育成期可增加到40%～50%。水貂日粮中兔头、兔骨架以不超过50g为宜，一般不要超过100g。

（6）食道、喉头、气管：利用这些饲料时，必须把甲状腺摘除，因为含有激素，影响水貂正常繁殖，日粮中带有甲状腺的气管占10%以上时，胎产仔数明显下降。在妊娠、哺乳期日粮中，食道可占动物性蛋白质的30%～35%。

（7）血和脑：动物血液中含有丰富的含硫氨基酸，冬毛成熟期补加一些动物血，对提高毛皮品质有益。健康的动物血可以生喂（每日每只20～30g），但猪血或血粉必须高温处理，否则易感染伪狂犬病。脑对水貂生殖器官的发育有促进作用，1～2月份每日每只可喂3～5g。

（8）鸡、鸭下杂：在冬毛形成期和育成期里，可大量利用禽类下杂喂貂。在拥有大量禽类下杂的养貂场，禽类下杂占日粮70%（内脏20%、头30%、脚20%）、肝脏10%、谷物20%的日粮搭配，在生产上还能适用。鸡爪和鸡骨架不易消化，以占动物性饲料的10%左右为宜。

在日粮中，比较理想的动物性饲料搭配比例是：肌肉10%～20%，肉类副产品30%～40%，鱼类40%～50%。

3. 干饲料 优质干鱼在不同时期的日粮中可占动物性饲料的 70% ~75%。血粉在水貂日粮中占动物性饲料的 20% ~25%，水貂的生长发育和毛皮质量正常，但超过 30% ~40% 出现消化不良。蚕蛹干或蚕蛹粉蛋白质含量高，100g 蚕蛹中含可消化蛋白质 43g，可代替 200~300g 肉类的蛋白质，在 9 月份至翌年 2 月份日粮中，占动物性饲料的 60% ~80%（热量比）时，生产基本正常。羽毛粉熟喂可提高消化率。日粮中投放羽毛粉 2 ~3g，连喂 3 个月，有减轻自咬和食毛症的倾向。

4. 乳类和蛋类 乳类和蛋类均为全价蛋白质饲料，消化率很高（95%），可提高饲料的适口性和蛋白质的生物学价值。但由于成本高，一般只在妊娠期和哺乳期使用，每只水貂的喂量一般不超过 40g。

鲜乳在 70~80℃ 下经 15min 消毒后方可使用，酸败变质的乳不可使用。如果用全脂奶粉调制，用开水按 1:7 ~1:8 稀释。

蛋黄对水貂性器官的发育、精子和卵子的形成以及乳汁分泌都具有良好的促进作用，蛋壳可作为矿物质的补充来源。由于生蛋的蛋白中含有一种抗生物素蛋白，这种蛋白能与生物素结合，形成无生物活性的复合体，长期使用生蛋喂貂，会使水貂发生皮肤炎、毛绒脱落等症状，所以应熟喂。

1. 谷物 在生产中常用的谷物有玉米、小麦、大麦、高粱、细米糠等。各地饲养场多数以玉米作为主要的谷物性饲料。

在水貂日粮中，每只貂平均 15 ~30g 谷物，一般不超过 50g。在生喂情况下，谷物性饲料消化率较低，比如玉米面与肉类搭配，其中的淀粉消化率仅为 50%，而熟喂其消化率可提高到 91% 以上，因此谷物性饲料应熟喂。

豆类一般占日粮中谷物类的 20% ~30% 为宜。国外油饼类占日粮的 15% ~20%，即每日每只貂 4 ~6g。马铃薯和红薯熟制后可用来代替部分谷物饲料（9 ~10 月份可代替谷物 30% ~40%）。发芽的马铃薯含有大量龙葵素，能引起中毒，不能饲喂。

2. 瓜果与蔬菜 常用的蔬菜有白菜、油菜、菠菜、甘蓝、胡萝卜、萝卜、南瓜、嫩苜蓿和一些野菜及水果等，是维生素 E、维生素 K、维生素 C 的主要来源。

叶菜的维生素和矿物质含量丰富，日粮中可占 10% ~15%（重量比），即 30 ~50g，占总热量的 3% ~7%。菠菜有轻泻作用，同时由于草酸含量高，容易和钙、铁等形成不溶性的草酸盐，影响矿物质的吸收，一般与白菜和莴苣结合利用为好。瓜果类可占瓜果与蔬菜总量的 30%。蔬菜、瓜果要充分洗净，绞碎后与饲料混合生喂。要了解是否有农药，以防中毒，造成不必要的损失。

常用的添加剂饲料有维生素、矿物质、抗生素和抗氧化剂。

1. 维生素 水貂日粮中要注意适当添加维生素 A、维生素 E、维生素 B_1、维生素 C 等，正常饲养情况下，其他的维生素基本不缺。

（1）维生素 A：据报道，野生的水貂肝脏中维生素 A 的含量很高，1g 肝脏中含有的维生素 A 较笼养水貂高约 15 倍。所以，除了以鱼类为主的养貂场外，应常年供给维生素 A。在水貂日粮中，有 5% ~10% 的动物肝脏，维生素 A 的需求可以得到满足。在水貂繁殖期里，每千克体重供给 1 000 ~1 500IU，可收到良好效果。

（2）维生素 E：维生素 E 主要来源于青绿饲料、植物油和小麦芽，100g 小麦芽中含有维生素 E 25～35mg。12 月至翌年 4 月，水貂日粮中添加 15～20g 小麦芽，生产效果良好。在水貂日粮中，每千克体重每日需要添加 3～4mg 维生素 E，如果日粮中有不新鲜的饲料，或在炎热的夏季，需要把维生素 E 作为抗氧化剂来使用，每千克体重每日供给 5～6mg 为宜。

（3）维生素 B_1：维生素 B_1 主要来源于酵母，水貂每日每千克体重需要 0.5mg 维生素 B_1，每日在日粮中添加 3～5g 酵母，基本能满足对维生素 B_1 的需要。在繁殖期需要适当增加维生素 B_1 的给量（每日每千克体重 0.5～1.0 mg）。

（4）维生素 C：维生素 C 主要来源于新鲜蔬菜和水果，日粮中有新鲜蔬菜时，基本上能满足水貂对维生素 C 的需要。在水貂妊娠前期日粮中缺乏蔬菜时，每只每日需要添加 10～20mg 精制维生素 C，到中、后期需要增加到 25～30mg。妊娠期水貂缺乏维生素 C，可造成死胎、化胎现象和初生水貂的"红爪子病"。

2. 矿物质 常用的矿物质添加剂有钙、磷和食盐，有的还添加铁、铜、钴等添加剂。

（1）钙和磷：以动物内脏为主的养殖场，在日粮中应添加 2～4g 的骨粉；以鱼为主的养殖场，以添加 1～2g 骨粉为宜。

（2）食盐：日粮中应含有 0.5～0.8g 的食盐，哺乳期应增加到 1.0g。在添加食盐时，要考虑日粮组成，如果日粮中已有含盐的饲料，要将盐分统一考虑其中，谨防食盐中毒。在饮水充足的情况下，水貂不易中毒，所以饮水要充足。

（3）铁、铜、钴：日粮中可添加硫酸亚铁 5～7mg、硫酸铜 0.3mg 或硫酸亚铁 3mg、氯化钴 0.5mg。

3. 抗生素 抗生素对抑制有害微生物和防止饲料酸败具有重要作用，在夏季能预防胃肠炎，并促进幼貂的生长发育。

腐植酸钠能促进水貂的生长和增进消化酶的活性。试验证明，在育成期的日粮中，每 100g 混合饲料中添加 20mg 腐植酸钠，用水溶解后拌入饲料，可获得生长快、个体大、抗病力强的效果。

二、营养需要和推荐饲养标准

水貂不同饲养时期对各种营养物质的需要有不同的特点。

1. 蛋白质 水貂所需要的蛋白质主要来源于动物性饲料。在水貂日粮中，动物性蛋白质占 80%～90%，而植物性蛋白质仅占 10%～20%。蛋白质的需要量通常用每千克体重所需可消化蛋白质的克数来表示，也可采用每兆焦饲料中所含的可消化蛋白质的克数或蛋白质占日粮干物质的百分比来表示。

在水貂的准备配种期、配种期和育成期，以肉类或海杂鱼为主的日粮，水貂需要可消化蛋白质 20～25g/kg 体重，妊娠期为 25～30g/kg 体重，冬毛生长期以鱼下杂和屠宰厂副产品为主时，需要可消化蛋白质 30g/kg 体重以上，维持期不能低于 17g/kg 体重。据报道，一般 7～10 月份需要可消化蛋白质 30g/kg 体重，11～12 月份为 27g/kg 体重，1～3 月份 22～25g/kg 体重。

2. 脂肪 脂肪是热能的主要来源，水貂在不同时期对脂肪的需要量有较大差异。繁殖期脂肪可占日粮干物质的 15% ~18%，哺乳期为 20% ~25%，育成期 23%，冬毛生长期可降至 18% ~20%。

因为水貂的日粮中含有较多的脂肪，所以不需要补充必需脂肪酸。但是，在大量采用鱼粉、干鱼、蚕蛹粉等干饲料时，必需脂肪酸在水貂营养中具有重要作用。在日粮中含有 1.5% 的亚麻油酸和 0.5% 亚麻酸，就可有效地预防必需脂肪酸的缺乏症。

3. 碳水化合物 1 兆焦饲料中，谷物的最低标准量是 9.6g，最高 28.7g，相当于代谢能的 10% 和 13%。水貂日粮中谷物的含量一般为 15 ~25g。

水貂对纤维素的消化能力很低，在日粮的干物质中含有 1% 的纤维素，对胃肠道的蠕动、食物的消化和幼貂的生长都有良好的促进作用；可是当增加到 3% 时就会引起消化不良。

4. 水貂对三大营养需要的关系 不但水貂对蛋白质的需要量依季节和日粮中各种营养的组成情况而有所变动，其他营养的需求之间也都存在着密切的内在联系。当日粮中蛋白质水平升高时，脂肪和碳水化合物水平就适当降低，反之就适当升高；当日粮中脂肪升高时，碳水化合物水平也应适当有所提高；当蛋白质一定的情况下，脂肪和碳水化合物水平可根据水貂不同生理时期的需要，在一定范围内浮动（表 4－10）。

表 4－10　蛋白质与脂肪、碳水化合物的关系　　　　单位：g/MJ

可消化蛋白质	可消化脂肪	可消化碳水化合物
19.1	10.0 ~12.7	14.5 ~8.4
21.5	9.1 ~11.7	13.9 ~8.4
23.9	8.6 ~11.0	12.7 ~7.2
26.3	7.9 ~10.8	11.5 ~6.0
28.7	6.7 ~9.3	11.5 ~6.0

我国规模化人工养貂虽然经历了近半个世纪，但目前尚未制定统一的水貂饲养标准。吉林、黑龙江横道河子、辽宁大连、山东烟台等地养貂场，根据各自的饲养条件总结出了适合当地养殖现状的日粮供给标准，为制定我国水貂标准提供了重要依据。仅将经验标准和国外标准推荐如下，在生产实践中要结合实际灵活使用。

1. 以热量为基础的饲养标准 该标准以不同饲养时期所需的代谢能为基础，标出日粮中所含可消化蛋白质的数量。所谓代谢能，是指可消化热能——可消化蛋白质、可消化脂肪、可消化碳水化合物所含的热能，经消化被吸收的养料所含的热能（表 4－11、表 4－12）。

表 4－11　以热量为基础的饲养标准

饲养时期		代谢能（kJ）	可消化营养（g）			占日粮代谢能（%）		
			蛋白质	脂肪	碳水化合物	动物饲料	谷物类	果蔬类
准备配种期	公貂	1 004.3 ~1 171.7	23 ~32	5 ~7	12 ~15	75	20	5
	母貂	1 004.3 ~1 171.7	20 ~28	5 ~7	11 ~16	65	20 ~29	5 ~6
配种期	公貂	962.4 ~1 087.9	23 ~32	5 ~7	12 ~15	75	20	5
	母貂	962.4 ~1 087.9	20 ~26	3 ~5	10 ~14	65 ~75	20 ~25	6
妊娠期		1 046 ~1 255.4	27 ~36	3 ~5	9 ~13	75	20	5

（续表）

饲养时期		代谢能（kJ）	可消化营养（g）			占日粮代谢能（%）		
			蛋白质	脂肪	碳水化合物	动物饲料	谷物类	果蔬类
哺乳期		962.4*	25~30	6~8	9~13	75	20	5
恢复期	公貂	1 046~1 171.7	22~28	3~5	16~22	60~65	25~30	8
	母貂	1 046	22~28	3~5	12~18	60~65	25~29	7~8
冬毛生长期	公貂	1 046~1 255.4	25~40	7~9	14~20	65	28	7
	母貂	1 046~1 255.4	27~35	7~9	14~20	65	28	5~6

注：*表示在962.4kJ基础上，根据胎产仔数及其采食量的增加，在日粮中补加热能和可消化营养物

表4-12 育成期幼貂经验标准

月龄	性别	代谢能（kJ）	日粮热能比（%）			营养需要（g）		
			动物料	谷物类	果蔬类	蛋白质	脂肪	碳水化合物
1.5~2	公	1 046.0~1 464.6	65	28	7	30~40	6~9	16~24
	母	795.0~920.6				22~30	4~7	12~16
2~3	公	1 046.0~1 129.8	60	32	8	25~35	4~6	22~32
	母	962.5~1 129.8				18~25	3~5	16~22
3~4	公	1 129.8~1 422.8	60	32	8	28~40	7~8	22~32
	母	836.9~1046.0				20~28	5~6	16~22
4~7	公	1 046.0~1 464.6	65	28	7	30~45	8~10	16~24
	母	836.9~1 046.0				22~30	6~8	12~16

2. 以重量为基础的饲养标准 该标准以不同饲养时期每只水貂每日所需的总饲料量为基础，拟定出日粮中可消化蛋白质和日粮组成中主要饲料占的百分比。在重量比日粮中，水也计算在百分比中，而每只水貂补加的酵母、鱼肝油、食盐等添加饲料不列在内（表4-13、表4-14）。

表4-13 以重量为基础的饲养标准

饲养时期	日粮总量（g）	可消化蛋白质（g）	占日粮总量的（%）				
			鱼肉类	乳蛋类	窝头[1]	蔬菜类	水或豆汁
准备配种期	250~300	23~30	55~60	5~10	10~15	8~10	10~15
配种期	220~250	23~28	60~65	5~10	10~12	8~10	10~15
妊娠期	260~350	28~35	55~60	5~10	10~12	10~12	5~10
哺乳期[2]	300~1000	35~60	50~55	5~10	10~12	10~12	5~10
恢复期	250~350	22~28	50~60	—	10~15	10~14	15~20
冬毛生长期	350~400	25~30	45~55	—	10~20	10~14	15~20

注：1 窝头按熟制品计算；2 哺乳期的标准是基础母貂连同仔貂的量

表4-14 不同饲养时期维生素需要标准（每日、每只）

饲养时期	月份	维生素					
		A（IU）	D（IU）	E（mg）	B₁（mg）	B₂（mg）	C（mg）
准备配种期	12~翌年2	500~800	50~60	2~2.5	0.5~1.0	0.2~0.3	—
配种期	3	500~800	50~60	2~2.5	0.5~1.0	0.2~0.3	—
妊娠期	4	800~1 000	80~100	2~5	1.0~2.0	0.4~0.5	10~25

（续表）

饲养时期	月份	维生素					
		A（IU）	D（IU）	E（mg）	B₁（mg）	B₂（mg）	C（mg）
哺乳期	5~6	1 000~1 500	100~150	3~5	1.0~2.0	0.4~0.5	10~25
恢复期	7~8	300~400	30~40	2~5	0.5	0.5	—
冬毛生长期	9~11	300~400	30~40	—	0.5	0.5	—

3. 国外水貂饲养标准

（1）美国水貂的饲养标准（表4-15、表4-16、表4-17）。

表4-15　水貂不同时期的营养需要（每千克干物质）

营养物＼时期	繁殖期（1~4月）	哺乳期（5~6月）	育成期（7~8月）	冬毛生长期（9~12月）
蛋白质	40~42	40~42	36~38	36~38
脂肪	18~22	22~30	24~30	20~22
碳水化合物	28~35	22~27	27~32	33~38
灰分	7~8	7~8	6~7	6~7
蛋白质：热能	1:15~1:16			

表4-16　育成公貂饲养标准

项目	周龄									
	7	9	11	13	16	19	22	25	28	31
湿料量（g）	112	182	236	276	315	315	297	264	236	227
干料量（g）	37	60	78	91	104	104	98	87	78	75
蛋白质（g）	9	15	20	23	26	26	24	22	20	19
维生素A（IU）	130	210	273	318	364	364	343	304	273	262
维生素E（mg）	0.9	1.5	2.0	2.3	2.6	2.6	2.4	2.2	2.0	1.9
维生素B₁（mg）	0.044	0.072	0.094	0.109	0.125	0.125	0.118	0.104	0.094	0.090
维生素B₂（mg）	0.06	0.09	0.12	0.14	0.16	0.16	0.15	0.13	0.12	0.11
叶酸（mg）	0.019	0.03	0.039	0.046	0.052	0.052	0.049	0.044	0.039	0.038
烟酸（mg）	0.74	1.2	1.56	1.82	2.08	2.08	1.96	1.74	1.56	1.5
泛酸（mg）	0.23	0.36	0.74	0.55	0.62	0.62	0.59	0.52	0.47	0.45
吡哆醇（mg）	0.041	0.036	0.080	0.100	0.114	0.114	0.108	0.096	0.086	0.082
钙和磷（mg）	148	240	312	364	416	416	392	348	312	300

表4-17　育成母貂饲养标准

项目	周龄									
	7	9	11	13	16	19	22	25	28	31
湿料量（g）	97	158	206	239	26	255	136	215	194	182
干料量（g）	32	52	68	79	80	84	78	71	64	60
蛋白质（g）	8	13	17	20	22	21	20	18	16	15
维生素A（IU）	112	182	238	276	301	294	273	248	224	210
维生素E（mg）	0.8	1.3	1.7	2.0	2.2	2.1	2.0	1.8	1.6	1.5
维生素B₁（mg）	0.038	0.062	0.082	0.095	0.103	0.101	0.094	0.085	0.077	0.072
维生素B₂（mg）	0.05	0.08	0.10	0.12	0.13	0.13	0.12	0.11	0.10	0.09

（续表）

项目	周龄									
	7	9	11	13	16	19	22	25	28	31
叶酸（mg）	0.016	0.026	0.034	0.040	0.043	0.012	0.039	0.036	0.010	0.030
烟酸（mg）	0.64	1.04	1.36	1.58	1.72	1.68	1.56	1.42	1.28	1.20
泛酸（mg）	0.19	0.31	0.41	0.47	0.52	0.50	0.47	0.43	0.38	0.36
吡哆醇（mg）	0.035	0.075	0.057	0.087	0.095	0.092	0.084	0.078	0.070	0.060
钙和磷（mg）	128	208	272	316	344	336	312	284	256	240

（2）独联体成年水貂的饲养标准。独联体水貂饲养标准采用日粮总代谢能和每兆焦热能中可消化蛋白质的含量来表示（表4－18、表4－19）。

表4－18　独联体成年水貂的饲养标准［kJ／（只·d）］

月份	11月初体重（kg）							可消化蛋白质（g/MJ）
	1.15	1.3	1.5	1.9	2.2	2.4	2.6	
1～2	920.6	962	1 046	1 255	1 339	1 381	1 465	23.92～26.31
3		1 004	1 088	1 172	1 172	1 214	1 297	1 381	23.92～26.31
4～5（孕母）	920.6	1 004	1 088	1 172	1 255	1 339	1 423	23.92～26.31
6	920.6	1 004	1 088	1 339	1 465	1 632	1 758	21.53～23.92
7	962	1 046	1 130	1 423	1 506	1 674	1 799	19.14～21.53
8	1 004	1 088	1 172	1 464	1 590	1 756	1 841	19.14～21.53
9	1 046	1 130	1 255	1 506	1 674	1 799	1 925	19.14～21.53
10	1 130	1 255	1 381	1 632	1 758	1 841	1 967	23.92～26.31
11	1 004	1 046	1 130	1 297	1 339	1 423	1 506	23.92～26.31
12	920.6	962	1 046	1 255	1 297	1 381	1 465	23.92～26.31

表4－19　维生素的需要量

维生素	每千克体重		每兆焦中		每100克干物质中	
	最低量	适宜量	最低量	适宜量	最低量	适宜量
A（IU）	100	450	107.64	502.32	160	735
D（IU）	10	100	9.58	107.64	18	160
B_1（mg）	0.3	0.5	0.24	0.36	0.4	0.6
B_{12}（mg）	3.0	5.0	3.59	5.50	6.0	8.0
E（mg）	3.0	6.0	3.59	7.18	5.0	10.0

三、日粮的拟定

我国水貂的日粮，依动物性饲料不同，大致可分为以海杂鱼或江杂鱼为主、以干鱼为主、以畜禽下杂为主，以及以鱼、肉类混合饲料为主等日粮类型。

水貂在不同时期对各种营养物质的需要量不同，在拟定日粮时要根据饲料的热能及营养物质的含量，按照水貂消化生理特点尽量达到日粮标准的需求。

水貂是肉食动物，消化道短，胃肠容积小，无盲肠，食物通过消化道的速度快（一般3～4h）；对动物性饲料消化能力强，对植物性饲料的消化率很低。因此，拟定水貂日粮时要以动物性饲料为主，新鲜无害的动物性饲料要生喂，而谷物性饲料要熟喂。

拟定日粮还要充分考虑和利用各地的饲料条件，就地取材，因地制宜，既要考虑降低成本，又要保证水貂的营养需要。在搭配日粮时，还要注意各种饲料的理化性质，避免营养物质遭到破坏。如碱性的骨粉不能与酵母、维生素 B₁ 和维生素 C 等酸性物质搭配，要现配现喂。

水貂日粮的配制方法有两种，即以每日所需代谢能为基础的热量法和以重量为基础的重量法。

1. 热量法 根据水貂所处的饲养时期及营养需要，确定每只貂每日所需的代谢能和各种饲料的热量比，然后计算出每兆焦相应的饲料量和可消化蛋白质的数量。

$$每兆焦相应热能饲料量（g）= \frac{1MJ × 某种饲料占总热能的比例}{某种饲料的代谢能（MJ）}$$

最后计算全群貂对各种饲料的需要量，确定出早饲和晚饲的比例，并提出调制的具体要求。

2. 重量法 根据水貂所处的饲养时期及营养需要，确定每只貂每日所供应的混合饲料量，然后按照饲养标准和本场的饲料情况，确定各种饲料的重量比，并计算出各种饲料的重量。然后计算出全群貂的各种饲料量，同时提出调制的具体要求。采用重量法时，重点要计算好可消化蛋白质的含量，必要时还要计算出可消化脂肪和可消化碳水化合物的含量，求得可消化营养物的数值后，日粮的代谢能就很容易计算。

$$日粮总代谢能（kJ）= 18 × 可消化蛋白质（g）+ 39 × 可消化脂肪（g）$$
$$+ 17 × 可消化碳水化合物（g）$$

四、饲养管理

在生产实践中，根据水貂不同生物学时期的生理特点及生长发育、繁殖和换毛规律，将水貂一年的生活周期划分为不同的饲养时期，即准备配种期、配种期、妊娠期、产仔哺乳期、恢复期、幼貂育成期和冬毛生长期。各个饲养时期不是截然分开的，而是密切相关，既互相联系又互相影响，每一时期都是以前一时期为基础。

准备配种期（9月21日至3月4日）饲养管理的中心任务是促进冬毛的生长与安全越冬、体况恢复、生殖器官的正常发育和为配种作准备。因此，此期饲养管理的好坏，直接影响水貂生殖器官的发育、水貂的发情、配种乃至全年生产的成败，应给予高度的重视。

1. 准备配种期的饲养要点 为了突出重点，有针对性地进行饲养管理，又可以将准备配种期分为准备配种前期（9月21日至10月21日）、准备配种中期（10月22日至12月21日）和准备配种后期（12月22日至翌年3月4日）3个时期。

准备配种前期主要是促进冬毛生长，恢复体况，为安全越冬做准备。因此，日粮中应用较高的能量。一般代谢能为 1 100 ~ 1 400kJ，可消化蛋白质 30 ~ 35g，可消化脂肪 10g 以上。饲料中鱼、肉、谷物、蔬菜的热量比分别为 65%、7%、25% 和 3%，重量比分别为 55%、10%、4.5% 和 10%，20.5% 的水，另加 1% 的羽毛粉。日粮量应达到 400 ~ 500g。

准备配种中、后期主要是调整营养，平衡体况，以促进生殖器官尽快发育。因此，需要全价蛋白质饲料和多种维生素，热量标准可适当降低。由于公貂在配种期起主导作用，此期公貂的标准可高于母貂。一般代谢能为 920 ~ 1 046kJ；可消化蛋白质，公貂 25 ~ 30g，母貂 20 ~ 25g；可消化脂肪 5 ~ 7g。各种原料的比例同前期。另外，每只貂日喂葱 2g、酵母 4 g、羽毛粉 1 g、食盐 0.5 g、氯化钴 0.001g。每周一、三、五逐只喂鱼肝油 1 500IU、维生素 E 10mg，每周二、四、六逐只喂维生素 B_1 2.0mg、维生素 C 25mg。日粮量，10 ~ 11 月 350 ~ 400g，12 月 ~ 翌年 1 月 350 ~ 300g，2 月 275g 左右。

2. 准备配种期的管理要点

（1）种貂和皮貂分群饲养：种貂复选工作结束后，应立即将挑选出的种貂集中到笼舍的南侧和双层笼舍的下层饲养，让种貂接受较充足的光照。皮貂则集中于笼舍的北侧和双层笼舍的上层饲养，减少光照强度，有利于提高毛皮质量。水貂分群后根据不同的饲养目的采取不同的饲料配方和营养标准。种貂中尤其是新选的当年貂，体长生长尚未结束，因而饲料中应注重全价蛋白质饲料的补给。秋分以后随着冬毛的生长成熟，种貂的性器官也逐渐开始生长发育，繁殖所需要的维生素饲料也应当适时供给。

（2）体况调整：水貂的体况与繁殖力有密切相关性。在水貂准备配种后期，要尽力使全群种貂普遍达到中等体况，其中公貂适于中等略偏上，母貂适于中等略偏下。体况鉴定的方法主要有目测法、称量法和指数法 3 种。体况鉴定后，根据情况分别采取降肥与追肥措施，以调整其达到中等体况。降肥的方法是设法使种貂加强运动，消耗脂肪。如人工逗引或后喂饲粮，均可刺激其加强运动。同时，减少日粮中的脂肪含量，适当减少饲料量。对明显过肥者，可每周断食 1 ~ 2 次。不太寒冷的地区，亦可暂时撤除小室内的垫草。追肥的方法主要是增加日粮中的优质动物性饲料比例和总的饲料量，也可单独补饲。同时给足垫草，加强保温，减少能量消耗。对因病消瘦者，必须从治疗入手，进行追肥。

（3）卫生防疫：小室要保持清洁、干燥，经常检查、打扫，严防湿污，以免水貂感冒而引发肺炎死亡。1 月份应对种貂进行一次犬瘟热和病毒性肠炎疫苗接种。

（4）发情鉴定：水貂产仔率的高低与配种时间有很大关系，要做到适时配种就得准确掌握水貂发情的周期变化情况。据观察，水貂从 1 月份起就开始陆续的发情，但必须到 3 月初方可配种。在这期间进行发情检查的目的，一是摸清每只母貂发情的时间早晚和周期变化规律，掌握放对配种时机，避免由于急切追求进度盲目放对所造成的拒配、强制配种、咬伤、失配、空怀、低产等不良后果；二是提早发现由于饲料营养和环境条件失调所造成的生殖系统发育不良，及时采取补救措施，从而减少失配和空怀的比率。

检查的方法是，从 1 月份起，每 5d 或者 1 周观察 1 次母貂的外阴部变化情况。在正常饲养的情况下，一般在 1 月末母貂的发情率应达 70% 左右，2 月末达 90% 以上。如果在 1 ~ 2 月发现大批的母貂无发情症状，则意味着饲养管理上存在某种缺陷，必须立即查明原因加以改正。

（5）加强异性刺激，促进种貂发情：水貂达到性成熟后，通过雌雄接触的异性刺激，能提高中枢神经兴奋性，增强性欲，明显提高公貂利用率。方法是从配种前 10d 开始，每天把发情好的母貂用串笼送入公貂笼内，或者将公、母水貂邻舍，或者手提母貂在笼外逗引，即通过视觉、听觉、嗅觉等相互刺激促进发情。但是异性刺激不能过早的开始，以免过早的降低公貂食欲和体质。

（6）做好配种的准备工作：根据选配原则，做出选配方案和近亲系谱备查表，大型的养殖场应做出配种方案、配种登记表和配种标签；准备好各种工具、物品，如捉貂手套、捕貂笼（箱）、串笼、显微镜、记录本等。

1. 水貂配种期的饲养要点　由于受性活动的影响，水貂的食欲有所减退，特别是公貂更为明显。因此，要供给新鲜、优质、适口性好和易于消化的饲料，但喂量不宜过多。对于食欲下降明显甚至拒食的公貂，可在日粮中加一些鲜肝、生肉等，使其尽快恢复食欲。

配种期日粮中要有足够的蛋白质和各种维生素，以肉类为主的日粮还要补加骨粉。参加配种的公貂，中午应给予补饲。配种期里要防止只顾忙于配种，而忽略正常饲养管理的倾向。日粮标准：代谢能为836.9～1 046.2kJ，饲料总量不宜超过250g。配种期日粮和种公貂的补饲标准，可参见表4-20、表4-21。

表4-20　配种期日粮

饲料量 [g/（只·d）]	蛋白质 （g）	混合料重量比（%）				每只供给量（g）			
		动物料	谷物	蔬菜	水	酵母	麦芽	骨粉	食盐
220～250	23～30	60～65	10～12	10～12	15～20	3～4	10～15	2～3	0.5

表4-21　配种期公貂的补饲标准

饲料	补饲量（g）	饲料	补饲量（g）
鱼或肉	20～25	蔬菜	10～12
鸡蛋	15～20	酵母	1～2
牛乳	20～30	麦芽	6～8
肝脏	8～10	维生素A（IU）	500
兔头	10～15	维生素E（mg）	2.5
窝头	10～12	维生素B$_1$（mg）	1.0

2. 水貂配种期的管理要点　此期水貂白天的大部分时间用于放对、配种，故饲养制度要与放对配种相协调兼顾，要有合理的配种安排。一般采用先早饲后放对，中午补饲，下午放对后晚饲的方法。总之，无论饲喂制度如何安排，都必须保证水貂有一定的采食与消化时间，早饲后1h内不宜放对，中午应使水貂休息2h以上，不能连续放对。晚上不宜带灯饲喂和放对，以免因增加光照时间，从而引起水貂发情紊乱造成失配和空怀。必须保证水貂有充足而清洁的饮水，特别对配种结束后的公貂更为需要，同时要搞好配种记录，为来年选配和后代留种提供依据。

妊娠期的饲养管理最终目的是使胚胎发育正常，母貂产后能有充足的乳汁，此期饲养管理是否合理，将决定一年养貂的成败。

1. 妊娠期的的饲养要点　妊娠期水貂营养的消耗很大，不仅要维持自身的基础代谢，而且还要为胎儿生长发育，产后泌乳储备营养和春季脱换毛绒所消耗。妊娠期水貂的抵抗力较低，极易患消化道的疾病。因此日粮必须品质新鲜，种类稳定，营养完全，适口性好。其代谢能标准为919.6～1 086.8kJ，动物性饲料要达到75%～80%，可消化蛋白质在

25~28g。

妊娠期的水貂饲料必须保持品质新鲜，绝对不能饲喂腐烂变质、酸败发霉的饲料。否则，必然造成拒食、下痢、流产、死胎、烂胎，大批空怀和大量死亡等严重后果。妊娠期绝对不能饲喂含激素过高的动物性产品，如难产死亡的动物肉，带甲状腺的气管和雌激素化学去势的畜禽肉及下杂等作为水貂饲料，因其中含有的催产素和其他激素，能干扰水貂正常繁殖而导致大批流产。

2. 妊娠期的管理要点

（1）适当的控制体况：妊娠期，气候日趋温暖，母貂营养好而活动少，易于出现过肥而造成胚胎吸收、难产、产后缺奶、仔貂死亡率高等不良后果。故在妊娠期逗引母貂自然运动，以控制体况稳定在中等略偏下的水平。

（2）适当的增加光照：妊娠期已转入长日照周期，此时适当延长光照时间或增加光照强度，对繁殖都是有利的。因为光通过视神经作用到大脑中枢后，能增加下丘脑促黄体释放激素的活性，促进垂体促黄体激素的分泌，增加卵巢黄体孕酮的产生和分泌，这对促进胚泡及早着床发育是必需的条件。因而能够缩短妊娠期，提高产仔率。但值得注意的是，增加光照要严格按照计划进行，光照紊乱会导致化胎等严重后果，因此，在不具备控光条件与技术的养殖场，要采用自然光照，妊娠期场区夜间严禁开灯。

（3）注意观察与记录水貂活动、采食和排粪便情况：妊娠期饲养管理人员要对母貂经常进行观察，正常的母貂基本不剩食，喂前 1h 大多在笼里活动，粪便呈条形状，换毛正常，常仰卧，喜晒太阳。当母貂出现下痢或排黄稀粪、连日食欲下降甚至拒食和换毛时，应立即查明原因，并及时采取有针对性的措施。妊娠期日粮见表 4-22。

表 4-22　妊娠期日粮

饲料	重量比（%）	饲料量［g/（只·d）］	饲料	重量比（%）	饲料量［g/（只·d）］
海杂鱼	20	60	麦芽	—	15
牛、羊内脏	12	30	酵母	—	5
兔头、兔骨架	10	30	维生素 A（IU）	—	1 000
牛肉	12	36	维生素 B_1（mg）	—	1.0
鸡蛋	3	9	维生素 B_2（mg）	—	0.5
牛乳或奶粉	13	39	维生素 C（mg）	—	20
窝头	10	30	食盐	—	0.5
白菜	12	36	水	8	24
合计				100	320.5

在自然情况下，我国东北、西北地区水貂大多于 4 月下旬产仔，长江以南地区稍提前，生产上将 4 月 21 日至 6 月 20 日定为水貂的产仔哺乳期。

1. 产仔哺乳期的饲养要点　据报道，1~10 日龄的仔貂日平均消耗乳量为 4.1g，11~20 日龄 5.3g；母貂产仔后头 10d 内日平均泌乳量为 28.8g，11~20d 时 32.2g，所以一般情况下，一只母貂平均能哺育 6~7 只仔貂。仔貂对乳的需要随着日龄的增加而增多，当开始采食时吃乳量明显下降，母貂的泌乳量也发生相应变化。在拟定母貂日粮时，必须考虑一窝仔貂的数量和日龄。

哺乳期的日粮要维持妊娠期水平，在饲料种类上尽可能多样化，适当增加蛋、乳类和肝脏等容易消化的饲料。母貂日粮中按 1 004.3 ~ 1 088kJ 可消化能供给，仔貂所需要的部分另外添加，动物性饲料要占 80%，植物性饲料可占 18% ~ 22%，日粮总量应达到 300g 以上，其中蛋白质含量要达到 30 ~ 40g。

常规饲养一般日喂 2 次，最好 3 次。此外，对一部分仔貂还应给予补饲。此时，饲料颗粒要小，稠度要低，但必须使母貂能衔住喂养仔貂。饲喂时，要按产期早晚，仔貂多寡，合理分配饲料，切忌一律平均。对生后数小时内因某种原因没吃上奶的仔貂，可用牛、羊乳或者乳粉经巴氏杀菌后，加少许鱼肝油临时滴喂，然后尽快送给母貂抚养。由于家畜常乳缺少水貂初乳中所含的球蛋白、清蛋白和含量高的维生素 A 和维生素 C、镁盐、卵磷脂、酶、免疫体（抗体）、溶菌素等复杂成分，故单纯靠牛羊乳哺喂幼龄仔貂不易成活。产仔哺乳期的日粮见表 4 - 23。

表 4 - 23　产仔哺乳期日粮组成（%）

饲料	4 月 20 日	5 月 5 日	5 月 20 日
海杂鱼	30	25	25
牛、羊内脏	15	15	15
兔头、兔骨架	10	10	10
熟痘猪肉	5	5	5
窝头	10	10	13
白菜	10	12	10
牛羊乳	8	10	15
肝脏或鸡蛋	3	5	3
水	8	8	5

水貂在临产前后多半食欲有所下降，此期日粮应减去总量的 1/5，并把饲料调稀。1 周左右母貂食欲恢复正常，应根据胎产仔数和仔貂日龄及母貂食欲情况，每日按比例增加饲料量。从 5 月 1 日开始，母貂日粮中的脂肪应增加到占干物质的 22%，以后逐渐提高到 25%，这对于母貂泌乳有良好的作用。

2. 产仔哺乳期的管理要点

（1）昼夜值班：目的是及时发现母貂产仔，随时添加饮水，对落地、受冻、挨饿的仔貂和难产母貂及时救护。但必须保持场内肃静，值班人员每 2h 应巡查 1 次。

（2）加强产仔检查：产后检查是产仔保活的重要措施，采取听、看、检相结合的方法进行。听是听仔貂叫声，看母貂的采食泌乳及活动情况。若仔貂很少嘶叫，嘶叫时声音短促洪亮，母貂食欲越来越好，乳头红润、饱满、母性强则说明仔貂健康。检就是直接打开小室检查。先将母貂诱出或赶出室外，关闭小室门后检查。健康的仔貂在窝内抱成一团，浑身圆胖，身体温暖，拿在手中挣扎有力，反之为不健康。检查时饲养人员最好戴上手套，手上不要有强烈异味，否则仔貂身上沾染异味，会被母貂遗弃。

（3）注意气候骤变，保持环境安静：在春寒地区，要注意在小室中加足垫草，以利于保温。在温暖的地区，垫草不宜过多。遇有大风雨天气，必须在貂棚迎风一侧加以遮挡，以防寒潮侵袭仔貂，招致感冒继发性肺炎而大批死亡。产仔母貂喜静厌惊，过度惊恐容易造成母貂弃仔、咬伤甚至吃掉仔貂，故必须避免场内和附近有振动性很大的奇特声音干扰。

（4）搞好卫生管理：仔貂单纯哺乳期间，其粪便由母貂舔食。但从20日龄左右开始采食饲料以后，母貂不再食其粪便，而此时仔貂排便尚无定点，母貂还经常向小室内叼入饲料喂仔，加之天气日渐暖和，各种微生物易于孳生，故必须搞好小室的卫生，及时清除粪便、湿草、剩余饲料等污物。同时，还要搞好饲料品质的卫生检查和食具的消毒，避免发生传染病。

由于母貂经过妊娠期和哺乳期、公貂配种后体力消耗很大，变得很消瘦，所以水貂恢复期（公貂3月21日至9月20日；母貂6月20日至9月20日）的前半个月到1个月的日粮，应维持原来较高的饲养水平，待食欲和体况恢复后，再转入较低水平的恢复期饲养，否则会影响来年的繁殖。水貂恢复期的日粮标准见表4-24。

表4-24　恢复期日粮标准

性别	营养 总热量 （kJ）	各类饲料占热量比（%）			营养成分含量（g）		
		动物性饲料	谷物性饲料	果蔬类饲料	蛋白质	脂肪	碳水化合物
公	752~1 033	60	32	8	16~24	3~5	16~22
母	585~836	60	32	8	13~20	2~4	12~18

1. 仔幼貂生长发育特点　仔幼貂生长发育很快，特别是在3.5月龄之前。2月龄时的体重比初生重增加50~60倍，3月龄时达到100倍，在生后3个月内是生长最迅速的时期。在5.5月龄后，体重增长缓慢，几乎处于稳定状态。1~1.5月龄前，无论是绝对生长速度还是相对生长速度，公、母貂之间的差异均不显著，但以后差异逐渐显著，公貂快于母貂。

在30日龄以内的哺乳期，相对生长速度公母貂皆为178%以上，日绝对增长速度为5.6~6.5g。在30~40日龄的过渡期，开始10d由于仔貂由全靠母乳生长，逐渐转入适应饲料，生长系数明显下降，以后重新恢复生长速度。从45日龄开始到3月龄，绝对生长速度最快，公貂为13~15g/d，母貂为7~11g/d，公、母貂的体长生长分别为0.4cm/d和0.3cm/d。3个月后生长速度和强度逐渐下降，到5月龄时生长基本停止。

2. 哺乳期仔貂的养育　4月下旬到5月中旬，是提高仔貂成活率的关键时期。如果对初生仔貂的检查护理、代养和补饲不当，必要的技术措施跟不上，就会因仔貂的大批死亡而造成"丰产不丰收"的局面。生产中初生仔貂死亡的原因大致有以下几种。

（1）死胎：死胎和出生后死亡的仔貂，从外观上很难区别，但将死貂的肺取下来浸在水里，死胎的肺沉下去，产后死亡的则浮上来。给妊娠母貂喂饲氧化变质的或营养不全价的饲料，以及孕貂患有某些疾病，都可导致难产、流产、死胎和胎儿畸形造成死胎。

（2）冻死：新生仔貂体温调节能力很差，如果窝箱保温不良，在笼网上产仔或初生仔貂掉在地上，都可被冻死。所以，产前必须对褥草和窝形进行检查，搞好窝箱保温和护理工作。不同日龄仔貂在窝箱内所需的适宜温度不同，一般 1 ~ 25 日龄需要 35℃，25 ~ 35 日龄 30℃，35 ~ 40 日龄 27℃，40 日龄以上 10 ~ 25℃。

（3）咬死：曾患有自咬病或有恶癖的母貂，若在产后 1 周内复发，会咬死仔貂。产后缺水、检查人员手带有异味和外界异常的惊扰等，会引起水貂搬弄、遗弃、咬仔和吃仔现象。

（4）饿死：仔貂出生后 24h 吃不上初乳，往往造成全窝死亡。另外，母性不强或缺乳，也容易造成仔貂死亡。因此，产后首次检查时，如果发现母貂体况过肥，乳头小，挤不出乳汁，窝内仔貂发育不均，仔貂干瘪而挣扎无力，应及时采取措施。如果胎产仔在 8 只以上，应采取寄养措施；如果母貂母性不强或有恶癖，要全窝寄养；乳量不足，可采取催乳措施。

（5）病死：仔貂患有脓疱病、湿尿病和红爪子病等，都会引起仔貂死亡。红爪子病主要是由于母貂妊娠期维生素 C 缺乏所致，对这种病貂滴喂 2% 的抗坏血酸葡萄糖混合液，一次 3 ~ 4 滴，每日 2 ~ 3 次，效果良好。为预防脓疱病、湿尿病的发生，要加强窝箱、笼网的卫生管理，对已经发病的，前者用抗生素软膏，后者用抗生素结合维生素 B_6、维生素 B_{12} 注射加以治疗。

为了掌握仔貂生长发育情况，每月至少应称重 1 次，从中了解仔貂的发育情况，采取相应措施。断乳前仔貂的正常体重如表 4 - 25 所示。

表 4 - 25　断乳前仔貂的正常体重（g）

性别	初生	15 日龄	30 日龄	45 日龄
公	7 ~ 10	60 ~ 65	170 ~ 180	335 ~ 340
母	7 ~ 8	55 ~ 60	165 ~ 170	325 ~ 330

3. 幼貂育成期的饲养管理　断乳后 1 ~ 2 周，在同一个笼中可养二三只，以减轻环境变化带来的应激刺激。在分笼饲养时，应随时观察幼貂的发育情况，对体质弱、发育落后的幼貂，要加强饲养管理。断乳后头两个月，幼貂正处在生长最迅速、骨骼和内脏器官发育最快的时期，此期饲养的科学与否，对体型大小和皮张大小影响很大。幼貂 50 ~ 90 日龄时，绝对生长最快，公貂每天增重 13 ~ 15g，母貂 7 ~ 10g，从 4 月龄后骨骼和内脏变化不甚明显。因此，断乳的前两个月应加强饲养管理，促进幼貂生长。

断乳初期，每日供给可消化蛋白质 10 ~ 23g，2 ~ 3 月龄时增加到 25 ~ 32g。日粮要用多种动物性饲料搭配，同时适当增加脂肪。7 ~ 9 月份的日粮中，脂肪占总代谢能的 30% ~ 31%，对幼貂的生长发育会收到良好的效果。此期日粮中要适当增加维生素和矿物质给量。

6 月至 8 月中旬，正是幼貂的生长旺期，容易患膀胱炎和肾结石症，所以要随时测定尿液的 pH 值。尿液正常的 pH 值是 5.9 ~ 6.1，当大于 6.1 时易患结石症。断乳后前 3 个月，在日粮中添加 0.3 ~ 0.5g 的氯化铵，对预防结石症有一定效果。

8月下旬至9月初，夏毛开始脱落，冬毛开始生长，10月下旬至11月底，为冬毛成熟期。为了生产优质毛皮，在日粮中要注意搭配富含蛋氨酸和胱氨酸的蛋白质，而脂肪和矿物质不宜过多。9~10月的日粮中，动物性饲料的比例要比8月份高10%~15%（重量比）。

不论是幼年貂还是成年貂，9~11月均为冬毛生长期。此期的工作中心任务是促进水貂正常换毛，并获得质量好、张幅大的毛皮。进入9月，水貂由主要生长骨骼和内脏转为主要生长肌肉、沉积脂肪，同时随着秋分以后的日照周期变化，将陆续脱掉夏毛，长出冬毛。此时，水貂新陈代谢水平仍较高，蛋白质代谢仍呈正平衡状态。水貂肌肉中含蛋白质25.7%，含脂肪9.3%以上，毛绒则是蛋白质角化的产物，故对蛋白质、脂肪和某些维生素、微量元素的需要仍是很迫切的。据研究，此时水貂每千克体重每日需要可消化蛋白质为27~30g。尤其需要构成毛绒和形成色素的必需氨基酸，如含硫氨基酸（占毛皮蛋白质的10%~15%）、蛋氨酸、半胱氨酸和不含硫的苏氨酸、酪氨酸、色氨酸，还需要必需的不饱和脂肪酸，如十八碳二烯酸、十八碳三烯酸、二十碳四烯酸和磷脂、胆固醇，以及铜、硫等元素，这些都必须在日粮中供给。

日粮标准：代谢能为1 000~1 400kJ，蛋白质含量为27~35g，脂肪10~16g，碳水化合物15~17g。日粮总量可达300~400g，其中动物性饲料不低于75%，而且要由鱼类、内脏、血液、肉类副产品、鸡或兔下杂、鱼粉和颗粒饲料等品种组成，粮食比例不宜高过25%，蔬菜可不喂。各种维生素饲料，可由维生素和微量元素添加剂0.5~0.75g代替。此外，补加少许芝麻或芝麻油，将会明显增强毛绒光泽与华美度。

五、笼舍构造及设备

水貂棚舍结构简单，只需要棚柱、棚梁和棚顶，不需要四壁。棚顶可用石棉瓦、油毡纸等覆盖。貂笼在棚内可双层两行排列，中间为过道。

水貂棚舍大致规格是：棚长50~60m，棚宽3m，棚间距离3~4m；棚檐高1.1~1.5m，屋顶高2.5m左右，用人字形起架（图4-2）。

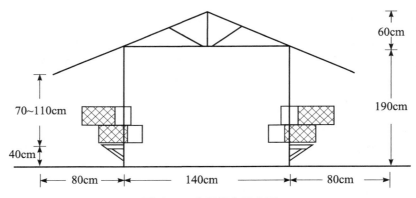

图4-2　水貂棚舍示意图

1. 貂笼 貂笼是水貂活动的场所，其规格和样式较多，但必须具有简单实用、不影响正常活动、确保不跑貂、符合卫生条件和便于管理等特点。多用电焊网编制而成，网眼为2.5~3.0cm，网底用12号铁丝编制，四周用12~14号线编制。

2. 窝箱 用1.5~2cm厚木板制成。其长、宽、高种貂笼分别是40cm、30cm、40cm，皮貂分别是35cm、38cm、25cm。皮貂窝箱为联体结构，在38cm宽度的正中有隔板，使窝箱一分为二。窝箱上方留有可开启的箱盖，在箱盖的下方安装有网盖。在窝箱与笼网相接的一侧开有直径10cm的圆孔，此孔为窝箱通向笼网的水貂出入孔，孔的边缘用镀锌铁皮包边，以免水貂咬损和擦损水貂毛皮。在寒冷地区，窝箱内设有隔板，以便增强窝箱保温能力，所以窝箱尺寸可适当加大。

貂笼与窝箱安装时，距地面要在40cm以上，每笼之间上、下、左、右的间距应在3~5cm，以免相互咬伤。水貂的窝箱见图4-3、图4-4所示。

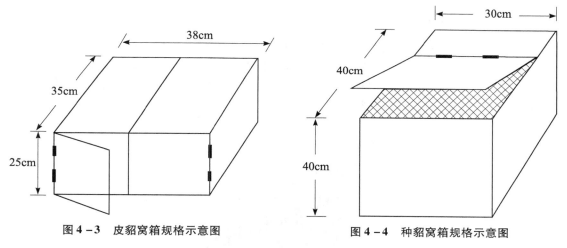

图4-3 皮貂窝箱规格示意图   图4-4 种貂窝箱规格示意图

复习思考题

1. 熟悉水貂外貌特征，掌握水貂生物学特性并学会在生产中合理应用。

2. 水貂配种方法有哪些？配种效果如何？

3. 叙述光照与水貂繁殖的关系。

4. 何谓分阶段异期复配配种体制？如何根据分阶段异期复配配种体制合理安排水貂配种？

5. 水貂的繁殖规律有哪些？如何才能提高水貂的受胎率、产仔数和成活率？

6. 对于遗传力低的性状应采用哪种选种方法？

7. 在水貂饲养管理中，利用植物性饲料和动物性饲料应注意哪些问题？

8. 掌握水貂不同时期饲养管理技术要点，利用不同的饲养标准配制水貂日粮。

第五章　狐

第一节　狐的形态与生态

一、分类与分布

狐在动物分类学上属于哺乳纲（Mammalia）、真兽亚纲（Eutheria）、食肉目（Carnivora）、犬科（Canidae），世界上人工饲养的狐约有40多种，分属于狐属（*Vulpes*）和北极狐属（*Alopex*）。养殖数量较多的主要有狐属的赤狐、银黑狐（图5-1）和北极狐属的北极狐、以及各种突变型或组合型的彩色狐。

图5-1　银黑狐

赤狐又称红狐、草狐。赤狐在我国分布很广，有4个亚种，因地域不同，毛色和皮张质量有较大差别，其中东北和内蒙古所产的赤狐，毛长绒厚，色泽光润，针毛齐全，品质最佳。

又称银狐，原产于北美北部和西伯利亚东部地区，银黑狐是野生赤狐的一个突变种，也是最早人工驯养的一种珍贵毛皮动物，目前不少国家进行人工养殖。

十字狐产于亚洲和北美洲，属于狐属，体型近似赤狐，四肢和腹部呈黑色，头、胸背部呈黑褐色，在背部有黑十字形的花纹。

北极狐产于亚、欧和北美北部近北冰洋地带，以及北美南部沼泽地区和森林沼泽地区。野生北极狐有两种毛色，一种为白色北极狐，另一种为淡褐色型（淡蓝色型）；家养北极狐中可见到一些毛色变种，如影狐、北极珍珠狐、北极蓝宝石狐、北极白金狐和白色北极狐等，习惯上统称为彩色北极狐。目前彩色北极狐的毛色遗传研究已经取得了很大的进展，为培育北极狐新品种奠定了基础。

二、形态特征

赤狐体躯较长，四肢短、吻尖，尾长而蓬松。成年狐体重为 5kg 左右，体长 60～90cm，尾长 40～50cm。赤狐毛色变异较大，常见的有火红、棕红、灰红等，四肢及耳背呈黑褐色，腹部黄白色，尾尖呈白色。

银黑狐是赤狐的基因突变型，野生的银黑狐有阿拉斯加银狐（aa）和东部银黑狐（bb）两种类型。体躯比赤狐大，形态特征与赤狐相似，嘴尖，耳廓较大耳形较尖。成年公狐体重 5.5～7.5kg，体长 57～70cm，尾长 40～50cm；母狐体重 5.0～6.6kg，体长 63～67cm。银黑狐的基本毛色为黑色，全身被毛中有黑色、白色和银毛（白色毛干黑色毛尖）3 种针毛，3 种针毛比例和分布不同，毛被色泽和银色强度不同，绒毛的颜色为青灰色。在嘴角、眼周围有银毛分布，形成一种"面罩"。耳、尾部、四肢下部、嘴部为黑色，尾尖为白色。每胎平均产仔数 4～6 只。可利用年限 5～7 年，寿命 10～12 年。

北极狐体型比银黑狐小，嘴短，腿短，耳小，体较肥胖。成年公狐体重 5.5～7.5kg，体长 65～75cm，尾长 25～30cm；母狐体重 4.5～6.0kg，体长 55～75cm。近年来，我国改良的北极狐体重可达 10～15kg，公狐体长达 80cm 以上，母狐体长达 65～70cm。野生北极狐有两种毛色，一种为白色北极狐，该色型的狐被毛呈明显的季节性变化，冬毛主色调为白色，针毛有黑毛梢，背部、头部黑毛梢较多，夏季毛色呈灰蓝色；另一种为淡褐色型（淡蓝色型），其毛色在冬季呈淡褐色，其他季节呈深褐色。两种色型的北极狐的绒毛均为灰色或褐色。由于淡褐色型（淡蓝色型）北极狐的毛色主要为淡褐色，近于蓝色，白色北极狐夏季毛色呈灰蓝色，所以人们又将北极狐称为"蓝狐"。蓝狐绒毛细密、丰厚，针毛相对不发达。

三、生物学特性

野生狐常栖居在河流、溪水、湖泊附近的森林、草原、丘陵、沼泽、荒地、海岛中，以树洞、土穴、石缝、墓地的自然空洞为穴，栖居地的隐蔽程度好，不易被人发现。

狐的食性较杂，但以肉食为主。野生状态下以小型哺乳动物、鸟类、爬行动物、两栖动物、鱼类、蚌、昆虫以及野兽和家禽的尸体、粪便为食，有时也采食浆果、植物子实。

狐狡猾多疑，性情凶猛，行动敏捷，攻击性强；嗅觉和听觉灵敏，且有较强的记忆能力；善奔跑，能攀岩，会游泳，昼伏夜出。狐以成对及家族居住为主，北极狐多数群居。

狐每年换毛 1 次，早春 3～4 月份开始脱绒毛，7～8 月份开始脱针毛，之后针绒毛一起生长，直到 11 月份形成长而稠密的新被毛。

赤狐的寿命为 8～12 年，繁殖年限为 4～6 年。银黑狐和北极狐的寿命分别为 10～12 和 8～10 年，繁殖年限分别为 5～6 和 3～4 年。在自然界中狐的天敌有狼、猞猁等猛兽。

第二节 狐的繁育

一、狐的繁殖生理

狐属于季节性繁殖动物，银黑狐 1 月中旬至 3 月下旬配种，北极狐 2～4 月份配种，4～5 月产仔，幼龄狐 9～11 月龄性成熟。但因营养状况、遗传因素等不同，个体间有所差异，公狐比母狐稍早一些。野生狐或由国外引入的狐，引进当年发情一般较晚，繁殖力较低。

公狐的睾丸在 5～8 月处于静止状态，重量仅为 1.2～2g，直径 5～10mm，质地坚硬，不能产生成熟的精子，阴囊布满被毛并贴于腹侧，外观不明显。8 月末 9 月初，睾丸开始发育，到 11 月份睾丸明显增大，至翌年 1 月份重量达到 3.7～4.3g，并可见到成熟的精子，但此时不能配种，待前列腺充分发育后才能配种。1 月下旬到 2 月初，公狐睾丸质地柔软有弹性，阴囊被毛稀疏，松弛下垂，明显可见，有性欲要求，可进行交配，整个配种期 60～90d。但后期性欲逐渐降低，性情暴躁。至 5 月份恢复原来大小。

母狐的卵巢在夏季（6～8 月份）一直处于萎缩状态，8 月末至 10 月中旬，卵巢上的卵泡逐渐发育，黄体开始退化，到 11 月末消失，卵泡迅速增长，翌年 1 月发情排卵。子宫和阴道也随卵巢的发育而发生变化，此期体积明显增大。

二、配种技术

常用的鉴定方法有外部观察法、试情法、阴道分泌物涂片法和测情器法。同时参照往年的配种记录进行发情鉴定。自然交配的养殖场，采用外部观察法和试情法交替并用，简便易行。非繁殖期母狐外阴部被阴毛覆盖，不易发现，到发情初期阴毛才分开。

1. 外部观察法 根据母狐外阴部变化和行为表现将发情期分为发情前期、发情旺期、发情后期和休情期。

（1）发情前期：阴门肿胀，近于圆形，子宫腺体分泌增多。母狐此时对相邻笼舍的公狐表现出较强的兴趣。当放入公狐笼内，公狐企图交配时，母狐又表现回避，甚至恫吓公狐。此时，性欲特别旺盛的公狐，能够完成交配，由于母狐未进入排卵期，这种交配是无效的，此期一般持续 1～2d。初次参加配种的母狐，外生殖器变化通常不十分明显，而且发情前期延续时间较长，一般要 4～7d，个别出生晚的母狐只出现发情前期，阴门即开始萎缩。

（2）发情旺期（适配期）：阴门呈圆形，外翻，颜色变深，呈暗红色，而且上部有轻微的皱褶，阴门流出白色或微黄色黏液或凝乳状的分泌物。母狐愿意接近公狐，当公狐爬跨时，母狐温顺，把尾翘向一侧，接受公狐交配。北极狐发情旺期持续 2～4d，银黑狐持续 1～3d。

（3）发情后期：阴门逐渐消肿，生殖道充血现象逐步消退，黏液分泌量少而黏稠。母狐不论是否已经受配，均对公狐表现出戒备状态，拒绝交配。

（4）休情期：阴门恢复正常，母狐行为又恢复到发情前的状态。

2. 试情法 采用这种方法选择试情公狐是关键。试情公狐性欲要旺盛，体质要健壮，要有配种经历，且无咬母狐的恶癖。

试情时一般将母狐放进公狐笼内，当发现母狐或公狐嗅闻对方的阴部、翘尾、频频排尿或出现相互爬跨等行为时，就可初步认定此母狐已发情。

试情一般隔天进行 1 次，每次试情时间为 20 ～ 30 min，一般不超过 1 h。个别母狐和部分初次参加配种的母狐，会出现隐性发情现象或发情时间短促，以上两种现象都容易错过配种机会，采用试情法进行发情鉴定是非常必要的。

3. 阴道分泌物涂片法 用消毒过的玻璃棒伸入母狐阴道内蘸取母狐的阴道内容物，制作显微镜涂片，在 200 ～ 400 倍镜下观察，根据阴道分泌物中白细胞、有核角化上皮细胞和无核角化上皮细胞的变化，判断母狐是否发情。该方法的鉴定结果较为准确，但操作程序复杂，一般只在实施人工授精的养殖场使用，采用自然交配的养殖场很少采用。

（1）休情期：可见到白细胞，有少量有核上皮细胞。

（2）发情前期：可看到有核角化上皮细胞明显增多，白细胞相对减少，逐步呈现有核角化上皮细胞、无核角化上皮细胞以及白细胞在视野中分布。

（3）发情盛期：可见到大量的无核角化上皮细胞和少量的有核角化上皮细胞。

（4）发情后期：已出现了白细胞和较多的有核角化上皮细胞。

4. 测情器法 利用测情器检测母狐阴道内容物的变化，以确定最佳交配时间。养狐业较为发达的北欧国家和美国、加拿大应用此种方法较多，在采用人工授精技术为主的养狐场，测情器已成为母狐发情鉴定、确定最佳输精时间的重要手段。随着国内人工授精技术的推广和普及，利用测情器进行狐的发情鉴定也被广泛接受。测情器是一个 6cm×6cm 的小盒，内有电子装备，表面有电阻读数，由 0 到 1 900。外连探头，探头长 11cm，如筷子粗细，在探头前部有两个金属环。狐发情时阴道内黏液 pH 值会发生变化，导电系数也相应地发生变化，在测情器电阻表上应显示出不同的读数，以此测出是否发情。

测情时将测情器探头插入母狐阴道内，读取试情器显示的数值，根据每次测定的数据记录，确定母狐的排卵期。检测时，一般在每天相近的时间内进行测定，每天测定 1 次，当数值上升缓慢时每天要测定 2 次。当试情器读数持续上升至峰值后又开始下降时为最佳交配时间或人工输精的适宜期。要求操作人员动作迅速，读数、记录准确，注意测情器探头的卫生，防止感染及传播疾病（图 5 - 2）。

图 5 - 2 发情检测仪

生产中本交通常采用人工放对的方法进行人工辅助配种，将处在发情旺期的母狐放进公狐笼内，交配后再将公、母狐分开。

狐比较怕热，放对时间在清晨为好，在阴天或下雪天气放对效果更佳。放对要在喂饲完 1h 以后进行，放对过程中要注意观察，以便进行有效配种判断，同时有利于及时发现择偶性强的母狐、及时更换公狐，以使配种工作顺利进行。

狐交配时出现"锁紧现象"，因此，不能将正在交配的公母狐强行分开，否则容易造成公狐阴茎损伤，不但会影响本次交配效果，还会影响以后公狐的正常配种，甚至失去配种能力。

母狐的排卵期往往晚于发情征候明显的时间，而且卵子不是同时成熟和排出的，一般银黑狐持续排卵 3d、北极狐可持续排卵 5~7d，而精子在母狐的生殖道中可存活 24h。因此，必须采取连日或隔日复配 2~3 次的配种方式才能提高受胎率。商品狐场的复配可采用双重交配，以提高受胎率。公狐的配种能力，个体间差异较大，一般在一个配种季节可交配 10~25 次，每日可配 2 次，2 次间隔 3~4h。对体质较弱的公狐一定要限制交配次数，适当增加休息时间。体质好的公狐可以适当提高使用次数。个别公狐如果几次检查精液品质仍差者，只能作试情公狐，禁止参加配种。自然交配时的雄雌比例为 1:3~1:4。

人工授精在挪威、芬兰、加拿大和美国等国家开展很早，近年来我国越来越多养狐场开始采用这项新技术，受胎率达 85% 以上。1 只公狐在整个配种期内采集的精液可供 50~60 只母狐授精，人工授精不仅可减少种公狐的饲养数量，降低饲养成本，使优良种狐基因得以迅速扩散，提高优良种公狐的利用率；可增加自然交配困难的母狐受孕产仔的机会，减少生殖系统疾病的传播；此外，还可用于银狐和蓝狐的属间杂交，生产质优价高的蓝霜狐皮。

1. 人工授精的准备工作 为便于操作，保证人工授精的成功率，养狐场最好设立专用的人工授精室，面积以 20m² 左右为宜，室温在 15~18℃，要求室内清洁，空气清新，环境安静。为防止人工授精操作可能带来的感染，实施人工授精之前，要对各种器材进行严格清洗和消毒，其程序为：清水冲洗→洗涤剂刷洗→清水冲洗→消毒液浸泡→清水冲洗→蒸馏水冲洗 3 遍→120℃烘干（2h）。

2. 采精

（1）采精方法：狐的人工采精有按摩法、电刺激法和假阴道法。由于按摩法简易、效率高，对人和动物都安全，所以，是目前常用的采精方法，具体操作如下：

将公狐固定于采精架上，呈站立姿势，待其安静后，用 42℃ 0.1% 高锰酸钾水（或 0.1% 新洁尔灭）对阴茎及其周围部位进行消毒。然后，操作人员右手拇指、食指和中指握阴茎体，上下轻轻滑动，待阴茎稍有突起时将阴茎由公狐两后腿间拉向后方，上下按摩数次，时间 20~30s，公狐即可产生射精反应。操作人员左手持集精杯随时准备接取精液。银黑狐和北极狐的采精方法有一定差异，北极狐以刺激阴茎膨大部为主，银黑狐则刺激阴茎膨大部和龟头相结合。该方法采精时，应预先训练 2~3d，使之形成条件反射，操作人员的技术要求熟练，动作要有规律，宜轻勿重，快慢适宜，忌粗暴。此外，公狐对操作手法也有一定的适应性和依赖性。采精频率：每隔 1~2d 采精 1 次或 1 次/d，连续 2~3 次休息 1～2d。

（2）精液品质检查：狐排精量 0.5～2.5 ml，精子数目 3 亿～6 亿，活力大于 0.7。采精后对精液的精子密度、活力和畸形率进行检查。若活力低于 0.7，畸形率高于 10%，狐的受胎率明显下降。

（3）精液的稀释及保存：采精前，把精液稀释液（表 5-1）移至试管内，置于盛有 35～37℃水的广口保温瓶内或水浴锅中预热保存。采精后，将预热的稀释液慢慢加入到精液中，先作 1 倍稀释。在确定原精液的精子密度后，再进一步稀释，使稀释后的精液精子密度在 5 000 万～15 000 万个/ml 的范围内。精液稀释后要避免升温、震荡和光线直射，经精子活力检查符合要求后方可输精。每只母狐每次所输入的精子不应少于 3 000 万个。

表 5-1　稀释液参照配方

| 配方 1 | | 配方 2 | | 配方 3 | |
成　分	剂　量	成　分	剂　量	成　分	剂　量
胺基乙酸（g）	1.82	胺基乙酸（g）	2.1	葡萄糖（g）	6.8
柠檬酸钠（g）	0.72	蛋黄（ml）	30	甘油（ml）	2.5
蛋黄（ml）	5.00	蒸馏水（ml）	70	卵黄（ml）	0.5
蒸馏水（ml）	100.00	青霉素单位/ml	1 000	蒸馏水（ml）	97.0

配好的稀释液在使用前应进行精子保活能力的检查，如稀释后 3h 内精子活力无明显变化（在 30～37℃范围内），则稀释液的质量达到标准。精液的保存方式有 3 种：常温保存、低温保存和冷冻保存。

常温保存：较短时间，一般将盛有精液的容器放入温水保持在 39～40℃广口保温瓶内或水浴锅内，不要超过 2h。

低温保存：短时间不用或没用完，放在 0～5℃的冰箱内，不超过 3d。

冷冻保存：将精液保存在液氮内。此种方法的优点是保存时间长，便于携带运输，是一种较理想的精液保存方法。但是，狐精液冷冻保存技术，还需进一步研究、完善。

3. 输精

（1）输精器械：狐式输精器：似注射针头，长 21cm，粗 0.3cm，在尖部 4cm 处变细，与 10 号针头差不多，针尖封死呈球状，在球的后方有一小孔，距尖部 2.5 cm 处有弯曲。阴道扩张器为硬质塑料管，长 13cm，外径 0.9cm，内径 0.5cm，两端圆滑。其他器材有保定架、水浴锅、消毒设备等。

（2）输精方法：对母狐人工输精的方法有 2 种：阴道内输精法和子宫内输精法。

阴道内输精法：此法操作虽简便，但受孕率低，尚未推广应用。

子宫内输精法：此法受孕率高，为国内外养狐场普遍采用。操作时需 2 人配合，1 人保定狐，另 1 人输精。熟练者可在 3～5min 内完成，但初学者有一定难度。具体方法是：输精前用 70% 的酒精棉球对母狐的外生器消毒，将消毒过的扩张器缓慢地插入母狐的阴道，并抵达阴道底部。用左手的拇指、食指和中指 3 个手指隔着腹壁沿着扩张器前端触摸且固定子宫颈。用右手的拇指、食指和中指 3 个手指握住消毒过的输精针，调整输精针的标志对准右手的虎口。左手在固定子宫颈的同时，略向上抬举，保持扩张器前端与子宫颈的吻合，适度调整子宫颈方向，使输精针前端插入子宫颈口内 2～3cm，将精液缓慢注入母狐的子宫，慢慢取出输精针、扩张器。每次输精 0.5～1.5ml。母狐的输精次数和间隔时间应根据公狐精液的质量、精子的存活时间和母狐发情期的长短而定。精液品质较差、精子存活时间短的可 1 次/24h，连续输精 3 次。精液品质优良，精子存活时间长，可 1 次/48h，连续输精 2 次。

三、妊娠和产仔

狐的妊娠期平均为 51 ~ 52d，按初配日期推算：预产期应为月加 2、日减 8。妊娠前期胚胎发育缓慢，30d 后可以看到腹部膨大，稍有下垂，越接近产仔期越明显。母狐有 4 ~ 5 对乳头，在妊娠后期乳房迅速发育，接近产仔期，在狐侧卧时可清楚看到乳头。

胚胎的早期死亡一般发生在妊娠后 20 ~ 25d 内，妊娠 35d 后易发生流产。阴道加德纳氏菌病（*Gardnerella vafinalis*），是导致大批母狐流产的主要病因之一。该病多价菌苗及诊断液在我国已研制成功，可有效控制该病的流行。在繁殖期保持适宜的营养水平和管理措施对防止胚胎吸收和流产是有效的。

产前用 2% 的苛性钠或 5% 的碳酸氢钠清洗产箱，有条件的养殖场可采用火焰喷灯消毒笼网和小室。为了保温，小室和产箱之间的空隙之处用草堵塞，并在产箱内铺垫清洁柔软的干草。

母狐临产前 1 ~ 2d，拔掉乳头周围的毛，多数食欲减退或废绝，产仔多数在夜间或清晨。母狐产前表现不安，在笼舍内来回走动或频繁出入小室，频频回视后腹部，有时会舔舐外阴，并发出叫声，产程需 1 ~ 2h，有时达 3 ~ 4h。仔狐出生后，母狐咬断脐带，吃掉胎衣，舔舐仔狐。银黑狐平均每胎产仔 4.5 ~ 5.0 只，北极狐 8 ~ 10 只。仔狐出生后 1 ~ 2h，身上胎毛干后，便可爬行寻找乳头吸吮乳汁，饱食后便睡。3 ~ 4h 吃乳 1 次。母狐的母性极强，除吃食外，一般不出小室。个别母狐抛弃或践踏仔狐，多为母狐高度受惊所致。

四、狐的选种选配

1. 初选 5 ~ 6 月份结合仔狐断乳分窝进行。成年狐根据繁殖情况进行初选。幼狐根据同窝仔狐生长发育情况、出生早晚进行初选。选择系谱清楚，双亲生产性能优良，仔狐出生早（银狐 4 月 10 日前出生，蓝狐 5 月 20 日前出生），生长发育正常的狐留种。在初选时，应比计划多留 30% ~ 40%。

2. 复选 9 ~ 10 月份根据生长发育、换毛、体质状况，在初选的基础上进行复选。选留那些生长发育快、体型大、换毛早而快的个体。选留的数量应比计划留种数多 20% ~ 30%。

3. 精选 在 11 月份取皮之前，根据毛被品质和半年来的实际观察记录进行严格精选。

1. 银狐

（1）毛绒品质：躯干和尾部的毛色为黑色，背部有良好的黑带，尾端白色在 8cm 以上。银毛率在 75% ~ 100%，银环为珍珠白色，银环宽度在 12 ~ 15mm。全身的雾状正常，绒毛为石板色或浅蓝色。

（2）体型：体大而健壮，体重在 5～6kg，体长在 65～70cm，公大于母。全身无缺陷。

（3）繁殖力：成年公狐睾丸发育良好，发情早，性欲旺盛，交配能力强，性情温顺，无恶癖，择偶性不强，当年交配的母狐在 4～5 只以上，交配次数在 10 次以上，精液品质优良，所配母狐的产仔率高；成年母狐的发情早（2 月份以前），性情温顺，胎平均产仔数较多，母性强和泌乳力高，所产仔狐的成活率高。

（4）系谱要求：选择种狐时，一般将 3 代之内有共同祖先的归为一个亲属群。同系谱内的各代，其毛色、毛绒、体型和繁殖力等遗传性能要稳定。

2. 北极狐的选择标准

（1）毛色：蓝狐全身浅蓝色，浅化程度大，无褐色或白色斑纹。白色北极狐黑毛梢不过多。彩狐要求被毛纯正，不带杂色。

（2）毛绒品质：针毛平齐，丰满而有光泽，无弯曲，长度在 40～60mm，数量占 2.9% 以上；绒毛色正，长度 25mm 左右，密度适中，毛绒灵活。

（3）体型：6 月龄的公狐体重 5.1kg 以上，体长在 65cm 以上；母狐体重 4.55kg 以上，体长 61cm 以上，全身发育正常，无缺陷。

（4）其他条件：公狐的配种能力强，精液品质好，择偶性不强，无恶癖和疾病；母狐胎平均产仔数高（7 只以上），母性强，泌乳力高，无食仔恶癖，对环境的不良刺激不过于敏感。

种狐选定后还要根据双亲的品质、血缘关系、年龄等情况进行科学选配，以保证双亲的优良性状在后代得以遗传。选配时公狐的毛绒品质要优于母狐；大型公狐与大或中型母狐交配；在年龄上通常以当年公狐配经产母狐或成年公狐配当年母狐、成年公狐配经产母狐生产效果较好。

五、狐的毛色育种

野生狐的毛色为红褐色，习惯上称之为赤狐。1860 年加拿大 Dalton 捕捉到了野生赤狐的黑色变种，并进行了驯养，这种黑色变种狐就是现在的银黑狐。在养殖过程中，不断有新的毛色出现，如白金狐、珍珠狐、蓝宝石狐等。人们把银黑狐、赤狐的毛色变种狐，以及由银黑狐、赤狐和毛色变种狐之间交配产生的新色型狐统称为彩狐。

目前，世界上通用的彩狐基因符号和名称有美国系统和斯堪的那维亚两个系统。两个系统不但在基因符号写法上有所不同，还对某些彩狐的毛色遗传问题上有不同看法。比如，美国系统认为北极大理石狐、北极大理石白狐的毛色遗传由铂色狐的复等位基因控制，而斯堪的那维亚系统则认为，这两种狐与铂色狐分别由不同位点基因控制。所以基因符号写法有所不同，美国系统将北极大理石狐、北极大理石白狐基因符号分别写成 bbW^Mw、bbW^MW^M，斯堪的那维亚系统则将北极大理石狐、北极大理石白狐基因符号分别写成 bbMm、bbMM。野生型赤狐的基因符号见表 5-2。

表 5 - 2　野生型赤狐的基因符号

美国系统	AA	BB	CC	BrFBrF	BrCBrC	PEPE	PMPM	gg	ww	RR	—
斯堪的那维亚系统	AA	BB	CC	GG	EE	PP	SS	—	ww	—	mm

　　根据彩狐毛色特征基因的显性、隐性，将狐的色型分为隐性突变型、显性突变型和组合型 3 大类。

　　1. 隐性突变型　根据毛色将隐性突变型彩狐分为黑色、褐色、灰蓝色、白色等几大类。加拿大银黑狐（bb）被毛总体为黑色，有银色毛被特征，嘴、耳、尾为黑色，尾尖为白色。加拿大银黑狐与阿拉斯加银狐表现型基本相同，但在耳上有褐色毛，体侧、颈和面颊的针毛黑色中带有褐色。加拿大银黑狐与赤狐杂交时，产生的杂种后代叫标准十字狐（Bb）或杂种红（商品名为金色狐），由于 B 基因对 b 基因呈不完全显性，所以杂合体毛色虽然相似于野生赤狐，但在脸部、臀部和尾部有很多黑色针毛，腹部的毛色较深或黑色，有时在背部有黑色毛一直到颈部。阿拉斯加银狐与赤狐杂交时，产生的杂种后代叫阿拉斯加十字狐（Aa），商品名叫金黄色十字狐，子一代针毛出现金黄色，毛色为野生型的红色，面部、腹部、尾部、脊背和额为黑色，肩背部有黑色针毛，在肩胛形成十字特征。加拿大银黑狐与阿拉斯加银狐杂交时，产生的杂种后代叫银十字狐（BbAa），其颈部、腹部和颊部两侧的针毛带有黄色，银黑色毛在肩胛处形成一个交叉十字。

　　巧克力狐（bbbrFbrF）被毛为深棕色，眼睛为褐色或黄色。Colicott 棕色狐（bbbrCbrC）被毛为棕蓝色，眼睛为蓝色。东部珍珠狐（bbpp）、西部珍珠狐（bbss）等珍珠狐是银黑狐的灰蓝色隐性突变种，毛色呈蓝色，尾尖为白色；西部珍珠狐毛色略深于东部珍珠狐和略带褐色，同时这一基因还具有遗传病，易于出血。白化狐（cc）被毛为白色，眼睛和鼻端为粉红色。

　　2. 显性突变型　铂色赤狐（W^Pw）毛色为红褐色，但鼻部为白色，脸部有白斑，耳为灰色，尾上有灰色针毛，颈部有一圈白色被毛，腿和足上有白斑。W^P 基因除有产生不对称白斑效应外，还有隐性致死效应，W^PW^P 基因型都在胚胎期死亡，因此，铂色赤狐都是杂合型（W^Pw）。

　　白脸赤狐（Ww）W 基因同铂色突变基因一样，也有隐性致死效应，WW 基因型不能存活，因此，白脸赤狐都是杂合型（Ww）。白脸赤狐毛色为红褐色，颈部有一圈白色被毛，鼻和足为白色，但不像铂色基因那样使毛色浅淡。

　　日光狐（W^Mw）又叫日晕狐，被毛白色，背部有不规则红褐色带，前额为红褐色，耳的边缘为黑色，尾根有灰色的条纹，身上的白色不对称。纯合型（W^MW^M）叫日光白狐或白日晕狐，毛色较浅，近于完全白色，但耳缘为黑色，前额往往有淡红褐色斑点，背部有一条红褐色的窄带，尾根有一条灰色的带。

　　赤野火色狐基因型为 GnGn 和 Gngn，纯合型与杂合型具有相同的表现型，毛色和野生的赤狐毛色相同，仅在身体的红色部分毛色淡化为黄色。火因子基因符号为 Gn，这一基因发现较晚，是美国学者在 1980 年发现的。

　　3. 组合色型　组合型是 2 对以上突变的特征基因同时控制某个体的毛色性状，常见的组合色型彩狐基因型见表 5 - 3。

表 5-3 常见彩狐名称和基因符号

中文名	基因符号	
	斯堪的那维亚系统	美国系统
银狐与 1 对基因彩狐		
阿拉斯加银狐	aa	aa
加拿大银黑狐	bb	bb
白化狐	cc	cc
标准十字狐	Bb	Bb
阿拉斯加十字狐	Aa	Aa
铂色赤狐	W^Pw	W^Pw
白脸赤狐	Ww	Ww
日光白狐（白日冕）	MM	W^MW^M
日光狐（日冕）	Mm	W^Mw
铂色日冕狐	—	W^PW^M
赤野火色狐	—	GnGn（Gngn）
2 对基因组合型		
双隐性银黑狐	aabb	aabb
银十字（融合十字）狐	AaBb	AaBb
东部珍珠狐	bbpp	bbpEpE
西部珍珠狐（曼斯菲尔特珍珠狐）	bbss	bbpMpM
白脸狐	bbWw	bbWw
铂色狐	bbW^Pw	bbW^Pw
金色日冕狐	BbMm	BbW^Mw
白色金日冕狐	BbMM	BbW^MW^M
北极大理石狐	bbMm（或 aaMm）	bbW^Mw（或 aaW^Mw）
北极大理石白狐	bbMM（或 aaMM）	bbW^MW^M（或 aaW^MW^M）
铂色北极大理石狐	—	bbW^MW^P（或 aaW^MW^P）
镭色狐	—	rrbb（或 rraa，rraabb）
金色日出狐	—	GnGnBb（或 GngnBb）
Colicott 棕色狐	bbee	bbbrCbrC
巧克力色狐	bbgg	bbbrFbrF
3 对基因组合型		
琥珀色狐	bbppgg	bb pEpE brFbrF
浅棕色狐	bbppee（aappee，aabbppee）	bb pEpE brCbrC（aa pEpE brCbrC，aabb pEpE brCbrC）
蓝宝石狐	bbppss（aappss，aabbppss）	bb pEpE pMpM（aapEpE pMpM，aabbpEpE pMpM）
火冰狐	—	GnGnpEpEAa（GngnpEpEAa）
朝红霞狐	bbggss（aaggss，aabbggss）	bbbrFbrFpMpM（aabrFbrFpMpM，aabbbrFbrFpMpM）
月红霞狐	—	GnGnpEpEAaBb（GngnpEpEAaBb）
珍珠珀色狐	$bbppW^Pw$	$bbpEpEW^Pw$
金色十字狐	—	GnGnAaBb（GngnAaBb）

（续表）

中文名	基因符号	
	斯堪的那维亚系统	美国系统
冰川蓝狐	W^Pwppbb（W^Pwppaa，W^Pwp-paabb）	W^P wpEpEbb（W^P wpEpEaa，W^P wpEp-Eaabb）
白脸珍珠狐	Wwppbb（Wwppaa，Wwp-paabb）	WwpEpEbb（WwpEpEaa，WwpEpEaabb）
珍珠狐融合十字狐	ppBbAa	pEpEBbAa
巧克力融合十字狐	ggBbAa	brFbrFBbAa
秋金狐	ppggBb	pEpEbrFbrFBb
铂色融合十字狐	AaBbW^{P}w	AaBbW^{P}w
4~5对基因组合型		
蓝宝石浅棕色狐	bbppssee	bb pEpEp pMpM brCbrC
琥珀铂色狐	bbppggW^{P}w	bb pEpEp brFbrF W^{P}w
蓝宝石铂色狐	bbppss W^{P}w	bb pEpEp pMpMW^{P}w
巧克力色科立克狐	—	GnGn brCbrCCAaBb（Gngn brCbrCCAaBb）
雾珍珠狐	ppsseebb 或 ppsseeaa，ppssee-aabb	pEpEppMpMbrFbrFbb 或 pEpEppMpMbrF-brFaa 或 pEpEppMpMbrFbrFaabb
雪红霞狐	—	GnGnpEpEbrCbrCCAaBb 或 GngnpEpE-brCbrCCAaBb

铂色狐基因型为 bbW^{P}w 或 aaW^{P}w，拥有 1 对银黑狐基因（bb 或 aa）和 1 对杂合的铂色赤狐基因（W^{P}w）。被毛呈现灰蓝色，颈部有白色环，从鼻尖到前额有 1 条明显的白带，足为白色。W^{P}基因有半致死作用，因此，纯繁时由于胚胎在早期死亡而产仔数下降。

白脸狐基因型为 bbWw 或 aaWw，拥有 1 对银黑狐基因（bb 或 aa）和 1 对杂合的白脸赤狐（Ww），属于深色类型狐。毛色除具有银色的特点外，有白色颈环，鼻、足为白色，脸上有白斑，尾尖为白色。白脸狐的显性基因（W）纯合个体也存在胚胎早期死亡现象。

北极大理石狐基因型为 W^{M}wbb 或 W^{M}waa，被毛由黑色和白色组合而成，黑色毛仅限于身体的背部，从头到尾，并且形状不对称。北极大理石白狐基因型为 W^{M}W^{M}bb 或 W^{M}W^{M}aa，这种基因型狐的毛色近于白色，但耳缘为深色，前额有一深色的带，背上也有一条深色的带一直到尾。铂色北极大理石狐基因型为 W^{M}W^{P}bb 或 W^{M}W^{P}aa，色型和北极大理石狐相似，但毛色由黑或深色变为灰色。

金色日冕狐基因型为 W^{M}wBb，其毛色几乎相同于日冕狐，但红色毛的范围减少。白色金日冕狐基因型为 W^{M}W^{M}Bb，毛色几乎与白色日冕狐相同。

金色日出狐基因型为 GnGnBb 或 GngnBb，其毛色相似于野火型狐狸，但脸上和尾部的黑色更多，黄色是浅黄。

镭色狐基因型为 bbrr、aarr 或 aabbrr，针毛色近于白色，而绒毛比银色狐淡，整体外观近似于灰色。

火冰狐基因型为 GnGnAapEpE 或 GngnAapEpE，被毛以灰色为主，背部和腹部为浅灰色，鼻和眼四周也为浅灰色，臀部的灰色略深，腿和耳则为深灰色，绒毛为浅灰色到白色，仅面部和体侧为白到很浅的黄色。

秋金狐基因型为 pEpEbrFbrFBb，毛色与野生赤狐相似，但腿和耳为米褐色到灰褐色。

鹿黄红色狐（浅棕色狐）基因型为 pEpEbrCbrCbb、pEpEbrCbrCaa 或 pEpEbrCbrCaabb，毛色为浅蓝褐色，眼为灰蓝色。

朝红霞狐基因型为 bbbrFbrFpMpM、aabrFbrFpMpM 或 aabbbrFbrFpMpM，毛色为淡灰褐色，鼻端和眼为粉红色。月红霞狐基因型为 GnGnpEpEAaBb 或 GngnpEpEAaBb，毛色为灰褐色，鼻、前额的中间、背部、前肩和尾、腿、头部两侧和体侧为深褐色到黑色，脊背到前腿有一条近于白色的带。雪红霞狐基因型为 GnGnpEpEbrCbrCAaBb，被毛近于白色，腿、耳和尾为蓝褐色，眼为灰蓝色，背部和臀部略带蓝褐色。

雾珍珠狐基因型为 pEpEppMpMbrFbrFbb，毛色为灰蓝色，带有淡紫色。

1. 赤狐、银黑狐的杂交　阿拉斯加银狐（aa）与赤狐杂交，产生的杂交后代（Aa）为阿拉斯加十字狐。阿拉斯加十字狐针毛出现金黄色，其狐皮商品名为金黄色十字狐。

东部银黑狐（bb）与赤狐杂交，产生的杂交后代（Bb）为标准十字狐。标准十字狐毛色近于赤狐，狐皮商品名为金色狐。

阿拉斯加银狐（aa）与东部银黑狐（bb）杂交，产生的杂交后代（AaBb）为银十字狐，又叫红黑杂色狐或十字狐。银十字狐被毛带有黄色，在肩胛部的深色毛形成一个交叉十字，在颈部、腹部和颊部两侧的针毛带有黄色。

aaBB × AAbb

阿拉斯加银狐 ↓ 东部银黑狐

AaBb × AaBb

银十字狐 ↓ 银十字狐

9A_B_

赤狐（AABB）1/9、金黄色十字狐（AaBB）2/9、标准十字狐（AABb）2/9、银十字狐（AaBb）4/9

＋ 3_Abb_

1/3 东部银黑狐（AAbb）、2/3 阿拉斯加十字狐（Aabb）

＋ 3aaB_

1/3 阿拉斯加银狐（aaBB）、2/3 标准十字狐（aaBb）

＋ 1aabb

双隐性银黑狐

2. 彩狐杂交　以巧克力狐与其他彩狐杂交为例。

A．巧克力狐（bbggww）× 铂色狐（bbGGWpw）

↓

50% 铂色狐（bbGgWpw）＋ 50% 银黑狐（bbGgww）

B．巧克力狐（bbPPgg）× 珍珠狐（bbppGG）

↓

100% 银黑狐（bbPpGg）

· 143 ·

C. 巧克力狐（bbgg）×巧克力狐（bbgg）

↓

100%巧克力狐（bbgg）

D. 巧克力狐（bbPPgg）×琥珀狐（bbppgg）

↓

100%巧克力狐（bbPpgg）

E. 巧克力狐（bbwwgg）×北极大理石色狐（bbW^m_wGG）

↓

50%北极大理石色狐（bbW^m_wGg）+50%银黑狐（bbwwGg）

1. 色型与毛色基因　浅蓝色北极狐毛色基因是野生型北极狐基础毛色基因，其他色型是浅蓝色北极狐的基因突变种。研究表明，浅蓝色北极狐的毛色基因有 8 个位点，其基因符号用 CC、DD、EE、FF、GG、ll、ss、tt 表示。常见北极狐基因型见表 5 - 4。

表 5 - 4　北极狐的基因型

中文名	基因符号							
浅蓝色北极狐	CC	DD	EE	FF	GG	ll	ss	tt
白化狐	cc	—	—	—	—	—	—	—
白色北极狐	—	dd	—	—	—	—	—	—
北极珍珠狐	—	—	ee	—	—	—	—	—
蓝宝石狐	—	—	—	ff	—	—	—	—
奥达蓝宝石狐	—	—	—	f°f°	—	—	—	—
北极蓝狐	—	—	—	—	gg	—	—	—
Lapponia 珍珠狐	—	—	—	—	—	Ll—	—	—
影狐	—	—	—	—	—	—	Ss	—
Jotun 蓝星狐	—	—	—	—	—	—	S^Js	—
Haugen 白色狐	—	—	—	—	—	—	S^Hs	—
桑立白狐	—	—	—	—	—	—	—	TT（Tt）

说明：1. 丹麦基因分类系统；
　　　2. "—"表示与浅蓝色北极狐基因符号相同

2. 隐性突变型　白化狐（cc）是蓝色北极狐的隐性突变型，毛色为白色，生活力较弱。白色北极狐（dd）是蓝色北极狐的隐性突变型，幼龄狐毛色呈灰蓝色，成年狐冬毛白色，有黑毛梢，底绒灰蓝色，夏毛呈现灰蓝色。蓝宝石狐（ff）又叫瑞典蓝宝石狐，毛色呈灰蓝色，其针毛和绒毛颜色几乎相同，在爪和胸部有一条白色条纹，鼻为煤灰色。奥达蓝宝石狐（f°f°），是蓝色北极狐 F 位点的又一个隐性突变型，其毛色为明亮的蓝色，上部为白色，面、腿、耳部具有强的灰蓝色，鼻为灰色，眼为淡灰褐色。北极蓝狐（gg）是蓝色北极狐的隐性突变种，色泽类似蓝宝石狐（ff），但或多或少带有一些暖色调（如红色），在鼻、爪部尤为明显；g 基因有害效应，隐性纯合个体易患 Chediak Gigashi 综合症。

北极珍珠狐（ee）是蓝色北极狐隐性突变种，幼仔时为淡红色或红褐色，断奶时为灰褐色到米黄色，冬毛为浅蓝色，毛尖为珍珠色；脸和腿为珍珠色，鼻为褐色，耳为灰褐色。

3. 显性突变型　影狐（Ss）是浅蓝色北极狐的显性突变型，是一个不完全显性基因，其被毛在背部、额部、肩部有斑纹，其他部位为白色；其因有半致死作用，纯合型胚胎早期死亡。Jotun 蓝星狐（S^Js）与影狐相像，毛色略深一些，这个基因是 S 位点上又一个显性突变复等位基因，也是一个不完全显性基因，基因同样有半致死作用。Haugen 白金狐（S^Hs）是 S 位点上又一个显性突变复等位基因，同样是一个不完全显性和有致死亡交应的基因，显性纯合体（S^HS^H）及与蓝显基因的杂合体（S^HS^J），在胚胎或出生时死亡，其杂合合（S^Js）在出生后也有可达 35% 的死亡率。Lapponia 珍珠狐（Ll）是蓝色北极狐的一种显性突变种，L 基因是一个不完全显性基因，有半致死作用。其典型的特点是幼仔时为淡蓝灰色，色泽较深；成兽为淡蓝色，相似于淡色的蓝色北极狐，特别是头、耳、鼻颜色浅淡，比蓝色北极狐更蓝些。桑立白狐（TT）是蓝色北极狐的一种显性突变种，T 基因是一个不完全显性基因，但没有致死效应，其纯合基因型个体毛色为白色或近于白色，而且有完全白色的头部；杂合体毛色为脸部有明显的白色条纹，胸部为白色，腹部和爪有不同程度的白斑。

由于狐属被毛针毛较多，长而粗硬，北极狐被毛针毛细少，绒毛丰厚，不耐磨，因此近年来，狐属与北极狐属之间的杂交越来越引起人们的重视。实践证明，杂交后代的被毛品质均优于其双亲，克服了银黑狐针毛长而粗硬，北极狐针毛短、细、绒毛易粘结等缺陷。

由于北极狐属与狐属之间配种时间上有所差异，通常采用人工授精的方法进行。北极狐属产仔性能优于狐属，人工授精时多采用狐属作父本，北极狐属作母本。

值得注意的是，狐属与北极狐属间的杂交后代无繁殖能力，只能用作生产商品狐，不能留作种狐。

1. 赤狐与北极狐及其彩狐之间的杂交　赤狐与浅蓝色北极狐杂交，后代 100% 蓝霜狐；赤狐与影狐杂交后代 50% 影狐，50% 蓝霜狐；赤狐与白色北极狐杂交，后代 100% 金岛狐。

2. 银黑狐与北极狐属间的杂交　银黑狐与浅蓝色北极狐杂交，后代 25% 蓝霜狐，75% 银黑狐；银黑狐与影狐杂交后代 50% 银影狐，50% 银蓝狐；银黑狐与白色北极狐杂交，后代 100% 金岛狐；阿拉斯加银黑狐与白色北极狐杂交，后代 100% 北方白狐。

3. 狐属彩狐与北极狐属彩狐杂交　白金狐（铂色狐）与浅蓝色北极狐杂交，后代 50% 白金蓝银狐，50% 蓝银狐；白金狐与白色北极狐杂交，后代 50% 白金（铂色）北极狐，50% 金岛狐或北方白狐；白金狐与影狐杂交，后代 25% 影铂色狐，25% 铂色银狐，25% 影银狐，25% 蓝银狐；金黄十字狐与白色北极狐杂交，后代 50% 金岛狐，50% 北方白狐。

第三节　狐的饲养管理

一、狐的营养需要与饲养标准

目前，我国尚无统一的狐营养需要和推荐的饲养标准，可参照表 5-5 至表 5-11 营养需要和饲养标准。

表5-5　成年银黑狐每千克体重的基础代谢能和维持能

月份	基础代谢能（kJ）	维持能（kJ）
6～8	255～280	355～389
9～10	209～243	291～338
11	176～218	245～303
12	172～197	239～274

表5-6　育成狐每千克体重平均基础代谢能和维持能

月龄	基础代谢能（kJ）	维持能（kJ）
2	439	611
3	343	477
4	262	364
5	247	343
6	237	330
7	211	293
8	188	261

表5-7　哺乳期每只仔狐增加的代谢能（MJ）

狐别	日龄					
	1～10	11～12	21～30	31～40	41～50	51～60
银黑狐	0.29	0.52	0.75	1.17	1.26～1.46	—
北极狐	0.21	0.42	0.63	1.05	1.46	1.72

表5-8　成年狐维生素的需要量

维生素 计算单位	维生素A（IU）	维生素D（IU）	维生素E（mg）	维生素 B_1（mg）	维生素 B_2（mg）
每千克体重	400	100	6.0	0.15	3.0～5.0
每100kJ热能	71.7	16.7	1.43	0.04	0.7～1.2
100g干物质	1 000	250	22.0	0.5	10～17.5

表5-9　狐各生物学时期日粮营养水平推荐值　　　　　　　　　　单位:%

养分	生长前期 （0～16周龄）	长毛期 （17周龄至取皮）	繁殖期	泌乳期
代谢能（MJ/kg饲料）	14.2	12.6	12.6	14.2
粗蛋白	28	30	35	32
粗脂肪	10～14	8～12	8～12	10～14
蛋氨酸	1.00	0.90	0.96	1.12
赖氨酸	1.66	1.40	1.56	1.82
钙	0.8～1.0	0.8～1.0	0.8～1.0	0.8～1.2
磷	0.6～0.8	0.6～0.8	0.6～0.8	0.8～1.0
食盐	0.2～0.3	0.2～0.3	0.2～0.3	0.3～0.5

表5-10　狐对3种营养成分需要的比例关系

单位：g/MJ

银黑狐			北极狐		
蛋白质	脂肪	碳水化合物	蛋白质	脂肪	碳水化合物
16.7	8.6~12.4	20.6~11.7	16.7	9.6~12.7	18.2~11.2
19.1	7.4~11.5	20.6~11.7	19.1	9.1~12.0	17.0~10.3
21.5	7.2~11.2	18.6~9.6	21.5	8.4~11.0	15.8~9.6
23.9	6.0~10.5	18.6~8.4	23.9	7.4~10.5	15.3~8.1
26.3	6.0~9.3	16.0~8.4	26.3	6.5~9.8	15.1~7.2
28.7	6.0~8.1	13.4~8.4	28.7	6.2~8.6	13.4~7.2

表5-11　狐的重量比饲养标准

饲料种类	饲养时期				
	准备配种期	配种期	妊娠期	哺乳期	恢复期
动物性饲料（%）	65	65	65	53	20
谷物饲料（%）	30	20	20	12	70
蔬菜（%）	3	5	5	12	10
乳品（%）	2	10	10	23	-
食盐（g）	1.5	2	2	2	2.5
骨粉（g）	5	5	8	12	5
酵母（g）	7	6	8	10	7
维生素A（IU）	800~1 000	2 500	2 500	2 800	500~800
维生素C（mg）	20	20~30	35	30	20
维生素B$_1$（mg） 银黑狐	2	3	5	5	2~3
北极狐	5	5	10	10	5
维生素B$_2$（mg）	15~25	25~30	30	30	20~25
维生素D（IU）	200	300	400	400	200
维生素E（mg）	15~25	25~30	30	30~35	15~25

二、狐的饲养管理

　　3月下旬至5月中（银黑狐），4月中旬至6月中旬（北极狐）产仔，银黑狐每胎产4~5只，北极狐6~8只。银黑狐初生重80~100g，体长10~12cm，北极狐初生重60~80g。仔狐初生时闭眼、无牙齿、无听觉，身上披有稀疏黑褐色胎毛。生后14~16d睁眼，并长出门齿和犬齿。18~19d开始吃由母狐叼入的饲料。

　　产后12h内要及时检查登记，保证仔狐吃上乳、吃足乳。吃上乳的仔狐鼻尖黑、腹部增大、集中群卧、安静不嘶叫；未吃上乳的仔狐分散，肚腹小，嘶叫乱爬。一般1只雌银狐可哺养6~8只仔狐，1只雌北极狐可哺养10~11只仔狐，产奶少而产仔多时，要及时调整或将弱小者淘汰。凡母性不强的母狐所产的仔狐，或同窝超过8只（北极狐13只）以及母狐无乳等情况，都要找"保姆狐"代养或进行人工哺乳。人工哺乳的器具用10ml的注射器，套上气门芯胶管，喂给经巴氏消毒后保持在40~42℃的牛乳或羊乳，每日4~6次。人工哺乳的仔狐由于未吃上初乳，一般发育较为滞后。

据统计，仔狐在 5 日龄以前死亡率较高，占整个哺乳期死亡率的 70% ~80%。随着日龄的增加，其死亡率逐渐下降，仔狐死亡的原因主要有以下几种：

1. 营养不良 妊娠期和产仔哺乳期母狐的日粮中蛋白质不足，会导致泌乳量下降，乳内脂肪不足可使母狐体质急剧消瘦，从而影响产乳。仔狐在 24 h 内吃不上初乳，或者泌乳期内吃不饱，生长发育缓慢，抵抗力下降，易感染各种疾病，甚至死亡。

2. 管理不当 产仔箱不保温，产仔箱的最佳温度在 30 ~35℃。母狐在笼网上产仔或仔狐掉在地上，未及时发现被冻死。另外还有被压死或被咬伤，母狐搬弄仔狐等。

3. 仔狐的红爪病 母狐在妊娠期维生素 C 供给不足，仔狐发生红爪病，吮乳能力弱，造成死亡。

仔狐出生后，生长发育迅速。10 日龄前，平均绝对增长 10 ~20g/d；20 日龄前增重为 30 ~39g/d。20 ~25 日龄的仔狐，完全以母乳为营养，25 日龄以后雌狐泌乳量逐渐下降，而仔狐对营养的需要更多，母乳已不能满足其营养需要，此时，应补充一些优质饲料，同时提高雌狐的日粮标准。日粮可由肉馅、牛乳、肝脏等营养价值高而又易消化的品种组成，调制时适量多加水，这种饲料可供雌狐采食，仔狐也可采食一部分，以弥补乳汁的不足。30 日龄以后的仔狐，食量增大，必须另用食盘单独投喂适量补充饲料。不同日龄仔狐的补饲量见 5 – 12。

表 5 – 12 不同日龄仔狐的补饲量

仔狐日龄	补饲量（g/只）	
	银黑狐	北极狐
20	70 ~125	50 ~100
30	180	150
40	280	250
50	300	350

仔狐哺乳期排出的粪便全被雌狐吃掉，一旦仔狐开始吃饲料，雌狐便不再食仔狐粪便，因此，必须经常打扫窝箱，及时清除粪便、剩食等污物，保持窝箱的清洁卫生。

1. 育成狐的饲养 仔狐断乳分窝后到取皮前称为育成期。仔狐一般 45 ~50d 断乳，断乳分窝后，生产发育迅速、特别是断乳后头两个月，是狐生长发育最快的时期，也是决定狐体型大小的关键时期。因此一定要供给新鲜、优质的饲料，同时按标准供应维生素 A、维生素 D、维生素 B$_1$、维生素 B$_2$ 和维生素 C 等，保证生长发育的需要。一般断乳后前 10d 仍按哺乳母狐的日粮标准供给，各种饲料的比例和种类均保持前期水平。10d 以后按育成期日粮标准，此时期要充分保证日粮中蛋白质、各种维生素及钙、磷等的需要量。蛋白质需要量占饲料干物质的 40% 以上。如喂给质量低劣、不全价的日粮易引起胃肠病，阻碍幼狐的生长发育。

日粮随着日龄的增长而增加，一般不限量，以吃饱为原则。仔狐刚分窝，因消化机能不健全，经常出现消化不良现象，所以，在日粮中可适当添加酵母或乳酶生等助消化的药物。从 9 月初到取皮前在日粮中适当增加含硫氨基酸多的饲料，以利于冬毛的生长和体内脂肪的沉积。

2. 育成狐的管理 采用一次断乳或分批断乳法适时断乳分窝，开始分窝时，每只笼内可放 2 ~3 只，随着日龄的增长，独立生活能力的提高，逐步单笼饲养。断乳后 10 ~20d

接种犬瘟热、病毒性肠炎等疫苗；各种用具洗刷干净，定期消毒，小室内的粪便及时清除。秋季在小室内垫少量垫草，尤其在阴雨连绵的天气、小室里阴凉潮湿，幼狐易发病，造成死亡。保证饲料和饮水的清洁，减少疾病发生。做好防暑降温工作，将笼舍遮盖阳光，防止直射光，场内严禁随意开灯。

1. 准备配种期的饲养管理　准备配种期的主要任务是平衡营养，调整种狐的体况，促进生殖器官的正常发育。银黑狐自11月中旬开始，北极狐自12月中旬开始，饲料中的营养水平需进一步提高，通常银黑狐需代谢能1.97~2.30MJ，可消化蛋白质40~50g，脂肪16~22g，碳水化合物25~39g；北极狐分别为：2.0~2.64MJ、47~52g、16~22g、25~33g。日粮中要供给充足的维生素，维生素A 2 000~2 500IU、维生素B_1 2~3mg、维生素B_2 15~25mg、维生素E 15~20mg、维生素C 20~30mg。如果以动物内脏为主配制的日粮，每只每日供骨粉3~5g。准备配种期每日喂食1~2次，保证充足的饮水。

实践证明，种狐体况与繁殖力有密切关系，过肥或过瘦都会影响繁殖力，因此，应该随时调整狐的体况，注意提高过瘦种狐的营养，适当降低过肥种狐的营养，在11月前将所有种狐的体况调节到正常水平，在配种期到来前，种公狐达到中上等体况，种母狐要达到中等体况。个别营养不良或患有慢性疾病的种狐，在12月屠宰取皮期间一律淘汰。

光照是繁殖不可缺少的因素之一，对性器官的发育有调节和促进作用。因此，要把所有的种狐放在有阳光的一侧接受光照。

准备配种后期，气候寒冷，做好防寒保暖工作，在小室内铺垫清洁柔软的垫草，及时清除粪便，保持小室干燥、清洁。

银黑狐在1月中旬，北极狐在2月中旬以前，应做好配种前的准备工作，维修好笼舍，编制好配种计划和方案，准备好配种用具、捕兽网、手套、配种记录、药品等。

2. 配种期的饲养管理　配种期狐的性欲旺盛，食欲降低，由于体质消耗较大，大多数公狐体重下降10%~15%，为保证配种公狐有旺盛、持久的配种能力和良好的精液品质，母狐能够正常发情，此期日粮中，应适当提高动物性饲料比例，银黑狐供给代谢能1.67~1.88MJ，可消化蛋白质55~60g，脂肪25~35g，碳水化合物35~40g。配种期间日粮中要添加维生素B_1 2~3mg（或复合维生素B 5~10mg）、维生素B_2 25~30mg饲料要新鲜、易消化、适口性强。对参加配种的公狐，中午可进行一次补饲，补给一些营养价值高的肉、肝脏、蛋黄等。此期严禁喂含激素类的食物，以免影响配种。保证充足的饮水。

在配种期随时检查笼舍，关严笼门，防止跑狐。配种期间，场内要避免任何干扰，谢绝外人的参观。饲养员抓狐时要细心而大胆操作，避免人或动物受伤。配种期要争取让每只雌狐受孕，同时认真做好配种记录。

3. 妊娠期的饲养管理　妊娠期母狐除供给自身代谢需要外，还要供给胎儿生长发育的需要，雌狐的日粮标准要酌情提高，尤其要保证蛋白质和钙、磷及多种维生素的需要。一般每日需要代谢能，银黑狐妊娠前期为2.09~2.51MJ，妊娠后期2.72~2.93MJ；北极狐妊娠前期为2.51~2.72MJ，妊娠后期2.93~3.14MJ。可消化蛋白质，银黑狐妊娠前期为55.2~61.0g，妊娠后期62~67g；北极狐70~77g。脂肪，银黑狐妊娠前期为18.4~20.3g，妊娠后期为20.7~22.3g；北极狐为23.3~25.7g。碳水化合物，银黑狐妊娠前期为44.2~48.8g，妊娠后期49.6~53.6g；北极狐为56~61.6g。妊娠25~30d后，由于胎儿开始迅速发育，应提高日粮的供应量，临产前的一段时间由于胎儿基本成熟，加之腹腔容积被挤占，饲料量应较前期减少25%～30%，但要保证质量。北极狐由于胎产仔数多，日粮中的营养和数量应比银黑狐高一些。

妊娠期日粮必须保证新鲜、优质、易消化、尽量采用多种原料搭配，以保证营养的全价和平衡。如果饲料单一或突然改变种类，会引起狐群食欲下降，甚至拒食。实践证明鱼和肉混合的日粮，能获得良好的生产效果。若长期以饲喂鱼类为主的养殖场或养殖户，此期可加入少量的生肉（40～50g）；而以畜禽肉及其下杂为主的场或户，则增加少量的鱼类。鲜肝、蛋、乳类、鲜血、酵母及维生素 B₁ 可提高日粮的适口性，在妊娠期可适量的添加。严禁饲喂贮存时间过长、氧化变质的动物性饲料，以及发霉的谷物或粗制的土霉素、酵母等。饲料中不能加入不明死因的畜禽肉、难产死亡的母畜肉、带有甲状腺的气管、含有性激素的畜禽副产品（胎盘和公、母畜的生殖器官）等。维生素 C 缺乏时妊娠母狐容易出现化胎现象，此期对维生素 C 的需要量是所有时期最高的，应添加30～35mg。妊娠期饲养管理的重点是保胎，因此一定要把好饲料关。

母狐妊娠后食欲旺盛，因此，妊娠前期应适当控制日粮量，以始终保持中上等体况为宜。产仔前后，多数母狐食欲下降，因此，日粮应减去总量的1/5，并将饲料调稀。此时饮水量增多，经常保持清洁的饮水。但若发生暴饮，则有可能食盐喂量过多。

妊娠正常的母狐基本不剩食，粪便呈条状，换毛正常，多数在妊娠30～35d 后腹部逐渐增大。当母狐经常下痢或排出黄绿稀便，或食欲不振、拒食和换毛不明显时，应立即查明原因，并及时采取措施，否则会引起死胎、烂胎和大批空怀等后果。

在妊娠期间，应认真搞好卫生防疫工作，经常保持场内及笼舍的干燥、清洁，对饲具要严格消毒刷洗，同时，妊娠期，提供安静环境，防止母狐流产。狐对光照十分敏感，此期要保持自然光照，严禁开灯照明，否则，光照紊乱容易引起化胎。每日要观察和记录每只妊娠狐的食欲、活动表现及粪便情况，要及时发现病狐并分析病因，给以妥善治疗。

根据预产期，产前5d 左右彻底清理母狐窝箱，并进行消毒。絮草时，将产箱内4个角落的垫草压紧，并按其窝形营巢。妊娠期不能置于室内或暗的仓棚内饲养，此期无规律地增加或减少光照，都会导致生产失败。

4. 产仔哺乳期的饲养管理 狐乳的营养成分含量高，特别是蛋白质和乳脂率高于牛奶、羊奶和水貂奶。产奶量与胎产仔数有关，仔狐越多，产奶量越大，产奶高峰期一般在产后11～20d，最高时每日可产525ml。产后最初几日母狐食欲不佳，但5d 后及哺乳的中后期食量迅速增加，因此，要根据仔狐的数量、仔狐日龄及母狐的食欲情况及时调整并增加喂料量。饲料的质量要求全价、清洁、新鲜、易消化，以免引起胃肠疾病，影响产奶。产仔哺乳期母狐的饮水量大，加上天气渐热，渴感增强，必须全日供应饮水。哺乳期日粮，应维持妊娠期的水平，饲料种类上尽可能做到多样化，要适当增加蛋、乳类和肝脏等容易消化的全价饲料。日粮标准：银黑狐的代谢能 2.51～2.72MJ，可消化蛋白质45～60g，脂肪15～20g，碳水化合物44～53g；北极狐分别为 2.72～2.93MJ、50～64g、17～21g、40～48g。此期日粮中要添加维生素 B₁ 5～10mg、维生素 B₂30mg、维生素 E30～35mg、维生素 C 30mg。为了促进乳汁分泌，可用骨肉汤或猪蹄汤拌饲料。

仔狐一般在出生后20～28d 开始吃母狐叼入产箱内的饲料，所以，此期母狐的饲料，加工要细碎，并保证新鲜和易于消化吸收。对哺乳期乳量不足的母狐，一是加强营养，二是以药物催乳。可每日喂给 4~5 片催乳片，连续喂 3~4 次，对催乳有一定作用。若经喂催乳片后，乳汁仍不足，应及时肌肉注射促甲状腺释放激素（TRH），有较好的催乳效果。4~5 周龄的仔狐可以从产箱内爬出吃食，这时母狐仍会不停地向小室叼饲料，并将饲料放在小室的不同角落，易引起饲料腐败，因此要经常打扫小室，保证产箱清洁。

5. 恢复期的饲养管理　公狐从配种任务结束，母狐从仔狐断奶分窝，一直到 9 月下旬为恢复期。因为在配种期及哺乳期的体质消耗很大，狐一般都比较瘦弱，因而，该期的核心是逐渐恢复种狐的体况，保证种狐的健康，并为越冬及冬毛生长贮备营养，为下年繁殖打下基础。公狐在配种结束后、母狐在断乳后 20d 内，分别给予配种期和产仔泌乳期的日粮，以后喂恢复期的日粮，日喂 2 次。

管理上注意根据天气及气温的变化，优化种狐的生存环境，加强环境卫生管理，适时消毒，并对种狐进行疫苗的注射，以防止传染病的发生。

三、笼舍构造及设备

在地势较高、地面干燥、排水良好、背风向阳的地方建场。交通便利，有充足的水源和饲料来源，饲养 100 只种狐，1 年大约需要 23t 的动物性饲料。养殖场最好建在产鱼区或畜禽屠宰场、肉联场附近。

1. 狐棚　狐棚用来遮挡风雨及防止烈日暴晒的作用。结构简单，只需棚柱、棚梁和棚顶，不需要建造四壁。可用砖瓦、竹苇、油毡纸、钢筋水泥等制作。一般长 50~100m，宽 4~5m（2 排笼舍）或 8~10m（4 排笼舍），脊高 2.2~2.5m，檐高 1.3~1.5m。

2. 狐笼与小室

（1）笼舍：可用 12~14 号铁丝编织而成。网眼规格：底为 3cm×3cm，盖及四周网眼为 3.0cm×3.5cm。种狐笼规格长×宽×高为（100~150）cm×（70~80）cm×（60~70）cm，将其安装在牢固的支架上，笼底距地面 50~60cm。在笼正面一侧设门，规格为 40~45cm，高 60~70cm。

（2）小室：银黑狐小室略大于北极狐，规格为 75cm×60cm×50cm，小室内设走廊以防寒保温。北极狐小室规格 60cm×50cm×45cm，在小室顶部设一活盖板，在朝向笼的一侧留直径为 25cm 出入口。

3. 其他　冷藏设备、毛皮加工室、兽医室、仓库以及菜窖等；自动捕狐箱、捕狐钳、捕狐网、捉狐手套、水盆、水桶、食盆以及清扫卫生的用具等。

复习思考题

1. 掌握狐的生物学特性，并学会在生产中应用这些特性指导生产。
2. 掌握种狐的繁殖特点，熟悉狐人工繁殖技术要点。
3. 熟悉狐的毛色遗传基本规律，学会应用这些知识指导彩狐育种。
4. 掌握狐各时期饲养管理要点。
5. 在夏季幼狐饲养管理中，如何预防酮体症的发生？
6. 幼狐瘫软症是如何发生的？应如何预防与治疗？

第六章　貉

　　貉（*Nyctereutes procyonoides* Gray，1834）在生物学分类上属于哺乳纲（Mammalia）、真兽亚纲（Eutheria）、食肉目（Carnivora）、犬科（Canidae）、貉属（*Nyctereutes*），是一种珍贵毛皮动物，具有很高的经济价值。貉皮属大毛细皮，坚韧耐磨、柔软轻便、保温美观，是制作大衣、皮领、帽子和皮褥等皮制品的优质原料，在国际裘皮市场上十分畅销。貉的针毛和尾毛，可用来制作高级化妆用毛刷、高级画笔和胡刷的原料。貉肉细嫩鲜美、营养丰富，不仅是可口的野味食品，还含有一些人体所必需的维生素及氨基酸，用来制作滋补营养品。貉胆具有很高的药用价值，可代替熊胆入药，尤其对治疗胃肠疾病更加有效。貉油除食用外，还是制作高级化妆品的原料。

第一节　貉的形态与生态

一、分类与分布

　　貉在我国的分布较广泛，据 1987《中国动物志》，将我国貉划分成 3 个亚种。其中指名亚种（*Nyctereutes procyonoides procyonoides* Gray，1834）分布于华东、中南地区；东北亚种（*Nyctereutes procyonoides ussuriensis* Matschie，1907）分布于辽宁、吉林、黑龙江三省；西南亚种（*Nyctereutes procyonoides orestes* Thomas，1923）分布于华南等地区。

图 6 - 1　乌苏里貉

　　据 1941 年衣川义雄，将我国貉划分成 7 个亚种。乌苏里貉（*Nyctereutes ussuriensis* Matschie，1907）产于我国东北地区大兴安岭、长白山、三江平原，即黑龙江的伊春、保清、密山、虎林、林口、尚志等县；吉林省的敦化、延吉、辉南、靖宇、集安、安图等县；辽宁的新金县和摩天岭等地（图 6 - 1）。朝鲜貉（*Nyctereutes koreensis* Mori，1922）分布在我国黑龙江、吉林、辽宁省的部分地区。闽粤貉（*Nyctereutes prycronoides* Gray）产于江苏、浙江、福建、湖南、四川、陕西、安徽、江西等省。江西貉（*Nyctereutes stegmanni* Matschie）产于江西省及其附近省份。阿穆尔貉（*Nyctereutes amurensis* Matschie）产于黑龙江沿岸和吉林省的东部地区。湖北貉（*Nyctereutes sinensis* Brass）产于湖北、四川等省。云南貉（*Nyctereutes orestis* Thomas）产于云南及其附近各省。生产中通常以长江为界，将貉分成南貉和北貉两大类。北貉体型较大，毛长色深、底绒厚密，毛皮质量优于南貉；南貉体型小、毛绒稀疏、毛皮保温性能较差，但南貉毛被较整齐、色泽艳丽，别具一番风格。

二、貉的形态特征

貉体型似狐，但较狐小而肥胖、短粗，尾短蓬松，四肢短粗，耳短小，嘴短尖，面颊横生淡色长毛，长毛稀疏。眼下有黑色长毛，构成明显的"八"字行黑纹。背毛基部呈淡黄或带橘黄色，针毛尖端为黑色，底绒多为灰褐色，以淡紫色为上品，两耳周围及背中央黑色毛尖较多，体侧呈灰黄或棕黄色，腹部呈灰白色或黄白色，绒毛细短，并没有黑色毛梢，四肢呈黑色或黑褐色，尾的背面为灰棕色，中央针毛有明显的黑色毛梢，尾腹毛色较淡。

成年公貉体重为 5.4～10kg，体长 58～67cm，体高 28～38cm，尾长 15～23cm；母貉体重为 5.3～9.5kg，体长 57～65cm，体高 25～35cm，尾长 11～20cm。

三、貉的生物学特性

野生貉生活在平原、丘陵及山地，常栖居于靠近河、湖、溪附近的丛林中和草原地带。喜穴居，利用自然的树洞、石缝、坟地里的空洞为穴，也常利用狐狸、獾子、狼及其他动物的弃洞为巢穴，有时也与獾同居一洞，故有"一丘之貉"之说。个别也有自行挖洞为巢穴，栖居的地方不容易被人们发现。家养貉一般笼养或圈养，笼、圈都要有小室，或人造洞穴。

貉是昼伏夜出的动物，在野生状态下，夜行性有利于貉逃避敌害和便于采食。严冬季节因食物缺乏，貉进入非持续性的冬眠阶段，此期其代谢水平降低，依靠秋季贮存的脂肪维持生命，宁可忍受饥饿，不到万不得已决不轻易出洞，以免遭受"杀身之祸"；在家养状态下，由于人为的干扰和饲料的优越性，冬眠不十分明显，但大都食欲减退，行动减少。貉的汗腺极不发达，喜凉怕热，在天气热的时候常以腹部着地，伸展躯体，张口伸舌，以散失热量，因此，夏季要特别注意防暑降温，养貉场应有良好的通风和遮阴条件。貉胆小怕惊，有搬弄仔貉行为，一旦受到惊扰，容易将仔貉咬死，成年貉容易患惊恐症，因此，产仔哺乳期要特别注意保持环境的安静。貉还有伴性生活习性，有比较强烈的嫉妒心，家养情况下，如果长时间将一只公貉与一只母貉同笼饲养，配种期不利于公貉的合理利用与配种的顺利进行。

貉属于杂食性动物，其消化道的长度约为体长的 7.5 倍。野生貉常在溪边以捕捉鱼、蚌、虾、蟹或在鼠洞捉老鼠为食，也食青蛙、鸟类、昆虫和其他动物的尸体、粪便等动物性食物。此外，还食各种浆果、粮食作物的籽食和各种植物的果实、根、茎、叶等植物性食物。家养貉的主要食物有鱼、肉、蛋、乳、血及动物的下杂，谷物、糠麸类、饼渣，蔬菜类以及食盐、骨粉、维生素等，日粮中动物性饲料通常在 30% 以下，而植物性饲料为 70% 左右。

貉具有群居的特性，家养貉 45～60d 断乳后虽然可独立生活，但如果笼具有限，幼貉可 10～20 只集群圈养一段时间。

貉寿命为 8～12 年，繁殖年限为 6～7 年，2～5 岁繁殖力最强。

貉 1 年换毛 1 次。在 2 月上旬至 3 月初开始脱掉绒毛，随着被毛的脱落，绒毛随后逐渐长出，形成以稀疏的针毛为主的毛被，7月份以后针毛开始脱落。幼貉出生后4~5周龄胎毛开始脱落，至6月份夏毛形成。从8~9月份冬毛开始生长，至11月中旬冬毛毛绒成熟。应当指出的是，脱毛的时间因地理分布、年龄、营养不同而有差异。

第二节　貉的繁育

一、貉的繁殖生理

貉为季节性繁殖动物，其繁殖与光照时间、年龄、营养、遗传等因素有关，其中年龄因素对一年中发情配种早晚影响比较大。幼貉8~10月龄性成熟。

5~8月，公貉睾丸变化很小，处于静止期，约黄豆粒大，直径为3~5mm，坚硬无弹性，附睾中没有成熟的精子。9月下旬，睾丸开始发育，但发育速度非常缓慢，12月以后，睾丸发育速度加快，1月末到2月初直径达25~30mm，触摸时松软而有弹性，此时附睾中已有成熟的精子。阴囊被毛稀疏，松弛下垂，明显可见。公貉开始有性欲，并可进行交配。整个配种期延续60~90d。到5月又进入生殖器官静止期。

每年9月下旬，母貉的卵巢开始缓慢发育，到2月初卵泡发育迅速。母貉季节性一次发情，自发性排卵，发情期在2~4月份，2月中旬发情比较集中。影响母貉发情的因素很多，光照的紊乱、体况过肥可能导致母貉不发情或发情不明显。2~3岁的母貉发情通常较早，大多在2月17~19日，1岁母貉较晚，大多在2月26日前后，而4~5岁的老母貉发情时间也略晚于2~3岁的母貉，通常在2月20~21日前后发情。

二、配种技术

貉一般在2月初至4月末发情配种，个别的在1月下旬。不同地区的配种时间稍有不同，一般在一定范围内，同一亚种貉，低纬度地区稍早些。

1. 公貉的发情鉴定　公貉的发情比母貉略早些，由1月末持续到3月末均有配种能力，此时公貉的睾丸膨大（鸽卵大）、下垂，具有弹性，活泼好动，经常在笼中走动，有时翘起一后肢斜着向笼网上排尿，也有时向食盆或食架上排尿，经常发出"咕咕"的求偶声。此时触摸睾丸，其质地松软，而具有弹性，配种期下降到阴囊中。

2. 母貉的发情鉴定　母貉的发情要比公貉稍迟一些，多数是2月至3月上旬，个别也有到4月末的。母貉的发情鉴定采用以下两种方法。

（1）外部观察：母貉开始发情时行动不安，徘徊运动，食欲减退，排尿频繁，经常用笼网摩擦或用舌舔外生殖器，阴门开始显露和逐渐肿胀、外翻，此期为发情前期，通常持续7~10d。发情盛期，精神极度不安，食欲减退甚至废绝，不断地发出急促的求偶叫声，阴门肿胀有所消退、外翻、弹性减弱，呈"十"字或"Y"形状，阴蒂暴露，有大量乳黄色黏稠分泌物，通常持续1~4d。发情后期活动逐渐趋于正常，食欲恢复，精神安定，阴门收缩，肿胀减退，分泌物减少，黏膜干涩，持续5~10d。发情盛期是交配的最佳时期。

（2）放对试情：开始发情时母貉有接近公貉的表现，但拒绝公貉爬跨。发情盛期时母貉性欲旺盛，后肢站立，尾巴翘起等待或迎合公貉交配。遇到公貉性欲不强时，母貉甚至钻入公貉腹下或爬跨公貉以刺激公貉交配。发情后期，母貉性欲急剧减退，对公貉不理甚至怀有"敌意"，需将二者分开。

生产中常将两种方法结合进行，以外部观察为主，以放对试情为准。

1. 放对方法和时间　一般将发情的母貉放入公貉笼内，以缩短配种时间，提高配种效率。但性情急躁的公貉或性情胆怯的母貉，也可将公貉放入母貉笼内。对已确认发情母貉，放对 30～40min 还未达成交配的，应立即更换公貉。貉的交配动作与狐不同，不发生锁紧现象，但有翻转身体的姿态变化。放对时间以早晨、傍晚天气凉爽和环境安静为好。

2. 配种次数　初配结束的母貉，需每天复配 1 次，直至母貉拒绝交配为止。为了确保貉的复配，对那些择偶性强的母貉，可更换公貉进行双重交配或多重交配。母貉在发情期内进行多次配种，能促使母貉多次排卵并受精，从而降低空怀率和提高产仔数。

为了保证种公貉在整个配种期内有旺盛的性欲和较强的配种能力，应该有计划合理地使用公貉，并对当年初次参配公貉进行训练。一般每只公貉每天可放对 2 次，成功的交配 1～2 次，连续交配 2～4d 应休息 1d。在配种期内，每只公貉一般可配 3～4 只母貉，如果公貉在整个配种期内一直性欲很强，最多可配 14 只母貉。

3. 配种时的注意事项

（1）防止咬伤：貉在放对过程中有时会出现"敌对"现象，应及时分开防止咬伤。

（2）对难配母貉进行辅助交配：配种过程中有时个别发情母貉后肢不能站立，不抬尾，阴门位置或方向不正常而引起难配，这时需要进行辅助交配。放对时一只手将母貉的头部抓住，将臀部朝向公貉，待公貉爬跨母貉并有抽动动作时，再用另一只手托起腹部，调整母貉后臀部位置，顺应公貉的交配姿势以达成交配。如果交配的母貉不抬尾，可采用绳助法或手助法将尾抬起或拉向一侧，协助公貉达成交配。

三、妊娠与产仔

貉的妊娠期为 54～65d。预产期的推算方法是由初配日期开始，向后推 60d。

母貉妊娠初期睡眠增加，食后终日卧于小室或运动场内睡觉，表现安静、温顺、行动迟缓、食欲增加、代谢旺盛。妊娠 25～30d 时，从空腹母貉的腹部可以摸到胎儿，约有鸽卵大小。妊娠 40d，由于胎儿发育迅速，子宫体明显增大，母貉腹部膨大下垂，背腰凹陷，后腹部毛绒竖立，形成纵向裂纹，而且行动逐渐变得迟缓，不愿出入小室活动。

4～6 月是貉的产仔期，集中在 4 月下旬至 5 月上旬。其笼养貉中经产貉最早，初产貉次之，而笼养野貉最晚。

母貉在分娩前半个月开始拔掉乳房周围的毛绒，使乳头全部暴露，绝食 1～4 顿。分娩前 1d 粪条开始由粗变细，最后排稀便，并有泡沫；往返于小室与运动场，发出呻吟声，后躯抖动，回顾舔嗅阴门，用爪抓笼壁。母貉多在夜间或清晨分娩，多数在小室中产仔，也有个别的在笼网上产仔。分娩持续时间 4～8h，个别的也有 1～3d，仔貉每隔 20min 产 1

只，分娩后母貉立即咬断脐带，吃掉胎衣，并舔舐仔貉的身体，直至产完才安心哺乳。个别的也有 2~3d 内分批分娩的。母貉一般产仔 8 只左右，也有最多产 19 只的。

初生貉体重 100~120g，低于 85g 很难成活。仔貉生后 1~2h 即开始爬行寻找乳头，吸吮乳汁，每隔 6~8h 哺乳 1 次。9~12 日龄睁眼，20 日龄后随母貉出窝采食。

四、种貉的选择

1. 初选   5~6 月结合仔貉断乳分窝进行。成年公貉配种结束后，根据其配种能力、精液品质及体况恢复情况进行一次初选。成年母貉在断乳后根据其繁殖、泌乳及母貉的母性行为进行一次初选。仔貉根据同窝仔貉数及生长发育情况进行一次初选。

2. 复选   9~10 月进行。根据貉的换毛情况、幼貉的生长发育和成貉的体况恢复情况，在初选的基础上进行一次复选。复选时要比计划数多 20%~25%，以便在精选时淘汰。

3. 精选   在 11~12 月进行。在复选的基础上淘汰不理想的个体，最后落实留种。

选定种貉时，公、母比例为 1∶3~1∶4，但如果貉群过小，要多留些公貉。种貉的组成以成貉为主，不足部分用幼貉补充，这样有利于貉场的稳产高产。

成年公貉要求睾丸发育好，交配早，性欲旺盛，交配能力强，性情温和，无恶癖，择偶性不强。每年交配母貉 5 只以上，配次 10 只以上，精液品质好，受配母貉产仔率高，仔貉多，生活力强，年龄 2~5 岁。对交配晚、睾丸发育不好、单睾或隐睾、性欲低、性情暴躁、有恶癖、择偶性强、有病的公貉应淘汰。对成年母貉，选择发情早（不能迟于 3 月中旬），性行为好，性情温顺，胎平均产仔多，初产不低于 5 只，经产不低于 6 只，母性好，泌乳力强，仔貉成活率高，生长发育正常的留作种用。当年幼貉应选择双亲繁殖力强，5 月 10 日前出生的。同窝仔数 5 只以上，生长发育正常，体型大，性情温顺，毛绒品质优良，毛色纯正，外生殖器官发育正常，据估测产仔力与乳头数呈强的正相关（相关系数为 0.5），所以选择乳头数多的母貉留种为好。

第三节   貉的饲养管理

一、营养需要及推荐饲养标准

貉的营养需要和饲养标准见表 6-1 至表 6-4。

表 6-1   貉的营养需要

月份		1	2	3	4	5	6	7~12
代谢能（MJ）		1.570	1.013	1.155	2.534	2.217	3.593	2.410
可消化营养物质（g/MJ）	蛋白质	4.23	4.21	4.17	4.18	4.09	4.18	4.11
	脂　肪	1.54	1.46	1.57	1.60	1.51	1.45	1.55
	碳水化合物	2.27	2.26	2.05	1.97	2.27	2.32	2.16

注：5 月、6 月是母貉和窝产仔貉的共同消耗量

表6-2　成年貂各时期日粮组成

饲料 ＼ 时间	准备配种期	配种期	妊娠期	哺乳期	恢复期
日粮量（g/只）	375~487	375~412	487	487	475
动物性饲料（%）	30	40	35	38	20
谷物饲料（%）	60	55	55	39	70
蔬菜（%）	10	5	10	10	10
乳品（%）	—	—	—	13	—
食盐（g）	2.5	2.5	3.0	3.0	2.5
骨粉（g）	5	8	15	15	5
酵母（g）	5	15	15	10	—
大麦芽（g）	16	15	15	10	—
维生素 A（IU）	500	1 000	1 000	1 000	—
维生素 C（mg）	—	—	5	50	—
维生素 B$_2$（mg）	2	5	5	—	—

表6-3　成年貂的日粮标准

饲料 ＼ 时期	配种期（2~4月份）公	配种期（2~4月份）母	妊娠期（4~6月份）前期	妊娠期（4~6月份）中期	妊娠期（4~6月份）后期	产仔泌乳期（5~6月份）	恢复期（5~9月份）	准备配种期（10月份至翌年1月份）前期	准备配种期（10月份至翌年1月份）后期
日粮 [g/（只·d）]	600	500	600	700~800	800~900	1 000~1 200	450~1 000	550~700	400~500
混合饲料比例（重量比%）鱼肉类	25	20	25	25	30	30	5~10	10~15	20~25
混合饲料比例（重量比%）鱼肉副产品类	15	15	10	10	10	10	5~10	5~10	5~10
混合饲料比例（重量比%）熟制谷物	55	60	55	55	50	50	60~70	70	60
其他补充饲料 [g/（只·d）]蔬菜	5	5	10	10	10	10	15	10	10
其他补充饲料 [g/（只·d）]酵母	15	10	15	15	15	15	—	—	5~8
其他补充饲料 [g/（只·d）]麦芽	15	15	15	15	15	15	5	—	10
其他补充饲料 [g/（只·d）]骨粉	8	10	15	15	15	20	5	5~10	5~10
其他补充饲料 [g/（只·d）]食盐	2.5	2.5	3.0	3.0	3.0	3.0	2.5	2.5	2.5
其他补充饲料 [g/（只·d）]乳类	50	—	—	—	50	200	—	—	—
其他补充饲料 [g/（只·d）]蛋类	25~50	—	—	—	—	—	—	—	—
维生素 [mg/（日·d）] A（IU）	1 000	1 000	1 000	1 000	1 000	1 000	—	—	500
维生素 [mg/（日·d）] B$_1$	5	5	5	5	5	5	—	—	3
维生素 [mg/（日·d）] C	—	—	—	—	30	30	—	—	—
维生素 [mg/（日·d）] E	20	10	10	10	10	5	—	—	5

表6-4　幼貂日粮定额标准

月龄	日粮（g/只）	饲料配合比例（%）动物性饲料	谷物制品	蔬菜	骨粉
3（7月份）	280	40	52	5	3
4（8月份）	380	35	57	5	3

（续表）

月龄	日粮（g/只）	饲料配合比例（%）			
		动物性饲料	谷物制品	蔬菜	骨粉
5（9月份）	480	30	57	10	3
6（10月份）	500	30	57	10	3
7~8（11~12月份）	350	30	65	5	3

二、饲养管理要点

1. 准备配种期的饲养要点 准备配种期饲养的目的是保证种貉有良好的繁殖体况，满足性器官生长发育的营养需要，为配种打下良好的基础。

准备配种前期日粮以吃饱为原则。增加脂肪类饲料，以帮助体内囤积脂肪，准备越冬。准备配种后期的饲养首先根据种貉的体况对日粮进行调整，全价动物性饲料适当增加，补充一定数量的维生素 A、维生素 E 以及对种貉的生殖有益处的酵母、麦芽。从 1 月份开始每隔 2~3d 可少量补喂一些刺激发情的饲料，如大葱、大蒜、松针粉和动物脑等。12 月份可日喂 1 次，1 月份开始日喂 2 次，早饲喂日粮的 40%，晚喂 60%。

2. 准备配种期的管理要点 要注意防寒保温，搞好卫生，加强饮水，加强驯化，做好配种前准备工作。

从母貉受孕之日起，即进入妊娠期，经过 60d 左右的怀胎即产仔，结束妊娠。妊娠管理是整个貉群繁殖的关键，如果饲养不当，管理疏忽，则极有可能引起母貉妊娠中止，出现胎儿被母体吸收以及流产、死胎、烂胎、仔弱等严重后果。因此根据妊娠期的特点，搞好饲养管理十分重要。

1. 配种期的饲养要点 要供给公貉营养丰富、适口性好和易于消化的日粮，以保证其旺盛持久的配种能力和良好的精液品质。饲料的投喂一般分早晚 2 次进行，早晨在放对前 1h 投食，按日粮的 40% 左右投喂，必须保证吃食在放对前 0.5h 结束，以免影响配种。晚上投喂则视情况而定，在放对交配完成 0.5h 以后方可投喂，将余下的 60% 日粮全部投喂完毕即可，并供给充足饮水。公貉中午还要补饲，主要以鱼、肉、乳、蛋为主，每日每只喂蛋白质 45~55g。

2. 配种期的管理要点 要注意及时检查维修笼舍，防止跑貉，保持貉场安静，添加垫草，搞好卫生，预防疾病，加强饮水，尤其交配结束还要给予充足的饮水。

1. 妊娠期的饲养要点 在日粮上必须做到供给易消化、多样化、适口性好、营养全价、品质新鲜的饲料。从营养需求结构特点上说，妊娠期母貉对蛋白质十分敏感，稍有缺乏即产生不良影响。而且，饲料结构的突然大幅变动，也容易引起母貉拒食。严禁喂腐败变质及含激素类的饲料，防止流产。在饲喂时应该注意的是，饲料浓度要稀一些，以便吸收、消化，因此要求在日粮制作时多加一些水。一般妊娠初期（10d 左右），日粮标准可以保持配种期的水平，每日喂食 2 次，早上少，晚上多，但到了妊娠后期（10d 以后）消耗速度加快，日粮稍稀，应改为日喂 3 次，加大饲喂频率，及时满足营养需求。饲喂时要区别对待，不能平均分食。

2. 妊娠期的管理要点　保持肃静，防止貉遭受到惊吓，禁止外人参观。注意观察貉群的食欲、消化、活动及精神状态等，发现问题及时采取措施加以解决。发现阴门流血，有流产症状的应肌肉注射孕酮 15～20mg、维生素 E 15mg，连注 2d，用以保胎。同时搞好卫生，加强饮水，做好小室的消毒及保温工作。

母貉经过 2 个多月的妊娠，终于分娩产仔，继而进入产仔泌乳期。这一时期为 50～60d，是母貉负担很重，而且关系到幼貉体能基础发育的关键时期。

1. 产仔哺乳期的饲养要点　日粮配合与饲喂方法与妊娠期相同，但为促进泌乳，可在日粮中补充适当数量的乳类或豆汁，根据同窝仔貉的多少、日龄的大小区别喂食，以不剩食为准。当仔貉开始采食或母乳不足时，可进行人工补喂，其方法是将新鲜的动物性饲料绞碎，加入谷物饲料、维生素 C，用奶调匀喂仔貉。

2. 产仔哺乳期的管理要点　在临产前 10d 就应做好产箱的清理、消毒及垫草保温工作。小室消毒可用 2% 的热碱水洗刷，也可用喷灯火焰灭菌。

产后采取听、看、检相结合的方式进行仔貉的健康检查，确保仔貉吃上母乳，遇到母貉缺乳或没乳时应及时寻找保姆貉或其他动物喂养，也可人工喂养。

仔貉一般 3 周龄时开食，这时可单独给仔貉补饲易消化的粥状饲料。如果仔貉不太会吃饲料，可将其嘴巴接触饲料或把饲料抹在嘴上，训练它学会吃食。40～60 日龄以后，大部分仔貉能独立采食和生活，应断乳。可采用一次断乳或分批断乳。

公貉在配种结束后 20d 内、母貉在断乳后 20d 内，分别给予配种期和产仔泌乳期的标准日粮，以后喂恢复期的日粮。日粮中动物性饲料比例（重量比）不要低于 15%，谷物尽可能多样化，能加入 20%～25% 的豆面更好，以使日粮适口性增强，尽可能多吃些饲料。同时加强管理，保证充足的饮水，做好疾病防治工作。

刚分窝的幼貉，因消化系统不健全，最好在日粮中添加助消化的药物，如胃蛋白酶和酵母片等，饲料质量要好、加工要细，断乳后头 2 个月是骨骼和肌肉迅速生长的时期，应供给优质的全价饲料，蛋白质每只 50～55 g/d。幼貉每天喂 2～3 次，此期不要限制饲料量，以不剩食为准。

如同窝仔貉生长发育不均，要采用分批断乳法，按先强后弱顺序分两批进行。断乳半个月，进行犬瘟热和病毒肠炎预防注射及补硒等工作。要经常在喂前喂后对幼貉进行抚摸，逗引驯教，直到驯服。

复习思考题

1. 由于貉有蛰眠习性，在貉的饲养管理中要注意哪些问题？
2. 貉伴性生活习性的含义是什么？在家养条件下在配种方面应注意什么？
3. 幼貉、育成貉的饲养管理要点有哪些？
4. 成年貉不同时期的饲养管理要点有哪些？
5. 貉的瘫软症、白鼻综合征主要与哪些因素有关？如何防治？

第七章　麝　鼠

第一节　麝鼠的形态与生态

一、分类与分布

麝鼠又名青根貂，俗称水老鼠、水耗子，因其排出体外的香液具有麝香气味而得名。在生物学分类上属于哺乳纲（Mammalia）、真兽亚纲（Eutheria）、啮齿目（Rodentia）、仓鼠科（Cricetidae）、麝鼠属（*Ondatra*）。

麝鼠原产于北美洲，分布很广，北至五大湖，南至墨西哥。但在美国南卡罗来纳州、佐治亚州、亚拉巴马州、西部加利福尼亚州的沿海地区和缺乏河流、湖泊的高原地区没有分布。现在在美国、加拿大、日本、蒙古和欧洲的一些国家都有分布。约在北纬 28°～68°，西经 55°～165°，后来又扩大到北纬 70°。麝鼠在我国分布很广，不仅在东北三省有较多分布，在内蒙古、西北、华北等地也有人工散放点，在贵州、山东、湖北、四川、浙江、云南、江苏、青海等 23 个省和自治区也都分布有较多的麝鼠。散放的麝鼠已经风土驯化成功，繁衍了大量后代，形成了我国现有的麝鼠野生资源。

二、形态特征

麝鼠体躯肥胖，成年体重 1.0～1.5kg，个别的也有 2.5kg 者。体长 35cm 左右，尾长 25cm 左右，是田鼠亚科中体型最大者。

麝鼠头部略扁平，眼球外突小而黑亮，耳朵较小，隐于毛被之中，耳前纵褶比较发达，可随时关闭外耳道，耳孔有长毛堵塞，适于水中活动。嘴端钝圆，嘴边有稀长的胡须。牙齿结构与田鼠相似，上下颌各有 1 对门齿，长而锐利，呈浅黄或暗褐色，突露于唇外，门齿终生生长，无犬齿和前臼齿，上下颌各有后臼齿 3 对，牙齿总数 16 枚。

麝鼠的颈很短，也不灵活。躯干胸部较大，腹部比胸部发达，腰部、背部和臀部都很丰满，宽而圆。前肢短而灵活，内侧生有硬毛，有四趾，趾爪锋利，趾间无蹼；后肢比前肢长而强壮，趾间有半蹼，趾边有硬毛。尾较长，根基部呈圆形，中部与梢部扁平，表面上覆盖着圆形鳞质片和稀疏的黑色短毛。成年公鼠尾跟部趋于圆形，中部较宽厚；成年母鼠尾跟部稍扁，中部宽而薄。

麝鼠针毛长而稀，光滑耐磨，富有弹性，绒毛细短而密，质地柔软。背部毛被呈棕褐色或黄褐色，腹部呈棕灰色。夏季被毛色泽较淡，冬季较深。

公鼠比母鼠大，公鼠尿生殖孔与肛门的距离 3cm 左右，阴毛长而密，龟头有时裸露，腹股沟两侧有棕黑色针毛形成的一条细带。母鼠稍小，尿生殖孔与肛门的距离 2cm 左右，尿道口下方隆起处有阴道口，阴毛稀疏，腹股沟无针毛，出现凹陷的细带。

三、麝鼠的生态

1. 栖息环境　麝鼠营半水栖生活，活动在水中，居住和繁殖在洞穴里。麝鼠喜欢栖息在水草茂盛的低洼地带，在沼泽地、湖泊、河流及池塘沿岸，以有挺水植物的浅水漂筏甸子最多，靠近水源的草丛、丛林间也有栖息。麝鼠善于挖洞和筑巢，洞穴分布于河流、湖泊和沼泽的岸边，有浅水的芦苇丛和香蒲丛中，也有在水筏甸子上筑巢的。洞穴由洞道、盲洞、贮粮仓、巢室等部分组成。

2. 食性特点　麝鼠是水陆两栖的草食动物，极其喜爱以水生植物为食。在其食物结构中，水生植物和其他植物约 120 种，占 93.4%，动物性食物占 6.6%。麝鼠喜欢采食植物的幼芽和水生植物的根、茎、叶，夏季多采食嫩茎和幼芽，冬季则大多吃草根、块根和一些水浸植物。野生状态下，一般不采食陆生植物或农作物，但在水生植物奇缺时，也上岸觅食，陆生的野草、野菜、栽培作物、蔬菜及其果实。有时吃少量的动物性食物，如河蚌、田螺、蛙、小鱼等。

麝鼠有贮食性，野生麝鼠将食物贮藏于洞道中的专用贮仓内，尤其是冬季或哺乳期，储量可达数千克。母鼠产仔后的一段时间里，公鼠有往洞里叼草供食的行为，刚开始采食的仔鼠也采食洞里贮存的现成食物。

麝鼠的食量很小，成年麝鼠每日平均采食 695g，夏、秋季节 1d 少则采食 100g，多则可达 1 448g，冬季采食量较少，夏季食量增大，一般相当于体重的 30% ~ 40%。家养情况下每日可消耗草类饲料 250 ~ 500g，谷物籽实 25 ~ 50g。

3. 生活习性　麝鼠善于游泳和潜水，在水中活动自如，其游泳速度可达 30m/min，每次可游数百米；潜水每次可达 3 ~ 5min 不露出水面，潜水时间最长达 15min。

麝鼠全天活动和采食，但一般白天尤其是中午活动较少，而傍晚、黎明和夜间活动频繁。麝鼠活动范围较小，区域性很强。从季节上看，初春、秋末活动量大，冬季活动量小，多在中午活动。

麝鼠听觉、嗅觉灵敏，视觉较差。麝鼠靠嗅觉辨别仔鼠，识别有毒食物和接收同类发出的气味信号。灵敏的听觉有利于麝鼠及时发现异常响动，以便迅速潜水逃回洞穴和隐藏避敌。

麝鼠有啮齿行为，其门齿终生生长，除正常采食、挖洞穴等有一定磨损外，靠啃咬一些较硬的食物磨耗牙齿，以便于保持适当长度，便于采食。

麝鼠善于打洞，又能筑巢，每年入冬前，麝鼠都忙于修筑巢穴越冬。洞穴由洞道、盲洞、贮粮仓、巢室等部分组成，洞道分层很少，窝室内铺有 5 ~ 10cm 厚的垫物，用挺水植物的叶子蓄巢。

麝鼠有家族群居的特性，每年春季公母配偶成对活动，另选新居繁育后代，秋后组成家族群居。麝鼠不与非家族同居，定居后有固定的活动领域，一旦发现外族入侵，就要发生咬斗。

4. 寿命与天敌　野生麝鼠的寿命不长，3 岁以上的成鼠数量不多，种群年龄结构季节性变化很大。人工饲养时，由于改善了生存条件，麝鼠的寿命有所延长，一般为 4 ~ 5 年，最长可达 10 年。繁殖适龄只有 2 ~ 3 年。

麝鼠是一种小型哺乳动物，自卫能力十分有限，天敌很多，常见的天敌有黄鼬、狗獾、豹猫、貉、狐、水貂、狼、犬等食肉哺乳类动物，还有鹰、雕等猛禽。

第二节　麝鼠的繁育

一、生殖生理

1. 性成熟　麝鼠是季节性繁殖动物，幼龄鼠4~6个月龄性成熟。性成熟受季节、营养、遗传等因素的影响，个体差异很大。麝鼠的适宜繁殖期为4~9月份。

2. 性周期　麝鼠的性周期有一定规律，公鼠性周期呈年周期变化，其性器官的发育是从1~2月份开始到3~4月份发育基本成熟。从4月中旬到9月末，公鼠始终处于发情状态，经常保持有成熟的精子，可以随时配种。到10月份，睾丸逐渐萎缩，性欲减退，失去配种能力，进入静止期。

母鼠的性周期呈年周期变化与公鼠同步，但在繁殖季节里发情出现周期性变化，发情前期5~7d，发情持续期（旺期）2~4d，发情后期2d，间情期13~19d。发情周期个体差异很大，少则1个月1个周期，有的2~3个月才出现1个周期。1年可多次发情受孕，但也有1年只产1胎的。3月份以后母鼠具有发育成熟的卵泡，到10月初多数停止发情。一般生产之后2~3d内有排卵接受交配的现象，称为血配，若血配未受孕，再经过15d左右还可发情和交配。

二、配种技术

公鼠睾丸膨大、松软、有弹性，外观可见有时阴茎外露，在腹下可摸到肿大的香囊，且开始泌香，活动量增加，见母鼠追逐不息。

母鼠发情时表现外阴部红肿、阴门开张或外翻，有分泌物流出，分泌物有乳白色的，也有豆绿色的，特别是经产母鼠表现更为明显。此外，表现为兴奋不安，发出"哽哽"叫声，来回走动，出入窝室频繁。食欲减退，戏弄追逐，爬跨异性，嗅闻外生殖器。

公、母鼠的组合可在仔鼠断奶分窝、秋末冬初或春季配种时进行。公、母鼠的组合放对时，为避免咬斗，要将体型、年龄、体重相近的公、母鼠分别装在中间隔有铁丝网的笼网中，待双方彼此经数小时或1~2d气味熟悉后，即可将两鼠合放在一起。公、母鼠应避免近交。常用的配种方法有以下几种：

1. 单公单母固定配种　一经确定配对的公、母鼠，将其常年放在同一圈舍内，春季自然交配。此种方法适用于公、母鼠数量相等的情况。

2. 单公单母轮换配种　到母鼠哺乳仔鼠时，取出该圈舍的公鼠，与其他圈舍的母鼠配成新对。待留下的母鼠与仔鼠分窝后，再次发情时，另选1只公鼠与之配对，继续进行繁殖。

3. 单公单母临时放对配种　公、母鼠平时分开饲养，只在母鼠发情旺期才放入公鼠进行交配，放入一段时间完成交配后，即可取出公鼠放回原圈舍。

4. 单公多母配种　1 只公鼠与 2 ~ 5 只母鼠长时间饲养于同一圈舍内，任其自由交配。采用此法要求圈舍面积要大。

交配前，公、母鼠有追逐、嬉戏现象，一般 1h 左右。当公鼠发出大声"哽哽"叫声时，母鼠在运动场或水池中唤叫，等待交配，此时公鼠便开始追逐母鼠嬉戏并爬跨交配。交配时，公鼠用前肢紧紧抱住母鼠腰部，用后肢频频拍水，交配时间很短。交配以后，公、母鼠各自整理外生殖器，并回窝室内休息。次日再进行交配，持续 1 ~ 4d，追逐、唤叫和交配才停止。麝鼠的交配多在早晨 4 时左右和下午 7 ~ 9 时进行，有在水池中进行的，也有在运动场上进行的。

三、妊娠与产仔

1. 妊娠与妊娠期　母鼠的妊娠期 28d（25 ~ 30d），在妊娠前期无明显的体态变化，仅食欲增加。配种 15d 后，用手可触摸到胎儿。妊娠后期身体变胖，食欲大增，腹部明显增大，行动变得迟缓，活动减少，喜欢在窝中趴卧休息；尤其在临产前，母鼠叼草絮窝，最后用草堵塞出入口，用草和粪便等的混合物将小室缝隙堵严，静候产仔。公鼠在母鼠产仔前 1 ~ 2d 也参与母鼠的叼草和做窝，同时将走廊通向运动场的出入口堵上，并在走廊里自做一个简单小窝，与母鼠分开居住。

2. 产仔　母鼠产仔大多在小室内，也有个别的在走廊产仔。母鼠产后 5 ~ 7d 除外出进行血配或排便外，一般不出窝，精心护卫仔鼠。新生仔鼠皮肤裸露呈粉红色，背部颜色较深，两眼紧闭，初生重 10 ~ 22g。母鼠一胎平均产仔 6 只左右（3 ~ 16 只）。初生后 1 ~ 2h 仔鼠可爬行寻找乳头，吃饱后叼住乳头沉睡，10 ~ 12d 睁眼，20 ~ 25d 断乳。母鼠有 4 ~ 5 对乳头，可哺育 6 ~ 9 只仔鼠，一般不需要代养。

四、种鼠的选择

1. 成鼠选择　成年种鼠要选择外貌端正，五官、四肢齐全，无外伤，尾巴完整，背腰平直无躬行背，体况适中，体质健壮，无病，发育完全，毛绒致密，呈棕栗色，有光泽，食欲良好，神态活泼，体重在 1.0kg 以上，体长在 35cm 以上者。公鼠四肢健壮有力，母鼠乳头数目多，胎产仔数要在 5 只以上，年产 2 ~ 3 胎。

2. 仔、幼鼠选择　仔鼠在分窝后进行选择。应选择毛绒致密，毛被呈深褐色，具有光泽、弹性，性情温顺，活泼健康，尾完整，体况适中的留种。同窝仔鼠在 5 只以上，母鼠发情正常，泌乳力强的后代留作种用。

第三节　麝鼠的饲养管理

一、营养需要和日粮

根据麝鼠的生物学特性及繁殖特点，麝鼠的饲养时期大致可分为繁殖期、非繁殖期，一般繁殖期是在 4 ~ 9 月份，非繁殖期在 10 月至翌年 3 月份。在繁殖期间又交错有配种期、妊娠期、产仔哺乳期及仔、幼鼠培育期；在非繁殖期又分为恢复期、越冬期及准备配种期。

各时期麝鼠的营养需要参见表7-1。

表7-1 麝鼠各生物学时期营养需要

时间 年龄 营养	4~9月		5月	6月	7月	8月	9月	10~11月		12月~ 翌年3月
	成年		幼年（窝平均）					成年	幼年	
	公	母								
体重（kg）	1.0	1.2	2.4	4.0	6.7	8.9	7.8	1.0~1.2	0.7~0.9	1.0~1.25
总热能（kJ）	552	837	1 105	4 297	7 608	8 344	5 586	552	506	544~460
代谢能（kJ）	410	619	816	3 180	5 628	6 172	4 134	347	318	276~234
干物质（g）	36	54	66	257	454	498	234	38	31	30
粗蛋白（g）	7.2	10.8	13.2	51.4	90.8	99.6	66.8	4.6	3.7	3.6
粗纤维（g）	5.4	8.1	9.9	38.5	68.1	74.7	50.1	11.4	9.2	9.0
粗脂肪（g）	1.4	2.0	2.4	9.5	16.8	18.4	12.4	1.1	1.4	1.4
钙（g）	0.2	0.2	0.3	1.1	2.0	2.2	1.5	0.2	0.1	0.1
磷（g）	0.2	0.2	0.3	1.1	2.0	2.2	1.5	0.2	0.1	0.1

目前，我国还没有对麝鼠的营养需要进行深入和系统的研究，因此也未制定统一的饲养标准。仅将推荐的经验日粮标准介绍如表7-2、表7-3，供参考。

表7-2 成麝鼠适用日粮标准

饲养时期		越冬期 （10~12月）	准备繁殖期 （1~3月）	繁殖期 （4~9月）	幼鼠育成期 （5~12月）
日粮总量（g）		295	360	450~605	145~660
粗饲料（g）	日给量	265	315	400~550	130~615
	青草	—	—	300~350	50~300
	块根	200	200	50~100	25~200
	蔬菜	50	100	50~100	50~100
	干草	15	15	—	5~15
精饲料及搭配 比例（%）	日给量	30	45	50~55	15~45
	麦麸	25	20	20	10
	豆饼	10	15	15	11
	豆粉或大豆	4	4	6	4
	鱼粉	5	5	7	8.5
	奶粉	—	—	1	0.5
	玉米面	50	50	45	58
	酵母	5	5	5	7
	骨粉	0.5	—	0.5	0.5
	食盐	0.5	—	0.5	0.5
蛋白质水平（%）		17.35	19.21	20.17	19.0
能量（kJ/kg 干物质）		16.82	16.95	16.86	16.95

表7-3　幼麝鼠适用日粮标准

（单位：g）

日龄	日粮总量	精饲料给量	粗饲料					备注
			青草	块根	蔬菜	干草	日给量	
20	225	25	100	50	50	—	200	
30	230~280	30	100~150	50	50	—	200~250	精饲料
45	290~340	40	150~200	50	50	—	250~300	搭配比例
60	295~350	45~50	150~200	50	50	—	250~300	同表7-2
60以上	360~415	50~55	200~250	50	50	10	310~360	

二、饲养管理要点

仔鼠生长发育很快，生后3d门齿尖即露出，7日龄露于唇外，10日龄长出被毛，10~12日龄睁眼，开始采食精料，18~20日龄时能采食嫩草，并下水游泳，30日龄体重达210g以上，可独立生活。

仔鼠10日龄以前完全依靠母乳生活，应加强母鼠的营养。若同窝仔鼠多于6只，应采取寄养和人工哺乳等措施，以提高仔鼠成活率。仔鼠能下水游泳时要将水池充满，以防不能上岸而溺死。

在人工饲养条件下，35~40日龄可以断乳，分窝采用分批断奶法，分2~3批进行，每隔3~5d断乳1批。分窝要先将体质强壮的断奶，后分体弱的仔鼠。分窝后仔鼠可以群养，尽量喂给嫩草，精料不要喂得太多，每次以不剩下为准，日喂2次。仔鼠生后3个月内，生长速度最快，应加强营养供给和管理工作。夏季注意防暑。池水每日换2~3次。

1. 准备配种期饲养管理　准备配种期是1~3月份。此期麝鼠生殖器官开始发育，因此，此期的饲养管理任务是促进生殖器官的迅速发育，以确保进入配种期性机能正常。在饲料供给上，尽量多样化，日粮中注意维生素A、维生素E的供给，日粮中要补喂一些胡萝卜、麦芽等饲料。调整体况，避免过肥或过瘦，公鼠体重控制在1.0~1.2kg，母鼠体重控制在0.8~1.0kg。在管理上，首先要分窝配对，对此期刚达到性成熟的育成麝鼠要进行分窝配对，对越冬期发生死亡，或因外调而出现的单只麝鼠也应选好配偶，放在同一圈中饲养。及时清除窝中污物，更换垫草。对室外饲养的麝鼠，根据气候条件，当天气变暖不结冰时，将水池灌满水。

2. 繁殖期饲养管理　麝鼠的繁殖期在4~9月份，是水草和陆生植物茂盛、麝鼠食物最丰富的季节。配种期麝鼠的食欲有所减退，应供给其喜欢吃的饲料。妊娠期饲料要新鲜，禁止喂发霉变质的饲料，日粮组成要多样化。管理上不要抓孕鼠，临产前及时投放柔软的干草，以便于孕鼠做窝。产仔哺乳期要适当增加精饲料和食盐的喂量，但食盐不可过多，以促进泌乳。母鼠产后不要随便打开窝室的盖观察，以免惊扰母鼠产生弃仔、叼仔和吃仔等现象。在炎热的夏季，要做好防暑降温工作，除供水游泳爽身外，还要用树枝、草帘等覆盖在鼠舍顶盖上，避免阳光直射。圈舍的水要定期更换，2~3d换1次，保持环境清洁、安静，给繁殖麝鼠创造一个适宜的环境。

3. 恢复期饲养管理 母鼠的恢复期，是从秋季最后一胎仔鼠断乳后，到下一年准备配种期开始前，一般是10月至翌年1月份。公鼠的恢复期基本也是这一段时间。

由于此期营养消耗相对较少，野生麝鼠越冬期采食量低于其他季节。人工养殖情况下，要考虑麝鼠用于抵御寒冷、增加产热的能量消耗，所以应补饲一些玉米面等高热能饲料。入冬前对圈舍全面检修，做到圈舍四壁坚实无缝；将水池中的水全部放掉，并添上干草，以免水池被冻裂，另外，要注意防冻加强保温。可通过向圈内投给冰块、雪及多喂蔬菜等方法满足麝鼠对水的需求。麝鼠有储食性，不必每天投喂饲料。越冬期间，麝鼠门齿容易由于采食较少而生长过长，影响采食，除投喂一些树枝等物，供麝鼠啃咬外，经常进行检查，一旦发现门齿过长，要及时用钳子将其剪掉。

三、圈舍及设备

人工圈养麝鼠要选好场址。场址要建在高爽干燥和易于排水的地方，周围环境要安静，并有一定遮阳物，要有充足清洁的水源。尽管养殖麝鼠的圈（笼）舍造型和构造不同，但由于麝鼠门齿终生生长，经常啃咬物体，时有钻洞逃跑，所以材料必须结实坚固。麝鼠的圈（笼）舍一般由棚、水池、窝室、运动场和采食台几部分构成。

棚是用于遮挡雨雪、防烈日暴晒的简易建筑，可盖成"人"字形，也可盖成一面坡形，上盖用石棉瓦、油毡纸等覆盖。高1.2~1.5m，宽2~4m，长度根据具体情况而定。饲养麝鼠要备浴水池，麝鼠多在水中活动、交配，不结冰季节麝鼠是离不开水的。麝鼠是在洞巢中产仔、哺乳、休息，所以要具备一个防雨、干燥、避风、黑暗，冬季防寒、夏季防晒的窝室。麝鼠多是"坐"在一个固定的平面上进食，同时还需要一定的活动范围和运动量，应设有运动场和采食台（见图）。

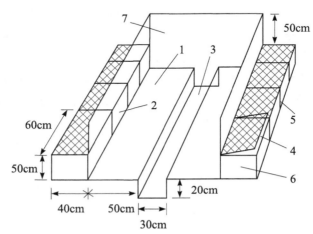

图　公用水池式群养幼鼠圈舍

1. 运动场　2. 进出口　3. 公用水池　4. 窝室上盖

5. 隔墙　6. 窝室　7. 四周围墙

复习思考题

1. 掌握麝鼠生物学特性，并学会在生产中合理应用。
2. 麝鼠有哪些繁殖特性？如何对麝鼠进行发情鉴定？
3. 麝鼠的配种方法有哪些？各方法分别适合哪种情况和条件？
4. 如何对仔、幼鼠留种选择？种鼠选择应重点注意哪些问题？
5. 掌握麝鼠不同时期饲养管理要点。

第八章　海狸鼠

　　长期以来，我国肉食品消费主要以猪、牛、羊、鸡、鸭、鹅等传统养殖动物为主，但是随着我国经济快速发展，城乡人民生活水平的不断提高，人们的消费结构也发生了巨大变化，海狸鼠由于肉质鲜美、营养丰富、无异味，俗称"海龙肉"，且有良好的防衰保健作用，已被人们认识和接受，成为餐桌上的美味佳肴。

　　海狸鼠尾筋做成缝合线能被人体自然吸收，不用拆线，不留疤痕，被国内外大医院普遍应用。海狸鼠的皮板结实，毛皮保温性能良好，可制作各种防寒及冬用航空服等高级裘装。脂肪做成的高级美容保健霜，胆、鞭、骨、血制成的药酒等在市场上已成为消费者的抢手货。利用海狸鼠屠体的胆囊可提取胆汁酸、胆红素等生化物质。利用收集的海狸鼠新鲜血液，添加适量的锌，加入婴幼儿食用的饼干内，食后有促进生长发育、提高智商的功能。利用海狸鼠屠体的心脏可提取ATP钠盐，ATP钠盐属于辅酶类药，有改善机体代谢和供给能量的作用，用于因细胞损伤后细胞酶减退的各种疾病。因此，国内外市场对海狸鼠的需求量也越来越大，养殖海狸鼠的市场前景十分广阔。

第一节　海狸鼠的形态与生态

一、分类与分布

　　海狸鼠又名沼狸、河狸鼠、狸獭，属哺乳纲（Mammalia）、真兽亚纲（Eutheria）、啮齿目（Rodentia）、海狸鼠科（Myocastoridae）、海狸鼠属（Myocastor）的珍贵毛皮动物，有3个亚种：*M. coypus bonariensis*、*M. coypus coypus* 和 *M. santa cruz*。原产于南美洲的阿根廷等国，栖息于气候温暖、水草丰盛的江河、湖沼地区。20世纪30年代以来，欧洲、北美以及日本先后从南美洲引种试养，近年来原苏联、波兰、意大利等国的海狸鼠饲养业发展很快。我国1956年由中国畜产品进出口公司首次从前苏联引进海狸鼠，先后在黑龙江、吉林、北京、山东、浙江、湖南等地设场饲养，20世纪60年代曾获发展。近年来，海狸鼠又在北京被重新引种扩繁，并陆续向其他地区推广饲养。

二、形态特征

　　海狸鼠的体形与水獭相似，是一种性情较温顺的大型啮齿类动物，它酷似老鼠，但体型比老鼠大，头较大，而且全身较肥胖。体毛微褐色带棕色，背部灰褐色，两侧淡黄色，腹部浅褐色，而腹部的绒毛比背部的绒毛密而厚，呈浅褐色，吻部的毛为一圈白色。成年海狸鼠的体长为50～60cm，母鼠的体重为14～16kg，公鼠体重大于母鼠，雌性个体的乳头为4~5对。成年海狸鼠的上唇生长着稀少而长的浅白色胡须，嘴唇能紧密地闭在4颗门牙之后，使门齿与口腔隔离，因而可潜入水中啃咬植物根茎。耳小呈扁圆状，耳壳黑色，多被绒毛所覆盖，耳孔内有特殊的活瓣，潜水时活瓣关闭，从而可防止水流入耳内。鼻孔有发达的闭合肌，能够在潜水时使鼻孔完全闭合，避免水流入鼻内。眼小，呈椭圆形，视力较差，夜间的视力强于白昼。四肢粗短，前肢五趾间无蹼，是运动爪；后肢较长，第一趾独立，其余四趾像水禽一样有蹼，在水中游泳时可像木桨一样来回划动。尾长30~40cm，多为深褐色，长有稀疏的粗毛，表面被角质鳞片。游泳和潜水时，尾可起到船舵的作用，掌握前进的方向。

三、栖息环境与活动规律

海狸鼠是半水栖草食性动物，喜温暖的气候环境，耐寒能力较差。性情温顺，喜欢群居；胆小易惊。栖息于常年不结冰、各种水生植物充足、周围多绿色植物与树木的河流、湖泊、溪流、沼泽等地，居于洞穴或用水草筑成的窝穴内，洞穴通常在陡坡上，无支洞，洞道深2~3m，洞口直径20~30cm，且多为一半露出水面。

海狸鼠白天很少活动，大多在早晨、傍晚或夜间外出觅食。善于游泳，潜水能力很强，潜水时间可达5~6min，能潜入水下30~40m的深度，潜游距离50m以上，且在游泳和潜水时可采食。由于身体肥胖而腹部松弛，在陆地上行动较水中笨拙，行走时成驼背状，蹲坐时呈弓背状，奔跑时为跳跃式前进。海狸鼠的听觉十分灵敏，稍有声响，便立即潜入水中或隐蔽起来。夏季为避开强烈的阳光多隐藏在草丛中，冬季则喜欢晒太阳。

四、生理特点

海狸鼠靠体表散热的方式来调节体温，能耐受35~40℃的高温。在正常状态下，成年海狸鼠主要生理常值为：体温（37.22±0.56）℃，呼吸频率（26.6±2.61）次/min，心率（175.2±30.71）次/min。当海狸鼠在水中游泳或潜水时，为了防止体温下降，血管处于反射性应激状态，心率降至正常心率的1/4，甚至达到1/10至1/20，因此，即使海狸鼠在水中剧烈活动，其物质代谢也没有明显增加。

海狸鼠被毛的脱换无明显季节性变化，为常年渐进性换毛，通常每年3~5月和8~9月换毛较为明显。被毛的脱换和生长还受日粮营养水平、环境温度、湿度、光周期以及个体、性别、年龄等诸因素的影响。海狸鼠寿命可长达8~9年，1~4岁是繁殖适龄期。

五、采食习性

海狸鼠的食性以植物性食物为主，如芦苇、马革鞭草、香浦、金鱼藻等均可为其食料，喜食水生植物或岸边生长植物的幼芽、枝叶和柔嫩的根等，有时也采食河蚌或其他软体动物。摄食时间多在早晨和傍晚，吃食方式经常是用两前肢捧住食物进食，有时也常将食物拖入水中进食，咀嚼细致，故进食时间较长。在水中边游泳边仰颈饮水，在地面上饮水时，形状如鸡，饮水后仰起颈，身体往后退一两步。

六、繁殖特性

1. 性成熟　海狸鼠4~5月龄体重达1.8~2.2kg时出现第一次发情，体况好的幼鼠，

3～4月龄即可达到性成熟。海狸鼠一生的繁殖期较短，以7月龄到3岁时生殖力最高，超过3～4岁繁殖水平便明显下降。

2. 繁殖力、母性差　成年公鼠终年均可与发情母鼠交配，母鼠1年发情多次，妊娠的母鼠每隔25～30d发情1次，发情持续期一般为2～3d，通常青年母鼠比老年母鼠发情周期短。性周期还受年龄、饲料、营养、管理、季节、体况等因素影响。每胎平均产仔5～7只，成年母鼠1年可产2窝，个别的鼠两年能产5窝。出生仔鼠体重为150～250g，公鼠比母鼠稍重一些。海狸鼠原产于亚热带和温带，母鼠既无为仔鼠做窝的习惯，也无护理仔鼠的习性。

3. 属诱导排卵动物　海狸鼠只有接受交配刺激才能排卵，不给予类似刺激即使发情也不排卵。母鼠无论在陆地或水中均可交配刺激排卵。

第二节　海狸鼠的繁育

一、选种

1. 从阴门到肛门的距离来识别　3月龄公鼠的生殖孔与肛门的距离大约为3cm；而母鼠的生殖孔与肛门的距离仅约1cm。

2. 打开生殖孔鉴别　将海狸鼠提起，让其头部朝下，用食指和拇指按压其生殖孔处。观察生殖孔，如看到粉红色的阴洞，即为母鼠；如摸到豆角粒大小并有弹性的凸起，则为公鼠。

3. 从体形和行为上看　从体形上看同年龄或同窝鼠群中，公鼠生长较快，体长、体重均大于母鼠；从神态上看，公鼠性情比母鼠活跃，有性表现。

对已体成熟的幼鼠和种用群的繁殖鼠每年要定期进行品质鉴定，选择留种个体，这是保持种用群品质、防止鼠群退化、提高生产力和繁殖力的重要措施。选种应以体型、体重、健康状况、适应性、毛绒品质和色泽、繁殖力、后裔品质等为依据。一般在仔鼠分窝之后到4岁之前的鼠群中进行。

1. 毛质鉴定　优良种鼠的绒毛细密、均匀，富有光泽，品系被毛色泽纯正，背腹部毛绒稠密且长度在20mm以上，毛色以深褐色或深灰色为佳。

2. 个体选择　个体要求需选择外形端正，四肢齐全，胸围宽阔，体格健壮，食欲旺盛，适应性强，行为活泼、机灵，无病，无外伤，无眼屎，鼻腔干净，尾巴完整，生长发育良好，生殖器官发育正常的优良个体作为种鼠。成年公鼠体重8kg以上，要求头额宽，五官端正，生殖器官发育正常，性欲强，被腰平直，胸围大，四肢强壮有力，所配的母鼠繁殖率高。成年母鼠6kg以上，四肢粗短，被腰臀宽阔平直，后躯深广，行动活泼，食欲旺盛；乳房发育良好，乳头不少于6个且分布均匀；母性要强，无空怀，奶水要足，性欲强，受孕率、产仔数高（每年怀胎数为2.5胎，平均每胎产仔数6只以上）；谱系要清楚，优良性状能稳定遗传，后裔品质优良。

对种鼠做标记，大多采用墨刺法和剪蹼、剪耳法两种方法。

1. 墨刺法　把幼鼠夹在操作者的腋窝处固定，将幼鼠的后脚趾蹼用碘酒消毒，然后用食醋研磨的墨汁涂在待刺的部位上，最后用刺号钳压印，数日后被刺的部位呈现蓝色号码。

2. 剪蹼、剪耳法　用小剪子在幼鼠的两后肢脚的趾蹼和两耳的边缘处剪成缺口进行标记。一般左侧脚趾蹼表示个位数，右侧脚趾蹼表示十位数，耳部表示百位数。

种鼠的选配工作要注意以下问题：首先，要以质量优秀的个体进行同质选配；其次，因为公鼠对其后代的影响程度远远超过母鼠，1只优良公鼠1年内能交配10~15只母鼠，能繁殖50~70只后代，所以公鼠的品质要求应高于母鼠；最后，要尽量选择公母鼠之间亲和力好的种鼠进行配对；第四，要避免近亲配对。

二、配种

母鼠每间隔20~30d发情1次，持续2~4d。性周期的长短因母鼠年龄、体况和生活环境等而有明显差异。青年母鼠的性周期比老年母鼠短；若气温下降到16℃以下时，母鼠就不会发情。母鼠发情时，外阴部潮红、肿胀、湿润并有黏液，阴门呈一条红线状，有频繁排尿行为。发情母鼠精神兴奋不安，食欲不振，常在运动场内徘徊运动并伴有"咩咩"叫声，趋向异性，甚至主动寻找公鼠。初次发情的育成母鼠，除了上述表现外，外阴部的阴道封闭膜形成裂口，是其发情的主要特征。

在室内饲养海狸鼠，可随时放对配种，放对配种的时间，应根据季节变化灵活掌握。在春、冬季，以9~11时或14~16时放对配种较好。在夏、秋季，以8~10时或16~19时放对配种为宜。在母鼠尚未发情时期，即使发生交配，也不会受孕。1~3岁的母鼠和分娩后第2、第3次发情期的母鼠交配的受孕率最高，在同一年内，以11月至翌年2月母鼠的受孕率最高，而3~5月的受孕率较低；在同一发情期内，前半期比后半期的受孕率高。发情的母鼠，若只交配1次，受孕率较低，若交配2次，受孕率较高。为了提高母鼠的受孕率，通常要进行2次交配。

放对时，将母鼠从公鼠的圈舍一角轻轻放入，须让公鼠看到母鼠进舍，否则会使公鼠突然受惊吓而攻击母鼠。同舍后，通常是公鼠主动接近母鼠，嗅闻母鼠的身体和外阴部，母鼠多站立不动，或将后躯主动靠近公鼠，然后公鼠爬跨在母鼠背上，如果母鼠不躲闪，公鼠尾根部向下压，后躯抖动，做连续的阴茎插入动作，公鼠尾根内陷，随即猛地向前一冲，即为射精行为，射精后的公鼠迅速从母鼠背上滑下而结束交配。交配后的公鼠往往会发出轻微低沉的叫声，海狸鼠每次交配的时间为1~4 min。有时发现公鼠多次爬跨母鼠，且有阴茎插入的动作，但观察不到射精行为，这是交配不成功的表现。在1个发情期内，母鼠可接受交配2~4次。常用的人工控制交配方法有下列3种。

1. 一公一母交配法　种鼠的公母饲养比例一般为1:4。将发情的母鼠放进已选定的种公鼠圈舍内交配，交配完后将母鼠放回原圈舍。第 2 天再次交配，连续复配 2～3 次。如果 5～6d 内母鼠仍不受配，则隔 24d 后再把母鼠放入原公鼠圈舍内 6～8d 进行自然交配。母鼠受配后 48～50d 进行妊娠检查，若第 1 次和第 2 次发情期母鼠未能受配或尚未确认妊娠，可在第 3 次发情期将它与种公鼠合笼饲养。一公一母的交配方法可提高母鼠的受孕率，后代的血缘关系较纯正、清楚，能便于推算预产期。

2. 一公多母交配法 即 1 只公鼠与 4～6 只母鼠组成一个固定的繁殖组，长期饲养在同一个圈内，让它们自由交配。每月对母鼠进行妊娠检查 2 次，一旦确认母鼠受孕，即抓出单独护理、产仔，待仔鼠断乳后，将母鼠送回原来的圈舍内。这种方法比一公一母交配法要节省圈舍面积，在配种、饲喂、垫草和清扫等日常管理上都比较简单、方便，但如果已妊娠或将要分娩的母鼠未能及时分群，成年鼠发生咬斗、受惊时会影响胎儿的正常发育，甚至会发生流产。

3. 多公多母交配法 选择具有优良性状的公鼠 10～20 只与 100～200 只母鼠共同饲养于较大的栏舍内，平均每只种鼠应占有面积 2.5m²，让其自由交配。多公多母交配法公母鼠的比例以成年鼠 1:20、育成鼠 1:15 为宜。此方法省力，但后代系谱不清、不纯，群鼠经常咬斗，易造成妊娠鼠流产，毛皮品质低劣。为了防止咬斗，幼鼠可以群养，性成熟后再按上述公母鼠的比例和所占面积大小适当调整种鼠群，组成交配群体进行繁殖。因哺乳期母鼠和刚断乳母鼠性情较凶猛，易咬斗，故断乳后 14～21d 才能进行合群交配。群体交配群中，一旦发现性情凶猛者或受伤、体弱者，应及时剔出单独饲养。

大多数母鼠分娩后 1～3d 内再次发情，可以进行血配（产后 1～5d 交配称为血配）。但是血配的妊娠率低，一般仅为 10%，且妊娠率低与母鼠的年龄、体况、营养状况、胎次、季节有很大关系。

三、妊娠与妊娠检查

海狸鼠妊娠期长达 120～140d。妊娠初期，母鼠体形变化不大，仅表现为食欲增加，不再求偶。母鼠受孕后 45d，胚胎发育至葡萄粒大小。90d 后母鼠外形变化较大，体态明显发胖，腹部变圆，常到运动场晒太阳或在窝舍内休息，比较安静，行走稳重。目前生产上大多采用下列 4 种方法进行妊娠检查。

1. 触摸法

触摸法又叫摸胎法。母鼠受配后 40～50d，胎儿长度可达 2cm。检查时用左手将母鼠的尾部轻轻提起，将其前肢置于窝室的屋顶或其他不高的物体上，右手呈"八"字形，从最后肋骨起，沿着腹腔两侧轻轻触摸至骨盆，如能摸到像蚕豆大小且有弹性、光滑、不固定的即为胎儿。触摸要在空腹时进行，不能用力过猛，以防流产。触摸时要注意区别胎儿与粪便，胎儿光滑、有弹性，粪便硬且无弹性。

2. 乳头测量法 妊娠期母鼠的乳头变化十分明显。在不同的妊娠期，母鼠的乳头大小不同。可根据测量乳头这一细微的变化来鉴定母鼠是否妊娠。

3. 复配法 将交配后的母鼠定期与公鼠复配，观察母鼠受配情况，1 个月后称其体重，以此认定是否妊娠。此法不很准确，生产中很少采用。

4. 称重法 将交配后的母鼠进行定期、定时的体重测量，看其体重是否有明显增加，以此认定是否妊娠，一般统一在早上喂料前空腹进行。此方法不十分准确，也很少使用。

四、产仔

海狸鼠是多胎动物,四季均可受孕和产仔。海狸鼠每胎产仔数一般为 4~6 只,平均 5.3 只,最多的可达 17 只。成年鼠 1 年可以产仔 2 窝,个别母鼠 2 年能产仔 5 窝。母鼠在临近产仔时,阴道膜充血,阴门肿胀,乳头增大,进食减少,精神不安,并衔草做窝。在人工饲养海狸鼠的条件下,应按预产期在临产前 10d 做好分娩准备,把窝室打扫干净,如果天气寒冷,窝室内需多铺些垫草,以利保温。母鼠大多在夜间产仔,产程为 2~4h,每隔 5~10min 产下 1 只,产仔后母鼠迅即咬断脐带,吃掉胎盘。当母鼠产仔完毕,饲养员应检查产仔数,剔除死胎和胎衣,并做好记录;同时观察母鼠泌乳和发情等情况,为母鼠下次交配做好准备工作。

五、哺乳与护理

初生仔鼠体重较大,体重一般能达 175~250g,刚出生即能睁开眼,牙齿俱全,身上有被毛和触毛。出生 2min 后即发出尖叫声,20min 后开始吃初乳,4h 后就能出窝活动甚至下水游泳,并能尝食母鼠的饲粮。10 日龄以前的仔鼠,基本上依赖吸吮母乳生活,10 日龄以后,仔鼠开始采食少量的饲粮,生活能自理。海狸鼠有 3~5 对乳头,仔鼠在地面或水面上都能吮乳。

母鼠没有为仔鼠做窝和护理仔鼠的习性,因此,要采取必要的人工辅助保活措施,确保每只仔鼠都能及时吃上初乳、吃饱奶。当母鼠产仔 8 只以上时,可将部分仔鼠送给产仔日期相近、母性强、产仔少的另一只母鼠代养。倘若找不到合适的代养母鼠,可对分娩母鼠加强营养,促使其分泌更多乳汁,并从 3~4 日龄起给仔鼠加喂容易消化的食物。对于个别"孤儿"仔鼠,可利用滴管饲喂牛奶。在哺乳期,应定期对母鼠和仔鼠进行健康检查,如果仔鼠变瘦,被毛零乱,生长缓慢,可能与母鼠泌乳的质量有关,应检查母鼠的乳房是否患病。若发现乳头有损伤或患乳腺炎,应及时治疗。

第三节　海狸鼠的饲养管理

一、场地建造

按照海狸鼠的生活习性,鼠舍需配备窝室、运动场、水池 3 个部分。修建时应本着因地制宜、就地取材的原则,要求鼠舍整齐坚固,经济适用。目前养殖海狸鼠的方式主要有下列 4 种。

1. 笼养　笼养是大规模养殖海狸鼠的最佳方式,特别是需要隔离饲养的种用海狸鼠,更应当采用笼养这种方式。饲养海狸鼠的笼子应建造在房屋或棚舍内,一般是在房屋或棚舍内的两边安装双层笼子,两列笼子之间设立人行通道,便于饲养管理及运送饲料。屋内要求明亮、干燥、通风。

笼子底部距离地面 70cm,上层笼子的顶部距屋顶至少 70cm。笼子可设两层,下层笼子长 160cm,宽、高各 50cm,可养殖 7 只断奶的幼年海狸鼠。上层笼子可按长 80cm、宽80cm、高50cm的规格建造，可饲养1只怀孕母鼠或哺乳母鼠。上、下层笼子紧靠墙壁一侧，各开1个宽24cm、高20cm的洞口，以方便海狸鼠出入运动场，出入口均设有闸门，面向通道一侧内设饲料槽，笼舍下方10cm处安装有收集鼠粪的活动底板。运动场固定在室外或棚舍外，面积为170cm×160cm，每个运动场之间留有10cm的空隙。水池由几个游泳场和水槽组成，各池的水能够同时灌满，同时排空，水池的水每天至少更换1次。

2. 圈养　家庭养殖海狸鼠宜选择圈养方式，这种方式应用广泛，造价低廉，管理方便。圈舍建造较为简单，由窝室、运动场、水池3个部分组成（见下图）。圈墙可用砖或水泥板、铁丝网建造，圈舍的大小依据饲养海狸鼠的数量而定，平均每只海狸鼠应占地1m²。圈舍最好坐北朝南，北侧利用水泥薄板或石棉瓦作顶盖建造窝室，规格为长80cm、宽80cm、高90cm，供海狸鼠栖息及产仔用。在圈地的南边建造一座水池，规格为长80cm、宽40cm、深30cm，供海狸鼠游泳及洗澡用。水池与窝室之间为运动场，供海狸鼠进食及活动用。圈舍地面要稍有斜度，不积水，大都采用砖块或水泥铺成，力求坚固，以免海狸鼠挖洞逃逸。

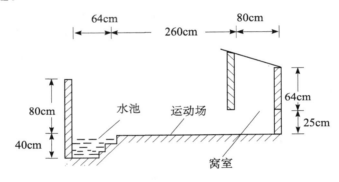

图　海狸鼠圈舍横切示意图

3. 散放养殖　散放养殖是一种较为粗放的饲养方式，优点是能够充分利用天然水域资源，并减少基建费用，可降低50%~60%的生产成本。散放场地选择是养殖成功与否的关键所在，选择散养场地时应注意以下几点：第一，水位应保持稳定，落差不能太大，水流应较平稳；第二，冬季水表平均温度应在0℃以上，水域最好不结冰或仅结薄冰。如果结冰时间连续超过20d则不宜作散养场地；第三，要求环境比较安静，岸边隐蔽条件良好，灌木丛生，水草丰富，敌害和人迹稀少。

4. 半散放养殖　半散放养殖是散放养殖与圈养相结合的饲养方式，春、夏、秋季实行散放养殖，冬季将海狸鼠关闭于室内饲养，具体方法参考散放养殖和圈养方式。

二、饲料与配方

海狸鼠的饲料种类繁多，按其营养特点和用途可分为青饲料、粗饲料、能量饲料、蛋白质补充饲料、无机盐饲料和饲料添加剂等6大类，其中青饲料是主要饲料，能量饲料和蛋白质补充饲料主要来源于精料。

1. 青饲料　可供饲喂海狸鼠的青饲料常用的有食用豆、豌豆、三叶草、玉米、大麦、蚕豆、甜高粱、荞麦类、车前草、浮萍、蒲公英、苦菜等，也可投喂少量的乔木、灌木的枝叶和嫩树皮。青饲料中的粗蛋白质含量较高，可以满足海狸鼠任何生理状态下对蛋白质的需要。此外，青饲料富含维生素，尤其是胡萝卜素，B族维生素含量也很高。在青饲料生长旺盛季节，可以用它代替海狸鼠日粮中的块根类、干草和草粉等粗饲料。按能量比推算，青饲料可占日粮的15%～30%。把青饲料与谷物混合饲喂海狸鼠，可以增强适口性，提高饲料消化率。

2. 粗饲料　粗饲料是含粗纤维18%以上的饲料，主要有干草、干草粉。青草在结实之前收割，经晒干、阴干或烘干而保持青绿色者为青干草。青干草含粗蛋白质7%～14%，含粗纤维20%～35%，还含有较多的维生素。豆科植物制成的干草含钙及粗蛋白质较多。干草的营养价值主要取决于原料的种类、原料生长阶段和加工技术等。

3. 能量饲料　能量饲料主要有禾本科籽实类及其加工副产品，如大麦、小麦、燕麦、玉米、高粱、米糠和麦麸等。块根、块茎及瓜类饲料，如甜菜、红薯（甘薯、地瓜）、马铃薯、木薯、胡萝卜、黄瓜、南瓜及水果副产品等，其粗纤维含量很低，无氮浸出物及消化能的含量都很高，而粗蛋白质含量低。红薯、南瓜中胡萝卜素的含量较高，多数块根、块茎类饲料中富含钙盐。

4. 蛋白质补充饲料　蛋白质补充饲料主要有豆科籽实、籽实类加工副产品和动物性饲料。黄豆、黑豆中含粗蛋白37%～38%，小豆、蚕豆、豌豆含粗蛋白23%～28%。籽实类加工副产品主要有豆饼、菜籽饼、向日葵饼等，豆饼含粗蛋白44%以上，而粗脂肪的含量仅为1%。动物性饲料蛋白质含量很高，必需氨基酸齐全，生物学营养价值高，富含钙、磷且比例适宜，维生素B_{12}和维生素D含量丰富，所以在以植物性饲料为主的海狸鼠的日粮中，适当补加动物性饲料，能提高日粮的整体营养价值。

5. 矿物质饲料　动物机体在新陈代谢过程中，需要10多种矿物元素，如钙、磷、钠和氯等，这些元素在动物饲料中应具有足够的含量。野生海狸鼠会采食多种多样的饲料，可以互相补充所需的各种元素，从而满足机体对各种无机盐的需要，而在饲养条件下，如饲料配制不当或种类不全等因素易造成无机盐缺乏，因此，必须有针对性的补加。

6. 饲料添加剂　饲料添加剂包括氨基酸、维生素、抗生素、酶制剂、激素（生长激素等）、抗氧化物、驱虫药物及防霉剂等。添加剂的主要作用是提高饲料的利用效率，促进动物生长和预防疾病。

　　配料时，应现喂现配，谷物饲料和添加饲料调配均匀后，做成颗粒饲料或蒸成窝头饲喂，颗粒料以直径为3～6mm、长7～12mm为宜。喂颗粒饲料时，要供给充足而清洁的饮水。其他饲料洗净生喂，马铃薯可熟喂并能代替部分谷物饲料。海狸鼠饲料应当选择3～5种饲料合理搭配，让其营养成分互相补充。下面几种海狸鼠不同生长阶段的日粮配方供参考，见表8-1至表8-3。

表 8-1　哺乳仔鼠日粮 （单位：g）

日　龄 ＼ 饲料	精饲料	块根	骨粉	食盐
5~30	10~30	—	—	—
30~50	30~50	40~80	0.2	0.1

表 8-2　幼鼠的日粮 （单位：g）

饲料种类	月龄						
	2	3	4	5	6	7	8
干草（冬季）	30	50	100	140	170	200	200
青草（夏季）	50	100	200	300	400	450	500
块根	30	50	100	140	170	200	200
精饲料	30	50	60	70	80	90	100
动物性饲料	2	4	5	6	7	8	9
食盐	0.2	0.2	0.3	0.4	0.5	0.5	0.5
树枝	—	—	—	100	200	300	500

表 8-3　不同时期成年海狸鼠的日粮 （单位：g）

时　期	月　龄	草（夏季、冬季）	精料			食盐	干草（冬季）
			禾本科配合饲料	豆饼饲用酵母	动物性干饲料		
非繁殖期	12~48	300~400	120~170	—	—	1.4	80~120
准备配种期	7~8	250~350	90~150	4~8	3~7	1.2	50~80
	12~48	330~430	120~170	4~8	3~7	1.5	80~120
妊娠前期	8~11	270~370	110~160	5~10	4~8	1.4	80~120
	16~48	330~450	130~180	5~10	4~8	1.6	80~120
妊娠后期	11~13	330~450	125~175	8~15	7~13	1.7	100~120
	18~48	370~470	135~185	7~13	6~11	1.8	100~120
泌乳期	12~15	300~400	105~150	8~14	7~12	1.5	80~120
	20~48	300~400	115~160	7~12	6~11	1.5	80~120

三、饲喂

　　根据海狸鼠采食较细、采食时间较长和对饲料糟蹋较多的特点，以每日饲喂 2 次混合饲料为宜，时间为上午 8：00~8：30，下午 4：00~4：30，上午的喂量占日粮的 40%~45%，下午的喂量占日粮的 55%~60%。混合饲料中精饲料应限量供给，一般每次投喂 50~100g 为宜，以免海狸鼠采食精饲料过多而造成消化不良。在春、夏、秋季用水拌湿（以手捏精饲料能成团、松开手不散开为度）添喂，如在冬季可将精饲料调制成团状喂给海狸鼠。而青绿饲料和青干饲料应满足供应，一般每只成年鼠需要投放 1 000~1 500g。

四、日常管理

　　1. 春季管理　这个时期应注意做好预防海狸鼠疾病的各项工作，包括清除运动场上积存的乱草和排泄物，然后对运动场进行消毒。中午往水池中注入部分水，并撒些漂白粉或高锰酸钾以杀灭水中的病菌。使用百毒杀或新洁尔灭喷洒窝舍，进行全面、彻底的消毒。如果有疫病发生，应对病鼠及时进行隔离治疗。

2. 夏季管理　夏季必须做好防暑降温工作，如采取在窝舍上面或周围搭盖遮阳棚，防止阳光直射，经常往水泥地面上洒水降温，在饲养场上栽种阔叶树木，适当降低饲养密度，以减少鼠群产生生理热等措施。夏季每天要至少清扫饲养舍1次，海狸鼠有在水中排泄、吃食的习性，必须及时更换池水，保持水质清洁。在日粮中适当增添新鲜青饲料，可相应减少精饲料。不能喂刚喷过农药的蔬菜、青草，以防农药中毒。

3. 秋季管理　秋季早、晚温度较低，初秋中午的温度仍然很高，昼夜温差较大。因此，海狸鼠的窝舍在中午还需遮阳，夜间适当加些垫草，做到干燥、保温。还需及时清除窝内潮湿、脏污的垫草。

4. 冬季管理　海狸鼠不耐寒冷，冬季气温下降时，往往导致海狸鼠食欲下降、活动减少，所以圈舍内多铺垫柔软的干草，门缝和窗缝要封严，严防冷风侵袭，室内温度不应低于5℃。为了使仔鼠避开寒冷的冬季，秋季不宜安排配种，如有母鼠在冬季产仔，必须做好防寒保暖工作，预产期前2~3d，将妊娠鼠移至14~15℃的产仔室或产仔棚内，产仔10d以后再将母鼠移回温度不低于5℃的原舍。冬季可实行群养，以增大鼠群密度，有利于使海狸鼠相互贴近取暖保温，增强抗寒能力。

1. 母鼠的饲养

（1）妊娠期母鼠的饲养：母鼠的妊娠期为120~140d，平均131~134d。海狸鼠妊娠后，应根据妊娠季节和母鼠体况，适当调整饲料品种，做到饲料种类多样化，营养成分齐全，特别是精饲料的质量要好，维生素A、维生素D、维生素E要充足，氨基酸要平衡。在妊娠前期每日每只妊娠母鼠的饲料喂量为：精饲料20~100g，青草、蔬菜等多汁饲料500~700g，最好每日喂4次。注意精饲料不能喂得太多，以防造成消化不良或积食，不利于胎儿的正常发育。

（2）哺乳期母鼠的饲养：产仔后的母鼠需要尽快恢复体质，以分泌足够的乳汁供给仔鼠，所以这一时期的饲养管理非常重要。哺乳前半期应保证日粮每日供应能量3 138~3 765.6kJ；哺乳后半期每日应供应能量4 148~5 230kJ。为了提高乳汁的分泌量，应多提供多汁的青饲料，如有条件的可加喂一些煮熟的黄豆或花生仁。每只哺乳母鼠每日的精饲料供给量为60g以上，树枝50g，青菜或青草充分供应。多喂给哺乳母鼠温淡食盐水、干酵母、维生素A和维生素D制剂。

2. 仔鼠的养育

（1）生长发育：仔鼠是指刚出生至断奶前的海狸鼠，仔鼠具有新陈代谢旺盛、生长发育快、体重增加明显等特点。刚出生的仔鼠体重为150~250g，10日龄体重为350~380g，20日龄体重为420~430g，30日龄体重即可达到600~650g。

（2）饲喂：从7日龄开始给仔鼠补食，以提供更多的营养，保证仔鼠生长发育的需要。每只仔鼠每日的补食量为：粗饲料30~40g，精饲料15~20g，食盐0.1g，草粉1~2g。随着日龄的增长，补食量应相应增加，从10日龄起，每10d增加粗饲料20g，精饲料10g，草粉1~2g；冬季每日喂干草3~5g，每10d增加3~5g。当母鼠缺乳时，可用煮沸的豆浆或牛奶人工哺喂仔鼠，豆浆或牛奶的临喂温度保持在 35 ~ 37℃。要为仔鼠创造良好的生活环境，加强管理工作，环境潮湿、通风不良、光照不足、饲养密度过大、寒冷、卫生条件差等均不利于仔鼠生长发育。此期间的仔鼠需要摄入足够的无机元素、蛋白质饲料和各种维生素，在日粮中可适当添加奶类、豆粉、鱼粉等精饲料。喂料要做到定时、定质、定量。要防止仔鼠被母鼠挤伤、压死。

（3）寄养：当母鼠缺乳时，可将仔鼠转移到另一只产乳丰富、产仔鼠少的母鼠的窝舍代养。在此之前，先在代养仔鼠身上做好标记，以便与其他仔鼠识别；然后将代哺乳的母鼠取出圈外，将代养仔鼠与该窝仔鼠混在一起，30min 后才将代哺乳母鼠放回原窝内。或用代哺乳母鼠的奶汁、尿液涂抹于代养仔鼠的体表，使母鼠无法分辨代养仔鼠是否亲生而达到代养的目的。

3. 幼鼠的饲养

仔鼠长到 40 ~ 50 日龄时，根据仔鼠生长发育情况，可采用一次性断奶或分批断奶法断奶分窝，处于断奶后至配种前这段时期的海狸鼠称为幼鼠。幼鼠应按性别、日龄及体况分群饲养，每群 5 ~ 6 只。幼鼠（2 月龄）的日粮配方为：粗饲料 140 ~ 160g，精饲料 60 ~ 75g，食盐 0.6g；冬季每日投喂干草 20 ~ 25g。每个月应增加饲喂量，粗饲料增加 20 ~ 30g，精饲料增加 15 ~ 20g，食盐增加 0.1 ~ 0.2g。日粮中应适当添加骨粉、鱼粉以满足幼鼠生长发育的需要。幼鼠的消化机能正趋于健全，故应提供其喜食和易消化的饲料，注意饲料的质量和卫生，预防胃肠疾病的发生。4 月龄以后公鼠临近性成熟，此时已不宜群养于同一圈舍内。7 ~ 8 月龄时应进行选种分群，将选出的优良个体作为繁殖后备群饲养，将淘汰的个体于 8 ~ 10 月龄时屠宰取皮。

4. 成年鼠的饲养

海狸鼠达到 7 ~ 8 月龄时，即进入成年期。成年种鼠承担着繁殖扩群的任务，养殖海狸鼠的经济效益在很大程度上取决于成年鼠的饲养效果。一只雄鼠每天需青饲料 500g、块茎块根 120g、精料 100g、树枝 250g、肉骨粉 10g、食盐 0.5g；在冬季干草 150g、块茎块根 150g、精料 120g、树枝 500g、肉骨粉 10g、食盐 0.5g。也可冬春季统一配方：干草 150g、块根块茎类 200g、谷物 120g、树枝 500g、食盐 0.5g、动物性饲料 10g。雌鼠及孕鼠饲料均比雄鼠增加，特别是又哺乳又受孕的雌鼠，必须要有充分的营养，增加青饲料 25%、精饲料 10%，同时还需增加一定量的骨粉，防止幼鼠患软骨病。在实践操作中，由于海狸鼠可以常年繁殖，母鼠产仔 3d 后就会发情、交配，所以，成年鼠就群体而言，各个生产时期很难划分，因此，饲养人员应按其个体或小群体所处的不同生产时期，采取相应的饲养管理措施。

复习思考题

1. 海狸鼠有哪些主要的生物学特点？
2. 饲养海狸鼠的方式有几种？各有什么优缺点？
3. 海狸鼠有哪些繁殖特性？在生产中该如何运用这些特性？
4. 母性海狸鼠发情如何鉴定？
5. 海狸鼠的妊娠检查有哪些方法？
6. 怎样进行仔海狸鼠的寄养？

第九章　竹　鼠

　　竹鼠是广泛分布于我国南方山区及缅甸等地的啮齿动物，肉质好，营养丰富，具有较高的药用和保健功效，皮毛还可制裘。据考证，竹鼠肉曾作为古代宫廷佳肴，如今随着人民生活水平的提高和旅游业的迅速发展，竹鼠类食品日益受到消费者的青睐。竹鼠养殖具有适应性广、占地少、节粮、繁殖力强、生长快、易养易管、利润丰厚、风险较小等优势。不但农村可大力发展，也适合城镇居民家庭养殖和工厂化规模养殖。近年来，我国竹鼠养殖业快速发展，众多农民朋友纷纷引种养殖。

　　目前，竹鼠售价每千克几十元至上百元不等。除了作为食用外，竹鼠作为一种保健美容的高级新潮食品迅速兴起，许多竹鼠深加工产品生产厂家和公司应运而生，需要大量竹鼠原料。鲜活竹鼠供不应求，货源缺口大，甚至远销海外，成为出口创汇的商品，市场前景十分广阔。

第一节　竹鼠的生物学特性

一、竹鼠的品种和分布

　　竹鼠又名竹根鼠、芒猪、竹根猪、竹狸、芒狸、冬芒狸、竹鼬等，在动物分类学上属于哺乳纲（Mammalia）、真兽亚纲（Eutheria）、啮齿目（Rodentia）、竹鼠科（Rhizomyidae）。全世界有竹鼠 3 属 6 种，其中非洲速掘鼠属（*Tachyoryctes*）2 种，为东非的特有种；竹鼠属（*Rhizomys*）3 种，小竹鼠属（*Cannomys*）1 种，为亚洲特有，见于中国南部。其中小竹鼠体型较小，分布于缅甸、泰国到尼泊尔、不丹一带，并出现于中缅边境地区；竹鼠属主要分布于我国南方，向南可到达缅甸、马来亚和苏门达腊等南亚地区。我国分布的主要是竹鼠属，有银星竹鼠（*Rhizomys pruinosus*）、中华竹鼠（*Rhizomys sinensis*）、花白竹鼠（*Rhizomys pruinosus* Blyth）等 3 种，是我国重要的野生动物资源之一，主要分布在我国南部山区，包括福建、广东、湖南、广西、云南、贵州等地。

二、竹鼠的形态特征

　　多为中小型种类，一般体长在 25～35cm 之间，但个别种类，如大竹鼠的体长可达 45cm，体型粗壮，呈圆筒形，成年鼠体重 1.2～1.5kg，大者可达 3.0kg。头部钝圆，颧弓外扩，骨脊高起，肌肉发达，上门齿特别粗大，共有 16 颗牙齿，眼圆小，耳隐毛被内；尾短，四肢短而粗壮，趾强爪尖。全身披长毛，整体毛长而细软，吻部毛色略浅，背部、腹部灰色或棕灰色，腹毛暗而较稀疏，其间也杂有闪光的细毛；尾上均匀地被有稀毛，足背与尾的毛均为棕灰色。幼体毛色较深，周身均黑灰色，但尾无毛或毛短而稀。

三、竹鼠的生活特性

竹鼠借助四肢和牙齿挖洞，有较强的挖掘洞穴的能力，洞道十分复杂。白天少食多睡，夜间吃食旺盛，其活动规律可分活动周期和休息周期，以夜间活动较频繁。饲养中不宜干扰竹鼠睡眠。

1. 竹鼠耐低温、不耐高温　生活温度为 −8 ~ 35℃，最适温度为 8 ~ 28℃。若环境温度过高，竹鼠不能耐受，则少吃，腹部朝上而睡，躁动不安，有的在半小时内死亡。若环境温度过低，则头腹紧缩，爬动不安，发出"哇哇"的叫声。

2. 喜好光线暗淡的环境，尤其怕阳光直射　若置于太阳下直晒时，就惊恐不定，四处奔跑。因而竹鼠饲养池应避光、通风、温度适宜。

竹鼠不喜饮水，水分多从食物中摄取。但在人工饲养中夏季也可适当供水，以改善饲料中水分不足的情况。

母竹鼠常把竹鼠仔藏于腹下，能自动哺乳。因此，母竹鼠妊娠和哺乳期应避免人为以及其他动物的干扰。

当公竹鼠进入带幼仔的母竹鼠饲养池时，将幼仔咬死后，才与母竹鼠同居并繁殖自己的后代，因而，在饲养中应避免公竹鼠窜入哺乳母竹鼠的饲养池，以避免幼竹鼠被咬死，造成不必要的损失。对入侵的家鼠、雏鸡、鸭及鹌鹑等均进行防御性攻击。在受到人为刺激，如人向它吹气时，立即露出锋利粗大的门齿，同时发出"呼呼"声示威。

竹鼠常会用唾液或细沙为自己洗澡，对自己的居住场所常常进行清理，甚至用嘴叼粪便丢到窝外，因此，养殖生产中要特别注意饲养场的清洁卫生。

四、栖息环境与食性

营穴居生活，竹鼠喜安静、阴暗、凉爽、清洁、干燥、光线适当、空气新鲜的环境，野生竹鼠常居住在竹林、芒秆生长茂盛的地下洞穴中。

竹鼠以植物性食物为食，食性杂，饲料来源广，可摄取竹子、甘蔗、玉米等的根茎及草本植物的种子和果实为食，缺食的时候也危害庄稼。人工驯养条件下可喂食秸秆、麦麸、糠饼、玉米等。

五、生殖特性

竹鼠繁殖能力很强，出生 4 ~ 5 月龄性成熟后即可繁殖；母竹鼠怀孕期为 2 个月左右，分娩后 12 ~ 36h 即可与公竹鼠交配；在哺乳期 45d 左右又出现发情；年产仔 3 ~ 6 胎，每胎 4 ~ 8 只，多者可达 10 只以上。1 对竹鼠 1 年可繁殖 20 ~ 30 只，在良好的饲养条件下可年循环繁殖 60~80 对。

第二节 竹鼠的繁殖

竹鼠的繁殖力虽然很强，但在野生状态下因环境条件变化无常，往往导致成活率下降。如果掌握好繁育技术，加上科学的饲养管理，可以极大的提高繁殖、成活率，从而提高经济效益。

一、引种

1. 选种具体要求 初次喂养宜使用经过驯化的竹鼠作种源，也可自行挖取或购买野生竹鼠种。购买种鼠时宜收购成窝成对的，并且不能把互相陌生的竹鼠混养。种竹鼠应身体健壮，无病无外伤，切忌选用受伤的竹鼠作种。种用母竹鼠体重 1.2kg 以上为佳，观察时提起尾巴，选择下腹部圆挺，乳头大的性成熟母竹鼠，如果乳头下陷就不可用；应该加强营养，待合格后方可参加配种。公竹鼠一般 8 个月性成熟，体重要求 1~1.5kg，被毛光亮，身体雄壮，睾丸粗大。公母竹鼠不互相排斥撕咬，且不是近亲交配的方可选作种用。

2. 二次选种 二次选种是指通过人工繁殖和饲养，选留那些早熟、高产、个体大的公母竹鼠作种。具体是母竹鼠年产仔 4 胎以上，每胎产仔 4 只以上的后代，子代竹鼠 30~35 日龄断奶、体重超过 250g。通过二次选种，母竹鼠繁殖率和产仔数都可提高 80% 以上。

二、公母鉴别

有的公竹鼠很容易鉴别，可以看到下腹部有明显的 2 粒睾丸。但也有的母竹鼠也有 2 粒突起，如果不易区分，可以提起竹鼠的尾巴倒过来查看，一般母竹鼠的乳头比公竹鼠的大，母竹鼠的生殖孔离肛门口很近，只有 0.5cm 左右，而公竹鼠的约有 2cm。幼鼠的公母鉴别也相仿。

三、配种

1. 发情季节 竹鼠常年都可以发情，但具有一定的周期性和季节性。春、秋季节为配种旺季，夏、冬季节如饲养管理好，也能正常发情和配种。每个发情季节有 2~4 个发情期，其间隔为 15~20d，发情持续期为 2~3d。

2. 发情行为

（1）母竹鼠发情行为：发情前期阴毛逐渐分开，阴户肿胀，光滑圆润，呈粉红色；发情中期阴毛倒向两侧，阴门肿得更大，有的阴唇外翻、湿润（黏液多），呈粉红色或潮红色；发情后期外阴肿胀与前期相似。发情母竹鼠活动频繁，排尿次数增多，与陌生的公竹鼠相遇无反抗表现；在饲养池兴奋周旋，并发出"咕咕"叫声，有时可见在笼中翻滚，不时与公鼠逗逐嬉戏，或爬跨公竹鼠；当公竹鼠爬跨交配时，母竹鼠尾巴翘起，趴下不动，温顺接受交配。发情母竹鼠在 1d 内与公竹鼠进行多次交配，可以提高繁殖率。

（2）公竹鼠发情行为：发情期公竹鼠表现为躁动不安、爬栏舍、啮咬磨牙、阴茎常伸出、食欲减退、追逐发情母鼠。

竹鼠最佳生育期是农历9月份到来年5月份，夏季也能繁殖。自然条件下竹鼠交配多在夜间，人工辅助配种时间夏、秋季在上午8~10时和傍晚18~21时，冬、春季上午9~10时和下午14~16时为宜。母竹鼠4月龄左右、公竹鼠5月龄已性成熟，即有配种能力。多数母鼠发情中期交配受孕率高，为提高受孕率，可连续2d配种。

1. 常规配种法 从未产仔的母竹鼠与其它公母竹鼠从小混合群养的，可让它们自由选择交配，然后再将怀孕母竹鼠隔离单独饲养。产仔后的母竹鼠30~35d断奶后，转移到大池与其他公母竹鼠合群饲养，或分隔出来与原配的公竹鼠配对饲养。营养条件好的如果断奶时间也正好是母竹鼠发情时间，公母合群2~3d后母竹鼠就能受配。如发现将要断奶的母竹鼠咬仔鼠，而饲料又不缺乏，则表明母鼠提前发情，须及时将母竹鼠隔离，让公竹鼠及时与它配种。

2. 血配法 竹鼠有血配习性，即母竹鼠产仔后12~48h与公竹鼠交配。此法是缩短繁殖周期、提高母竹鼠产仔能力的有效方法。母竹鼠产仔后12~48h，情绪已经稳定，并有发情的表现时，即可进行血配。为提高受胎率，这时可2次将母竹鼠分别放入不同公竹鼠笼内，与2只公竹鼠复配，采用这种配种方法配种，要求这2只公竹鼠必须是自幼与母竹鼠合群养大、互相亲近的，否则公母相遇会打斗不休。第1次交配可在产后12~24h进行，中间间隔1h以上，第2次在产后25~48h进行交配，每次合笼时间为1h。配种完毕后将母竹鼠放回产仔窝室哺喂仔鼠。这样重复配种可提高受孕率和产仔数，一年可产仔4~6胎，每胎产仔数可达4~6只以上。

可按1:3~1:4的公、母比例设计好选配计划，将发情母竹鼠放入公竹鼠栏舍内，配种时一公对一母，交配后放回原处。

第一，竹鼠配种要求公母驯化后能混养在一起，要注意公母的亲和力，不能随便交配，以免互咬致死，因此，饲养开始时采用多公配多母群养，可大大提高繁殖率和产仔数。第二，为保证子代质量，切忌近亲交配，要做好详细的繁殖记录。第三，要搞好母竹鼠受配鉴别，母竹鼠配种受孕后，在阴道口有似栓状的栓塞，这种栓塞是公竹鼠精囊腺和前列腺分泌的混合物，栓塞在阴道口，可以阻止精子向外滑出而达到受精目的。第四，母竹鼠产仔后和仔鼠断奶后各有一次最佳配种时间，野生竹鼠驯养成功后需要繁殖到第3代完全适应家养的情况下血配才易成功，技术不熟练或刚刚驯养1~2代的野生竹鼠种，要紧紧抓住仔鼠断奶后的配种机会，实践证明，母竹鼠断奶后立即进行复配可增加产仔数50%以上。第五，竹鼠交配时应注意观察，如果互相打架，应及时分开，以免损伤，3~5d后，受配的母竹鼠自然会驱逐公竹鼠，到时应分开饲养。第六，公竹鼠交配完后至少间隔5d才可再与其他母竹鼠交配，不宜连续交配。

四、妊娠与产仔

公母竹鼠合笼交配后 5~7d 进行检查，如母竹鼠奶头周围的毛外翻，奶头显露，说明已经怀孕。按公母合群饲养的时间来推算，如果公母合笼 1 个月后，母竹鼠采食比平时增加，腹部两侧增大到一手指宽，将母竹鼠倒提起来，两后腿内侧腹沟胀满，而且吃饱就睡，便可判断已经怀孕。竹鼠怀孕期为 60d 左右。

1. 产前　母竹鼠产前 1 周，乳头突出，食欲减少，常趴地不动，吃饱就睡。产前 1~2d 躁动不安，有腹痛表现，食欲完全停止，发出"咕咕"叫声，后腿弯蹲如排粪状，并叼草做窝。

2. 分娩　当母竹鼠奶头可挤出少量白色乳汁时，预示 1d 之内就要分娩。临产时阴户排出紫红色或粉红色的羊水和污血，胎儿头部先出，然后是胎身。产仔完毕，母竹鼠咬断脐带，并吃掉胎盘，舔干仔竹鼠身上的羊水。竹鼠产仔 3~5 只的，产程需 3h 左右。

母竹鼠产仔 1 周内不宜掀开盖板观看，产室在哺乳期内不必打扫卫生，母竹鼠会自动把室内粪便和食物残渣推出室外，直至断奶后才进行 1 次清洁大扫除。喂食也要轻声轻放，不能放在产室内，要尽量保持安静。防止母竹鼠受惊吓，导致母竹鼠残杀仔鼠。不要随意用手触摸未断奶的仔竹鼠，以免沾有异味使母竹鼠弃仔或咬死仔竹鼠。在产前 10d 及整个哺乳期都要给母竹鼠补喂多汁饲料，使母竹鼠有丰富的奶水，防止产后口渴而咬仔鼠。

第三节　竹鼠的饲养管理

竹鼠在良好的营养与饲养管理下生长速度快，幼鼠 3 个月体重能达 0.75kg，最大的体重达 2~3kg。根据竹鼠的生物学特性进行科学的饲养管理，保证适宜的环境条件和充足的营养，可以充分发挥竹鼠繁殖力强、生长速度快的优点，从而提高经济效益。

一、场地建设

竹鼠饲养场宜选在地势较高、排水良好、周围有竹林、果林等空气清新、气候凉爽的地方，尤其要远离公路和工厂，避免噪音和污染。

1. 建场原则和要求　可概括为 8 个字——"模拟生态，优于生态"，即按照竹鼠的生活习性，在饲养场地建设和饲养管理上创造接近其原来的生活条件。

2. 建设方法

（1）养殖池建设：小规模养殖可建在自家庭院围墙下或空地，也可利用空置的旧房、废弃的仓库等处，采用砖和水泥等材料修建竹鼠窝池，按用途可建不同类型的饲养窝池。

①大水泥池。面积在 $2m^2$ 以上，池内可放一些空心水泥管或瓦罐等，供竹鼠藏身。大水泥池适合断奶幼鼠或青年鼠合群使用。②产仔窝池。分为内池和外池。内池长、宽、高分别为 30cm、25cm、70cm，上面加盖，这样构成了竹鼠的窝。外池长、宽、高分别为 70cm、50cm、70cm，主要供母鼠采食及运动用。内外池中间用水泥板间隔，底部留置一个直径 12cm 的圆洞相通，以便母鼠怀孕后移进产仔窝池饲养。③配种大池。长、宽、高分别为 1.5m、2m、0.7m（面积要求在 $2m^2$ 以上）。在大池内侧建一条 30cm 宽的保温槽，槽上加盖，在保温槽的隔板下方开有两个直径为 12cm 的洞，与大池相通，供竹鼠在内室休息。每池可饲养 3 公 12 母。④繁殖池。由内外两个小池组成，内池作窝室，外池作投料间和运动场，中间的隔板底部开一直径约 12cm 的连通洞，供竹鼠出入。内室规格要求控制在长×宽×高为 30cm×25cm×70cm。面积小则不利于竹鼠交配，面积大了会影响竹鼠自动清除窝内的粪便和食物残渣行为。外室规格要求长×宽×高为 70cm×40cm×70cm。

（2）笼舍修建：竹鼠也可笼养，按两排三层式放置铁笼，铁笼规格为 90cm×60cm×30cm，分为三格，上面开门或前面开门均可，格局如池养。

竹鼠喜欢清洁、阴暗、干爽的环境，怕阳光直射，内池垫松软的窝草供竹鼠睡觉、休息、产仔，内池上面加盖，以保持窝室黑暗、安静。池子内表面用水泥抹光滑，底面也用水泥抹平，以防逃跑，特别应注意池角的平滑，以防竹鼠利用池壁夹角的反作用爬墙外逃。内外池底部均有 0.2cm 直径的排尿孔通到池外，要保持池内不积水。内外室的孔道不宜过大，竹鼠能顺利通过即可，洞口太大容易散失室内的温度。在内室上面要求用厚玻璃盖住，起到保温和方便查看的作用，玻璃上面放一块木板压 1~2 块砖就可以。外室要求用木条做一块纱窗，在夏秋季节盖上，以防止蚊虫叮咬。饲养池要求冬暖夏凉，有辅助降温和防止风雨侵袭的设施。应建造不同用途的饲养池，在设施完善的竹鼠养殖场里，至少要建造繁殖池或笼、配对配组池和群养池，这样才便于科学分群管理，使竹鼠获得足够的活动空间，以利于生长繁殖。

二、饲料

竹鼠需要的营养素主要有蛋白质、糖类、脂肪、矿物质、维生素、水等。主要的食物以包括玉米、稻谷、红薯、甘蔗等谷物饲料为主粮，还包括竹根、竹枝、竹笋、茅草根等草根和竹类饲料，萝卜、荸荠、菜叶等果蔬饲料。另外芒草根茎等青料根据需要可随时投放。

1. 标准配方 玉米面 55%、麦麸皮 20%，豆饼 15%、骨粉 3%、鱼粉 7%、按总重量加 0.5% 的食盐和增长剂，将饲料制成窝窝头喂养。另加喂少量矿物质和多维，可在每千克饲料中补加叶酸 1mg、烟酸 20mg、氧化锌 75mg、蛋氨酸 400mg、碘化钾 0.5mg、硫酸锰 60mg、维生素 A 1 500IU、维生素 D_3 1 500IU、维生素 B_{12} 20mg、维生素 B_2 6mg、维生素 E 30mg。将上述饲料及添加剂混合，加水揉成小块状或颗粒状，然后晒干或烘干饲喂竹鼠。

2. 母竹鼠常用日粮配方 竹粉 20%、面粉 35%、玉米粉 10%、豆饼粉 13%、麦麸 17%、鱼粉 2%、骨粉 2%、食盐 0.2%、食糖 0.8%。母竹鼠怀孕期及哺乳期间应适当增加饲料水分，每日每只可补喂凉薯、甘蔗、红薯、荸荠等多汁饲料 20~30g，哺乳期日喂

10~15 粒用开水泡涨的黄豆，以提高乳汁分泌量。

要清洁卫生，发霉、变质、污染的饲料不能投喂。干湿适宜，保证竹鼠水分供给，冬春季节竹鼠食用多汁饲料后尿多，注意饲料干湿度以保证竹鼠饲养池、笼不潮湿为宜。饲料多样化，保证全面营养。新鲜竹叶、芒草等青饲料不可或缺，否则易导致消化不良。

三、饲喂

在饲料投喂时要注意宜分批投喂，少喂勤添，可早晚各投喂 1 次。每天下午 16~18 时是竹鼠喂食的最佳时期，因竹鼠是夜行性动物，多为夜间活动，应上午少喂下午多喂。投喂时先把竹鼠自己清理出来的粪粒与垃圾清扫干净，以免动物吃变质、污染的饲料而生病。投喂饲料时还应根据各鼠舍竹鼠吃食的情况，添减饲料以免浪费。如果某一个窝的食物剩余较多，可打开玻璃检查一下，看竹鼠是否生病了（生育期间禁止打开），出现问题及时处理。

四、日常管理

新捕获的野生竹鼠，刚刚放到养殖笼（池）饲养时不适应家养环境，对周围很恐惧，不思食物，如果再加上受伤，则很容易死亡，需驯化一段时间。

1. 野生竹鼠捕捉方法

（1）寻找目标：竹鼠一般喜欢生活在成片的细竹林或芒草山地。如发现细竹或芒草无故枯黄且无人为或其他动物损坏，表示附近有竹鼠活动，这是因为竹鼠啃食地下茎时，同时也将地面茎杆咬断，导致植物枯萎。

（2）寻找竹鼠洞：在竹根下如果有大量新鲜松动的碎泥和竹鼠粪便，说明地下有竹鼠的洞穴，在附近挖掘，往往能找到竹鼠的洞道。

（3）迫竹鼠出洞：①震地法。先将方圆约 3m 内的树枝杂草砍光，几人同时从四面用锄头或木棒由外而内用力打击地面，洞内的竹鼠很快就会受惊向洞外逃跑。由于竹鼠对亮光刺激很不适应，反应迟钝，此时可将事先准备好的铁纱罩将它罩住，放入笼中。

②烟熏法。可在大竹筒里放少许木屑和两个干辣椒，点燃后将充满黑烟的竹筒对着洞口吹气，竹鼠因空气刺激不能忍受而跑出洞外，即可捕捉。此法应注意防火安全，避免引发山林大火。

③工具法。在秋冬季节，工具法较奏效。先将前洞的泥土拨开，将捕竹鼠工具对准洞口，同时用石块将后洞堵死，迫使竹鼠往前洞钻，进入捕鼠工具。捕鼠工具选料要坚硬厚实，两头是活闸门，当竹鼠进笼后踩到内设的踏板时，闸门便自动关闭。注意，如果是雌竹鼠，应观察奶头是否光滑湿润，如果光滑湿润则洞内还有幼竹鼠，需挖洞取出。

2. 检查并疗伤 应先仔细检查是否有伤，并根据伤势轻重区别对待。如只伤皮肉，可擦涂碘酒、磺胺结晶粉、利福平或紫药水等药物，伤口较深的要撒些云南白药，一般 2~3d 伤口就会结痂痊愈；如存在骨折，可用消炎镇痛、活血化瘀药物敷于骨折处后包扎好，2~3d 换一次药，经过一段时间后可恢复正常。

3. 合群试养 竹鼠生性喜好独居，除交配外，平时很少群居，为了便于人工集约化饲养管理，这就需要将竹鼠进行合群，合群的方法主要有以下 3 种。

（1）同窝小群暂养法：新添加的小竹鼠应以一窝为一小群暂养，使竹鼠适应饲养环境。开始 2 ~ 3d 竹鼠可能不吃不动，属于正常现象，此后竹鼠会逐渐进行采食活动。

（2）老鼠试验法：在竹鼠池内放入几只老鼠，任竹鼠去撕咬，咬死后再放新的老鼠，如此反复，待竹鼠习惯了，见多不怪，便能与老鼠和睦相处，这时再将其他经同样方法训练过的竹鼠进行合群。此法对竹鼠本身也具有一定的危险性，要注意防范。

（3）视觉适应法：在竹鼠池的四周各放一块大镜子，使竹鼠终日看见自己气势汹汹的影子，经过 3 ~ 5d，待它不再向镜子进攻时，野生竹鼠就可以合群饲养了。

4. 驯食　训练竹鼠在家养条件下采食是饲养竹鼠成败的关键。方法一：野生竹鼠野性较强，对突然改变的环境会有一个反抗过程，如果一开始就马上大量投食，大多数竹鼠会绝食死亡。最好应让它在黑暗处单独关 2 ~ 3d，等它饿极了，饥不择食，再投喂少量的多汁类食物，如红薯、米饭等。投喂量始终使竹鼠保持半饥饿状态，如此连喂 3 ~ 5d，以后再逐渐增喂它平时爱吃的芭芒或竹根。方法二：了解竹鼠的来源，用少量其原先喜好的食物诱吃，成功后再逐渐减少单一饲料，过渡到多样化饲料，并加入精料，使竹鼠获得全价营养。如投给的野生食物尚未采吃，绝不能过早喂配合饲料。

5. 优化组群　驯养成功后，还需要优化组合，以便提高竹鼠的繁殖力和后裔的品质。在一个大池放养 20 只竹鼠，要求是不同窝的体质健壮、大小一致的种竹鼠，按 15 只母竹鼠配 5 只公竹鼠为一个群体。母竹鼠放在大池饲养，公竹鼠先放在母竹鼠群体中饲养 1 ~ 2 个月（最好是幼鼠合在一起养大，到性成熟时才分开），然后分出来 1 只 1 池单养。每次轮放 1 ~ 2 只公竹鼠与母竹鼠合群，10d 交换 1 次公竹鼠。母竹鼠配种怀孕后隔离饲养，直到仔竹鼠断奶又将母竹鼠放回大池群养。这样组群，能防止近亲交配，符合竹鼠群居习性，大池饲养还能使竹鼠获得充分运动，从而获得优良健康的后代。

1. 母竹鼠孕期和哺乳期饲养管理要点

（1）营养：竹鼠怀孕期应该加强营养，饲料需干净、新鲜、多样化，并保持相对稳定的饲料。可每日添加 3 ~ 5g 蛋白含量高、含鱼骨粉多的猪饲料拌入食物中，适当投入多汁饲料及青饲料。

（2）环境：母竹鼠怀孕后应单独饲养，经常保持舍内清洁，用干燥细软的垫草，及时将母竹鼠堆在产室外的粪便和垫草清走。绝对保持产室的安静，避免惊动母竹鼠。

（3）母竹鼠咬仔、弃仔、吃仔的原因：①母竹鼠奶头小，奶水不足或口渴至极；②缺乏矿物质元素；③产后受惊；④母竹鼠受伤，疼痛不安；⑤气温过高或过低，产仔笼通风不良；⑥人为开盖、触摸仔竹鼠。

母竹鼠咬仔、弃仔、吃仔大多在产后 48h 内发生，查明原因后，应根据具体情况采取补充营养、改善环境和人工哺乳等措施。

2. 幼竹鼠饲养管理要点

（1）断奶时机：一般仔竹鼠断奶时间在出生后 30 ~ 45d，可根据母竹鼠的乳头数和奶水量以及幼竹鼠的身体健康情况适当增减天数。夏季断奶日期可比冬季早 2 ~ 5d。

（2）人工哺乳：无母竹鼠哺乳或体质差的仔鼠，应进行人工哺乳。用牛奶或奶粉对米汤水加白糖装进奶瓶，将小胶管一端插入奶瓶中，另一端放到幼竹鼠嘴里让幼竹鼠自由吸吮，每天喂 5 次，每次每只哺喂乳汁 1ml 左右。如果幼竹鼠不主动吸吮，可用去掉针头的注射器吸取乳汁滴入仔竹鼠口中。

（3）逐步添加饲料：幼竹鼠出生 25d 后，眼已睁开，能爬行，可进食鲜嫩的植物嫩根、茎、叶以及配合饲料等。此时可以减少喂奶次数，直到最后断奶。

（4）独立生活：断奶时需将母竹鼠移开，让仔竹鼠留在原窝生活 10 ~ 15d，培养独立生活和采食能力，适应后可移到大池群养。

3. 青年竹鼠的饲养管理要点　青年竹鼠牙齿长得快，需要在笼内放置一根竹杆或硬木条供其磨牙。大池饲养投料时要相对分散，避免打斗争食。青年竹鼠 5 月龄左右即性成熟，开始交配，应做好记号和记录，或隔开饲养，避免近亲交配，并选出不作种用的竹鼠作为商品肉鼠催肥出售。

4. 商品肉鼠的催肥技术　催肥季节在秋冬季为宜，催肥前要做好竹鼠的数量和体重记录。饲料宜选用营养好、易消化的食物，精饲料的比例要提高 10% ~ 20%，青料和粗料适当减少。育肥期间窝室要加盖、避光、保持安静，每 1 ~ 2 周称重 1 次，计算育肥增重速度。公竹鼠的睾丸有药用价值，商品肉鼠催肥期不要阉割。

饲养竹鼠的房舍温度要保持 8 ~ 27℃，气温过热时，要用电扇吹风和向池内喷洒水降温，冬春季注意保温防风。竹鼠窝室需保持干燥、经常清除粪便，以保持笼（池）清洁，地面不能有积水。注意勤换稻草，尤其是产室应保证足够多的稻草。保持环境安静，避免搬动、喧哗、强光和噪音刺激、人为惊扰等。竹鼠窝舍内可以增设鼠厕，内铺细沙，让竹鼠打滚作沙浴。应经常使用无危险性的消毒剂或除臭喷剂（非芳香剂及无异味制剂）处理竹鼠窝舍。抓取竹鼠时要注意安全，可捏住颈背肌肉提起或从竹鼠的两腋抓起，然后抱起整个身子。饲养管理过程中应时常注意关好笼舍的门，以防逃跑。

竹鼠免疫力强，一般不需注射预防针。竹鼠饲养场门前应设置消毒池，消毒液可用新配制的 10% 烧碱溶液。入场前先消毒鞋底，饲养员进饲养池需穿隔离衣并换鞋。各种用具、物品进场前要清洁消毒，饲养池在使用前应首先消毒。

复习思考题

1. 熟悉竹鼠形态特征，学会在饲养管理应用竹鼠生物学特性指导生产实践。

2. 竹鼠有哪些繁殖特性？如何才能提高竹鼠的繁殖率？

3. 竹鼠种的选择有哪些要求？

4. 掌握竹鼠不同时期的饲养管理要点。

5. 竹鼠产品初加工有哪些主要步骤？各工序技术要点有哪些？

第十章　毛皮初加工和质量鉴定

第一节　毛皮初加工

一、屠宰

在不同季节里，毛皮动物毛被的密度、色泽、长度、粗细度及皮板强度、厚度、色泽等有明显的差异，所以，毛皮动物的屠宰时间，应根据不同毛皮动物的毛被脱换规律来决定。

由于动物品种、生活习性及气候等因素不同，毛被成熟早晚不同，根据毛被成熟早晚，可将动物分为四大类。

早期成熟类：在霜降前至立冬前成熟的，主要有灰鼠、香鼠、花鼠、白鼠、银鼠。

中期成熟类：指毛被在立冬至小雪成熟的，如黄鼬、紫貂、水貂、石貂、艾鼬等。

晚期成熟类：一般指毛被在小雪至大雪成熟的动物，主要有狐狸、貉、猞子、狗、雪兔等。

最晚期成熟类：一般指毛被在大雪以后成熟的动物，有麝鼠、海狸鼠、水獭等。

野生毛皮动物毛皮依捕捉和收购季节分为秋冬类皮和冬春类皮。一般珍贵毛皮动物，如紫貂、狐、石貂、水獭、貉、松鼠等，多在秋冬季捕猎取皮；各种鼠类一般在冬春季节捕猎取皮，如麝鼠、海狸鼠等。

人工饲养的毛皮动物，毛皮一般多在 11~12 月份成熟。此期绒毛整齐且有光泽，毛被灵活、板质良好，呈白色。各种家养毛皮动物的取皮时间有很大差异，水貂一般在 11 月中旬到 12 月份（白水貂 11 月 10~15 日，珍珠色和蓝宝石水貂 11 月 10~25 日，咖啡色水貂 11 月 20~30 日，标准貂在小雪至大雪）。在具体实施时，可按照老年公貂、育成公貂、老年母貂、育成母貂的顺序进行。银黑狐、北极狐多半在大雪至冬至前后（银黑狐 12 月 22~27 日，北极狐 1 月 4~7 日）取皮。紫貂在 11 月初，海狸鼠和麝鼠为 11 月至翌年 3 月取皮。

为了合理掌握取皮时间，必须在取皮前进行毛皮成熟鉴定，以便做到随成熟随取皮，保证毛皮质量，提高经济效益。

毛皮成熟的标志是，毛绒丰厚、真毛自立、毛被灵活、有光泽，尾毛蓬松。当动物转动身体时，颈部和身体部位出现一条条"裂缝"，当吹开被毛时，能见到白色或粉白色皮肤，试宰剥皮时，如躯干皮板呈白色，仅尾或头部略黑，即可屠宰取皮。

对动物的屠宰方法很多，以处死迅速，毛皮质量不受影响且经济适用为原则。常用的处死方法可分为 3 大类，有化学处死法、机械处死法和物理处死法，生产中可根据情况任选其一。下面就生产中经常被采用的方法作一简介。

1. 折颈法　这种方法适合于小型兽类，以水貂和家兔为例。屠宰水貂时，操作者将水貂捉住，放在坚固而平滑的台面上，先用左手压住水貂的肩部，然后用右手心托住其下颌部，将头部向后翻过来，最后左右手同时用力把头部向前下方搓压，当听到骨折声时，颈椎即脱臼。值得注意的是，下按时必须迅速有力，特别是处死大公貂更应如此。屠宰家兔时，一只手抓住家兔后肢，另一只手握住家兔头部，用力将家兔身躯拉长，待家兔用不上力时，突然翻转握住家兔头部的一只手的手腕，以折断家兔颈椎，当听到骨折声时颈椎即被折断。

采用断颈椎法，简便易行，对动物的处死迅速，不损伤毛皮，但要注意不要让口腔中流出的血液污染毛被。

2. 药物致死法　常用横纹肌松弛药司可林（氯化琥珀胆碱）处死。小型动物按 1ml/kg、大中型动物按 0.5～0.75ml/kg 剂量皮下注射，动物在 3～5min 即可死亡。采用此法，死亡动物尸体内的残留药物无毒性，不影响尸体的利用。药物致死法还可以采用嗅氯仿法使动物致死。

3. 心脏注空气法　一人用双手将动物保定，另一人用左手确定动物的心脏，右手持注射器，在心脏跳动最明显的部位插入注射针头，如有血液自然回流，即可注入空气。注射量水貂 5～10ml，貉 10～20ml。

4. 电击法　将连接 220V 火线的金属棒导入动物肛门，待动物前爪或口唇、鼻端接触地面时，接通电源，动物立即僵直，5～10s 即可死亡。采用此法时，要注意人员的自身安全和用电安全，避免损伤动物毛被。

二、剥皮

屠宰之后，应在尸体尚有一定温度时进行剥皮，僵硬和冷冻的尸体剥皮困难。各种毛皮动物的剥皮，都应按照其商品规格要求，按正确的剥皮技术进行，如方法不当，容易造成各种伤残，降低毛皮质量，影响销售和价值。

目前毛皮动物的剥皮方法，主要有圆筒式剥皮、袜筒式剥皮、片状剥皮 3 种，其中人工饲养的珍贵毛皮动物多采用圆筒式剥皮法。

采用此法剥出的皮张为圆筒式外形，开后裆，便于上楦板干燥和毛皮收购时进行质量鉴定。圆筒式剥皮法适用于狐、貉、水貂、麝鼠、海狸鼠、艾虎、紫貂、猞猁、灰鼠和石貂等动物的剥皮。下面以水貂为例介绍其方法和步骤。

圆筒式剥皮法在剥皮前，先用无脂锯末把尸体的毛被擦净，按商品规格要求，去掉前爪，保留头、尾和后肢，然后按程序挑裆、抽尾骨、退筒剥皮。

1. 挑裆　先将两后肢固定，从爪掌心下刀，沿后肢内侧长、短毛分界线，由肛门前缘 2～2.5cm 处过刀，直向对侧爪掌心挑去；再从肛门分别向此刀挑开线方向放射形挑去两小刀，去掉一小块三角皮；然后，在尾腹面由肛门处开始，向尾尖方向，沿中线挑开尾皮。挑裆示意见图 10 – 1。

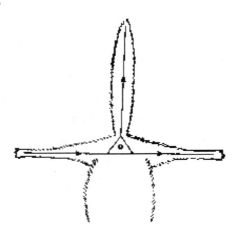

图 10 – 1　挑裆示意图

2. 抽尾骨　用挑刀先将尾皮与尾骨适当剥离，然后借助于用两根拇指粗细的小木棒做成的小木夹，由尾根处插入并夹住尾骨，将尾骨抽出。

3. 退筒剥皮　先将手指插入后肢皮肉之间，钝性剥离后肢皮；剥至掌骨处时，用力往下拉皮，当露出第一趾骨节时，将后爪趾骨由第一趾骨节处剪断，将趾骨与毛皮剥离，使后肢皮形完整，呈片状，带爪；然后固定后肢，抓住皮张，将皮张用力下拉，进行钝性翻剥，将皮张呈圆筒形剥离动物尸体。剥离头部时，一只手握紧貂皮，另一只手用挑刀小心地挑开皮肉，剥离头皮，要求貂皮耳、眼、唇部完整无损。

按此法剥离的貂皮，后肢呈片状，趾爪完整；前肢由腕关节处剪断呈圆筒形；整个皮张完整，呈圆筒形。

袜筒式剥皮法，是由头部向后剥离，将整个皮筒通过口部翻出退下，皮形完整，外观上看不出任何动刀的痕迹。

操作时，用钩子将上腭挂住将尸体挂起，用快刀沿着唇齿连接处切开，使皮肉分离，以退套的方法逐渐由头部向臀部翻剥。四肢也采用退筒法退筒剥离成圆筒形，当剥离至爪部时，将最后一个趾骨节剪断，使爪留于皮上。最后割断肛门与直肠的连接处，抽出尾骨，将尾从肛门翻出，即剥成了毛朝里板朝外（尾部毛朝外）的圆筒板，要求头、腿、尾、眼及胡须完整。

袜筒式剥皮法，一般适用于张幅小、价值高的珍贵毛皮动物及犬科毛皮动物，如元皮、香鼠皮及猎人捕猎的野生狐狸皮等。

片状剥离法最为普遍，一些张幅大和常见的皮张，如虎皮、豹皮、獾皮、狗皮、羔皮、猞子皮、驹皮、猫皮、黄鼬皮、旱獭皮、毛丝鼠皮、海狸鼠皮、麝鼠皮多采用此法。下面将毛丝鼠皮的剥皮方法和步骤作一介绍。

剥皮时将尸体放于干净的操作台上，先用剪刀将前肢由腕关节处、后肢由飞节处剪断，尾部虽然无多大用处，但为剥皮抓握方便，可保留几厘米长。然后从下腭部中央沿腹中线至肛门挑开毛皮,切忌形成锯齿状切口。用手指握住毛皮,逐渐采用钝性剥离法使胴体与毛皮分开。当剥离至四肢时,先将四肢基部的毛皮钝性剥开,然后将四肢抽出,使四肢皮呈毛朝里板朝外的圆筒形。如果需要破开后肢皮,可将一根扇条插入一条腿皮里,经生殖器下方穿到另一只后腿皮里,用刀顺着扇条槽走刀将皮挑开(挑开腹部皮也可借助扇条,以便于挑成直线)。然后剥离躯体两侧及后部,最后小心剥离头部,要求眼、耳、上唇完整。这样使剥离的毛皮呈片状,前肢皮呈毛朝里板朝外的圆筒形,后肢呈与前肢相同的筒状或片状。

三、毛皮初加工

毛皮初步加工包括刮油、洗皮、上楦、干燥防腐等操作程序,最后下楦板并整理入库,毛皮的初步加工便基本结束,皮张可作为商品等待出售。

1. 刮油　从动物尸体上剥离下来的鲜皮,皮板上常附着油脂、血迹、残肉等,这些物质对毛皮的晾晒、保管均有危害,易使皮板假干、皱褶、油渍和透油,因而影响毛皮品质,必须在初步加工时除去。

在刮油过程中,操作不当容易造成各种伤残,如透毛、刮破、刀洞等,会降低皮张等级,影响售价和使用价值。刮油时必须注意以下问题:在皮板干燥前进行;刮油刀要用钝刀;刮油方向要由尾根部和后肢向前刮,用力要均匀,切忌过猛;边刮油,边用锯末搓洗双手,以免油脂污染毛被;刮油时要将筒皮套在光滑的圆木棒或橡胶管上,或平铺在光滑的木楦上,不要使皮皱褶;头部皮不易刮净,可用剪刀除去残肉;刮油前必须将毛皮抖净,以免刮油时,由于锯末等硬物造成凸起而刮破毛皮。

为减轻劳动强度,大中型饲养场,可结合刮油机进行刮油。目前国内已经试制出G120型刮油机,供选用。

2. 洗皮　水貂、狐、貉、紫貂、毛丝鼠等珍贵毛皮动物的毛皮,刮油后要用硬质锯末进行搓洗,以便洗去附着在毛被、皮板上的附油。洗皮前要将锯末进行筛选,漂洗后晾干备用。先用较细的锯末搓洗板面上的油脂,洗净后,将皮翻过来,用粗锯末,按照先逆毛后顺毛的顺序搓洗毛面。

洗皮工作完成后,抖净锯末,以使毛皮达到清洁而有光泽的目的。大型饲养场由于一次洗皮数量大,可采用转鼓和转笼进行洗皮和除尘。在采用转鼓和转笼进行洗皮和除尘时,转速要控制在18~20r/min,皮张和锯末的总量不能超过其容积的2/3。用转鼓洗皮时,转动约20min,用转笼除尘时转动5~10min即可。

3. 撑板　为了使原料皮张按照商品规格要求呈对称形状,防止干燥过程中收缩折皱,洗皮后要及时进行上楦定型。片状的皮张可伸展固定在木版上进行定型干燥;圆筒皮要套在标准楦板上进行固定。以水貂皮为例简介上楦方法。

先检查楦板是否有劈裂、毛刺等破损,然后用衬纸缠好楦板。将貂皮套在备好的楦板上,用两手扯住貂耳用力下拉,使头部的皮尽量拉长,用两个前腿校正皮张上楦是否端正,然后均匀下拉皮身,既不要过紧,又要保持毛绒平顺。为有目的的加工,不影响皮张尺码,上楦时要用楦板上的刻度衡量,在接近的尺码上用按钉固定在这一尺码的外线,不要强拉硬拽,以免造成毛绒空疏影响质量,降低等级。

水貂皮尾皮很长,上楦时要尽量将皮拉宽,使其呈倒宝塔形,用按钉或铁网固定在楦板上。加工时尾皮可以打小皱褶，由根部开始，边宽拉边向上推，使其上宽下尖并加以固定。加工后的尾皮要比自然长度缩短 1/2 左右。

水貂的下唇皮大部分为带有白斑的部分，剥皮后形如舌状，加工不当影响美观。貂皮上楦后要将此皮横向拉成扁平状，翻向内侧。

后腿皮要在腹下部展平固定。皮的上部要与臀部皮在同一个尺码刻度上，防止腿皮超过正面皮影响质量。两腿皮位置要摆正，两腿皮中间相压，用一排按钉固定。

以上皆指一次上楦而言，如果烘干条件较差，应采用两次上楦烘干法。先将洗好的貂皮板向外、毛向内上楦，待烘干至六成干时，再将皮张翻过来，将板向内、毛向外固定皮形烘干。

我国不同动物的楦板都有统一的规格，按照统一规格的楦板加工的毛皮，便于收购和确定长度比差。不同动物的楦板外形及楦板规则见表 10-1 至表 10-4、图 10-2 所示。

表 10-1　水貂皮楦板规格　（单位：cm）

公　貂	母　貂	公　貂	母　貂
全长 110，厚 1.1	全长 90，厚 1.0	距尖端 13 处起，中部透槽长 71，宽 0.5	距尖端 13 处，中部透槽长 60，宽 0.5
距尖端 2 处，宽 3.6	距尖端 2 处，宽 2.0	距尖端 13 处，两侧半透槽，长 84，宽 1.5	距尖端 13 处，两侧半透槽，长 70，宽 1.5
距尖端 13 处，宽 5.8	距尖端 11 处，宽 5.0	由尖端起，两侧正中开一条小沟槽	由尖端起，两侧正中开一条小沟槽
距尖端 90 处，宽 11.5	距尖端 71 处，宽 7.2	距尖端 14 处，两侧开长 14 与中央透槽相通的透槽	距尖端 12 处，两侧开长 13 与中央透槽相通的透槽

表 10-2　貉皮楦板规格　（单位：cm）

距楦板尖端长度	楦板宽度	距楦板尖端长度	楦板宽度
0	3.4	76	18.5
7.4	8.1	108	18.5
19.4	12	150	18.5
50	17		

注：楦板厚度 2.0cm。

表 10-3　狐皮楦板规格　（单位：cm）

距楦板尖端长度	楦板宽度	距楦板尖端长度	楦板宽度
0	3	90	13.9
5	6.4	108	14.4
20	11	126	14.5
40	12.4	150	14.5
60	13		

注：楦板厚度 2.0cm。

表 10 - 4 麝鼠皮楦板规格 （单位：cm）

型号 \ 项目	全长	上部宽	中部宽	下部宽
大号	55	7	13	15
小号	40	6	10	12

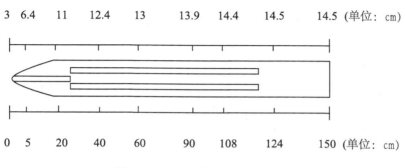

3　6.4　11　12.4　13　13.9　14.4　14.5　14.5 （单位：cm）

0　5　20　40　60　90　108　124　150 （单位：cm）

图 10 - 2　狐皮楦板及规格示意图

4. 烘干　皮张的防腐方法有干燥法、冷冻法、盐腌防腐法、盐干防腐法、浸酸防腐法等多种方法，而干燥防腐法比较常用，特别是珍贵毛皮动物的皮张一般都采用干燥防腐法。

毛皮的干燥防腐方法有自然干燥法、烘干法和机械鼓风干燥法（图 10 - 3）。机械鼓风干燥法干燥速度快、毛皮质量好、不容易出现事故，而且可以在常温条件下进行，所以效果最佳。自然干燥法很少在毛皮动物养殖场被采用。

图 10 - 3　机械鼓风干燥

烘干法在小型养殖场常被采用。采用烘干法时，温度要控制在 25 ~ 28℃，过高容易使毛锋勾曲或出现焦板，过低时不但干燥速度慢，容易受闷掉毛。烘干室要通风良好，及时排除潮气，否则也容易造成受闷掉毛。烘干时貂皮要挂在距炉火、火墙 1m 远以外的位置，不要距炉火过近，当炉火过爆时，要在炉火周围洒水。当烘干至六七成干时，要将腿皮筒翻入貂皮筒内。

5. 皮张整理　烘干后的皮张，板质易干燥、出皱褶，毛被不平顺，特别是颈部毛锋不易抖起，影响毛皮美观，故应在烘干后进行加工整理，使其商品化。

将新毛巾蘸温水，使毛巾略潮即可，将烘干后的皮张逐个擦拭，使皮张皮板洁净并稍微回潮、软化，然后将皮张背对背地码成垛（貂皮高度不宜超过 10 对），用纸或苦布苦好防尘，用平滑的木板压在上面，6~8h 后打开苦盖物逐个抖动通风即可。

第二节　毛皮的质量鉴定

一、毛皮分类

各类毛皮在毛型、毛色、产地、张幅及所具有的特征上都有很大的差异，根据不同的目的，可进行不同的分类。

根据来源不同，可分为野生和家养毛皮；根据用途不同，可将皮张分为革皮和裘皮；按照毛型，可分为大毛细皮（狐皮、貉皮、山狸皮等）、小毛细皮（水貂皮、猫皮、黄鼬皮等）和胎毛皮（猾子皮、羔皮、驹皮）；按产区，分为东北路、西北路、西南路、华北路和江南路等；按产季不同，分为冬皮、春皮、夏皮和秋皮，生产中一般都是正产季节皮，非正产季节皮很少。

二、影响毛皮质量的因素

1. 性别、年龄、种类的影响　雌性动物由于妊娠和哺乳育仔的影响，毛被脱换以及光泽不如雄性动物的毛皮；鼬科动物的雄性个体比雌性大，其毛皮价格一般明显高于雌性。幼龄和老年动物的毛皮品质不如壮年的毛皮好。当然，不同动物的毛皮质量相差更为悬殊。

2. 气候和动物生长地区的影响　不同的纬度地区毛皮质量差异显著，对裘皮而言，一般产于北方的往往比南方的质量好，所以我国将毛皮分成若干路分，某种程度上代表着不同地区的毛皮品质。产于同一地区的毛皮，由于动物生长在山南、山北，阴坡、阳坡，黑土地、黄土地或沙土地的不同，毛皮质量也有所不同。

3. 营养与疾病的影响　一般肉食动物的毛皮比草食动物的毛皮有较好的光泽。动物在营养状况好的情况下，毛皮质量亦佳。动物的寄生虫病、疫病等同样影响毛皮质量。

1. 捕捉和屠宰季节的影响　动物的毛皮在不同的季节里，毛皮有明显的季节特征和不同的质量。不同季节里动物处于不同的毛被脱换过程，其毛被的成熟和皮板的组织状态均不同，所以严格控制捕捉季节是很重要的。

立秋至立冬所产的皮为秋皮。早秋皮针毛粗短，稍有油性，尾毛短；中秋皮针毛较短而平伏，底绒稍厚，光泽较好，仅头、颈部有少量夏毛，皮板厚呈青色，有油性，尾毛较短；晚秋皮，针毛整齐，底绒略显空疏，光泽好，皮板较厚，颈部或臀部呈青色，油性好，尾毛丰满。

立冬至立春所产的皮为冬皮，针毛稠密、整齐、灵活，底绒丰厚，色泽光润，皮板细制，油性好，呈乳白色，尾毛丰满，质量最佳。

立春至立夏所产的皮为春皮，冬毛逐渐脱落并换成稀短的夏毛。早春皮毛绒较弱，光泽差，底绒稍欠灵活，皮板呈粉红色，略厚硬，油性差，尾毛略有弯曲；春皮针毛略弯曲，底绒已显黏合，干涩无光，皮板发红，显厚硬，枯燥无油性，尾毛勾曲；晚春皮，针毛枯燥、弯曲、凌乱，底绒黏合或已经浮起，皮板厚硬，呈红黑色，尾毛已脱针。

立夏至立秋的皮为夏皮，以粗毛为主而底绒较少，稀短且显干燥，皮板枯白薄弱，尾毛稀短，大部分没有制裘价值。

2. 捕捉和屠宰方法的影响　捕捉和屠宰方法不当，常易造成各种伤残，如淤血、火燎、枪洞、刀伤等，影响毛皮的使用、降低质量。因此，应采用合理的捕捉和屠宰方法。

3. 初加工的影响　合理正确的初步加工，可以有效地保持原有的质量，甚至能改进外观，如果方法不当，势必降低毛皮质量。剥皮不慎可造成刀洞、描刀、缺材、撕伤等伤残；晾晒不当易造成脏板、油浸、贴板、掉尾、焦板、霉板、冻板和皱板等缺欠。

4. 保管与运输的影响　保管与运输不当容易发生虫蛀、鼠咬、发霉、掉毛等事故，轻者降低质量，重者使毛皮失去使用价值。

三、毛皮质量鉴定要求

对所有毛皮的鉴定，都应以毛被的质量和影响毛被的伤残鉴定为主，兼顾皮板质量。由于衡量毛皮质量的指标很多，而且不同用途的裘皮对质量的各个指标又有不同的要求，所以鉴定各种裘皮时，应按国家采购规格等级标准分别对待。

1. 大毛裘皮的鉴定　有特殊的斑点或斑纹的皮张，主要用来制作高贵的翻毛大衣和装饰品，鉴定时除要求板质良好、毛绒丰厚平齐、毛细、色泽鲜艳外，最主要是斑点、花纹是否清晰。

狐、貉、狗、狼和羊皮，鉴定时要求板质良好，毛大绒足，毛细，针毛平齐无残缺（貉皮稍有缺针无妨）。

獾皮主要是拔取针毛，以供制造高级刷子，因此鉴定时主要以针毛坚挺，毛长而密，毛尖洁白，毛条黑白节分明为重点。

2. 小毛细皮的鉴定　这类毛皮的共同特点是毛绒细而密，针毛平齐，张幅小，各具独特的天然色泽。鉴定时必须仔细慎重，毛被和皮板上的任何伤残，甚至胡须、四肢、尾、爪等部位的伤残都会对质量产生较大的影响。此外，在毛色方面亦极为重要，除猫、兔和鼠皮外，均要求毛色纯，无异色混杂。

3. 胎毛裘皮的鉴定　胎毛裘皮包括马、骡、驴驹和羔皮、猾子皮等，这类裘皮有独特的花纹，可制作美观的服装。鉴定这类皮张时，以花纹多而清晰、美观、毛长适中、花口紧和具有底绒为重点。

四、各类皮张收购规格

根据中华人民共和国供销合作总社，畜产品收购规格和中国土畜产进出口总公司对其他品种规格的规定及有关补充规定，结合介绍的毛皮动物种类，将部分皮张的收购规格介绍如下。

1. 加工要求　采用圆筒式剥皮，剥皮适当，剥皮完整，头、腿、尾、耳齐全，去掉前爪，抽出尾骨、腿骨，除净油脂，开后裆，毛朝外，圆筒按标准楦板晾干。

2. 等级规格 一等皮，毛色黑褐、光亮，背、腹部毛绒平齐、灵活，板质良好，无伤残。二等皮，毛色黑褐，毛绒略空疏；具有一等皮毛质、板质，可带下列伤残之一：毛色淡，或次要部位略带夏毛，或有不明显的轻微伤残，或轻微塌脊、塌背；自咬伤、擦伤或小伤疤，面积不超过 $2cm^2$；轻微流针、飞绒或有白毛锋集中 1 处，面积不超过 $1cm^2$。不符合等内皮要求的，或受焖掉毛、开片皮、白底绒、毛锋勾曲较严重者为等外皮。

3. 长度比差 公貂皮 77cm 以上为 130%，71～77cm 为 120%，65～71cm 为 110%，59～65cm 为 100%，59cm 以下为 90%；母貂皮为 65～71cm 为 130%，59～65cm 为 120%，53～59cm 为 110%，47～53cm 为 100%，47cm 以下为 80%。

水貂皮现行市场尺码规格：国际规格 3 号，尺码长度为 59～65cm；国际规格 2 号，尺码长度为 65～71cm；国际规格 1 号，尺码长度为 71～77cm；国际规格 0 号，尺码长度为 77～83cm；国际规格 00 号，尺码长度为 83～89cm；国际规格 000 号，尺码长度为 89cm 以上。

4. 等级比差 一等皮 100%，二等皮 75%，等外皮 50% 以下按质计价。

5. 品种比差 标准貂皮 100%，普通彩色貂皮 125%，杂花色貂皮按等外皮对待，50% 以下计价（除指定的育种场外）。

6. 性别比差 公貂皮 100%，母貂皮 80%。

7. 颜色比差 标准貂皮颜色分级比差是：浅褐色 96%，中褐色 98%，褐色 100%，最褐色 102%，最最褐色 104%，黑色 106%。

8. 说明 等内皮长度必须符合统一楦板宽度。断尾不超过 50%，腹部有垂直白线且宽度不超过 0.5cm，后裆秃针面积不超过 $5cm^2$，全皮有少数散白针、破洞 1 处且面积不超过 $0.5cm^2$ 等不算缺点。后裆开割不正、破洞、缺腿、缺鼻、撑拉过大、毛绒空疏、春季淘汰皮、非正产季节死亡皮、毡结皮等酌情定等。量皮方法从鼻尖至尾根。尺码计算就下不就上。

1. 加工要求 加工过程和皮张样式与水貂皮相同。采用圆筒式剥皮，剥皮适当，剥皮完整，头、腿（后肢与貂皮相同，可保留前爪，在趾骨端剪断）、尾、耳齐全，抽出尾骨、腿骨，除净油脂，开后裆，毛朝外，圆筒皮按标准楦板晾干。

2. 等级规格 一等皮，毛色深黑，针毛从颈部至臀部分布均匀，色泽光润，底绒丰足，毛锋齐整、灵活，皮张完整，板质优良，无伤残。二等皮，毛色暗黑，或略褐，针毛分布均匀，毛绒略空疏或略短薄，带有光泽；或具有一等皮毛质、板质，但有轻微塌脖、或臀部针毛略有擦尖（即蹲裆）、或两肋针毛略擦尖（即拉撒）。三等皮，毛色暗褐欠光润，针毛分布不甚均匀，毛绒空疏或短薄，板质薄弱；或具有一等、二等皮毛质、板质，具有下列伤残之一者为三等：塌脖、塌脊较重，或臀部针毛擦尖较重（即蹲裆），或两肋针毛擦尖较重（即拉撒），或中脊针毛擦尖。不符合等内要求的皮张为等外皮。

3. 等级比差 一等皮 100%；二等皮 80%；三等皮 60%；等外皮 40% 以下按质计价。

4. 尺码标准 000 号为 115cm 以上；00 号为 106～115cm；0 号为 97～106cm；1 号为 88～97cm；2 号为 79～88cm；3 号为 70～79cm。

银黑狐皮现行市场尺码规格：国际规格 0 号，尺码长度为 80～85cm；国际规格 00 号，尺码长度为 85~90cm；国际规格 000 号，尺码长度为 90~95cm；国际规格 0000 号，尺码长度为 95~100cm；国际规格 00000 号，尺码长度为 100cm 以上。

5. 尺码比差　000 号按 130% 计价；00 号按 120% 计价；0 号按 110% 计价；1 号按 100% 计价；2 号按 90% 计价；3 号按 80% 计价。银黑狐皮现行市场尺码比差，本着尺码大价格高的原则随行就市。

6. 说明　皮形标准按国家统一楦板而言；量皮方法从鼻尖到尾根；尺码比差就下不就上。

1. 加工要求　加工过程和皮张样式与水貂皮相同。采用圆筒式剥皮，剥皮适当，皮形完整，头、腿（后肢与貂皮相同，可保留前爪，在趾骨端剪断）、尾、耳齐全，抽出尾骨、腿骨，除净油脂，开后裆，毛朝外，圆筒皮按标准楦板晾干。

2. 等级规格　一等皮，颜色纯正，毛绒丰足，针毛齐全、灵活，色泽光润，板质优良，无伤残。二等皮，毛绒略空疏或略短薄，针毛齐全，板质良好；或具有一等皮毛质、板质，但有轻微塌脊、或臀部针毛略有擦尖（即蹲裆）、或两肋针毛擦尖（即拉撒）。三等皮，毛绒空疏或短薄，针毛齐全，板质略薄弱；或具有一等、二等皮毛质、板质，具有下列伤残之一者为三等：塌脖、塌脊较重，或臀部针毛擦尖较重（即蹲裆），或两肋针毛擦尖较重（即拉撒），或中脊针毛擦尖。不符合等内要求的皮张为等外皮。

3. 等级比差　一等皮 100%；二等皮 80%；三等皮 60%；等外皮 40% 以下按质计价。

4. 尺码标准　000 号为 115cm 以上；00 号为 106~115cm；0 号为 97~106cm；1 号为 88~97cm；2 号为 79~88cm；3 号为 70~79cm。

北极狐皮现行市场尺码规格：国际规格 0 号，尺码长度为 80~85cm；国际规格 00 号，尺码长度为 85~90cm；国际规格 000 号，尺码长度为 90~95cm；国际规格 0000 号，尺码长度为 95~100cm；国际规格 00000 号，尺码长度为 100cm 以上。

5. 尺码比差　000 号按 130% 计价；00 号按 120% 计价；0 号按 110% 计价；1 号按 100% 计价；2 号按 90% 计价；3 号按 80% 计价。北极狐皮现行市场尺码比差，本着尺码大价格高的原则随行就市。

6. 说明　皮形标准按国家统一楦板而言；量皮方法从鼻尖到尾根；尺码比差就下不就上。

1. 加工要求　剥皮适当，皮形完整，头、腿、尾齐全，除净油脂，展平或用标准楦板晾干。

2. 等级规格　一等皮，毛绒丰足，针毛齐全，色泽光润，板质良好，可带枪伤、破洞 2 处，总面积不超过 11cm²。二等皮，毛绒略空疏或略短薄，可带一等皮伤残；或具有一等皮毛质、板质，可带枪伤、破洞 3 处，总面积不超过 16.6cm²。三等皮，毛绒空疏或短薄，可带一二等皮伤残；或具有一二等皮毛质、板质，可带枪伤、破洞，总面积不超过 55.4cm²；用不符合统一规定的楦板加工的皮张。不符合等内皮要求的为等外皮。

3. 面积规定　一等皮，北貉为 1 777.4cm² 以上，南貉为 1 444cm² 以上；二等皮，北貉为 1 444cm² 以上，南貉为 1 222cm² 以上；三等皮，北貉为 1 222cm² 以上，南貉为 999.8cm² 以上。

4. 长度规定与尺码比差 0 号 99cm 以上，按 130% 计价；1 号 90～98cm，按 120% 计价；2 号 81～90cm，按 110% 计价；3 号 72～81cm，按 100% 计价；4 号 63～72cm，按 85% 计价；5 号 57～63cm，按 70% 计价；6 号 57cm 以下，按 55% 计价。

貉皮现行市场尺码规格：国际规格 0 号，尺码长度为 80～85cm；国际规格 00 号，尺码长度为 85～90cm；国际规格 000 号，尺码长度为 90～95cm；国际规格 0000 号，尺码长度为 95～100cm；国际规格 00000 号，尺码长度为 100cm 以上。貉皮现行市场尺码比差，本着尺码大价格高的原则随行就市。

5. 等级比差 一等皮 100%；二等皮 80%；三等皮 60%；等外皮 40% 以下按质计价。

6. 地区品质比差 黑龙江省、吉林省、内蒙古自治区、辽宁省、天津市、北京市、河北省、山西省为 100%，其他地区为 60%。

7. 说明 擦针、磨绒、刺脖、黑底绒酌情定等。量皮方法从尾根至耳根，选腰间适当的比较平均部位为宽，长宽相乘求出面积（圆筒皮加倍计算）；用标准楦板加工干燥的，按收购要求确定长度比差，尺码长度就下不就上。

1. 加工要求 采用圆筒式剥皮，不要开片皮，去净油脂，去掉尾巴、爪子，然后，皮筒毛向内、板向外上楦板，置于阴凉处晾干。上楦时不要强拉硬拽，上楦时务必要毛向内。

海狸鼠皮楦板厚 1.2cm，长度 122cm 以上。由于海狸鼠皮大小不同，楦板分大号和小号两种。大号楦板上宽 14cm，下宽 15cm；小号楦板上宽 13cm，下宽 14cm。

2. 等级规格 一等皮，底绒丰厚，背部和腹部的毛绒致密，色泽无显著差别；板质足壮，伤残只限 1 处，刀伤长度不超过 3.3cm，破洞面积不超过 0.98cm²，皮张面积在 1 833cm² 以上。二等皮，底绒稍欠丰厚，背部和腹部的毛绒密度和色泽差别较明显，板质良好，如有刀伤、破洞不超过 2 处，刀伤总长度不超过 5cm，或破洞总面积不超过 2.72cm²，皮张面积在 1 388.6cm² 以上。三等皮，底绒较稀薄，背部和腹部的毛绒密度和色泽差别明显；板质薄弱，如有刀伤、破洞不超过 3 处，刀伤总长度不超过 6.66cm，或破洞总面积不超过 11cm²，皮张面积在 1 111cm² 以上。

1. 加工要求 采用圆筒式剥皮，不要开片皮，除净油脂，去掉尾、爪，然后，皮筒毛向内、板向外上楦板，置于阴凉处晾干。

2. 等级规格 一等皮，毛绒丰厚，针毛齐全，板质良好，伤残不超过 2 处，总面积不超过 1.1cm²。二等皮，毛绒略空疏或略短薄，板质较弱，可带一等皮伤残；或具有一等皮毛质、板质，可带伤残 3 处，总面积不超过 3.3cm²。三等皮，毛绒空疏或短薄，板质较弱或较厚，可带一等皮伤残；或具有一、二等皮毛质、板质，可带伤残 4 处，总面积不超过 5.56cm²。不符合等内皮要求的为等外皮。

3. 面积规定 东北地区等内皮要求面积在 444.44cm² 以上；西北地区一等皮 450cm² 以上，二等皮 350cm² 以上，三等皮 250cm² 以上。

4. 等级比差 一等皮 100%；二等皮 80%；三等皮 60%；等外皮 30% 以下按质计价。

5. 说明 量皮方法从尾根至耳根，选腰间适当的比较平均部位为宽，长宽相乘求出面积；用标准楦板加工干燥的，按收购要求确定长度比差。

复习思考题

1. 了解各种毛皮动物的毛皮脱换一般规律,掌握主要毛皮动物的打皮季节。
2. 熟练掌握水貂皮、狐皮、貉皮的剥皮方法与技术。
3. 如何判断和区别春皮、冬皮和夏皮?
4. 在毛皮动物的屠宰方法中,哪些方法比较适合用于水貂、狐、貉的宰杀?
5. 掌握水貂皮、狐皮的加工要求与收购规格。
6. 影响毛皮质量的主要因素有哪些?
7. 掌握圆筒式剥皮的操作技术,了解片状剥离和袜筒式剥离的操作方法。
8. 掌握鉴定不同种类毛皮的要点和毛皮鉴定的一般手法与技术。
9. 掌握水貂、狐皮的初步加工工序与技术。

第十一章　肉　鸽

肉鸽为家鸽（Columba livia domestica）的一种，是人们经过长期选育而形成的品种，其祖先是原鸽（Columba livia），属于鸟纲（Aves）、今鸟亚纲（Neornithes）、突胸总目（Carinatae）、鸽形目（Columbiformes）、鸠鸽科（Columbidae）、鸽属（Columba）。鸽肉肉质细嫩，味道鲜美，营养丰富，经测定，乳鸽含有17种以上氨基酸，氨基酸总和高达53.9%，且含有10多种微量元素及多种维生素，早有"一鸽胜九鸡"之说。鸽肉对于防治血管硬化、高血压、气喘等多种疾病有一定的药用作用，对产妇、术后患者、久病贫血者具有大补、养血之功效；同时对延缓衰老也有很好的益处。中成药"乌鸡白凤丸"可治多种妇科疾病，其中的白凤就是指鸽。

第一节　肉鸽的品种与生物学特性

一、肉鸽的品种与形态特征

1. 王鸽　原产于美国，是世界上最有名的肉用鸽品种。含有鸢鸽、贺姆鸽的血液，是理想的肉鸽品种，一对亲鸽能年产7对雏鸽。乳鸽体形肥大深受养鸽者和消费者欢迎。王鸽按其培育用途不同，有观赏型和肉用型之分；按其羽色可分白羽、银羽、黑羽、绛羽等。

（1）白羽王鸽：又称白王鸽、白舍鸽、白大王鸽。白王鸽有两种类型，一种是观赏型（或称展览型），体型大，体重为800～1 000g，呈元宝型。主要特征是头圆，前额突出，嘴细、胸圆、背宽，尾短而翘，生产性能较差。但由于其体态美观，我国不少鸽场喜欢把它作为肉鸽饲养。另一种是作为生产商品乳鸽的高产型白王鸽，成年体重为800～1 020g，乳鸽重750g左右，以体重达标、体长较短者为上选。主要特征是羽毛结实，尾羽略向上翘，但不像观赏用白王鸽那样翘得高，体态丰满结实，体躯宽阔而不粗短，两腿站立直而开阔。

（2）银羽王鸽：又称银王鸽，其实羽色并不是银色，而是灰壳羽，其中头、颈、肩部的灰羽较深；翼羽上有两条巧克力色羽纹。银王鸽同样也有观赏型和肉用型之分，其基本特征与白王鸽相似，其中肉用银羽王鸽比肉用白王鸽更温驯好养。肉用型银羽王鸽成年体重以800～1 020g占多数，每对每年可产10窝，乳鸽生产速度快，饲料报酬高。

2. 卡奴鸽　卡奴鸽又名赤鸽，产于比利时和法国，为肉用、观赏兼用鸽。体型中等，比王鸽稍小，成年公鸽体重800g，母鸽700g，每只乳鸽重可达500g。颈粗，胸宽、翼短、尾短，标准羽色有纯红、纯白、纯黄3种。年产乳鸽10对，高者达12~14对。卡奴鸽就巢性能好，适合当保姆鸽。

3. 蒙腾鸽　原产于法国、意大利的蒙腾鸽，已有200年历史。在18~19世纪的法国和意大利，该鸽已有许多有名的亚种，后来引进美国饲养，现在的蒙腾鸽，除法系、瑞士系和美系以外，还有印度和西班牙的蒙腾鸽。蒙腾鸽体型较大，不善飞行，宜于室内饲养。繁殖性能优秀，每年能繁殖乳鸽8~10对，育雏性能良好。成年鸽体重800~850g。

4. 贺姆鸽　大贺姆鸽是世界名鸽，原产于美国，含有食用贺姆鸽、卡奴鸽、王鸽、蒙腾鸽的血液。体型较短，胸深，背宽，呈圆形，毛色有白、灰、棕，成年公鸽体重800g，母鸽700g，年产乳鸽7~8对，30日龄的乳鸽体重可达700g。此鸽体质强韧，比其他良种鸽更耐粗饲，孵化和育雏性能良好，很少压破蛋和压死雏鸽，是培育新品种或改良鸽种的好亲本。

5. 石歧鸽　石歧鸽是我国大型肉用品种之一，主要分布于广东省中山石歧镇一带，是本地鸽与王鸽、鸾鸽、卡诺鸽多元杂交后经过多年选育而成。石歧鸽的主要特征是：体长、尾长、翼长，形似芭蕉的蕉蕾，毛色有白、灰、红、黑和杂色。成年公鸽体重750g，母鸽600g。此鸽耐粗饲，就巢、孵化、受精、育雏等生产性能良好，年可产乳鸽7~8对，性情温驯，毛色好，骨软，肉嫩味美。

鸽子躯干呈纺锤形，胸宽而且肌肉丰满；头小呈圆形，鼻孔位于上喙的基部，且覆盖有柔软膨胀的皮肤，这种皮肤叫蜡膜或鼻瘤；眼睛位于头的两侧，视觉十分灵敏。颈粗长，转动灵活；腿部粗壮，脚上有4趾，第1趾向后，其余3趾向前，趾端均有爪；尾部缩短成小肉块状突起，在突起上着生有宽大的12根尾羽，这些羽毛在鸽子飞翔时展开成扁状，起舵的作用。鸽子的羽毛有纯白、纯黑、纯灰、纯红、黑白相间的"宝石花"、"雨点"等。成年鸽体重一般可达700~900g以上，大者达1 000g。

二、肉鸽的生物学特性

刚孵出的乳鸽（又称雏鸽）身体软弱，眼睛不能睁开，身上只有一些初生绒毛，不能行走和觅食。亲鸽以嗉囊里的鸽乳哺育乳鸽，需哺育1个月乳鸽才能独立生活。

肉鸽是由野生鸽经过人工长期驯养而成，以植物性饲料为主，主要有玉米、稻谷、小麦、豌豆、绿豆、高粱等，一般没有熟食的习惯。在人工饲养条件下，可以将饲料按鸽子营养需要配成全价配合饲料，以"保健砂"（又称营养泥）为添加剂，再加些维生素，制成直径为3~5mm的颗粒饲料，鸽子能适应并较好地利用这种饲料。1对肉鸽每天需要的饲料约为100g，母鸽育雏时，每天约需150g饲料。

鸽子的祖先长期生活在海边，常饮海水，故形成了嗜盐的习性。如果鸽子的食料中长期缺盐，会导致鸽的产蛋等生理机能紊乱。每只成鸽每天需盐0.2g，盐分过多也会引起中毒。

鸽子不喜欢接触粪便和污土，喜欢栖息于栖架、窗台和具有一定高度的巢窝。鸽子十分喜欢洗浴，炎热天气更是如此。

鸽子在热带、亚热带、温带和寒带均有分布，能在 ±50℃气温中生活，抗逆性特别强，对周围环境和生活条件有较强的适应性。鸽子具有较高的警觉性，若受天敌（鹰、猫、黄鼠狼、老鼠、蛇等）侵扰，就会发生惊群，极力企图逃离笼舍，逃出后便不愿再回笼舍栖息。在夜间，鸽舍内的任何异常响声，也会导致鸽群的惊慌和骚乱。

鸽子记忆力极强，对方位、巢箱以及仔鸽的识别能力尤其强，甚至经过数年的离别，也能辨别方向，飞回原地，在鸽群中识别出自己的伴侣。对经常接触的饲养人员，鸽子也能建立一定的条件反射，特别是对饲养人员在每次饲喂中的声音和使用的工具有较强的识别能力，持续一段时间后，鸽子听到这种声音，看到饲喂工具后，就能聚于食器一侧，等待进食。相反，如果饲养员粗暴，经过一段时间后，鸽子一看到这个饲养员就纷纷逃避。

第二节　肉鸽的繁育

一、种鸽的选择

1. 体型大、肉质好　生产肉鸽的目的在于获得量多质优的鸽肉。选择时除要求两眼有神、虹彩清晰、羽毛紧凑且具有光泽外，还要选择龙骨平坦、胸深、背宽、肌肉丰满、侧看呈元宝形的雌雄种鸽。毛色以浅色为佳，而且要前期生长快的品种为好。这种种鸽所产的后代饲料报酬高、经济效益好、市场竞争力强。

2. 繁殖性能好　一般高产种鸽，孵蛋与哺雏重叠进行，在雏鸽出壳后20d左右，亲鸽又产下第2对蛋。雌雄鸽一面孵蛋，一面哺雏，这种繁殖性能好的种鸽，每年可获7对以上的商品乳鸽。

3. 鸽乳质量好、哺雏能力强　这是获得优质商品乳鸽决定性的条件。欲得体重大、肉质好的商品乳鸽，除了饲料条件外，关键是要有善于哺雏且鸽乳质优的种鸽。哺雏能力强的亲鸽能做到勤哺、满哺，经常把雏鸽喂得饱饱的。鸽乳质量好的种鸽，可使雏鸽出壳后4d内生长迅速，健壮体大，为获得优质乳鸽打下基础。

4. 性情温驯、易于管理　肉鸽管理的效果好坏与种鸽禀性关系密切。性情急躁易于受惊的种鸽不易管理，生产中损失大；性情温驯的种鸽易于接受管理，易于生产。

5. 孵蛋好、母性强　母性强的种鸽，既善于哺雏，又善于孵蛋。孵蛋期间，母性强的亲鸽很少发生离窝凉蛋的现象，更无离窝舍蛋的行为；母性差的亲鸽时而出现离窝凉蛋的行为，冬天经常发生冻死胚蛋现象，造成很大的损失。母性强的种鸽，孵蛋时动作轻慎；反之，母性差的种鸽，孵蛋时动作粗拙，经常压碎蛋或把蛋拨出窝外，造成生产损失。

6. 抗逆性强、适应性广　抗逆性强的种鸽，在逆态环境下很少得病，即便环境卫生稍差，仍能保持鸽体健康，机能旺盛，终年不见得病，甚至整个生命期间也不患病。为选好种鸽，后备种鸽应满足种鸽计划量的 150% ~ 200%，在生产中进行严格筛选，直至选出符合条件的优良种鸽来。这样做看起来投入的成本费用高了一些，但是在漫长的生产周期中，成本反而降低了，最终保证了肉鸽生产的优质高效。

鸽的雌雄鉴别是肉鸽生产、繁殖工作中不可缺少的一环，如果性别比例不当，不但鸽舍不得安宁，而且影响产蛋率，因此，肉鸽的雌雄鉴别是养鸽者必须掌握的一项技术。

1. 鸽蛋的胚胎鉴别法　鸽蛋产下后经过 4 ~ 5d 的孵化，用照蛋器观察，若是受精蛋，胚胎已开始发育，这时可以看出胚胎周围有血管分布。胚胎两侧的血管是对称蜘蛛状时，多为公鸽胎儿，反之，胚胎两侧的血管是不对称的网状，一边长且多，一边短且稀少的多为母鸽胎儿，这种比较是相对而言，是同一窝蛋之间的比较。

2. 幼鸽的雌雄鉴别法　幼鸽的性别鉴定很困难，但也可以通过体形外貌、行为表现等方面进行鉴定，正确率一般可达 60%。

（1）肛门鉴别法：在乳鸽孵出 4 ~ 5d 后，把其肛门稍微掰开，由侧面看去，雄鸽肛门上缘覆盖下缘，稍微突出；雌鸽正好相反，下缘突出来而稍微覆盖上缘。但是 10d 后，肛门周围的羽毛长出就不容易鉴别了。

（2）哺喂鉴别法：在同窝乳鸽中，常常争先受亲鸽哺喂的乳鸽多为雄鸽；反之则为雌鸽。

（3）外貌、行为鉴别法：在同窝乳鸽中，雄鸽长得较快，体重较大；雌鸽生长稍慢。以手伸近乳鸽头部前时，反应敏感，羽毛竖起，姿势较凶，且用嘴啄手或以翅膀拍打者多为雄鸽。乳鸽走动时，先离开巢盆，且较活泼好斗者多为雄鸽，反之多为雌鸽。

3. 童鸽的雌雄鉴别　在童鸽时期，1 ~ 2 月龄的性别最难鉴别，通常只能由外形及肛门等部位来鉴别，4 ~ 6 月龄的鸽子鉴别比较容易。童鸽的雌雄可以从以下几点进行鉴别：

（1）外貌鉴别法：雄鸽头部较粗大、头顶呈圆拱形，嘴大而短，鼻瘤大而突出，抵抗力强，眼睑开闭速度快，羽毛有光泽，主翼羽末端较尖；而雌鸽体形结构紧凑，头部圆小，顶部扁平，嘴长而窄，颈细而软，性情温和。雄鸽的羽毛较有光泽，主翼羽尾端较尖；雌鸽的羽毛光泽度较差，主翼羽尾端较钝。

（2）触摸鉴别法：雄鸽颈骨较粗而硬，龙骨突粗长而硬，龙骨末端与耻骨间的距离较窄，两耻骨间的距离窄而紧，脚胫骨粗而圆；将鸽捉起时，挣扎有力，用手指横向牵引鸽喙时，尾羽多下垂。雌鸽颈骨细而软，龙骨突稍短，两耻骨间的距离较宽，为 4 ~ 5cm；捉鸽时抵抗力较弱，用手指横向牵引鸽喙时，尾羽多扬起。

（3）肛门鉴别法：3 月龄以上的鸽子，雄鸽的肛门闭合时，向外凸出，张开时呈六角形；雌鸽的肛门闭合时向内凹入，张开时呈花形。

4. 成鸽的公母鉴别法　上述童鸽雌雄鉴别法都适用于成鸽，且在成鸽表现得更加突出，但是也有几个不同之处：①有明显的发情表现，雄鸽常常追逐雌鸽，绕着雌鸽打转，这时雄鸽颈部气囊膨胀，颈羽和背羽鼓起，尾羽散开如扇形，且不时拖在地面。头部频频点动，发出"咕咕"叫声。②由于公母求爱及交配，造成雄鸽的尾羽较脏，雌鸽的背羽较脏。③对嘴时，母鸽将喙伸进公鸽的嘴里。亲吻过后，母鸽总是自然蹲下，接受公鸽的交配。④孵化时间不同，一般公鸽孵蛋的时间为每天 9 ~ 16 时，其他时间由母鸽孵化，母鸽孵化时，公鸽在母鸽附近，保护和监督母鸽孵化。

鸽子一般可活 10～15 年，有的可达 30 年，但繁殖年龄只有 5 岁左右，最佳繁殖年龄是 2～4 岁，超过 4 周岁，繁殖率开始下降。识别幼鸽和老龄鸽，对于买种鸽、选种选配、淘汰种鸽等工作都有重要价值。外貌鉴定只是大概估测，要正确无误地知道鸽龄，只有通过查看脚环记录才能解决。鸽子的年龄区别对照见表 11-1

表 11-1　鸽子的年龄区别对照表

项目	老龄鸽	幼龄鸽
嘴角结痂	结痂大，有茧子	结痂小，无茧子
喙部	喙末端钝硬而圆滑	喙末端软而尖
眼圈	眼圈裸皮皱纹多	眼圈裸皮皱纹少
鼻瘤	鼻瘤大，粗糙无光	鼻瘤较小，柔软具光泽
脚及趾甲	脚粗壮，颜色暗淡，趾甲硬钝	脚纤细，颜色鲜艳，趾甲软而尖细
鳞	脚胫上的鳞片硬而粗糙，乃至突起，鳞纹的界限明显	鳞片软而平滑，鳞纹的界限不明显
脚垫	脚垫厚，坚硬，粗糙侧偏	脚垫软而滑，不侧偏

二、肉鸽的繁殖特点

成鸽对配偶是有选择的，一旦配偶后，雄雌鸽总是亲密地生活在一起，共同承担筑巢、孵卵、哺育乳鸽、守卫巢窝等职责。配对后，若飞失或死亡一只，另一只需很长时间才重新寻找新的配偶。

鸽子筑巢后，雄鸽就开始迫使雌鸽在巢内产蛋，如雌鸽离巢，雄鸽会不顾一切地追逐，啄雌鸽让其归巢，不达目标绝不罢休。这种驭妻行为的强弱与其多产性能有很大的相关性。

雌鸽产蛋之后，经常蹲在巢内孵蛋。雄鸽也会孵蛋，夫妻配合默契，轮流换班，雄鸽上午 9 时至下午 16 时左右，接着雌鸽继续孵化，至第 2 天上午 9 时左右。

鸽子属于刺激产蛋的鸟类，没有交配行为卵巢就不排卵，因而也就不产蛋。通常每次排卵 2 个，第一个发育快些，另一个稍微慢些。一个卵细胞在卵巢中开始发育到蛋的形成、产出总共约需 6d 时间，雌鸽常在交配后 7～9d 开始产蛋，产蛋时一先一后，差 40～44h。

三、种鸽配种技术

肉鸽 5～6 个月龄，性器官及身体的各种机能已经健全，就可配对繁殖。肉鸽的繁殖期一般是 4～5 年时间，其中 2～4 岁是繁殖力最旺盛的时期，此时鸽的产蛋数量最多，后代的品质也较优良，适于留作种用。5 岁以上的种鸽繁殖性能开始减退，但个别鸽到 10 岁时仍保持较好的繁殖性能。

鸽子是成对繁殖的，雌雄鸽子的配比为 1∶1。雌鸽必须配对才能产蛋、孵化。如果雌雄比例不当，就会使鸽群不安定，影响繁殖。

1. 自然配对　自然配对是让一群性成熟的雌、雄鸽，饲养在同一间群养鸽舍内，让其自由配对。配对鸽群可大可小，从效果上看，以小群自由配对较好。自然配对省工省时，管理方便，不会发生打斗，配成"夫妻"后感情融洽，繁殖正常，凡是进行商品乳鸽生产的鸽场都可以用此法配对投产。配对好的生产鸽可以笼养，也可群养。

自然配对要注意以下两个方面：①留种用的青年鸽，最好将雌鸽与雄鸽分开饲养，到 5~6 月龄性成熟后，按雌、雄性别 1∶1 的比例，放养在一间鸽舍内自由配对。②如果是小型鸽场，留种数量少，群养鸽少，可将不同月龄、不同性别的青年鸽饲养在一起，让其有先有后的自由配对，对那些配对好的"夫妻"及时上笼，进行笼养。

2. 人工配对　人工配对是"包办婚姻"，是人为地选择雌、雄鸽放入生产鸽的鸽笼中，让双方接近、配对繁殖。当青年种鸽养至 5 月龄时（自然配对鸽群一般需养至 6 月龄）则按选育的标准，进行雌雄搭配（平时加强观察，以提高雌雄鉴别准确率，可使配对率达到 98%）上笼。为了防止相互打斗，最好先放在中间有铁丝网分隔的笼内，通过隔网想望，互相熟悉，彼此能够和睦相处，然后拿去隔网让它们配对。

人工配对法的采用往往体现有一定程度的育种目的，是建立核心群的手段之一，一般鸽场都应采用。

（1）肉鸽人工配对优点：避免近亲繁殖，克服了自然配对导致的品种、毛色、体型、体重等退化现象。简便易行，适应各种形式鸽场肉鸽的配对，特别适应于笼养肉鸽的配对。缩短生产周期，经济效益显著。

（2）人工配对注意事项：①强迫配对的头 3d 内要多观察，发现大打大斗，要拆开重配，一般小打小闹，经过几天的磨合，则会融洽相处。②注意雌、雄鉴定，防止错配。由于操作者对雌、雄鸽识别上的错误，如果新配"夫妻"鸽，半月后不见产蛋，或同一时间里发现 3~4 牧蛋等情况，就应重新认真鉴定雌、雄。

第三节　肉鸽的饲养管理

一、肉鸽的营养需要与饲料配方

1. 能量饲料主要是玉米、小麦、稻谷、大麦、高粱等谷物类

（1）玉米：玉米是喂鸽子极好的能量饲料。不同品种的玉米鸽子都喜欢吃，但对圆粒玉米比扁平玉米更喜欢。玉米在日粮中的比例，冬季可达 40%~60%，夏季只需 25%~35%。

（2）小麦：小麦营养好，颗粒中等大小，适口性好，在日粮配比可占 10%~35%。

（3）高粱：因为粒小而圆，成年鸽（产鸽）喜欢用高粱喂幼鸽，1~3 个月龄的幼鸽也比较喜欢采食高粱。高粱的缺点是含有鞣酸，所以适口性远比玉米、小麦差，多喂容易便秘，氨基酸也不全面。在日粮配比上可占 10% ~ 25%，夏季可以多些，冬季应少些。

（4）大麦：少量使用可增加日粮饲料品种，调剂营养物质平衡，在日粮中可使用 10% 左右。

（5）稻谷：在日粮中稻谷用量为 10% ~ 20%。

2. 蛋白质饲料主要有豌豆、大豆、绿豆、各种饼粕类等。

（1）豌豆：豌豆是鸽子最喜欢、饲养效果最好的蛋白质饲料，这与豌豆大小适中，形状为圆形。豌豆从价格上看，在豆类中是较廉价的一种，如果有货源，应作为蛋白质饲料利用。配比量可以为 20% ~ 30%。

（2）大豆：是高蛋白质和高脂肪的蛋白质饲料。由于大豆含有抗胰蛋白酶，因此生喂大豆不容易吸收，会导致繁殖率下降、雏鸽生长不良。一般不直接作为鸽子饲料，可以炒熟喂。用量要少，混合料中不超过 10%，最好在 5% 左右，乳鸽的用量可增加到 25%。

（3）绿豆：绿豆大小适中，适口性好、营养价值高，还有清热解毒作用，很适宜夏季鸽子饲料，可获得满意饲养效果，但价格较贵。夏季添加 5% ~ 8%。

（4）饼粕类：如豆粕、花生饼、棉籽饼、菜籽饼和葵花籽饼等，这些饼粕类不能直接饲喂，需经粉碎、去毒、与其他饲料混合，压制成颗粒饲料使用。

国内外各养鸽场补充矿物质的办法是将一些含有不同矿物质和维生素的饲料按比例混合在一起，单独让鸽子自由采食，这种按比例相混合的矿物质和维生素饲料就称为保健砂。保健砂在养鸽界被誉为"秘密武器"，要想使鸽子发挥最大的繁殖潜力，就必须掌握这一养鸽的秘密武器。

1. 保健砂的主要成分　常用的矿物质饲料有贝壳粉、骨粉、蛋壳粉、熟石灰、旧石膏、红土、木炭末、小砂粒、杜蛎粉、石灰石、食盐、畜禽生长素、禽用多种维生素、中草药等。

2. 保健砂的配制、类型和保存

（1）配制：保健砂的配制方法是按配方中的百分比，分别称取各种原料放在一起，充分搅拌均匀后制成的。特别要强调的是多种维生素、氨基酸、微量元素和药物要搅拌均匀，食盐和硫酸铜等结晶颗粒的原料应先研成粉状或经水溶解后才能拌入保健砂中，否则，会因为分布不均，采食过量而导致中毒。

（2）类型：①粉型。按配方中的百分比，分别称取各种原料堆放在一起，充分搅拌均匀后即成。其特点是既便于采食，又省工省时。②球型。把所有的原料称好，料水比按 5:1 搅拌调和均匀使所有的粉料都湿透后，接着用手捏成每个重约 200g 的圆球，放在室内晾 2 ~ 3d，然后存放于容器中。③湿型。此型就是在配制时，暂不加入食盐，先把其他所有的原料称取拌匀，然后把应加入的食盐量溶化于水中，再按每 100kg 粉状保健砂加水 25kg 的比例将盐水倒入粉状保健砂，用铁铲拌匀即可。

（3）保存：保健砂的配制量一般按所养鸽子的多少来估算，以 3 ~ 5d 配 1 次为好。配得太多，存放过久，会导致某些活性物质失效。配好的保健砂装入容器，并盖好盖子。

3. 保健砂的投放　从营养学和鸽子采食行为来看，保健砂一般以 2 ~ 3d 投放 1 次为好。这样既可以促进鸽子采食而又不浪费。若每次的投量太多，鸽子采食的时间较长，会使槽中的保健砂受到污染和变成陈砂而使鸽子厌食。

4. 保健砂的使用效果 保健砂的优劣，要经过一段时间的应用后方能判断，不宜随便更改。若经过饲养观察认为效果好的，应稳定使用。检查保健砂的优劣，可以从如下几个方面考虑：一是蛋壳质量的优劣，畸形蛋比率的高低及种蛋孵化效果；二是食物消化是否正常，有无消化道疾病；三是种鸽的健康、乳鸽的生长发育，以及鸽群的成活率如何。

5. 保健砂的配方 保健砂配方很多，应根据各地的实践不断改进，最终筛出适合自己鸽场的配方。下面是几种保健砂配方，供参考。①贝壳粉40%、细砂30%、黄泥20%、陈石灰7%、木炭1%、盐2%。②贝壳粉30%、细砂23%、黄泥30%、陈石灰15%、木炭1%、盐1%，1 000g中加入龙胆草2.5g、甘草2.5g、氧铁红5.0g。③贝壳粉40%、粗砂45%、石灰石6%、骨粉8%、红土1%。④贝壳粉35%、骨粉15%、石米35.5%、木炭末5%、食盐5%、龙胆草0.7%、甘草0.3%、氧铁红1%、生长素2%、穿心莲0.5%。⑤贝壳粉30%、骨粉18%、细砂30%、石膏粉5%、食盐5%、龙胆草0.5%、甘草粉1%、穿心莲0.5%、磷酸氢钙5%、木炭粉2%、山楂粉0.5%、麦草粉0.5%、多种维生素1.5%、微量元素0.5%。⑥黄土40%、砖末30%、牡蛎粉20%、旧膏6%、食盐4%。

肉鸽不同生长生理阶段营养需要标准见表11-2。

表11-2 肉鸽不同生长生理阶段营养需要标准

项目	育雏亲鸽	非育雏亲鸽	童鸽	乳鸽
代谢能（MJ/kg）	12.0	11.6	11.9	11.9
粗蛋白质（%）	17	14	16	16
钙（%）	3.0	2.0	0.9	0.9
总磷（%）	0.6	0.6	0.7	0.7
有效磷（%）	0.4	0.4	0.6	0.6
食盐（%）	0.35	0.35	0.30	0.30
蛋氨酸（%）	0.30	0.27	0.28	0.28
赖氨酸（%）	0.78	0.56	0.60	0.60
蛋氨酸+胱氨酸（%）	0.57	0.50	0.55	0.55
色氨酸（%）	0.15	0.13	0.16	0.26
亚麻酸（%）	0.8	0.6	0.5	0.5
维生素A（IU）	2 000	1 500	2 000	2 000
维生素D$_3$（IU）	400	200	250	250
维生素E（IU）	10	8	10	10
维生素B$_1$（mg）	1.5	1.2	1.3	1.3
维生素B$_2$（mg）	4	3	3	3
泛酸（mg）	3	3	3	3
维生素B$_6$（mg）	3	3	3	3
生物素（mg）	0.2	0.2	0.2	0.2
胆碱（mg）	400	200	200	200
维生素B$_{12}$（mg）	3	3	3	3
烟酸（mg）	10	8	10	10
维生素C（mg）	6	2	4	4

商品型王鸽各季节及不同生长生理阶段日粮配方参见表 11 - 3。

表 11 - 3　商品型王鸽各季节及不同生长生理阶段日粮配方

成分（%）	春季		夏季		秋季		冬季	
	亲鸽	青年鸽	亲鸽	青年鸽	亲鸽	青年鸽	亲鸽	青年鸽
玉米	35	53	34	44	34	47	32	52
小麦	13	12	12	15	17	15	17	14
高粱	13	18	15	17	13	16	15	12
豌豆	30	15	28	18	27	16	30	20
绿豆	3	0	6	3	4	3	0	0
火麻仁	6	2	5	3	5	3	6	2

二、肉鸽的饲养管理要点

鸽子养育阶段根据鸽子的生长生理特点，一般可划分为乳鸽、童鸽、青年鸽（后备鸽）、生产鸽（种鸽）4 个阶段。

1. 青年鸽群养同栖　青年鸽一般采用小群饲养，在 10~12m² 的鸽舍内，可饲养 40~50 只青年鸽。鸽舍内设有栖架以及公用食槽、饮水器，并设有露天运动场，运动场的面积一般与其鸽舍面积相同，或者大于鸽舍面积，不设巢箱。群养既符合鸽子喜欢群栖的习性要求，又能经常运动和晒到阳光，有利于青年鸽的生长发育。

2. 生产鸽单巢笼养　生产鸽笼养优于群养，具体表现在：①笼养的单位面积饲养量比群养大，因为鸽笼可以 3~4 层立体式饲养。②笼养下的繁殖率可以提高 20% 左右。因为笼养鸽的交配不受其他鸽的俯冲干扰，不存在争巢打斗现象，这样使蛋的受精率提高，踩破蛋和踩死雏鸽的情况减少了。笼养条件也较安静，亲鸽聚精会神地孵育后代，成活率较高。③笼养下所孵育的乳鸽增重快。相同品种的乳鸽，25 日龄的上市体重比群养下增加 50~80g。原因是笼养鸽的饲料均匀，不存在与其他雄鸽、少产鸽争吃优质饲料的情况，体力消耗也少，从而能够使乳鸽获得充足的饲料。④笼养鸽发病少。笼养减少了相互接触的机会，某些接触传染的疾病不容易蔓延，而且容易发现病鸽，及时治疗。⑤笼养鸽容易进行观察、记录及检查等管理工作。但笼养生产鸽存在着运动少、不容易晒到阳光、洗浴困难等问题，对生产鸽的利用寿命有影响。

3. 生产鸽小群群养　生产鸽还可进行小群群养。在 6~8m² 的鸽舍里，每平方米可饲养 3~4 对生产鸽。在两侧墙面上构筑或装上巢箱，每对生产鸽占有一个巢箱，此外设公用食槽、饮水器等。

1. 合理喂料

（1）喂投方式：一般多采用定时定量、分餐饲喂的方式。分餐饲喂便于观察鸽子的食欲情况，避免抢食适口性好的饲料而剩下差的饲料。定时投喂还可以养成条件反射，建立喂食信号，促进食欲，有利于培养亲鸽按时按量给乳鸽灌喂鸽乳的习惯，有利于建立人鸽之间的亲和关系等。

（2）饲喂次数：每天童鸽投喂 3 次，青年鸽 2~3 次，生产鸽 4 次。

（3）饲喂时间：饲喂 2 次时，夏季上午 7 时左右，下午 6 时左右；其他季节上午 8 时左右，下午 4 时左右投喂。饲喂 3 次、4 次时，中间加喂。

（4）饲喂数量：500g 体重约需日粮 50g，一般 1 对生产鸽每天的食粮为 110g 左右，正在育雏的产鸽，日粮加倍。青年鸽的日粮是随鸽龄的增加而增加的，一般一对鸽子从离巢时的童鸽到成年前的日粮每天喂量在 50~100g。

（5）注意事项：在日常的饲喂中，一般以鸽子能在半小时内吃完为适度。如果鸽子很快地把饲料吃光，说明喂量不够，如果半小时内没有吃完，说明喂量过大，如果没有吃光，但鸽子仍在饲槽边转，说明饲料品质不好。

2. 保证饮水 水对鸽子至关重要，如果鸽子有充足的饲料而不供水，3d 左右就会死去。因此，要保证水槽内不断水，水温适度，清洁卫生，不变味、不变质，无病源物与毒物的污染。要根据鸽子的状况，不定期地供给加药饮水，达到保健，预防疾病的目的。

3. 适当水浴 水浴是鸽的习性之一，对鸽的健康有益。但水浴的次数要根据纬度、季节、气候不同而灵活掌握，无条件时也可不洗澡。

4. 细心观察 每天细心观察鸽群，及时准确地了解鸽子的生长、繁殖、育雏、饮食、健康状况。鸽子一般在下午 3 时后下蛋，早晨出雏，每天巡视时间要安排在上午 9 时至下午 3 时，以免影响产蛋与出雏。具体观察内容主要是以下几个方面：

（1）看饮食及消化：正常健康鸽每天的采食量约为体重的 1/10，饮水量因气温等变化而有不同，每只鸽一般每天在 120~300ml。鸽的正常粪便应该是灰黄色、黄褐色或灰黑色，呈条状或螺旋状，粪的末端有白色物附着。如果发现采食、饮水以及粪便不正常，就应进一步观察，找出问题及时处理。

（2）看精神状态：细心观察可发现鸽子有各种不同的表情，反映出不同的生活状态。①头部高举、鸣叫、追逐，两眼有神，昂头挺胸展翼，行动步大，用嘴啄全身羽毛，互相追闹，这些是愉快健康的表情。②如果在饮水器四周用嘴啄水来湿润羽毛，或下雨时在运动场内展开翼羽让雨水淋洗，这是想洗澡的表示。③如果嘴巴大张、喉部抖动、气喘，在饮水器旁转来转去，不思采食，这是口渴的举动。④如果翼尾收缩，眼有疲乏之态，或缩头收颈静卧休息，或用嘴啄全身羽毛，安静自如，这是吃饱的表情。⑤如果雄鸽追逐雌鸽，上下点头，颈羽鼓起，尾羽及翼羽下垂，在雌鸽周围打转，此时未配雌鸽会反复低头或抬头，并展翼拖尾，或蹲下让雄鸽交配，这些是发情的表现。⑥如果不思饮食，精神不振，常蹲伏于鸽舍或笼舍的暗处、角落，眼半开半闭，羽毛松散无光泽，有时缩头、垂翼、拖尾、步态缓慢等，这些是生病的表现。

（3）看繁殖情况：通过查看产蛋、孵化、育雏过程，及时发现踩破蛋、巢盆摇动及破损、中止孵化等问题，采取相应措施。

5. 环境卫生 搞好环境卫生工作是预防疾病十分重要的措施，绝不应马虎、偷闲。鸽舍地面、运动场、水沟、鸽笼要天天打扫，保持清洁，饮水器每日清洗，污染的巢盆、垫料应及时洗换，但在孵化育雏期间可少换或不换，以免影响正常的孵化育雏。鸽舍、鸽笼及其他用具要定期消毒，谢绝外人随便进入鸽场。

6. 生产记录 大小鸽场都应建立登记表格，包括留种登记表、种鸽生产记录表、种鸽生产统计表、青年鸽动态表、疫病防治表等。生产记录对于反映生产情况，指导经营管理，做好选种留种工作等有很大作用，必须认真做好。

从鸽蛋中孵出至离巢称为乳鸽，哺"乳"期 25~30d 左右。这段时间的雏鸽是完全依靠亲鸽所吐出的鸽乳和半消化饲料喂养长大的，是鸽子一生中十分重要的生长发育阶段。

1. 防止"喂偏" 避免产生一对乳鸽一大一小、一强一弱的情况，如果发现"喂偏"，可将较大的一只乳鸽给予暂时性隔离，让较弱小的一只获得较多的哺喂，或者把两只乳鸽的栖位掉换一下，因为往往是先吐喂的一只喂量多，后吐喂的喂量少，换位后有可能改变吐喂的先后。

2. 促进消化 从第 9 天开始，亲鸽由吐喂浆粒混合料逐步转为吐喂全粒料。这里所指的全粒料是亲鸽吞食嗉囊的豆类、玉米等粒料，经过嗉囊内的浸润发胀变软后，再吐喂给乳鸽的饲料。一般情况下，孵后第 9~13 天是饲料性质急剧变化的过程，即由全浆到浆粒混合料再到全部是浸泡变软的颗粒料的变化过程。这一阶段乳鸽常常由于不能适应新饲料而出现嗉囊积滞、消化不良、咽部发炎等病症。预防方法有：当乳鸽 8 日龄时开始给乳鸽每日加喂 1 次酵母片，每次半片，给这个时期的亲鸽投喂颗粒小、易消化的大米、小麦、高粱、绿豆等。

3. 并窝育雏 一对乳鸽中，如果中途死去一只，剩下的一只容易喂得过饱，引起消化不良，应设法节制哺喂，并加喂些酵母片。如果是 10 日龄前的乳鸽，还可以进行并窝哺喂，将日龄相仿的乳鸽，再并入 1~2 只。如果是一对乳鸽中发生一大一小的"喂偏"现象，也可以在几窝日龄相近的乳鸽中进行调整，大并大，小并小。

4. 提前断"乳" 将 7 日龄雏鸽断"乳"离窝，进行人工配合饲料灌喂，可缩短生产鸽的繁殖周期，增加乳鸽年繁殖量。

5. 人工哺育肥育 乳鸽在 20~25 日龄，体重 350~500g 时即分为留种用鸽和食用鸽，采用不同的饲养管理方式。留种用鸽仍然依靠亲鸽哺育，在管理上应增加蛋白质饲料的供应，待 25~30 日龄能独立生活时，及时捉离亲鸽。准备食用的商品乳鸽，于出售前进行人工强制哺育肥育 5~7d，以迅速增加肥育程度，达到上市出售标准。

（1）肥育设备：用于肥育的雏鸽设备有育肥床、育肥笼、浸料盆、灌喂机等。

（2）肥育饲料：肥育用的饲料有粟、糙米、小麦、高粱、玉米、荞麦、花生、大豆、野豌豆、油菜籽等，以籽粒比较实用。饲养中参考配方：玉米 50%、糙米 15%、小麦 10%、豆类 25%。饲料形态分为全粉状、全粒状、粉粒混合 3 种，比较理想的是全粒状日粮。

（3）填喂方法：生产实践中填喂方法不一，大致有以下 5 种：①机械填喂。把料和水拌匀，浸泡软化后一同放入填喂器的盛料漏斗内，左手提鸽，右手将鸽嘴掰开并接到填喂器的出料口，右脚踩动开关，饲料和水就一齐注入乳鸽嗉囊内，每踩动开关一次，就填喂一只乳鸽，每小时可填喂 300~500 只。填喂时要防止损伤乳鸽的口腔和舌头。②漏斗填喂。此法是把 1 个漏斗和 1 根长 30cm、直径 1.5cm 的滴管连在一起，在每排填肥床的上方高 40cm 左右处拉一根铁丝，把漏斗挂在铁丝上，漏斗可前后移动。将饲料粉碎成粉状，并用热水拌成糨糊状（也可以煮熟），待冷却后便倒入漏斗中。操作时左手抓住滴管的末端，右手将乳鸽的嘴掰开并接到滴管的末端，左手松开滴管头，这时半固体、半流质的糊状料就流入乳鸽的嗉囊内。此法的特点是设备简单、操作容易。③用手塞喂。这是最简单的方法，此法适用于 15~20 日龄以上，失去亲鸽哺喂的少量雏鸽。为方便填喂，把大粒籽实，如花生或大豆等煮熟，玉米浸软或煮熟填喂。也可以把几种粉料混在一起并加水搓成一个个似花生般大小的"剂子"填喂，在塞喂前"剂子"可沾一些水，使其润滑。当嗉囊有些膨满时，说明已塞饱了。此时若有必要，可再喂些水，也可把鸽嘴硬按在水中，使雏鸽自己学会饮水。④用嘴吹喂。具体做法是吹喂者先把浸泡或煮熟的粟米、小麦、野豌豆等与适量水一齐含在操作者口内，用手把鸽嘴掰开，然后将口内的饲料和水快速地一次性吹进雏鸽的嗉囊内。一般每天吹喂 2~3 次，每次吹一口饲料。吹喂时要注意掌握好气量，避免把过多的气吹入雏鸽嗉囊内而影响消化和健康。⑤注射器注喂。将饲料装在注射器管筒内，然后用推棒把饲料注入雏鸽嗉囊内。饲料形态采用粒状、粉状、液状、糊状均可，应根据操作方便和效果来决定。

　　童鸽是指 1~2 月龄的幼龄鸽，青年鸽是指 3~6 月龄的育成期鸽。饲养管理的好坏，直接影响到这些鸽子将来的生产性能。饲养好童鸽、青年鸽要做到如下几点：

　　1. 养好乳鸽　童鸽成活率的高低与乳鸽阶段的体质有着密切关系，所以，首先要按照乳鸽饲养管理技术要点养好乳鸽。

　　2. 小群放养　童鸽、青年鸽一般都是群养，最好有运动场。鸽舍地面要保持干燥、温暖和清洁。冬季若舍温在 10℃ 以下，要保温，防止冷风侵入；夏季舍温若在 30℃ 以上，要注意通风换气。

　　3. 采取综合措施提高童鸽成活率　雏鸽孵出后的第 4~6 周（即乳鸽离巢后的 2 周），是独立生活的转折点，这对于刚刚过渡到新生活的童鸽来说困难很大，往往因采食不多，漫长的夜晚又得不到食物，以及其他生活环境的突然改变，使它们的体质下降，抵抗能力减弱，从而容易患病，死亡率较高。解决的办法是：①对留种用的乳鸽延长 3~5d 哺喂期，让其更成熟一些再过独立生活。假如是小群放养的生产鸽，它们所哺育的童鸽可继续在亲鸽群内，生活环境变化不大，一般能够自然而顺利地完成这一转折过程。②供应保质保量的软化饲料，把打碎的玉米及大米、豆类先用清水浸泡 1h，然后晾干再投喂。保健砂中主要微量元素、维生素要丰富全面。③对那些胆小易惊、性格温驯、采食能力弱的童鸽，要通过增设食槽、饮水器，人工驯食，甚至人工灌喂的方法进行照料，几天后，一般可以学会自己采食。④建立保育舍专门养育。保育舍的要求是通风透光、温暖干燥，内设几张育种床，把刚离巢的乳鸽（即童鸽）放入育种床内精心饲养 15d 左右，然后移至青年鸽舍饲养，这是提高童鸽成活率的有效措施。

　　4. 增喂添加剂　青年鸽换羽期间加喂少量火麻仁、石膏、泊菜籽或少量硫磺粉添加剂有助于换羽。青年鸽一般养到 50 日龄时开始换羽，把初生羽换成永久羽，至 4 月龄全部完成。换羽期间抵抗力较弱，冬天要注意防寒保暖。

　　5. 及时防病治病　搞好饲养管理工作是防病的主要措施，此外，发现行动迟缓、缩头垂翼、羽毛蓬松、不思饮食者，大都是有病体弱的鸽子，应及时隔离治疗。

　　6. 防止早配早产　青年鸽在 3~5 月龄时，活动能力及适应能力增强，转入稳定生长期，一些个体陆续出现发情。因此，3 月龄开始就应把公、母分群饲养，防止早配早产，以免影响生产鸽的生产性能。

　　7. 合理搭配饲料　3 月龄后的青年鸽进入生长发育旺盛期，食欲旺，既要满足生长发育所需的营养，又要防止长得过肥和性早熟，应合理搭配饲料，控制好能量蛋白比。

8. 淘汰劣质个体　凡是近亲繁殖的后代、体重体质差的个体、不符合种用标准的个体都应及时淘汰。

9. 做好卫生保健　刚离巢不久的童鸽可补充一些维生素，如每天每只加喂维生素 B 液 0.2～0.3ml，维生素 A 200 IU，维生素 D 45 IU，加入饮水中，连续饮用 2～3d。童鸽 50 日龄左右进入换羽期，容易受球虫等病原微生物污染，可配制青链霉素混合饮水，在 10kg 清洁水中加入青霉素和链霉素各 150 万单位。3 月龄和 6 月龄分别进行驱虫。

6～7 月龄以后，已配对投产的鸽子称为生产鸽。养好生产鸽要做好以下几个方面：

1. 建立档案　自由配对的鸽子或人为配对的生产鸽上笼时要做好记录牌，写上肉鸽品种、配对年月等，以便查对和记录。初配的头几天要加强观察，如果配得恰当，一般 2～3d 内即能融洽相处。

2. 备好巢窝　交配后不久，母鸽就会产蛋，要及时准备好巢窝，让鸽子入巢产蛋孵化。一个笼最好备有 2 只巢盆，以便同时哺喂和产蛋孵化。

3. 调整光照　初次繁殖的年轻生产鸽，产下 2 枚蛋后，有的能主动孵蛋，有的却少去或不去抱窝孵蛋。遇到这种情况时，可在鸽笼外遮盖黑布，以改变产鸽生理状态，诱使孵化行为的出现。

4. 代孵代育　雄、雌鸽一方发生疾病时，或让优秀种鸽多产蛋时，或遇到只产蛋而不肯孵蛋时，均可利用奶鸽代孵代育。奶鸽可以用肉鸽品种，也可以选用当地的普通鸽，条件是身体健康，年龄 3～5 岁，有孵化育雏经验，就巢性强，亲鸽与代孵的奶鸽产蛋期要相同或相近，一般相差 5d 以内。

5. 照蛋检验　在孵化期内进行 2 次照蛋，发现无精蛋和死胚蛋应立即剔除，并可把那些单个蛋合并成双蛋再孵。并蛋时要注意 2 枚蛋的孵化时间要相同或相近。

6. 教鸽喂乳　如果发现雏鸽出壳后 4～5h，亲鸽还不能给雏鸽吐喂鸽乳时，要细心观察，如果亲鸽患病，需及时治疗。如果亲鸽不会灌喂（多见于第一次繁殖的亲鸽），就应进行训练，把雏鸽的嘴小心地放入亲鸽嘴内，这样重复几次可以教会。

7. 并窝哺喂　遇到一窝只有一只雏鸽时，可进行并窝哺喂。雏鸽并窝的日龄在 10 日龄以内，超过 10 日龄，一般不再并窝。并窝时，来自两窝的雏鸽日龄以相差不超过 3d 为宜。一般说，并窝时的日龄越小，相差越小，则成活率越高。

8. 换羽管理　生产鸽每年夏末秋初换羽一次，换羽期长达 1～2 个月，换羽期间普遍停止产蛋或少产蛋。为了提高产蛋率，缩短鸽群的换羽时间，可在鸽群普遍换羽期间，降低饲料质量和数量，或停食 1～2d，只供饮水，这样可迫使鸽群因营养不足而在较集中的短时间内迅速换羽。但必须注意的是，在鸽群中一定会有少数生产鸽在换羽期仍能正常产蛋孵化育雏，对这些鸽子不仅不能降低饲料质量，相反，要给予充足的日粮，以提高鸽群繁殖率。

9. 留优弃劣　大胆淘汰生产能力低的生产鸽。如果发现生产鸽后代个体小、产蛋少、经常产无精蛋、就巢性差等情况，年出雏数少于 10 只，应及时淘汰。

10. 巢盆整理　巢盆中的垫草要整理成碗状，以防冰蛋、破蛋出现。

11. 鸽巢清洁　育雏期内要注意清洁卫生，乳鸽离巢后鸽笼及巢盆要进行彻底的清洁消毒。

12. 保暖降温 严寒和酷热都会影响蛋的正常孵化，所以冬季孵化要重视保暖，如适当加厚巢盆的垫草，遮挡好北窗等；夏季孵化，应适当减少巢盆的垫料，注意通风与降温。

13. 适宜湿度 阴雨季节，往往又冷、又湿、又闷，产鸽与乳鸽容易患病，也容易吃到发霉变质饲料，因而要重视恶劣气候下的饲养管理工作。必须防止鸽舍、鸽棚漏雨，保持舍内通风干燥。

三、鸽场的建筑与设备

肉鸽场的场址选择是肉鸽养殖标准化、集约化的重要因素之一，直接影响着肉鸽养殖的经济效益、社会效益、环境效益。在建场过程中，必须慎重考虑场址的自然条件和社会条件。鸽场的地势要求高燥，以利于排水；场址为南向或东南向为宜，阳光充足，有利于维持冬季舍温；土壤以沙壤土或壤土为宜，有利于保持鸽舍干燥，并能减少蚊蝇的孳生；水源要水量充足，水质良好，取用方便，便于防护；交通方便，电力充足；场址应位于居民区的下风向，防止污染居民的生活环境。

鸽舍是鸽子生活、栖息和繁殖后代的场所，是养殖效果好坏的重要条件之一。设计建造鸽舍，要经济适用。鸽舍的形式很多，常见有群养式、笼养式鸽舍。

1. 群养式鸽舍 群养是指一个舍内的一群鸽子同吃一个食槽中的饲料，同饮一个饮水器中的水，在同一个活动场所内活动。群养式鸽舍见图 11-1。

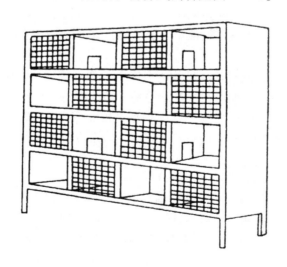

图 11-1 群养式鸽舍

群养式鸽舍有单列式和双列式两种。单列式鸽舍宽 5m，长度根据饲养量确定，檐高 2.5~2.8m，舍内用铁丝网或木材隔成小间，每间的大小，最好是长 4m、宽 2.6m，面积为 10.4m²，可养 32 对生产鸽。鸽舍前面最好设运动场，面积为鸽舍面积的 2 倍，四周设有网罩，防止肉鸽飞逃。舍内设置横栖架、食槽、水槽、淋水浴盆。靠墙设置鸽巢箱，内设巢盆供产蛋、孵化，水泥地面。有条件的也可采用网上饲养，使粪便直接排入网下。

2. 笼养式鸽舍 笼养式鸽舍是指在鸽舍内放置很多鸽笼，把生产鸽一对一对地分别关养在笼子中。笼养鸽舍结构简单，管理方便，鸽舍利用率较高。笼养鸽舍又可分下列几种：

（1）双列式内外笼鸽舍：这种鸽舍一般为砖瓦结构，人字形屋架，屋顶两侧设气窗或开对流窗户（图12-2）。两边屋檐各宽60cm，檐与地面之间的高度为2.8m。舍内宽3m，正中是2.2m的工作走道，走道两头是鸽舍大门，供人员进出。走道的两侧，即砌墙的位置，各安装一排4层的重叠式铁丝网笼，每个鸽笼分两部分，位于墙内、外两侧。

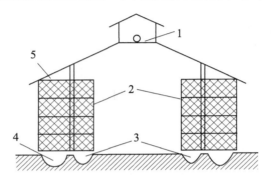

图 11 - 2　内外双笼式鸽舍
1. 调节板　2. 内笼　3. 内水沟　4. 外水沟　5. 外笼

（2）双列式单笼鸽舍：是长条形鸽舍，屋顶双坡式，舍高2~3m，舍内正中一条宽1.2~1.4m的工作走道，走道两侧是两排3~4层结构的鸽笼。走道两头是鸽舍大门，南北墙上开有一些窗门。由于单笼结构简单，又不固定在鸽舍墙体上，使得这种鸽舍总价较低，占地少，目前普遍采用。

（3）敞棚式简易鸽舍：这种鸽舍结构十分简单，像敞棚一样，用毛竹、树干、水泥柱等作支架，棚顶盖上石棉瓦、玻璃钢瓦、油毛毡等防雨材料。四周敞开不用围墙，必要时安装上下可拉动的塑料布，以挡风雨。舍内根据宽度，安置1~2排立体式单笼。这种生产鸽鸽舍造价低、光线充足、通风良好，适宜于我国南方温暖地区。

1. 鸽笼 鸽笼的结构和规格有多种多样。

（1）群养式鸽笼：如果是群养的生产鸽，在群养鸽舍内设置柜式鸽笼或称巢箱，供生产鸽栖息、产卵、孵化、育雏。巢箱不设门，一面是敞开的，鸽子可自由进出。

①两格合一式。整个巢箱分4层共16个小格，每小格高35cm、宽35cm、深40cm。每相邻两个小格之间开一个小门，两个小格合在一起为一个巢箱（小单元），供一对夫妻鸽生活。因此这样一组柜式鸽笼可饲养8对生产鸽。

②一分为二式。与两格合一式基本相似，不同的地方是一个巢箱不是由两个固定的小格组成，而是在一个较大的巢箱中间设有可活动的隔板，不繁殖时可将隔板抽出，繁殖时用隔板将巢箱一分为二，在分隔的两室内各放一个巢盆。因为繁殖性能好的生产鸽在育雏过程中又会产蛋、孵化，也就是说，在同一时间里既有小鸽子又有鸽蛋，所以需有两个巢盆。

（2）笼养式鸽笼：如果是笼养的生产鸽，鸽笼是封闭式的，有笼门关闭，生产鸽自始至终在笼中生活。

①内外双间鸽笼。内外双间鸽笼又叫阴阳鸽笼，是安装双列式内外笼鸽舍内配套鸽笼。其中位于墙外的外笼称运动间，作为生产鸽饮水和运动的场所，外笼规格50cm×40cm×60cm。正面开一个宽15cm、高20cm的外门，便于捕捉鸽子。外笼边悬挂饮水槽，有条件的还可在外笼顶层架设自来水管，装上喷水器，供鸽洗澡用。内笼称生产间，为生产鸽采食、产蛋、孵化与育雏场所，内笼规格40cm×40cm×50cm。正面开一个宽22cm、高20cm的内门，在内门左右侧的稍下方悬挂食槽和保健砂杯。在内笼左方，距笼底17cm高度安装一个20cm×20cm方形巢盆搁架，上面搁置巢盆。内、外门以及内、外笼的正面，可用4~6mm直径的铁丝间隔，每根铁丝的间距约4cm，便于鸽子伸出头、采食、饮水。笼子的其余部分可用铁丝网制作，网眼为3cm×3cm，也可用竹条或木条制作。内外双向鸽笼的缺点是造价较高，成本加大。

②单笼。目前绝大多数鸽场采用单笼饲养。单笼规格为宽50cm，高45~50cm，深50cm。结构与内外双间鸽笼中的内笼相似，把饮水杯、食槽及保健砂杯都挂在笼子前面。这种笼便于观察及捉拿鸽子，饲养管理方便，使用灵活。可单层，也可多层重叠。

2. 鸽具

（1）巢盆：是供鸽子产蛋、孵化和育雏用。巢盆可使用方形或圆形的水果塑料盆代替，也可专门定制，也可用木板制成木盒式巢盆或用稻草编结而成。巢盆上口内径18~22cm，巢底直径16~20cm，边高6~8cm。巢盆要有一定的重量，要能放得平稳，塑料巢盆轻，要固定起来，否则容易打翻，使蛋的孵化受到影响。

（2）食槽：笼养鸽使用的食槽是挂在鸽笼正面边沿上的，可用圆周竹筒剖去1/3，留下的2/3部分就可作食槽。还可用铁皮，三夹板做成。群养鸽饲槽是放置在鸽舍地面及运动场上的，供群养鸽集体采食。槽宽10cm，边高6~8cm。整个食槽可分隔成二格或三格。两侧的两小格各长约10cm，装保健砂，中间一长格装饲料。

（3）饮水器：无论样式如何，饮水器都要求能够保持水的清洁，防止鸽粪的污染，清洗方便，水的深度在3cm以上，使鸽喙基部的鼻瘤饮水时能浸入水中。

笼养鸽的饮水器只供1对生产鸽以及1~2只雏鸽使用，不需很大。可用6~8cm高的大口玻璃瓶作饮水器，也可用白铁皮制成。大型鸽场可用直径约10cm的长塑料管，架在一长列鸽笼面前，在途经每个鸽笼前面的塑料管侧上方开凿两个圆孔，供鸽嘴伸入饮水。群养鸽饮水器最简单的是瓦盆，在盆的上方及四周罩上一个竹条制的罩，鸽子的头和颈部可以通过竹条缝饮水。有条件的最好购买鸡场的塑料自动饮水器。

（4）保健砂杯：群养鸽舍内的保健砂槽与食槽连在一起比较方便。笼养鸽的保健砂槽可以与食槽相连，也可单独用一小容器盛放，容器高5cm比较合适。除了不用金属材料制作外，其他材料均可制作保健砂杯。

（5）水浴盆：可用塑料、陶瓷、木盆、铁皮等制成。澡盆大小不限，一般要求直径40~60cm，边高20cm，放水10~15cm深。根据鸽群数量的多少，摆设若干浴盆于运动场上，以40~50只鸽子配一个浴盆为好。

（6）栖架：鸽子喜欢栖息于高处，因此，群养鸽舍内及运动场内要设置栖架，供鸽子停息、交配使用。栖架通常安置于鸽舍墙脚、墙壁及运动场四周，高度1m以上，每根栖条宽最好5cm以上，以便于站立、交配。

（7）脚环：脚环是套在鸽子跗部的环状物，又称足环、脚号。严格说，凡种用鸽都要套上脚环，通过脚环上的号码标记，进行记录。套用脚环是建立系谱档案的重要依据。留种雏鸽在10日龄时带上足环。

（8）育种床和肥育床：育种床是培育种鸽的，肥育床是用来肥育商品乳鸽的。育种床无一定规格要求，一般的规格可以是长1.2m、宽0.65m、床周边高0.4m、床脚高0.3～0.5m，竹木结构或金属结构。育种床上面可加铁丝网或竹丝网盖，根据气候不同，放置在合适位置。上述规格的育种床可饲养童鸽12～15只。育肥床的结构形式与育种床基本相同，不同点是肥育床的周边高0.2m即可，床脚的高度比育种床高些，要从灌喂操作的方便与否来决定。一个1.2m×0.65m面积的肥育床可饲养雏鸽40只左右。

复习思考题

1. 掌握肉鸽的生活习性有何生产意义？
2. 如何进行肉鸽的雌雄鉴别和年龄鉴别？
3. 肉鸽为什么要喂保健砂？如何配制保健砂？
4. 如何才能提高鸽蛋的受精率，雏鸽的孵化率和成活率？
5. 如何对乳鸽进行人工哺育？
6. 如何对雌雄鸽进行分栏饲养？

第十二章　鹌　鹑

鹌鹑（Coturnix coturnix）简称鹑，属于鸟纲（Aves）、今鸟亚纲（Neornithes）、突胸总目（Carinatae）、鸡形目（Galliformes）、雉科（Phasianide）、鹑属（*Coturnix*），是鸡形目中最小的一种禽类。鹌鹑肉细嫩，营养丰富，蛋白质、铁、钙、磷含量高，是公认的珍贵食品和滋补品，具有动物人参之称。鹌鹑蛋富含卵磷脂、脑磷脂，易于消化吸收，而且对过敏症、胃病、肺病、神经衰弱均有一定的辅助治疗作用。鹌鹑的肉、蛋、血均可入药。

第一节　鹌鹑的品种与生物学特性

一、鹌鹑的品种及形态特征

鹌鹑（图 12 - 1），经人类百余年的驯化与培育，目前已有专门化的家鹌鹑品种 20 多个。按用途分蛋用和肉用两类。

1. 日本鹌鹑　日本鹌鹑是世界著名的蛋用型鹌鹑品种，育成于日本，系利用中国野生鹌鹑改良培育而成。该品种体型较小，成年雄鹌鹑体重 110g，雌鹌鹑 130g。羽色多呈栗褐色，夹杂黄黑色相间的条纹。性成熟早，35 ~ 40 日龄开产，年产蛋量为 300 枚左右，蛋重 10.5g。

图 12 - 1　鹌鹑

日本鹌鹑对饲养环境要求较高，要求温度适宜、光照合理、空气清洁、环境安静。该品种对饲料中蛋白质含量、原料品质要求较高，适合密集型饲养。我国曾在 20 世纪 30 年代和 50 年代引进饲养，后来品种退化严重，目前在我国蛋鹑生产中所占的比例不大。

2. 朝鲜鹌鹑　朝鲜鹌鹑系由朝鲜采用日本鹌鹑培育而成，分为龙城品系和黄城品系，是分布数量最多、养殖历史最悠久的品种。该品种体重较日本鹌鹑稍大，羽色基本相同，生长发育快，开产早，产蛋性能高，适应性好，抗病能力强。成年雄鹑体重 125 ~ 130g，雌鹑约 165g，40 日龄开产，年产蛋量 270 ~ 280 枚，平均蛋重 12g。蛋壳色为棕色，有青紫色的斑块或斑点。年平均产蛋率 75% ~ 80%，单只日耗料量 24 g 左右，料蛋比为 3：1。我国于 1978 年和 1982 年分别引进朝鲜鹌鹑的龙城系和黄城系，经过育种专家的进一步选育，生产性能有所提高，目前在我国养鹑业中所占比例极大，覆盖面广。

3. 中国白羽鹌鹑　中国白羽鹌鹑是北京市种禽公司、中国农业大学和南京农业大学等联合培育出的白羽鹌鹑新品系。由朝鲜鹌鹑白羽突变个体选育而成，体羽洁白，偶有黄色条斑，具有伴性遗传的特性，为自别雌雄配套系的父本。用中国隐性白羽鹌鹑公鹑与有色羽母鹑交配，后代浅黄色为雌鹑（后变为白色），有色羽为雄鹑。

中国白羽鹌鹑生产性能高，45日龄开产，年平均产蛋率达80%～85%，年产蛋量265～300枚，蛋重11.5～13.5g，蛋壳有斑块与斑点。其体型略大于朝鲜鹌鹑，成年公鹑体重145g，母鹑体重170g。每日每只鹌鹑耗料23～25g，料蛋比为2.73∶1。中国白羽鹌鹑育雏视力差，育雏条件高，成活率低。

4. 黄羽鹌鹑　体羽浅黄色，夹杂褐色条纹，是朝鲜鹌鹑的隐性黄羽类型，很早就被人们发现，南京农业大学种鹌鹑场首先育成推广。42日龄开产，年产蛋260～300牧，年平均产蛋率83%，蛋重11～12g，蛋壳颜色同朝鲜蛋鹑，料蛋比2.7∶1。成年雄鹑体重130g，雌鹑160g。该品种适应性广，育雏期容易管理，成活率高，耐粗饲，生产性能稳定，抗病力强。

1. 美国法拉安肉鹌鹑　该品种是美国育成的大型肉鹌鹑，成年体重可达300g左右，仔鹌鹑35日龄肥育后体重可达250～300g，肉的品质好，屠宰率高，生长均匀度好。

2. 法国迪法 gFM 系肉鹑　法国迪法 g 公司培育，我国于1986年引进，主要分布于北京、江苏两地。该品种成年鹌鹑体羽呈黑褐色，间杂有红色的直纹羽毛。体型大，生长迅速，6周龄活重240g，4月龄达最大体重350g。商品肉鹑45日龄上市，活重270g，年产蛋200枚，蛋重13～14g。

3. 法国莎维麦脱肉鹑　法国莎维麦脱公司育成。体型硕大，其生长发育与生产性能在某些方面已超过迪法 gFM 系肉鹑，且适应性强，疾病少。该品种35～45日龄开产，年产蛋250枚以上，蛋重13.5～14.5g。成年雄鹑体重250～300g，雌鹑350～400g，5周龄平均体重超过220g。料肉比为2.4∶1。

4. 中国白羽肉鹑　此品种是北京市种鹌鹑场、长春兽医大学等单位，从迪法 gFM 系肉鹑中选育出的纯白羽肉用鹌鹑群体，体型同迪法 gFM 系鹌鹑。白羽肉鹑成年雌鹑体重200～250g，40～50日龄开产，产蛋率70%～80%，蛋重12.3～13.5g，每日每只耗料28～30g。

鹌鹑是鸡形目中体型最小的一种，成年鹌鹑体呈纺锤形，外形似雏鸡，头小、喙细长而尖、尾短而下垂、无冠髯和耳叶，胫表面无鳞片，无距，无羽毛，成年雄鹑的泄殖腔腺发达外裸。家养鹌鹑的羽色以野生羽色为主，为栗色花纹型，但培育品种中也有白色、黄色类型。栗色羽类型雄鹑和雌鹑羽色有区别，雄鹑额头、脸部、喉部均为砖红色，其他部位黑褐色，间有黄白色条纹，腹部黄白色；雌鹑额头、脸部、喉部均为近白色，胸部有许多较大的褐色斑点，黄白色条纹较深。野鹑成年体重为100g左右，家鹑成年体重蛋用型为110～160g，肉用型为220～250g，雌鹑体重大于雄鹑。

二、鹌鹑的生物学特性

鹌鹑为早成雏禽类，在孵化过程中雏鹑得到了充分发育，刚出壳的雏鹑绒毛丰满，眼睛睁开，腿脚有力。绒毛完全干后就可自由活动、觅食，适合人工育雏。

鹌鹑为杂食性禽类，以谷类籽实为主，喜食较小的颗粒饲料，如果饲料粉碎太细会造成采食困难，粉料拌湿后可以增加采食量。鹌鹑味觉敏感，喜食甜酸的饲料。

鹌鹑个体小，不善高飞，野生鹌鹑往往是各种兽类的攻击对象，因此，野生鹌鹑富于神经质，对周围的环境反敏感，随时准备躲避敌害。家养鹌鹑虽然经过了近百年的人工驯化，但野性尚存。鹌鹑饲养应选择比较安静的地方建场，饲养人员要固定，不能随意更换，日常各项操作要轻，不能有大的响动。否则，容易出现惊群、死亡，产蛋率的突然下降。

鹌鹑新陈代谢旺盛，生长发育快，繁殖力强，生产周期短，为性成熟最早的家禽，从出壳至产蛋只需要40d左右。鹌鹑无就巢性，为高产蛋率奠定了基础，年产蛋量和平均产蛋率都超过了蛋鸡，每只蛋用雌鹑年产蛋量超过300枚，个别个体达到400枚。蛋鹑的产蛋期可以持续10~12个月，当产蛋下降到60%以下时可以淘汰。肉用鹑35~40d上市，活重达到200~250g，周期短，周转快，同一鹑舍每年可饲养7~8批。

鹌鹑喜温怕寒，喜干厌湿、喜光厌暗，尤其对温度变化较为敏感。野生鹌鹑每年春、秋都要长距离迁徙。人工饲养条件下，鹌鹑生长和产蛋均需要较高的环境温度，管理上要注意调节温度、湿度、光照以满足鹌鹑的正常生长发育。

鹌鹑生性好斗，在繁殖季节常为争夺配偶而打斗，因此应确定合适的配种比例，避免雄鹑太多，雄雌比例1∶3为宜。种鹑的饲养密度应低，商品鹑在育雏期可以进行断喙。

鹌鹑个体小，具有栖高性，适合高密度笼养。笼养种鹑也能进行正常交配，保持高的受精率。笼养鹌鹑便于管理，加料、加水、收蛋、疫苗接种效率大大提高，促进了规模化鹌鹑生产的发展。

第二节　鹌鹑的繁育

一、种鹑的选择

留种鹌鹑来源要清楚，无白痢感染。头小而圆，嘴短，颈细而长，两眼大小适中，神情和善，羽毛丰满有光泽，颜色符合品种要求，姿态优美。性情温驯，手握时野性不强，体质健壮，无畸形，肌肉丰满，皮薄腹软。

羽毛完整丰满，色彩明显，外貌上要求头小而俊俏，眼睛明亮，颈部细长，体态匀称。体格健壮，活泼好动，食量较大，无疾病。体重达到品种标准，体重超过170g的产蛋力不强。具体产蛋标准是，按开产3个月的产蛋量推算，年产蛋达250枚以上者为好。

蛋重要符合品种标准，年产蛋率蛋用鹌鹑应达 80% 以上，肉用型的也应在 75% 以上。

要求雄鹌鹑羽毛覆盖完整而紧密，颜色深而有光泽，眼大有神，体质健壮，头大，喙色深而有光泽，吻合良好，趾爪伸展正常，爪尖锐。啼声高亢响亮，声音稍长而连续。体重120～130g。泄殖腔腺发达，交配力强。选择时主要观察肛门，应呈现深红色，隆起，手按压则有白色泡沫出现，说明已发情，一般雄鹌鹑到 50 日龄会出现这种现象。

二、鹌鹑的繁殖特点

鹌鹑在所有家禽中是性成熟最早的一种，40～45 日龄达到性成熟，开始产蛋。种鹌鹑开产后 10～15d 就可以进行雄雌交配。刚开产的鹌鹑蛋个小，受精率低，畸形蛋比率较高，不适合孵化，只能作为商品蛋销售。60～70 日龄时，产蛋率达到 80% 以上，达到合格种蛋的要求，才能孵化出健康的雏鹌鹑。

为了提高鹌鹑种蛋的孵化率和雏鹌鹑的成活率，刚开产的种鹌鹑所产蛋不适合孵化，当作一般的商品蛋销售。当产蛋率上升到 80% 以上时，开始收集种蛋，从产蛋率 80% 以上计算，蛋用种鹌鹑的利用期为 8～10 个月，肉用种鹌鹑为 6～8 个月。过了适宜的种用期，鹌鹑的产蛋量下降较快，而且种蛋的合格率下降，因此，种用鹌鹑最多饲养 1 年，第 2 年要培育新的种群进行繁殖。

就巢孵化是野生禽类进行繁殖的本能，但家养鹌鹑经过人类的长期驯化，产蛋性能得到了大幅度的搞高，已经丧失了就巢性，因此，现代鹌鹑生产必须进行人工孵化才能完成繁殖后代的任务。

三、鹌鹑的配种技术

雌鹌鹑 3 月龄至 1 年，雄鹌鹑以 4～6 月龄最好。但实际生产中，50～60 日龄的雄、雌鹌鹑开始配种繁殖，种鹌鹑的利用年限为 1 年。

鹌鹑个体小，目前生产中仍然以自然交配的方式进行繁殖，人工授精技术没有利用。生产中，常用的配种方法为大群配种，雄雌配比为 1：3。

1. 单配或轮配 根据生产目的不同，分别采用 1 只雄 1 只雌交配，或 1 只雄 4 只雌交配，每天在人工控制条件下进行间隔交配。

2. 大群配种 即在较大数量雌鹌鹑群内按 1：3 的比例放入雄鹌鹑，每群笼内饲养 15 只雄鹌鹑和 45 只雌鹌鹑，任其自由交配。这种配种方式能够保持较高的受精率，目前生产场大都采用此方法。配种前，应先将雄鹌鹑放入种鹌鹑笼中，熟悉环境，然后再放入雌鹌鹑，可以提高交配的成功率和种蛋的受精率。这种方法用笼少，交配次数多，雄鹌鹑的饲养数量少，成本低，管理方便；但系谱不清，时间长了易造成近亲繁殖，仅适用于商品场。

3. 小群配种　即放 2 只雄鹑和 5~7 只雌鹑于小间内配种。小群配种优于大群配种，雄鹑斗架较少，雌鹑的伤残率低，受精率高。

第三节　鹌鹑的饲养管理

一、鹌鹑的营养需要与日粮配合

饲养标准是鹌鹑日粮配合的依据，鹌鹑常用饲养标准见表 12 – 1 至表 12 – 3。

表 12 – 1　日本鹌鹑饲养标准

营养成分	生长期（0~5 周龄）	种鹌鹑期
代谢能（MJ/kg）	12.13	12.13
粗蛋白质（%）	24	20
蛋氨酸（%）	0.50	0.45
蛋氨酸 – 胱氨酸（%）	0.75	0.70
赖氨酸（%）	1.3	1.0
色氨酸（%）	0.22	0.19
亮氨酸（%）	1.69	1.42
苯丙氨酸（%）	0.96	0.78
苏氨酸（%）	1.02	0.47
组氨酸（%）	0.36	0.42
维生素 A（IU）	1 650	3 300
维生素 E（IU）	12	25
维生素 D_3（IU）	750	900
维生素 K_3（IU）	1	1
硫胺素（mg/kg）	2	2
核黄素（mg/kg）	4	4
泛酸（mg/kg）	10	15
烟酸（mg/kg）	40	20
吡哆醇（mg/kg）	3	3
胆碱（mg/kg）	2 000	1 500
维生素 B_{12}（mg/kg）	3	3
叶酸（mg/kg）	1	1
生物素（mg/kg）	0.30	0.15
钾（%）	0.4	0.4
钠（%）	0.15	0.15
氯（%）	0.14	0.14
铜（mg/kg）	5	5
铁（mg/kg）	120	60
锰（mg/kg）	60	60
锌（mg/kg）	25	50
硒（mg/kg）	0.2	0.2
碘（mg/kg）	0.3	0.3
钙（%）	0.8	2.5
有效磷（%）	0.30	0.35

表 12-2　中国白羽鹌鹑营养需要建议量

营养成分	0~3 周龄	4~5 周龄	种鹌鹑期
代谢能（MJ/kg）	11.92	11.72	11.72
粗蛋白质（%）	24	19	20
蛋氨酸（%）	0.55	0.45	0.50
蛋氨酸-胱氨酸（%）	0.85	0.70	0.90
赖氨酸（%）	1.30	0.95	1.20
色氨酸（%）	0.22	0.18	0.19
亮氨酸（%）	1.69	1.40	1.42
苯丙氨酸（%）	0.96	0.80	0.78
苏氨酸（%）	1.02	0.85	0.74
组氨酸（%）	1.36	0.3	0.42
钙（%）	0.90	0.70	3.00
有效磷（%）	0.50	0.45	0.50
钾（%）	0.40	0.40	0.40
钠（%）	0.15	0.15	0.15
氯（%）	0.20	0.15	0.15
铜（mg/kg）	7	7	7
铁（mg/kg）	120	100	60
锰（mg/kg）	300	300	500
锌（mg/kg）	100	90	60
硒（mg/kg）	0.20	0.20	0.20
碘（mg/kg）	0.30	0.30	0.30
维生素 A（IU）	5 000	5 000	5 000
维生素 E（IU）	12	12	15
维生素 D_3（IU）	1 200	1 200	2 400
维生素 K_3（IU）	1	1	1
硫胺素（mg/kg）	2	2	2
核黄素（mg/kg）	4	4	4
泛酸（mg/kg）	10	12	15
烟酸（mg/kg）	40	30	20
吡哆醇（mg/kg）	3	3	3
胆碱（mg/kg）	2 000	1 800	1 500
维生素 B_{12}（mg/kg）	3	3	3
叶酸（mg/kg）	1	1	1
生物素（mg/kg）	0.30	0.30	0.30

表 12-3　肉用鹌鹑营养需要量

项目	代谢能（MJ/kg）	粗蛋白质（%）	钙（%）	总磷（%）
生长期	12.23	21.4	1.05	0.78
产蛋期	11.42	20.0	2.33	0.85

　　蛋用型鹌鹑及种鹑的配方实例见表 12-4，肉仔鹑的日粮配方实例见表 13-5，供参考。

表 12 - 4　蛋用型鹌鹑及种鹑的配方

饲料（%）	育雏期 （0～20 日龄）			育成期 （21～40 日龄）			产蛋期及种用期 （41 日龄以上）		
	1	2	3	1	2	3	1	2	3
饲料组成（%）									
玉米	54	49.5	53	60	52	57.6	58	49	59
小麦	—	7.2	—	—	10	—	—	10	—
豆粕	25	28	32	19.6	17.6	22	20	22	20
菜籽饼	—	3	—	3	—	5	3	—	—
国产鱼粉	13	10	8	5	8	3	11	11	10
酵母粉	2.0	—	—	—	—	—	—	—	3.0
麸皮	4.2	—	4.7	10.0	10.0	10.0	—	—	—
骨粉	1.00	1.46	1.46	1.47	1.47	1.47	1.55	1.55	1.55
石粉	—	—	—	—	—	—	5.5	5.5	5.5
食盐	0.16	0.2	0.2	0.3	0.3	0.3	0.3	0.3	0.3
蛋氨酸	0.1	0.1	0.1	0.1	0.1	0.1	0.1	0.1	0.1
微量元素	0.5	0.5	0.5	0.5	0.5	0.5	0.5	0.5	0.5
多种微生素	0.04	0.04	0.04	0.04	0.04	0.04	0.04	0.04	0.04
日粮营养成分									
代谢能（MJ/kg）	11.96	12.00	11.87	11.86	11.89	11.72	11.58	11.57	11.65
粗蛋白质（%）	24.2	24.0	23.8	19.1	19.1	19.65	21.0	21.0	20.8
钙（%）	1.10	1.12	1.02	0.88	0.99	0.81	3.09	3.08	3.09
磷（%）	0.84	0.81	0.80	0.76	0.81	0.75	0.79	0.79	0.83

表 12 - 5　肉仔鹑的日粮配方实例

饲料（%）	0～15 日龄			16～35 日龄		
	1	2	3	1	2	3
饲料组成（%）						
玉米	54.65	54	52.1	65.2	62.8	64
豆粕	34	34	39	23	27	26
菜籽饼	—	3.32	3.0	—	2.0	4.4
国产鱼粉	9.0	6.0	3.0	10	6.0	3.0
骨粉	1.0	1.2	1.3	0.6	0.8	1.0
石粉	0.5	0.5	0.5	0.5	0.5	0.5
食盐	0.1	0.2	0.3	0.1	0.2	0.3
赖氨酸	0.1	0.1	0.1	—	0.06	0.16
蛋氨酸	0.1	0.13	0.15	0.06	0.1	0.1
微量元素添加剂	0.5	0.5	0.5	0.5	0.5	0.5
禽用多种维生素	0.05	0.05	0.05	0.05	0.05	0.05
日粮营养成分						
代谢能（MJ/kg）	12.07	11.94	11.89	12.56	12.38	12.33
粗蛋白质（%）	24.6	24.2	24.4	21.1	21.4	20.1
钙（%）	1.0	1.0	0.94	0.94	0.86	0.81
磷（%）	0.71	0.70	0.68	0.62	0.60	0.59

二、雏鹌鹑的饲养管理要点

初生鹑个体太小，很难用翻肛法进行雌雄鉴别，因此大多数品种初生时不进行鉴别。我国的科研工作者培育出羽色自别雌雄配套系，可以方便地进行鉴别。用中国隐性白羽鹌鹑雄鹑与有色羽雌鹑交配，后代出壳后可按羽色自别雌雄，有色羽为雄鹑（白羽配套系）或深色羽为雄鹑（黄羽配套系）。由原北京市种鹌鹑场培育的世界首创的鹌鹑自别雌雄配套系，即用中国白羽雄鹑与朝鲜龙城雌鹑交配，子一代即可根据羽色鉴别雌雄，即栗羽为雄鹑，浅黄色为雌鹑（后变为白色），准确率100%。由南京农业大学培育成功的自别雌雄配套新品种，用中黄羽雄鹑与朝鲜龙城雌鹑交配，子一代黄羽为雌鹑，栗羽为雄鹑。

1. 笼养育雏　笼养育雏有很多优点，育雏环境容易控制、清洁卫生、育雏量大。小型育雏笼为1层，规模化饲养普遍采用叠层式多层育雏笼，一般4~6层。单笼放入150只雏鹑。为了保证雏鹑腿部的正常发育，育雏前1周在笼底铺上垫布，并经常清洗更换。

2. 平面育雏　小规模饲养，常采用平面育雏，育雏效果也很好，但饲养数量受到限制。火炕育雏在北方较为普遍，具有投资小、育雏效果好等优点。每平方米火炕可以饲养150~200只。地面垫料育雏常利用火墙、地下烟道供暖，地面垫料育雏要求垫料干燥、松软，注意将灶膛设置在育雏舍外。

从出雏至21日龄为雏鹑，雏鹑个体小，体温低，适应性差，必须严格控制育雏条件，包括育雏温度、相对湿度、光照、通风、饲养密度等。

1. 温度　温度是雏鹑饲养最重要的环境条件，一般需要较高的温度，并且随日龄增加而逐渐降低。饲养管理人员应认真观察雏鹑的活动和精神状态，掌握合理温度。如果雏鹑均匀分布，鸣叫有力，四处奔跑探究，采食、饮水正常，休息时伸颈伏卧，说明温度正常；如果雏鹑往一起挤，羽毛湿，轻声鸣叫，有的卧地不起、排稀便，说明温度偏高。

2. 湿度　正常的湿度有利于雏鹑卵黄囊的吸收利用，减少呼吸道疾病和霉菌病的发生。育雏第1周要有加湿的措施，如在育雏舍地面洒水、喷雾加湿、火炉上放水盆等。以后要防止湿度过高，需要即时清理粪便，在承粪板和垫料上撒生石灰，加强通风，避免饮水器漏水，从而达到合理的湿度。育雏期正常温、湿度见表12-6。

表12-6　鹌鹑育雏温、湿度要求

日龄	温度（℃）	相对湿度（%）
1~3	39~38	70
4~7	37~33	70
8~10	32~30	65
11~15	29~27	65
16~21	26~24	60

3. 光照　合理的光照时间和光照强度是雏鹑健康生长所必需的环境条件。1~3日龄要求24h连续光照，让雏鹑能够很快熟悉生活环境，尽早学会采食和饮水；4~15日龄要求23h光照，1h黑暗，便于雏鹑自由采食，迅速生长；16~21日龄减少到每天12~14h

光照。室内光照一般用白炽灯，灯泡数量可以按 10～30W/m² 计算。开始育雏时光照强度用 100W 灯泡，5d 后，可以换成 60W。

4. 通风　适度通风有利于舍内有害气体的排出，提供氧气。育雏舍一般采用机械通风，通风量为 6m³/（kg·h）。冬季通风最好通过天窗的开闭来进行，通风时间应在温度较高的中午。

5. 饲养密度　合理的饲养密度是保证鹌鹑正常采食、均匀生长所必需的条件。密度过大时，部分鹌鹑找不到采食、饮水的位置，影响到生长发育，造成生长均匀度差。但密度过小时，不利于鹌鹑的保温，且占地面积大，效益下降。理想的饲养密度见表 12－7。

表 12－7　雏鹌鹑的饲养密度（只/m²）

周　龄	1	2	3	4	商品鹌鹑	种鹌鹑
夏季饲养量	150	100	80	60	55	42
冬季饲养量	200	120	100	80	66	48

1. 雏鹑的饮水　雏鹑转运到育雏舍以后，休息 2h 左右，然后先饮水，再喂料，及时饮水有利于胎粪的排出。雏鹑饮水时要防止弄湿羽毛。雏鹑体型小，腿部力量小，羽毛淋湿后易失去平衡摔倒而被其他雏鹑踩死或淹死在饮水器里。育雏前 10d，使用自制小型饮水器，饮水器水深 2～3mm，最深处 7mm，使其安全度过饮水关。

雏鹑 1～3 日龄需饮用凉开水，100L 凉开水中加入 50g 速溶多维、30g 维生素 C 和 5kg 白糖。这样可以刺激饮欲，有利于恢复体力，保持健康和活力。初次饮水时管理人员要注意观察，让每只雏鹑都喝到水。对没有喝上水的雏鹑，可以抓起来将其喙放在饮水器内蘸一下，让其将水咽下即可学会饮水。必须保证每只雏鸡都要第一次喝上水。15 日龄后，更换 1L 容量的真空饮水器，自由饮水。

2. 开食和饲喂　饮水后 2h 开始喂料，即开食。饲料撒在铺于笼底的白布上，用手指点布，诱导雏鹑学会采食。平面饲养可以用开食盘开食，火炕育雏直接将饲料撒在炕面。喂料 2h 后要检查雏鹑嗉囊内是否有料，对于嗉囊内无料的要单独照顾直到其学会采食。5 日龄后逐渐过度到以料槽喂料，10 日龄以后全部采用料槽。为了防止鹌鹑将饲料钩出槽外，在槽内饲料上铺一块铁丝网，网眼 1cm²。

开食料用雏鹑全价配合料，不宜用单一饲料，以免造成营养缺乏。饲料中添加 0.4% 的土霉素等药物可以防止鹌鹑腹泻。鹌鹑开食后的饲喂要定时、定量，方法为第 1 天喂料 10 次，第 2～5d，每天 6～8 次，以后每天 4～6 次。每次加料量不宜超过料槽高度的 2/3，最好是 1/3。每次喂料前料槽应空 0.5h，以刺激食欲，防止饲料浪费。每日每只平均采食量：3 日龄 3～4g，5 日龄 5～7g，7 日龄 9～11g，11 日龄 13～15g，15 日龄 16～18g。

1. 7 日龄前的管理　7 日龄前雏鹑个体小，羽毛稀薄，饲喂次数多，工作量较大。这段时间，育雏舍要保持安静，工作程序要固定，饲养人员不能更换，动作要轻，饲喂、观察要精心。鹌鹑的疾病较少，育雏期间因事故死亡比因病死亡多，如由于受凉相互踩死、被料槽或饮水器压死、掉入饮水器中淹死、垫草下压死、突然受惊吓致死等，要注意避免。

2. 7日龄后的管理　7日龄后雏鹌鹑发育加快,骨骼生长迅速。5日龄开始第一次换羽,先长翼羽、尾羽、后长腹羽、头羽,15日龄全部换成初羽。要注意料槽料桶的放置地点、数量,保证每只雏鹌鹑吃饱、吃好。要注意观察采食、饮水、睡眠情况,发现异常及时采取措施。整个育雏期昼夜要安排专人值班,定期检查温度、湿度、通风与光照情况,并且做好记录,按时做好疫苗接种工作。

3. 雏鹑的断喙　鹌鹑有啄羽、啄蛋、啄肛等恶癖。鹌鹑喙部构造特殊,上喙向下弯曲呈钩状,采食时比较挑食,常常用喙将饲料钩出料槽,造成浪费。雏鹑阶段断喙可有效避免上述现象的发生。雏鹑在15~30日龄断喙均可,断喙前后2d,应在饲料中添加维生素K、维生素C、多种维生素添加剂等,以促进伤口愈合,减少应激反应。

4. 粪便的清理　笼养时,每天上午将脏的承粪板从每层笼底取出,并立即插入干净的承粪板。然后,将取出的脏承粪板集中清除粪便,冲洗干净,浸泡消毒后晾干备用。

5. 日常管理要求　经常检查育雏舍内的温度、湿度、通风及采食和饮水情况,发现异常及时采取相应措施。定期抽样称重,及时调整饲养管理措施。定期统计饲料消耗及周龄成活率情况。做好防鼠、防害及防煤气中毒等。

6. 其他日常管理工作　小型禽类消化器官容积小,一旦发生患病,消化道内食物不多或已无食物,若此时用药反而效果不佳,甚至加速死亡。故在育雏阶段更要做好预防性投药工作,在开食前要注意上呼吸道病,1日龄注意白痢、球虫病,4日龄注意球虫病、白痢、禽霍乱、肠炎,10日龄注意新城疫,12日龄注意白痢、球虫病。

饲管人员应随时注意观察雏鹌鹑的状态,检查温度、湿度和通风是否正常,加料、换水并清扫卫生等。喂料次数原则上分早、中、晚、夜4次,在不限制喂饲情况下,饲料不能间断。对死亡雏鹌鹑要剖检,查看各脏器是否正常,检查粪便是否有血、脓等病变,发现异常,尽快找出原因,以便及时采取措施。

三、仔鹑的饲养管理要点

仔鹑是指21~42日龄种鹑。仔鹑期饲养在育雏笼中,也可以提前转入成鹑笼饲养。仔鹑阶段生长强度大,增重速度快,尤以骨骼、肌肉、消化系统与生殖系统最快。饲养管理的主要任务是控制其体重和正常的性成熟期,同时要进行严格的选择及免疫工作。

种用仔鹑与蛋用仔鹑的饲养管理基本相同。此阶段中心任务是使鹌鹑适时开产,充分发挥生产潜力。

1. 饲养方式　采用单层或多层笼饲养。蛋仔鹑的饲养密度为80只/m²,肉仔鹑的饲养密度为60只/m²。夏季酌减,冬季可以适当增加。

2. 鹑舍的准备　将笼具放入鹑舍后用甲醛熏蒸消毒24~48h。用药量为每立方米空间用福尔马林42ml、高锰酸钾21g。旧鹑舍先用清水冲洗干净,墙壁、地面用2%火碱溶液喷洒消毒,笼具最好用火焰消毒,以彻底杀死寄生虫卵及病原微生物。

3. 采食与饮水　仔鹑阶段采用自由采食,每天加料3~4次,换饲料时,需要5~7d的过渡,以免发生应激,采用杯式自流饮水器饮水,保证饮水的清洁卫生。

4. 限制饲喂　为确保仔鹌鹑日后的种用价值和产蛋性能,雌、雄鹌鹑最好分开饲养,同时还要对雌仔鹌鹑限制饲喂,这不仅可降低成本,防止性成熟过早,又可提高产蛋数量、质量及种蛋合格率。限制饲喂方法：根据体重发育情况适当进行限饲，一般从 28 日龄开始控制饲喂，控制日粮中蛋白质含量为 20%，控制喂料量，仅喂标准量的 80%。通过限制饲喂，使蛋用型品种 30 日龄雌鹑体重在 100g 左右，雄鹑在 90g 左右，40 日龄雌鹑体重在 130g 左右，雄鹑在 120g 左右。一般仔鹌鹑开产日龄控制在 6 周龄为宜。

5. 转群　21 日龄的鹌鹑转入仔鹑笼或直接转入成鹑笼饲养。鹑舍室温和育雏舍相同，避免造成低温应激扎堆压死。转群后 5d 内料槽中应尽量加满，料槽、饮水器挂得越低越好，以便于采食。

6. 脱温　随着鹌鹑体温调节能力的完善，在气温允许的条件下要逐步脱温。舍内应注意保持空气新鲜，地面要保持干燥。适宜的湿度为 55%～60%。初期温度保持在 23～27℃，中期和后期温度可保持在 20～22℃。

7. 控制光照　仔鹑在饲养期间需要适当减光，不需育雏期那么长光照时间，只需要保持每天 10～12h 的自然光照即可，最多不能超过 14h。鹌鹑 25 日龄后，鹑舍更换小瓦数灯泡，降低为 40W 即可。自然光照时间较长的季节，需要用窗帘把窗户遮上，使光照保持在规定时间内。通过控制光照与饲料，使鹌鹑群体的开产期控制在 42 日龄左右，防止开产过早而影响全期产蛋量。

肉仔鹑的生长发育速度远高于蛋鹑，而且早期生长迅速，40 日龄左右即可上市屠宰，活重达 250～300g。因此，肉仔鹑饲养应及时调整饲养密度和给予足够的采食、饮水位置，方能取得良好的生长率与胴体品质。肉用仔鹑在 20 日龄前饲养管理与蛋用鹑基本相同。22 日龄至上市为肥育期。

1. 育肥笼　每层笼的高度降到 12～15cm，以防止仔鹑跳跃，有利于肥育。降低饲养密度，按 80 只/m² 饲养。每层笼顶架设塑料窗纱或塑料，防止肉仔鹑头部撞伤。肉仔鹑笼养，笼底部应该铺白色棉布，笼网孔要小一点，防止夹住肉仔鹑的脚或头部，造成不必要的伤亡。

2. 饲养　肥育期采用高能量、高蛋白质饲料。为了提高能量水平，要增加玉米等能量饲料的用量，同时适当添加油脂（1%～3%）。3～6 周龄肉仔鹑日粮粗蛋白质含量 23%～24%，要保证动物性蛋白质饲料占肉仔鹑料的 8%～10%，代谢能 12.14MJ/kg。肥育期每天饲喂 4 次，要保证充足的饮水。法国肉用鹌鹑的采食量见表 12-8。

表 12-8　法国肉用鹌鹑平均采食量及参考体重

周龄	1	2	3	4	5	6
周末平均体重（g）	30.5	70.5	125.0	180.0	226.0	250.0
平均采食量（g/d）	3.8	8.6	15.4	20.6	24.6	26.6

3. 环境控制　育肥期饲养的原则是提高食欲，减少活动，同时光线要暗，温度适宜，通风良好，做到吃饱、吃好、少活动、多睡，以促进长肉催肥。商品肉仔鹑每天要求 10～12h 的弱光，光照强度 10lx，能够正常采食、饮水即可。21 日龄到上市阶段的肥育期，要求温度适宜，18～25℃的环境温度下鹌鹑食欲旺盛，生长迅速，而且饲料转化率高。

4. 上市日龄　肉仔鹑一般饲养到 40d 左右，活重达 250～300g 上市。生产中可以根据消费市场需求，适当调整上市时间，35～50d 上市都可以。上市时间延长可以充分发挥肉仔鹌的遗传潜力，获得较高的上市体重，而且肉质更加鲜美。

四、产蛋种鹌的饲养管理要点

蛋种鹌 42 日龄、肉种鹌 49 日龄后进入产蛋期。产蛋种鹌必须上笼饲养，在笼中自然交配可以达到较高的受精率。

1. 温度、湿度控制　从开产至淘汰，温度尽量保持在 22～26℃，相对湿度 60% 左右。温度过低或过高都会引起产蛋率的下降，种蛋受精率下降，饲料转化率降低。一般在肉鹌饲养比较集中的南方地区，冬季鹌舍温度较为适宜，关键是夏季高温高湿。

2. 光照要求　光照是产蛋期种鹌非常重要的环境条件之一，进入产蛋期后，要逐渐延长每日光照时间，刺激性腺的发育，促进产蛋。在自然光照不能满足要求时，通过人工补光完成。注意补光要早晚两头补，有利于鹌鹑采食和收蛋等各项工作的顺利进行。产蛋期最长日照时间为 16～17h，维持恒定，绝对不能随意减少光照。产蛋期光照方案见表12－9。

表 12－9　种鹌产蛋期光照要求

日龄	光照时间（h）
36～40	13
41～45	14
46～50	15
51～60	15.5
61～淘汰	16～17

3. 喂料与饮水　产蛋期自由采食，每天加料 2～3 次，每次加料不能过多，不能超过料槽的 1/3。产蛋期更换饲料要有 3～5d 的过渡期，不能突然换料。最好采用杯式自流饮水器供水，供水不能中断，要经常清洗水杯。

4. 饲养密度　产蛋期肉种鹌要降低饲养密度，特别是夏季，适宜的饲养密度为 45～48 只 /m²，冬季可以适当增加。密度过大影响交配的成功率，而且会引起啄肛等恶癖，夏季密度过大容易造成热应激。

5. 公母比例　为了保证高的受精率，公母配比蛋鹌为 1∶3，肉鹌为 1∶2.5。采取公母同笼混养自然交配。

6. 适时转群　首先转入雄鹌，12h 或 1d 后再转入雌鹌，先放入雄鹌可以确立雄鹌的优势地位，避免母鹌欺生不接受雄鹌的交配。根据配种计划，上午对种雄鹌称重，评定外貌，按育种与品种要求，选出种雄鹌后，戴上脚号，放入种鹌笼内；下午对种雌鹌进行选择，按配种计划，编上脚号，再按配比放入种雄鹌笼内配对。第一次交配 40h 后可收取种蛋进行孵化。

7. 种蛋收集　及时收集种蛋，进行分类统计，做好种蛋消毒、贮存、保管。鹌鹑产蛋主要集中在下午，夏季每天收蛋 3～4 次，其他季节 2 次。收取种蛋要轻拿轻放，以减少种蛋破损或裂纹。

8. 种群更新　要及时更新种群，除育种群外，一般蛋种鹌利用期限为 8～10 个月，肉种鹌利用期限为 6～8 个月，当产蛋率下降到 60% 以下时及时淘汰，消毒鹌舍后补入下一批种鹌。

五、商品蛋鹑的饲养管理

商品蛋鹑采用多层立体笼养，鹌鹑个体小，笼养可以充分利用房舍空间，提高单位面积的饲养数量。鹌鹑笼有重叠式和阶梯式两种，重叠式产蛋笼对房舍的利用率更高，生产中常用。重叠式产蛋笼的层次一般为 6 层，每组笼可以饲养 360～400 只，方便加料、加水、捡蛋、清粪。阶梯式产蛋笼为 3～4 层，饲养密度为 80～100 只 /m²，房舍利用率不高。

产蛋前期是指产蛋率 50%～85% 阶段，时间一般为 2 个月左右。

1. 转群　商品蛋鹑需要提前由育雏舍转入产蛋鹑舍，转群后上笼饲养，一直饲养到产蛋结束淘汰。转群一般在 35 日龄进行，使鹌鹑提前熟悉环境，为产蛋期的到来做好准备。转群前要对产蛋鹑舍，笼具进行冲洗，最后用甲醛、高锰酸钾熏蒸消毒 48h，充分通风后即可转入。

2. 挑选　结合转群，要对每一只鹌鹑进行严格挑选，淘汰不合格的个体，包括有病、弱小、鉴别错误的公鹑。要尽早挑出不合格的个体，否则全群的产蛋量会徘徊不前。当产蛋到 70 日龄时，要尽早淘汰还没有开产的鹌鹑，这些一般都是低产鹌鹑。未开产鹌鹑表现为羽毛丰圆、体重大、腹部容积小，胸骨末端到耻骨间隙小，肛门圆、紧闭、干燥，耻骨间隙小。

3. 饲料的更换　商品蛋鹑 35 日龄转群后可更换为产蛋期饲料，为产蛋提前贮备能量和钙质。初产期饲料粗蛋白质水平不可太高，以 20% 为宜，以防止发生脱肛。更换饲料还要根据鹑群的平均体重和均匀度而定，不能只看日龄，如果鹑群均匀度好，但平均体重偏小，应推迟更换料，抑制性成熟；如果鹑群体重达标，但均匀度差，应该分群饲养，将符合开产体重的个体放在一起，正常换料，将低于开产体重的个体放在一起，推迟换料时间。

4. 增加光照　产蛋期的光照强度为 10～15lx（3～6W/m²），补光用普通灯泡、日光灯、节能灯等均可。从 35 日龄起延长光照时间，在原来自然光照的基础上，每周增加 1h，直至增加到每日 16h，稳定不变。产蛋期光照的减少或突然断电都会引起产蛋率下降。16h 光照制度方法是每天早上 5 时开灯，自然光达到光照要求时关灯，下午鹑舍光线变弱时开灯，到晚上 9 时关灯。

补充光照的时间不要全部集中在晚上，因鹌鹑一般在光照开始后 8～10h 产蛋，若全部集中在晚上补充光照，产蛋时间会推迟到晚上，破坏了鹌鹑在下午集中产蛋规律，会造成生殖系统功能的紊乱。

5. 观察鹑群　清晨要观察鹌鹑的采食和饮水行为，如果鹌鹑争先恐后采食，说明鹑群健康。早晨还要观察粪便形态，健康鹑粪便成形，颜色正常，如果粪便稀、黄绿色说明鹑群有病，应请兽医进一步诊断。

饲养员要在夜间关灯后 20～30min 进入鹑舍，仔细听鹌鹑呼吸是否正常，发现罗音、呼噜声、喷嚏等异常声音，说明有病鹑，要挑出病鹑诊断观察，确定是传染病还是普通病，及时采取措施。如果确诊是普通病应立即治疗，如果是传染病应淘汰病鹑。

6. 加料、加水　每天早上进入鹌舍首先开灯，打开风机，然后在 30min 内加料。加料完毕后洗涤水槽，加足清水。中午上班后观察鹌群的吃料和饮水状况，检查采食量和饮水量有无异常。吃完料的地方及时补料，料多的地方向料少的地方匀料。如果饲料全部采食干净，停料 20～30min 加下一次料。加料的同时向水槽中加水。

7. 粪便清理　蛋鹌舍和种鹌舍的清粪方式因笼具的不同有两种：重叠式鹌鹑笼应该每周 2 次抽出承粪盘清粪，这样粪便不至于沉积过多而清理困难，也有利于鹌舍内空气新鲜；全阶梯式鹌鹑笼养方式，可以 1 周清理 1 次，也可以每天用刮粪板机械清粪。

8. 商品蛋的收集　商品鹌鹑每天早上集中收蛋 1 次，以减少应激反应，保持正常产蛋。下午鹌鹑集中产蛋时应尽量减少进出鹌舍次数，以提高产蛋率。

9. 预防脱肛的发生　产蛋初期 2 周内，如产蛋过大、过多、体躯过肥、过瘦，或因某种外界刺激，均会发生脱肛，被其他鹌鹑啄食而死。因此，在蛋鹌鹑产蛋初期饲料中蛋白质含量不宜太高，并尽量减少外界应激。增加光照应缓慢进行，不能一次就加到 16h。如果发现脱肛鹌鹑应及时取出，以防诱发啄肛癖。

10. 生产记录填写　生产记录表是管理鹌群、鹌场的基本数据，应详实填写。填写当天工作内容，记录当日存栏数、死亡数、产蛋量、喂料量、温度等，统计存活率、死亡率、产蛋率。

产蛋率上升到 85% 以上时鹌鹑进入产蛋高峰期，高产品系最高产蛋率可达到 95% 以上。鹌鹑产蛋高峰期持续时间长短不一，与前期的饲养管理关系密切，特别是群体的均匀度的影响较大。均匀度越高的群体，高峰期持续的时间越长。一般高峰期会持续 3～5 个月。产蛋高峰期要做好以下工作。

1. 更换饲料　当产蛋率上升到 50% 时，饲料更换为产蛋高峰期饲料，提高饲料中粗蛋白质水平为 22%～23%。

2. 保持环境的安静　鹌鹑胆子小，怕惊吓，所以要求安静的饲养场所。产蛋高峰期应尽量减少外界干扰，尤其是下午产蛋时，饲养员要减少在笼边的活动时间，避免发生应激而影响产蛋率。在下午的产蛋期间，除了进去喂料，其他活动都要往后推，直到 17：30 以后再进行。

随着鹌鹑产蛋量持续下降至产蛋率 80% 以下时进入产蛋后期，这一阶段的任务是千方百计减缓产蛋率的下降幅度。

1. 低产鹌的淘汰　到 300～350 日龄，鹌鹑经过 8～10 个月的产蛋后，群体产蛋率逐渐下降，这时要识别、淘汰已停产或低产的鹌鹑，降低饲养成本，提高产蛋率。停产或低产鹌鹑表现为眼睛无神，反应不灵敏，羽毛残缺不全，肛门圆、紧闭、干燥，腹部容积小、无弹性，胸骨末端到耻骨间距小于 2 指宽（3.5cm），耻骨间隙小于 1 指宽（1.8cm），耻骨末端变硬。而高产鹌鹑两耻骨间距在 1 指以上，胸骨末端到耻骨间距 2 指以上，肛门扁平、松弛、湿润。

2. 更换饲料　随着产蛋率的下降，要更换为产蛋后期饲料，降低饲料蛋白质和能量水平，降低饲养成本。饲料中钙含量可以适当提高，有利于产蛋后期蛋壳品质的提高。

3. 加强卫生消毒　产蛋后期消毒工作往往容易被管理者和饲养人员忽视。产蛋后期各种病原菌积聚的浓度升高，因此要及时清理粪便，做好喷雾消毒，鹑舍、笼具、鹌鹑消毒，每周 2~3 次。

4. 全群淘汰　随着产蛋率的进一步下降，鹌鹑的死淘率明显升高，每天的投入产出比升高，利润下降，此时可以将全群鹌鹑全部淘汰屠宰。一般产蛋率下降到 60% 以下可以考虑淘汰。

六、鹑场建筑与设备

养鹑场场址的选择是规模化鹌鹑生产的第一步，合理选择场址对于安全生产，提高经济效益至关重要。鹌鹑养殖小区应选择交通便利的地方，方便饲料、产品等物质的运输；电力供应稳定，以保证鹑舍照明、孵化、饲料生产、育雏供暖、机械通风；地势应高燥、背风向阳、平坦开阔以利于禽舍小气候的控制；水源水量充足，水质良好、取用方便、便于防护，以满足人、禽饮用和生产用水；土质以透气、透水性好、抗压性强的砂壤土为好；为了防疫安全，鹑场应远离居民区，距居民区 1 000m 以上。

1. 育雏笼　供 1~5 周龄雏鹑有用，叠层式育雏笼 4~6 层，规格一般为 1.2m × 0.6m × 0.25m，底网为 6mm × 6mm × 10mm 金属镀锌网板，网底设置承粪盘。单笼放入 150 只雏鹑。为了保证雏鹑腿部的正常发育，育雏第 1 周要求在笼底铺上垫布，并经常清洗更换。

2. 产蛋笼（种鹑笼）　专供产蛋鹑和种鹑使用，按笼子的形状来分，有重叠式、全阶梯式、半阶梯式等。产蛋笼要求适度宽敞，确保正常配种、采食、饮水和减少破蛋率。单笼规格为 1.8m × 0.75m × 0.19m。

3. 料盘与料槽　料盘用雏鸡料盘即可，开食完成后上面加装料桶，避免雏鹑进入料盘中造成饲料的浪费。鹌鹑上笼后需要用料槽喂料，挂在笼边，方便采食。料槽一般用铁皮、塑料、木板等制成，要求便于添料、冲洗和消毒。在料槽内饲料上铺一块铁丝网，网眼 10mm × 10mm，可防止鹌鹑把饲料钩出槽外，造成饲料浪费。

4. 饮水器　育雏期平养鹌鹑需要用自制简易饮水设备。上笼饲养的鹌鹑现在普遍用自动杯式饮水器饮水，连接自来水管或贮水罐，自动饮水杯设置在每层笼的两侧。

复习思考题
1. 鹌鹑的生活习性与饲养管理有何密切关系？
2. 如何进行鹌鹑的雌雄鉴别和种鹌鹑的选种？
3. 简述鹌鹑的配种技术。
4. 雏鹑的饲养管理要点有哪些？
5. 如何对商品蛋鹑进行饲养管理？

第十三章　雉　鸡

雉鸡又称山鸡，俗名野鸡，学名环颈雉，在动物学分类上属于鸟纲（Aves）、突胸总目（Carinatae）、鸡形目（Galliformes）、雉科（Phasianide）、雉属（*Phasianus*），其肉质细嫩，味道鲜美独特，营养丰富，蛋白质含量高，脂肪含量低，是一种深受人们喜爱的山珍食品。雉鸡的胆、血、内金经过提炼可制成医药制剂，有极高的滋补、药用、保健、美容价值。

世界雉鸡共有 30 多个亚种。在我国雉鸡不仅分布广、数量多，亚种分化也很多，共有 19 个亚种，其中有 16 个亚种属于我国特有，广泛分布于东北、华北、华中、华南、西南等地。

第一节　雉鸡的品种与生物学特性

一、雉鸡的品种及形态特征

目前，我国各地饲养的雉鸡品种主要有两个：一是本地雉鸡，另一是美国七彩雉鸡。

中国农业科学院特产研究所等单位在 20 世纪 80 年代初用我国环颈雉东北亚种驯化选育而成（图 13 - 1）。东北雉鸡产蛋性能比美国七彩雉鸡要低，体重也轻一些，雄雉鸡体重 1 100 ~ 1 300g，雌雉鸡为 800 ~ 1 000g，年产蛋量 25 ~ 34 枚，高者达 42.48 枚，平均蛋重 25 ~ 32g。东北雉鸡白色颈圈宽，蛋壳色较杂，有橄榄色、暗褐色、蓝色。但肉质优于美国七彩雉，氨基酸含量较高。

图 13 - 1　东北雉鸡

1986 年前后，我国北京、广州等地从美国内华达州引进了一批美国"七彩山鸡"进行饲养繁殖，情况较好，现已推广到我国各地。其羽色与我国环颈雉基本相似，但略浅一些，颈圈白色部分要细一点。经过多年饲养选育，其体重与生产性能都比原种有较大提高，育成雄雉体重可达 1 800 ~ 3 200g，性成熟后降至 1 500 ~ 1 800g。育成雌雉体重 1 250g，产蛋前体重 1 300 ~ 1 600g。年产蛋 80 ~ 120 枚，蛋重为 29 ~ 39g。

雉鸡的体型略小于家鸡，但尾羽较长，雄、雌雉鸡形态有明显区别。雄雉头羽青铜褐色，带金属闪光，两眼睑有白色眉纹；胸部羽毛黄铜红色，有金属反光，上背部黄褐色，羽毛边缘带黑色斑纹，背腰两侧和两肩及翅膀黄褐色，羽毛中间带有蓝黑斑点；嘴灰白，脚、趾灰色，有短距。雌雉头顶米黄间黑褐色斑纹，脸淡红，颈部浅栗，胸部沙黄，尾羽黄褐有黑色横斑纹，其上体部呈褐色或棕褐，下体呈黄色或虹彩红栗色，脚趾灰色，喙灰褐，无距。

二、生物学特性

雉鸡的适应性强，抗病力亦强，耐高温，抗严寒，从平原到山区、从河流到峡谷、从海拔 300m 的丘陵到 3 000m 的高山均有雉鸡生存。夏季能耐 32℃ 以上的高温，冬季 −35℃ 也不畏冷，并能在雪地上行走觅食，饮带有冰碴的水，且不怕雨淋，在恶劣环境条件下也能栖息过夜。

雉鸡交配时，以雄雉为核心，组成相对稳定的"婚配群"，活动在自己的领地上，如有其他雄雉袭扰，即发生强烈争斗。孵化期雌雉常在隐蔽处筑巢、产卵、孵化。雏雉出壳后，雌雉即领雏雉活动，长大后，又重新组成新群体。

平时雉鸡即使在觅食过程中也不时地抬头张望，观察四周动向。如遇敌害则迅速逃避，当敌害迫近时即起飞，不久又滑翔落下。

雉鸡嗉囊较小，食性较杂，容纳食物也较少，喜少吃多餐，尤其是雏雉鸡吃食时习惯于吃一点就走，转一圈回来再吃。在野外的自然状态下，多以各种昆虫、螺、蚯蚓、农作物、杂草、植物种子及碎嫩叶为食。

雉鸡性情活泼，善于奔走，脚强健，行走时时常左顾右盼，不时跳跃。雉鸡高飞能力差，只能短距离低飞，且不能持久。

第二节 雉鸡繁育

一、种雉的选择

目前对种雉鸡选择尚未有独特的选择方法，一般还是参照家鸡选择方法进行。但在外貌上应根据种雉特点来选择，雄雉选择身体各部均匀，发育良好，脸绯红，耳羽束发达直立，胸部宽深，羽毛华丽，姿态雄伟，雄性强，体大健壮者留种。雌雉鸡要身体端正呈椭圆形，羽毛紧贴有光泽，静止站立尾不着地，两眼明显有神，无缺陷。

二、雉鸡的繁殖特点

雉鸡 10 月龄左右才能达到性成熟，并开始繁殖。雄雉比雌雉性成熟要晚 1 个月左右。在自然界，野生雉鸡繁殖期在每年 2 月开始，年产蛋 2 窝，个别的能产到 3 窝，每窝 15 ~ 20 枚蛋，产蛋至 6 ~ 7 月即达到全年 90% 以上。在人工饲养条件下，产蛋期可延长至 9 月，产蛋量亦高。

进入性成熟时期，即有选偶的要求。雄雉鸡每日清晨发出清脆的叫声，并拍打翅膀引诱雌雉到来。此时雄雉领羽毛蓬松，尾羽竖立，迅速追赶雌雉，头上下点动、围着雌雉做弧形快速来回转动，从侧面接近雌雉。雌雉若有配种要求，则让雄雉爬跨至背上，雄雉用嘴啄住雌雉头上的羽毛，进行交配。

野生雉鸡有就巢性，通常在树丛、草丛等隐蔽处营造一个简陋的巢窝，垫上枯草、落叶及少量羽毛，雌雉鸡在窝内产蛋、孵化。在此期间雌雉鸡躲避雄雉鸡，如果被雄雉鸡发现巢窝，雄雉鸡会毁巢啄蛋。在人工养殖条件下，要设置较隐蔽的产蛋箱或草窝，供雌雉鸡产蛋，同时避免雄雉鸡的毁蛋行为。

三、雉鸡的配种技术

雉鸡一般出壳 10 个月龄即可交配，其中雄雉以 2 年龄者效果最好。种雌雉可留 2 年，种雄雉可留 3 年。

雉鸡的雌雄配比一般为 6∶1～7∶1，可达最高受精效果，平时受精率可达 87% 以上。如果配种群雄雉比例过大，不仅浪费饲料，也会踩坏雌雉，而且会因争斗而影响雉群安宁和受精率；如果比例太小，会产生漏配，亦影响受精率。在开始合群时，以 4∶1～5∶1 放入雄雉鸡，配种过程中随时挑出淘汰争斗伤亡和无配种能力的雄雉鸡，而不再补充种雄雉鸡，维持整个繁殖期雌雄比例在 6∶1～7∶1。尽量保持种雄雉鸡的种群的稳定，以减少调群造成斗架伤亡。

雌雄雉鸡合群后，雄雉鸡间发生强烈的争偶斗架，此过程称为拔王过程，经过几天的争斗，产生了获胜者"王子雉"，"王子雉"多为发育好，体型大的雄雉鸡。一旦确立了"王子雉"后，雉鸡群就安定下来，为了提高受精率，要注意保护"王子雉"，树立"王子雉"的优势，以控制群中其他雄雉鸡之间的争斗，减少伤亡。

保护"王子雉"不要随意往雉群中加入新的雄雉鸡，以免破坏已建立起来的顺序，引起新的拔王争斗，同时也不要轻易捉走"王子雉"。为避免"王子雉"控制其他雄雉鸡之间的配种而影响受精率，可以在配种运动场设置屏风或隔板，遮挡"王子雉"的视线，使其他雄雉鸡均有与雌雉鸡交尾的机会，增加种蛋受精率。设置屏风或隔板还有利于"王子雉"追赶时其他雄雉鸡躲藏，减少种雄雉鸡的伤亡。最简便的方法是用大张的石棉瓦横立在圈舍中，每 100m² 3～4 张即可。

1. 大群配种　即在较大数量雌雉鸡群内按 1∶5 的比例放入雄雉鸡，任其自由交配，每群雌雉鸡 100 只左右为宜。繁殖期间，发现因斗殴伤亡或无配种能力的雄雉鸡随时挑出，不再补充新的雄雉鸡。这种方法管理简便，节省人力，受精率、孵化率较高，是目前生产场大都采用的方法。缺点是系谱不清，时间长了易造成近亲繁殖，种质退化，应定期进行血液更新。

2. 小群配种　即放 1 只雄雉和 6～8 只雌雉于小间内配种，雌雄均有脚号或肩号。这种方法管理上比较繁琐，但便于建立系谱，是品种选育和引种观察常采用的方法。

放对配种时，除考虑气温、繁殖季节和雄雉争斗等因素外，还要选择放对配种的时机，过早或过迟放对都会影响受精率。我国疆域辽阔，南北方各地区雉鸡进入繁殖期的时间早晚相差达 1 个月，一般我国南方 3 月初即可放对，北方则要延迟 1 个月。在正式放对配种前，可试放 1~2 只雄雉进入雌雉群，看雌雉是否乐意受配。也可根据雌雄的鸣唱、红脸或筑巢等行为来掌握放对时间。实践证明，放对时间应在雌雉乐意接受交配前的 5~10d 为宜，如果放对过早，雌雉鸡没有发情，而雄雉鸡则有求偶行为，雄雉鸡强烈追抓雌雉鸡，造成雌雉鸡惧怕心理，以后即使发情，也不愿意接受配种，使种蛋受精率降低；放对过晚，则因雄雉鸡间领主地位没有确立而产生激烈争斗，过多消耗体力，精液质量和受精率受到影响，同时雌雉鸡群也因惊吓不安而影响产蛋率。

第三节　雉鸡的饲养管理

雉鸡的饲养管理也可分成育雏期、青年期和种鸡 3 个阶段。饲养管理内容与家鸡基本相似，但有一些特殊要求。

一、营养需要与饲料配方

我国雉鸡各阶段营养需要量参考表 13-1，雉鸡的饲料配方参见表 13-2。

表 13-1　我国雉鸡各阶段营养需要参考值

营养水平	育雏 （0~4 周）	中雏 （4~12 周）	大雏 （12 周~出售）	产蛋 （种雉）	非产蛋 （种雉）
代谢能（MJ/kg）	12.13~12.55	12.55	12.55	12.13	12.13~12.55
粗蛋白（%）	26~27	22	16	22	17
蛋氨酸+胱氨酸（%）	1.05	0.9	0.72	0.65	0.65
赖氨酸（%）	1.45	1.05	0.75	0.80	0.80
蛋氨酸（%）	0.60	0.50	0.30	0.35	0.35
钙（%）	1.3	1.0	1.0	1.0	1.0
磷（%）	0.9	0.7	0.7	1.0	0.7

表 13-2　雉鸡的饲料配方 （单位：%）

饲料组成	雏雉鸡	育成雉鸡	种用雉鸡
玉米	41.6	65.4	57.5
麸皮	2.2	8.8	9.8
豆饼	37.5	13.0	14.9
鱼粉	10.8	8.0	9.7
酵母	5.3	3.0	3.0
骨粉	1.2	1.1	0.5
砺粉	1.0	0.3	5.2
食盐	0.38	0.38	0.38
多维素	0.02	0.02	0.02

二、雏雉鸡的饲养管理

雉鸡的育雏期是指雏雉鸡从出壳到脱温这段时间，一般为1~30日龄，有些地区可长达42日龄，育雏期是饲养雉鸡过程中最关键的环节。雉鸡虽已经过驯化转入家养，但尚未完全改变野性，还需继续调教和人工驯化。

1. 立体式育雏（笼式育雏） 雏笼一般分3~4层，采用叠层式排列。这种育雏方式清洁卫生，便于防疫和观察雏鸡，也有利于饲养管理。

2. 平面育雏 网上育雏可以节省大量的垫料，由于雏雉不与粪便接触，可以减少疾病传播。地面平养垫草育雏容易感染胃肠道疾病和球虫病。

育雏前的房舍、饲养用具等准备工作均与家鸡相同，但有一些特殊要求。雉鸡育雏比家鸡难度大，要求高，刚出壳雉鸡体小娇嫩，必须提供完全符合雉鸡生长的良好生活环境和营养。

1. 精心饲喂，保证营养 雉鸡出壳12h后，有啄食行为时，就可先喂一些消毒水（水中加高锰酸钾、抗菌素）或糖水，喂水后，停1~2h，然后开食。开食的饲料要求营养丰富，易于消化，适口性强而便于啄食，对不会饮水吃料的雏鸡应加强调教。根据雏雉食量小、日粮蛋白质水平高的特点，第1天开食即可喂玉米粉拌熟鸡蛋（100只雏雉每天加2~4个蛋），2d即可喂含25%以上粗蛋白全价料。不过饲喂时，注意少喂勤添，开始时，每隔2~3h可（引诱）喂1次，以后增加间隔时间。0~2周每天喂6次，3~4周每天喂5次，5周后每天喂3~4次即可。一般雉鸡随日龄增长，对饲料需要量也逐渐增加，当生长到接近成年体重时，采食量趋于稳定。0~20周共需精料6.4~6.5kg（表13-3）。

表13-3 雉鸡饲料需要量 单位：g/只

周龄	体重（g）	每日料量	每周料量	累计料量	周龄	体重（g）	每日料量	每周料量	累计料量
1	34.4	5	35	35	11	722	86	392	2 156
2	55.7	9	53	98	12	798	63	441	2 597
3	87.9	13	91	189	13	874	68	476	3 073
4	134.7	17	119	308	14	925	70	490	3 563
5	185	21	147	455	15	977	73	511	4 074
6	260	25	175	630	16	1 025	72	504	4 578
7	346	31	217	847	17	1 069	71	497	5 075
8	445	37	259	1 106	18	1 112	71	498	5 573
9	541	44	308	1 414	19	1 152	70	496	6 062
10	363	50	350	1 764	20	1 191	70	490	6 552

2. 适宜温度 雏雉与雏家鸡一样，对环境温度要求比较高，控制好温度是养好雏雉的关键。育雏温度随着雏雉日龄增长而降低，雏雉1~3日龄为35~34℃，4~5日龄为34~33℃，6~8日龄为33~32℃，9~10日龄为32~31℃，11~14日龄为31~28℃，15~20日龄为28℃，20日龄以后为常温，白天可停止给温，而晚上继续加温，28日龄以后可全部脱温。但还要根据天气变化、给温方法、雏雉动态、表情等情况灵活掌握给温，使育雏效果更佳。给温方法，基本上和雏家鸡相类似，可因地制宜进行选用。

3. 加强管理

（1）保持环境安静：育雏管理十分重要，由于雏雉有野生防御反应的缘故，特别容易受外界环境影响，稍有动静就会产生惊群，乱窜乱撞，四处弃逃，甚至会损伤自己的头或弄断颈椎。因此，操作动作要轻，尽量保持环境安静，减少惊扰和捕捉。

（2）适宜的密度：随着日龄的增加，应及时调整饲养密度。如是网上平养或箱式育雏时，1～10d，50～60只/m²；10～20d，30～40只/m²；30～40d，20只/m²；45～60d，10只/m²。

（3）及时断喙：雉鸡非常好互相啄斗，到2周时雏雉群中就会有啄癖发生，这种恶习要比家鸡群流行更广，一旦发生很难停止。为此，在10～14d即可采取第1次断喙，7～8周龄进行第2次断喙。断喙前2d要做好准备工作，为防止雉鸡应激，应在饮水中加入多维、电解质、维生素K_3，连用3d。另一方法是给雉鸡鼻孔上装金属鼻环，鼻环装在雉鸡上喙的上面，以便鼻环的针固定在雉鸡的鼻孔里。雏雉在1月龄时，就可开始戴鼻环，一直戴到4月龄出售时，如留种，需要再更换成年种雉鼻环。

（4）合理通风换气：育雏室内氨气和二氧化碳浓度过高，会直接影响雏雉鸡的生长发育，并可诱发慢性呼吸疾病、眼病等。在保证育雏温度的情况下，尽可能加大通风换气，总的原则是以人进入室内不感到刺激眼、鼻，不气闷为宜。

（5）合理的光照制度：育雏第1周育雏室采用24h光照，光照强度为5～10lx，这样的光照制度有助于雏雉寻食和饮水。以后光照可以逐渐减少到每日12h或自然光照。

（6）适时接种疫苗：出雏后24h内注射马力克氏病疫苗；7日龄注射传染性支气管炎疫苗和新城疫Ⅳ系苗；14日龄采用法氏囊苗饮水。

三、青年雉鸡的饲养管理

青年雉鸡是指9～20周龄的雉鸡。青年雉是生长发育较快的时期，日增重可达10～15g，雄雉鸡13周龄时，其体重可达成年雉的73%，母雉鸡可达75%。因此，育成期的饲养管理，与日后商品雉鸡的上市规格或种雉鸡性能的质量关系密切，所以对育成期的饲养管理应给予高度重视。

1. 立体笼养法　以商品肉用雉鸡为目的大批饲养，在育成期采用立体笼养法，可以获得较好的效果。此期间雉鸡的饲养密度应随鸡龄的增大而降低，结合脱温、转群疏散密度，使饲养密度达到20～25只/m²，以后每2周左右疏散1次，使密度减半，直至2～3只/m²。笼养应同时降低光照强度，以防啄癖。

2. 网上饲养法　网上饲养法对作为种用的后备雉鸡可提供较大的活动空间，使种用雉鸡繁殖性能提高。在雏雉鸡脱温后，转到网上饲养时，为防止由于环境突变，雉鸡惊慌突然起飞乱冲乱撞，造成死亡损伤，应将雉鸡的主翼羽每隔2根剪掉3根。网上饲养应在网室内或运动场上设沙地，供雉鸡自由采食和进行沙浴。

3. 散养法　可以根据雉鸡的野生群集习性，充分利用荒坡、林地、丘陵、牧场等资源条件，建立网圈，对雉鸡进行散养。为防雉鸡受惊飞逸，可在雉鸡出壳后进行断翅，即用断喙器切断雏雉鸡两侧翅膀的最后一个关节。在外界环境温度不低于17℃时，雏雉鸡脱温后即可放养，放养密度为1～3只/m²。这种饲养方法，雉鸡基本生活在大自然环境中，空气新鲜、卫生条件好、活动范围大，既有天然野草、植物、昆虫采食，又有足够的人工投放饲料、饮水，极有利雉鸡育成期的快速生长，同时，在这种条件下生长的雉鸡具有野味特征。

1. 合理饲喂 5~10周龄的雉鸡每天喂4次以上，11~18周龄，每天喂3次。饲喂时间应早晚2次尽量拉开间距，中间再喂1次，这样就可避免夜间空腹时间过长。切忌饲喂不定时，饲喂量时多时少，雉鸡饥饱不均。在饲养过程中，必须给雉鸡不间断地供给清洁饮水。

2. 及时转群 雉鸡养至6~8周龄时，如留作种用，这时就应对雉群进行第一次选择，将体型外貌符合标准要求的挑选出来留作种用，转入青年雉鸡饲养，将体型外貌等有严重缺陷的淘汰。同时，雉鸡胆小敏感，易受惊吓，由育雏笼养转到育成舍平面饲养，环境条件的突然改变，使得雉鸡精神不安，易在舍内四角起堆，互相挤压，造成死亡。为避免压死雉鸡，应在四处墙角用垫草垫成30°角向外的斜坡，将垫草踏实，这样雉鸡钻不进草下，可减少挤压造成伤亡。在转群的前2~3d内，夜班人员要随时将挤堆的雏雉鸡及时分开，并在饮水及饲料中加多种维生素。

3. 促进运动，驱赶驯化 性情活跃、经常奔走跳动是青年雉鸡的特点，为使青年雉鸡得到充分发育，培养体质健壮的后备种雉，必须提供充足的运动空间。因此，青年雉鸡舍一般采用半敞开式或棚架式鸡舍，舍外设运动场，转群后的1周内，白天将雉鸡赶到运动场，自由活动，晚上赶回舍内，待形成一定条件外射后，就可昼夜敞开鸡舍门，使雉鸡自由出入。并在管理上采取防飞逃的措施，有的在运动场上架设网罩，对无网罩的运动场则可采用剪翼羽、断翅等方法。

4. 进行二次断喙，防止啄癖 雉鸡野性较强，喜欢啄异物，青年期生长迅速，如果缺乏某种营养或环境不理想，啄癖现象更加严重。为防止啄癖，在8~9周龄时要进行第二次断喙，以后每隔4周左右再修喙一次。

5. 控制体重，防止过肥 青年期，特别在8~18周龄时最容易过肥。为保证其繁殖期能获得较高产蛋率和受精率，在饲养管理方面必须采取措施，减少日粮中蛋白质质量和能量标准，增加纤维和青绿饲料量，减少饲喂次数，增加运动量。

6. 光照 如果雉鸡留作种用，应按照种鸡的光照要求分别对雄、雌种用雉鸡进行光照，以适时同步达到性成熟。对于肉用雉鸡，采用夜间增加光照来促使雉鸡群增加夜间采食、饮水，提高生长速度和脂肪沉积能力。

7. 卫生防疫 在雉鸡的育成期间，应将留作种鸡所需做的防疫工作在此期完成，在育成期如果是网室平养，应注意预防球虫病和禽霍乱，可以在饲料中添加药物进行预防。

四、成年种雉鸡的饲养管理

雉鸡一般养至20周龄即成为成年雉鸡。种用雉鸡培育目标是培育健壮的种雉鸡，生产更多更高质量的种蛋。种雉鸡的饲养管理一般分繁殖准备期（3~4月）、繁殖期（5~7月）、换羽期（8~9月）、越冬期（10月~翌年2月）。

1. 饲养要点 此时天气转暖，日照时渐长，为促使雉鸡发情，应适当提高日粮能量、蛋白质水平，添加多种维生素和微量元素，尤其是维生素 A、维生素 B、维生素 E 等。

2. 饲养密度　为提高受精率，应增加活动空间，降低饲养密度，每只种雉鸡占饲养面积约为 $0.8m^2$ 即可。

3. 分群与鸡舍整顿　对鸡群进行一次选拔，选留体质健壮、发育整齐的雉鸡进行组群，每群 100 只左右。此期还应整顿鸡舍，网室地面铺垫 5~7cm 厚的细沙，在雉鸡舍较暖处设置产蛋箱。箱内铺少量木屑，产蛋箱底部应有 5° 倾斜，以便蛋产出后自动滚入集蛋槽，避免踏破种蛋、污染种蛋和啄蛋。运动场应设置挡板，以减少雄雉鸡争偶打斗。同时对鸡舍进行全面消毒。

4. 防疫　做好产蛋前种鸡的全部免疫工作，在雉鸡开产后最好不做任何免疫接种。做好鸡舍环境清洁卫生工作，以防疾病发生传播。

5. 作好产前准备　加强对产前雉鸡的各项饲养管理工作，结合免疫接种工作，对种雉鸡群进行调整，如未断喙或断喙工作做得不好的，在此期要进行断喙，以防啄肛、啄蛋行为。

繁殖期是种用雉鸡进行生产的主要时期，此期如果饲养管理周到，可充分挖掘种雉鸡产蛋潜力，提高孵化率，生产优质雏雉鸡。

1. 注意营养控制，增加动物性蛋白质喂量　种雉鸡繁殖期一般在 5~7 月份。由于雉鸡在繁殖期产蛋、配种，需要提供优质全价饲料，日粮蛋白质水平一般达到 21% 以上，并注意维生素和微量元素的补充。日粮配制要求使用优质原料，鱼粉占 10%~20%，国产鱼粉在日粮中占 10% 时，则不需要加食盐；饼粕类饲料占日粮 20%~30%，一定要熟喂。酵母在日粮中比例为 3%~7%，添加酵母时，可适当降低动物性饲料的比例。雉鸡对脂肪的需要量比家鸡高，当雌雉鸡进入产蛋高峰期，在日粮中应加入 2%~3% 的脂肪。青绿饲料应占饲喂量的 30%~40%，如青饲料不足时，应补充维生素尤其是维生素 A、维生素 D_3 等。日粮钙水平应提高到 2%~3%，并注意钙磷比例。

2. 保持环境安静　本地雉鸡一般 4 月中旬开始交尾，雌雉鸡 4 月下旬开始产蛋，美国七彩山鸡 3 月 20 日左右开始交尾，4 月初开始产蛋。在产蛋期要给鸡群创造一个安静的环境，抓鸡、集蛋要轻、稳，做到不惊群，保持群体的相对稳定。

3. 帮助种雉群尽早确立"王子雉"地位，网室内设置屏障　雉鸡进入繁殖时期即要放对配种，早稳群，以减少死亡，有利交配。设置屏障遮住"王子雉"视线，以充分发挥雄雉配种性能，这是提高群体受精率的一个措施。

4. 搭棚避光，防暑降温　采取搭棚、种树、洒水等降温措施，对提高种雉鸡繁殖性能十分重要，应高度重视。

5. 有计划地对雉族实行轮换制　有计划地对雉族实行轮换制，但对换上的新雄雉要加强人工看护，争斗严重时，应将弱者抓出，减少伤亡。

6. 勤收蛋，减少破损　雉鸡因驯化较迟，雌雄雉都有啄食蛋的坏习惯，破蛋率常达 40% 左右。因此收蛋要勤，发现破蛋应及时将蛋壳和内容物清理干净，不留痕迹，防止雉鸡尝到蛋的滋味，造成啄蛋癖。

母雉产蛋结束后，体质较弱，体重下降 100~200g，而此时天气炎热，采食量降低，所以从营养角度来说，不应立即降低日粮营养水平，但产蛋期结束后种母雉鸡开始换羽（8～9月），通过降低日粮蛋白质水平（降至18%～19%），可加速换羽。换羽期应保证日粮中足量的含硫氨基酸，在饲料中加入1%的生石膏粉有助于新羽的长出。

此期应对鸡群进行整顿，淘汰病、弱雉鸡以及繁殖性能下降或超过种用年限的雉鸡，以降低生产成本。留下的雉鸡应公母分开饲养。当雉鸡大群停产换羽时，可对鸡舍进行彻底消毒，对种鸡进行疫苗接种及驱虫等工作。

换羽结束后，雉鸡进入越冬期（10月～翌年2月）。为增加耐寒能力，种雉鸡日粮中能量饲料应占日粮比例的50%～60%，蛋白质占日粮25%～17%，且主要为植物性蛋白饲料。若青料不足，可用青草粉代替，同时适量补充一些维生素及矿物质。

同时对种雉鸡群进行再调整，选出育种群和一般繁殖群。对种雉鸡进行断喙、接种疫苗，同时做好保温工作，晴天时驱赶种雉鸡到运动场多晒太阳，以利于开春后种雉鸡早开产和多产蛋。

五、雉鸡场的建筑

雉鸡场的场址选择非常重要，如果选址不当，不但给生产带来不便，而且会造成防疫困难。雉鸡场应选地势高燥、砂质地、排水良好、地势稍向南倾斜的地方。山区应选背风向阳、面积宽敞、通风、日照、排水均良好的地方。雉鸡场应建在肃静、安全的地方，远离居民区、工厂、主要交通干道，但又要考虑到饲料、产品运输问题。要有清洁的水源，水质不被污染。要有可靠的电源，不仅维持正常的光照，尤其孵化、育雏及自动给料更不可缺少电源。

应划分出生产区和非生产区。生产区中根据主导风向，按照孵化室、育雏室、育成室、成雉鸡室和种雉鸡室的顺序排列。非生产区包括职工住房及其他服务设施，应与生产区有300～500m的距离。家属区严禁饲养动物、家禽。

复习思考题

1. 雉鸡的配种方法有哪些？各有何优缺点？
2. 雉鸡的生物学特性有哪些？生产中如何利用这些特性？
3. 生产中可采取哪些措施提高雉鸡的繁殖性能？
4. 雉鸡育雏期的饲养管理要点有哪些？
5. 雉鸡繁殖期的饲养管理要点有哪些？

第十四章　绿头野鸭

绿头野鸭（*Anas platyrhynchos*）在动物分类学上属于鸟纲（Aves）、今鸟亚纲（Neornithes）、突胸总目（Carinatae）、雁形目（Anseriformes）、鸭科（Anatidae）。

狭义的野鸭系指绿头鸭，是多种野生鸭类的通俗名称，为一种候鸟，别名为大绿头鸭、大红腿鸭、大麻鸭等，是最常见的大型野鸭，也是除番鸭以外的所有家鸭的祖先，是目前开展人工驯养的主要对象。

20 世纪 80 年代开始，我国先后从德国和美国引进数批绿头野鸭进行繁殖、饲养、推广，成为我国各地开发特禽养殖的新项目。近年来，在广州、南昌、上海、南京、北京、成都等地都已形成了绿头野鸭的繁殖生产基地。随着市场的经营扩展以及人们进一步对绿头野鸭的接受，绿头野鸭不仅在国内市场包括港澳地区大有销路，而且是日本、西欧等国际市场消费的一个新热点，深受国内外市场欢迎。开发绿头野鸭养殖是发展高产、优质、高效养禽业的新途径以及出口创汇的新产品。

第一节　绿头野鸭的生物学特性

一、形态特征

成年雄野鸭体型较大，体长 55~60cm，体重 1.2~1.4kg；头和颈暗绿色带金属光泽，颈下有一非常显著的白色圈环；体羽棕灰色带灰色斑纹，肋、腹灰白色，翼羽紫蓝色具白缘；尾羽大部分白色，仅中央 4 枚羽为黑色并向上卷曲如钩状，这 4 枚羽为雄野鸭特有，称之雄性羽，可据此鉴别雌雄。

成年雌野鸭体型较小，体长 50~56cm，体重约 1kg；全身羽毛呈棕褐色，并缀有暗黑色斑点；胸腹部有黑色条纹；尾毛与家鸭相似，但羽毛亮而紧凑，有大小不等的圆形白麻花纹；颈下无白环，尾羽不上卷。

绿头野鸭的腿脚橙黄色，爪黑色，故又称之为大红腿鸭。

二、生活习性

绿头野鸭为候鸟，在自然条件下秋天南迁越冬，在我国则常在长江流域各省或更南的地区越冬；春末经我国华北至东北，到达内蒙古、新疆以及俄罗斯等地。

喜结群活动和群栖，夏季以小群的形式栖息于水生植物繁盛的淡水河流、湖泊和沼泽地；秋季脱换飞羽，迁徙过程中常集结成数百乃至千余只的大群；越冬时集结成百余只的鸭群栖息。在人工饲养条件下，采食、饮水、休息、睡眠、活动、戏水等多呈集体性，并且可以牧养。因此，在绿头野鸭的管理中可适当扩大群体规模，商品饲养中，一个饲养栏内可饲养3 000只，在种群中达到1 200只群体的产蛋率和种蛋的受精率均可获得理想效果。根据绿头野鸭的群居性，可以有效地利用房舍，节约管理成本和劳动力开销。

食性广而杂，常以小鱼、小虾、甲壳类动物、昆虫，以及植物的种子、茎、茎叶、藻类和谷物等为食。

绿头野鸭脚趾间有蹼，善于在水中游泳和戏水，但很少潜水。游泳时尾露出水面，善于在水中觅食、戏水和求偶交配。通过戏水有利于羽毛的清洁卫生和生长发育，所以在绿头野鸭的商品养殖中，不宜采用家鸭使用的旱养法，以免羽毛光泽度差，甚至折损严重，失去绿头野鸭羽毛的外观形象，降低出售市价。

野生绿头鸭翅膀强健，飞翔能力强，在70日龄后翅膀长大，飞羽长齐，不仅能从陆地飞，还能从水面直接飞起，飞翔较远。在人工集约化养殖时，要注意防止飞逸外逃，对于大日龄的绿头野鸭所使用的房舍、陆地场和水上运动场都要设置网蓬。

绿头野鸭虽带有野性，但胆小、警惕性高，若有陌生人、畜或野兽接近即发生惊叫，成群逃避，如突然受惊，则拼命逃窜高飞。因此，野鸭饲养环境应安静，尽量避免干扰。

不怕炎热和寒冷，在－25～40℃都能正常生活，因而适养地域十分广阔。抗病力强，疾病发生少，成活率高，更有利于集约化饲养。

鸣声响亮，与家鸭极相似。在南方，常用绿头野鸭和家鸭的自然杂交后代作"媒鸭"，诱捕飞来的鸭群。雄鸭叫声似"戛"、雌鸭声似"嘎"。

一年换羽2次，夏秋间全换（即润羽）和秋冬间部分换羽。润羽换羽开始于繁殖期，至8月底结束，雄鸭换润羽时间早于雌鸭15～20d，而冬季换羽几乎是同时进行。秋后部分换羽约2个多月，换羽序是先胸、腹、两胁、尾羽，头颈次之，最后是背羽。

在越冬结群期间就已开始配对繁殖，一年有两季产蛋，春季3～6月为主要产蛋期，秋季9～11月再产一批蛋。多为筑巢产蛋和孵蛋，其营巢条件多样化，常筑巢于湖泊、河流沿岸的杂草垛、蒲苇滩的旱地上、堤岸附近的穴洞、大树的树权间以及倒木下的凹陷处，巢用本身绒羽、干草、蒲苇的茎叶等搭成。一般每窝产蛋10枚左右，蛋色有灰绿色和纯白色略带肉色，蛋长径约5.7cm、短径约4.2cm，蛋重45～65g。孵化由雌鸭担任，孵化期27～28d。雄鸭不关心抱卵，而是去结群换羽，交配繁殖期后与雌鸭分离，越冬期另选配偶。

第二节　绿头野鸭的繁育

一、繁殖特点

繁殖季节性很强，种母鸭产蛋集中在 3～6 月份，这第 1 个产蛋高峰期的产蛋量要占全年产蛋量的 70%～80%，这时的种蛋受精率与孵化率均较高。第 2 个产蛋高峰在 9～11 月份，其产蛋量只占全年产蛋量的 30% 左右。

公野鸭约 150 日龄，母野鸭为 150～160 日龄达性成熟。母野鸭年产蛋量 100～150 枚，高者可达 200 枚以上。种野鸭的利用年限一般为 2～3 年，种母鸭第 2 年的产蛋量最高，第 1 年和第 3 年的产蛋量次之，但养到第 3 年以后就不经济了，主要表现为产蛋量、受精率、孵化率、成活率均下降。

二、繁殖技术

公鸭的选择标准是头大、体壮、活泼、头颈绿色明显、交尾能力强；母鸭的选择标准是头小、颈长、眼大。公鸭以一或二年生为好，不宜超期留用。体重小于 1250g 的公鸭和小于 1 000g 的母鸭不宜留作种用。

公母比例以 1∶5 为宜，这样种蛋受精率可达 85% 以上。公鸭过多浪费饲料，影响母鸭健康；公鸭过少，交配不匀，会降低种蛋受精率。

1. 大群配种　将公母鸭按一定比例合群饲养，群的大小视种鸭群规模和配种环境的面积而定，一般利用池塘、河湖等水面让鸭嬉戏交配。这种方法能使每只公鸭都有机会与母鸭自由组合交配，受精率较高，尤其是放牧的鸭群受精率更高，适用于繁殖生产群。但需注意的是，大群配种时种公鸭的年龄和体质要相似，体质较差和年龄较大的种公鸭没有竞配能力，不宜作大群配种用。

2. 小群配种　将每只公鸭及其所负责配种的母鸭单间饲养，使每只公鸭与规定的母鸭配种，每个饲养间设水栏，让鸭活动交配。公鸭和母鸭均编上脚号，每只母鸭晚上在固定的产蛋窝产蛋，种蛋要记上公鸭和母鸭脚号。这种方法能确知雏鸭的父母，适用于鸭的育种，是种鸭场常用的方法。

1. 种蛋选择　首先是选择健康、公母比 1∶6～1∶7 的高产母鸭产的蛋。其次从外观上用肉眼对种蛋进行筛选。①形状。入选种蛋正常为蛋圆形，过长、过圆、两头尖等畸形蛋均应剔除。②颜色。灰绿色或白色。③大小。长径 5.2～6.0cm，短径 4.0～4.5cm，蛋重一般在 50～57g。④蛋壳。要求蛋壳厚薄适度、致密均匀、无破损、无皱纹，表面清洁。⑤新鲜。选择贮存期在 7d 内的蛋入孵，气室不正常或已漂动的蛋不能入孵。

2. 温度　①采用降温孵化法。孵化期内温度前高后低，分段降温。入孵的 1～15d 温度为 38～38.5℃；16～21d 为 37.5～38℃；22～27d 为 37～37.5℃；28d（出雏）36.5～

37℃。②孵化各阶段温度。孵化前期温度若达到39℃，12~13d 尿囊不合拢；超过39℃，胚胎 21d 不封门或提早封门。孵化中后期温度高，出雏期提前，雏野鸭个体小，畸形增多，成活率低。若温度偏低，则出雏期推迟，雏出壳后站立不稳，有的腹部浮肿。③随着种野鸭产蛋周龄的增长，孵化温度略有变化，开产不久种野鸭产的种蛋蛋壳较厚，内容物浓，孵化温度可略高 0.1℃；产蛋周龄较长的种野鸭产的种蛋，蛋壳偏薄，内容物稀，孵化温度可下降 0.1℃。

3. 湿度 入孵 1~21d，空气相对湿度在 65%~70%；22~26d，空气相对湿度在 60%~65%；27~28d，空气相对湿度在 65%~70%。湿度过小，出雏早，雏野鸭体重轻、绒毛干枯；湿度超过 70%，出雏迟，雏野鸭与蛋壳粘连，孵出的野鸭大肚子多。

4. 通风换气 通风换气的原则是"前少后多"，随着胚龄的增大，逐渐增加换气次数。具体通风换气的次数，要视炕孵室温、湿度高低而定，当炕孵室的温、湿度过高时，通气量可大些。

5. 翻蛋与晾蛋 每日人工翻蛋 2~3 次，孵化到第 27 天，停止翻蛋。晾蛋在 14~17d 进行。每日晾蛋 1 次，待温度降到 35℃时停止，晾蛋时间 5~10min。

成年雄野鸭尾羽中央有 4 枚雄性羽，为黑色并向上卷曲如钩状，颈下有一非常明显的白色圈环，这些是成年雄野鸭最典型的特征，而成年雌野鸭则无这些特征。雏野鸭可用以下方法鉴别。

（1）外观鉴别法：把雌野鸭托在手上，凡头较大、颈粗、昂起而长圆狭小，鼻基粗硬，平面无起伏，额毛直立的为雄野鸭；而雌野鸭则头小，身扁，尾巴散开，鼻孔较大略圆，鼻基柔软，额毛贴卧。

（2）动作鉴别法：驱赶雏野鸭时，低头伸颈，叫声高、尖而清晰的为雄野鸭；高昂着头，鸣声低、粗而沉的为雌野鸭。

（3）摸鸣管法：摸鸣管，雄野鸭位于气管下部的鸣管呈球形，易摸到；雌野鸭的鸣管与其上部的气管一样。

（4）翻肛门法：将出生雏野鸭握在左手掌中，用中指和无名指夹住鸭的颈部，使头向外，腹朝上，成仰卧姿势；然后用右手大拇指和食指挤出胎粪，再轻轻翻开肛门。如是雄雏，则可见有长 3~4cm 的交尾器，而雌雏则没有。

（5）按捏肛门法：左手捏住雏野鸭使其背朝天，肛门朝向鉴定者的右手，用右手的拇指和食指在肛门外部轻轻一捏。若为雄鸭，手指间可感到有油菜籽大小的交尾器；若为雌性，就感觉不到有异物。

第三节　绿头野鸭的饲养管理

一、营养需要与饲料配方

目前尚无统一的营养标准，表 14-1、表 14-2、表 14-3 是参照家鸭的标准制定的。

表 14-1　野鸭的营养需要量

周龄	1~2	3~6	7~9	10~12	成年种鸭
代谢能（MJ/kg）	12.1	11.5	11.1	11.3	11.5
粗蛋白质（%）	20.0	18.0	12.0	17.0	18.0
粗脂肪（%）	3.0	2.5	2.0	2.5	2.5
粗纤维（%）	3.5	4.0	5.0	4.0	3.5
钙（%）	1.0	1.0	0.9	0.8	2.7
有效磷（%）	0.6	0.5	0.5	0.4	0.5
食盐（%）	0.3	0.3	0.3	0.3	0.3
蛋氨酸（%）	0.35	0.30	0.27	0.55	0.85
赖氨酸（%）	1.10	0.95	0.73	0.55	0.85
胱氨酸（%）	0.30	0.29	0.25	0.18	0.26
组氨酸（%）	1.2	1.1	0.8	0.7	0.8
色氨酸（%）	0.27	0.26	0.24	0.22	0.24
锰（mg/kg）	60	60	40	40	60
锌（mg/kg）	75	65	50	40	70
碘（mg/kg）	0.4	0.4	0.4	0.4	0.4
维生素 A（IU）	4 000	3 300	2 000	3 300	6 000
维生素 D（IU）	900	900	900	900	900
维生素 E（IU）	12	12	10	10	25
维生素 K（mg/kg）	1.0	1.0	0.8	0.8	1.4

表 14-2　肉用仔野鸭营养需要

日龄（d）	1~10	11~30	31~70	71~80
代谢能（MJ/kg）	12.54	11.70	11.29	11.70
粗蛋白质（%）	22	20	15	16
粗纤维（%）	3	4	8	4
钙（%）	0.9	1.0	1.0	1.0
磷（%）	0.5	0.5	0.5	0.5

表 14-3　野鸭对维生素的需要量

营养成分	0~8周	9周至性成熟	种用期
维生素 A（IU）	4 000	4 000	4 000
维生素 D（IU）	900	900	900
维生素 E（IU）	12	10	25
维生素 K（mg）	1.0	0.8	1.4
维生素 B_1（mg）	2.0	2.0	2.0
维生素 B_2（mg）	3.6	3.0	4.0
维生素 B_3（mg）	11.0	9.0	16.0
维生素 B_{12}（mg）	0.003	0.003	0.008
烟酸（mg）	70.0	50.0	30.0
维生素 B_6（mg）	4.5	3.5	3.0
生物素（mg）	0.20	0.10	0.15
胆碱（mg）	1 900	1 150	1 000
叶酸（mg）	1.0	0.8	1.0

野鸭的参考饲料配方见表 14 – 4、表 14 – 5、表 14 – 6。

表 14 – 4　野鸭的饲料配方（一）　　　　　　　　　　（单位：%）

阶段	饲料	玉米	麸皮	大麦	高粱	豆饼	鱼粉	血粉	菜籽饼	葵花饼	蛎粉	骨粉	矿物质添加剂	盐	砂粒
育雏期	1	40	10	15	5	15	8	—	—	—	—	4.7	—	0.3	2
育雏期	2	35	13	10	5	20	10	—	—	—	—	4.7	—	0.3	2
育成期	1	35	13	13	15	10	7	—	—	—	—	4.7	—	0.3	2
育成期	2	40	15	13	12	8	5	—	—	—	—	4.7	—	0.3	2
种鸭	1	40	15	—	—	30	10	—	—	—	4	1	—		
种鸭	2	54.5	5.6	3.3	—	20	9.4	—	1.9	1	2.3	—		1	

注：每 100kg 饲料加禽用维生素添加剂 10g。

表 14 – 5　野鸭的饲料配方（二）　　　　　　　　　　（单位：%）

周龄	豆粕	玉米	麸皮	碎米	稻谷	豆饼	进口鱼粉	4号粉	菜籽饼	磷酸氢钙	蛋氨酸	石粉	胶原蛋白	食盐	微量元素	禽用多维
0 ~ 3	11	15	2.5	45	—	—	4.4	9	6	—	0.18	1	4.5	0.3	0.1	0.02
3 ~ 8	—	64	2.5	—	5	7.5	—	10	5	1	0.18	0.4	—	0.3	0.1	0.02
9 ~ 18	3	35	20	—	32	—	—	—	4.4	—	0.18	2	—	0.3	0.1	0.02
产蛋鸭	10	20	9	28	10	—	1	6.5	4.5	1.8	0.18	5.6	3	0.3	0.1	0.02

表 14 – 6　野鸭肉鸭各生长阶段饲料配方

原料种类	规格	高档			中档		
		0~4周	5~6周	7周~出售	0~4周	5~6周	7周~出售
玉米	水分≤14%	53	52	49	53	50	48
小米	蛋白≥12%	6	7	8	6	8	8
米糠	蛋白≥15%	3	7	12	3	8	13
麸皮	蛋白≥16%	—	4	8	—	5	9
豆粕	蛋白≥45%	24	16	7	24	14	6
菜粕	蛋白≥36%	3	4	6	3	5	6
棉粕	蛋白≥37%	3	4	6	3	5	6
进口鱼粉	蛋白≥62%	4	2	—	4	1	—
磷酸氢钙	磷≥16%	1.5	1.6	1.6	1.5	1.6	1.6
石粉	钙≥32%	1.0	1.1	1.05	1.0	1.05	1.05
食盐	食用	0.25	0.30	0.35	0.25	0.35	0.35
蛋氨酸	纯度≥99%	0.10	—	—	0.10	—	—
赖氨酸	纯度≥99%	0.15	—	—	0.15	—	—
添加剂	肉鸭系列	1	1	1	1	1	1

二、野鸭舍建造及设备

胆小、易受惊是野鸭的习性，而且受惊吓对野鸭的健康和生长会产生明显的不利影响。因此，野鸭饲养场应该选择在周围相对安静，与村镇和交通要道要保持一定的距离。

绿头野鸭具有喜水的特性，鸭舍的建筑应符合野鸭的野生习性，应由3部分组成：一部分为休息室，一部分为露天活动场，另一部分为水上活动场。每100只野鸭饲养面积：1~30d，舍面积5~7m²，运动场10m²，水场面积10m²；31~70d，舍面积10~15m²，运动场20m²，水场15m²；70d以上舍面积15~20m²，运动场30m²，水场面积15m²。利用现有鱼塘放养野鸭、利用鸭粪肥水养鱼，不失为互相利用、增加收入的好办法。

7~8周龄后的绿头野鸭具有飞翔能力，所以必须要在陆地及水上运动场建天网和围网。网高距水面或地面2.5m左右，网眼3cm×3cm，水面的围网要深及水底与天网连成一个封闭体。但如单饲养商品鸭，因野鸭在具有飞翔能力之前已上市出售，故不需围网。

三、饲养管理

雏鸭是指出壳后30日龄内的小鸭，其体质较弱，调节体温的能力较差，消化器官不健全，消化能力弱，应加强饲养管理。

1. 雏鸭的饲养 野鸭出壳后24h移入育雏室，有啄食行为时即可开水。先用温度与室温相同的0.1%高锰酸钾溶液和5%的葡萄糖水饮水，以起到清理肠胃、消毒肠道、排除胎粪、预防白痢疾病的作用。3d后饮用加有鱼肝油、奶粉等的糖水，同时根据季节不同，夏季加抗暑药，冬季加抗感冒药。10日龄前应供应温水，饮水要清洁且不间断，不限量，并在饮水中添加适量B族维生素。

2. 雏鸭的管理

（1）注意保温：育雏温度随日龄、季节、天气、昼夜的变化而变化，做到看鸭施温，适时而均衡。测定鸭舍温度，以高出脚支撑面6~8cm处为准。育雏温度开始设定为30℃，以后每隔2d降温1℃，20日龄以后逐步过渡到室温保持在15~20℃的常温。

（2）适宜湿度：育雏期间，1周龄内相对湿度应控制在70%左右；2周龄起相对湿度控制在50%~55%即可。

（3）调整密度：1~10日龄40只/m²，11~20日龄30只/m²，21~30日龄25只/m²。密度过大，生长发育受阻，易得病；密度过小，不经济。20日龄以后，天气晴暖时可放牧，以每群50~100只为宜。

（4）加强通风：在保温的前提下，加强通风换气，保持空气新鲜，同时排除室内的有毒有害气体。

（5）保证光照：1~10日龄实行昼夜光照，强度以8W/m²的白炽灯为宜。11~20日龄时白天停止人工光照，并逐步减少夜间光照，21日龄以后用自然光。

（6）适时下水：3~4日龄可以在10~15℃的浅水盆或浅水池中洗浴3~15min，1周龄后可赶至5~10cm浅盆中或浅池塘嬉水，每天上、下午各1次，每次约0.5h。10日龄后在10~20cm深的水池中活动，30日龄以后可自由活动。

（7）严防堆压：雏鸭夜间常常堆挤而眠，温度越低，堆挤越严重，因此，夜间每2h观察一次，轻轻拨弄赶堆，以防压死、闷死事件的发生。

（8）搞好卫生：鸭舍要干燥、清洁、空气新鲜。育雏3d不必冲洗地面，但每日需清除粪便，更换潮湿的垫草，垫草经晒干、抖净粪便污物后可再利用。

商品野鸭的饲养期可分为两种。第一种饲养期为 60d，平均体重 1.2～1.4kg 出栏上市，这种方法适宜规模化饲养，饲料转换率高，并且在野性暴发期到来以前就已结束饲养，生产周期短，经济效益高。第二种饲养期为 80～90d，60～90 日龄为野鸭的野性暴发期，在此期鸭群食欲下降，体重减轻，因此，此法饲养成本高，不适宜规模化饲养。采用此法时，在 50～70 日龄应适当降低日粮粗蛋白水平，增加糠麸饲料和青粗饲料，进行放牧饲养，以利长羽和增强体质。70 日龄以后，再提高粗蛋白水平，进行圈养育肥。80 日龄以后，全身羽毛长齐即可上市出售。

1. 精心饲养　从育雏期转入商品野鸭生长期，日粮要有 3～5d 的过渡期。每天喂 4 次，一般喂量为其体重的 5%。在增加日粮的同时，增加动物性饲料，加大青粗饲料用量，注意无机盐和维生素饲料的供应。在无青绿饲料情况下应按配合饲料总量加入 0.01% 的禽用复合维生素，以提高肉质，促进生长，按期上市。

2. 科学管理　对商品野鸭要加强日常管理，勤换垫草，定期通风换气，保证圈内清洁干燥，保持水源清洁卫生。及时调整密度，确保每只野鸭都有采食位置。适当洗浴，促进新陈代谢。加入一定砂砾，增强野鸭的消化机能和抗病能力。定期称量体重，酌情调整饲粮，使肉用仔鸭及时上市。

育成期是指从育雏结束到产蛋前这一阶段。此阶段野鸭的生长发育较快，仔鸭 40 日龄后平均体重达 750g，此时身上的羽毛已基本长成，仅头后留一点绒毛。到 70 日龄可进行一次选种，选取体态健壮、特征明显的仔鸭作种鸭，淘汰的野鸭进行育肥，等体重达 1 000g 以上可作为肉用鸭上市。种鸭以 1∶8 的雌雄比例分群，一般每群 150 只左右。这一阶段必须加强饲养管理，应做到以下几点。

1. 精心饲喂　采用配合饲粮，坚持定时、定量饲喂，日喂 3 次，逐步增加喂量。

2. 进行限制饲养　作为后备种鸭，育成期体重过大、过肥容易早产，影响种鸭的产蛋性能和利用年限，所以这一阶段应采用限制饲养，降低饲料的营养水平，减少豆饼、鱼粉的比例，逐步增加谷实、糠麸、饼粕和青绿多汁饲料，青饲料用量占喂料量的 15% 左右。开产前 30～40d 青料可增至 55%，粗料占 30%，精料占 15% 左右，这样可适当控制体重，使鸭子长成大骨架。限制饲养与控制光照要结合起来。

3. 控制光照和饲养密度　育成期间原则上光照只能减少或保持不变，不能延长，圈养野鸭应停止人工补充光照，每天光照时间保持在 8h 左右。随着野鸭的不断生长，饲养密度应作适当调整，4～6 周龄为 8 只/m²，7～10 周龄 6 只/m²，11 周龄以上 4 只/m²。

4. 增设防护罩网　50 日龄后野鸭翼羽已基本长齐，具有短距离飞行的本领，这时室内外、水陆运动场均应增设金属网或尼龙网罩，网眼以 2cm×2cm 为宜。网罩距水面高度要不低于 2m，以便于进行驱赶和捕捉管理。拦水竹竿、金属网或尼龙网要深及河底，以防止野鸭潜逃。

5. 加强管理　管理上每天定时清理鸭舍，换铺垫草，注意饮水的清洁卫生，放水池应经常换水，确保每只鸭有足够的采食位置。对于种鸭要经常抽测体重，根据体重的情况调整日粮营养水平，对肉用仔鸭要加大饲喂，促使其及早上市。

6. 充分放牧　留种野鸭40日龄后，除非天气恶劣均应实行放牧饲养，一方面可以使其充分保持野性，维持肉质的野味，防止肉质退化；另一方面锻炼其合群性，提高种野鸭质量。对肉用仔野鸭应减少放牧或不放牧。放牧时白天要根据当地情况，选好放牧线路，晚上让其自由栖息过夜，要注意防止其他动物的侵害和干扰，并要及时了解农田施用农药的情况，防止中毒。

7. 防止野性暴发　60~70日龄是野鸭野性暴发期，由于体内脂肪和生理变化，易促使野性发生，激发飞翔，且呈现脂肪含量愈高、愈肥大其暴发野性愈强的生理特点。野性发生主要表现在鸭群骚动不安，呈神经质状，采食量大幅度减少，体重下降。这一时期应适当限制饲喂，增加粗纤维饲料含量，保持饲养环境安静，这样可避免、减轻或推迟野性发生，并可节约饲料。

人工培育条件下，野鸭在170日龄左右达到性成熟，公鸭略早于母鸭。母鸭全年平均产蛋量120个左右。

1. 种鸭选择　公鸭要求头大、体壮、活泼、头颈翠绿色明显，交尾能力强。母鸭则要求头小、颈细长、眼大。公鸭体重不能低于1.25kg，母鸭不能低于1kg。公鸭一般利用1~2年。

2. 配种比例　公母鸭配种比例以1∶5~1∶10为宜，可视天气和种蛋受精率等情况适当调整配比。

3. 精心饲养　产蛋期间要及时添加骨粉、贝壳粉，产蛋高峰来临前，应提高蛋白质含量，日喂4次。早晚补充人工光照2~3h，使每天光照时间达到15h。产蛋期要注意配合饲料的稳定性，不要轻易改变，如需改变，应有7d的过渡期。

4. 科学管理　鸭舍要保持清洁卫生，要在舍内铺垫稻草，多设一些蛋窝，以利母鸭产蛋。注意天气的剧烈变化，冬季防寒，夏季防暑。同时还应保持养鸭环境的安静，防止各种应激。秋冬季晚上要撵鸭，以防鸭体肥胖。饲养密度为8~10只/m²。

疫病以预防为主，鸭场内外不宜饲养其他家禽，禁用霉变饲料及霉变垫草，以防发生霉菌中毒。如发生禽霍乱，要及时用青霉素5万单位，链霉素5万单位混合肌注，每天2次；如用1kg穿心莲干草煎水可供500只成鸭饮用，也有良效。春季易发生曲霉菌病，可给每只雏鸭口服制霉菌素3~5mg，并用0.1%硫酸铜溶液作为饮水，有良好疗效。平时常用穿心莲、金银花等熬汤拌食饲喂，可减少野鸭发病，还要做好舍内清洁消毒工作，保持舍内通风和透光。

对于雏鸭和育成鸭，为预防疾病的发生，2日龄时用0.2%的过氧乙酸进行带鸭喷雾消毒；3~5日龄时，用抗生素水溶液饮水，连饮3d，以预防大肠杆菌病、肠炎及传染性浆膜炎等；9日龄时进行雏鸭病毒性肝炎的首次免疫，间隔2周后进行第2次免疫（如果种鸭在产蛋前已注射过雏鸭病毒性肝炎疫苗，则雏鸭的首次免疫应选在3周龄以后进行）。25日龄进行鸭瘟疫苗的首次免疫，间隔1个月后进行重复免疫；50日龄接种禽霍乱疫苗；60日龄进行1次驱虫。种鸭每年春、秋两季各进行1次鸭瘟疫苗注射，免疫注射要避开产蛋旺期。在产蛋高峰期前，给每只成鸭注射2ml禽霍乱弱毒菌苗。

复习思考题

1. 野鸭的生活习性有哪些？

2. 野鸭繁殖有哪些繁殖特性？野鸭的人工孵化有哪些特点？

3. 简述野鸭不同生理阶段的饲养管理要点。

4. 如何预防野鸭疾病？

第十五章　大　雁

　　大雁又称野鹅，系鸟纲（Aves）、今鸟亚纲（Neornithes）、突胸总目（Carinatae）、雁形目（Anseriformes）、鸭科（Anatidae），是鸭科雁属（*Anser*）中的鸿雁（*Anser cygnoides*）、灰雁（*Anser anser*）、豆雁（*Anser fabalis*）、雪雁（*Anser Caerulescens*）等的总称，是大型候鸟，是我国重要的水禽之一，为国家二级保护动物。

　　大雁肉高蛋白低脂肪，蛋富含钙、磷、铁等人体必需的矿质元素，具有极高的滋补保健功效，是传统的上等野味珍品。其羽绒轻软，保暖性好，可作服装、被褥等的填充材料，较硬的羽毛可制成扇子等工艺品。近年来野生大雁日趋减少，人工驯化不仅经济效益显著，还可以有效保护这一优良物种。

第一节　大雁的生物学特性

一、形态特征

　　大雁是体形较大的水禽，喙大而扁平，先端具加厚的嘴甲，喙缘有锯齿型缺刻，有滤食作用。腿短，前三趾间有蹼，皮下脂肪层厚，尾脂腺发达，这些特点是与其水栖生活相适应的。另外，大雁翅长而尖，尾圆，有远距离飞翔能力。目前，人工养殖的大雁主要是鸿雁、灰雁和豆雁。

二、生活习性

　　大雁是一种善飞的游禽，喜群居，每群20～40只。夜间多栖于江河、湖泊、水库沿岸的沼泽、沙洲和水草丛生的水边，喜欢游水。在野生状态下，主要以水生植物、杂草根茎和植物种子为食，亦兼食水生动物及昆虫等。大雁善飞，在空中飞行时很沉重，飞行时颈伸很长，双脚垂挂于腹面，在高空中常呈行列，并边飞边鸣叫。每年春季清明前后北迁返回繁殖地，4～7月份在我国境内东北，内蒙古西部和欧洲西伯利亚一带繁殖。秋季9～10月间南迁经华北和西北等到长江中下游以南地区和福建、广东东南部沿海一带越冬。

　　大雁生长2～3年性成熟，野生雁一雄配一雌。雌雄雁在水中交配，营巢于河中的沙洲、湖泊中的小岛、蒲苇或水草中，巢由水草或蒲苇构成。鸿雁每窝产蛋5～10枚，孵化期为23～30d；豆雁和灰雁每窝产蛋4～8枚，孵化期为25～34d；灰雁孵化期为28d，蛋呈卵圆形，为白色，并缀以橙黄色斑点。大雁幼鸟为早成鸟，雏雁出壳后绒羽变干时就能随亲鸟游水。

第二节　大雁的繁育

一、繁殖特点

野生大雁性成熟需要3年，为一雄配一雌的单配偶制，而且终生配对，双亲都参与幼雁的养育。人工饲养时，8~9个月达到性成熟，公母比例为1:2~1:3。大雁在春季发情，水中交配。求偶时雄雁在水中围绕雌雁游泳，并上下不断摆头，边伸颈汲水假饮边游向雌雁，待雌雁也做出同样的动作回应，雄雁就转至雌雁后面，雌雁将身躯稍微下沉，雄雁就登至雌雁背上用嘴啄住雌雁颈部羽毛，振动双翅，进行交配，交配后共同戏游于水中或至岸上梳理羽毛。雌雁交配后10d开始产蛋，间隔2~3d产1枚蛋。第1年产蛋量为15枚左右，2~6年每年可达25枚，蛋重每枚150g。

二、繁殖技术

配种方式有大群配种和小间配种两种，大群配种是在种雁产蛋前，按一定比例放对，此种方法，配种机会均等，受精率高；小间配种是在1个配种小间放入1只雄雁，室内配有产卵箱，此种方法，可以建立系谱档案。

1. 种蛋消毒　种蛋产出后往往被垫草和粪便污染，表面有少量细菌，30min后细菌便可通过壳孔进入种蛋内部，因此应及时对种蛋进行消毒。先将种蛋放入消毒柜内，按每立方米28ml福尔马林溶液和14g高锰酸钾备好药品，将福尔马林倒入玻璃或搪瓷容器内（由于反应时会产生大量气泡，所用容器的容积要较所用福尔马林的体积大5~7倍），然后倒入高锰酸钾，关闭门窗，数分钟后，甲醛蒸汽溢出，12~24h后打开门窗，放出残余气体，将种蛋移入贮藏室。

2. 预热　孵化前对种蛋进行预热，可使胚胎对外界环境有一个适应的过程，防止种蛋出汗。先用高锰酸钾或菌毒杀、百毒杀等药物按说明配成所需浓度，将种蛋在药液中浸泡3~5min，捞出晾干，放置在孵化室内预热6~8h。

3. 孵化管理

（1）温、湿度的控制：整批入孵的种蛋，以变温孵化为主，温度变化范围控制在30~37℃，前高后低逐步降温；分批入孵的种蛋则采用38~38.5℃的恒温孵化。湿度的控制原则为两头高，中间低。1~3d保持65%~70%，4~28d控制在60%~65%，29~31提高到70%~75%。此外，在保证正常温、湿度情况下，尽量通风顺畅。

（2）翻蛋：自动翻蛋的孵化机每2h翻蛋1次，手动或采用土法孵化时每3~4h翻1次，翻蛋角度为45°~90°。

（3）照蛋：大雁种蛋在整个孵化期内需进行3次照蛋。第1次在孵化后第5天进行，拣出无精蛋和死蛋；第2次在第10天进行，拣出死胚蛋，并及时查明原因，调整孵化条件；第3次在第26天进行，主要观察胚胎发育情况，决定落盘时间。

（4）凉蛋：孵后16d还要将种蛋从蛋盘架上抽出2/3左右进行凉蛋，凉蛋时间控制在

30min 之内。土法孵化可通过减少覆盖物、增加通风量等方法凉蛋。机器孵化每天定时打开机门 2 次。

4. 助产　大雁种蛋蛋壳较厚，雏雁的破壳齿不是很锋利，有些幼雏不能正常出壳，因此在出雏期间应适时助产。将尿囊血管已经枯萎、内壳膜发黄的胚蛋用剪刀等在蛋钝部轻轻打开，拨开蛋壳 1/3 左右，并用手将雏雁的头轻轻拉出，放入出雏器内令其自行出壳。

第三节　大雁的饲养管理

一、推荐饲料配方

目前，我国大雁的饲养标准还处于摸索阶段。表 15-1 的饲料配方可供参考。

表 15-1　饲料配方表（单位：%）

饲料名称	育雏期	育成期	繁殖期	商品大雁肥育期
玉米	58.7	59.4	61.3	53.4
麦麸	5.0	10.0	8.0	10.0
米糠	3.0	7.0	5.0	16.0
大豆粕	25.0	16.0	18.0	15.0
菜籽粕	3.0	4.0	3.0	2.0
蛋氨酸	0.25	0.2	0.2	—
赖氨酸	0.22	—	0.1	—
磷酸氢钙	1.0	1.0	1.5	1.0
石粉	0.7	0.7	1.0	0.7
植酸酶	0.5	0.5	0.7	0.7
溢康素	0.3	0.2	0.2	0.2
酵母	1.3	—	—	—
食盐	0.3	0.3	0.3	0.3
复合维生素	0.03	0.02	0.02	0.02
复合微量元素添加剂	0.70	0.68	0.68	0.68

注：植酸酶活性 500 单位/kg。

二、雁舍建设与设备

场址要选择地势平坦或稍有坡度的平地，以南向或东南向为宜。要求水源充足，水质好，周围有丰盛的牧草，周边地区没有大气污染，环境安静，交通便利。

1. 育雏室　要求保温性能好，屋顶设有天花板。房舍低矮、墙厚、干燥、通风良好，气流平缓。

2. 育成房舍 能遮风挡雨即可，但在舍外一定要有运动场。运动场应设围网，水上运动场水面下的围网应直达水底，水面上的围网同陆地运动场的围网高度相同，1.8～2m，网孔以雁头钻不出去为宜。水上运动场应水草丰盛，陆地运动场要求地面干燥不积水，适当种些树木或作物遮阳。

3. 育肥舍 与育成舍基本相同，但应加大饲养密度，以便减少运动量，使其快速育肥，达到上市标准。

4. 种禽产蛋舍 舍内应设有产蛋箱及适当的遮阳、遮雨设施。

三、饲养管理

雏雁是指从孵出到满1月龄这一时期的幼雁。这一时期是人工驯化的关键阶段，同时因雏雁消化机能不全，体温调节能力差，因此需精心饲养管理。

1. 温度与密度 初生幼雁畏寒怕冷易聚堆挤压造成伤亡，因此必须保持合适的温度与密度。1～4日龄温度应保持在30～28℃，饲养密度为20～25只/m²；5～14日龄保持27～25℃，饲养密度为15～20只/m²；15～30日龄保持24～18℃，饲养密度为10～15只/m²；30日龄以后即可脱温饲养。

2. 饮水与饲喂 雏雁出壳后12～18h，在水盘内放入2～2.5cm深的0.01%的高锰酸钾水溶液，将雏雁放入水中自由饮水3～5min。饮水后即可开食，开食料为浸泡好的碎米掺切碎的菜叶，也可以是拌潮的配合饲料加菜叶，其比例为1:2～1:3。雏雁所喂青料一定要新鲜、洗净、切细；精料宜软不宜硬，但不可过黏。1～3日龄将饲料撒在报纸或塑料布上任其自由采食，每天给料4～5次；4日龄以后可用料槽饲喂，每天给料6～7次，并将青饲料的比例提高到70%～80%；21日龄以后，雏雁消化能力大大增强，可适当掺喂一些粒料或碎玉米。雏雁饮水量较多，应保证全天不间断供水。

3. 防潮防病 潮湿的环境往往会引发多种疾病，因此育雏室必须宽敞明亮，光照充足，通风顺畅。垫料要清洁干燥无霉变，用具经常清洗、晾晒、消毒。运动场要天天清扫，保持卫生。还可在饲料或饮水中投喂大蒜汁、青霉素等预防疾病。

4. 放牧 为增强雏雁体质，尽快适应周围环境，天气晴好时可在上午把满7日龄的雏雁赶到放牧地自由活动20～30min；15日龄以后可将雁群赶到浅水中游泳30～50min，上、下午各1次；30日龄以后便可全天放牧。

1月龄至未进入繁殖期之前的大雁为青年雁。青年雁采食量大，抗逆性强，是生长发育最快的阶段。这一阶段可全天放牧，归牧时适当补充一些精料，待主翼羽完全长出后即可育肥。

对商品肉雁的育肥主要是限制其活动，减少体内养分的消耗，促使其长肉和沉积脂肪。育肥前根据雁群的数量用木条、树枝、秸秆等隔成若干小栏，栏高60～70cm。饲槽与水槽挂在栏外，通过栏的间隙采食。一般每栏面积约1m²，可养肉雁2～3只。开始育肥前驱除体内寄生虫。育肥期每天喂3～4次，饲料以玉米为主，另加15%豆饼、5%麦麸、10%叶粉和0.35%食盐，中午加喂1次切碎的青饲料，保证全天饮水。如此育肥2～

3 周达 4kg 左右时即可出栏。

当青年雁主翼羽完全长出后，选择体型较大、体质强健、身体各部位发育均匀的大雁留作种雁，并按 1:2~1:3 的雄雌比例调整好雁群。此时的大雁飞翔能力已经较强，为防止逃窜，对未在幼雏时实施断翅的大雁，应将其主翼羽拔掉。

留作种用的大雁仍以放牧为主，尽可能多地补充青绿饲料，适当补充精料，饲料的营养水平要逐步提高。适当增加光照时间，以促使其尽快达到性成熟。野生大雁性成熟较晚，雌雁需 3 年才能够产蛋，经人工驯养的大雁，其性成熟期可提前至 9~10 月龄。

大雁的交配活动需在水上进行，在繁殖期内应增加放水次数，延长放水时间，尤其是上午。繁殖期的雌雁腹部比较饱满，出归牧时不要驱赶过猛，最好是选择近处，地势平坦，有充足水源和牧草的地方放牧。放牧期注意观察，如发现有行动不安、四处寻窝的种雁，应及时将其捉住，并用食指按压肛门看是否有蛋，若有蛋应将其送回产蛋窝，防止其养成在牧地产蛋的坏习惯。一般种雁交配后便开始产蛋，每隔 2~3d 产 1 枚。

1. 小鹅瘟 该病是由小鹅瘟病毒引起的雏雁急性传染病，主要通过消化道感染，20日龄以内的雏雁易发病，主要在冬末春初季节流行。临床症状：精神沉郁、缩颈、步行艰难、常离群独处，接着出现消化功能紊乱现象，拉稀、少食或绝食。后期严重下痢，排出灰白色或黄色浑浊带有气泡或假膜的稀粪。临死前可出现神经症状，颈部扭转，全身抽搐或发生瘫痪。防治措施：接种小鹅瘟弱毒疫苗，或采用成年鹅制备的抗小鹅瘟血清，皮下注射 0.5ml 即可防治。若雏雁在 3~5d 发病，说明孵化器已被污染，应立即停止孵化并进行彻底消毒，然后才能继续孵化。

2. 雁流行性感冒 该病又叫雁渗出性败血病，是由志贺氏杆菌引起的雏雁急性传染病，可由病原菌污染饲料和饮水而引起，也可经呼吸道感染。主要在春秋两季流行，该病潜伏期很短，感染后几小时就可出现症状，鼻腔有浆液性鼻漏，呼吸困难，发出鼾声，不时强力摇头，严重时脚麻痹，不能站立，病程 2~4d，死前出现下痢。防治措施：用抗生素和磺胺类药物治疗，口服敌菌灵 30mg/kg 体重，每日 2 次，一般 4 日即可治愈。

3. 雁蛋子瘟 该病是产蛋母雁的一种细菌性传染病，主要由卵巢、输卵管发炎引起。临床症状：肛门有发臭的排泄物，混有蛋白和卵黄小块，2~6d 后，不食不饮，失水，衰弱而死。防治措施：口服呋喃唑酮，每只雁 25mg，混合在饲料中连服 3d 或肌肉注射链霉素、氯霉素、卡那霉素等。

4. 绦虫病 雁绦虫病的原虫为剑带绦虫和膜壳绦虫，中间宿主为剑水蚤或淡水螺。雁若误食了被感染的剑水蚤或淡水螺，绦虫在肠道发育成熟，可严重侵害 2 周龄至 4 月龄的雁，多在春末和夏季发病。临床症状：首先出现消化功能障碍，排出灰白色的稀薄粪便，混有白色的绦虫节片，食欲减退，到后期完全不食。生长停顿，消瘦，精神委靡，不喜活动，离群，腿无力，向后面坐倒或突然向一侧跌倒，不能站立，一般发病后 1~5d 死亡。防治措施：一是避免在死水塘里放牧，以免与剑水蚤接触；二是经常检查，对感染有绦虫的雁群，应有计划地驱虫，以防止病源传播；三是雏雁与成雁应分开饲养、放牧；四是用吡喹酮 10mg/kg 体重，灭绦灵 60mg/kg 体重，硫双二氯酚 200mg/kg 体重，丙硫苯咪唑 40mg/kg 体重，分别用少量面粉和水拌和，然后按计量称取药面，做成丸剂，塞入雁的咽部进行治疗。

复习思考题

1. 大雁的人工孵化要点有哪些?
2. 养殖大雁为何要进行放水? 大雁患绦虫病与放水有何关系?
3. 掌握不同阶段与用途大雁的饲养管理技术要点。
4. 对种雁放水时要注意哪些问题?

第十六章 火 鸡

火鸡（*Meleagris gallepavo*）长相奇特，头顶生皮瘤，可伸缩自如故称吐绶鸡、象鼻鸡；颈部生珊瑚状皮瘤，常因情绪激动会变成红、蓝、紫、白等多种色彩故又称七面鸡；因公火鸡常常能像孔雀一样开屏，十分漂亮，因而曾被误认为墨西哥孔雀。在动物分类学上属于鸟纲（Aves）、今鸟亚纲（Neornithes）、突胸总目（Carinatae）、鸡形目（Galliformes）、吐绶鸡科（Meleagrididae）、吐绶鸡属（*Meleagris*）。火鸡原产于北美洲，15世纪末由墨西哥的印第安人驯养成功，后逐渐普及于美洲，1530年传入欧洲，现已遍布世界各地。

我国饲养火鸡的时间较迟，改革开放以来先后从美国、加拿大和法国引进了一些新的火鸡良种，并在各地开始饲养，目前全国存量很少，属初步发展阶段。火鸡生长快，出肉率高，深受广大消费者的喜欢。

第一节 火鸡的品种与生物学特性

一、火鸡的品种

火鸡的品种很多，可分为标准品种、非标准品种和商用品种。标准品种是经过世界家禽组织评定被公认的品种。非标准品种系经过一定培育，有一定特点，但尚未列入正式育成的品种或正在培育的品种。商用品种大多是杂交种。

1. 青铜火鸡 原产于美洲，是世界上最著名、分布最广的品种。公火鸡颈部、喉部、胸部、翅膀基部、腹下部羽毛红绿色并发青铜光泽，翅膀及翼绒下部及副翼羽有白边。母火鸡两侧、翼、尾及腹上部有明显的白条纹。喙端部为深黄色，基部为灰色。成年公火鸡体重16kg，母火鸡9kg。年产蛋50~60枚，蛋重75~80g，蛋壳浅褐色带深褐色斑点。刚孵出的雏火鸡头顶上有3条互相平行的黑色条纹。雏火鸡胫为黑色，成年后为灰色。青铜火鸡性情活泼，成长迅速，体质强壮，体形肥满。

2. 荷兰白火鸡 原产于荷兰，全身羽毛白色，因而得名荷兰白火鸡。体形与加拿大海布里德中型品系相似，喙、胫、趾为淡红色，皮肤为纯白色或淡黄色。成年公火鸡体重15kg，母火鸡8kg。雏火鸡毛色为黄色，公火鸡前胸有一束黑毛。

3. 波朋火鸡 波朋火鸡是美国肯塔基州对当地的塔斯卡惠雷红火鸡选育而成的，也可用青铜火鸡、浅黄色火鸡与荷兰白火鸡杂交选育出波朋火鸡。波朋火鸡羽毛为深红色，公火鸡羽毛边缘略呈黑色，母火鸡羽毛边缘为白色条纹。小火鸡喙、胫、趾为红色，成年后呈浅玫瑰色。成年公火鸡平均体重15kg左右，母火鸡约8kg。

4. 黑火鸡 原产英国诺福克，又名诺福克火鸡。全身羽毛黑色，有绿色光泽。雏火鸡羽毛为黑色，翼部带有浅黄点，有时腹部绒毛也有浅黄点。胫和趾在成年火鸡为浅红色，年幼火鸡为深灰色。喙、眼为深灰色，胸前须毛束为黑色。成年公火鸡体重15kg，母火鸡8kg左右。

5. 石板青火鸡 石板青火鸡是个比较老的火鸡品种，可能是由野生火鸡不断选择而成。羽毛为灰色，喙为浅灰色，胫、趾为淡红色，雏火鸡绒毛淡黄，背部有灰色条纹。成年公火鸡体重15kg，母火鸡8kg左右。

6. 贝兹维尔火鸡 该品种身体细长，步伐轻快，体态健美。胫和趾为粉红色，冠及肉髯呈红色。具有早熟，饲料适应性强、生长迅速、肉质鲜美、产蛋多等优点。成年公火鸡体重10kg，母火鸡5kg以上，平均产蛋率可达60%，平均蛋重76g。该品种商品火鸡14～16周龄上市，平均体重3.5～4.5kg。

1. 野火鸡 有北美洲野火鸡和墨西哥野火鸡。羽毛为青铜色，有白色斑纹，体型小。成年公火鸡体重为8kg，母火鸡为4kg，产蛋量较低。

2. 里他尼火鸡 羽毛呈闪光的青铜色，为已驯化的野火鸡，但体型似野火鸡。成年公火鸡体重为9kg，母火鸡为5kg，产蛋量稍高。

3. 罗友泡姆火鸡 用青铜色火鸡、黑火鸡、那拉根塞火鸡和野火鸡等杂交而成。背部羽毛为青铜色，胸部为白色，尾羽为银灰色，末端有黑边。成年公火鸡体重14kg，母火鸡为7kg。

4. 巴夫火鸡 由黑色火鸡与波朋红火鸡杂交而成。羽毛呈米黄色，成年公火鸡体重为14kg，母火鸡为7kg。

5. 克里姆逊当火鸡 羽毛为黑色，尾羽有白边。成年公火鸡体重为16kg，母火鸡为9kg。

6. 青铜宽胸火鸡 其祖先可能是英国青铜火鸡。体型较大，胸较宽深。成年公火鸡体重为18kg，母火鸡为10kg。

1. 白钻石火鸡 由加拿大海布里德火鸡育种公司生产。有重、重中、中、小4个类型，其中中型和重中型为主要产品。该品种性成熟期为32周龄，不同类型的产蛋量有所差别。一般年产蛋84～96枚，平均每只母火鸡能提供50～55只商品雏火鸡。重型和重中型的商品母火鸡16～20周龄屠宰，体重分别为6.7～8.3kg和4.4～5.2kg；公火鸡16～24周龄屠宰，其体重分别为10.1～13.5kg和8.3～10.1kg。中型母火鸡在12～13周龄时屠宰，体重为3.9～4.4kg；公火鸡在16～18周龄屠宰，体重为7.4～8.5kg。小型公母混养，12～14周龄屠宰时，平均体重4.0～4.9kg，专供烤仔火鸡用。

2. 尼古拉斯火鸡 由美国尼古拉斯火鸡育种公司育成的一种重型白羽宽胸火鸡。该品种是由大型宽胸青铜火鸡的白羽突变型中选育，并吸收其他火鸡品系，经40余年培育而成，只有重型一种类型。成年公火鸡的体重为22.5kg，母火鸡为9～12kg，年产蛋70～92枚，蛋重85～90g，商品肉火鸡24周龄，体重5～7kg。受精率90%左右。

3. 布特火鸡 由英国布特联合火鸡育种公司培育而成，该公司在欧洲有较大的市场和影响。共有4个类型，全为白羽种。18周龄公母火鸡重分别为：布特－5小型，8.98和

6.17kg；布特-5中型，9.97和6.76kg；布特-8重中型，10.37和7.27kg；布特-6重型，12.65和8.76kg。这种重型品种是目前世界上最重的火鸡，成年公火鸡的体重为23.5kg，母火鸡为12.5kg。24周龄可达17kg，其中最重的一只达到了37kg，为世界之首。

4. 贝蒂纳火鸡 这是法国贝蒂纳火鸡育种公司采用四系杂交育成的肉用火鸡品种，该品种以肉质佳而著称。该品种是一种小型火鸡，成年公火鸡体重为7.5kg，母火鸡体重4.5kg左右。它适应性强，耐粗饲，抗病力强，自然交配受精率高。平均年产蛋93.69枚，商品肉火鸡20周龄上市，公火鸡为6.5kg，母火鸡为4.5kg。

二、火鸡的生物学特性

火鸡颈部短直，背长而宽略隆起，胸宽而突出，胸骨长直，胸与腿部肌肉均很发达。头和颈没有羽毛而秃裸，头上有珊瑚状的皮瘤，皮瘤颜色常常变化，在安静时为赤色，激动时变为浅蓝色或紫色。成年公火鸡的头前额上有肉锥垂下或覆盖，胫上有距。胸前有须毛束，尾羽发达，能展开呈扇状。母火鸡头小，在前额有一肉锥，皮瘤小，个体小，胫上无距，尾羽不展开。火鸡羽毛具有光泽，羽毛颜色随品种而异。

1. 适应性强 火鸡对气候环境的适应性很强，在较冷较热的环境中都能生活，特别是能耐寒，可在风雨中过夜，雪地上觅食，非常适合放牧饲养。

2. 有消化粗纤维的本领 它采食青草能力优于其他禽类，仅次于鹅，能从多类含粗纤维较多的青饲料中获得营养物质，对葱、蒜、韭菜更为喜欢。

3. 对周围环境刺激较敏感 当有人或其他动物接近时，火鸡即会竖起羽毛，头上的肉瘤由红变蓝、粉红或紫红等各种颜色，表示自卫。当听到陌生音响时，会发出"咯咯"的叫声，适合饲养在较安静的环境中。

4. 好斗 平时觅食或配种时常发生争斗，但并不做拼死搏斗，只要有一方逃避争斗即停止。

5. 有啄癖行为 当饲料中缺乏某种营养元素或强光刺激时易发生啄癖行为。

6. 尚有抱窝性 母火鸡一般每产10~15枚蛋就要出现1次抱窝行为，所以，很多地区利用这种习性进行自然孵化。

第二节 火鸡的繁育

一、火鸡的繁殖特点

火鸡的体形较大，故性成熟期较晚，母火鸡一般需28~30周龄，公火鸡还要迟2周。刚进入性成熟期的火鸡也不能立即配种繁殖，一般在性成熟期后3~4周为最宜。

产蛋的母火鸡一般每年有4~6个产蛋周期，每个周期产蛋10~20枚，最多也不超过30枚。年平均产蛋量，重型一般50~70枚，中型产70~90枚，小型产100枚左右。种火鸡第 1 年产蛋多，第 2 产蛋年下降 20% ~ 25% 。火鸡蛋重 80 ~ 90g，蛋壳白色带有褐色斑点，蛋壳较鸡蛋稍厚。

母火鸡最佳利用年限一般为 2 年左右，多的也有利用 4 ~ 5 年的，不过后期产蛋率低，饲料浪费大，极不经济。自然交配情况下，公母配比一般为 1: 8 ~ 1: 10，人工授精则可扩大到 1: 18 ~ 1: 20。

二、火鸡的人工授精

1. 受精率高 采用自然交配受精率只能达到 50% 左右，而人工授精的受精率可达 85% ~ 95% 。

2. 减少公母火鸡淘汰率 采用人工授精，母火鸡可避免因被公鸡踩、抓、压而伤残失去种用价值，同时也可减少公火鸡间争斗，避免损伤。

3. 可扩大公母比例 人工授精可扩大公母比例，提高公火鸡的利用率，节约饲料和房舍，降低成本（可节省 2/3 公火鸡的饲养量）。

4. 有利于火鸡的杂交育种 采用人工授精可以不受体型大小的影响，在大、中、小型火鸡之间都可以杂交繁殖。

5. 增加优良种公火鸡的利用率 可扩大配种面，提高雏火鸡的群体质量。

1. 训练种火鸡 对于新投入的种用公母火鸡必须进行采精、授精前的训练。首先要做好种火鸡的饲养、日粮配制、光照调节，使种火鸡迅速达到配种繁殖的体况要求。然后对公火鸡进行训练，其方法是：采精者用两手把火鸡捉住，然后用左手从公火鸡的背部前方向尾羽方向按摩数次，以减轻公火鸡的惊慌，并激起它的性感。用此法每天训练 2 ~ 3 次，1 周左右即可。母火鸡也需要训练，使其习惯输精的一切操作程序，以免发生应激而影响受精效果。

2. 采精 公火鸡在正式采精前，需要有 1 周左右的采精训练准备时间，待公鸡正常射精、精液质量达到要求后，才能正式采精配种。采精时需要 2 ~ 3 人合作，一个人坐在采精凳上，将公火鸡固定好，一般让公火鸡胸部压在腿上，腹部和泄殖腔虚悬于腿外，也可将胸部直接放在采精凳上，两腿垂于凳下固定好；另一个人右手沿着火鸡向尾羽方向按摩数次，然后左手拇指与其余手指分跨于泄殖腔两侧迅速按摩，按摩时间要比鸡长，速度要慢些，手势要比鸡重。待引起性欲冲动，交尾器勃起自泄殖腔翻出排精时，右手迅速用集精器吸取精液，同时用左手在泄殖腔两侧挤压，促其射精，再次吸取排出的浓稠带乳白色的精液。每次可采 0.2 ~ 0.3ml 精液。公火鸡一般每周采精 2 次。

3. 输精 一个人固定母火鸡，双手按住母火鸡翅膀，使其蹲卧在地上，然后两手按摩泄殖腔周围，压迫泄殖腔，促使翻肛。当泄殖腔外翻时，另一人将输精管插入母火鸡体左侧开口内 3cm 左右处，将精液徐徐注入，保定者即可松手，阴道口即可慢慢缩回泄殖腔内。输精量每次原精液为 0.025ml，因量少必须掌握准确。输精前要进行精液检查，一般要求每毫升精液精子数达 50 亿以上。母火鸡一般每周输精 1 次，输精时间在晚上 9 时以后比较好。

4. 精液质量检查 为获得高质量的精液，达到高水平的受精率，精液质量检查是人工授精工作的重要环节。一般经过训练的种火鸡，对第1次和第2次采精反映良好的可初步确定留种，进行精液质量检查。

（1）射精量与颜色：火鸡的射精量与颜色可用目测，在正常饲养管理条件下，每只公火鸡在每隔2~3d采精1次的情况下，每次射精量一般要达到0.2~0.4ml，不应低于0.2ml。采出的精液应该是白色或乳白色，如果是奶黄色或黄色，则应作废品。

（2）精子活力：精液用1:20生理盐水作稀释后，温度控制在20~25℃，在显微镜下观察。按照视野内精子的死活数比例、滑动的快慢以及存活时间来确定其活力程度。一般活力程度可分为1、2、3、4、0五级。如果视野内全部是死精则为0级；如90%以上精子活动力强，死精子数很少则可评为1级。

（3）精子的密度：正常的火鸡精子密度是每毫升50亿~80亿个。一般可采用血球计数板来计算精液中精子的数量，也可利用光电比色计算，其计算速度快，也很方便，不过需预先配制标准曲线，对照此曲线来测定精子的密度。

（4）精子的形态：主要观察精子的形态是否正常，如精子损伤、头弯曲、尾损或顶体缺失等，一般可划分为1、2、3、4、0五级。火鸡的畸形精子和死精子在10%以下属正常范围，为1级；超过此范围不大时可划为2级；不正常精子过半数的即为0级。

1. 输精要及时 火鸡的精子活力很强，但衰竭也很快，所以要现采现输，时间最长不能超过30min，否则会严重影响受精率。

2. 注意pH值和渗透压 火鸡精液正常的pH值为7.1，渗透压4.02。一般的水、酒精和消毒剂对精子都有损害，所以在操作过程中，所有与精液接触的器械都应该用生理盐水或稀释液清洗。

3. 精液的保温措施 火鸡的精液虽在10~40℃能够保持较好的受精能力，但最理想的温度在35℃左右才能达到较高受精率。精液要进行保温，将接触精液的采精、输精器材都用40℃左右的生理盐水或稀释液冲洗，使稀释液和集精杯必须达到35℃，采精杯可放在有35℃温水的保温瓶中。

4. 正确掌握输精时机 火鸡输精后能获得理想受精率的持续时间比较长，约为20d，之后逐渐下降。在繁殖后期，输精后维持受精率的持续时间缩短，受精率也下降。在生产上，为保持高受精率，刚开始输精时，应在1周内连续2次，繁殖前期为每7~10d输1次，后期每5~7d1次。具体输精时间一般是下午大部分母火鸡产蛋完后输精，傍晚输精效果更好。

5. 输精动作要小心细致 因母火鸡的阴道呈S形，如人工授精时动作粗鲁会损伤阴道壁，所以，当输精器插入阴道到恰好输精位置后要稍等一下，阴道就能回复到正常位置。当阴道完全缩回时，可将精液排出输精管，并将管子取出。输精完毕应缓缓地放开母火鸡，以免精液流失。

6. 正确掌握输精量 因为火鸡精液密度大，给母火鸡输精可以用原液，也可以用加稀释液稀释的精液（这可以提高公火鸡的利用率）。稀释液配方有以下几种：

（1）生理盐水：精制食盐8.5g加到1 000ml灭菌蒸馏水中，常用1:1稀释精液。

（2）葡萄糖—蛋黄稀释液：葡萄糖4.25g，新鲜蛋黄为1.5ml，加到100ml灭菌蒸馏水中，可按 1∶2 稀释应用。

（3）复合稀释液：氯化钙 0.02g，磷酸二氢钠（含 1 个结晶水）0.014g，硫酸镁（含 7 个结晶水）0.02g，氯化钾 0.04g，果糖 0.68g，双氢链霉素 0.06g，蒸馏水加至 100ml。

以上复合稀释液 pH 值调整至 7.4，每毫升原精液加 9ml 的稀释液作 1∶9 稀释应用。每次输入原精液 0.02～0.025ml，如稀释过的精液可根据实际情况定，但必须保证精子数在 1.5 亿以上。

7. 严格执行卫生制度　一切采精、输精器材必须严格消毒。人工授精操作地点洒水、消毒，以防止尘埃污染。授精人员要穿干净或消毒过的工作服，手洗净并戴手套。

三、种火鸡的选择

为了使火鸡生长快、产蛋多的性状保持下去，必须对留作种用的火鸡按生长发育情况和外貌特征严格挑选。

首先是增重速度。在 15～18 周龄时，将平均体重以上、体格发育正常、行动灵活、反应敏捷、羽毛紧、尾翘、羽毛体形一致的留下，对体小、弱、患病、瞎眼、腿瘫以及外貌有缺陷的全部淘汰。

当多数已经开始产蛋时，还应根据选种要求，把有杂毛、缺陷、患过病的火鸡淘汰，再检查那些未产蛋的火鸡，有的耻骨未开张，这些火鸡往往产蛋少，应予淘汰。

公火鸡品质如何会影响到更多的后代，应严格要求。除生长速度快外，还要选择体格健壮、活泼好动、羽毛光亮、脚粗而雄壮高大、性欲强、且符合品种特征和没有任何疾病的留作种用。

第三节　火鸡的饲养管理

火鸡是一种适应性广、较易饲养的家禽，其饲养管理的原则与鸡相似，但由于火鸡品种、品系、用途与饲养方式的不同，加之季节的影响，只有采用科学的饲养管理，才能达到高产、稳产、优质、低耗的生产指标。

一、雏火鸡的饲养管理

雏火鸡是指 0～8 周龄阶段的火鸡，是火鸡饲养中比较重要，也是较难饲养的一个阶段。

1. 平面育雏

（1）更换垫料法：在地面上铺 3～5cm 厚垫料，定期打扫更换。此法费劳力，常骚扰火鸡群。

（2）厚垫料法：地面一次铺上 15cm 厚的垫料，育雏结束后一次清扫。此法冬季与早春多用，但必须保持垫料层的干燥与松软度。

（3）网上育雏法：在离地面60cm高处，架设钢板网，再铺上一层塑料网。此法可减少雏火鸡与粪便接触，降低胸部炎症和软腿病的发病率。

2. 立体育雏

采用叠层式育雏笼，可提高单位面积的饲养量，效果良好，但通风、营养与管理等要求较高。4周龄后即应转为平面饲养。

1. 环境的控制

（1）温度：由于雏火鸡体温调节机能差，肠胃软弱，采食与放热均少，因而必须进行人工调节温度。通常雏火鸡比雏鸡要求更高的温度，1周龄育雏温度要求保持在36～38℃，以后每周降低2～3℃，最后室温要求保持在20～23℃之间。但实际饲养中应依火鸡群的具体情况灵活掌握。

（2）光照：光照的长短和强弱直接影响雏火鸡的生长发育、性成熟时间等，所以必须根据雏火鸡的生理要求，结合饲养方式制定合理的光照制度。其原则是：育雏阶段的光照时间应逐渐缩短、照度逐渐减弱，6～8周龄时，每日光照不超过14h。凡开放式鸡舍应根据当地自然光照时间长短，采用人工增减光照来控制。注意熄灯应使用逐渐变光，灯光要分布均匀。

（3）通风：雏火鸡代谢旺盛，呼吸快，生长发育迅速，排泄量也大，若通风不良，舍内有害气体急剧上升，影响雏火鸡的生长发育。因此，舍内必须保证空气流畅，将二氧化碳等有害气体控制在0.2%以下，不能超过0.5%。氨的浓度也要控制在10×10^{-6}以下，硫化氢含量低于6.6×10^{-6}。

（4）密度：合理的饲养密度是保证雏火鸡健康生长、良好发育的基本条件。密度过大影响生长，阻碍发育，增加死亡；密度过小，房舍设备使用率低，浪费资源。

2. 饲养管理

（1）及时饮水、开食：雏火鸡出壳后，在出雏室保温20h左右即移到育雏室，经过短时间休息，就要给雏火鸡作开食、饮水训练。具体方法是在水槽或水盘中放上一些深色的石子，以便于视力较弱的雏火鸡进行识别，然后把雏火鸡引到水槽边，让其去接触一下水源，如果雏火鸡不懂自饮，可强制将鸡嘴接触一下水，尝一下水味，如果一次不行，要再进行几次。

雏火鸡饮水后即可开食，方法与训练饮水一样。雏火鸡喙尖有一层角质膜，最好剥去，有利开食，当然，不剥它在开食后也能自行脱落。开食饲料可直接用配合料，也可用配合料加熟鸡蛋拌喂。可利用火鸡嗜好葱、蒜的本能，可把韭菜或葱、蒜切碎拌入料中，进行人工引诱雏火鸡学会采食。开食第1周喂料次数较多，以后可随日龄增大而逐渐减少喂料次数，增加喂料量。

（2）增设围栏：在平面育雏时，为使雏火鸡不盲目乱窜，远离热源而挨冻打堆，影响育雏成活率，在热源附近要增设围栏。围栏可围成一圈，也可围成多格分成小群，随着日龄增大而将围栏逐步放大。

（3）断喙和去肉锥：断喙可以有效地防止啄癖，减少饲料浪费。断喙在10～14日龄进行，用断喙器或剪刀断去1/2上喙和1/3下喙，形成上短、下长喙状。断喙时要防止切去舌尖，断喙前要喂一些维生素K，断喙后一定要加满饲料，便于采食。火鸡头顶部的肉锥可以在雏火鸡出壳的当天用剪刀剪去，如不及时剪去，随火鸡长大，将会下垂遮挡火鸡视线，影响视力。

二、育成期的饲养管理

火鸡的育成期一般指9～29周龄。这一时期火鸡适应性强，对饲养管理要求粗放，成活率也较高。同时由于增重快，体重大，网上或笼上饲养也不适合，容易产生胸部囊肿以及腿病，所以一般采用地面平养方式。

育成期时间较长，根据火鸡生长发育和生产需要，可分为两个阶段：9～18周龄为幼火鸡；19～28周龄为青年火鸡。

1. 第一次选择淘汰 作为留种用的雏火鸡，饲养到8周龄末（有些地区可延长到10周龄），要作一次选留工作。将符合品种、品系体型外貌要求，体重在平均数以上，羽毛丰满，精神活泼的雏火鸡留下来作种用，转入幼火鸡鸡舍进一步培育。

2. 饲养方式 一般采用舍饲，有条件的也可采用舍牧结合或放牧饲养。不同的饲养方式各有利弊，应根据具体情况选择。

（1）舍饲法：即将鸡群全部放在舍内饲养。此法便于管理，容易控制疾病，但饲料要求全价。

（2）放牧饲养法：利用草原或草坡，结合火鸡的合群性、善走和食草性特点，经过调教便能成群结队而行。放牧饲养能充分利用自然资源，锻炼体质，又能防治各种代谢病、啄癖、胸部炎症、软脚病和足趾畸形等病。放牧的火鸡有体质强健、增重快、抗病力强、产蛋性能高、利用期长等优点，因而有条件的地区还可种植牧草，进行放牧。

（3）舍牧结合：也称半放牧饲养法。根据季节、牧地情况以及不同的生长发育阶段，可采用有时舍饲、有时放牧的方法。当牧地饲料多时，以放牧为主，舍饲为辅；当牧地饲料差时，则以舍饲为主，放牧为辅。

3. 光照控制 幼火鸡阶段，公母火鸡都可采用14h连续光照，光照强度为15～20lx。

4. 饲养密度 幼火鸡活泼好动，生长较快，饲养密度不能过大。一般大型火鸡每平方米饲养公火鸡2只，母火鸡4只；小型火鸡为5只。

5. 幼火鸡放牧饲养的方法 8周龄以后的幼火鸡体质较强，活动性和觅食能力也较强，可开始放牧。刚开始时间可以短一些，每天上、下午各放牧1次，每次1～1.5h。1～2周后可以增到每天放牧5～6h，上、下午各放1次，中午休息。夏季要选择背阳的坡地，不仅可避开直射日光，由于昆虫都是躲到阴坡，还可以捕食大量的动物性饲料。冬季宜迟放早收，找向阳的牧地和坡地。春秋季由于是收割季节，应先放到田间觅食剩下的谷物，吃饱后再放青草地。

放牧时的注意事项：①转入放牧前，首先在一定的范围内要对火鸡进行调教，以口令、口哨或击掌等方式进行觅食、转群、放牧等训练，至少做到能放能收。②要注意天气变化情况，以防遭暴风暴雨。③防止火鸡群遭受一切兽害袭击，也不能到打过农药的地区和疫区放牧。④随时注意火鸡群动态，收牧时检查火鸡群是否吃饱，如未饱，则即进行补喂。

火鸡在这一阶段，生长速度逐渐减慢，体内开始沉积脂肪，并逐渐达到性成熟，羽毛也丰满，对外界环境适应性很强，所以饲养管理就应根据这些特点进行。

1. 进行限喂，防止过肥　限喂是防止过肥的有效措施，它可抑制增重，推迟性成熟，使开产期趋向一致，种蛋合格率高，有利于提高火鸡的种用价值。

2. 光照控制　对青年母火鸡的光照控制比青年公火鸡更为重要，因为青年母火鸡对光照特别敏感，如对它不断增加光照时间会使母火鸡早熟、早产、蛋小、早衰。这一阶段对母火鸡光照原则是逐渐缩短不能延长，通常光照时间8h，光照强度以10lx为宜。

3. 加强运动　加强运动可以减少脂肪沉积，增强体质，提高种用价值。若是舍饲，用手势驱赶青年火鸡在舍内来回跑动，经过多次训练，可形成条件反射，达到饲养员用手势即能指挥火鸡运动的要求。

三、产蛋期的饲养管理

产蛋期一般指29周到产蛋结束。火鸡养到29～31周龄都开始产蛋，约到55周龄产蛋结束。产蛋期饲养管理的好坏，是关系到能否充分发挥遗传潜力、获得理想生产性能、达到较高经济效益的关键。

产蛋火鸡的饲养方式，主要有地面平养和网上平养以及放牧饲养，目前，我国采用地面平养较多。

留作种用的火鸡，在开产前必须进行一次严格选择，才能转入种火鸡舍进行配种繁殖。经过选择留作种用的火鸡，应及时转入种火鸡舍饲养。转群宜在晚上进行，抓鸡动作宜轻，尽量减少应激和伤残。

1. 温度　成年火鸡抗寒能力比鸡要强，但在产蛋阶段为更好地满足火鸡产蛋的环境条件，发挥生产潜力，最好把环境温度控制在10～24℃之间，这是产蛋火鸡最适宜温度，高于28℃和低于5℃，对产蛋都有不良影响。

2. 湿度　火鸡适宜饲养在干燥的环境中，所以相对湿度应保持在55%～60%，湿度过高对产蛋和繁殖都不利。

3. 通风　目前火鸡种鸡舍以开放式较多，一般都设有运动场，加之火鸡粪便不像鹌鹑和鸡那样恶臭，所以一般情况下通风不成问题。但在高温、高湿季节，如果通风不好，舍内有害气体的增多，也会影响产蛋水平发挥，甚至使产蛋下降，应注意通风。

4. 光照　产蛋阶段火鸡对光照较为敏感，正常的光照能保持母火鸡产蛋持续性，减少抱窝。29～40周龄要求光照时间14h，41～44周龄增至16h。光照强度最低不少于50lx。公火鸡一般采用12h连续光照，光照强度在10lx以下。这种环境可使公火鸡保持安静，提高精液品质和受精率，延长公火鸡使用时间，还可减少火鸡之间的格斗。

5. 密度　一般在每平方米中饲养公火鸡1.2～1.5只，母火鸡1.5～2只为宜。

刚开产的母火鸡窝外蛋比较多，要及时收集，同时勤收产在窝内的蛋，可防止蛋被压碎及母鸡抱窝。

火鸡的驯养时间较短，还保留着很强的抱窝习性，一般每产 10~15 枚蛋就要抱窝一次。防止抱窝是产蛋期火鸡饲养管理的重要措施之一，一旦抱窝，需经 4 周左右才能恢复产蛋。所以必须及时采取措施，一般防抱窝措施有：①注意光照强度；②及时收蛋；③加强运动；④晚间关闭产蛋箱。

四、肉用仔火鸡的饲养管理

肉用仔火鸡又称商品火鸡，它具有生长快、耗料少、产肉多、上市早、效益高等特点，是肉禽生产中商品率最高者，其饲养管理要求相应也较高。因此，除按种雏要求外，还应注意以下几点。

1. 育雏条件　基本上与种雏火鸡相同，但饲养方式多为平养，很少采用笼养，因为肉火鸡生长迅速，体重大，笼养运动少，伏卧时间长，胸囊肿和腿病发病率就高。

2. 饲养方式　因为公母火鸡的生长速度、营养要求、饲料转化率、出售时间等都不一样，肉用仔火鸡一般采用公母分群饲养。一般母火鸡 7 周龄即转入肥育，而公火鸡则到 9 周龄才转入肥育鸡舍进行肥育。母火鸡 13~14 周龄出售，而公火鸡的最佳出售时间是 18 周龄。

3. 育雏温度　肉用仔火鸡育雏温度要比种雏火鸡高 0.5~1℃，并要求垫料松软干燥。

4. 光照控制　肉用仔火鸡的光照制度与种用火鸡有差别。种用火鸡光照控制的主要目的是控制性成熟时间，而商品火鸡光照控制目的是使其多采食、多长肉。

肉用仔火鸡的光照制度，一是采用逐渐缩短的光照制度，即在 1~3 日龄基本上采用 24h 全天光照，光照强度也比较强，约为 50lx，随着日龄的增长，光照时间和强度也随着减少。这种制度适合中小型火鸡，可提高生长速度，减少饲料消耗和啄癖。另一种光照制度是先长然后逐步缩短，再由短变长。这种制度适用于大型肉用仔火鸡，有利于骨骼的生长，使肌肉也同步生长，减少腿病发生率。

5. 饲养密度　肉用仔火鸡在正常饲养管理及良好设备条件下，每平方米肉用仔火鸡肥育舍可承受 30kg 体重火鸡，在此幅度内可达到理想的肥育性能，如超过则肥育性能差，死亡率增高。

复习思考题

1. 火鸡的标准品种主要有哪些？外貌特征如何？
2. 火鸡的生活习性有哪些？掌握这些特性对生产有何意义？
3. 掌握火鸡的人工授精技术要点和种用火鸡的选择技术。
4. 掌握不同时期火鸡的饲养管理要点？
5. 对青年雌火鸡采用逐渐增加光照是否科学？为什么？
6. 应如何防止产蛋火鸡抱窝？防止产蛋期火鸡抱窝对生产有何意义？

第十七章　鸵　鸟

鸵鸟原产地在非洲及亚洲西南部，它作为一种饲养动物越来越受到各国关注。虽然我国北京动物园在 20 世纪 50 年代中期已有鸵鸟展出，但作为生产性饲养在我国大陆起步很晚。鸵鸟能为人类提供可利用的商品主要有肉、皮革、蛋和羽毛等。

第一节　鸵鸟的生物学特性

一、分类与分布

鸵鸟是现存体形最大不能飞行的鸟类，通常意义上所说的鸵鸟（Ostrich 或 Camel Bird）是指非洲鸵鸟（*Struthio camelus*），属于鸟纲（Aves）、鸵形目（Struthioniforme）、鸵鸟科（Struthionidae），鸵鸟属（*Struthio*），驼鸟种（*Struthio camelus*）。除此之外还有美洲鸵鸟（*Rhea amricana*）、澳洲鸵鸟——鸸鹋（*Drimaus movahollandeae*）。习惯上将鸵鸟分为 3 种类型：红颈鸵鸟、蓝颈鸵鸟和驯养鸵鸟，后者一般指南非选育的非洲黑鸵鸟。鸵鸟之所以被称 *Camelus*，是因为阿拉伯人认为鸵鸟的某些特征与骆驼极其相似，而被称为"似骆驼的鸟（Camel Bird）"。分类学上，鸵鸟有 4 个现存亚种和 1 个灭绝的亚种，也有人将驯养鸵鸟看作另一亚种。有一点值得注意，不同亚种的鸵鸟可以相互杂交繁殖出有活力的杂种后代。

鸵鸟广泛地分布在非洲低降雨量的干燥地区。在新生代第三纪时，鸵鸟曾广泛分布于欧亚大陆，在我国著名的北京人产地——周口店不仅发现过鸵鸟蛋化石，还发现有腿骨化石。近代曾分布于非洲、叙利亚与阿拉伯半岛，但现今叙利亚与阿拉伯半岛上的鸵鸟均已绝迹，仅分布在撒哈拉沙漠往南的非洲地区。澳洲于 1862～1869 年引进，在东南部形成新的栖息地。

二、形态特征

鸵鸟是世界上鸟类中体形最大、最重的一种鸟，外观特点是颈长、腿长、体大、头小（图 17-1）。雄鸟个体较大，身高 2.1～2.5m，体重 100～130kg，最重可达 150kg。雌鸟个体略小，体重约 100kg，身高 1.75～1.90m。雌雄两性差异明显，雄鸟羽色黑白明显，而雌鸟多为灰褐色。

鸵鸟头小而平，颜色有红色、蓝色或黑灰色。眼睛较大，具

图 17-1　鸵鸟

上下眼睑，被长长的黑色睫毛所保护。鸵鸟视力敏锐，突出的眼和灵活的颈使它能随意地环顾四周，以保证从远距离看到自己的同伴和可能的敌害。鸵鸟的两耳能开闭，由微细的羽毛所覆盖。喙上有两个鼻孔，通过有形膜呼吸。

鸵鸟颈由 19 块颈椎组成，气管和食管松弛，皮肤有弹性，使食物容易通过颈部。颈部也是受伤的敏感部位之一，但皮肤愈合速度很快。在繁殖季节，雄鸟的裸露部分十分鲜艳，在跗跖和颈部最为明显，这两部分颜色在不同亚种间表现为粉红色或蓝色。

鸵鸟身体庞大，雌雄鸟的体色差异明显，仅从羽毛就可加以区分。雄鸟羽毛黑色，但翅和尾羽为白色，这种黑白反差明显的毛被有助于鸵鸟在较远距离就能发现同伴。雌鸟则全为单调的灰褐色，这种颜色有助于躲避敌害。幼鸟羽色与雌鸟相似。鸵鸟没有龙骨突，因而被称为平胸类，但是它们有较凸出的胸骨。

翅退化，羽毛无羽小钩，因而疏松柔软，不能构成羽片。雄鸟翅白色，雌鸟灰褐色，飞羽数目多达 16 枚。在快速奔跑过程中，尤其在极度转弯时，翅的作用是用来保持身体的平衡。

不具尾骨和尾脂腺，因此羽毛没有防水能力，易被雨水浸湿。雄鸟尾羽白色，雌鸟灰褐色。雄鸟具交配器官，排便时阴茎向外翻出，这在鸟类中是十分少见的。

趾用作身体的支撑与躯体平衡。非洲鸵鸟是鸟类中唯一具两个脚趾的类群，尤其内脚趾厚而强健，体现了它适应快速奔跑的特性，因脚与地面接触面积的减少而获得了奔跑的速度。每只脚的 2 个趾由 3 个关节组成，较大的内趾（源于第 3 趾）和较小的外趾（源于第 4 趾）具有爪，两趾间有蹼。澳洲鸵鸟、美洲鸵鸟有 3 趾。

三、生活习性

在自然条件下，它采食的食物种类较多，以双子叶植物为主，包括肉质植物、草本植物、灌丛植物、葡匐植物等。常采食幼嫩的豆科、禾本科以及其他科的牧草、蔬菜、籽实等，如苜蓿、红三叶、桂花草、象草、皇草、黑麦草、红薯藤、槐树叶、胡萝卜等，以叶、花、果实、种子、种子荚和冠为主要采食对象。有时也啄食一些活体小动物如蚂蚁、蝗虫、蜥蜴等昆虫和软体动物，偶尔也吃小爬虫、小鸟和小兽。

鸵鸟无牙齿，其消化系统有别于家禽，无味囊，但同家禽一样有两个胃，前胃叫腺胃，后胃叫肌胃（砂囊），都很发达。腺胃与肌胃由一较窄的通道相连，此狭窄连接部有时会引起胃阻塞发生胃滞塞症。鸵鸟消化道全长约 18m，小肠和大肠都很长（大肠的长度是小肠的 3 倍），还有一对不等长的盲肠，也很发达，这是纤维素消化的主要场所。食物在小肠、大肠和盲肠内通过厌氧微生物长达 40h 的发酵与分解，产生大量的挥发性脂肪酸供机体吸收。鸵鸟的耐饥和耐旱性能很强，这是其长期适应干旱环境的结果。

鸵鸟生性好奇，尤其对发光的物体，最可吸引鸵鸟啄食，如金属物体、玻璃等，有时因此而送命。所以人工圈养鸵鸟的场地，要注意清除异物，尤其是雏鸵鸟，具有啄食一切眼见物体的恶习，甚至其他小鸟刚拉的屎，也被啄食一干二净，特别是爱啄食稻草、麻袋绒、塑料、铁丝、玻璃等物，导致消化不良、胃肠阻塞、内脏创伤等，造成雏鸵鸟死亡，应采取措施加以防止。

鸵鸟常常是1只雄鸟拥有1只雌鸟。在自然界中，还发现鸵鸟善于与草食动物一起友好相处，啄食青草为生。

鸵鸟的原始生活环境是沙漠、草地，因此具有喜欢沙浴的生活习性。

人工饲养的鸵鸟，性情温和，易于接近，善解人意，但在繁殖季节，雄鸵鸟对于接近鸵鸟蛋的人，则具有较强的攻击性。因此，在雌鸵鸟产蛋后，要设法引开雄鸵鸟后再取蛋，以免被雄鸵鸟的双翼或腿脚打伤。雌鸵鸟产一窝蛋后，就出现抱巢现象，只要将蛋每天取出，便可破其抱巢性。

由于鸵鸟长期世代生活的原产地自然条件恶劣，长期自然选择结果，使鸵鸟的生活力和抗逆性强，人工饲养成功率相对较高。鸵鸟产于非洲炎热的地区，有较发达的气囊调节体温，有很好的血液循环机能，不但十分耐酷热和干燥，在冰雪寒冷的气候环境下成年鸵鸟也可以很好地正常生活。但雏鸵鸟新陈代谢旺盛，对环境条件变化较敏感，容易发生应激，极忌潮湿，喜爱干燥，因此，雏鸵鸟的饲养管理，需把防潮湿作为提高雏鸵鸟成活率的一项重要措施。鸵鸟寿命长达33年，有效繁殖时间可达20年。

第二节　鸵鸟的繁育

鸵鸟繁殖率的高低，受遗传、内分泌、年龄、季节、温度、营养、管理和场地、疾病等多种因素的影响，这些因素可造成永久或暂时性的繁殖障碍，使鸵鸟的繁殖力降低或丧失。因此，在生产实践中，必须注意选择繁殖力高的鸵鸟作为种用，并为其创造良好的饲养管理和环境条件，保证其发挥正常的繁殖力。

一、繁殖特性

雌鸵鸟一般在2~2.5岁性成熟，最早18个月开始产蛋。雄鸵鸟性成熟比雌鸵鸟晚，一般在3岁以上方能达到性成熟。因而在生产中进行配对时，雄鸵鸟应比雌鸵鸟大半岁以上，否则将会影响受精率。当雄鸵鸟达到性成熟时，体躯、翅膀的羽毛为典型的黑色，而翅膀的下缘和尾端的羽毛则为白色。在繁殖季节，雄鸵鸟的喙、眼睛周围的裸露皮肤及前额和胫的前面变为鲜红色，泄殖腔周围也变红色。

驼鸟发情交配和产卵都具有季节性，非洲驼鸟的发情是从入冬开始到翌年的中夏，这种季节性表现梅雨期休产或低产，干燥期高产。驼鸟的繁殖也具有条件性或者称之为条件性繁殖，据报道驼鸟每个月都会产卵，连续一段时间内得到充足的食物、降雨或者雨季前期都可刺激繁殖活动。

二、发情配对

雄驼鸟发情时蹲在地上，翅膀向两边伸展，并振动翅膀，头部和颈部不停地左右摇摆，同时用弯曲的颈部向后撞击背部。有时经常憋足气，将脖子膨胀，发出吼叫声。

雌驼鸟发情表现为主动接近雄驼鸟，边走边低头，直至脑袋几乎触到地面，下垂翅膀，奋力振翅，同时喙快速一张一合。

交配时，雌驼鸟尾朝雄驼鸟伏下，雄驼鸟则猛地站起，两翅同时上举，快速走近雌驼鸟并骑跨于雌驼鸟背上进行交配。交配时间 0.5~1.0min。一只雄驼鸟交配次数一般为每天 4~6 次，有少数可达 12 次以上。

在人工饲养条件下，雄驼鸟对雌驼鸟的选择性不很明显，必要时可以调配雄驼鸟和雌驼鸟。在目前的生产实际中，驼鸟的雄雌配比多采用 1:2 或 1:3，国外也有用 2 雄配 5 雌或 3 雄配 8 雌的，甚至采用一定配比的大群饲养。选择配比时应注意随雄驼鸟性欲的强弱进行调整，雄驼鸟性欲强者，配偶应多些，反之配偶可以少些。另外，若为核心群，配对比例应为 1:2 或 1:1。

三、产蛋特性

驼鸟在产蛋前有一些特征的表现，如不安、紧张或避开其他驼鸟等。当开始产蛋时，雌驼鸟在做好的沙窝上蹲下来，张开两翼上下晃动，同时翼尾不时触地。临产时腹部用力收缩，经过一阵反复收缩动作后，泄殖腔缓缓张开，蛋由小头产出。

驼鸟产蛋总的来说规律性不明显，有的驼鸟在一个产蛋周期中每 2d 产蛋 1 枚，产到 8~15 枚后，休息 1 周左右，又开始下一个产蛋周期。但有些可停产 1~2 个月，也有个别高产的可连续产到 40 枚左右才休息。一般来说，在高温高湿的季节间歇时间稍长些。绝大多数驼鸟的产蛋时间为下午 3~6 时，但也有个别驼鸟在上午和夜间产蛋。

产蛋量在不同年龄和个体之间有较大的差异，一般来说，刚开产的驼鸟产蛋较少，年产蛋量 12~20 枚，而到产蛋高峰（约 4~5 岁）时，可达 60~80 枚。产蛋量低的年产蛋量可能为 30 枚左右，而高产者可达 100 枚以上。

蛋重多为 1 200~1 700g，个别可达 2 000g。蛋形一般为卵圆形，纵径平均为 165mm，横径平均为 130mm。

四、鸵鸟人工孵化特点

1. 温度 采用多层孵化机的孵化温度应为 36.4℃。单层孵化机孵化温度第 1 天应为 36.5℃，以后应为 37.2℃。鸵鸟蛋的保温性能好，在低温下，孵化有助于孵化末期散热，不致于超温。到孵化最后 1 周，鸵鸟蛋的表面温度比外围空气高 2℃，所以一般家禽孵化温度已超过了鸵鸟胚胎发育和致死温度。

2. 湿度 鸵鸟蛋适宜的孵化湿度为 30%～35%，这比通常的家禽孵化的湿度 55%～65% 低得多。鸵鸟蛋大小存在着相当的差异，蛋的失重从低于 10% 到高于 20%。蛋重差异过大的问题可以通过剔除过大和过小的蛋，也有很多孵化器能根据蛋重分类，根据蛋的大小来调整与之相应的参数。

3. 通风 鸵鸟蛋的发育需要大量的氧气，同时产生大量的二氧化碳。一般孵化计算通风率是以 1 000 个蛋来计算的，由于鸵鸟的平均蛋重正好是鸡的 25 倍，计算时 1 000 个鸡蛋正好相当于 40 个鸵鸟蛋。

每批蛋孵化过程中一般进行 3 次照蛋。

第 1 次照蛋于入孵后第 10 天进行，又叫头照。头照时，受精蛋正常发育可见到蛋内有鲜红的血管，还可隐约看到胚胎的影子。不受精的蛋，看不见血管。死胚蛋血管暗淡或血管呈环状脱落浮动。头照可检查出无精蛋和死胚蛋。

第 2 次照蛋于入孵后第 24 天进行，称二照。此时正常发育的胚蛋可见蛋内血管呈树枝状并到达蛋的小端，死胚蛋的血管细小。二照可检查出死胚蛋。

第 3 次照蛋于入孵后第 34 天进行，称为三照。正常发育胚蛋，整个蛋被胎儿占满，看不到血管，仅在蛋的一端看到亮光，气室倾斜，又称"斜口"。如果大部分蛋未达到斜口，说明孵化温度过低，胚胎发育稍慢，要适当提高孵化温度。

孵化至第 38 天，整盘蛋从孵化器移至出雏器，叫落盘。此期不翻蛋，相对湿度调高至 40%，温度为 36.0～36.5℃。鸵鸟正常发育的胚胎，第 41 天陆续啄壳，从啄壳到出雏大约要 24h。第 42 天大部分出壳，小部分第 43 天出壳。如果第 43 天尚未破壳而出，可以人工助产，帮助雏鸟破壳。出壳后的雏鸟在出雏器内停留至羽毛干燥，然后送入保温房 1～2d，再送到育雏舍。

第三节　鸵鸟的饲养管理

一、鸵鸟的营养与饲料

1. 能量需要 1 只 110kg 体重的非洲鸵鸟，其最低能量需要约 18 351MJ/日，而实际的能量需要是最低需要量的 1.5～2 倍。

2. 蛋白质需要 实际使用的鸵鸟饲粮蛋白质水平各异，为 17% ~ 25%（雏鸵鸟）。

3. 矿物质需要 矿物质通常包括常量元素和微量元素两类，非洲鸵鸟日粮中的需要量为：钙 0.9% ~ 1.2%，磷 0.6% ~ 0.8%，钠 0.09% ~ 0.17%，钾 0.5% ~ 1.4%，镁 0.1% ~ 0.2%，锰 81.0 ~ 105.0mg/kg，铜 12.5 ~ 22.5mg/kg，锌 84.0 ~ 198.0mg/kg，铁 220.0 ~ 360.0mg/kg。

4. 维生素需要 由于对鸵鸟的维生素需要量研究不多，故尚无标准，在生产实际中的量（每千克饲料）为：维生素 A 1 500IU，维生素 D_3 4 000 IU，维生素 E 60mg，维生素 B_1 5mg，维生素 B_2 14mg，维生素 B_6 10mg，维生素 B_{12} 0.12mg，维生素 C 100mg。

鸵鸟常用的植物饲料有：苜蓿、红三叶、柱花草、象草、皇草、甘薯藤、苦荬菜、胡萝卜、黑麦草、墨西哥玉米、槐树叶等。

常用配合饲料原料品种：玉米、小麦、豆粕、麸皮、进口鱼粉、苜蓿草粉、食盐、碳酸氢钙、贝壳粉、骨粉、蛋氨酸、赖氨酸、多种维生素、微量元素。

有些植物对鸵鸟有毒有害，如杜鹃花、黑刺槐、青绿色藻类、蓖麻、蔓陀罗、飞燕草、毛地黄、金链花、桧属植物、刺豆属草、桑橙、附子、龙葵、橡树、夹竹桃、山扁豆属植物等，使用时应注意。

在南非，多数集约化饲养的 3 月龄以内的雏鸟使用的饲粮为全价配合饲料，3 月龄以上的育成鸟则多为放牧饲养，并定时定量补给混合精料。在我国，多数从雏鸵鸟到成年鸟均采用人工喂青饲料和精料混合料的方式。

二、鸵鸟的饲养管理

雏鸵鸟从出壳到 3 月龄为育雏期。此期间的雏鸟由于各种生理机能尚未健全，抵抗力低，对环境条件的变化十分敏感，饲养管理工作稍有闪失都将造成重大损失，影响到育雏成活率，或使淘汰率增加。

1. 育雏前的准备工作

（1）育雏舍：育雏舍专门用于饲养 3 月龄以内的雏鸟。要求干燥、卫生，保持良好通风。入雏前 1 周进行全面打扫和消毒，地面和墙壁用 1% ~ 2% 的火碱喷洒消毒，然后关闭门窗，用甲醛溶液、高锰酸钾熏蒸消毒。在育雏室门口设置火碱消毒池。入雏前 1d，将育雏室的温度升至 22 ~ 25℃，保持相对湿度 50% ~ 60%。

（2）育雏器具：目前我国大部分地区采用育雏伞或红外线灯来育雏。育雏伞一般采用大型号的折叠式电热育雏伞，伞顶装有电子控温器，伞内用陶瓷远红外线加热板或 U 型红外铁管加热，功率 1 000W。入雏前对育雏伞或育雏箱进行彻底消毒，开启育雏伞上的温控器或育雏箱上的红外线灯，温度调至 34 ~ 36℃，在伞和育雏箱四周加置防护网。

（3）食槽与水槽：食槽要求光滑平整，雏鸵鸟吃食方便，便于清洗和消毒。食槽要固定好，否则被雏鸟踩翻，既浪费饲料又可能压伤雏鸟。水槽一般使用水盆，使用前要进行清洗和消毒。鸵鸟饮水的特点是嘴向前撮水，然后头向上抬。因此，要用宽阔的盆子盛水。

2. 雏鸵鸟的饲养管理

（1）入雏：雏鸟出壳后在出雏器内停留24h，再转入育雏室内饲养。初生雏鸟的饲养密度为每平方米5～6只，随日龄的增加逐渐降低密度，到3月龄时雏鸵鸟每只最少$2m^2$。按雏鸟周龄的增长而逐渐分群。

（2）温度调节：育雏第1周温度控制在34～36℃，以后每周降低2℃，至第7周达到21～22℃即可。1周龄雏鸟抵抗力低，温度骤变、风吹或雨淋等都会使雏鸟引起感冒、肺炎而死亡。要经常观察雏鸟，根据雏鸟的活动状态来调整温度。温度低时，雏鸟就会靠近热源，挤在一起，发出震颤的吱吱叫声，易造成挤压伤或压死。尤其在晚上或停电时更要注意。温度高时，雏鸟张口呼吸，饮水增加。如果温度适中，雏鸟活泼好动，食欲旺盛，羽毛有光泽，休息和睡眠安静。2月龄时可以脱离人工保温，遇寒冷季节可适当推迟。

（3）开食与饲喂：刚出壳的雏鸟并不饥饿，其腹内的卵黄提供的营养足以满足48～72h的营养需要。开食过早会使卵黄吸收不完全，损伤消化器官，对以后的生长发育不利。因此，雏鸟出壳后72h开食为好。开食前应先饮水，水中加0.01%的高锰酸钾。饮水后2h再喂给混合精饲料，精饲料以粉状拌湿喂给，也可用嫩绿的菜叶、多汁的青草、煮熟切碎的鸡蛋作为开食料。在这期间不能在育雏伞、育雏箱内使用垫草和其他垫料，否则可能由于误食造成肠梗阻。1周龄雏鸟的饲料以少喂勤添为原则，每隔3h投喂1次，以后逐渐减少到4h喂1次。每次先喂青绿饲料，后喂精饲料，以不剩料为准。1周龄以后喂料可不用拌湿料，而改喂颗粒料。1～3月龄的雏鸟精料占日粮的60%，青饲料占40%。镁的缺乏可引起骨骼病变，从3周龄开始，可以在饮水中补充硫酸镁，添加剂量为每10L水中加5g。

（4）光照与通风：1～8日龄每天光照20～24h，2～12周龄每天光照16～18h。1周龄以后，如果天气晴朗，外界气温高，可将雏鸟放到运动场上活动晒太阳。阳光对雏鸟的作用很大，有利于维生素D的转变形成，从而调节体内的钙磷代谢，防止腿病的发生。在我国的北方，冬季育雏可建玻璃温室运动场或塑料大棚运动场。

通风换气的目的是排出室内污浊的空气，换入新鲜空气，同时也可调节室内的温湿度。在炎热的夏季，育雏舍应打开窗户通风。冬季通风要避免对流，要使雏鸟远离风口，防止感冒。一般通风以闻不到氨味为准。

（5）综合防疫措施：雏鸟机体抵抗力较差，容易患病，所以要采取综合防疫措施。要加强卫生和消毒，饮水要保证清洁，饲料要保证新鲜不变质。尤其是夏季喂给雏鸟的草和菜，切碎后应尽快喂，不要存放时间过长，否则极易腐烂和产生亚硝酸盐。环境卫生尤为重要，环境消毒不严、育雏室湿度太高和饲养用具被污染可能引发脐炎、卵黄囊感染、痢疾等雏鸟常见病。运动场要经常清扫，不应存有树枝、砂砾、碎玻璃、铁丝或塑料袋等杂物，防止被鸵鸟吞食导致消化不良、腺胃阻塞或创伤性胃炎。为预防疾病发生，对育雏舍、用具、工作服、鞋帽及周围环境进行定期和不定期的消毒。2月龄时，根据疫情，对雏鸟进行新城疫、支气管炎和大肠杆菌病的预防注射。

1. 育成期的饲养　3月龄以上的育成期鸵鸟应改喂生长期料，推荐的粗蛋白质含量为16%～17%。同时也要注意钙、磷的补充，育成期鸵鸟的钙磷需要量比生长鸡要高30%～40%。当鸵鸟长到4月龄时，体重已达到36kg，已能适应各种自然条件，应改喂育成期饲料。

推荐饲料配方：玉米 46%，小麦 6%，豆粕 8%，麸皮 10%，进口鱼粉 4%，苜蓿草粉 20%，食盐 0.4%，磷酸氢钙 2%，贝壳粉 0.5%，骨粉 2.5%，蛋氨酸 0.2%，赖氨酸 0.2%，多种维生素 0.1%，微量元素 0.1%。

饲喂育成期的鸵鸟，最关键的是防止其过肥，所以随着鸵鸟日龄的增大，吸收利用粗纤维的能力逐渐增强，应尽可能让其采食青绿饲料，限制混合精饲料的饲喂量。夏秋季早晨可以待露水消失后，把鸵鸟驱赶到苜蓿地或人工草地放牧。注意不能带露水放牧，否则会因露水打湿鸵鸟的腹部，引起肚胀、腹泻。不放牧的育成期鸵鸟，饲喂应定时、定量，以日喂 4 次为宜。

2. 育成期的管理　3 月龄以上的鸵鸟在春夏季可饲养在舍外，晚秋和冬季的白天在舍外饲养，夜间要赶入饲养棚。鸵鸟原生活于沙漠地区，喜欢沙浴，通过沙浴可以洁身和清除体表寄生虫，增加运动量。饲养棚和运动场要垫沙，最好用黄色河沙，沙粒大小适中，铺沙厚度为 10 ~ 20cm。运动场可采用部分铺沙，部分种草，同时种植一些遮阳的树或搭建遮阳棚。

饲喂后 2h 应驱赶鸵鸟运动，驱赶运动每次以 1h 为宜。保证供给清洁的饮水，水盆每天清洗 1 次，每周消毒 1 次。育成期鸵鸟采食量大，排泄粪便也多。因此，运动场要经常清除粪便、异物，定期消毒。鸵鸟的神经比较敏感，受到惊吓时全群骚动狂奔，容易造成外伤和难产。所以，要保证鸵鸟场周围环境的安静，避免汽笛、机械撞击、爆破等突发性强烈震响。

当鸵鸟长到 6 月龄时，可进行第 1 次拔毛，每隔 9 个月拔毛 1 次。一般在温暖的季节拔毛，冬季不能拔，腹部的毛不能拔。拔毛时勿用力过猛以免损伤皮肤。

1. 产蛋期的饲养

（1）饲喂方法：人工饲养的鸵鸟每天的活动比较有规律，每天早晨天一亮，鸵鸟就在运动场上围着边网奔跑，奔跑 15 ~ 20min 后进行交配、采食，因此应根据其生活规律定时、定量进行饲喂。首次饲喂时间以上午 6：30 ~ 7：30 为宜，1d 饲喂 4 次，每次饲喂的间隔尽可能相等。饲喂顺序可以先粗后精，也可以把精饲料拌入青饲料中一起饲喂。精饲料喂量一般每只控制在 1.5kg 左右，以防过肥而使产蛋量下降或停产。

（2）饲料与营养：产蛋期鸵鸟饲养的关键是供给平衡的日粮，特别是能量的供给量不能过多，代谢能以 10.5MJ/kg 为宜。精饲料中粗蛋白质含量以 18% 为宜，钙及有效磷的含量分别为 3% 和 1%。赖氨酸及蛋氨酸 + 胱氨酸的含量分别为 0.90% 和 0.75%。

推荐饲料配方：玉米 44%，小麦 5%，豆粕 12%，麸皮 5%，进口鱼粉 7%，苜蓿草粉 20%，食盐 0.4%，磷酸氢钙 2%，贝壳粉 0.6%，骨粉 3.3%，蛋氨酸 0.25%，赖氨酸 0.25%，多维 0.1%，微量元素 0.1%。

2. 产蛋期的管理

（1）分群：雌鸵鸟在 24 ~ 30 月龄达到性成熟，雄鸵鸟在 36 月龄达到性成熟。性成熟前以大群饲养，每群 20 ~ 30 只；产蛋前 1 个月进行配偶分群，一般 1 雄 3 雌为 1 个饲养单位。分群工作一般是在傍晚进行，先将雌鸵鸟引入种鸟舍，然后再将雄鸵鸟引入，这样可以减少雌雄之间、种群之间的排异性。

（2）运动场：鸵鸟体型较大，需要的运动场面积相应也要大。1 个饲养单位约需

1 500m²，这样可以给鸵鸟提供较为自由的活动范围，有利于提高受精率，防止过肥。鸵鸟一般是有规律的自由活动，不必驱赶运动。如果饲养群较大，7 只或 14 只以上为 1 个饲养单位，则需要驱赶运动，最好在每天的上午和下午各驱赶 1~2h。

运动场要保持良好的卫生，随时清除场内的粪便和杂物，在鸟栏和食槽旁不要随意放置杂物，以免鸵鸟误食硬性异物，导致前胃阻塞和肠穿孔，造成非正常死亡。运动场及棚舍最好每周消毒 1 次。

（3）休产：为了保持雌鸵鸟优良的产蛋性能，延长其使用年限，需强制休产。一般掌握在每年 11 月份至次年 1 月份为休产期。休产期开始时雌雄鸟分开饲养，停止配种，停喂精料 5d 使雌鸵鸟停止产蛋，然后喂以休产期饲料。

（4）捕捉：因为鸵鸟头骨很薄呈海绵状，头颈处连接也比较脆弱，均经不起撞击，若要调换运动场或出售鸵鸟需要捕捉时，应特别小心。捕捉的前 1d 在棚舍内饲喂，趁其采食时关入棚舍。捕捉时需 3~4 人合作，抓住颈部和翼羽，扶住前胸，在头部套上黑色头罩使其安定。鸵鸟一旦套上头罩，蒙住双眼，则任人摆布，可将其顺利装笼、装车。但对凶猛的鸵鸟要特别小心，可在捕捉前 3~4h 适量喂一些镇静药物。

（5）运输：种鸵鸟运输前需减料停产，确保运输时输卵管中无成熟的蛋。运输前 3~4h 停喂饲料，在饮水中添加维生素 C、食盐和镇静剂，以防止应激反应。运输季节以秋、冬、春季为宜，最好选择夜间进行，因鸵鸟看不清外界景物，可以减少骚动。运输工具和笼具要消毒，笼具要求坚固通风，顶部加盖黑色围网。运输过程中随时观察鸵鸟动态，长途运输注意定时给水。保持车内通风良好，对燥动不安的鸵鸟戴上黑色头罩。运到的鸵鸟由于应激，1~3d 内常会表现食欲下降，粪便呈粒状，应及时补充维生素、电解质。饲料投喂逐步过渡，以利鸵鸟运输应激后的恢复。

1. 饲养方式

此阶段鸵鸟在围栏内放牧地平养。放牧地应呈长方形，在围栏内周边 4~5m 宽的地面铺上粗沙粒，其他地面可种植各种耐践踏的牧草。围栏的栏柱，用钢筋水泥方柱，15cm 见方，高 2m，用 12 号镀锌铁丝网作围篱。围篱高 1.5~2.0m，应离地约 10cm，可避免生锈。在固定围篱时，要有意地留几个活口（仍需固定好），以便种鸟产蛋后饲养人员能迅速取蛋。取蛋时 1 人引走公鸟，1 人取蛋，而且选择短距离取蛋，避免被公鸟打伤。一般 3 母配为 1 个饲养单位，但也可两小组合并为 1 个饲养单位。每只鸟占放养地面积为250~300m²。在围栏时，放养地的长度一般定为 50~60m。种鸟棚应设在放养地的北面，种鸟棚的面积，每只鸟为 10m²，高 3.5m，宽 6m，长则按鸟的数量计算。

2. 营养水平

鸵鸟产蛋期日粮中粗蛋白质的含量应为 16.5%~20%，代谢能 9.6~10.8MJ/kg，钙 3.0%~3.5%，有效磷 0.45%~0.5%。饲料中的维生素补充量，应比一般鸟高 1.5 倍。

休产期可根据各个体情况，调节鸵鸟的营养水平。一般日粮中粗蛋白质为 13.5%~14.5%，代谢能 8.6~9.7MJ/kg，钙 3%，磷 0.4%。补充微量元素时，硒的需要量比一般鸟高 0.5 倍。

3. 饲养技术

（1）编号：通常雏鸟出壳后 1~3d 内，工作人员要根据系谱为小鸟编号，通过将感应电子片埋植在小鸟左耳下侧的颈部肌肉内，作终身编码，可通过"读码仪"显示其读数。鸵鸟性成熟进行分栏前，带上环形脚标，一般固定在胫骨的下端，有利于饲养工作和日常观察、记录。

（2）饲喂：人工饲养的鸵鸟更易于接近人，性情温和，但繁殖期，公鸟会为保护母鸟和鸟蛋，变得不近人情，饲养时要特别注意。

性成熟后的鸵鸟进行交配时，不要对它们进行骚扰，等种鸟交配完毕后再行饲喂。饲喂要定时、定量，一般上午 2 次，下午 2 次。上午 7 时开始喂第 1 次，11 时喂第 2 次，下午 2 时喂第 3 次，傍晚等鸵鸟跑步后约 6 时再喂 1 次。喂料时，先喂青饲料，后喂精饲料。精饲料的喂量一般每日 0.8～1.2kg/只，但处于鸵鸟产蛋的紧密周期时，要将每日的精饲料量提高至 1.5kg/只。

成鸟的饲养，一定要坚持以青饲料为主，使成鸟尽量多吃青饲料，而辅以一定量的精饲料。成鸟采食精饲料过多，很容易引起体重增加，体脂沉积，使产蛋量下降，甚至不产蛋。无论青饲料或精饲料，都必须新鲜，禁止喂发霉变质的饲料。要不间断地供给鸵鸟清洁、卫生的饮水，饮水器具要每天清洗消毒。

（3）鸵鸟分栏：一般在 24 月龄时进行。在分栏前，必须区分好群体的大小，应一次性分配妥善。分栏应在傍晚进行，先将母鸟引入种鸟栏，然后再引公鸟进栏。经过一段较长时间的适应，鸵鸟对所处环境熟悉后，就会树立较牢固的势力范围区域概念，一般不轻易走出其所属的区域范围。另外，由于公、母鸟的性器官发育不是同步的，公鸟性成熟较母鸟迟，公、母搭配时，最好公鸟比母鸟大 6 个月以上，这样效果会更好。

（4）抱巢性与休产期控制：鸵鸟有抱巢性，在人工饲养条件下，每产 1 枚蛋都应及时取走，使其失去抱巢条件而不抱巢。但鸵鸟仍有产蛋休止期，在一个产蛋周期结束时，就会有 7～15d 的产蛋休止期，然后再进入第二个产蛋周期，如此反复。产蛋至 9～10 月份后，有些鸵鸟便进入休产期。休产期的长短各个鸵鸟不同，一般为 2～3 个月。为使休产期更明显，应在 11 月份将公、母鸟分开饲养，使母鸟有更好的体况，以便提高来年的产蛋率。

复习思考题

1. 鸵鸟有哪些形态特点？

2. 如何进行鸵鸟的雌雄鉴别？

3. 掌握不同时期鸵鸟的饲养管理要点。

4. 我国南方地区为什么要对种鸵鸟实行人工休产？

5. 鸵鸟的孵化湿度与家禽有何不同？与其生物学特性有何内在联系？

第十八章　蛇

蛇在动物分类上属爬行纲（Reptilia）、蛇目（Serpentiformes）。蛇家族种类众多，目前已经发现世界上约有 3 000 种，分属于盲蛇科（Typhlopidae）、异盾盲蛇科（Anomalepidae）、细盲蛇科（Leptotyphlopidae）、林蚺科（Tropidophiidae）、岛蚺科（Bolyeridae）、筒蛇科（Aniliidae）、美洲闪鳞蛇科（Loxocemidae）、倭管蛇科（Anomochilidae）、管蛇科（Cylindrophiidae）、针尾蛇科（Uropeltidae）、闪鳞蛇科（Xenopeltidae）、瘰鳞蛇科（Acrochordidae）、游蛇科（Colubridae）、眼镜蛇科（Elapidae）和蝰蛇科（Viperidae）、蟒蛇科（Boidae）、海蛇科（Hydrophiidae）。蛇可分为有毒蛇和无毒蛇，其中毒蛇 650 余种，可分为管牙类毒蛇、前沟牙类毒蛇和后沟牙类毒蛇 3 类，毒蛇主要是蝰蛇科、眼镜蛇科和海蛇科的所有种类，以及一些游蛇科的种类。我国有蛇 200 多种，其中毒蛇 48 种，主要分布于长江以南各省区。

蛇不仅是美味佳肴，而且还是颇为珍贵的中药材，蛇头、蛇眼、蛇蜕、蛇胆、蛇肝、蛇膏、蛇毒等均可入药。蛇肉具有强壮神经、延年益寿之功效，可治疗病后体弱、风痹麻木、关节疼痛等症。蛇胆具有祛风、清热、化痰、明目的功效，主治小儿疳积、痔疮肿痛。蛇蜕又名蛇皮、蛇壳，具有祛风定惊、杀虫、退翳消肿、清热解毒的功能，可治目翳、疮疖、痔漏、痄腮、疟疾、小儿惊痫、疥癣、瘰疬等症。蛇毒是目前国际药材市场上十分昂贵的珍奇药材，在现代医学中，利用蝮蛇毒制成的注射液具有明显的抗癌、抗血凝作用。近年来，科学家们从东南亚的一种叫红口蝮蛇的毒液中分离制成的"防芬"药物制剂，对治疗癌转移和血管栓塞等疾病疗效非常明显。

第一节　蛇的生物学特性

一、蛇的形态特征

蛇，俗称"长虫"，身体细长，圆筒形，全身被覆鳞片，四肢已消失退化。全身可分为头部、躯干部和尾部。头后到肛门前称躯干部，肛门以后称尾部。头部较扁平，躯干较长，尾部细长如鞭或侧扁而短或呈短柱状。头部有鼻孔一对，位于吻端两侧，只有呼吸作用。眼一对，无上下眼睑和瞬膜，只覆盖一层透明膜。无耳孔和鼓膜，但具有发达的内耳及听骨，对地表振动声极为敏感。舌虽没有味觉功能，但靠频繁的收缩能把空气中的各种化学分子黏附在舌面上，送进位于口腔顶部的离鼻器，从而产生嗅觉。此外，尖吻蝮与蝮蛇还有颊窝，它对环境温度的微弱变化能产生灵敏反应，因此颊窝又称热感受器，这对夜间捕食有重要作用。有颊窝的蛇，在夜间有扑火的习性，因此，在夜间用明火照明时要十分小心。

蛇牙有毒牙与无毒牙之分，无毒牙呈锥状，且稍向内侧弯曲；毒牙形状差异较大，表面有沟或中间空心。毒牙又分管牙和沟牙两种，管牙似羊角状，一对，能活动，内有管道，如蝮蛇、类吻蝮、竹叶青蛇；沟牙一般较小，呈圆锥状，2～4枚，不能活动，不易看清，在牙的前面有流通毒液的纵沟。沟牙的着生位置不同，若着生于颌骨前端，又称前沟牙类，如眼镜蛇、金环蛇、银环蛇；若着生于上颌骨后端，称后沟牙类，如泥蛇、水泡蛇等。毒牙的上端与毒腺相接，下端与外界相通。毒腺由唾液腺衍演而成，位于头部两侧，口角上方，其形状大小因蛇种而异。毒腺外面包一层强韧的白色结缔组织，前端有一组长管道与毒牙基部相通。由于毒腺表面肌肉的收缩，毒液便可以从毒腺中挤出，经过毒牙的管、沟注入捕获物。蛇类依有无毒牙和毒腺，可分为无毒蛇与有毒蛇两大类，目前人工养殖的多为有毒蛇。

二、蛇的生活习性

蛇类是吃荤不吃素的野生肉食性动物，主要捕食各种活体的小动物，有些蛇也吃一些死的动物或蛋类。在饥饿时绝大部分蛇类都有吞食同类或别种蛇类的习性，尤其是成年蛇会吞食其幼仔。由于蛇类所处的生活环境不同，大部分野生蛇类喜食各种蚯蚓、昆虫、鱼类、泥鳅、黄鳝、蜥蜴、鸟类、蛇类、鼠类以及小型兽类或各类鸟蛋。但人工养殖条件下难以为它"置办齐全"这些野味，只能根据它的主要食性喂些力所能及的食饵，如蛙类、鼠类、鱼类、禽蛋及水中游蛇等。限于人工养殖的蛇不如野生蛇天然食饵丰富的缘故，在养蛇过程中我们必须要了解所养蛇类的食性，投放它们喜食的食物，尽量达到其营养所需。

蛇类的采食行为不同于其他动物，它是先把捕食到的食物整个吞入腹中，然后再慢慢消化。有毒蛇主要是采取突然袭击的方式猎取小型动物，当被咬的动物中毒不能动时，蛇再慢慢吞食。无毒蛇一般是靠其上、下颚着生的尖锐牙齿咬住猎物，然后很快用身体把活的猎物缠死或挤压得比较细长后再吞噬。

蛇类的活动是有一定规律的，蛇的种类分布不同，蛇类的活动规律也明显不同。以山东省为例，无毒蛇的活动规律大致是这样的：每年的4月（阳历）中旬左右，当外界气温慢慢地上升到15～18℃时，各种蛇类均从冬眠中醒来，纷纷从冬眠的蛇窝爬到洞口或到向阳处晒太阳。5月以后，气温基本上稳定了，蛇类便出窝活动、喝水、寻偶交配，但对投喂的食物不太感兴趣，只有很少的一部分蛇进食。进入6月份，北方的天气已经很热了，蛇类进食能力明显增多，大都进入蜕皮高峰期。7～8月份是梅雨季节，也是蛇类的产卵期，此季它们经常在水边活动，甚至将整个身体都浸泡在水中，只露出蛇头浮出水面，还有的则整天盘蜷着身体在阴凉处休息，活动时间大多在清晨或夜间。9～11月份，温度适中，比较适合蛇类的生活，故活动量和吃食量明显增多。进入11月份天气逐渐转凉，上旬天气暖和时还见蛇类进食或晒太阳；一旦进入下旬，气温明显转低，蛇类便进入了冬眠前期。12月至翌年4月上旬是蛇类的冬眠期，长达5个多月。

毒蛇的活动规律跟无毒蛇一样，也是因地域和种类的不同而有明显的差异。有的喜欢白天觅食活动，如眼镜蛇、眼镜王蛇等，蛇类科学家称之为昼行性蛇类；有的喜欢昼伏夜出，如金环蛇、银环蛇、赤链蛇、龟壳花蛇等白天怕强光，喜欢夜间出来活动和觅食，称之为夜行性蛇类；有的喜欢在弱光下活动，常在清晨、傍晚和阴雨天出来活动觅食，如蝮蛇、五步蛇、竹叶青、烙铁头等，称之为晨昏性蛇类。

毒蛇的具体活动时间还与所捕食对象的活动时间相关联，并不是一成不变的。如蝮蛇，多于傍晚前后捕食蛙类和鼠类，但"蛇岛"蝮蛇则于白天在向阳的树枝上等候捕食鸟类，新疆西部的蝮蛇也常于白天捕食蜥蜴。

毒蛇的活动规律又随季节变化而变化。每年的3月中旬（惊蛰至清明），毒蛇由冬眠状况慢慢苏醒过来，但其反应迟钝，动作缓慢，是野外捕蛇的好季节。4～5月（清明至小满），毒蛇的活动能力逐渐增强，开始四处觅食，但爬行速度还是比较缓慢，加之又是蜕皮和交配的季节，也是捕蛇的好季节。6月（小满至盛夏之前），毒蛇经常外出觅食、饮水、戏水，进入活动的旺盛期。7～8（小暑至处暑前），是全年气温最高的月份，多数蛇类完全离开冬眠的场所，迁至隐蔽条件好的水边生活，多在早晚或夜间外出活动和觅食。9～10月份（白露至霜降前），毒蛇二度进入活动频繁季节，觅食量大增，"秋风起，三蛇肥"，说的就是此季，它通过大量捕食来增加体内营养的贮量，为冬季越冬和御寒打下基础。11月（霜降）以后，当气温下降至13℃以下时，毒蛇便陆续进入窝（洞）冬眠了，直至来年春暖花开之季方才苏醒过来。

蛇全身都包裹着鳞片，但这些鳞片和鱼的鳞片不同，蛇的鳞片是由皮肤最外面一层角质层变成的，所以叫角质鳞，它比较韧不透水，也不能随着身体的长大而长大。蛇长大一些（每隔2～3个月）就需要蜕一次皮，蜕皮后新长的鳞片比原来的要大些。蛇鳞不仅有防止水分蒸发和机械损伤的作用，也是蛇爬行的主要工具。蛇蜕皮时，要选择粗糙的地面或缠住树枝扭动身体，通过摩擦脱去陈旧的"外套"，而换上"新装"，因此多在石洞口或树枝上能看见蛇蜕。

第二节　蛇的繁殖

一、蛇的生殖类型

蛇是雌雄异体动物，一般生长发育到3年以后的个体达到性成熟。在外部形态上，两性差异不大，一般雄蛇头部较大，尾部较长，逐渐变细，而雌蛇头部相对较小，尾部较粗，向后突然变细；用手指紧捏蛇的肛门孔后端，雌蛇肛门孔显得平凹，而雄蛇的肛门孔中会露出两个"半阴茎"，即一对交接器。蛇的种类不同，繁殖行为和生殖类型也不同。

大多数蛇类是产卵繁殖，称为卵生型，也有一部分是产仔繁殖，称卵胎生型。如金环蛇、银环蛇、眼镜王蛇、尖吻蛇、乌梢蛇、蟒蛇等都属于卵生型，而蝮蛇、竹叶青蛇属于卵胎生型。卵生蛇类的卵是在自然条件下孵化出仔蛇；卵胎生蛇类的卵是在雌蛇的输卵管内发育，然后产出仔蛇。卵胎生蛇类的仔蛇在母体发育过程中，也是靠卵黄提供营养，而母体只为卵的孵化提供了一定的条件，因此，有别于哺乳动物的胎生。

1. 夏季型及交配后型 精子发生于温暖的季节，成熟的精子贮存于附睾及输精管内或通过交配而贮存于输卵管内过冬，交配期一般在春天，亦有些种类在春秋两季两次交配的。

2. 混合型 精子发生周期始于晚春，但在次年春天才完成。

3. 交配前型 精子发生周期一般在交配期结束前完成。

4. 连续性 整年有生殖活动。

二、发情与交配

蛇类为季节性发情动物，在春秋季发情交配。但大多数蛇交配在出蛰后不久进行，而在夏天产卵或产仔。

蛇类在春季交配、夏季产卵或产仔，这样幼蛇才有较长时间摄取食物，便于生长，使体内存积充足的能量，以度过第一个寒冬，显然，这是蛇类在繁殖上对环境的一种适应性。

进入交配季节，雌蛇皮肤和尾基部腺体能分泌一种特殊气味的物质，雄蛇便靠敏锐的嗅觉找到同类的雌蛇。有些蛇在交配前有求偶表现，如眼镜蛇，在求爱时把头抬离地面很高，进行一连串的舞蹈动作，在交配前这种舞蹈动作可持续 1h 以上。

有的蛇有集群过冬的习性，故在出蛰时，两性相遇的机会就多，往往在越冬场所附近交配，然后再分散活动。有些蛇则在草地上、蛇房内或灌木丛中交配。交配时，雄蛇从泄殖孔伸出两侧的半阴茎，并用尾部缠绕雌蛇如绳状，尾部抖动不停，雌蛇则伏地不动。每次交配，雄蛇只将一侧交接器（半阴茎）深入雌蛇泄殖腔内。射精后，雄蛇尾部下垂，使交接处分开，经过一段时间静止不动以后公、母再分开，雄蛇先开始爬行，雌蛇恢复活动较晚。蛇的种类不同交配时间不同，同一种蛇个体差异也较大，一般情况下，乌梢蛇为 25~48min，尖吻蛇为 15~120min，蝮蛇最长的交配时间可达 24h。

在繁殖季节，一条雄蛇可与几条雌蛇交配，而雌蛇只能交配一次，且交配后，精子在雌蛇泄殖腔中维持 3 年的受精能力。人工饲养条件下，公、母比例以 1:8~1:10 为宜。

三、产卵（仔）与孵化

1. 产卵 卵生型蛇一般在 6 月下旬至 9 月下旬产卵，每年一窝。蛇卵为椭圆型，大小、长短不一，大多数蛇卵为白色或灰白色，卵壳厚，富有弹性，不易破碎。刚产的卵，表面有黏液，常常几个卵黏在一处。产卵过程是间断性的，产程一般 30~50min，有的蛇可达 2h。产程的长短与蛇的体质强弱和有无环境干扰有关，健壮的蛇产程短，不健康的蛇产程长，有的可持续 20h 以上。正在产卵的蛇如受到惊扰（不论健康状况如何），均会使产程延长或者停止产卵，剩余的卵，2 周后会慢慢被吸收。

2. 产仔 卵胎生型蛇大多数生活在高山、树上、水中或寒冷地区，受精卵在母体内生长发育，但胚胎和母体没有直接联系，卵内贮存的物质是胚胎营养的唯一来源，与真正的胎生有着本质的区别。

产仔前几天，母蛇多不吃不喝，选择阴凉安静处，身体伸展成假死状，腹部蠕动，尾部翘起，泄殖腔孔张大，流出少量稀薄黏液，有时带血性。当包在透明膜（退化的卵壳）中的仔蛇产出约一半时，膜内仔蛇清晰可见，到大部分产出时膜即破裂，仔蛇突然弹伸而出，头部扬起，慢慢摇动，做向外挣扎状。同时，母蛇继续收缩，仔蛇很快产出，有的完全产出后胎膜破裂。仔蛇钻出膜外便自由活动，5min 后即可向远处爬行，脐带脱落。如果产出后膜仍然完好，亦不见仔蛇在内活动，即为死胎。

3. 产卵（仔）数 无论卵生或卵胎生的蛇，产卵（仔）数个体之间差异都较大，不仅因种类而异，也因年龄、体型大小和健康状态而不同。同一种蛇，体型大而健康的个体，产卵或产仔数要多于体小、老弱的个体，如银环蛇，3～4 岁时每窝产卵 5～9 枚，5～6 岁时每窝产卵 10～15 枚，以后产卵数随年龄的增加而逐渐减少。

大多数蛇产卵后就弃卵而去，让卵在自然环境中自生自灭，但也有一些蛇有护卵现象，如眼镜王蛇、银环蛇、尖吻蝮等。

1. 孵化期 蛇的种类不同，卵的孵化期相差很悬殊，短则几日，长则几个月，但大多数蛇需 2 个月左右。同一种蛇，孵化期的长短与温度、湿度密切相关，在适度范围内，温度越高，孵化期越短。一般孵化温度以 20～27℃ 为宜，如果孵化温度低于 20℃、相对湿度高于 90%，孵化的时间就要延长，并有部分蛇卵孵不出来；如果孵化温度高于 27℃，相对湿度低于 40% 时，蛇卵因水分蒸发而变得干瘪而又坚硬。

2. 孵化方法 因蛇卵的孵化率受环境温度影响较大，为提高孵化率，可进行人工孵化。人工孵化的方法很多，常见的有缸孵法和箱孵法。

（1）缸孵法：将一口干净无破洞的水缸洗刷干净，消毒、晾干，放在阴凉、干燥而通风的房间，内装半缸沙土，沙土比为 1:3，可以既保温又透气。沙土的湿度以手握成团松手就散为宜。沙土上摆放 3 层蛇卵（横卧），缸内放一干湿度温度计，随时读取并调整孵化温度湿度，以确保孵化率。为了防止老鼠、蜈蚣等侵入，缸上要加盖，但要注意通风。如果孵化缸内温度过高、湿度太低时，可以用青草覆盖卵面，2d 更换 1 次，或喷洒一些水，直到温、湿度恢复正常为止。如果孵化缸内温度过低，湿度过高时，可在蛇卵上方架一个热水袋（60℃ 的水温），但不能接触蛇卵，让潮气适当蒸发一些。要每周或隔 1 周检查 1 次，并把孵化缸内的蛇卵上下翻动 1 次。检查时，如果卵胚中的网状脉管逐渐变粗，逐步扩散，则可孵化出小蛇；如果卵胚中无脉管或呈斑点状且不扩散，则不能孵化出小蛇，需及时拣出。

（2）箱孵法：将一木箱放入阴凉、干燥而通风的孵化室，箱内铺上约为 30cm 厚细沙和干草，并做成盆状窝，沙的温度要求同缸孵法。沙土上摆放几层蛇卵（横卧），并用湿纱布盖上，以防止蚊虫叮咬，盖上箱盖，孵化期间的管理同缸孵法。

3. 仔蛇出壳 大多数仔蛇出壳前头端有一突起点，即卵齿，仔蛇靠它划破卵壳，仔蛇从划破卵壳到出壳，需要 1d 左右的时间。当卵壳被划破后，仔蛇并不立刻出来，它先把头部伸出壳外，再缩回去，反复多次，才爬出来壳外。仔蛇出来不久，卵齿脱落。

四、仔蛇的生长发育

仔蛇的生长发育较快，随着蛇龄的增长，生长速度逐渐减慢。但蛇类的生长不同于其他动物，不随性成熟的到来而终止生长。

无论是卵生还是卵胎生的蛇，都不需要母体提供营养，出生前几天，大多数蛇类的卵黄囊及其剩余的内容物就被吸收到体腔内并进入肠道，初生仔蛇可利用这些未耗尽的卵黄作为食物储备而开始生活。蛇的种类不同，卵黄的剩余量也不同，有些蛇类剩余的卵黄足以供幼蛇渡过漫长的冬季，第 2 年春天才开始吃东西，有的则生后十几分钟就吃食物，不过，大部分种类的蛇生后 7～10d 才开始觅食。仔蛇生后 5～10d 就开始第一次脱皮，有的生后不久就脱皮。毒蛇的仔蛇出壳就有毒性。

蛇的生长速度受环境、营养和遗传因素的多重影响。蛇类往往是间断性的生长，冬眠期间生长速度最慢，几乎可以忽略不计，成年后可能有一段时间的生长停滞，之后继续生长。

五、蛇的人工选育

加强蛇的人工选育对提高蛇的繁殖成活率、生长发育速度、产品质量和数量以及经济效益都有重要的意义，是养蛇场不可忽视的一项工作，必须常年进行，常抓不懈。但是为了突出重点，应集中做好以下 3 方面的工作。

入孵的种卵要新鲜优质，存放时间长的卵孵化率低，仔蛇体弱，生长发育缓慢。因此，要经常检查怀孕母蛇，发现卵块接近肛门时，要及时把母蛇关入蛇箱或产卵房内产卵，并及时把卵放入孵化器内。种卵要个大、卵形、卵色正常、无破损。

1. 仔（幼）蛇的培养　仔蛇初生后可暂养于蛇箱中，提供适宜的环境条件，保证供应优质易消化的饲料，对采食能力弱或不能采食的仔蛇，可根据情况适当填食一些流体食物，以保证其生长发育的营养需要。要加强管理和驯化工作，以使其能很好地适应人工养殖条件和食物条件，增强其适应能力，尽量缩短其冬眠时间，缩短人工养殖商品蛇生产周期，以提高经济效益。

2. 仔（幼）蛇的选育　为了选择出优良的种蛇，在仔（幼）蛇阶段就必须注重选择，要根据仔（幼）蛇的生长发育速度选择生长发育快、食性广、食欲旺盛、适应性强、抗逆性强的个体作为后备种蛇。

1. 春季选择　春季蛇出蛰后很快就进入发情配种期，因此，配种前要对雌雄蛇进行一次严格选择。要选择体型大、体质健壮、食欲正常、活泼好动、无伤残、无疾病的个体，特别是发情、交配行为正常的种蛇，组成育种核心群或合群配种。对以生产蛇毒为目的的有毒蛇的选择要侧重泌毒量和毒液的质量，对全身入药的蛇类的选择则侧重在体型大小、色泽与花纹等重要指标。种蛇选出后也要加强饲养管理和做好驯化工作。

2. 秋季选择　入蛰前蛇的食欲猛增，活动频繁，体质强壮，体内贮备大量的营养。为了安全越冬，入蛰前要对越冬的种蛇进行一次选择，选择体肥、无伤残、无疾病和泌毒量高、质量好的个体，为其创造适宜的环境条件，使其安全越冬。要淘汰瘦弱和患病的个体，以免冬眠期间死亡或传染疾病。越冬期间要严格管理，防止天敌危害。

第三节　蛇的饲养管理

一、饲养方式

1. 散放养殖　即把蛇散放在孤岛上，以海水作天然屏障，蛇靠捕食自然界中鸟、鼠、鱼、蛙等天然食物生存。此种养殖方式，蛇类仍然处于野外生活状态，只要食物丰富，敌害少，气候适宜，便可繁殖发展。

2. 半散放养殖　模拟自然生态条件，或选择自然生态条件适宜、蛇分布密度较大的场所，如森林、草地、水流、石山等，用围墙围起来，场内有一定量的天然饲料资源，如蛙、雀、鱼、昆虫等，再补建适合蛇类栖息、繁殖和越冬的蛇房和人工饲料池，从野外引捕一定量的种蛇放养在院内。这样的养殖场所，蛇可安全越冬。

3. 圈养　按蛇的生活习性模拟自然生态条件，人为地提供饲料和栖息场所进行人工繁殖、饲养管理、产品采收和加工。饲养密度和生产水平比前两种养殖方式都有所提高。

二、蛇场布局与结构

无论何种蛇场，基本设施应包括蛇房（窝）、水池、饲料池、产卵室及活动场5部分。蛇场一般不宜过大，可分成多间，每间以 4m×5m 或 5m×6m 为宜。蛇场四周建有 2.0～2.5m 高的围墙，墙基 0.8～1.5m 用水泥灌注，以防止鼠类打洞，蛇从鼠洞外逃。内壁用水泥抹平滑，涂成灰暗色（不能涂成白色）。墙的内角要做成弧形，而不是90°直角，以防蛇依靠腹鳞借助直角夹住身体两侧沿墙角上爬翻墙而逃。围墙大门设双重，内层门向里开，外层门向外开，以防栖息在门下的蛇趁人开门进出之机而逃遁。大门关紧时要严密无缝隙，并上锁，防止蛇从门缝逃出伤人。蛇场也可不留门，饲养人员借助梯子出入或在墙内外修筑阶梯，内阶梯离墙 0.7～1.0m，进出时，在墙与内阶梯间搭一木板，用后及时将木板撤出。场内可适宜栽植一些花草和小灌木，并堆放些石块、脊瓦建成假山，以利于蛇夏季遮阳降温和蜕皮。假山中也可建造一些蛇洞穴，保持潮湿阴暗和清凉，便于蛇在洞中栖息。如果场内没有花草、树木、也可在两间隔墙间搭上草帘、竹帘来遮阳。

蛇场内要设有蛇窝（房）、水池、水沟、饲料池、产卵室和活动场。蛇窝的位置应建在大门对面地势较高的地方，以防雨水灌入。蛇窝可建成土堆式或地洞式，四壁可用砖砌成或用瓦、缸做成，外面堆以泥土。蛇窝的内径约50cm、高50cm，顶上加活动盖，以便观察和取蛇。底层应有部分深入地下，窝内铺上沙土、稻草，注意防水、通风、保温，每个窝至少有2个洞口与蛇园地面相通。每个蛇窝可容纳中等大小的蛇10～20条，1个30m² 的蛇园，可建5个蛇窝，饲养尖吻蝮30条或蝮蛇100条。水池紧挨蛇窝，面积约5m²，池深40cm，水池高于饲料池，通过水沟与饲料池相通，水池与水沟间设一道闸门，晚上拉开闸门，水池中的水便可沿水沟入饲料池。饲料池占地约5m²，池中可种植水草，放养些黄鳝、泥鳅、蛙类和蛭类，上搭凉棚遮阳降温，凉棚下装一只小黑灯来诱聚昆虫供蛇捕食。饲料池水位需常年保持20cm左右，池底通过安装金属筛网的下水道通往蛇场外，以便更换池水。

蛇场也可建造蛇房，蛇房多坐北朝南，建在地势较高处，其长度视饲养量而定。蛇房可建成长 5m、宽 4m、高 1.2m 大小，四周墙壁厚 20cm，用砖砌成，上盖 10cm 厚的水泥板，水泥板上覆盖 1m 厚的泥土；除蛇房门外，其他三面墙外也要堆集 0.5m 厚的泥土，使外表呈土堆状。房内中央留一条通道，通道出入口设门，用以挡风遮雨和保温散湿。通道两侧用砖分隔成许多 20cm×20cm×15cm 的小格，小格间前后左右相通。通道两侧还各有一条相连通的水沟，水沟两头分别通向水池和饲料池，晚上蛇可以自由地顺着水沟到水池洗澡或到饲料池捕食。蛇房还要有孔道与蛇园相通，供蛇自由出入。蛇房内可利用木板或石板叠架成有空隙的栖息架，蛇可在空隙中栖息。

少量饲养可利用箱或缸，蛇箱大小视饲养规模而异，一般每立方米空间可养 1m 长的蛇 4~5 条。一个蛇箱只能养一种蛇。蛇箱内壁要光滑，箱顶要安装一个适合观察蛇活动的观察孔和一扇便于取放毒蛇的活动拉门。蛇箱的两边各有 3 个活动气窗，其面积约为箱壁面积的 1/2，观察孔、活动门和气窗的内面都要衬上一层小孔铁丝网。箱底中央固定一个短树桩或几块石头，供蛇蜕皮时用。箱内铺一层 5~6cm 厚的沙土，沙土要经常更换，冬季要铺一层 10cm 厚的稻草，且箱外也要覆盖 30cm 厚的稻草。箱角放一水盆供蛇饮水和调节湿度。蛇箱养蛇简单易行，也便于观察蛇的习性，但活动范围小，不利于蛇的生长发育和繁殖，因此，蛇箱养蛇可与小型蛇园养蛇结合起来，利用蛇箱产卵和越冬以及饲养幼蛇，平时把蛇养殖在蛇园内。

蛇缸养蛇即把一只空的、无破损的大水缸，放在干燥、阴凉和通风的房间内，缸内铺 10cm 以上的干燥松土，松土上垒架半缸左右干净的砖或其他空隙大的杂物，以便蛇能够钻进去隐蔽和栖息。在砖块上面摆放一个大小适宜的瓦钵作为饲料槽和水槽。缸口要用缸盖或木板盖严，防止蛇爬出和天敌蹿入，但要留一定空隙通风。

三、蛇的饲养管理

蛇的种类不同添加饲料的量也不完全一致，银环蛇的食量小，一条蛇一年吃食 1~2kg，一般 50g 泥鳅可供 10 条蛇吃一餐。可每天傍晚把少量黄鳝或泥鳅放入饲料池中，投放量以刚吃完为度。也可在院内放养蚯蚓、蟋蟀、黄粉虫等昆虫，或将鱼头、尾和畜禽副产品加工成辅助饲料，让蛇自由捕食。

蝮蛇食欲较强，食量也大，白眉蝮蛇一般 1 次吞食 15~25g 的蛙或鼠，有时可连续吞食小白鼠 3~5 只。因此，人工养殖时，可于 4 月中旬开始养林蛙，5 月中旬蝌蚪变成蛙，基本可以解决春季食源紧缺的问题；6 月中旬再养殖本地的黑斑蛙，7 月份陆续变态，即可保证食物的供应。

为了保证饲料的多样性，在饲养池中，还可养殖泥鳅等鱼类，定期捕捞到浅水饲料池中供蛇自行捕食。在食物不足时，也可在食盘中放入一些鱼块，每块 10~15g，用水淹没，既可防止蝇类产卵污染食物，又便于蛇采食。

蛇的耐饥能力强，一般 7~10d 进食 1 次，故每月可投喂 2~3 次食物或每周投 1 次食物。也可根据蛇的种类、年龄、性别、体型大小而灵活掌握，每次投食后要注意观察其采食情况，从而调整下次投喂的时间和数量。

饲料池的水要经常保持清洁，至少每周清洗 1 次。天气热时应搭棚遮阳，避免池水晒热，导致幼蛇死亡。要每天清除变质的饲料，保持园内清洁，并及时捕杀老鼠等天敌。

仔蛇 7～10d 内靠体内卵黄维持营养，一般不进食，10d 后开始少量采食，但对食物比较挑剔。据观察，秋季产下的白眉蝮蛇，当年吃不到食物大部分可成活，翌年 6 月中旬开始喂食蝌蚪、小泥鳅等食物，到 10 月中旬，仔蛇成活率达 50% 以上。对自然采食能力弱或拒绝采食的蛇可人工填食，填食量取决于一次捕食的量。

填食器可用市售 100ml 装量注射器改制而成。将注射器前端安装上长 10cm、直径 8mm 的铜制探针，仔蛇填食器是将原注射器配上磨掉针尖的大号针头即可。填食时，先将所有器具消毒灭菌，并在探针外涂一层熟食用油，以起润滑作用，用手指轻压探针端部的食道，避免将食物带出。填食后将残留在口腔中的食物用清水冲洗掉，轻轻放回蛇箱。对患有口腔炎的蛇填食前可用 0.05% 的高锰酸钾或生理盐水冲洗掉口腔的脓血，然后再填食。填食后蛇往往要大量饮水，因此，必须供给足够的清水，并在水中加少量抗生素，以避免疾病的发生。

填食频率要根据蛇的大小和不同季节的代谢情况而定。幼蛇代谢较成蛇快，填食频率可略增加。早春和晚秋，蛇活动延迟，代谢较慢，食后 10～15d 粪便才能排出；6～9 月是蛇的活动高峰，代谢快，食欲强，食后 4～7d 粪便排出。一般在粪便排出后 5d 左右进行下次填食，但气温降至 15℃ 以下不宜填食，否则会产生呕吐或消化不良的后果。

蛇是变温动物，其活动、采食、饮水、繁殖和生长发育都与环境温度有关，气温在 13～30℃，空气相对湿度在 50% 以上时，最适合蛇的生活；当气温在 10℃ 以下，相对湿度在 70% 时，蛇进入冬眠；如果环境温度低于 5℃，则蛇会被冻僵，死亡率明显增加。因此，在饲养过程中，不但要求适宜温度，还要求有适宜的湿度。

蛇场不同季节的管理要点如下。

1. 春季管理　清明前后，蛇类一般都爬出洞口或在靠近洞穴的地方晒太阳，或在向阳的墓碑背后盘蜷着取暖，且反应迟钝，因此，可到野外捕捉或收购，饲养不久即可繁殖。

蛇出蛰前，要对蛇场进行清扫和消毒，饲料池、水池要进行彻底洗刷。出蛰后，由于蛇体较弱，2～3 周内不食少动，此时要注意保温，不宜采毒及清扫卫生。刚出蛰时，正逢春季干旱，空气干燥，蛇体水分散失较多，不利蜕皮生长，要经常喷洒些水，调节湿度，同时还有利于园内植物生长，饲料池要保持一定水位。

2. 夏季管理　夏季是蛇的活动期，蛇的交配、产卵（仔）、孵化、捕食以及幼蛇的生长发育都在夏季完成，因此，夏季饲养管理的好坏，直接关系到养蛇的成败。

严格选择好种蛇，安排出一定的隔离区，将公、母蛇种按比例放在一起，组成繁殖群，其他蛇公、母单独饲养。种蛇在合群之前，应给予丰富的营养，使之保持良好的配种体况。配种期内要精心管理，以减少死亡。

要把怀卵的母蛇作为管理的重点对象，最好单独放置在蛇园的隔离区内，供给其喜食的饲料，保持环境安静，以使卵泡发育良好。要随时观察母蛇的行为，并检查卵的发育情况，如在距离泄殖腔 3～4cm 处见到有卵粒时，意味着本周内将要产卵，应精心护理，并将临产的母蛇养在蛇箱或繁殖罐内，使其安静产卵（仔），产后再放回蛇园。有些产完卵的母蛇，有护卵习性，一般在此期间不进食，继续消耗体内营养，如果采取人工孵化，则可使母蛇不护卵，早进食，尽快恢复体质。

幼蛇生后 7~10d 一般不进食，特别是前 3d，主要靠卵黄自体营养，随着日龄增长，卵黄吸收尽后，幼蛇的活动能力逐渐加强，便需要从外界摄取营养。幼蛇主动进食能力差，开始时可填食或提供丰富的人工流体饲料，如卵黄、牛奶等，人工诱引其饮食，以后陆续投给蝌蚪、幼蛙、乳鼠以及各种人工组合饲料，待生长到一定时期，即可投给较大的动物，如小白鼠、大白鼠、成蛙、蟾蜍等。

蜕皮期是幼蛇饲养的关键时期，蛇蜕皮时不食不动，易遭敌害侵扰。刚蜕皮的幼蛇皮肤易感染病菌，必须精心护理。

在梅雨天气和暑期，必须要保持环境清洁干净，注意防暑降温和通风，并注意观察蛇的活动情况。一般情况下，夜行性的蛇类白天不出来活动，但遇阴雨闷热天气，气温超过30℃，相对湿度在80%以上时，白天也偶然出来活动或栖于洞口乘凉，因此，要搭设凉棚。初夏天气晴朗，气温在15~18℃时，蛇也喜欢在中午出来短时间晒晒太阳，在白天其他时间出动的蛇，多是公蛇或体质较差或有病的蛇。夏天暴雨过后，晚上蛇出洞最多，几乎可全部出洞活动。

蛇园要经常清扫、换土，及时清除动物的尸体及食物残渣和不利于蛇活动的杂草，要经常更换池中的水。在暴雨来临之际要及时清除蛇园的粪便，排出场内积水，防止霉菌入侵。养蛇房内要时常用石灰水或高锰酸钾水消毒。

尽量减少人为干涉，经常检查围墙、门缝、饲料池出水孔等处，发现有洞隙或破损要及时修补和更换，防止蛇外逃和野鼠侵入。园内近墙的树枝要经常修剪，严防蛇沿树枝越墙外逃。要加强蛇园安全管理，注意防范天敌（如隼、雕、鹰、刺猬、野猪等）。放养的数量要经常核对，发现缺少须立即查明原因，如逃到园外，应及时捕回，以免伤人。工作中应有防护措施，以防止被蛇咬伤，并备有蛇伤急救药物。要制定严格的管理制度，器械、备品应放在固定位置。发现活动困难、口腔红肿、身体溃烂或患有其他疾病的蛇，应及时治疗或淘汰。

3. 秋季管理 9~10 月间是蛇类捕食旺季，此时，蛇要储备大量的脂肪，以便度过严寒的冬季，并维持翌年出洞身体消耗的需要。因此，应供给充足多样的食物，使蛇增加肥满度，提高抗寒、抗病能力。

秋季要做好冬眠场所的建造、维修工作。越冬的蛇窝要建在向阳、通风、利于排水之处，各地要根据冬季冻土层的厚度安排蛇窝保温土层的厚度，以便保证冬眠的温度要求。

4. 冬季管理 每年冬季，蛇要进入冬眠状态，不同纬度地区，不同种类的蛇，冬眠期的长短及入蛰、出蛰时间各不相同。一般情况下，环境气温降到 10℃ 左右，大多数种类的蛇都停止采食进入冬眠状态。蛇的安全越冬是人工养蛇的又一个关键问题，为使蛇安全越冬，应提供适宜的场所和环境条件。常见的越冬方法有以下几种：

（1）钻洞修巢越冬法：在饲养场地用铁钎钻深孔，让蛇爬进洞内越冬，然后将洞口盖上 20cm 厚的土，第 2 年春暖时除去覆土，让蛇爬出。

（2）挖坑堆石越冬法：在饲养场内，挖深 1.5~2.0m 的坑，内堆石头、杂草，待蛇爬进石缝冬眠后，再覆上 20cm 厚的土，春暖花开以后清除覆土，让蛇自然爬出。

（3）容器越冬法：在木箱内铺一层 20cm 厚的细沙，把蛰眠的蛇放一层在沙土上，再铺上一层 20cm 厚的细沙，再放一层蛇，如此反复，直至装满盖好后把木箱放置在 0 ~ 2℃ 的窖内，第 2 年春天，将蛇箱搬入养殖场，任其自由爬出即可。

实践证明，在合适场所越冬的蛇，交配、产卵均无明显影响，但在不合适的环境里冬眠的蛇，其交配和产卵期均延迟，这可能是由于环境不适，蛇虽已入蛰，但入眠不深，常有移动，致使蛇体能量消耗增加，出蛰后需要较长时间补充营养的缘故。实践表明，在不合适的环境里冬眠的蛇，对产卵量也有一定的影响。因此，人工养殖，冬眠期要注意观察温度、湿度的变化，注意收听当地天气预报，防止恶劣天气突然降临，使越冬场所内温差过大，影响正常冬眠，造成死亡。可适当加温（保持 20℃），提前出蛰，或者降低温度推迟出蛰，以减少蛇体消耗。

冬眠期室内也要设置水盆，一方面可调节湿度，另一方面还可以提供蛇饮用。室内冬眠最好不要采取外源采暖，室内要保持黑暗，或用红色照明灯照明，尽量减少人为活动的干扰。蛇类冬眠的卫生防护工作也很重要，越冬前要对越冬场所进行消毒处理，对蛇要逐一检查和清点，越冬蛇必须健康无病，有病的蛇要清除或淘汰，以免互相传染。蛇类在冬眠过程中往往因体内能量的消耗，加上气候寒冷，极易患口腔炎或肺炎，造成死亡，应加以注意。

复习思考题

1. 在毒蛇常出没的地方，野外宿营拢火趋蛇或用明火照明有道理吗？为什么？
2. 人工养蛇有哪些方式？各自有何特点？
3. 蛇是如何蜕皮的？此时饲养管理应注意什么？
4. 蛇场的基本设施有哪些？
5. 蛇在产卵过程中受到干扰会产生什么后果？
6. 掌握不同时期与阶段蛇的饲养管理要点。

第十九章　蛤　蚧

　　蛤蚧（*Gekko gekko*）又叫大壁虎，在动物分类学上属于爬行纲（Reptilia）、蜥蜴目（Lacertiformes）、壁虎科（Gekkonidae）、壁虎属（*Gekko*）。蛤蚧分布于亚洲南部各国，在我国主要分布在广东、广西和云南各省（区）。

　　蛤蚧味咸，性平，具有益精壮阳，补肺益肾，纳气定喘，助阳益精的功效。主治虚劳气促，肺痿，消渴，阳痿，遗精，老年虚弱性喘咳，神经衰弱等。蛤蚧主要成分为蛋白质和脂肪，其乙醇提取物表现雄性激素样药理作用。蛤蚧是名贵的中药材，以蛤蚧为主要原料配制的保健品如蛤蚧精、蛤蚧酒、蛤蚧糖浆、蛤蚧大补丸、蛤蚧救喘丹等在国内外市场上十分畅销。

第一节　蛤蚧的生物学特性

一、形态特征

　　成蛤蚧形如壁虎，体长 30～35cm，体重 60～150g。头稍大，略呈扁三角形，吻端前突且圆，眼大，瞳孔呈线状，无活动眼睑，上下颌有许多同型细小牙齿。颈部粗短，能转动。躯干部能向左右两侧交替弯曲，两腹侧各有一条皮肤皱褶，躯干部与尾部交界处为泄殖腔孔，泄殖腔孔为横裂形。尾部有 6～7 条灰白色环，尾的长度与体长相等，易断，能再生。四肢短小，附肢发达，能吸附峭壁。体色变化大，基色有黑、褐、深灰、蓝褐等颜色的横条纹，多个成行或不成行的铁锈色、棕黄色、淡红色的圆形斑点，皮肤颜色与其栖息的环境密切相关。皮肤粗糙，全身披有粒状细鳞和颗粒状疣粒，缺乏皮肤腺，所以皮肤干燥（图 19－1）。

图 19－1　蛤蚧（大壁虎）

　　雄性尾基部腹面紧靠泄殖腔处有 2 个椭圆形的鼓起，内有半阴茎 2 个，肛后有 1 对囊孔。雄性尾基两侧各有 1 个明显鳞突，雌性鳞突较细小，这是从外形上进行雌雄鉴别的主要特征。

二、生活习性

　　蛤蚧为陆栖爬行动物，在自然环境中，多栖息在石缝、树洞、房屋墙壁顶部避光处，常数条栖息一处，适宜于地势高和温热的环境。蛤蚧喜温怕寒，不喜水，但是能游泳，性机警，遇惊四处逃逸，嘴能自卫，若突遇异物则咬住不放。蛤蚧遇敌害时尾部肌肉剧烈收缩，其中受震动较大的中间很薄的未骨化的尾椎断裂，从而尾巴离开身躯，掉下来的尾巴肌肉仍急剧收缩，转移了天敌的注意力，蛤蚧便趁机逃走。尾断后，一段时间之后会再生，但是再生尾较短，成锥状。蛤蚧体色随外界环境的光度、温度有所改变，一般在阳光下变成灰褐色，在阴暗条件下变成黑褐色，具有保护作用。蛤蚧脚底吸附力强，能在峭壁、侧壁或天花板上自如爬行。蛤蚧属昼伏夜出动物，白天视力极差，畏光，但有好的听力。瞳孔能随光线的强弱迅速作出放大或缩小的调节，在全黑的情况下，瞳孔全部放大成圆形，在白天，瞳孔完全关闭。

蛤蚧不论雌雄老幼，都喜头向下栖息，雌雄都能鸣叫，鸣声高亢洪亮，呈间歇性，为"蛤…蚧"，蛤蚧因此得名。每次连续鸣叫的声数与年龄相关，不满1龄者，每次连续鸣叫2~3声，1~2龄者连续8~10声，3龄者13次左右，据此可判断蛤蚧大致年龄。蛤蚧每年4~6月份蜕皮1~2次，与生长有直接关系，蜕皮1次通常需要5~6d蜕净，体弱者脱皮时间长些，幼蛤蚧蜕皮较快。脱皮的顺序是从头、肢、背部先蜕，然后躯干、尾，脚趾脱完时间较长。与蛇类脱皮不同的是，蛤蚧非整张脱出，而是成块状脱落。

蛤蚧为变温动物。在冬季，当室内温度下降到8℃以下时，蛤蚧呈麻木或冬眠状态，当室温回升到18~22℃时，麻木或冬眠状态立即解除，即便是隆冬季节亦恢复活动。不同温度的活动强度具有显著差别，以22~32℃为最活跃，26~32℃为生长发育最适温度。蛤蚧虽喜温，但不耐高温，对低温特别敏感，且怕风雨。

蛤蚧以捕食活昆虫为主要食料，包括蟋蟀、蜚蠊、蚱蜢、蜘蛛、蟑螂、蚊虫、蚕蛹、土鳖虫等，但不食死的和有特殊气味的昆虫。蛤蚧天黑开始取食，日出停止活动，取食活动呈现出昼夜变化。蛤蚧耐饥饿，小蛤蚧孵出后可耐120~135d，大蛤蚧饱食后可耐140~145d，最多达200d。

第二节　蛤蚧的繁殖技术

一、繁殖特点

蛤蚧卵生，在正常情况下3~4龄性成熟，此时一般体长约13cm，体重约50g。自然状态下每年5~9月开始进行交配，6~7月为交配盛期，年产卵1次，每次产卵1~2枚。在繁殖季节，怀卵待产的蛤蚧，腹部膨大，两侧卵巢各有1个成熟的卵及7~10个未发育成熟的卵，第1枚卵产后，一般是相继数分钟后产第2枚，但是也有数天后产第2枚的。优越的饲养条件下，蛤蚧每年可产卵3~4次，每次产卵4~6枚，年产16~24只。

二、配种

人工饲养时，通常采用小群配种法，即在一个产卵室中放入一个雄蛤蚧和4~6只雌蛤蚧。蛤蚧在天黑之后交配，交配时雄性靠近雌性，并爬到雌性背面，雄尾根部绕到雌尾根部下面与之对合，几秒钟后各自离开。在野生条件下，蛤蚧卵产在洞内伸手不及处。在饲养室中，蛤蚧喜将卵集中产在天花板、墙角、墙壁暗角处，卵大多重叠堆积，互相粘连不可分开。铁丝笼内的蛤蚧大多将卵产在笼壁上，也有产在笼顶的，但极少产在笼底，这与保护卵的安全，使卵免遭敌害有直接关系。蛤蚧产卵时，头部朝下，尾部朝上，四肢平行伸展，卵刚产出时，卵壳柔软具有黏性，蛤蚧用后肢不停地将卵往墙壁或笼壁上挤压，约经几分钟，卵就粘于壁上。软壳卵暴露约30min后则会变成硬壳卵，在壳硬化之前，雌蛤蚧始终守护着，任何敌害接近软卵都要遭到雌蛤蚧的攻击，卵壳变硬之后，蛤蚧自动离开，不再守护。蛤蚧卵大小为26mm×24mm×20mm，卵重5～7g。

三、孵化

蛤蚧的卵不经雌蛤蚧附着孵化，而是依靠30℃以上气温自然孵化，孵化期90～210d，平均90～120d。卵孵化期的长短和产卵时间与气温有关，如果达不到孵化温度，这段时间所产的卵要到第2年气温上升时才能孵化出来。卵在孵化时，雌蛤蚧常守在旁边，蛤蚧刚孵化出来时，幼体长7～8mm，重3～5g，头大，身体纤小，背部青色，有黑、白、灰相间的点状花纹，幼蛤蚧2～3d内不食不动，3～5d后即可自行寻找食物。幼体生长速度与孵出时的温度有关，如4月份孵出后正值气温上升，昆虫繁殖旺盛，适宜幼蛤蚧捕食，因而生长较为迅速；10月份后孵出的则因为气温下降，生长缓慢，在11月份进入冬眠后，饲料不足时，则会大批死亡。

小蛤蚧经过多次蜕皮后长大，蜕皮后体呈黑色，有鲜明的白色小斑点，尾部白环清晰，幼小蛤蚧蜕皮较成年蛤蚧速度快，一般4～5d蜕净，在食物丰富，生长速度较快的季节里，蜕皮次数也多，蛤蚧有吃下蜕皮的习惯。

第三节　蛤蚧的饲养管理

一、养殖场建造

饲养场地应选择在依山傍水、通风良好、冬暖夏凉、果林、灌木便于诱虫的林荫地。只要具备适合的的隐蔽场所和容易取得丰富饲料的环境均可建场。现一般以室内养殖和野外放养为主。

1. 箱养　蛤蚧养殖箱一般用旧的包装小木箱改造而成，大小为50cm×40cm×30cm，箱面的一半用铁窗纱或塑料窗纱密封，另一半用木板装成活动箱盖，盖上开一个小孔供投放饲料用，养殖箱务求密实无缝隙，以免投入的活昆虫饵料逃跑。也可采用柜式养殖箱，大小箱皆可。其前壁上半部用铁窗纱或塑料窗纱密封，下半部是活动木板门。为了适应蛤蚧生活习性，前面可用绿色布帘遮蔽，秋末加厚纸皮封闭，防御寒风侵袭。

2. 房养　选择虫源丰富的村旁、山边、石山上等环境隐蔽处建蛤蚧养殖房。其面积大小视养殖规模而定，一般长4m、宽2.5m、高2.2m，可放养蛤蚧400条左右。饲养房顶部或后面要建蛤蚧活动场；房顶活动场高1.2～1.5m，四周用铁丝网围好，养殖房与活动场相通，便于蛤蚧出入；若在养殖房后面建活动场所，与养殖房成套间形式即可。活动场所要既利蛤蚧吃到露水，又不能被逃散。为防止雄蚧咬死小蛤蚧，应大小分开饲养，可建小蛤蚧室，将小蛤蚧养至手指大小时放入大蛤蚧房内饲养。活动场顶部安装20W的黑光灯，下设收集漏斗，点灯诱虫，经漏斗落入场内供蛤蚧食用。房四壁还要贴一层草纸，挂麻布片，以便蛤蚧产卵及隐伏。室内可放盐水及淡水，供蛤蚧饮水用，设小水池供蛤蚧洗澡。在石山上建房，可利用自然石壁，利用废石料或简易平房略加改建即可饲养蛤蚧。但饲养房周围不能喷洒农药，如必须施用，晚上则不能开黑光灯诱虫，以免蛤蚧吃了带农药的昆虫中毒致死。

3. 假山饲养　可用人工模拟石山的自然条件，建造假山并用铁丝网围成的养殖场所。假山养殖场宜选在村旁田边或山脚虫源较多的地方修建。在假山中，多用石灰岩垒成若干小室，室壁留有多处便于观察的缝隙、石洞，作为蛤蚧白天隐伏和冬季越冬场所；室内缝隙部分与假山外围的缝隙相通，便于蛤蚧进出。亦应设洗澡水池，安装黑光灯，并在假山上和周围种植花草，如四季青、茉莉花、千里香、七叶一枝花等蛤蚧喜爱的植物，并可供给一些蛤蚧食用的昆虫。

1. 独山放养　选择人为影响少、岩石多、草木繁茂、四周平坦的独个山头作为蛤蚧放养场地。在山脚的周围建立 150cm 高的围墙，并经常检查，防止蛤蚧逃跑。在石山上修建洞穴、周围建造游泳池，并按石山不同方向安装数盏黑光灯诱虫。其放养数量可视山的大小和虫源等而定。

2. 孤岛放养　是选择四周环水的小孤岛，岛上应有草木和可供蛤蚧隐伏的石山洞穴与有关设施。

上述两种放养方式，由于环境条件与蛤蚧原来的生长环境很相似，在饲料充足时，蛤蚧则会很快发展，但有不便观察、检查和捕收等缺点。

二、引种

可从其他养殖场选购，选择体型健壮，无损伤，无畸形的 3～4 龄的蛤蚧为种蛤蚧。也可以从野外捕捉，捕捉佳期为每年 4～8 月份。蛤蚧是野生爬行动物，因此捕捉蛤蚧首先要了解蛤蚧的生活习性和栖息环境，这样才能达到预期效果。凡是能听到蛤蚧叫声的石山，说明有蛤蚧，南方凡是有峭壁洞缝的石山可能栖有蛤蚧，炎热暑天或久旱之年，蛤蚧多住山腰，天凉时多住深洞，天暖时多住浅洞，刮风天多住山背。经常有蛤蚧活动的石缝，缝口无蜘蛛网，洞口有新鲜的呈长椭圆形的黑色或褐绿色、褐黄色、大小如花生米的粪便，如果粪便陈旧变硬，则蛤蚧可能迁居他处。初步确认洞内有蛤蚧时，可探洞察看，然后准备捕捉。

可用草茎伸入洞内拨动，蛤蚧将草茎误认为昆虫，从深处爬出。也可以用一根 1m 长的粗铁丝一端磨尖，弯成钩状，钩尖挂蝗虫 1 只，慢慢伸入洞里，蛤蚧见食，就会一跃而起张口咬住，未等吞食的片刻将铁丝扭转 90°，使钩尖钩住蛤蚧的下颚。为避免钩伤蛤蚧上颚，不能直接将蛤蚧拖出，需另外用一根 60cm 长的粗铁丝，一端弯成直角，但不磨尖钩入蛤蚧眼眶，然后把两根铁丝一起拖出洞口。

用 1m 长的粗铁丝，一端弯成 2cm 的直角钩，利用蛤蚧对异物有张口反击和咬之不放的习性，在蛤蚧头前晃动，待蛤蚧张口还击时，将钩伸入蛤蚧口内钩住下颚将其拉出。有时蛤蚧不张口回击，反而往洞的深处躲去，此时可用细竹竿深入洞内将蛤蚧去路挡住，然后用铁丝钩钩住慢慢拖出。

用木棒、竹竿或铁丝一根，顶端捆扎头发或马尾，使之紧缠成团，伸入洞内诱咬，一旦蛤蚧张口咬住，头发便会卡住牙齿拉得越紧，蛤蚧就咬得越紧，这时便可将蛤蚧拖出洞外捕捉。

当蛤蚧窜入洞缝深处，既不能用饵诱，又不能用钩钩时，可用烟熏法。把干草一小束，塞进洞口，外端点火，吹烟入洞，蛤蚧难受，便会出洞，这时常会去咬干草，当听到咬干草之声，立即把干草猛地抽出，蛤蚧也被拉出。缺点是烟熏会伤及大小蛤蚧和卵，易引起火灾。

入夜后，蛤蚧出洞，有的鸣叫，有的四出觅食，此时持手电筒或矿灯，携一根6m长的竹竿，顶端系一铁丝钩，钩上挂一只蝗虫，入山捕捉。如见到数米高的峭壁上有蛤蚧，可将竹竿伸去引诱蛤蚧上钩，如不咬还可用竹竿将蛤蚧快速击落地上然后捕捉。用此法还可将较高岩洞中的蛤蚧引诱出洞。如果在低处，蛤蚧会被灯光照得停步不前，此时可迅速用手捕捉。在灯光照射下，蛤蚧也有爬回洞中的，此时稍等片刻，它们仍会爬出洞外。夜间入山捕捉蛤蚧，要谨防毒蛇。

三、饲养管理

1. 控制温、湿度　蛤蚧养殖场所应保持适宜温、湿度。冬季温度不低于20℃；夏季不超过32℃，超过32℃可应泼水降温或者通风。冬季最好保持在25℃左右，冬季可采用暖气或电热加温，若用煤炉子加热，要严防蛤蚧二氧化碳中毒。室内相对湿度保持在70%～90%为宜。游泳池内要经常加满水，以便蛤蚧入池降温。此外，养殖室内应保持空气新鲜，绝不能混有炊烟味和农药味，空气稍有污染，蛤蚧则会乱蹦乱跳、鸣叫、逃逸等。

2. 合理饲喂　人工养殖蛤蚧，食料充足合理是促进生长发育的关键。蛤蚧活动期，除雨天外，每天傍晚都要打开黑光灯诱虫提供食料，一般来说，一夜诱捕的昆虫基本能满足其食用，若天然昆虫不足时，应补饲人工饲养的昆虫。箱养时，由于晚间无法用黑光灯诱虫，则需每天投喂食料1次，7～9月摄食盛期上、下午需各投1次。人工饲料还可适量投喂含盐的米粥、煮熟的南瓜和甘薯等，若营养不足，还可投玉米粉、面粉，以及蛋炒饭、熟肉屑等。往往一开始蛤蚧不习惯人工饲料，可先进行投饵训练，其方法是：将上述人工饲料作成糊状，涂在蛤蚧活动的壁缝上，每隔2～3d投放食饵1次，但不投昆虫，不给饮水，待蛤蚧饥饿时则开始少量食取，以后便逐渐适应成为习惯。投喂时间以傍晚为宜，先投人工饲料，后投昆虫饲料。冬眠前的成体蛤蚧和小蛤蚧，更要注意喂足饲料，使其健壮，保障安全过冬。惊蛰后，蛤蚧刚刚经过冬眠，体内营养消耗大，加上很快将进入繁殖期，也要精心喂食，宜选高质量饵料喂食，及时补充营养。夏、秋季要保证有清洁的淡水和咸水供给。另外，蛤蚧的饮用水和泳池水要经常更换，保持干净。工作时动作要轻，以免惊扰蛤蚧。

3. 搞好环境卫生　蛤蚧养殖场地应经常打扫干净，使其在一个清洁卫生的环境条件下生长和繁殖，以减少疾病的发生。蛤蚧排出的粪便和剩余饲料应及时清除，同时更要注意对环境中蚂蚁、毒蛇等敌害的清除。

首先要注意雌雄蛤蚧的鉴别，如从尾部看，雄蛤蚧尾基较粗大；从腹面看，雄体在横裂的泄殖孔外下方两侧有稍明显的 2 个小突起，用指轻压肛后囊孔的稍后方，若见有 1 对赤色的半阴茎从泄殖孔两侧出现，则可确认为雄性，否则为雌蛤蚧。

1. 交配期　应有效控制雄蛤蚧，不能过多，否则会出现争雌争食、咬断尾巴等现象，而且雄蛤蚧尚有吃卵和咬死小蛤蚧恶习，故在养殖群体中雄蛤蚧数量要严加控制。一般认为以雌雄比例 10：1～15：1 为宜，多余的应在入冬前或出蛰后淘汰，可供加工药用。

2. 产卵期　产卵期应将待产的雌蛤蚧养在特制笼箱内，并用纸格分开，纸格内贴 1 层薄纸，雌蛤蚧产卵于纸上，以便扯下薄纸取卵。笼外用布遮光，以使蛤蚧能于笼内安静产卵。产卵期，要及时检查护卵，发现有产出卵块，应及时用铁纱网罩住加以保护。若发现有卵壳不变硬，则属畸形卵，或者出现破损卵，都不能孵化，应从入春起就注意在饲料中添加钙、碘、蛋白质、盐类等物质。

3. 孵化期　孵化期宜将卵集中在适宜笼箱中，控制温度在 30～32℃，经 90d 左右即可孵出小蛤蚧。由于孵化期较长，为保证成活率，可采取适当的措施，春、夏产的卵，当气温低于 30℃ 时，应人工加温以缩短孵化期，以增长小蛤蚧在当年的生活时间，减少入冬死亡率；秋、冬产的卵在低温下妥善保存，延迟到翌年孵出，这样亦可提高成活率，若于秋、冬用加温法孵出，则需加温饲养，保持湿度在 70%～80%，使小蛤蚧安全越冬。初生的小蛤蚧应集中在小笼箱内单独饲养，可放在蚊子等昆虫多的地方任其自由取食或辅以精料，待养到小指头粗时，再开笼进行大群饲养。

四、疾病防治

蛤蚧喜欢栖息在僻静整洁的环境，对霉变恶臭的环境敏感，常因此而增加死亡数，减少产卵。所以，在平常的饲养管理工作中，应经常打扫室内卫生，清洗饮水用具，更换饮用水，经常通风换气，特别是炎热的夏季，应保持养殖室内空气清新。在繁殖期应加强饲养管理，增加营养，提高产卵率，保证种群的繁殖。同时，在农作物施农药季节，还应特别注意防止蛤蚧农药中毒。此时，应关闭黑光诱虫灯 2～4d，以免中毒的昆虫被蛤蚧摄食而引起农药中毒。

日常应经常巡视，检查蛤蚧健康状况，发现有病的及时隔离。一般有病蛤蚧表现为爬行无力，喜欢单独在有光处停留或低处停留，对外界反应迟钝，四肢脚底吸附力差，口角腐烂，厌食等症状，一旦发现有上述症状者，应及时采取相应措施。

1. 农药中毒　多因农田或树林喷洒农药治虫，部分带毒而未死的昆虫被蛤蚧捕食后而引起。发现中毒应尽快暂停诱虫，对已经中毒的蛤蚧可以灌服少许蛋清或 10% 的葡萄糖水，以缓解症状。

2. 口角炎及口腔炎　患病蛤蚧表现为厌食，张口困难，口角糜烂红肿，严重者经 1 周左右多因饥饿而致死。对于患病蛤蚧要及时隔离，局部涂碘甘油或磺胺软膏。为预防口角炎及口腔炎的发生，可在饲料中增加维生素 B_{12} 及维生素 C，同时要注意投喂饵料的新鲜，应将霉变腐烂的饵料清除，经常清洗食具，打扫室内卫生，保持清洁。

3. 软骨病　患病蛤蚧行动困难，爬行无力，从壁上跌到地面，食欲明显降低，如不能及时治疗，经 20～30d 后即可致其死亡。在饵料中添加葡萄糖酸钙，或拌入适量的骨粉、蛋壳粉，可以有效的控制本病的发生。

4. 夜盲症　患病蛤蚧多见眼球突出，红肿，行动不规则。由于视力减弱，对障碍物往往不能及时避让或表现为视而不见。在蛤蚧的食料中增加少量鱼肝油，也可以加兔肝使病情得到缓解和控制。

五、蛤蚧的采收与加工

蛤蚧经养 3～4 年可以入药，一般夏季捕捉，可在夜间用手电筒照射，戴上手套徒手捉拿。饲养室内捕捉也可在白天用网捕捉，用铁丝做一个直径 15～20cm 的网兜，配装一根 2.5～3m 的竹柄，网兜对准蛤蚧的头部由下往上推，蛤蚧即落入网中。

1. 干蛤蚧　商品蛤蚧以雌雄一对为单位，以体大肥厚、撑面平整、色鲜明、无短尾、无烘焦、无破裂、不碎、干爽为佳。蛤蚧加工一般分撑腹、烘干、扎对 3 道工序。

撑腹：捕收的蛤蚧，用锤击毙，割腹除去内脏，用干布抹干血痕，切开眼睛，放出汁液，再以竹片将其四肢、头、腹撑开，并用纱布条将尾部系在竹条上，以防断尾。

烘干：在室内用砖砌一个长×宽×高为 150cm×100cm×60cm 的烘炉，内壁离地面 25～30cm 处，每隔 20cm 横架一条钢筋。炉的一面开一个宽 18～20cm，高 60cm 的炉门（炉门不封顶）。烘烤时，在炉腔内点燃两堆炭火，待炭火烧红没有烟时，用草木灰盖住火面，在钢筋上铺放一块薄铁皮，铁皮上再铺一块用铁丝编织成的疏孔网，把蛤蚧头部向下，一只只倒立摆在疏铁丝网上，数十只一行，排列数行进行烘烤。烘烤过程中不宜翻动，炉温保持在 50～60℃，待烘烤至蛤蚧体全干（检查蛤蚧干，如果成灰色，眼睛全陷入，尾瘪，用手指击头部有响声，表示已经全干），便可待凉取出。

扎对：蛤蚧烘干后，把 2 只规格相同的蛤蚧以腹面（撑面）相对合，即头、身、尾对合好，用纱布条在颈部和尾部扎成对，然后每 10 对交接相连扎成一排即可。

2. 酒蛤蚧的泡制　取净蛤蚧，用 60°白酒浸润后，微火焙干。

3. 蛤蚧酒　取干品或鲜品除去内脏洗净，浸泡于 60°的米酒中，贮藏 100d 以上即成。

复习思考题

1. 蛤蚧的生活习性有哪些？
2. 蛤蚧是怎样进行繁殖的？影响蛤蚧卵的孵化因素有哪些？
3. 如何对成年蛤蚧进行饲养管理？
4. 蛤蚧断尾的形态学基础是什么？蛤蚧断尾有何意义？

第二十章　蝎　子

蝎子在动物分类学上属于节肢动物门（Arthropoda）、真节肢动物亚门（Euarthropoda）、蛛形纲（Arachnidea）、广腹亚纲（Latigastra）、蝎形目（Scorpiones）。全世界蝎形目动物有 18 科，115 属，800 多种，其中钳蝎科（Buthidae）是蝎形目中种类最多、分布最广的一个科，目前已知 82 属 600 余种。世界上的蝎子有肥尾蝎属（*Androctonus*）、木蝎属（*Centruroides*）、鳄背蝎属（*Hottentotta*）、粗尾蝎属（*Parabuthus*）、正钳蝎属（*Mesobuthus*）、荧光蝎属（*Buthacus*）、钳蝎属（*Buthus*）等众多属。我国记载的蝎子种类达 15 种之多，其中属于钳蝎科（Buthidae）、钳蝎属的东亚钳蝎（*Buthus martensi*），亦称马氏钳蝎，是目前人工养殖的主要品种，分布内蒙、辽宁、河北、河南、山东、山西、湖北、安徽等省。

蝎子药用部位为其干燥的全体，别名全蝎、全虫、蚕虫、杜伯、主簿虫等。蝎子为传统的名贵中药材，味辛，药性平，有毒。具有熄风镇痉、解毒散结、通络止痛等功效，主治：小儿惊风，抽搐痉挛，中风，半身不遂，破伤风，瘰疬，疮疡等症。人工提取的蝎毒是珍贵的抗癌药物。此外蝎子还可以食用，是席上佳肴，还可以制作成药酒，保健饮料等，应用广泛。

第一节　蝎子的生物学特性

一、形态特征

东亚钳蝎的整个躯体似琵琶形，所以也叫琵琶虫。蝎子体表被覆高度骨化的外骨骼。成蝎体长 4～6cm（钳蝎雌蝎全长约 5.2cm，雄蝎全长约 4.8cm），宽约 1cm，体重 1.2g 左右。躯干背面呈灰褐色或紫褐色，腹面、附肢及尾部黄橙色。蝎子的身体分为前体（头胸部）、中体（前腹部）和末体（后腹部）3 部分。其中前体和中体合称为躯干，呈椭圆形；末体较窄，细长上翘如尾巴状，也称为尾部（图 20 - 1）。

由 6 节组成，分界不明显，背面有坚硬的背甲，前窄后宽呈梯形。中央有 1 对复眼，前沿两侧有一排单眼，每排 3 只，口位于正前方，两侧有 6 对附肢，即螯肢 1 对，触肢 1 对，步足 4 对。螯肢亦称口钳，靠近口器两侧，用于帮助采食，可将食物捣碎；触肢又称钳肢、脚须。在螯肢掌节上有一不动指（又称上钳指）和可以活动的下钳指，钳指上有一排交错的细齿，用来夹紧食物，是蝎子捕食昆虫的主要武器。步足细长，为运动器官，第 1 对最短，约 2cm 长，后面依次变长，第 4 对最长，约 3cm。步足的基节相互密接，形成了头胸部的大部分腹壁和螯肢及触肢的基节。第 1、第 2 对步足的基节包围成口前腔，第 3、第 4 对步足的基节间有一略呈五角形的胸板。

较宽，由 7 节组成，背板中部有 3 条纵脊。腹部附肢退化，仅见痕迹。第 1 对附肢左右愈合成生殖板（生殖厣），为 1 片半圆形小甲片盖着前腹部腹面的生殖孔。第 2 对附肢特化成栉状器，为神经感触器官，在栉板的下方有成排的香蕉形齿。交配时雄蝎以此寻找平整的石片等，以便排出精荚黏附其上。雌蝎以此来探寻雄蝎排出精荚的位置，并对准生殖厣进行受精。第 3~7 节腹板较大，在两侧有侧膜和背板相连。侧膜有伸缩性，以适应身体不同发育时期的需要。雌蝎的腹部在产前、产后可舒张或缩小。第 3~6 节腹面上各有 1 对气孔，叫书肺孔，内通书肺。

由 6 节组成，各节呈链状连在一起，能向上和向左右卷曲活动，但不能向下弯曲。前 4 节有 10 条隆背线。第 5 节最长，颜色特别深，只有 5 条隆背线，末端下面正中央有一肛门。第 6 节为毒钩（针），较前 5 节小，呈浅黄色，内有 1 对白色毒腺，末端有锐钩状毒针。毒针尖部两侧各有 1 个细小的小孔与毒腺相通，是蝎子用于防御和捕食的武器。

雌雄蝎的形态结构稍有差异。雌蝎触肢的钳细长，躯干较肥大，胸板的下边宽，生殖厣软，体色褐红；雄蝎触肢钳较粗短，躯干较瘦小，胸板的下边窄，生殖厣硬，体色青黄。

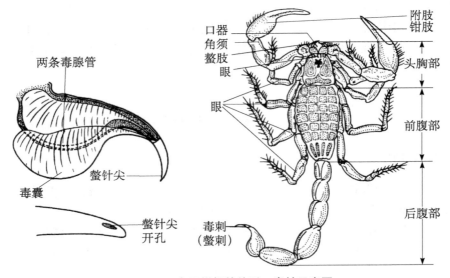

图 20 - 1　东亚钳蝎的外形、毒针示意图

二、生活习性

蝎子喜暗怕光，多栖息在山坡石砾近地面的洞穴和墙隙等处，尤其是片状岩石混杂以泥土，周围环境不干不湿（空气相对湿度 60% 左右），有些草和灌木，植被稀疏的地方。多群居，好静不好动，并且有识窝和认群的习性。蝎子对环境的适应能力很强，很耐饥，

蝎子缺食1年也不会饿死；也耐渴，但需要适当的水分。蝎窝往往有孔道，可能往地下20~50cm深处。蝎子喜潮怕湿，如果长时间处在潮湿的环境中，会造成非感染性病害，表现为蜕皮困难，蝎体光泽明亮，肢节隆大，后腹部下拖，活动迟缓，肢体会肿胀，严重时伏卧不动终致死亡。蝎子眼睛虽多，但视力很差，对弱光有正趋性，对强光有负趋性，夜间蝎子遇弱光聚拢，但是打开手电筒突然照射，蝎子会四散逃跑。嗅觉和触觉却很灵敏，胆小易惊，尤其怀孕、产仔期的蝎子最怕惊扰。蝎子除了怕风、怕水外，最害怕农药，极少量的敌百虫等农药足以引起蝎子大量死亡。樟脑丸、尿素、碳酸氢铵等的刺激性气味都可以引起蝎群骚动或惊慌逃窜。

蝎子喜群居，全年活动期6个多月（4月中旬~11月上旬），昼伏夜出，多在温暖无风，地面干燥的夜晚出来活动。其活动、生长与温度和湿度关系最密切，一般在谷雨至立冬之间活动，春季气温在10℃以上时开始活动，冬季在10℃以下则蛰伏越冬；35℃以内有明显趋湿性；生长发育最适温度为30~38℃；40℃以上活动不正常；44℃时30min左右则死亡；0℃以下容易冻死。蝎行动时尾部平展，尾节向上折起，静止时尾部卷起，尾节折叠于中体第5节的背面，尾刺尖端指向前方，或尾部卷起平放在一侧的地面上，有情况时做出刺物的动作。自然界的蝎，在地表下进行上下运动以适应温度变化：春季气温上升，地表温度高，蝎由深处向上移动；夏季夜晚温度合适，则外出活动、觅食，中午地表温度过高，则向下移动至适宜处；秋冬随气温降低则逐渐下潜；10月份在较深处冬眠。温度对蝎蜕皮间隔期也有一定影响，不同性别、龄期的蝎对温度的要求也不尽相同。

1. 食物种类　蝎子取食动物性食物，最爱吃各种蜘蛛和小蜈蚣，也爱吃蝗虫的若虫和蟋蟀。人工喂养中，爱吃黄粉虫幼虫、玉米冥虫幼虫、地鳖虫若虫、家蝇成虫，至于蝇蛆，蚯蚓、家蚕、鼠妇等仅在没有其他食物时勉强取食，因此，不可作为饲料。

此外，风化土也是蝎子很重要的食物来源，解剖蝎消化道发现，其内容物中10%~25%是风化土。把带孕雌蝎饲养在无土的罐头瓶内，其胚胎不能正常发育，极易形成"葡萄胎"，这说明土中可能含有蝎体所必需的矿物质，并具有特殊的生理调节机能。

蝎子还有自相残杀的习性。引起自相残杀的原因有很多：食物不足，蝎子处于饥饿状态，争夺饲料；不同环境生活的蝎子碰到一起时互相残杀；强行搬迁之初或遇到外界惊动时，往往会诱发恶斗；蝎群密度过大时，大蝎小蝎混杂时，会大吃小、强吃弱；正在蜕皮的蝎和繁殖期母蝎背负幼蝎，往往都是其他蝎的进攻对象；交配时，雌蝎被激怒，攻击雄蝎，甚至将雄蝎咬死。

蝎通常不喝水，只有特殊情况下才吮吸水分，其水分主要是通过摄取食物和身体表皮吸收，蝎的食物中含水量为60%~80%，夜间蝎窝中空气湿度上升，通过其体表吸收水分，可将白天失去的水分补充回来。蝎体内的水分主要通过呼吸、体表蒸发和粪便排出。蝎窝中土壤及空气含水量对蝎生长有较大影响，一般认为其土壤含水量7%~15%则适合蝎生长发育；3%~6%生长缓慢；1%~2%生长发育停止；25%则使蝎死亡。

2. 捕食方式　蝎子发现昆虫后，先伸出一只触须进行试触，没有危险再进行第2次试触，迅速退回，在离食物很近的地方趴伏不动。经过2次试触，确信没有危险时，第3次伸出触须，用钳肢把猎物紧紧钳住，再用触肢将捕获物夹住举起，用毒针蜇刺。毒液无色透明，内含蝎毒素，对大多数昆虫来说是可以致命的，但对人无生命危险，只能引起灼烧的剧烈疼痛。蝎子用螯肢把食物慢慢撕开，先吸食捕获物的体液，再吐出消化液将其组织先在体外消化后再慢慢吸入，所以吃食的速度很慢。蝎子食量不大，1 只蝎子 1 次只能吃 1 只蝼蛄，1 次吃饱可多日不吃食。

蝎有冬眠的习性，当地表温度降至 10℃ 以下时，它便沿着石缝钻至 20～50cm 深处进行冬眠，冬眠历时 5 个多月，从立冬前后（11 月上旬）至第 2 年谷雨前后（4 月中旬）。全蝎冬眠时，大多成堆潜伏于窝穴内，缩拢附肢，尾部上卷，不吃不动。

蝎子冬眠适宜的条件是：虫体健壮无损伤；土壤湿度在 15% 以下，温度为 2～5℃。所以人工饲养准备的冬眠洞穴不可过深。

蝎在生长发育过程中，体内经一系列生理生化作用，可使躯体原表皮与真皮分离，同时产生新表皮，以适应体躯增长需要，从而便产生蜕皮特性。蜕皮的外部条件是：日均气温 25～35℃，蝎窝土壤湿度 10%～15%。蜕皮时，老皮先从头胸部的钳角与背板的水平方向开裂，通过身体的不断抖动，从头部开始，渐次至腹部蜕出。蜕皮后身体长大，一定程度后停止，再蜕皮，再长大，直至 7 龄。1～2 龄蜕皮 1 次，体增长约 5mm；3～6 龄，约 7mm。幼蝎第 1 次蜕皮在母背上进行，蜕皮时间比较整齐；离开母体后，由于生活环境与条件的差异，蜕皮时间相差很大，有的可长达 3 个月（不包括冬眠时间）。

三、繁殖

东亚钳蝎为卵胎生，在自然界，雌、雄蝎的数量大约为 3∶1。多在 6～7 月夜间进行交配，在自然温度下一般 1 年繁殖 1 次，但在人工加温条件下 1 年可繁殖 2 次。雌蝎交配 1 次，可连续 3～5 年产仔。从幼蝎出生至性成熟一般约需 3 年时间，其寿命可达 8 年。蝎子体长达到 5cm 左右时性成熟，雌蝎受精后，经过 40～50d 孕期就能产下仔蝎。

雄蝎交配前烦躁不安，到外寻找配偶，一旦找到，雄蝎以触肢拉着雌蝎到僻静处，雄蝎的两触肢夹住雌的两触肢，两者头对头，舞步轻盈地拖来拖去。稍后，雄蝎从生殖孔排出鞭状精荚粘于石块上，随后，雄蝎把雌蝎拉过来，使精荚另一端有锐刺的部分与雌蝎生殖孔相接触，精子随即从精荚中溢出进入雌蝎生殖孔。交配后雄蝎卧地休息片刻，而雌蝎照常活动，并还可以与其他雄蝎进行交配，但雌蝎交配次数过多会引起死亡。

母蝎怀孕后雌雄应分开饲养，尤其临产前，孕期在自然条件下需 200d，但在加温条件下只需 120～150d。产仔期在每年的 7～8 月份。

临产前 3～5d 孕蝎不进食，也不活动，呆在石块或瓦片等背光安静的场所，选距地表 8～10cm 深的较密闭的洞穴产仔。产仔时腹部高高抬起，触肢弯曲着伸向地面，生殖厣张开，带有黏液的仔蝎则依次产出。其生殖器官在头胸和前腹连接处，小蝎一个接一个生出时就像是从雌蝎嘴里吐出似的。小蝎身上黏液干燥后，由母蝎协助爬上母体较整齐地伏在母背上。母蝎在负仔期间不吃不动，全神贯注地监护幼蝎。若有小蝎落下蝎背，即用触肢将小蝎轻轻钳住，诱导返回其背上。如遇天敌或气候恶劣变故，它便带着小蝎迁移到安全场所；情况严重时，它则将小蝎摔掉，甚至吃掉，所以繁殖期间要特别注意环境安静。

初生仔蝎在出生后第 5～7 天在母蝎背上蜕第 1 次皮。此时呈乳白色，体长 1cm，出生后 10d 左右逐渐离开母背而独立生活。在正常情况下，历时 2 年半蜕 6 次皮则达 7 龄，蜕皮前呈半休眠状态，伏地不动。蜕皮时首先在头部蜕口裂开一条缝，蜕出头部，再逐步向后蜕到尾巴，新蜕出的部分时常蠕动，以此为动力，约 3h 蜕完。蜕皮与环境温度关系密切，在 35～38℃时只需 2h，30～35℃需要 3h，25℃以下时蜕皮困难，甚至死亡。刚刚蜕皮的蝎子身体嫩弱，难以抵抗其他动物的侵袭，甚至还会被其他蝎子吃掉。蜕皮几天后，身体变成淡褐色，活动能力也恢复正常，发育成熟以后不再蜕皮，身躯也不再增大；第 4 年夏末，蝎性成熟。

第二节　蝎子的饲养管理

一、养殖方式

人工养蝎的方式很多，有盆养、缸养、箱养、房养、池养、炕养及温室养等，可根据具体情况，因地制宜选择使用。要提高养殖效益，必须采用加温饲养的方法（如炕养、温室养和花房型无冬眠饲养等）。加温饲养的热源可用煤炉、电炉、柴灶等，有条件的可通暖气，升温效果更好。

房子最好坐北朝南，以土坯筑砌为宜，其高、宽、长不限，依便于管理而定。内墙不要粉刷，以防蝎子食用石灰，要留有缝隙，供蝎藏身。外墙封实，在门框上钉一圈 30cm 宽的塑料布，以防蝎子跑掉。四周开窗，窗口要有纱窗，以防外界天敌侵扰，但纱孔不宜太细，以免影响空气流通。房内地面上可根据面积大小砌几道 50cm 高的单墙，墙与墙间留人行道，道上铺 10cm 厚的土，白天供人行走，晚上供蝎子活动。房墙四周脚基各留两个碗口大的出入口，可供蝎子进出，冬季要堵塞以利保温。房内安装 1～2 个弱光的灯泡，晚上开灯，打开纱窗，让外界的昆虫飞扑进来，为蝎子提供天然饲料。房外距墙 1～2m 处开挖宽 0.6m、深 1m 左右的环房水沟，并常年蓄水。1m^2 的养殖室能养 2 000 尾大蝎或 4 000 尾中蝎或 10 万尾小蝎。

为充分利用空间和便于管理，可在室内造柜饲养。任何木材均可作框架，用纤维板钉制。规格大小视空间而定，一般长 3m、宽 0.5m，每层高约 0.5m。根据蝎子怕强光照射、喜群居和钻隙的习性，可在每层箱内叠放多层瓦片，以便蝎在瓦片间栖息。瓦片上可放几块吸水海绵，供蝎吸水。炎热季节，用喷雾器向瓦片喷洒清水，以调节湿度。框架不要靠近墙壁，以防蚂蚁进入。在架的四周撒一圈灭蚁粉，以防蚂蚁入侵。

在室内外均可用砖砌池，高 30cm，长短不限，以便于管理为原则。池壁内面贴一圈玻璃或塑料布，池口用纱罩防逃。池内砌 80～100cm 高的砖塔（可用土坯），每层砖都留缝供蝎子栖息。塔基部和池墙间留有一定距离，供蝎夜晚活动。在北方干燥地区，挖坑养蝎比较适宜，可满足蝎子对空气湿度和温度的要求。一般坑深约 1m，面积大小视养蝎多少而定。坑内垒叠瓦片或碎石块，供蝎子栖息。

一般废旧包装箱均可利用，大小不限。靠近木箱一侧修筑窝穴，箱口内壁围一圈防逃玻璃条或薄膜，上覆纱罩或带孔的活动木盖。也可自制长 100cm、宽 60cm、高 80cm 的木箱，箱底铺 2 ~ 3cm 厚的沙土。木箱两侧各码成长 72cm、宽 12cm、高 60cm 的泥板垛 2 个（泥板厚 3cm，长、宽相当于墙砖）。垛体距箱壁 3 ~ 5cm，2 排垛中间为蝎子活动场所。

主要用于幼蝎的饲养。一般用口径较大的缸或盆，内填沙土。在容器中间沙土上反扣几层瓦片，瓦上事先钻两小孔穿上铁丝，以便翻动检查。缸口或盆口需用纱罩防逃。

自然界蝎以气温较高的 7 ~ 9 月为主要生长期，可见一年中蝎的活动期及生长期均较短。为了延长蝎的生长期，缩短饲养时间，可采用温室饲养。在室温保持 35 ~ 38℃ 及相对湿度 70% ~ 80% 与食物等相应条件下，实践证明，蝎可在 300d 左右长大，且能正常繁殖。经与野生蝎相比较，温室养蝎颜色稍淡，略显瘦小，亦可同样入药。

二、引种与选种

蝎种的来源有两个途径：一是捕捉野蝎，二是向养蝎场户购买。种蝎需选择体大、健壮、敏捷、后腹蜷曲、前腹部肥大、周身有光泽而无异常表现的母蝎；公蝎后腹要粗大，且钳肢大者。从年龄上讲，选成龄母蝎或孕蝎更好，中龄蝎虽成本低，但当年不能产仔。经产母蝎体大，前腹部肥大而饱满；初产母蝎个体较小，体表较为嫩而鲜。另外，雌蝎交配 1 次后，可不必再放雄蝎，这样既可让雌蝎连续产仔几年，又免于投放的雄蝎对母蝎的干扰和残食仔蝎，影响繁殖。

捕收时应注意要掌握最适季节，5 月至 6 月下旬为佳。就近捕收，捕时勿使蝎子受伤，购买或捕捉来的种蝎，可用罐头瓶运输。事先按计划备足空罐头瓶，到达目的地后，给瓶内放入 2 ~ 3cm 厚的湿土，每瓶可装种蝎 25 ~ 30 尾，公、母要分开装，避免互相残杀。也可用洁净无破损的编织袋，每袋可装 1 500 尾左右。运输过程中要具备良好的通风条件，避免剧烈震动，防高温和防寒。种蝎刚运回后，要少翻动，忌惊扰，并注意观察其适应过程有否异常等，确认无病态，方可投放。

投放种蝎时，每个池子最好一次投足，否则，由于蝎子的认群性，先放与后放的种蝎之间会发生争斗，造成伤亡。刚投入池子的蝎子在 2 ~ 3d 内会有一部分不进食，是适应新环境的过程，要注意观察并及时采取相应措施。

三、饲养管理

1. 养殖密度　大小蝎子必须分群饲养，雌雄蝎平时可混养，临近繁殖前要把怀孕雌蝎挑出，放进大口玻璃瓶里单个饲养，生下小蝎 15d 后，再放回群里饲养、交配。养殖密度一般每平方米 2 ~ 3 龄 3 000 ~ 5 000 尾，4 ~ 5 龄 1 500 ~ 2 500 尾，6 龄 800 ~ 1 200 尾，种蝎 600 ~ 800 尾。

2. 饲料与投喂　蝎子是肉食性动物，应以动物性饲料为主，人工饲养条件下，必须选择蝎喜欢吃又能保证生长发育需要的食物，其来源要稳定可靠，饲喂昆虫要求易被蝎子捕食，不污染环境，成本又低廉，如黄粉虫和地鳖虫及配合料等。以配合饲料为辅，配合饲料用肉泥、麸皮、面粉、青菜渣按3:3:3:1配合而成。喂蝎时间以傍晚为好。软体昆虫喂量为：成龄蝎30mg、中龄蝎30mg、幼龄蝎10mg，1周投喂1次，根据剩食情况，再作下1次喂量调整。春秋季10~15d供水1次，炎夏2~3d供水1次，一般将海绵、布条、玉米芯等用水浸透，置于塑料薄膜上，供蝎吸吮。

为了便于饲养管理，喂食喂水需使用食盘和水盘，放在活动场地和饲养室的隔墙基角处。食盘和水盘可以自制，一般选用白铁皮或五合板等，制作边高1cm的长方形、正方形或三角形的浅盘。不要将饲料直接撒在活动场所或栖息垛体上，以免剩余饲料霉变、腐败，引起真菌性病害的发生与蔓延。水盘内放置一些树枝小段或石子之类的东西作为垫物，供蝎子爬附在衬垫物上吸水。饲喂和饮水必须做到定时、定点投放，不要任意改变投放时间和地点，严禁饲喂变质的混合饲料和腐臭不堪的肉食、动物尸体以及污秽不洁的饮水。水盘内的衬垫物应经常清洗和更换，食盘和水盘还必须定期晾晒。

3. 环境管理　蝎子生长活动适宜温度是25~39℃，最适温度是32~38℃。在早春及秋季低温时期注意保暖，饲养房内温度控制在20~38℃之间。夏季高温天气，注意防暑降温，常开门窗通气、加湿，添喂含水较多的菜叶、树叶等青饲料，尽量创造适宜的湿度条件。

蝎子的昼夜活动规律与光照有关，光照强度是影响蝎子活动的主要因素之一，蝎子对暗红光、弱光有更强的正趋性。刚引进的野生蝎表现为明显的夜出性，白天很少活动。其活动规律一般为自傍晚落日后开始出窝寻食、饮水及交配，午夜后逐渐回窝潜伏。但对于人工饲养时间达3个月以上的蝎子来说，这一习性有明显改变。在恒温箱内进行全避光饲养实验，蝎子可进行全昼夜的活动和捕食。

蝎子怕风吹与噪声，应保持安静的生活环境。特别是蝎子产仔季节，声响的刺激常会使雌蝎因受惊扰而发生流产或咬仔、食仔现象。但是，蝎子对某一种持续的噪声也可产生适应性。

1. 仔蝎的饲养管理

仔蝎期食欲旺盛，必须及时保质保量投给食物，否则将会自相残食。仔蝎的饲料应以喜食的肉类为主，在肉类饲料中要加入少量的复合维生素，植物性饲料可占饲料总量的15%，其中青菜约占5%。喂食时间为每天下午5时。

仔蝎出生后12d左右，第2次爬下母蝎背，此时已能独立生活，但蝎体弱幼小，活动范围小，捕食能力差，往往处于饥饿状态。所以，对2龄幼蝎要提供营养丰富、适口性和可食性好的饲料。可以实行母子分养，其方法是先用夹子夹出母蝎，然后用鸡毛或鹅毛将仔蝎扫入汤匙内，再移入仔蝎盆中饲养。

仔蝎进入3龄，当2次蜕皮恢复活动能力后，体格增大，食欲很旺盛，在这个阶段将蝎喂饱，是提高成活率的一个关键，如不喂足也会产生残杀现象，已蜕皮的蝎吃掉尚未蜕皮的蝎，未蜕皮的吃掉正在蜕皮的或尚未恢复活动能力的蝎。应进行第一次分群，转入池养。冬季在蝎房内接上暖气，夏季在周围洒水等办法控温调湿，可以加快生长。每天早晨打扫卫生，清理剩下的食物。

如果蝎房过于干燥，易患枯瘦病，要及时在室内洒水，并供给充足饮水。如蝎房过于潮湿，易患斑霉病，要设法使蝎窝干燥一些。如给蝎子喂腐败变质饲料或不清洁的饮水，极易患黑腹病，要注意预防。如 2 龄仔蝎受到空气污染，则易患萎缩病仔蝎不生长，自动脱离母背而死亡，要切实注意环境空气新鲜。

2. 成蝎的饲养管理

幼蝎经过 6 次蜕皮，便进入成蝎阶段。由于生长和产仔的需要，成蝎对饲料的质和量，要求都比较高，这时供料不但应以肉食为主，而且要增加供料次数。一般以喂给软体多汁的活虫为主，配合青草、树叶、蔬菜等。在夏季常喂给西瓜皮、甜瓜皮、南瓜皮、嫩玉米等以补充水分，必要时还可喷洒清水，以保持湿度。不留种的即可作商品蝎。单位面积上饲养密度要减小，每平方米不超过 500 只。一般产仔 3 年以上的雌蝎、交配过的公蝎及有残肢、瘦弱的公蝎，都可作商品蝎。

3. 繁殖期饲养管理

（1）配种期：雌蝎虽然只要交配一次便可终生产仔，但次年失配，仍会影响产仔量，故人工饲养时，需年年投种。要选择年轻力壮的雄蝎投放，并需年年更新。蝎子多在 6 月、7 月间交配，繁殖期间，蝎窝要压平、压实，保持干燥，饲养密度不宜过大，以免漏配。一般公蝎找到母蝎拉到僻静的地方进行交配，有时公、母蝎相遇后立即用角钳夹着进行逗玩，属正常现象，达到高潮即行交配。如双方靠近，有一方用毒刺示威而不刺杀，1～2min 后勉强接纳也属正常。如发现有一方摆开阵势对抗，拒绝接纳，说明未性成熟，要进行更换。如公、母各居一方，互不理睬，不必担心，到黄昏后会互相接近交配。蝎子交配期能量消耗较大，故在交配前雌雄蝎都应供给充足的、营养丰富的食物。蝎子交配后，要加强饲养，促使雌蝎恢复体力和胚胎发育。雄蝎交配 1 次后要待 3～4 个月才能再次同雌蝎交配，故交尾以后的雄蝎，应分开饲喂。

（2）孕期：受精卵在体内经过约 40d 完成胚胎发育，此时特别需要温暖的环境，一般在 33～38℃，若温度达不到要求，则胚胎发育延缓或停滞。母蝎经交配受孕以后，要单独分开饲养，可用罐头瓶作"产房"，内装 1cm 厚的含水量为 20% 的带沙黄泥，用圆木柄夯实泥土，然后把孕蝎捉到瓶内，投放 1 只地鳖虫，如被吃掉，应再放食料，让孕蝎吃饱喝足。孕蝎临产时，前腹上翘，须肢合抱弯曲于地面，仔蝎从生殖孔内依次产出，如遇到干扰与惊吓，母蝎会甩掉或吃掉部分仔蝎。产仔后要给产蝎及时供水、供食。

4. 越冬期饲养管理

蝎进入冬眠后，在 -1℃ 情况下，其体液也不会结冰，短时间也不会冻死，但若长期处于 -1℃ 条件下，即使气温回升后，体弱的蝎子都不能复苏。因此，冬眠时其室温最好控制在 3～5℃ 之间，最低也不低于 2℃，最高不能超过 6℃。蝎冬眠的窝泥不能过干过湿，含水量应在 15% 左右，相对空气湿度宜在 45% 左右，过湿不利蝎冬眠，蝎子附肢沾上湿泥，干固后不易拔出，也会造成死亡，过干也不利其休眠与生长发育。同时，在入蛰前 1 个月左右，将蝎窝温度升高到约 25℃，投足优质软体昆虫饲料，以使越冬蝎吃好吃饱，并选择健壮肥大、且年龄不大的蝎越冬。若采用温室饲养，能打破蝎的冬眠习惯。

四、病害防治

创造适宜的环境是预防病害的基本措施，要保证养蝎场所有恒定的温、湿度及良好的通风设备和透光条件，保持蝎窝空气新鲜无污染，饲养区内保持安静，防止惊吓和挤压，定期定量饲喂，给足清洁饮水，严格控制密度。及时清除腐败食物、粪便及死亡的蝎子，经常对饲养场地、饲喂用具进行消毒，防止致病细菌、病毒的侵害。必要时每隔 10d 饲喂 1 次拌有土霉素、干酵母等药物的饲料，或者在蝎的清洁饮水中加入土霉素、干酵母，每 7d 喂 1 次，可以预防各种蝎病发生。建造养蝎房（室）时，应注意清除蚁穴，门窗可设置活动纱窗，四周设防御沟，严防敌害侵入。

1. 霉斑病　又称黑霉病，为真菌感染所致，多发生在阴雨的秋季。由于高温、高湿，投喂的食物一时吃不完就会发生霉变，使真菌大量繁殖并附于蝎体，损害主要脏器，从而引起发病。病蝎的头胸背部、前腹部出现黄褐色或红褐色小点状霉斑。蝎子表现极度不安，活动减少，呆滞，不食，直至死亡。病尸常和腐败饲料一起发霉，在栖息处集结。治疗方法：清除死蝎尸体，用 2% 福尔马林或 0.2% 的高锰酸钾溶液喷洒消毒。

2. 黑腐病　又称体腐病，多因饮食腐败发霉等变质饲料及昆虫引起，健康的蝎子吃了病死的蝎尸都会导致黑腐病。病蝎前腹呈黑色，腹胀，活动减少，食欲不振，继而前腹出现黑色腐败溃疡，病蝎很快死亡。治疗方法：用大黄苏打片和土霉素配合饲料，拌匀投喂。

3. 腹胀病　又称大肚子病，消化不良症，多发生在饲养场所温度过低，蝎活动量小，引起消化不良。病蝎肚子鼓胀，腹部隆起，活动迟缓，粪便异常。治疗方法：用 5% 的食母生或乳酶生混于饮水内饲喂。

4. 水肿病　蝎长期处于过度潮湿的环境，造成组织积水，腹部膨大，停止发育，继而死亡。治疗方法：改善潮湿环境，使养殖场所温、湿度适宜。

1. 蚂蚁　对蝎危害最大，主要攻击防卫能力弱的幼蝎及正在蜕皮的蝎子，也经常攻击繁殖期的雌蝎。

防治方法：蝎饲养地面土层夯实，防治蚂蚁打穴，在蚂蚁窝附近，放置煮熟的动物骨头，诱来蚂蚁，然后把爬满蚂蚁的骨头投入火中燃烧，或者用硼砂加白糖撒在养殖区四周，阻止蚂蚁进入养殖区。

2. 老鼠　进入冬眠期的蝎子，不食不动，而且养殖场所温度比外面高，老鼠容易钻进养殖池，咬死蝎子，或将蝎子拖走，所以冬眠时，养蝎场所一定要经常检查，严防老鼠入侵，并且可用鼠夹诱捕老鼠。

复习思考题

1. 蝎子有哪些形态特征及生活特性？了解这些内容对蝎子的饲养管理有何指导意义？
2. 如何选择蝎种？怎样辨别蝎子的雌雄？
3. 简述不同时期蝎的饲养管理要点。
4. 怎样提高仔蝎的成活率？
5. 蝎的繁殖条件有哪些？怎样提高繁殖率？

第二十一章　蜈　蚣

　　蜈蚣又名天龙、百足虫、千足虫、金头蜈蚣、雷公虫等，具有较高的药用价值和经济价值。在动物分类学属于节肢动物门（Arthropoda）、真节肢动物亚门（Euarthropoda）、多足纲（Myriapoda）、唇足亚纲（Chilopoda）、蜈蚣目（Scolopendromorpha）、蜈蚣科（Scolopendridae）、蜈蚣属（*Scolopendra*）。该属共有 65 个种和 13 个亚种，人工养殖药用蜈蚣种类主要有少棘巨蜈蚣、多棘蜈蚣、哈氏蜈蚣、马氏蜈蚣、模棘蜈蚣等。少棘巨蜈蚣全国各地多有分布，主产于江苏、浙江、湖北、湖南、安徽、陕西等地。

　　蜈蚣干品是名贵的中药材，药用部位为其干燥的全虫。蜈蚣味辛、性温、有毒，具有祛风、镇惊、解毒散结、通络、抗癌等功效。蜈蚣入药可治小儿惊风、口眼歪斜、抽搐、破伤风等病，还可治疗结核性胸膜炎、肺结核、乳腺结核、颈淋巴结核、散发性结核、肿毒、恶疮、慢性溃疡等。现代药理研究证明，蜈蚣具有抗肿瘤、止痉和抗真菌等多种作用。除直接入药外，亦可泡成药酒。

第一节　蜈蚣的生物学特性

一、形态特征

　　少棘巨蜈蚣的虫体由头部和躯干部组成，背腹扁平呈带状，左右对称，成体长 11 ~ 14cm，宽 5 ~ 11mm，由 22 个同律体节构成。头部有丝状触角 1 对，其他各节都有对生的步足 1 对。头部红褐色，头板近圆形，前端较窄而突出，长约为第 1 背板的 2 倍。头板和第 1 背板金黄色。触角 17 节，基部 6 节少毛。触角基部有单眼 4 对，着生在触角基部的两侧。头板腹面有颚肢 1 副，粗大而有毒钩，内有毒腺（又称毒颚），用于捕食和御敌（21 – 1）。

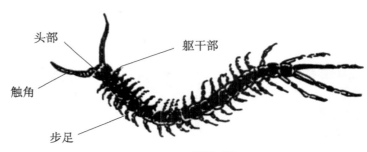

图 21 – 1　蜈蚣形态

蜈蚣雌雄异体，形态略有差异。一般雌蜈蚣头部扁圆大些，呈饼状，第 21 节背板后缘较平、圆，体型较宽大，腹部肥厚，体躯较软。雄蜈蚣头部稍隆起，椭圆形，较小，呈孢子状，体型较窄小，腹部较瘦，体躯较硬。此外，雌蜈蚣活动较少，迟钝，雄蜈蚣活动频繁。鉴别时一只手以拇指和食指夹住蜈蚣头部，小心地把它的躯干抓在手掌里（注意不要夹伤），用另一只手的拇指和食指轻压末节，若为雄性，即可观察到生殖节两侧有 1 对退化了的细小的生殖肢以及压出的阴茎（褐色或深褐色），否则为雌性。

多棘蜈蚣亦供药用，形态特征与少棘巨蜈蚣相似，只是虫体较长，可达 15～25cm，头节和躯干的第 1 体节背面比少棘巨蜈蚣色深，呈玫瑰红色，其余体节背部为棕褐色，末步足较小而粗壮，其余与少棘巨蜈蚣相似。

二、生活习性

蜈蚣为陆栖多足节肢动物，主要生活在海拔 500m 以下的丘陵地带和多石少土的低山地区，多栖息于阴暗潮湿的杂草丛中、乱石堆下、腐木落叶和石块、砖块缝隙下。栖息场所往往随季节及温度、湿度的变化而变迁，不喜松土和朝南干燥的地方，仅在秋冬天气转冷冬眠时，才钻入背风向阳的山坡离地面 10～13cm 深土中。

蜈蚣为夜行性动物，群居，胆小畏光，喜安静，白天潜居，傍晚至凌晨四出活动、觅食。在晴朗无风的晚上，天气闷热及暴雨前后的白天，活动和捕食最活跃。温度变化对蜈蚣的活动也有很大影响，每年 10 月份后，当气温低于 15℃ 以下时，蜈蚣的活动缓慢，并逐渐完全蛰伏进入冬眠。惊蛰后，蛰伏在土、石较深处的蜈蚣向浅层移动，当气温上升到 15℃ 以上时，才开始复苏活动，气温达 20℃ 时开始捕捉食物。随着气温的升高活动加强，气温在 25～32℃ 时是蜈蚣生长发育的旺盛期，温度继续升高时，蜈蚣则逐渐转移到较凉爽的阴坡或海拔较高处活动。

蜈蚣生长发育的最适相对湿度为 60%～70%，饲养土湿度为 10%～20%。夏季饲养土湿度 22%～25%，冬季为 10%～20%，春秋季 25% 左右。

蜈蚣在生长发育过程中，包括其产卵前，都伴随着蜕皮现象，每蜕皮一次，其体长均有相应的增长。蜈蚣一生蜕皮 11 次，从受精卵到发育成熟期，通常蜕皮 8 次，成体在繁殖后（3 龄期后）仍伴有 2～3 次蜕皮。一般雄性比雌性蜕皮时间要早，生长速度也较缓慢。幼体离开雌体后，同年秋季蜕皮 1 次，此时体长 4～5cm，即 1 龄期蜈蚣。到第 2 年 7～8 月份第 2 次蜕皮，体长 7cm 左右，即 2 龄期蜈蚣，以后大致在每年的 8 月份蜕皮 1 次。蜕皮前，蜈蚣的外形变得臃肿，行动迟缓，也不喜进食，背部颜色逐渐暗淡。蜕皮时，蜈蚣用颚肢围住触角于头下，头板由前向后竖直，第 1 步足体节弓起，头板前端两触角间浅凹处开始裂一条缝隙，并逐步扩大，头部首先从不断扩大的缝隙中逐渐开始蜕皮，随后躯体由前向后伸缩，依次蜕出，蜕皮的全过程需要 3～4h。刚蜕皮的蜈蚣，外皮软而薄，头板与第 1 体节背板呈淡红色，其他背板呈绿褐色，光泽鲜艳，几天内几丁质薄层加厚，体色复原。

蜈蚣属典型的肉食动物，性凶猛，喜食各种小昆虫，主要有蟋蟀、步行虫、隐翅虫、蟑螂、金龟子、白蚁、蝗虫、蜂类及其卵、幼虫或蛹，也吃蜘蛛、蠕虫、蚯蚓、蜗牛、蛙类等。此外，还吃鸡血、鸡蛋、牛奶、杂骨及西瓜、黄瓜、苹果、马铃薯、胡萝卜和植物的嫩芽等；初春食物不够充足时，偶尔也吃些苔藓、植物的嫩芽及根尖等充饥。蜈蚣饥饿时一次进食量可达自身体重的 1/5，最多达 3/5 左右。饱食后蜈蚣十分耐饥饿。蜈蚣尚有大吃小、强欺弱、互相残食现象，甚至在产卵时，若受到惊扰，则会停止产卵或将正在孵化的卵粒全部吃掉的现象。

蜈蚣捕食时，先摆动其灵敏的触角探索、寻觅，一旦发现食物，立即猛捕，迅速用毒颚钳住，并用身体前面的几对步足将食物抱紧。当捕获食物（如活昆虫等）被蜈蚣毒液麻痹失去抵抗力后，蜈蚣即选择它们较松软的部位，用大颚撕咬、切割，同时用小颚不断扒动并吞食。

第二节　蜈蚣的繁殖技术

一、繁殖特点

蜈蚣为卵生动物，并有孵卵、育幼的习性。蜈蚣繁殖期为 6 月中旬至 8 月中旬；产卵时间为 6 月中旬至 7 月上旬。成熟雌体每年产卵 1 次，个别也有 2 次产卵现象。雌性蜈蚣可以连续产卵 3 年，寿命 6～7 年。生长 3 年（3 龄期）后，蜈蚣的性腺发育成熟，即能交配产卵。

二、配种

交配大多在夜间进行，也有在清晨、傍晚进行的。交配时，雄蜈蚣爬到雌蜈蚣的一侧背面，一侧步足全部翘起，此时雌性侧仰，一侧步足也翘起，少时，雄体从生殖孔排出一鞭状精包，送入雌体生殖孔内，交配即告完成。从逗情到交配完成约半小时。交配 1 次可连续产受精卵几年。

三、产卵

雌蜈蚣产卵多在夜间进行。每年春末夏初卵粒逐渐发育成熟，从 6 月中旬开始产卵，延续到 8 月上旬止，6 月下旬至 7 月中旬为产卵旺盛期。产卵前，雌体体色鲜艳，体态臃肿，腹部几乎贴近地面，行动缓慢，食量大增。临产卵前 1 周左右，寻找选择安全而适宜场所筑巢；其巢一般选筑在背风向阳、土质潮湿松软而不渍水的林间谷地或路边土坎、高岗陡坡上，或在树木或灌丛根部，少数筑在石块或瓦片下面。蜈蚣筑巢时，先用毒颚、口器和步足将土扒开，边扒边转身，用步足和身体将土向外推移，巢筑成后，常用松土从内部将巢口封闭（少数不封口），产卵、孵化一般在此进行。也有个别选择在凹凸不平的石块底下或树根附近产卵的情况。临产蜈蚣呈 "S" 形，盘曲于小土坑内。产卵时，尾部翘在身体背板第 8、第 9 两节上，卵从生殖孔逐粒成串产出，附在母体的生殖孔附近。每次可产卵 20～60 粒，平均 40 粒。卵呈淡黄色，半透明，略呈椭圆形，大小为 4mm ×

3.5mm，表面有一层黏液，相互黏合成团，故称"卵团"。整个产卵过程持续 2～3h。

四、孵化

产卵完成后，雌体即巧妙地翻身侧转，用前面几对步足将卵团全数抱在怀中孵化，并使卵团完全悬空，不和泥土接触。雌体抱卵孵化时间长达43d 左右。这一期间内，雌蜈蚣一直不离开卵子，精心守护孵化，前 2 周内不食不动，接着开始经常翻动卵团和用口器舐卵面，保持清洁。当孵至15～16d 后，椭圆形的卵粒中间痕线处裂开，此时进入第 1 次蜕皮期。孵出的蜈蚣幼体无独生活能力，仍需母体怀抱保护下生活约 1 个月，然后母体方弃儿离巢，完成孵育。

第三节　蜈蚣的饲养管理

一、养殖场建造

人工养殖设备简单，目前有室外人工养殖和室内全人工养殖两种方式，不论哪种养殖方式，基本原则是模拟蜈蚣的自然生存环境，为蜈蚣创造舒适的生活条件。可根据具体条件建场养殖。

在室内或室外（要搭棚盖，以防雨水）养殖小区内用砖砌池养殖蜈蚣适合较大规模养殖，池规格视引种蜈蚣苗的数量而定，多为砖石水泥结构。池内环境要求以潮湿、阴爽、温暖、安静为原则。

室内饲养池的面积一般以 1～2m² 为宜，正方形、长方形均可。池深 50cm 左右，内壁要求光滑、严实，通常需用水泥做缝，衬上无毒的农用薄膜。注意薄膜的接缝处一定要用胶水或透明胶布粘牢，上端压上木条或竹片，钉牢在池口外壁，下端埋入池内壁土中。也可以用玻璃衬贴 30～40cm。内衬的农膜或玻璃要经常揩擦，使其不粘污物，保持光滑，以防蜈蚣逃跑。池底面不浇水泥，先铺一层 10cm 左右厚的小块状泥土，再在土层上面堆放 5 层左右的瓦片，瓦片间留较宽的缝隙，以利蜈蚣栖息和怀卵孵化。为便于蜈蚣越冬，可在池壁围墙向内一定距离处向下挖一深60cm 的越冬坑，周围及底部用砖砌，便于渗水，坑中堆放石头、砖块、瓦片之类，并造成空隙。池口加上铁纱盖或塑料纱盖。

室外建池要建在背风向阳、有树木遮阳、潮湿但不积水的地方。一般底面积在 20m² 左右，池内壁若以塑料薄膜或玻璃衬贴，则池壁高只需 40～60cm 即可。大池内应分隔成"田"字形的小池，小池底面积一般为 2～4m²。在紧靠池壁的内侧四周建宽 10～12cm、深 2～4cm 的水沟，为蜈蚣供水，也可防蜈蚣逃窜。小池之间各留有一小管道相通。池底部的设置同室内池。若池周围植被较少，可适当栽植一些杂草、低矮灌木之类，用以遮阳。室外养殖池一般无顶露天，但也有用木板制成池盖加盖。设置池盖时，中央需开一投料小门，小门两边还可装上玻璃，供平时观察用。另在大池壁内两侧上方设通风口，但通风口必须用铁纱窗封严。

饲养箱主要供室内小规模养殖用，箱体可用纤维板和木板条制作。为便于搬动，大小以宽 10cm、长 60cm、高 30cm 为宜，箱内壁同样要衬贴 1 层无毒的塑料薄膜，箱口上面配置 1 个铁纱箱盖。饲养箱的选材与制作，必须注意防逃以及避免木箱受潮变形。饲养箱制成后，箱底放瓦片供蜈蚣栖息。瓦片的四周用水泥做上 1.5cm 高的小垫脚，以 5 片为 1 叠，这样在瓦片堆叠时就有 1.5cm 的空隙。瓦片放入前，要用水洗干净，并吸足水分，以便给蜈蚣造成一个潮湿的环境。第一批瓦片放入一定时间后，再更换一批预先制作好的瓦片，以保持湿度和清洁卫生。

饲养缸有两种，可以是陶器缸、玻璃缸或饲养罐。选择中型大小的缸，缸底放一层碎石子或碎砖瓦片，上面再盖一层 25~30cm 厚的饲养土，然后在土表堆叠瓦片，最上层瓦片必须低于缸口高度 15cm 以上，缸口要盖上铁纱盖。玻璃缸的底面积为 50cm×40cm，高 30~40cm，过大则搬迁不便。为充分提高饲养室的利用率，玻璃缸可"品"字形叠放 2~3 层，缸上面加一层纸板作盖即可。缸内铺上松软细土，厚度可视季节而定，春、秋季一般 10~15cm，夏季 5~10cm，冬季 15~20cm。土上同样放置些碎瓦片或小石块，缸内 4 个角可用玻璃粘制成三角形的小水槽，也可用盛水器代替。

二、引种

蜈蚣种虫一般靠春季捕捉野生成体获得，也可从产地蜈蚣养殖场引进经驯化的种蜈蚣。种虫的标准是：虫体完整无损伤，体色新鲜，光泽好，活动正常，体长在 10cm 以上。除去毒颚准备加工的商品蜈蚣，不久即死亡，不能作种虫。捕捉一般选择于春、夏季节，在蜈蚣经常栖息、活动的地方挖一条长沟，沟内放鸡毛、骨头、马粪、垃圾、碎砖等，再覆盖些松土。蜈蚣嗅到腥味，即到沟里觅食、产卵、繁殖。20d 后即可翻沟捕捉。在较远地方诱捕种源，要注意解决好运输问题，可将蜈蚣装在留有通气小孔的带盖的塑料桶、铁桶内或缝隙不大、蜈蚣不能钻出的木箱、纸箱里运输。每个桶中装入的蜈蚣不宜过多，一般以 20~30 条为宜。在容器里面还要放些树叶、枝条，增加蜈蚣的隐蔽场所，以减少自相残食的机会。短途运输可不喂食，若运输时间较长，可临时投喂适量食物。注意在树叶、枝条上要洒些水以保持湿润。

三、饲养管理

蜈蚣由卵养成商品需要 2~3 年，生产周期较长。但在人工饲养下，如果提高饲养管理水平，可促其 1 年蜕 2 次皮，有可能缩短生产周期。

1. 饲养密度 蜈蚣的饲养密度伸缩性较大，一般与饲料是否充足、个体大小及不同生长期有关。蜈蚣产卵孵化季节，除应将雌雄体分缸饲养外，上述规格的缸只能放养雌蜈蚣 10~15 条，以利自己挖窝或在"人工巢"内产卵孵化。为了避免蜈蚣自相残杀，在每个饲养池或容器内饲养的蜈蚣宜是同龄蜈蚣，其饲养密度一般为每平方米投放成体 20~30 条，幼体可适当增加。雌雄配比，据养殖经验以 2∶1 为宜。

2. 饲料及饲喂 饲料注意多样化搭配，以满足蛋白质、脂肪、矿物质等营养需要。可以昆虫、泥鳅、黄鳝、蚯蚓等活食及小鱼、小虾、鱼粉、蚕蛹粉、动物尸体以及肚、肠、血为精料，辅以草根、树叶、蔬菜、瓜果等为粗饲料，饲料要求新鲜。

蜈蚣夜里行动，晚间 9 时至凌晨 1 时为主要摄食时间，为此投食要在傍晚进行。投食时把食物放在食盘内，次日早晨取出食盘，清除残食。蜈蚣不一定每天都要进食，一般进食 1 次后，可 2～4d 无需再进食，故人工饲养时可 2～3d 喂食 1 次。蜈蚣产卵的前几天要停止给食，产卵至抱卵孵化的 40～50d 内更应禁止投喂，否则蜈蚣吃食时会将被食物污染的卵子或胚胎一起吃掉。

蜈蚣有饮水习性，在饲养池等容器内应设盛水的浅盘或培养皿。夏季除应经常更换食用水外，尚需增喂一些瓜皮、多汁瓜果等，以补充水分，增加湿度。

3. 控制温、湿度　蜈蚣生长的适宜温度是 25～32℃，湿度是 95%，过高或者过低都要调节。夏季高温干旱时应注意遮阳防晒，傍晚时洒水保持环境湿度；暴雨后应及时检查，注意排水防渍，覆土保巢。冬季应注意防冻，饲养池等容器内的蜈蚣栖息处，应加厚覆土或加盖草袋、芦席、薄膜等，以维持温度，防止雨雪侵入，保护蜈蚣冬眠。室内养殖还应注意关闭门窗，保持一定室温，但不必人工加温，否则可致娱蚣中止休眠而外出活动，此时若食物供应不足，会过多消耗自身营养，进而造成死亡。

4. 保持环境安全卫生　蜈蚣饲养池等容器的内壁，应经常保持清洁、光滑，及时清除雨后池壁所溅附的泥土、污垢及积水，注意防护网罩的严密，以防蜈蚣逃逸。

1. 配种前准备　种蜈蚣的雌雄比例以 3:1 为宜。在同一饲养池等容器内，由于雌体产卵时间不一致，未产雌体之间，以及雌雄体之间常可发生互相干扰，破坏其产卵与孵卵环境的宁静，影响雌体产卵与孵卵的正常进行，甚至发生雄体掠食或雌体自食卵粒现象。因此，对怀卵雌体应于产前隔离护养，将其单独分开饲养或用破璃片、无底玻璃杯、罐头盒、瓦片等进行有效分隔，形成人工巢穴，加以保护饲养。

2. 孕期及孵化前准备　由于蜈蚣抱卵孵化和育幼期间不进食、不饮水，纯靠消耗自身体内储存的营养来维持活动，所以于产卵前，雌体有大量进食积蓄营养的习性，此时则宜精养，产卵前要增加喂食量，并调剂食物品种，促进雌体多进食。只有贮足了养分，才能顺利完成抱卵孵化，防止吞食卵子的情况出现。

3. 孵化期饲养管理　雌体孵化期对惊扰、震动、强光、强声等均有特别敏感的反应，要求孵化环境安静、阴暗，防止意外惊扰。其孵化缸应于产前安置好，一旦开始产卵则绝对不能移动，观察时要特别小心谨慎，不能移动任何遮护的物体（如瓦片或玻璃片等），也不能用手电筒直接照射观察，更不要随意给正在孵化的母体掷食；但可顺着池壁缓缓地加些水，使孵化巢周围略显湿潮，但不可将水直接洒在孵化巢内。

4. 分窝饲养管理　孵幼结束后，当母体离巢时，应及时将母体移出或将幼体单独分开饲养，若分窝过迟，则易出现母体吃掉幼体现象，造成损失。幼体摄食能力差，应饲喂体软多汁的小昆虫，并因小蜈蚣攀缘能力强，要特别注意防止其逃窜。另外，随着小蜈蚣不断蜕皮，个体不断增长，还应及时做好分窝饲养工作。

四、常见疾病防治

1. 绿僵菌病　初期可见蜈蚣腹部下步足出现黑点或绿色斑点，无光泽，并逐渐浸润扩大，步足逐渐僵硬，食欲减退直到死亡，当年生的幼小蜈蚣死亡率高。若环境温度较高，则临死的蜈蚣体表出现白色的菌丝，蜈蚣死后，菌丝扩展，不久便有灰绿色的孢子出现。

防治：应迅速挑出病蜈蚣淘汰，或将其置干燥处，喷洒 1∶3 000 的硫酸铜溶液消毒，然后用食母生 0.6g、土霉素 0.25g、氯霉素 0.25g 拌 400g 食料喂养。池（缸）内土壤全部清除后暴晒、灭菌，重新换新土后再放健康蜈蚣，并用少量氯霉素片等研末拌饲料喂食预防。同时改善通风条件，适当控制湿度，按时清除残剩食物及腐烂东西。

2. 铁丝虫病 病蜈蚣发育不良、生长缓慢而瘦弱，同时发现虫体从肛门排出。

防治方法：注意饲料种类的选择与搭配，治疗可用驱虫药物拌料饲喂。

3. 腹胀病 多由气温偏低、消良不良引起。

防治方法：调节温度，最好控制在 20℃ 左右；可用多酶片或食母生片 1g、全脂奶粉 10g、加水 125ml，溶解后让其吮吸，此剂量可供 600 只蜈蚣喂至痊愈。

4. 天敌 主要有蚂蚁、石龙子、鼠类、鸟类等，最常见的是蚂蚁。正在蜕皮或产卵孵化期的蜈蚣抵抗能力很弱，离开雌体半个月左右的小蜈蚣，不能爬行或爬行很缓慢，并且带有腥气，都很容易遭蚂蚁群危害。蚂蚁进入后会群起而攻之，致使蜕皮时的蜈蚣被咬死。预防的主要措施是在养殖池四周挖一圈较深的围沟，里面注满水，防止蚂蚁入内。一旦发现蚂蚁，应将蜈蚣迅速转移，然后用沸水泡杀蚂蚁，或者用水果、甜物、肉骨头等把蚂蚁诱开后用开水烫死或用火烧死。此外，老鼠、蟾蜍等主要吞食蜈蚣成虫、幼体、卵而造成危害，同时扰乱养殖环境，要采取捕捉、驱除、诱杀等措施防除。

五、采收与加工

若饲养合理，蜈蚣从幼体经 1 年半饲养一般即可收获，蜈蚣以身干、条长、头红、身墨绿、有光泽、触角及步肢完整者为佳。

1. 采收 蜈蚣个体可作小条商品规格（长 6~9cm）出售，3 年的个体可达中条规格（长 9~12cm），3 年以上的可达大条规格（长 12cm 以上）。捕收季节以春末夏初最为适宜，此时冬眠结束不久，行动比较迟缓，容易捕捉；同时其进食尚少，易于加工且质量好，易保藏；并能减少互相争食残杀（因出蛰后食少），适当捕收部分成体后，可保护蜈蚣种群的正常发展。主要收捕雄体和老龄雌体，对雌性个体以腹中无卵为原则，否则在加工时难以烘干，且易生虫腐烂。大池养殖的采收通常用钉耙翻动饲养池中的瓦片、碎石，发现蜈蚣时用竹镊子夹住，放入竹篓、大口瓶或布袋中。箱、缸养殖也可徒手捕捉，用食指或其他工具压住其头部，使其毒颚张开，不能合拢，然后用拇指配合食指捏起头部，拿起后以一只手将蜈蚣躯体捋进手掌中。在扔进竹篓或布袋时要注意让头尾一齐脱手，否则容易被蜇。对野生蜈蚣捕收方法主要有翻挖捕捉、灯照捕捉及穴诱捕捉 3 种方法。

蜈蚣毒液毒性强，饲养或捕收时若被蜇伤，轻者可出现短时间的灼烧状痛疼、红肿，并有发热症象，重者可致发热、头痛、呕吐、眩晕等全身症状，应注意防护。被蜇后应立即挤压伤口，挤出含有蜈蚣毒液的血滴，并可搽涂酒精、氨水或风油精、清凉油或大蒜汁、鲜桑叶汁或香烟丝捣烂拌菜油外敷等，重度的蜇伤应立即就医对症治疗。

2. 加工 用开水把蜈蚣烫死，捞出后挤出粪便，用长度比虫体略长、两端削尖的薄竹片，一端插入蜈蚣的尾端末节，另一端戳入头部与躯干的第 1 节之间，借竹片的弹力使虫体伸直，5 条或 10 条为 1 排，用薄竹片夹好，然后晒干或烘干。另一种方法是将头部用大头针钉在木板上，再用手轻拉尾部，使其伸长，然后用大头针钉住尾部，以 10 条为 1

排，晒干或烘干。在加工过程中，如不慎有断肢脱落，也可收集起来，一并销售，其药用价值不变。成品以足、躯干、头、尾齐全，有光泽，无虫蛀霉坏者为佳。

若需久放，可用塑料袋密封，一般用内衬防潮纸纸箱盛装，贮于阴凉干燥处，温度28℃以下，相对湿度65%~75%的环境中。注意防潮防虫。

复习思考题

1. 蜈蚣的生物学特性有哪些？了解这些特性在养殖生产中有何意义？
2. 蜈蚣的繁殖习性有哪些？生产中如何利用其习性进行繁殖？
3. 掌握蜈蚣的饲料及投喂、饮水技术，熟悉蜈蚣的捕捉与加工方法。
4. 蜈蚣的常温、加温和交叉养殖的管理要点各是什么？
5. 蜈蚣繁殖期的管理要点有哪些？

第二十二章　地鳖虫

地鳖虫俗名土鳖虫、土元，地鳖虫的种类很多，大致分为中华地鳖、滇地鳖、藏地鳖、冀地鳖和金边地鳖等，其属于节肢动物门（Arthropoda）、真节肢动物亚门（Euarthropoda）、昆虫纲（Insecta）、有翅亚纲（Pterygota）、蜚蠊目（Blattodea）、鳖蠊科（Corydiidae）、地鳖属（*Polyphaga*），是不完全变态类昆虫。中华地鳖主产于江苏、浙江、河北、山东、河南、四川、湖南等地；冀地鳖主产于河北、河南、山东、辽宁等地；金边地鳖主要产于广西、广东、浙江、福建等地。

地鳖虫味咸，性寒，有小毒，归肝经，具有破瘀血、续筋骨功能，用于筋骨折伤、瘀血经闭、肝脾肿大、疯狗咬伤等症。

第一节　地鳖虫的生物学特性

一、形态特征

地鳖虫一生经过卵、若虫和成虫 3 个不同的发育阶段。成虫雌雄异形，雄虫有翅，雌虫无翅。中华地鳖雌成虫长约 3cm，宽 2.5～3cm，体呈扁平椭圆形，边缘较薄，背部稍隆起，棕黑色，有光泽，分头、胸、腹及肛板 4 部分。雄成虫体色淡褐色，略小于雌虫。雌虫头小呈三角形，向腹面弯曲，为棕黑色，咀嚼式口器，大颚坚硬；有 1 对发达的肾形复眼，单眼 2 只；触角丝状，长而多节。前胸背板扩大，第 1 节呈盾形盖于头上，第 2、第 3 节似梯形，第 2 至第 7 节宽窄相近，第 8、第 9 节腹板向内收缩于第 7 节内。肛上板较扁平，生殖器不突出，腹末端有小尾须 1 对。雄虫前胸呈波纹状，有缺刻，具翅 2 对，较发达，前翅革质，后翅膜质，不用时折成扇状。胸部有足 3 对，发育相等，具细毛，生刺颇多，胫节上着生 5～20 枚锐刺，基部扩大，跗节 5 节，具 2 爪。腹部第 1 节极短，其腹板不发达，第 8、第 9 两腹节之背板缩短，尾须 1 对。

冀地鳖与中华地鳖形态相似，亦雌雄异形，但体稍大，雌虫长 3～3.6cm，宽 1.5～3cm，呈长椭圆形。背面淡褐色或黑棕色，略显光泽，密布小颗粒状突起。背部在前胸前缘及侧缘，中胸及后胸背板两侧，以及腹部各节两侧的外缘上有一圈棕黄色（淡黄褐色或淡红褐色）斑纹，且在胸、腹各节两侧的斑纹中间，各有一黑色小点。前胸前边缘弓起，由前胸、腹背板至尾端有一条稍隆起的背棱线，最后的腹部横节隆起最为明显。腹部 9 节，背面观似半圆形，各节背板内侧有圆形小黑点，为气门，第 8、第 9 节缩于第 7 节内。肛上板后缘稍突出，切口明显。雄虫体长 2.7～3.5cm，宽 1.5～2cm。身体呈棕黑至黑褐色，被有细微纤毛。触角基部粗大，端部纤细，长度为体长的一半。前胸背板近前缘有浅黄边，前翅黑褐色。

不完全变态类的昆虫幼体名叫若虫。中华地鳖和冀地鳖的若虫很相似，初孵出的小若虫有层卵膜包裹着，形似臭虫，背中央有一蜕裂线延伸到头部，单眼 2 只。初孵时乳白色，渐变黄褐色，最后为棕褐色，每次蜕皮亦是如此。若虫经 8～10 次蜕皮羽化成为成虫。幼龄若虫雌雄难辨，一般 5 龄后的雄若虫，中、后胸背板翅芽形成 45°角的直形曲线状，雌若虫的中、后胸背板翅芽退化，形成 60°角的弧形曲线状；腹下的横线，雄虫为 6 条，雌虫有 4 条；腹部尾端触须处的横纹，有横纹链的为雄虫，横纹离触须距离长的为雌虫。爬行时雄虫 6 足竖起，雌虫 6 足伏地；蜕皮 6 次后，雄虫头须长些，喜动好爬，而雌虫头须短些，较为安静。

金边地鳖雌雄成虫翅皆退化，体呈长卵形而扁，体型大，雌体大于雄体。体背面黑褐色或红褐色，具光泽，两侧深红色。前胸背板阔大，前缘和侧缘形成宽弧形，沿线呈金黄色的宽边，故名金边地鳖。

二、生活习性

地鳖多栖息于阴暗潮湿、腐殖质丰富的地下或沙土间等泥土疏松、富含有机质并有一定湿度的地方，野外多栖息于铺着枯枝落叶的阴暗松土或沙土中，室内多见于粮仓底下、油坊、厨房、旧墙沿下、畜禽棚舍等处。

地鳖有明显的避光性，昼伏夜出，在隐蔽或黑暗的环境中，白天也活动。地鳖畏光喜静，即使在夜间，遇亮光或响动也立即逃避，逃避不及时，立即假死，一有机会便迅速逃遁。成虫与若虫都有假死性，被捉时口吐黄棕色唾液，借以御敌。地鳖喜欢温暖潮湿环境，温度、湿度对地鳖虫生长发育的影响非常显著。地鳖虫性喜温，畏炎热，具抗冻性，生长发育的适宜温度为 15～35℃，相对湿度为 75%～80%。当温度低于 10℃时，成虫停止产卵，活动迟缓，取食减少，若虫则生长发育慢，蜕皮时间延长或不蜕皮；超过 38℃会引起死亡；当温度降至 -10～-2℃时，虫体冻僵，甚至冻上一层冰渣儿，但遇气温回升或置于室温下，虫体解冻后仍能复活，且能活动、取食，虫卵也可孵化出若虫。每年 4～5 月份气温上升到 10℃以上时，地鳖开始出土活动，15℃以上开始采食。11～12 月份气温降到 10℃以下时，除雄成虫外均进入越冬休眠期，5℃以下时，雄成虫也进入冬眠状态。除雄虫外，地鳖虫可以任意状态越冬休眠，但无真正休眠期，在温度、湿度适宜条件下，一年四季均能正常生长、发育、繁殖，但金边地鳖的卵不能越冬。

地鳖为杂食性昆虫，食物种类十分广泛，包括动物性食物、植物性食物，主要觅食腐殖质及淀粉等物，谷粒、麦麸或粮油下脚料、各种蔬菜、水果皮、树叶、杂草、杂鱼、小虾，甚至畜禽粪便均可被其利用。取食特点是喜新鲜，忌陈腐，耐饥饿。在饲料不足、虫体密度过大或饲养池内湿度过小时，会出现咬食卵鞘，大虫吃小虫，同龄期若虫吃刚蜕皮的若虫等自相残杀的现象。

地鳖虫卵生，为不完全变态昆虫，完成 1 个世代需经过卵、若虫、成虫 3 个阶段，历时 1.5~2.5 年。从雌虫产卵后到卵鞘孵化前这段时期称为卵期，卵期有所不同，一般温度保持在 25~30℃时，卵期为 40~60d。若虫自卵鞘孵化后，经过多次蜕皮至羽化前称为若虫期，若虫每蜕皮 1 次称 1 龄，也称龄期。一般雌虫需蜕皮 8~9 次，雄虫需蜕皮 7~8 次。整个若虫期平均 20~40d。随着若虫蜕皮，龄期增加，生活周期也随之延长，一般延长 2~10d。习惯上将 1~3 龄若虫称幼龄若虫期，4~7 龄为中龄若虫期，8~11 龄为老龄若虫期。从孵出到发育为成虫，雄虫需 8 个月左右，雌虫要 9 个月左右（不包括冬眠期）。从成虫至衰老死亡的这段时期称为成虫期。

1. 交尾 地鳖蜕完最后一次皮，即从老龄若虫发育为成虫，进入繁殖期，雌雄就可进行交配、产卵、孵化。5~11 月份均可交尾，6~9 月份为交尾、产卵盛期。雌虫发情时，腹部会发出一股特殊的气味，即性诱激素，以引诱雄虫交配。常引来几只甚至十几只雄虫，它们扑动着翅膀追逐雌虫，争相与发情的雌虫交配。若有一只雄虫与雌虫接触交尾，其他雄虫便自动散去。交尾时雄虫失去主动，被雌虫拖着跑。交尾高峰时间为晚上 19~23 时，交配时间一般持续 30min 左右，也有的长达 2h。雄成虫交配后 7d 左右便开始死亡，一生可以交配 5~7 只发情的雌虫；雌成虫只要交配 1 次，可终生产出受精卵。

2. 产卵 雌虫从交尾后 5d 左右，7~10d 便可产 1 次受精卵，以后每隔 2~3d 产卵 1 枚。雌虫产卵时，从生殖附腺分泌黏液状泡沫覆盖于卵鞘上，使卵鞘能附着于尾部末端，不能立即排出体外，有一个明显的"拖卵期"。拖卵期一般为 2~3d，最长 6d，最短 15~16h，其长短与温度相关，气温高则时间短。雌成虫的产卵间隔时间随气温高低也有较大差异，7~8 月间，当气温达 30℃左右时，在良好的条件下，一般 3~5d 可产卵鞘 1 枚；在 25℃时，一般 6~7d 产卵鞘 1 枚；在 20℃左右时，8~12d 产卵鞘 1 枚。一般每只雌虫一生产卵鞘 30 枚左右。产卵量与卵鞘大小随虫龄增加而降低。雌虫未交配亦可产卵，但卵不能孵化。卵鞘一般产在窝泥表层和偏上层，下层的较少。

金边地鳖的卵囊停留在雌虫生殖腔内，不产出。卵内胚胎发育完成后，卵巢一端伸出，开始孵化若虫；随着孵囊逐渐伸出，相继孵化出若虫。雌虫一生可产若虫 2~3 次，多者 4~5 次，平均一次产若虫 40 个，一生产若虫 70 个以上。

3. 孵化 每年 8 月份以前产的卵，当年 11 月中旬都可孵化，8 月下旬到越冬前产的卵，在翌年 6~7 月温度回升到 20℃时才能孵化。气温 26℃时孵化期 2 个月，30~35℃时 1 个月左右。孵化出的若虫经多次蜕皮，逐渐长大并羽化为成虫。一般雌若虫需经 540~630d，雄若虫需经 510~600d（含越冬期）方可羽化为成虫。11 月气温低于 8℃开始停食、停动，进入冬眠，亦称"入蛰"。第 2 年 4 月，气温回升到 10℃上时，开始取食、活动，再进入下一个生育期。

4. 蜕皮发育 若虫蜕皮前均呈半休眠状态，蜕皮时不食不动，呈假死状。蜕皮首先在背部裂开一条缝，蜕出头部，全身从背部裂缝处慢慢蜕出，大约需 50min。刚蜕出时，虫体稍长，全身白色。蜕皮后恢复活动，只是动作较迟缓，40min 后虫体变为深褐色，再经 8~16h 便恢复到蜕皮前的色泽。若虫期的长短与温度、湿度、喂食等有着密切关系。雌雄若虫在发育过程中，蜕去最后一次皮羽化成为成虫。

第二节 地鳖虫的养殖技术

一、养殖场建造

1. 饲养池 饲养池（坑）多建在室内或棚内，可利用空屋或住宅的墙角、墙边、地下道造池，也可专门建房造池。专建的饲养房应选择地势稍高且防潮、坐北朝南、背风向阳、比较僻静的地方。饲养房应前后留窗，便于空气对流。窗上装铁纱或塑料纱，以防蜘蛛、壁虎或其他动物侵入，有条件的可增加调温设备。饲养池多建成方格式，以便于不同龄期的地鳖分开饲养管理。池的大小、个数和总体布局根据饲养规模和房舍条件而定。可沿墙壁四周砌池，中间留出走道；也可多行池并列，间隔 0.5m 左右作过道便于操作通行；可沿地面砌单层坑、池，也可砌多层（2～6 层）立体池（饲养柜）。靠近地面的一层，在地势较高、地下水位较低时，可下挖 15～25cm，利于保温保湿；地势较低、地下水位较高时，则垫高 5～10cm，以防渗水。池底用土夯实或用砖铺砌，用水泥抹平。立体池的上几层池底可用水泥预制板或其他有一定耐湿强度的材料制成。池的周围用砖砌成，内高 25～30cm，抹上水泥。池上口嵌上 5cm 左右宽的玻璃条，向池内伸出，以防地鳖逃逸。也可用竹帘、木板、铁纱网、水泥板等覆盖池顶，但要留出一个 35cm² 大小的活动窗孔，以便观察、喂食和其他操作。

2. 饲养缸 小规模饲养，可用家庭常用的普通缸，大小均可，一般以口径 60cm、高 45cm 为好。缸内壁要光滑，防治地鳖虫逃走，缸盖要有能通气的孔，缸底铺 3～7cm 厚的小石子，其上再铺 6～7cm 湿土并压实压平，湿土上面再放 15～20cm 的饲养土。为了节省空间，可将 5～10 只缸叠放，上下缸之间垫草圈或草箍，冬季为了保温，可将缸的一半或者全部埋入地下。

3. 立体多层饲养 立体多层饲养一般可砌 3～4 层，第 1 层高 50～60cm，第 2、第 3、第 4 层各高 40cm 以上。其四周用砖砌墙，墙面粉饰光滑，以防鼠害和土鳖虫逃跑。池（坑）正面留一宽 50cm、高 30cm 装上窗纱的操作门，以便日常进行喂饲、换土、过筛等操作管理。池（坑）底部用石灰与黄泥混合土夯实，最后用水泥抹平。立体池（坑）层间不能低于 40cm，如过低则通风不良，夏季气温高时影响土鳖虫生长发育。若房屋窗户小，通风差者，多层池（坑）正面可以不砌设操作门，以利通风降温。

无论池（坑）、箱、缸等饲养，都需将其口以塑料薄膜或窗纱封严，池壁要坚实光滑；池底夯坚实后上置饲养土，池壁或池顶适当位置要留多个通气孔，设施要既能防止敌害入侵，又能防止土鳖虫爬出逃跑。

1. 饲养土 要求湿润松软，黏性和颗粒大小适中，含腐殖质较多。忌用刚施氮肥和农药的土壤，以免引起中毒或影响生长繁殖。一般选用菜园中或田埂上的土，取土后，剔除杂物，先在阳光下暴晒或开水消毒后晒干，揉碎过筛然后加入少量草屑拌匀，喷水拌匀。土粒大小以米粒或绿豆粒为度，湿度控制为含水量 15%～20%。饲养土的厚度随虫龄和季节的不同而异，一般幼龄若虫池 6cm 左右，中龄若虫池 6～12cm，老龄若虫池 12～

15cm，成虫池以 15 ~ 18cm 较为适宜。夏天可薄些，冬天可厚些，并可加盖稻草或砻糠灰，以利保温越冬。每年需换土 1 ~ 2 次。

2. 饲养用具

（1）料盘：可用 3mm 左右厚度的木板制作。规格分大（30cm × 18cm）、中（20cm × 12cm）、小（15cm × 8cm）3 种。盘深 0.8cm 左右，用木板条钉成，并与盘底成 45°左右斜角，以方便地鳖出入和防止饲料滚出。

（2）筛具：为便于地鳖分龄合池饲养、采收、选筛饲养土、卵鞘的需要，需常备各种规格的筛子。2 目筛，筛孔内径 10mm，用于收集成虫；4 目筛 7mm，收集老龄若虫；6 目筛 4mm，筛取卵鞘，筛饲养土、幼龄若虫、虫粪；12 目筛 3.5mm，筛取 1 ~ 2 龄若虫；17 目筛 1.2mm，筛取刚孵化的若虫，筛下粉螨、细泥等。筛框用木板和塑料板制作，筛网用铁丝、尼龙丝、塑料丝等编织，要求光滑，筛动时阻力小，以免伤虫。

（3）其他：卵鞘孵化器（如木盆、面盆、大口缸等），调节室内湿度的喷雾器（未用过农药的）、干湿温度表及用于清理的扫帚、刷帚、畚箕、小铁皮畚箕等。

二、引种

人工养殖土鳖虫的虫种以捕捉野生的或饲养场选种的为种虫，时间一般安排在春、秋两季，也可就地捕捉。优良种虫的标准为雌种虫体长、椭圆形、个大、腹部饱满，棕褐色而光亮、活动能力强、行动迅速、食量大、产卵率高、无寄生虫病害，若种虫生长健壮、活泼、体型大、色泽鲜、具光泽，种卵豆荚形、红褐色带有光泽、卵粒饱满。捕捉野生种虫一般在夜晚进行，带手电筒或灯笼到地鳖喜欢生活的地方寻找捕捉。还可用饲料诱捕，在大口瓶之类的容器内装入炒香的糠麸埋到地鳖经常出没的地方，瓶口与地面相平，盖上乱草或树叶，地鳖嗅到香味进入容器内摄食而无法爬出，即可捕获。

三、饲养管理

1. 放养密度 地鳖在不同的发育阶段，需要不同的营养和条件，故宜分池饲养分别管理。应用不同型号的工具筛，将大小混杂的土鳖虫轻轻地过筛，按成虫、高龄若虫、中龄若虫、低龄若虫分档，分开饲养，每平方米放养只数一般为：初孵若虫 18 万 ~ 20 万只，幼龄若虫 8 万 ~ 10 万只，中龄若虫 4 万 ~ 6 万只，老龄若虫 2 万 ~ 3 万只，成虫 0.8 万 ~ 1 万只，繁殖期雌虫 4 000 ~ 5 000 只。雌雄比率为 6:1。在饲养过程中，还要及时除去多余的雄虫。一般在若虫发育到 7 ~ 8 龄时，能区分雌雄则按比率留下健壮、发育良好的雄虫作种虫即可。

2. 饲料投喂 地鳖的饲料包括精料、青饲料和动物性饲料 3 类。精料包括麦麸、米糠、豆饼、棉籽饼、豆腐渣等；青饲料主要是瓜果、蔬菜、树叶、菜根之类；动物性饲料指肉类加工的下脚料。

饲喂时要掌握饲料干湿兼用、精料吃光、粗料有余、精粗配搭、以青为主的喂食原则。低温月份 2d 喂 1 次，高温月份每天喂 1 ~ 2 次。喂食后注意观察饲料余缺，换新料前必须清除陈料。夏季炎热时可多喂西瓜皮、西瓜瓤等多汁青料，或用碟盛清水放于饲养池内，以便饮用。冬季喂食干树叶时，需加热水浸闷变软再撒布投喂。投料时间一般均于每天黄昏前投给。

3. 温、湿度控制　包括防寒增湿和防暑降温两个方面。冬季在北方多采用地炕取暖，在南方有的将池养改为缸养，然后再将缸转入比缸径大 6~10cm 的木箱中，在缸箱之间填入谷糠、锯末面或草木灰（填至 2/3 的缸高），上盖麻袋。注意按时投料，保证越冬。也可用 2~3 层麻袋或稻草捆扎饲养缸，缸口盖 2 层麻袋过冬，或将饲养缸集中于室内池中，用稻草填满缸的周围空隙过冬。还可将饲养密度提高，适当合并饲养的土鳖虫于一池（缸），以提高抗寒能力。若气温低于 0℃，可用塑料薄膜密封室内缸或池，用 25~40W 灯泡等法适时调节温度。

夏季在缸或池内经常洒凉水，也可通过调配饲料的干湿度降温。一般每隔 3~4d 可适量喷水 1 次，喷水后，不要搅拌饲养土，避免湿土粘污虫体，影响土鳖虫采食与活动。湿度要适宜，过大会影响土鳖虫呼吸，甚至因全身粘满泥土，腿部粘成泥球，重者断腿，更易引起卵鞘发臭及螨虫寄生；过小则会影响地鳖虫的生长和产卵孵化，并引起地鳖虫自相残食与噬食卵鞘。

1. 幼龄若虫期　初孵若虫，觅食和抗逆能力差，既不能栖息到饲养土深处，又不能咀嚼一般饲料。故对饲养土要求细、肥、疏松、饲养土应该在 6cm 厚；对饲料要求以精料为主，适当配一些较优质、易消化的青绿饲料。第 1 次蜕皮前的若虫，宜喂一些加少量水的干牛粪，拌上一些切得极细的青饲料，均匀地撒在饲养池内，还可喂一些麦麸类的精料。此期的若虫白天也能出来觅食，应少喂勤添。注意避光遮阳并保持饲养土湿度。每隔 2~3d 要清除池中剩食和杂物 1 次，以保持卫生。发现蚂蚁、螨等虫害，应立即采取措施防治。

2. 中龄若虫期　此期若虫活动力逐渐增强，食量和抗逆力逐渐增加。饲养土应该在 6~12cm 厚。饲料配合时可增加青绿饲料的比例，减少精饲料，并适当添加贝壳粉、骨粉等。饲料的蛋白质含量不低于 16%，还可加进 1% 的食油下脚料及适量的鱼肝油、麦芽粉、酵母粉等帮助消化，促进生长。投喂青绿多汁饲料时，应预先晾干一点，以免影响饲养土湿度，拌入精料时要尽量搓匀。一般每天投 1 次，在 4~5 月和 11 月气温低时，可 2~3d 喂 1 次，并注意保温。若虫发育到 7~8 龄时，留数量为雌虫 25% 的雄虫满足交尾需要，其余加工入药。

3. 老龄若虫期　此前期饲养管理与中龄若虫期相似。此期虫体将由若虫变为成虫，由生长期转入生殖期，营养需求量有所不同，需增加饲料中精料和动物性饲料比例。由于虫体增大，食量增加，饲料土表层易积聚较多的虫粪，特别在气温高、湿度大的情况下易发热发臭，引起病虫害，因而卫生工作尤显重要。饲养土可适当增加到 9~15cm 厚。当雌虫进入 9 龄期时，雄虫也渐渐成熟，若继续饲养，将羽化长翅，失去药用价值。此时是进一步留种的时期，留下满足交尾需要的种雄虫即可，多余的雄虫收捕入药。

4. 成虫期　因繁殖的需要，饲料应以精料为主，粗饲料为辅；蛋白质成分保持在 22% 以上，适当添加油料下脚、鱼肝油、骨粉、贝壳粉，满足成虫营养需要。由于地鳖虫进入成虫期的时间不一致，有的已经产卵，有的尚未完成最后一次蜕皮，因此应随时检查，仔细分辨，将体形大、发育成熟、健康、反应能力强、爬行速度快的雌虫留作种虫，集于一池饲养。种用雄若虫长翅变为成虫时，应及时转入成虫池内与雌虫交配。

5. 产卵期 产卵期间应每隔 1 周取表层 3cm 以内的饲养土过筛，取出卵鞘，移入孵化池孵化或装入陶瓷容器保存以备孵化。产卵盛期过后，除留够产卵种虫外，其他雌虫应逐步分批采收。

6. 孵化期 使用孵化池孵化，饲养土与卵鞘的比例为 1:1，饲养土湿度 15%～20%。人工孵化前，对卵鞘要认真检查。卵鞘以豆荚形、色泽红黑发亮、饱满者为佳，凡是破损、畸形、干瘪、发霉者均不宜作种用。饲养土和卵鞘需每天翻动 1 次，以使温、湿度均匀，利于胚胎发育，达到出虫快而整齐的目的。孵化后期，有大量幼虫破卵壳而出，这时需每 2d 收取若虫 1 次。

7. 越冬期 地鳖的冬眠主要是由温度低引起的，因此，冬眠期要注意保暖，使室温不低于 2℃。冬眠前检查饲养土中是否有害虫隐藏，适当增加蛋白质和精料，以增强体质。饲养土可以稍干一些，还可采用加温的方法，使地鳖正常生长发育，不冬眠，并可使世代周期缩短在 1 年之内。

四、病虫害与天敌防治

1. 绿霉病 高温高湿或虫口密度过大时，易引起霉菌感染。症状是病地鳖初期虫体白，夜间不觅食，行动迟缓；后期腹部出现绿色霉状物，腿缩短，体柔软，触角下垂，腹朝上死亡。

防治方法：清除病虫体，更换新饲养土，调整虫体密度及温、湿度，并用 0.5% 福尔马林液喷洒灭菌，或用 0.25g 氯霉素拌入 0.25kg 麦麸中投喂 2～3 次，直到痊愈。

2. 大肚病 又称腹胀病，肠胃病。投喂变质饲料、饲料水分过大则导致地鳖虫消化紊乱，壳甲代谢机能失调而引起。病虫腹膨胀发亮，头部变尖，失去正常习性，长期不蜕皮等。

防治方法：幼虫期的饲养土含水量保持为不超过 20%，中虫期和成虫期依生长需要随时调节饲养土和饲料湿度，切不可过湿。0.5kg 饲料中拌入食母生 1 片、复合维生素 2 片投喂，每天 3 次，连续投喂 5～10d。

3. 线虫病 由线虫寄生引起，病虫行动迟缓，腹胀发白，吐水。

防治方法：注意饲料卫生，用 5% 盐水拌料喂服。

4. 卵鞘曲霉病 又称卵鞘白僵病，因孵化缸高温、高湿或卵鞘受伤感染曲霉菌而发病。卵鞘发霉卵粒腥臭，并在卵鞘口长出白色丝菌，幼龄若虫大批死亡。

防治方法：饲养土曝晒或消毒后使用。孵化前卵鞘用 3% 漂白粉和石灰粉（1:9）拌和消毒 30min，然后筛去拌粉，再孵化。每隔 3d 筛取 1 次幼龄若虫转移饲养，忌在孵化缸投喂饲料。

1. 螨害 螨虫主要寄生在地鳖虫胸、腹部及腿基节的薄膜处，对幼龄若虫威胁最大。病地鳖逐渐消瘦变小，卷边发硬，以致死亡。

防治方法：立即更换新饲养土，及时剔除坏死卵鞘。用香油拌和面粉或用炒熟的咸肉、骨头、炸面鱼等作香饵诱捕，白天将香饵放在池内，每隔 1～2h 清除（用开水冲泡或复炒）1 次，连续多次。也可用 20% 螨卵脂粉剂 400 倍液拌入饲料池内，每 0.1m³ 窝泥用药4g，或用0.125%三氯杀螨砜水溶液拌入饲料和窝泥内防治。

2. 其他天敌害 主要是蚂蚁，能成群咬死地鳖虫，对蜕皮期若虫危害较大。故在建池前池底土层未整实前用氯丹粉或氯丹乳油处理，养殖过程中用氯丹粉拌湿土，或5%甲萘威粉撒于饲养池四周，或在饲养池外壁涂1层黏性物质，或在饲养池四周开沟注水防止蚂蚁侵入。池内发现蚂蚁可用肉骨头等诱出池外捕杀。

此外，老鼠、蟑螂、蟾蜍、青蛙、蜘蛛、鼠妇虫、壁虎及鸡、鸭、猫等也会造成危害，也要做好防护工作。

五、药材的采收与加工

地鳖虫以雌若虫、雌成虫和雄性老龄若虫入药。地鳖虫无固定捕收时间，视饲养情况而定，雌成虫在产卵盛期过后，除留足种虫外即可分批采收。一般分为2批，第1批在8月中旬前，采收已超过产卵盛期尚未衰老的成虫；第2批在8月中旬至越冬前，凡是前1年开始产卵的雌成虫，可按产卵先后依次采收。由于雌虫第2年产卵量低于第1年，且自然死亡率高，商品出干率低30%左右，故捕收应结合分档饲养进行，如饲养规模较大或全年加温饲养的，在不影响种用的情况下，只要能保证虫壳坚硬，随时都可采收。不论何时采收，均应避开蜕皮、交尾、产卵高峰期，以免影响繁殖。采收方法是用2目筛子，连同窝泥一起过筛，筛去窝泥，拣出杂物，留下虫体。

地鳖虫的鲜体和干体均可入药。干体的加工方法有晒干和烘干两种。具体方法是，首先将虫中的杂物去尽，绝食1昼夜，以消化尽体内食物，排尽粪便，使其空腹。随后用冷水洗净虫体污泥，再倒入开水烫3~5min，烫透后捞出用清水漂洗。最后置阳光下暴晒3~4d，达到干而有光泽，完整不破碎。烘干法可用锅或者烘箱烘烤，温度从低温逐渐升至高温，保持在50~60℃，才不至于烘焦。干燥后的虫体，可用纸箱、木箱或其他硬质容器盛装。若暂不出售，可密封置干燥通风处保存，注意防潮和虫蛀霉变。

复习思考题

1. 地鳖虫有哪些生活习性？
2. 地鳖虫的繁殖技术有哪些？
3. 生产中可以通过哪些措施提高地鳖虫的产量？
4. 如何进行地鳖虫的去雄和分档？
5. 简述地鳖虫的初加工方法。

第二十三章　中国林蛙

中国林蛙（*Rana chensinensis*），又称蛤士蟆、黄蛤蟆、哈士玛、田鸡等，是我国著名的集药用、食用、保健于一身的珍贵蛙种，属国家级保护动物，被誉为深山老林之珍品，其分布范围广，但以东北三省出产的产品质量较优。

林蛙具有极高的营养价值，肉质细嫩，味道鲜美，是高级宴席中的美味佳肴。味咸性寒，无毒，具有养肺滋肾功能，常用于治疗虚劳咳嗽、疳积等症。雌性林蛙输卵管经加工制成的阴干品，称蛤士蟆油，是名贵的中药，中国几十种药膳均以蛤士蟆油为主配伍。蛤士蟆油营养丰富，蛋白质含量 25% 左右，具有人体需要的 18 种氨基酸，脂肪含量 4% 左右，碳水化合物 10% 左右，还含有少量的磷、硫、维生素 A、维生素 B、维生素 C 以及多种激素成分。蛤士蟆油性平味甘，具有补肾益精、润肺生津等作用，常用于治疗身体虚弱、精神不足、心悸失眠、盗汗不止、痨嗽咳血等症。蒙医用蛤士蟆油清热、解毒、消炎，民间验方以蛤士蟆油促进产妇泌乳、治疗小儿全身性胎毒、慢性气管炎、神经衰弱等。

人工养殖林蛙具有投资少、周期短、收益高等特点，是适合我国国情的致富产业。按保守计算，春季每亩饲养越冬后的蛤士蟆 25 000 只，雌雄比例为 2:1，经一年的饲养，越冬前即可捕捉剥油，每 300 只雌蛤士蟆出油 500g，蛤士蟆油价格为 1 200 元/kg，仅蛤士蟆油一项，亩产值就达 35 570 元。若投入占收入的 20%，则亩利润约为 28 450 元；如果剥油后再加工成干体蛤士蟆或将鲜蛤士蟆肉进行出售，其效益会更为可观。

第一节　林蛙的生物学特性

一、分类地位

林蛙在动物学分类上属两栖纲（Amphibia）、无尾目（Salientia 或 Anura）、蛙科（Ranidoae）、蛙属（*Rana*）动物。中国林蛙的学名最初由佩雷·戴维（Pere David）1875 年根据陕西秦岭、涝浴河谷的标本定名，波普（Pope）等人 1940 年将中国林蛙归入欧洲林蛙的 1 个亚种，即 *Rana temporaria chensinensis*。但吴政安（1981，1982）根据林蛙染色体核型与欧洲林蛙差异显著，恢复中国林蛙为种级。刘承钊（1961）、魏刚（1991）等学者根据我国东北、华北和西部地区的中国林蛙在体形大小、粗壮、后肢的长短、胫的粗细和输卵管的吸水膨胀率等方面的差异，划分为中国林蛙指名亚种、中国林蛙长白山亚种、中国林蛙康定亚种、中国林蛙兰州亚种等不同亚种。谢锋（1999）最新报道认为，地方名为蛤士蟆的原中国林蛙东北居群应定名为东北林蛙。

二、分布

中国林蛙广泛分布于中国北部，在东部向南止于江苏，在西部向南止于四川。已有记录的省、区、市有：陕西、山西、河南、北京、天津、辽宁、吉林、黑龙江、内蒙古、甘肃、西藏（东部横断山脉）、四川、湖北、江苏。

中国林蛙的主产区在我国东北三省，如辽宁省的凤城、清源、海城、恒仁；吉林省的桦甸、舒兰、蛟河、抚松；黑龙江省的宁安、尚志、无常等地。

中国林蛙在国外主要分布于北朝鲜、俄罗斯与我国东北接壤的地区。

三、形态学特征

成蛙整个身体由头部、躯干部、四肢 3 部分组成，没有颈部和尾部。林蛙的雌雄个体外部形态基本相似，雌蛙体型略大于雄蛙，雄蛙体长 43~72mm，雌蛙体长 55~81mm，大的可达 90mm。林蛙的雌雄一般可根据表 23-1 进行鉴别。

表 23-1 林蛙雌雄鉴别特征表

性别	个体大小	声囊	前肢	腹部颜色
雄蛙	个体较小	有 1 对咽侧下内声囊，其右侧较左侧稍大	前肢粗壮，拇指内侧有极发达的灰色婚垫	乳白色或黄白色，带灰色不规则斑块
雌蛙	个体较大	无声囊，不鸣叫	无雄蛙粗壮，无婚垫	红黄色稍带灰白色斑块

1. 头部 林蛙的头部很发达，位于身体的前端，呈三角形，扁而宽。林蛙口宽阔，位于吻端腹面。齿呈圆锥形，为角质。齿的作用是摄取食物时帮助把握食物，不具咀嚼的功能。林蛙眼呈椭圆形并向外突出，有上下眼睑，上眼睑不活动，可动的下眼睑有 2 个，半透明的叫第三眼睑或瞬膜，能开闭，林蛙在水下游泳时，即闭上瞬膜，起保护眼睛又不妨碍水下视物的作用。林蛙视觉对活动的物体十分敏感，捕获活动的食物非常准确。林蛙吻端上方有 1 对外鼻孔，其上有瓣膜，可随时开闭，以控制气体的进出。两眼的后方各有 1 个圆形鼓膜，为林蛙的听觉器。雄性林蛙的鼓膜后方左右各具 1 个弹性的内声囊，开口于口腔内，声囊起共鸣器作用。雄蛙以声音来招引异性进行交配，而雌蛙则没有声囊，故不会高声鸣叫。

2. 躯干部 林蛙的躯干部自颈椎部至体后端正中部分，为身体各部分中最大的一段，短而宽，体腹部较膨大，体后端有泄殖腔孔，其内包被着全部内脏。颈部不明显，只起着头部和身体连结的作用。皮肤略显粗糙，体侧有细小痣粒（皮肤小突起）。背侧褶在颞部形成曲折状，于鼓膜上方略向外斜，旋即折向中线，再往后方延伸，直达胯部。背侧褶间有少许皮肤褶，腹面皮肤光滑。林蛙体色因产地、季节不同而有较大的差异。一般体背黑褐色或土黄色，体背及体侧有不规则的黑斑，头后方有"人"字形黑斑。腹面典型体色为黄色或夹杂橙、红色斑纹，后肢背侧也有黑纹（横行），股部有 4~6 条，胫部有 5~6 条。

3. 四肢 前肢较短，趾细长，趾长顺序为 3，1，4，2，第 1、第 3 趾几乎等长；趾末端钝圆，关节下瘤、趾基下瘤及内外掌突均显著，趾间无蹼。但雄蛙的前肢相对粗壮有力，5 趾中第 1 趾有明显的灰白色突起肉瘤（婚垫），肉瘤分为 4 块，呈圆形，肉瘤在繁殖季节显著膨大。后肢较发达，其长度为前肢长的 3 倍，胫长超过体长之半，胫跗关节前伸可超过眼部。后肢具有 5 趾，趾细长，趾长顺序为 4，3，5，2，1，第 3、第 5 指几乎等长；趾间蹼发达，除第 4 趾外均达趾端，蹼缘缺刻较大，关节下瘤明显。

蝌蚪是林蛙个体发育中的一个发育阶段，生活在水中，具有一系列适应水中生活的特征。蝌蚪体背扁平，呈黑色，腹部为灰白色；头部尖圆，头两侧有外鳃 2 对，执行呼吸的功能，随个体的不断发育，外鳃萎缩，由内鳃执行呼吸功能；尾薄而透明，是蝌蚪的运动器官。当后肢芽明显时，体全长约 40mm。

鉴别蝌蚪种类的主要依据是口的构造，林蛙蝌蚪下唇有乳突 1 排，在口角处有副突。口部有唇齿，下唇有 3 排长齿列，1 排中间断开的短齿列；上唇有 1 排长齿，3 排中间断开的短齿列。

四、生活习性

林蛙可分为水中生活和陆栖生活 2 个阶段。即使陆栖阶段，也要生活在离水源不太远的潮湿的环境中。

林蛙水中生活主要是为了冬眠和繁殖后代，而且其蝌蚪也需完全生活在水中。冬眠一般开始于 10 月份。在此期间，林蛙摄食量大增，以植物性食物为主，包括藻类、水生植物及动物性食物（包括浮游动物尸体等），为冬眠进行体能储备。气温下降至 0℃ 左右时，林蛙便移居于沟渠、池塘、水田、潜藏在水底的淤泥里、石块下、树根旁及水下植物间进行冬眠，属群居冬眠。也有些林蛙不在水下冬眠，而是在原陆地栖息地冬眠，如松软的草地土壤里，林中的枯枝落叶层下、石块下、树洞深处等。

营陆栖生活的林蛙，喜欢生活于阴凉潮湿、植被茂密的山坡、树林、农田或草地。春秋雨季多在中午出来活动，夏季早晚出来活动。主要以各种昆虫为食，大的有蝼蛄、蝗虫，小的有螨虫、蚊子等，多数是农林业害虫，1 只林蛙每天能捕食各种昆虫可达 3 000 多只。林蛙有趋弱光性，在阳光直射的地方会使其逃离或隐蔽起来。林蛙爬行、攀登、跳跃、钻行能力非常强。

第二节　蛙场建设

依据林蛙的生物学及生态学原理，利用模拟生态环境及综合人工条件，对林蛙进行限制性、集约化养殖的方法，其目的在于提高林蛙生产的集约化程度，从而进一步保护野生林蛙资源，改进养蛙技术，提高林蛙生产的数量和质量。自 20 世纪 90 年代以来，广大养蛙者及科技人员对人工养殖林蛙进行了大量的、富有成效的试验和探索，在解决人工养蛙的关键技术上取得了阶段性成果。主要体现在以下两个方面：一是成功地模拟出林蛙生态环境，解决了人工饲料，设计出较为理想的人工圈舍；二是探索出了从林蛙孵化、蝌蚪饲养、幼蛙成蛙饲养及越冬管理等一系列技术措施。

一、选择场址

人工养蛙场一般要求占地面积小，人工建筑设施密集，便于人工管理，同时也要使林蛙的主要生活条件得到满足，能在人工养殖场内高密度地生活。因此，在选址时应重点考虑以下两个自然条件：首先是植被条件，要选择土质肥沃、杂草丰厚的园田地或庭院等较为平坦的地带，或选择在背风向阳、邻近山林的灌木丛、疏林地作为理想的建场地。其次，要有充足的水源条件，养蛙场内要有常年不断的河水、溪水、泉水或清澈河水，一年四季不干涸、不断流，能满足林蛙繁殖期、休眠期的安全用水，以及保持场内地表较高的湿度。

二、场内设施建设

根据林蛙各生物学时期的需要，可将人工养蛙场内的设施分为两个部分，即生产设施与辅助生产设施。生产设施是指林蛙在各生物学时期所要利用的人工设施，主要包括产卵池、孵化池、蝌蚪饲养池、变态池、围栏、饲养圈、越冬场和饲料生产车间等；辅助生产设施是指产品加工室、办公室等。

产卵池与孵化池可建一池，既当产卵池，又当孵化池，一池两用。该池要选择在地势较为平坦、自然光线充足的地方建场。其面积可视饲养规模而定，一般每平方米可投放种蛙约10组，或待孵卵团约10团。池坝高约70cm，池内水深维持在10～50cm，池底为一斜面，池水一侧深，另一侧浅。进、出水口要设在同侧，排灌方便，并在进、出水口设网，以防蝌蚪逃跑。

饲养池和变态池的修建方法与产卵池大致相同，池深一般为50cm，中央应设安全坑。在饲养池外围应设围栏，以防幼蛙逃跑。为延长林蛙生长时间，使其早孵化、早变态，可将饲养变态池设在大棚内，以提高环境温度。

林蛙饲养圈是幼蛙和成蛙采食和生长发育的地方。饲养圈可分为永久性饲养圈和简易饲养圈两种，养蛙者可根据实际经济条件选择建设。

1. 永久性饲养圈 其所用的材料一般为砖、石或水泥预制板。圈墙高约70cm，上沿向圈内折成90°角，沿长10cm，圈角应呈圆弧形，小圈外需设高1m的围栏，将场区围住。1个5m×5m的饲养圈，可养幼蛙约1万只或成蛙约3 000只。

2. 简易饲养圈 简易饲养圈一般借助木桩、铁丝及塑料薄膜等材料，构筑每个圈20～30m²的小圈数个，然后于全部小圈外再设一层围栏。

林蛙越冬是人工养殖的重要环节，为使林蛙能够安全越冬，要因地制宜地修建室外越冬池、越冬窖、地下室或室内冬眠池等，以供林蛙越冬之用。

1. 室外越冬池 越冬池又叫冬眠池，是林蛙冬眠的地方。为使林蛙安全越冬，养蛙场应根据需要建1处或数处越冬池，越冬池的大小可根据养殖量的多少而定。规格为20m×40m，可作为5万只成蛙或30万只幼蛙的越冬场所。越冬池的深度应在2.5m左右，冬天冰下水深应保持在 1m 左右。池底铺一层厚约 5cm 的阔叶树叶，用作冬眠隐蔽物。在养殖场内河流的深水处筑坝，将水位保证在 2m 左右，亦可用作林蛙冬眠池。

2. 越冬窖　越冬窖一般深约 2m，由砖、石及水泥等建成，窖底为土层，四角呈圆弧形，大小可依林蛙的数量而定。窖底放厚约 0.5m 的石头、树叶或秸秆等物。窖口留通气孔，并有防鼠、防蛇设施。

3. 室内冬眠池及地下室　有条件的人工饲养场可利用地下室或在室内修建冬眠池，以供林蛙冬眠用。室内冬眠池深约 1.5m，砖石水泥结构，不漏水，池底放厚约 20cm 的落叶。其大小可视林蛙数量而定，室内冬眠池一般每平方米可投放 100～200 只成蛙，或 300～500 只幼蛙。

第三节　林蛙的繁殖

一、林蛙的繁殖生理

雌雄林蛙的性成熟年龄一般为 2 年，但也随着温度、饵料的丰欠、野放和人工圈养等差异而不同。1 年生雄蛙的精巢明显可见，但体积小，淡肉色；2 年生雄蛙达到性成熟，精巢体积增大，颜色由肉色变为黄色。

林蛙为雌雄异体动物，繁殖时雌雄蛙下水作假交配，或称抱对。雌蛙在抱对的刺激下，将卵子排入水中；与此同时，雄蛙也将精液直接排在卵上，在水中完成受精过程。受精卵在水中孵化并发育成蝌蚪，蝌蚪再经发育变态成幼蛙至成蛙，这就是林蛙的生活史。野生林蛙在自然条件下的雌雄比例为 1:1.34，但受蝌蚪发育年份气温的影响较大，这也是林蛙性别诱导的基础。林蛙属刺激性排卵动物，每年春季繁殖季节到来时，雌蛙在雄蛙抱对行为刺激下，产卵于水中。

二、林蛙的繁殖技术

林蛙的繁殖技术主要包括蛙的选择、产卵、孵化等重要环节。

林蛙的种类界定并不十分清楚，各方面的意见并不一致，在选种时，应选择符合以下标准的蛙作为种蛙：第一，应选择 2 岁以上的林蛙作种蛙。2 年生的林蛙个体小，产卵量较少，一般在 1 000～1 500 粒之间；3 年生林蛙则个体大，且产卵数量多，平均每只雌蛙的产卵量为 1 800 粒；4 年或 4 年生以上的雌蛙数量较少，但产卵量大，最高可达 2 300 粒。在实际生产中，以 2 年生和 3 年生的雌蛙为主组成种用繁殖群，3 年以上（含部分 3 年生）雌性林蛙多归入商品群进行商品采收。第二，选择体型较大的雌蛙作为种蛙。2 年生雌蛙体重在 27g 以上者，方可选作种用，而 3 年生种蛙的平均体重应达到 40g，4 年生以上的种蛙体重应在 56g 左右。第三，种蛙外观应选择符合标准体色（黑褐色），体背有"八"字形斑纹。第四，应选择行动灵活、反应机敏、健壮无病、无缺陷的林蛙作为种用。

如果将林蛙直接散放在人工产卵场内，可能会导致部分或全部种蛙逃逸，因此，有必要采取相应手段，控制林蛙在产卵池内产卵。下面介绍笼式产卵法和圈式产卵法。

1. 笼式产卵法 该法适用于规模较小的林蛙场。笼式产卵法是指将繁殖用的种蛙装到人工制作的笼子里，强制其在笼子里产卵的一种人工控制产卵法。产卵笼可以是铁丝笼网（一般为70cm×60cm×30cm），也可以用枝条编成鱼篓形或圆形产卵筐（或篓）。在上述规格的铁丝网笼中可投放种蛙约100组，每组中雌雄的比例为1:1～1:2，密度不可过大，也不能过小，雌雄比例也不可作过多的改变。

每年春季林蛙出蛰后，应及时组织捕捉、收集种蛙，并尽快置于产卵池中，令其配对产卵。产卵池的水深应保持在15～30cm为宜。产卵笼应集中放在静水处，水温保持在5～10℃，以利于提高蛙卵的受精率。

在温度适宜的条件下，种蛙抱对5～12h后开始产卵，多数产卵时间在凌晨0时至早晨8时，高峰出现在早晨6～7时。产卵之后要及时移卵，即将卵团取出送入孵化池。一般来说，移卵宜早不宜迟，刚排出的卵团较小，没有充分吸收水分，不易损坏（见下图）。可事先制作纱网捞具捞取卵团，并将获取的卵团装入木桶或塑料桶内（桶内不用放水），及时送入孵化池孵化。

2. 圈式产卵法 圈式产卵法是将种蛙放在人工建造的产卵圈中进行产卵的方法，本法适用于较大规模养蛙场的林蛙产卵。此法与笼式产卵法相比，具有建造简单、造价低廉、产卵面积大等特点，也是目前大多数养殖场采用的产卵法。其建造方法是：在产卵池四周（离池埂1～2m），间隔一定距离在地面上竖木桩，桩高0.5～1.0m，然后用铁丝网（网口不超过1cm²）或塑料布进行围栏，可设一活动门作人员出入口。注意池埂与围栏之间应为疏松土壤并被覆一层约5cm厚的落叶，以备种蛙产卵后生殖休

图 林蛙卵团

眠之用。使用时，将种蛙按次序按雌雄1:1～1:2的比例放入产卵圈，让其自由抱对产卵。产卵池每平方米可投放种蛙50～100组。产出的卵团要及时捞出，并送入孵化池进行孵化。

孵卵是林蛙繁殖技术中的主要环节，提高林蛙卵孵化率和保证适当的雌雄比例是养蛙的关键问题之一。种蛙所产的卵被转运到孵化池后，即开始了蛙卵的孵化，在养蛙生产实践中，常采用自然孵化和塑料布覆盖孵化两种方法。

1. 自然孵化法 自然孵化法与野生林蛙卵的孵化过程基本相同，都是靠自然水温来孵化蛙卵，该法适用于大规模养殖林蛙。自然孵化法在人工孵化池内进行，每平方米约投放卵团10团，可用草绳、枝条、草等将孵化池隔成若干小片水面，将蛙卵均匀地分布于池中，以便于充分利用光线和溶氧条件。

蛙卵的孵化速度、孵化率及雌雄性别比例均与孵化温度有关，林蛙卵的适宜孵化温度为7～16℃。在自然孵化条件下，孵化温度主要随地表温度的变化而变化，一般来说，初期温度宜较低，后期温度宜较高。孵化初期要保持水温在6℃以上，为确保水温，在灌水技术上常采用封闭式灌水法，即在注水之后封闭出、入口，保持静水状态较长时间。随着时间的推移，逐渐采用半封闭式灌水法，即开放入水口，关闭出水口，以期达到不断补充新水及保持适当水温的目的。至胚胎发育后期，应采用开放式灌水法，开放出、入水口，不断灌入新水，排出废水。

在孵化过程中，要密切注意天气变化，尤其是要防止寒流的侵袭。一般夜间和阴雨天应适当加深水层，晴天宜浅灌；当遇到降温时，可加深水层，防止结冰，或采用人工办法在夜间不断破碎冰层，保护卵团。此外，在有条件的情况下，可采用塑料薄膜覆盖保温，以起到临时防寒的作用。

在蝌蚪孵出之前，要进行人工疏散转移，即把行将孵出的林蛙卵团转移至蝌蚪饲养池。

2. 塑料薄膜覆盖孵化法 本法适用于较小规模或易受寒流侵袭地区的养蛙场。其优点是，能有效防止寒流侵袭，保持较高水温，缩短孵化期；其缺点是，孵化率较低，蛙的雌性比例较自然孵化法低。

其具体做法是：将孵化池修建成长方形，池上用木条或钢筋作支架，外面铺塑料薄膜，四角用土压住，每隔约2m处留一开口，以便观察和取放卵团之用。

用此法孵化卵团，要注意防止水温过高，不能超过20℃，否则雌蛙比例大为降低，甚至使胚胎死亡。

三、林蛙的捕捉

将柳条编成的瓮放在主河道中央，两侧用土、石头埋好，使水只能经过瓮中流过，便可截住顺流而下的林蛙。瓮里投放些树枝或砖块等杂物效果会更好。

在林蛙下山途中，挖若干个直径和深度均为1m的土坑，坑内放一条麻袋，袋口张开与坑的大小一样。夜间坑口上方架一盏诱虫灯，林蛙急于觅食掉到坑里，第2天早晨便可收蛙。

群居冬眠的林蛙个体之间相互拥挤在一起，数量可达几百只，一般多集在河流转弯处、深水处、人工越冬池等处，利用这一特性，在冬季可将冰盖揭开，用网捕捞。

有些沟岔条件较好、沟深水丰，枯枝落叶层达50cm以上，树叶潮湿，温度适宜，林蛙就地越冬，利用这一特点，在初冬时节可上山翻树叶、搬石头、刨土坑回捕林蛙。

根据林蛙下山越冬前暂时散居的习性，可采取手工捕捉，搬石头、挖沙粒、清淤泥等回捕林蛙。这种方法通常在回捕后期"清场"时使用。

第四节 林蛙的饲养管理

一、饲养管理技术

每年春季临近林蛙出蛰时，首先自冬眠场所将林蛙取出，置于室内（室温在10~20℃之间），让其抱对，配对时间应视水温和气温而定。然后将其投放到准备好的产卵池中，种蛙即开始产卵，种蛙自抱对至完成产卵经历 48~62h，个别体大者需 82h。林蛙产卵的最适水温为 8~11℃，此时水温为 9~12℃，产卵时间为 40~60min，产卵多集中在早晨 4~5 时进行。

种蛙产卵与池水深度密切相关，池水深度一般在 10~50cm，大多数种蛙将卵产在 10~20cm 的浅水区。卵团分布与水深的关系见表 23-2。

表 23-2　水深与卵团数的关系

水深（cm）	10	15	20	25	30	35	40	45	50	55	60
卵团数（个）	462	430	121	100	83	207	140	32	34	43	25
所占比例（%）	27.55	25.64	7.22	5.96	4.95	12.34	8.35	1.91	2.03	2.56	1.49

与封沟养蛙相比，人工养蛙场条件较为优越，有条件者，应尽量采用大棚人工孵化法或塑料薄膜覆盖孵化法。

蛙卵孵化好坏的两个重要指标是孵化率和孵化时间。为达到理想孵化率和适当缩短孵化期，应控制水质和调节水温。控制水质，主要是确保池水清洁、安全无害、含氧丰富、日晒充足，并要清除易造成危害的水生动物。水温对蛙卵的孵化影响巨大，主要体现在 3 个方面：一是影响孵化时间，在一定的范围内，随着温度的升高孵化时间缩短；二是影响孵化率；三是影响性别比例，在 6~20℃，低温趋向于使雌雄比例升高，而高温则相反。温度与蛙卵孵化时间的关系见表 23-3。

表 23-3　温度与蛙卵孵化时间的关系

平均水温（℃）	总孵化时间（h）	平均水温（℃）	总孵化时间（h）
6.8	368	11.8	216
9.2	312	15.0	149
9.7	312	18.9	108
11.0	221	—	—

蝌蚪期是林蛙个体生活史中极为重要的时期，一般历时 40~50d。人工大棚是饲养蝌蚪的一种良好设施。蝌蚪在人工大棚饲养条件下的生长发育规律见表 23-4。

表 23-4　人工大棚条件下蝌蚪的生长发育规律

生长发育时期	日期	生长天数（d）	适宜水温（℃）	生长发育情况
蝌蚪生长发育期	4月20日出蝌蚪至5月2日	12	10~26	生出后腿肢芽
	5月8日	6	12~26	两后腿长出4mm小节
	5月12日	4	15~26	两后腿长6mm，内脏发育完全
	5月16日	4	18~26	两后肢长出两节，长1cm
	5月20日	4	18~26	后腿发育完全，长1.5cm，生出前肢芽
变态前期	5月23日	3	23~26	前肢发育完全
变态中期	5月25日	2	23~26	四肢发育完全，尾缩去1/3
变态后期	5月27日	2	23~26	变态完毕，登陆生活

1. 蝌蚪期的饲养　蝌蚪为杂食性，主要采食对象有水藻类、杂草、野菜、蔬菜、各种动物肉及内脏等。在人工养殖条件下，为培育高质量的幼蛙群，应投饲一定量的人工饲料，蝌蚪的饲料以植物性饲料为主，精、粗饲料的比例约为1:2，可将饲料直接投放到饲养池水边或水中的采食板上。饲喂蝌蚪要定时、定点，同时饲料要保质、保量。饲料不足，则蝌蚪相互残杀，一般是大的咬住小的，或者是几只蝌蚪围攻1只蝌蚪，直至将其吃掉。料量过剩，则严重污染水质，引起池水溶氧量降低，而造成蝌蚪大量死亡。具体方法可参考表23-5。

表23-5　林蛙蝌蚪的饲养

蝌蚪日龄	食性特点	人工饲料	投饵方法
1~7	主要吃卵胶膜	不用人工饲料	—
8~14	植物性饲料	以豆浆和煮熟的羊蹄叶、山芝麻等嫩叶植物为主	每日1次，投量为250g/m²
15~29	食量增加，对食物选择不严格	嫩的椴、榆树叶，羊蹄叶，蒿草，结合喂精料（玉米粉:豆饼粉:鱼粉:肉骨粉=1:1:0.5:0.5），或用营养价值相当的鱼饲料	日投1~2次，精料投量为500~1 000g/m²
30	变态期停食	停用人工饲料	—

2. 蝌蚪期的管理

（1）密度调节：人工饲养蝌蚪的密度在10日龄左右时，每平方米水面放养4 000~5 000只；15~20日龄时，将密度控制在2 500~3 000只；25~30日龄时，每平方米水面应放养1 500~2 000只。

（2）同池蝌蚪的日龄一致性原则：人工养殖蝌蚪时，密度高，易造成蝌蚪间相互残食现象，一般为大吃小。蝌蚪开食后对后期的卵团危害极大，它们可以很快地咬破未孵化的卵膜，造成卵大量死亡。因此，必须将同期的卵团放在同一孵化池内，以确保同池蝌蚪日龄的一致。

（3）池水管理：池水管理是蝌蚪期管理的重点，其主要内容可概括为水质、水量和水温。蝌蚪期，要保证充足的水源，随时排灌；注意保持水池水面平稳，注水要平稳。在蝌蚪生长初期，通过灌水调节水温，在每天下午的2~3时进行。一般白天、晴天要浅灌水，夜间或阴雨天要深灌。

另外，要经常检查池子水位，及时清理沉积废物，确保饲养池不断水、不臭水，严防污水及农药等的污染。池水的pH值应为6.5~7.0，每周要将池水彻底更新1次。

1. 仔细观察，做好变态预测　当蝌蚪生长至25~29日龄时，即蝌蚪全长为4.3~5.0cm；躯体部长1.2~1.5cm，呈扁圆形，直径0.9~1.0cm；尾长3.2~3.5cm；后腿发育基本完整，长1~1.5cm，前腿处生出两个小突起，开始向变态期过渡。蝌蚪进入变态期的特征是，体侧前肢处出现突起，腹部收缩变瘦，体形变小并停止进食。

2. 及时转运幼蛙　蝌蚪发育至变态期时，如果幼蛙饲养圈内设有蓄水池（面积2~4m²），可将变态期的蝌蚪直接用手操网捞取并转运到饲养圈的蓄水池中，令其自然完成变态，直接进圈饲养。若饲养圈内未设蓄水池，则需等幼蛙变态完毕后，及时将其捕捉送至饲养圈内饲养。捕捉时最好用手操网，而不直接用手，以免损伤幼蛙。

3. 防逃和防天敌危害 在蝌蚪变态期到来之前，要预先用塑料布将变态池围起，并要求围栏严实无缝隙，以防幼蛙逃跑。蝌蚪变态期要防止天敌鸟类的侵害啄食。

人工养殖林蛙，林蛙在饲养圈里的生活时间为 3～4 个月，在饲养圈内的饲养与管理是最重要的技术环节。因此，应根据林蛙的生长发育规律，通过创造适宜的生态环境和提供适宜的饲料，达到提高林蛙质量和产量的目的。

1. 幼、成蛙的饲养 人工高密度饲养林蛙，其食物主要由人为供给。人工饲料种类较多，人工饲养的黄粉虫是既营养又价廉的林蛙饲料。

幼蛙在饲养圈中需生活 3～4 个月时间，前半期每只蛙每天投饲 2～3 龄黄粉虫 2～3 只，共需黄粉虫 100～150 只，重量约为 2g；后半期每只蛙每天需投饲 4～5 龄虫 3～4 只，共可采食黄粉虫约 150 只，重量 5～6g。4 月中下旬，成蛙经生殖休眠后开始进入采食期，成蛙每天每只需采食 5～6 龄黄粉虫 3～4 只，每年共需 420 只，重量约 42g。

为了扩大人工养蛙的食物来源，还可采用灯光诱虫等技术措施作为辅助手段。可采用特制 400W 内镇高压汞灯或白炽灯，采用防水灯头并设灯罩，灯安装在距地面约 2m 的木杆上，用以引诱远距离昆虫；或在饲养圈内安装黑光灯，灯离地面 0.5m，诱虫喂蛙。

诱虫要在晴好天气里进行，雨天停止。一般自 6 月下旬开始诱虫，晚上 8 时至凌晨 4 时为灯光诱虫时间。

2. 幼、成蛙的管理 人工养殖条件下对幼、成蛙的管理主要集中在两方面，即保证饲养圈的湿度和防止林蛙逃逸。

（1）湿度调节：林蛙喜欢潮湿的环境，怕日晒和干燥空气的侵袭，所以林蛙饲养圈必须是遮荫的，相对湿度要求保持在90%以上。为保持较高湿度，要设置喷雾设施，喷水时间为上午 10 时和下午 2～3 时。

（2）防止逃跑：林蛙在阴雨天异常活跃，逃逸能力极强。为防止林蛙逃跑，仅在饲养圈围墙的顶部设沿还不够，还应在圈墙外约 1m 处设一塑料布围栏，将逃至圈外的林蛙截在塑料布围栏之内，然后人工将其捉住并送回饲养圈。

除上述两方面管理措施之外，平时要注意观察蛙群动态，饲料供给要充足，发现林蛙有异常或病态要及时检查并采取相应措施。

1. 越冬方法 参加越冬的林蛙主要为当年生幼蛙和种蛙。在人工养殖条件下，林蛙的越冬方法多种多样，可根据实际条件选择。

（1）越冬池越冬法：建有越冬池的养蛙场，可于 10 月中旬以后将待越冬的林蛙放至冬眠池中，并在池周设围栏，让林蛙利用越冬池越冬。此法较为简便适用，但对水源要求较高。

（2）笼装深水越冬法：此法一般根据需要先制作适宜大小的金属网笼，可将雌雄蛙混合装入笼中、封严，然后将其固定于水下的 1.5m 深处令其冬眠。此法越冬需经浅水暂贮至 11 月中旬左右，当气温降至 3℃ 时，再将其移至深水或水库中冬眠，成活率可大于 90%。

（3）越冬窖越冬法：将经浅水暂贮后的林蛙于 11 月中下旬移至修建的越冬窖内冬眠。

此法成活率可达85%。

（4）室内冬眠池越冬法：将待冬眠的林蛙于10月中下旬移至室内水泥冬眠池内，注1m深水，用窗纱封口即可。

2. 越冬期的管理要点

（1）保证水位：对于上述越冬池越冬和笼装深水越冬两种方式，其管理的要点在于保证水位，防止严冬断水。越冬期水位必须保证冰层下有0.8～1.0m深的流水层。

（2）确保适宜的温、湿度：采用越冬窖越冬和室内冬眠池两种越冬方法的，其管理的重点在于确保适宜的温、湿度。窖内越冬，其相对湿度应控制在85%～90%；室内越冬，温度应控制在0～5℃。

（3）清除死蛙、严防鼠害：室内和窖内越冬应经常检查，发现有死蛙要立即清除，并查找原因，加以改进。鼠害是越冬的大敌，对林蛙的冬眠场所要进行防鼠技术处理。

当春季来临、气温转暖之时，正是林蛙出蛰之时，此时可采用集中人工出池或自然出池两种方法出池。人工出池较自然出池时间早4～5d，出池的种蛙应立即送往繁殖场。幼蛙与种蛙同时人工出池时，幼蛙应先放入浅水池内暂贮存10～20d，等气温转暖后再送至饲养圈内饲养。自然出池的幼蛙，在围栏内可随时捕捉，随时送到饲养圈。

二、主要疾病防治

1. 病因　病原为嗜水气单胞菌及乙酸钙不动杆菌的不产酸菌株等革兰氏阴性菌。该病一年四季均可发生，传染快、死亡率高。

2. 症状　发病个体精神不振，活动能力减弱，腹部膨胀，口和肛门有带血的黏液。病初期后肢趾尖有出血点，很快蔓延到整个后肢。剖检可见腹腔有大量腹水，肝脏、脾脏、肾脏肿大并有出血点，胃肠充血，充满黏液。

3. 防治　定期换水保持水质清新，合理控制养殖密度，定时定量投喂食物，及时将发病个体分离，控制疾病蔓延。

用3%的食盐水浸泡病体20min，在饲料中加拌磺胺嘧啶，加药1～2g/kg饲料，连续投喂3d。

1. 病因　水中浮游植物多，在强烈光照条件下，植物光合作用产生大量氧气，引起水中溶氧量过饱和；地下水含氮过饱和，或地下有沼气；或温度突然升高，造成水中溶解的气体过饱和，这些过饱和的气体形成气泡，蝌蚪取食过程中不断吞食气泡，气泡在蝌蚪消化道内聚集过多便引发气泡病。

2. 症状　蝌蚪肠道充满气体，腹部膨胀，身体失去平衡仰浮于水面，严重时，膨胀的气体干扰和阻碍正常血液循环，破坏心脏。解剖后可见肠壁充血。

3. 防治　预防的主要措施有：不投喂干粉饲料、控制池中水生生物数量、勤换水保持水质清新、植物性饵料煮熟以后投喂。发现气泡病可将发病个体分离出来，放到清水中，2d不喂食物，以后少喂一点煮熟的发酵玉米粉，几天后就会痊愈。

1. 病原　肠炎的病原为细菌，可能是嗜水气单胞菌和链球菌。

2. 症状　病体活动异常，取食量明显减少，反应迟钝，垂头弓背，机体消瘦，蝌蚪发病后多浮于水面。解剖可见腹腔积水，胃肠壁严重充血，消化道内无食物，但是有大量黏液。

3. 防治　定期换水保持水质清新，不喂发霉变质的饵料，并在饵料中加拌一些中药，如大蒜、黄连等。另外，暴饮暴食也会引发胃肠炎，因此饵料投喂要定时、定量、定点。

1. 病原　脑炎病原为脑膜败血性黄杆菌，该病比较少见，蝌蚪、幼蛙和成蛙均可感染此病。

2. 症状　病体精神不振，行动迟缓，食欲减退，发病蝌蚪后肢、腹部和口周围有明显的出血斑点，部分蝌蚪腹部膨大，仰浮于水面。解剖可见腹腔大量积水，肝脏发黑肿大，并有出血斑点，脾脏缩小，肠道充血。

3. 防治　引种时严格检疫，养殖过程中勤换水，合理规划养殖密度。发病后可以用 3×10^{-6} 浓度红霉素进行药浴，同时连池水带蝌蚪一起用 3×10^{-6} 浓度的漂白粉消毒。

南方冬季气温比较高，林蛙越冬期易发生水霉病。该病病程长、死亡率低，多发生在蛙的四肢，如果不及时治疗常会造成残疾，并引发其他疾病。

1. 病原　水霉病病原是水霉，多由于有外伤而引发。

2. 症状　水霉的内菌丝生于动物体表皮肤里，外菌丝在体表形成棉絮状绒毛。菌丝吸收蝌蚪和蛙体的营养物质，使蝌蚪和蛙体消瘦，烦躁不安，菌丝分泌的蛋白水解酶可使菌丝生长处的皮肤肌肉溃烂。

3. 防治　进入场地前用 1×10^{-6} 浓度的高锰酸钾浸泡 10min，定期用 0.5×10^{-6} 浓度的漂白粉进行消毒。发病后在水池中加甲醛溶液，浓度为 2×10^{-6}。

第五节　林蛙产品初加工技术

一、林蛙主产品的加工与贮藏

林蛙主产品是蛤士蟆油，脑垂体、蛙卵、蛙皮等则为林蛙的副产品。蛤士蟆油的初加工包括采收、贮藏等。

蛤士蟆油采收包括以下两个步骤。

1. 林蛙的干制　干制就是把新鲜雌性林蛙制成"林蛙干"。即先用 $55 \sim 75℃$ 的热水将蛙烫死（$15 \sim 30s$），然后用麻绳穿透上下颌连成长串，每串 $100 \sim 300$ 只，放在通风良好的地方经过 $7 \sim 10d$ 即可晒成林蛙干。干制过程要注意防冻或发霉，阴雨天或夜间应收于室内，也可考虑用火炕加温的办法进行干燥。

2. 蛤士蟆油的剥取　剥取蛤士蟆油前，先将干蛙放入 $60 \sim 70℃$ 温水中 $5 \sim 10min$，浸软后装入盆里或其他容器里，用湿润的麻袋等物加以覆盖，放在温暖的室内 $10 \sim 12h$，使皮肤和肌肉变得柔软。剥油方法有 3 种：①把颈部向背面折断，连同脊柱去掉，从背面撕开腹部，即可取出油块。②从腰部向背面折断，掀出肋骨及脊柱，剥开腹部取出油块。③先将前肢沿左右方向朝上掰开，露出腹部，然后用刀或竹片剖开腹部，去掉内脏及卵巢，取出油块。刚剥出的油含水分多，需放在通风良好而又有阳光的地方进行干燥，经 3~5d 干燥后，再进行包装与保藏。干燥期间应注意防冻，以免影响油的质量。

蛤士蟆油的另一种剥取方法，是将活蛙在有流水的操作台上直接剥取输卵管，然后干燥。剥油后的蛙肉可供食用，但此法费工，且输卵管易被血污、灰尘等污染。

蛤士蟆油经过充分干燥之后，按照油的色泽、块的大小等商品规格，分等级包装。包装的容器可用木制、铁制或纸制的容器，内衬油纸或白纸，加盖封严。

包装后的蛤士蟆油要放在干燥地方贮藏，防止潮湿、发霉和生虫。蛤士蟆油夏季易受鞘翅目伪步行虫甲科及天牛科等昆虫危害，可用白酒喷洒，或将启盖的酒瓶放入林蛙油箱中让其蒸发，严封箱盖，以达到灭虫、避虫的目的。

蛤士蟆油在采收、加工及贮藏期间，如操作管理不当会产生红油、黑油、冻油等劣质品，这会大大影响蛤士蟆油的功效，并降低收购等级。红油、黑油、冻油的产生原因及防止方法如下。

1. 红油 外观呈血红色，轻者油块出现红色斑点，重者会变为红色。其原因是秋季捕捞没有做好防冻工作，使捕捞蛙体内各器官结冰，输卵管上毛细血管破裂，待放到室内冻解后血液从破裂的毛细血管流入周围组织，使输卵管染成红色，干制后成为"红油"。

防止方法：冰冻期捕捞过程中，注意防寒防冻。若发现蛙体已受冻，带回室内立即用热水烫死，不让其苏醒，使血液不能在输卵管上大量流出，避免形成红油。

2. 黑油 由于卵巢腐烂而污染成为黑油，其质量严重受影响。

防止方法：改进干制方法，必须在通风良好的条件下干制，遇到阴天时特别注意防霉变，必要时用火炕烘干。

3. 冻油 冻油是在冰冻条件下干制造成的。外观呈粉白色，不透明，质地松软，易碎，呈粉质状。蛙体放在室外冰冻，直到水分蒸发掉，冰结晶破坏了输卵管的结构，使其胶状物质变成易碎的粉状，质量低劣，失去了蛤士蟆油的基本特性。

防止方法：冬季捕捞林蛙一定要在室内进行干制，严禁放在室外冷冻，可避免制出冻油。

二、蛤士蟆油的性状、规格及鉴定

蛤士蟆油是雌性林蛙的输卵管干燥品，其产品为不规则弯曲、相互重叠的厚块，长 1.5~2.0cm，厚 1.5~5.0mm。表面黄白色，呈脂肪样光泽，偶有带灰白色薄膜状的干皮，手摸之有滑腻感，遇水可膨胀 10~15 倍，气味特殊，微甘，嚼之黏滑。

蛤士蟆油显微鉴别方法：取蛤士蟆油粉末，加 1~2 滴碘酒，稍静置数分钟，再加稀甘油数滴，盖片观察可见：①腺体较宽，直径 130~210μm，侧面观细胞呈长方形，排列整齐；②横切面观呈喇叭状，细胞 5~8 个；③细胞表面可见斑点，细胞核明显。

林蛙油经过充分干燥后，主要根据其色泽、油块大小及杂物含量等划分商品规格。目前常分为 1~4 等，各等级标准如下：

1 等：油色呈金黄色或黄白色，块大而整齐，有光泽而透明，干净无皮膜、无血筋及卵等其他杂物，干而不硬。

2 等：油色呈淡黄色，干而纯净，油块比一等油小，皮膜、肌、卵及碎块等杂物不超过 1%，无碎末，干而不潮湿。

3 等：油色不纯正，无变质油，但油块小，主要由小块油组成，皮膜、肌、卵及碎块等杂物不超过 5%，无碎末，干而不潮湿。

4 等（等外）：油杂色，有红色、黑色及白色等，有少量皮、肌、卵及其他杂物，但不得超过 10%，干而不潮。

1. 荧光检查 蛤士蟆油置紫外灯下呈棕色荧光；蛤士蟆油的稀醇浸出液置于紫外灯下呈浅粉色荧光。

2. 化学定性 取本品 0.1g 溶于 50% 乙醇溶液中，取浸出液 3ml 加 6 滴水合茚三酮试剂，沸水中加热 5min 后呈蓝紫色。

3. 膨胀度检查 取蛤士蟆油破碎成直径约 3mm 的碎块，于 80℃ 干燥 4h，称取 0.2g，按中华药典膨胀度测定法测定。开始 6h 每 1h 振摇 1 次，然后静置 18h，倾去水液，读取样品膨胀后的体积计算。本品膨胀度不得低于 10~15。

复习思考题

1. 林蛙的生活习性有哪些？
2. 如何选择种蛙？
3. 林蛙产卵之后为何要及时移卵？孵化时温度对性别比例有何影响？
4. 如何进行林蛙油的质量鉴定与真伪辨别？
5. 简述林蛙不同生理时期的饲养管理要点。

第二十四章　鳖

鳖俗称甲鱼、团鱼,营养丰富,肉味鲜美,其裙边更是脍炙人口的上等菜肴,营养滋补之上品。据测定,产于长江中、下游地区的鳖,每 100g 鳖肉中含水分 80g,蛋白质 16.5g,脂肪 1g,碳水化合物 1.6g,灰分 0.9g,钙 107mg,磷 135mg,铁 14mg,硫胺素 0.62mg,核黄素 0.37mg,尼克酸 37mg,维生素 A 137IU。鳖的药用价值很高,全身均可入药,有养阴清热、平肝熄风、软坚散结等功效,历来为祖国医学界所重视。另据日本东京大学的试验研究证明,鳖确实具有抗癌作用。随着鳖类保健食品的开发,国内市场的需求量将会越来越大。目前国外市场销售形势也很好,单就日本市场每年需 800~950t 食用鳖,其中需进口量为 200~350t。所以,可以预测,由于野生鳖资源的日趋枯竭,人工养鳖业必然会逐渐兴旺发达。

第一节　鳖的生物学特性

一、种类和分布

鳖习惯上称为甲鱼、团鱼,属爬行纲 (Reptilia)、龟鳖目 (Testudoformes 或 Chelonia)、鳖科 (Trionychidae)。我国分布的鳖科动物有 3 属 4 种。鼋属 (Pelochelys),包括 1 种鼋 (P. bibroni),分布于我国云南、广西、广东、海南、福建、浙江、江苏等省区境内的水域中,在东南亚缅甸、马来西亚和菲律宾等几个国家以及几内亚地区都有分布,为我国一级保护动物。山瑞鳖属 (Palea) 1 种,即山瑞鳖 (P. steindachneri),分布于我国贵州、云南、广东、广西和海南等地。小鳖属 (Pelodiscus) 两种,即小鳖 (P. parviformis) 和中华鳖 (P. sinensis)。小鳖仅产于广西东北及其接壤的湖南部分县市的湘江上游江段,为我国新发现的鳖类物种。中华鳖广泛分布于除宁夏、新疆、青海和西藏以外的我国大部分地区,尤以湖南、湖北、江西、安徽、江苏等省产量较高,另外在日本、朝鲜、越南等地也有分布。我国的鳖科动物以中华鳖最为常见,而目前养殖的鳖类也以中华鳖为主。

二、形态特征

鳖外形扁平,呈椭圆形,分头、颈、躯干、尾、四肢 5 个部分。体表覆盖柔软的革质皮肤,具背腹二甲,背甲的周边有厚实的结缔组织,俗称"裙边",背甲和腹甲之间有韧带相连。鳖头前端呈三角形,吻长而突出,鼻开孔在吻前端,便于伸出水面呼吸。眼小,在头两侧,视觉不发达。口宽,上下颌无齿而有边缘锋利的角质喙。四肢短,内侧三趾有爪,趾间有蹼,宜于爬行和游泳。鳖的体色,背部一般为橄榄绿或黄褐色,但可随栖息水域而变化；腹面一般呈灰白或黄白色。我国鳖科 3 个种之间的比较见表24－1。

表24－1　我国鳖科 3 个种之间的比较

项目 种类	吻突	背甲前缘	眶后方	地理分布
中华鳖	吻突较长，略等于眼径	无明显疣粒	窄于眼眶直径	除青海、宁夏、西藏、新疆外，全国均有分布
山瑞鳖	与中华鳖相同	有一至二排明显的疣粒	与中华鳖同	云贵、广东、海南、广西
鼋	吻突极短，不到眼径一半	无疣粒	宽于眼眶直径	云南、江苏、浙江、福建、广西、海南、广东

三、生物学特性

鳖喜栖息在水质清新、底质多淤泥的湖泊、河流、池塘及水库中，时而潜入水中或水底泥沙中，时而又浮到水面，伸出吻尖呼吸空气。鳖一般 3～5min 伸出吻尖呼吸 1 次，水温越高，出水呼吸的次数越多。鳖还能用皮肤和咽喉部群毛状小突起组织，利用水中的溶解氧进行呼吸。

鳖具有"三喜三怕"的特性，即喜静怕惊、喜阳怕风、喜洁怕脏。在无风温暖的晴天，爬上河滩，伸开头足进行"晒背"，晒背可以杀死附着在体表的某些致病生物。鳖胆小，遇有风吹草动就会迅速潜入水中。但鳖又生性好斗，争抢栖息地域或食物时，就要相互格斗、撕咬或残杀。

鳖是变温动物，性喜温暖，适于摄食和生长的水温为 20～33℃，最适温度为 27～31℃。当水温超过 33℃或低于 20℃以下时，鳖的活动和摄食量减少，15℃左右停食。水温降至 10～12℃时鳖钻入泥沙冬眠，经过冬眠期，鳖的体重减轻 10%～15%。

鳖每年有半年左右的冬眠期，非但不生长，还要减重，所以生长速度十分缓慢，在自然条件下饲养，当年鳖可达 5～15g，2 龄鳖达 100～150g，3 龄鳖达 200～300g，4 龄鳖达 400～600g，5 龄才能到达 600～1 000g。鳖的养殖周期长，一般要养殖 4～5 年才能达到 0.5～1.0kg 的商品规格。经试验研究表明，鳖的冬眠并不是它们必需的生命过程，而是一种对低温的生理性适应，采用温室常年适温养殖，可在 12～20 个月内将稚鳖养成商品鳖。

鳖是以动物性饲料为主的杂食性动物，稚鳖时期摄食水蚤、水生昆虫、水蚯蚓等，幼鳖和成鳖时期以鱼、虾、螺等为食，并能摄食腐臭的动物尸体；平时也会食少量植物如水草、瓜菜、浮萍等。在人工饲养的条件下，鳖喜食人工配合饲料、畜禽内脏等。

第二节　鳖的繁殖

目前天然鳖的产量锐减，依靠天然苗种不能解决当前养鳖业对苗种的需求，而且自然繁殖受气候条件限制，受敌害生物的侵袭，产卵量少，孵化率低。因此，进行人工繁殖是解决养鳖苗种最可靠的途径。

一、亲鳖的选择

鳖的性成熟年龄随养殖地区而异，热带地区全年可生长，性成熟早；亚热带、温带地区有较长的冬眠期，全年适合生长的时间仅半年左右，性成熟较晚。我国鳖性成熟年龄，华南地区为3~4龄；华东、华中地区为5~6龄。

刚达到性成熟年龄的鳖，虽然也可以做亲鳖，但由于体重小，产卵量少，卵粒小，卵质量较差，不适合作亲鳖。一般认为适合作为亲鳖的年龄，应是当地鳖性成熟年龄再加1~2龄。如华东地区鳖性成熟年龄为4~5龄，则选择人工繁殖用的亲鳖的年龄应为5~6龄，体重一般1.5~2kg为好。

雄鳖尾长，能自然伸出裙边外，背甲呈前狭后宽的椭圆形，中部隆起，后肢间距较窄；雌鳖的尾短，不能自然伸出裙边外，背甲呈较圆的椭圆形，中部较平坦，后肢间距较宽（图24-1）。

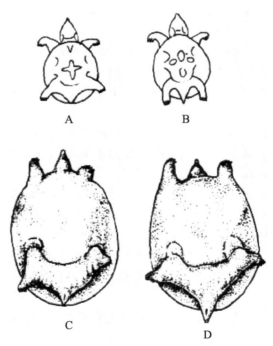

图24-1 雌雄鳖外观区别示意图
A. 雌幼鳖 B. 雄幼鳖 C. 雌成年鳖 D. 雄成年鳖

二、亲鳖的培育

亲鳖的体质、营养状况，对其产卵量的多少、孵化率的高低以及稚鳖质量的优劣等关系很大。因此，做好亲鳖的培育工作，是提高鳖人工繁殖经济效益的技术关键之一。

　　比较合理的放养密度，一般为每平方米放养体重 1 ~ 1.5kg 的亲鳖 0.3 ~ 0.5 只。如果饲养条件较好、管理技术水平较高时，放养密度可适当增加些。

　　亲鳖在培育池内采用雌、雄混养，雌雄的比例为 3:1 ~ 4:1。雄鳖的数量不宜太多，否则会干扰雌鳖正常的发情、交配，并且也减少了单位面积雌鳖的放养数量，从而降低单位养殖面积内的产卵量。

　　1. 亲鳖培育期间的饲料　亲鳖培育用的配合饲料，粗蛋白质含量在 45% ~ 50%，粗脂肪约 3% ~ 5%。使用天然饲料饲养时，应以含蛋白质高的动物性饲料为主，再辅以少量的蔬菜、瓜果、豆饼、米糠、麸皮等植物性饲料。

　　2. 投饲方法

　　（1）根据季节、水温投喂：当春天水温上升到 18 ~ 25℃ 时就要在亲鳖培育池内投饵。春秋比较凉爽的季节，每天可投喂 1 次。如采用新鲜饲料时，日投饲量为鳖重量的 5% ~ 10%；如使用人工混合或配合饲料时，每日投占甲鱼体重 0.2% ~ 2% 的饵料。在 6 ~ 9 月时期，水温高，鳖摄食量大，每天应投喂 2 次（上、下午各 1 次），干饲料为 2% ~ 3%。10 月以后，水温渐降，鳖为度过漫长的寒冬季节，需要加强摄取高能量物质，准备冬眠。因此，对亲鳖的饲养，在越冬前应适当多喂脂肪性饲料，使其体内能积累足够的脂肪安全越冬。

　　（2）根据性腺发育情况投喂：①做好产前培育：春末夏初是鳖性腺迅速发育的时期，亲鳖除了将体内积累的大量营养物质转化为性腺发育需要的营养物质外，还非常需要从外界摄取大量的食物，尤其是高蛋白物质。因此，对产前的亲鳖，应特别注意使用高蛋白的动物性饲料，以保证其繁殖产卵活动的顺利进行。②加强产后培育：9 月以后，繁殖季节已过，产后亲鳖的体力和营养消耗很大，需要补充营养来恢复体质；而且，产后的亲鳖，其性腺发育开始了另一个周期，也需要较多的营养物质，促使性腺生长发育。据性腺发育规律研究，9 月时，亲鳖卵巢成熟系数为 1.4%，而在 10 月底迅速增至 5%。因此，加强产后亲鳖培育是做好鳖人工繁殖的重要步骤之一。

　　3. 日常管理

　　（1）水质管理：亲鳖池要求水质清新，池水溶氧充足，浮游植物繁茂，水的透明度以 30 ~ 40cm 为宜。

　　（2）控制池塘水位：亲鳖池的水位，春秋季节以 0.8 ~ 1m 为宜；夏冬时期池塘水位宜深些，可在 1.2 ~ 1.5m，以防池水温度过高或过低。

　　（3）巡塘管理：每天巡塘 2 次，检查鳖摄食情况，及时清除残饵、杂物。经常检查并修复防逃设施。发现鳖生病，应及时隔离及防治。

三、发情、交配和产卵

　　每年 5 ~ 8 月期间，水温在 20℃ 以上，性腺发育成熟的雌雄亲鳖开始发情、追逐、交配。交配时雄鳖骑在雌鳖背上，将其交配器插入雌鳖泄殖腔内，进行体内受精。发情、交配多在晚上进行，交配时间约为 5min。

雌鳖在交配后半月开始产卵，产卵的盛期一般在芒种至大暑期间。鳖产卵的时间，一般在更深夜静的晚间 22 时至凌晨 4 时进行。鳖在水中生活，但要上陆地上产卵。产卵前，雌鳖单独爬上滩地，找到干湿、松软合适的产卵地，用后肢挖土掘洞，将尾巴伸入洞内产卵，产卵时间约为 10min。产卵后，雌鳖再用后肢挖土将洞穴填平，并用腹甲压平后爬回池中。

鳖为多次性产卵类型，在繁殖季节内，能产卵多次。1 年内产卵的次数和卵数与亲鳖的年龄、体重和营养状况有关。一般 1 年能产卵 3～5 次。

四、鳖卵的采集和人工孵化

鳖卵为多黄卵，卵母细胞在进行第一次成熟分裂（染色体减数分裂）排出第一极体后，卵子就离开卵巢进入输卵管，在输卵管上端与精子结合形成受精卵。受精卵在输卵管内的时间较长，约 1 个月才排出体外，产出的卵已处在囊胚期。

鳖卵呈卵球形，卵径 1.5～2.3cm，重 3～6g。刚产出时，胚胎尚未固定，一般要在产出后 8～30h 受精卵的胚胎才完全固定，此时受精卵白色的动物极和黄色的植物极明显出现，可借此来鉴别受精卵与没有受精的鳖卵。受精卵的卵壳顶部有一圆形的白点，并渐次扩大到卵的中央，未受精的鳖卵无白点或有不规则的白色斑块。

每天早晨要在鳖产卵场或产卵房处细致检查鳖产卵情况，按鳖的脚印和产卵时翻动沙土的痕迹确定产卵孔穴的地点，先作上标记，待估算产出后 8～30h 后再取出鳖卵。先鉴别是否受精，然后将受精卵小心放入收卵箱（50cm×30cm×10cm，底部铺 2cm 左右厚细沙的木箱）。盛放时要注意将受精卵的白色动物极朝上，整齐规则地排列在收卵箱内，移入孵化场孵化。

每次在采集鳖卵后，应及时将产卵场产卵洞穴填平整理，在天旱时，还应适量喷淋些清水，使产卵场保持干湿合宜，为鳖再次产卵做好准备。

1. 室外孵化场孵化 室外孵化场面积可根据生产规模大小而定，一般为 3～4m²。周围用砖砌成高约 1.2m 的围墙，墙脚四周设几个排水管以利排水和通气。孵化场底部铺 10cm 左右厚的石砾和粗沙，然后再铺 5cm 左右厚的细沙以便于滤水。孵化沙床表面应有 5°～10° 的倾斜，并在最低处埋一只浅水缸或木盆，其口面与沙面相平，盆内盛少量清水，供收集稚鳖用。孵化场上方用竹木或塑料、帆布等搭一简易的挡雨棚。

孵化场的管理主要是控制适宜的温度和湿度，做好防止鼠、蛇、蚁等工作。孵化场的温度应控制在 25～35℃ 之间；孵化用沙的含水量掌握在 8%～12%，孵化过程中空气的相对湿度保持在 80%～85%，早期可稍低，晚期宜高些。稚鳖孵出以后，由于趋水性的作用，它们会自动爬入与孵化场沙面相平的盛有浅水的小水缸或小木盆中，此时可将它们移入稚鳖池养殖。

2. 室内孵化 室内孵化在孵化箱内进行，孵化箱长、宽各为 1m，高 10～20cm，箱底钻有若干滤水孔。孵化前，先在箱底铺 3cm 细沙。一只孵化箱内可放 2～3 层受精卵。为方便管理，孵化箱内进卵时，应尽量把同一天采集到的受精卵放在同一只孵化箱内孵化。卵量少时，可将 3～5d 的卵合并在同一只孵化箱内孵化，但要记录清楚。

孵化室的温度应控制在 30～32℃，湿度以孵化用沙含水量 8%～12%，空气相对湿度 80%～85% 为好。孵化管理工作与室外孵化管理相似。

鳖卵孵化所需的天数随孵化温度的高低有较大的差别。孵化温度为 23℃ 时，约要 80d 才能孵出；温度为 25℃，需 60d 左右孵出；孵化温度为 30℃ 时，经 45～50d 后稚鳖出壳。刚出壳的稚鳖羊膜尚未脱落，或还有豌豆大的卵黄尚未吸收，但只要在盆内饲养 1～3d，卵黄即会吸收，羊膜自然脱落，此时可移到稚鳖池饲养。

第三节　鳖的饲养管理

鳖的饲养可分为稚鳖、幼鳖、食用鳖和亲鳖 4 个养殖时期。饲养的类型有单养和混养 2 种。混养是指在同一养鳖池塘里，除主养鳖外，还合理地搭养一部分其他鱼类。合理的混养技术除能充分利用池塘水体外，还有利于养鳖池塘的水质改良。

鳖饲养的方式有室外常温养殖、室内加温养殖及室内加温和室外常温结合养殖等 3 种。采用室外常温养殖方式时，由稚鳖养成食用鳖的整个饲养过程全部在室外露天池塘内进行，养成每只 500g 以上的食用商品鳖需 4～5 年。这种养殖方式虽然不需要加温增加能源消耗，但因稚鳖当年的生长时间只有 1～2 个月，规格小，体质弱，在室外越冬成活率很低，为 20%～50%；并且鳖每一年中约有半年时间的冬眠，真正摄食生长的旺季（水温 25～35℃）只有 4～5 个多月，实际上是很不经济的养殖方式。另外，将幼鳖饲育成食用鳖还要经历 2～3 个越冬时期，每次越冬，除部分体弱的要死亡外，其他越冬鳖体重要降低 10%～15%，因此，这种方式养殖的鳖生长速度慢、养殖周期长、资金周转滞缓，有必要加以改革。

室内加温养殖，是指采用工厂余热水、温泉水及锅炉加温等方法，使饲养鳖的水温全年保持在最佳生长的 30℃ 左右，在 10～12 个月内，将稚鳖饲养成食用鳖。采用这种养殖方式的池塘一般为面积 50～100m² 的水泥池。室内加温养殖采用鳖的人工配合饲料，单位面积产量较高，但需要有温泉、工厂余热及其他能源等常年加温条件，因此，只能在某些具有条件的地区实施。

室内加温和室外常温结合养殖方式，是指采取室内加温，使饲养水温维持在 30℃ 左右，将当年稚鳖饲养成大规格的幼鳖，在第 2 年室外水温回升时，转移到室外露天池塘养殖，在 12～15 个月内养成商品食用规格上市。这种养殖方式，虽然加温需要消耗能源，但由于室内养殖池的面积很小（饲养稚、幼鳖），加温时期较短，所消耗的能源不大，而成活率和单位面积产量较高，商品鳖的肉质也比全温室养殖的好，并且大大缩短了养殖周期，因此，此方式显然是比较合理的，在生产上也是行之有效的。

因为冬眠是鳖对低温不良外界条件的一种保护性生理适应，但不是必需的生理条件，所以冬季加温养殖，虽然打破了原来鳖冬眠的习惯，试验证明，它不会引起鳖正常生理的障碍。养殖实践也表明，冬季加温饲养的稚、幼鳖，体质健康、生长良好，养成的亲鳖，能正常繁殖后代。

一、养鳖池塘

养鳖池按其任务及饲养规格不同可分为亲鳖饲养池、稚鳖饲养池、幼鳖饲养池、食用鳖饲养池等。供体重 1kg 以上的亲鳖交尾、产卵用的池塘，称为亲鳖饲养池；将当年刚孵出体重 3~5g 的小鳖，养殖到越冬前体重 10~15g 的池塘称为稚鳖饲养池；将体重 10g 左右的稚鳖，养成体重 100~200g 幼鳖的池塘称为幼鳖饲养池；将体重 100~200g 的幼鳖养成体重 500g 以上商品规格的池塘称为食用鳖饲养池。生产上，为了调节各养殖池塘的利用率，经常把食用鳖饲养池和亲鳖饲养池互相借用。另外，为防止疾病蔓延，还应设病鳖隔离池塘。各类鳖池的面积和水深见表 24-2。

表 24-2　各类鳖饲养池的面积和水深

名称	结构	面积（m²）	池深（m）	水深（m）
稚鳖池	室内水泥池	10~20	0.5	0.2~0.3
幼鳖池	室内水泥池	20~40	0.5~0.8	0.3~0.5
	室外水泥池	20~80	0.5~0.8	0.3~0.5
	室外土地	600 左右	1.0~1.2	0.8~1.0
食用鳖池	水泥池	100~400	1.5~1.7	1.2~1.4
	室外土地	500~1 000	1.5~1.7	1.2~1.4
亲鳖池	水泥池	100~400	1.5~1.7	1.2
	土地	500~1 000	1.5~1.7	1.2~1.4

1. 亲鳖池　供亲鳖培育和产卵用。亲鳖饲养池一般为土底，周围加建防逃墙，防逃墙高出水面 30cm，并埋入土中 20cm 左右，可用砖砌水泥抹面或表面光滑有一定牢度的其他材料建成，以防鳖攀爬逃出。

亲鳖池底要有 20~25cm 的软泥，供鳖栖息和潜伏越冬，池底需向排水口处倾斜，以利于排干池水。池四周堤坡的坡度以 30°为宜，以便于亲鳖爬坡上滩地休息和活动。

亲鳖饲养池塘除应有一定面积供鳖晒背、活动的滩地外，还需设供雌鳖产卵用的产卵场。产卵场一般建在池塘东南部的堤岸上，用沙土铺成厚 30cm 的沙坪。为防止雨天积水，沙坪底部应铺些石砾，并有排水小管。沙坪的面积应按产卵雌鳖数计算，每只雌鳖需产卵沙坪的面积为 0.1~0.2m²。如果亲鳖池面积较大，可多设几个产卵沙坪，以方便亲鳖产卵。另外，在产卵场附近可种植一些落叶树木或高秆作物为鳖栖息提供良好环境。

2. 稚鳖池　刚孵出的小鳖柔弱娇嫩，对外界环境的适应能力较差，因此，最好在水泥池内饲养。稚鳖饲养池塘，池底铺沙 5~10cm，池堤高出水面约 20cm，池堤顶面需设 5cm 伸向池面的檐。在池堤内架设休息台供鳖上来活动、晒背及摄饵，休息台可由水泥板或木板做成，面积一般占全池面积的 1/5~1/10（图 24-2）。

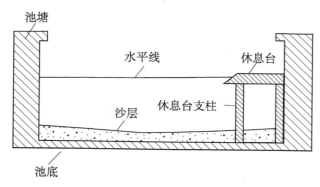

图 24 - 2　稚鳖饲养池侧面剖视图

3. 幼鳖池　为了缩短鳖的养殖周期，除部分幼鳖池塘建在室外进行露天饲养外，大部分幼鳖池应建在室内。室内饲养池为水泥池结构，室外饲养池有水泥池和土池 2 种。水泥池的形状与稚鳖池相似，池底铺沙 10 ~ 20cm。土池的形状与亲鳖池相似，但面积稍小，池深较浅些。幼鳖池休息场地约占全池面积的 1/10。

4. 食用鳖池　一般为室外土质池塘，其结构除不设产卵场地外，其他均与亲鳖饲养池相同。如果使用养鱼池塘改建，需增加休息场地和防逃墙。养鳖池塘一般均设有注水、排水口，注水、排水处应有可靠的防逃设施。

二、鳖的饲养技术

稚鳖幼小、体弱，易受敌害生物伤害，对环境适应能力差，饲养中容易发生大批死亡现象。体重 50g 以内的稚鳖是比较难养的，需要有较好的饲养条件和技术，其中提供优良的水质和适口、适量的饵料是提高稚鳖育成幼鳖的主要技术关键。

1. 稚鳖放养　刚孵化出壳的稚鳖，应先放入浅水的盘（盆）内暂养 3 ~ 5d 后再放入稚鳖池塘饲养。入池前需用 0.01% 高锰酸钾溶液浸泡 15min。稚鳖的放养密度以每平方米 50 ~ 100 只为宜。

2. 投喂　稚鳖刚出壳时依靠卵黄囊供给营养，不需要投饲，孵后 3d 开始能摄取外界食物时，投喂水蚤、丝蚯蚓、瓢莎等饵料，每天投喂量为稚鳖体重的 10% ~ 20%。使用鳖的人工配合饲料饲养稚鳖，有营养全面、使用方便的特点，可将稚鳖配合饲料加工成 2mm 的颗粒或用菜叶揉成糊状投喂，每日投喂量为稚鳖体重的 4% ~ 6%，每天投喂 2 ~ 4 次，每次投饵以 2h 内食完为度。

3. 水质和日常管理　稚鳖池水浅，放养密度大和投饵量多，容易引起水质败坏、稚鳖患病死亡事故。因此，需要及时加注新水，一般每 5d 左右更换 1 次。稚鳖池塘的日常管理工作，主要是做好清除残饵、防止敌害生物侵害、防逃及做好防病治病工作。室外的稚鳖池应放些水花生、水葫芦等水生植物，作遮阳避暑、净化水质和供稚鳖栖息等用途。

4. 越冬管理　稚鳖越冬损失大，应尽量创造条件搭建简易暖房，加热保温，使稚鳖在温室内生长，变越冬减重为增重生长期，缩短饲养周期，提高养鳖业的经济效益。采用室外越冬时，在越冬前应适当增投含脂量较高的饲料。另外，越冬池应选用池水较深、池底淤泥较厚的池塘，使稚鳖能潜伏池底安全越冬。

幼鳖的饲养是指将每只体重 10～15g 越冬后稚鳖饲养成体重 200g 左右幼鳖的过程；食用鳖的养殖是指将体重 200g 左右的幼鳖饲养为 500g 左右商品规格的食用鳖的过程。在常温养殖情况下，幼鳖的饲养时间较长，需 2～3 年；食用鳖的饲养时间为 1～2 年。采用冬季加温养殖方式时，只要 15 个月左右就能把稚鳖饲养成食用鳖。其步骤是：第一步，先将孵化出壳的稚鳖在常温下饲养到 9～10 月（由体重 3～5g 养成 8～10g）；第二步，将稚鳖移入室内加温池（30℃左右）饲养，由 10 月养到翌年 5 月中旬（体重由 10g 左右养成体重 200～250g）；第三步，将第二阶段饲养中体重特别大者（300～400g/只）继续留在温室水泥池内饲养到 7 月左右，达商品食用规格（500g/只以上）时出塘上市。另外，将每只体重 200～250g 的幼鳖移到室外露天池塘养殖，到 11 月时大部分都能达到 500g 左右的商品食用规格，起捕上市。

幼鳖和食用鳖的饲养技术和方法基本相似，其技术要点如下。

1. 饲养环境

（1）鳖饲养环境宜保持安静：远离厂矿及交通干道，在一般情况下，谢绝参观游览。严禁随意捕捉玩弄，鳖经捕捉后在 1～3d 内可能不摄食或摄食减少，影响生长。

（2）提供足够的活动、晒背滩地：活动、晒背滩地一般应占养殖水面的 1/10 左右。

（3）注水和"养水"：绿色的池水透明度低，使池中饲养的鳖不易受惊、逃窜，让它们有"安全"感，池中浮游植物（主要是微囊藻）繁茂，池塘有机物质无机化过程快，池水溶氧量高，有利于鳖饲养池塘的水质改良；另外，鳖爱洁怕脏，清新的池水，适宜鳖栖息生长。所以在池塘清整后，注水要用滤网滤过，防止浮游动物大量混入；进水后，每公顷饲养池施尿素或硫酸铵 30kg 和过磷酸钙 15kg，在适宜的季节里 3～4d 浮游藻类就能大量繁殖起来。为了使蓝、绿藻类经常生长繁茂，在高温季节需定期（每半月或 1 个月）施放生石灰，进行水质改良。鳖饲养池塘一般每 7～10d 更换 1 次池水，以保持水质清新。

（4）水温：促使鳖适宜生长的温度范围为 25～35℃。在室外露天情况下，一般只能依靠太阳光能及用调节水位和简易塑料薄膜等方法来调控水温，以延长生长期和提高鳖的增重率。在室内饲养时，应调控在最适鳖生长的 30℃ 温度条件下养殖。

2. 分级饲养和放养密度

（1）分级饲养：鳖喜欢咬斗，并且同龄个体生长差异很大，因此，放养时应按不同规格放养于各级饲养池塘，切不可将大小鳖混养在同一池塘，以免弱肉强食和扩大个体生长差异。但要注意，由于鳖胆小、怕惊，在捕捉后的 1～3d 内摄食不佳或不肯摄食，筛选分养的次数不能太多。一般可进行 2 次，第 1 次在春天，水温上升，向室外露天池塘按个体的大小分级放养；第 2 次可在越冬前，将达到上市规格的拣出，不够上市规格的按大小规格放入不同的饲养池中越冬或移入冬季加温室内池饲养成商品鳖后出售。

严格分级饲养的原则应在日常管理工作中灵活实施，如果发现饲养池中个体生长差异大，并且大欺小现象严重时，应及时将特别大者捕出，另放合适的饲养池中，以保证大多数饲养鳖的正常摄食、生长。

（2）放养密度：幼鳖和食用鳖饲养时的放养密度与饲料的丰足及饲养管理水平有关。

一般幼鳖饲养时放养密度为：放养体重为 10~20g 的幼鳖时，每平方米为 5~10 只；放养体重为 40~100g 幼鳖时，每平方米为 3~5 只。进行食用鳖养殖时，放养每只鳖体重在 150~250g 时，一般每平方米放养 1~2 只；放养每只鳖体重在 350~450g 时，每平方米可放养 0.5~1 只。另外，为充分发挥池塘水体的潜力，在大幼鳖或食用鳖饲养的池塘里，还可以适当地搭养一部分鱼。混养鱼的池塘，水深应在 1.5m 以上。

3. 饲料的投喂

（1）饲料：饲养幼鳖和食用鳖用的饲料没有饲养稚鳖时那样严格，各地可根据当地的饲料供应情况加以选择和调配。但鳖是以食动物性饵料为主的，因此饵料中必须有较高的动物性蛋白。根据饲养试验结果，饲养体重 200g 以下的幼鳖的配合饲料中粗蛋白的含量以 50% 为宜，而对体重 200g 以上鳖饲料，蛋白质含量以 45% 为宜。鳖对脂肪的需要量为 3%~5%。

养殖幼鳖和食用鳖常用的饲料有各种畜禽内脏及下脚料、猪血粉、鱼、虾及螺蚬贝类和豆饼、花生饼、糠麸、蔬菜、瓜果等。由于新鲜动物性饲料来源有时会比较困难又不易保存，现在很多养殖场已逐步改用人工配合饲料饲养。使用鳖人工配合饲料时，鳖生长较好，饲料系数为 1.7~2.0，而使用低值鲜鱼时的饲料系数为 6~8。

（2）饲料的投喂：①饲料的投喂数量。养鳖的投饲量应根据饲养鳖的规格、水温及饲养时的摄食状况等来调控。一般饲养较小规格的鳖时，其日投饲率（占体重的百分数）较高，在水温接近最佳饲养温度 30℃ 时，日投饲率高。饲养时的日投饲率可参考表24-3 进行。

表 24-3　常温养鳖时的日投饲率参考表

种类　　　　　　　时间	养殖前期 （5~6 月）	养殖中期 （7~9 月）	养殖后期 （9 月下旬至 10 月）
鲜饲料	5%~10%	20%	5%~10%
养鳗、养鳖人工配合饲料	0.5%~2%	3%	0.5%~2%
日投次数	1 次	2 次	1 次

②投饲方法。投喂饲料时应采用动物性或人工配合饲料，搭喂少量蔬菜、瓜果等植物性饲料的方法，以提高饲料的转换效率。如使用人工配合饲料（养鳗或养鳖）时，应加投 1%~2% 蔬菜和添加 3%~5% 的植物油（玉米油）。另外，在低值鲜鱼易得的地区，在人工配合饲料中增加 3.5%~4.0% 碎鲜鱼和 1%~2% 鲜蔬菜（或青饲料），能有效地促进鳖的摄饵率和增重率。养鳖用饲料台面积 0.5~1m²，用木板或水泥做成，它的一边浸入水中，另一边斜搁在池堤上，饲料就投在饲料台接水处的上方，方便鳖的摄食。投饲要贯彻定时、定位、定量、定质的原则。

4. 加强饲养管理　幼鳖和食用鳖的饲养管理，主要应做好以下几点：①做好水质调控工作，使池塘浮游植物繁茂，池水透明度保持在 20~30cm，溶氧量充足。②盛夏季节在池边种植丝瓜、南瓜、葡萄等植物，搭架供其藤蔓攀附；也可在池塘内种植水葫芦、水浮莲等（约占池面1/5），起遮阳作用。冬季在越冬池北边应搭防风棚，并加深池水，以防止越冬鳖冻死。③加强巡塘管理，以防敌害生物入池吞食鳖；平时经常注意并保持防逃设施的完好状况。④做好鳖疾病防治工作及时将病鳖隔离和治疗。

复习思考题

1. 鳖的价值主要体现在哪些方面？
2. 如何搞好鳖卵的采集和人工孵化工作？
3. 温度控制对鳖的养殖效果有何影响？
4. 谈谈不同时期与阶段鳖的饲养管理要点。
5. 查阅相关资料，谈谈如何办好一个养鳖场。

第二十五章　黄粉虫

第一节　黄粉虫概述

一、黄粉虫养殖历史及现状

黄粉虫原为一种仓储害虫，俗称面包虫。黄粉虫营养成分高居各类活体动物蛋白之首，故被誉为"蛋白质饲料宝库"。国内外动物园都用其作为繁殖珍禽、水产的肉食饲料。近年来，逐步被开发为宠物饲料，以及应用于人类的高级营养素。

黄粉虫原产南美，饲养历史悠久，民间饲养已达百年之久，我国在20世纪50年代末由北京动物园从前苏联引进饲养；20世纪70年代被科研部门用于杀虫剂的药效检测与毒性试验，昆虫学界亦用作科研、教学中昆虫生理学、生物化学等方面的试验材料，用于饲养珍禽；20世纪80年代初用于饲养蝎子、蜈蚣、蛇等特种动物；到20世纪90年代，均为家庭零散饲养模式，没有形成规模化饲养，以致造成黄粉虫品种繁杂，退化严重；自1995年以后，许多农户参与了养殖，才逐渐形成集约化与工厂化养殖。

进入新世纪，环境、资源、人口问题越来越突出，蛋白质的短缺，亦是一个全球性的问题。对畜牧业来说，传统的饲料蛋白来源主要是动物性肉骨粉，鱼粉和微生物单细胞蛋白，对于来自于昆虫的蛋白质尚未得到广泛应用。肉骨粉在牲畜之间极易传带病原，如国际上影响巨大的疯牛病、口蹄疫即与肉骨粉污染有关。而国际上优质鱼粉的产量每年正以9.6%的幅度下降，单细胞蛋白提取成本过高，畜牧业持续、稳定、高效的发展，急需寻求新型、安全、成本低廉、易于生产的动物性饲料蛋白。因而，目前许多国家已将人工饲养昆虫作为解决蛋白质饲料来源的主攻方向，黄粉虫的开发即是突出代表之一，一方面可以直接为人类提供蛋白，另一方面作为蛋白质饲料出现。我国近年来，亦开展了这方面的研究，并获得了较大的成果，尤其对蝇蛆、黄粉虫等大量繁殖的研究，其生产技术已可用于工厂化生产。蝇蛆、黄粉虫等昆虫蛋白质含量高、氨基酸富含全面、生物量大，是可再生性极强的资源，且生产投入少、成本低、见效快，开发前景十分可观。

黄粉虫食性很杂，喜甜，主要食物是麦麸、麦糠、玉米秸、豆秸、花生秧、地瓜秧、豆皮、瓜果皮、豆渣、酱渣、粉渣、糖渣、蔬菜残体、厨房垃圾甚至畜禽粪便等，只要是无毒、无异味均可。其转化能力极强，同时还具一定降解能力，因此在产业化开发黄粉虫资源功能的同时，对其生态转化功能的开发所获得的生态效益、社会效益及环境效益，亦十分突出。

黄粉虫生存条件很低，适应性较强。其特点惧热不惧冷，对温、湿度要求不高。只要夏季注意降温、排湿，冬季注意保暖、通风，一年四季都可饲养。黄粉虫养殖具有节地、节粮、节水、节能源、节空间、节人力"六节"特点，适合于不同地区、不同环境，各类人群、各种条件。

近年来，日本、美国等从我国购买甲壳质，生产壳聚糖及其衍生物，再以"高科技制品"返销中国大陆。其主要品种有壳聚糖和由壳聚糖配制的专用制品，以及供化妆品用的羟基衍生物等。而国内壳聚糖制品尚未形成规模，生产工艺流程和相应配套设备还在探索之中，产品没有执行的统一质量标准，指标性能不稳定，生产企业应用的高品位壳聚糖则需进口。饲料工业中，正在开展利用甲壳素作为抗菌添加剂的研究，亦逐步为行业所接受。昆虫粉中则自然含有5%左右的甲壳素，是理想的新型饲料蛋白。

在国际市场上，由于肉骨粉污染带来的疯牛病等问题，优质鱼粉的产量下降，单细胞蛋白成本高等因素，亟待探讨新型无污染残留、高产，具天然抗菌物质的饲料蛋白来源。昆虫作为地球上最大的尚未被充分开发利用的生物资源，正符合这一发展趋势。黄粉虫是昆虫资源中最具代表性的种类，开发利用价值非常明显。

二、黄粉虫的生物学特性

黄粉虫（*Tenebrio molitor*）属节肢动物门（Arthropoda）、真节肢动物亚门（Euarthropoda）、昆虫纲（Insecta）、鞘翅目（Coleoptera）、拟步甲科（Tenebrionidae）、粉虫属（*Tenebrio*）。

黄粉虫与蚕一样，属于全变态昆虫，一生中要经历卵、幼虫、蛹、成虫4种虫态（图27-1）。

1. 卵 长1~1.5mm，长圆形，乳白色，卵壳白而软，易破裂，外有黏液。产下后被麸皮掩盖，形成保护，成虫产卵一般形成一直线，最终集片，少量直接散产于饲料之中。卵的孵化期因温、湿度条件不同存在着很大的差异，当温度在25~30℃时卵化期5~8d，但温度为19~22℃时卵化期为12~20d，温度在15℃以下时卵极少孵化甚至不孵化。

2. 幼虫 破壳孵化出来的小虫至蛹化前的老虫，统称为幼虫，前期称小幼虫，后期成为老幼虫。前期小虫为乳白色，十分脆弱，也不宜观察。约20d后逐渐变为黄褐色，体壁亦随之硬化。幼虫一般体长25~35mm，身体前后粗细基本一致，为3~5mm，体壁较硬，黄褐色，有光泽。节间和腹面为黄白色，头壳较硬，为深褐色，各足转节近端部都有2根粗刺。幼虫蜕皮8次后眠食，不再运动，成为老幼虫，侧卧盒内待变。幼虫平均生长期为120d。

3. 蛹 长约15mm，乳白色或浅黄色，无毛，有光泽，鞘翅伸达第三腹节，腹部向腹面弯曲明显，腹部背面两侧各有一较硬的侧刺突，腹部末端有一对较尖的弯刺，成"八"字形。腹部末节腹面有一对不分节的乳状突，雌蛹乳突大而明显，端部扁平，向两边弯曲，而雄蛹乳突较小，端部呈圆形，不弯曲，基部合并，以此可区别蛹的雌雄。蛹期为黄粉虫一生中最为脆弱的阶段，需高度重视。

蛹期对温、湿度要求也较为严格，温度、湿度不合适可造成蛹期的过长或过短，增加蛹期感染疾病的可能性。蛹羽化适宜的相对湿度为 50% ~ 70%，温度为 25 ~ 30℃。温度在10 ~ 20℃时，蛹在 15 ~ 20d 内可完成羽化；温度在 25 ~ 30℃时，蛹在 6 ~ 8d 即可羽化。

4. 成虫　成虫为甲壳虫，俗称蛾子，为黄粉虫的繁殖期，是黄粉虫生产的重要阶段。成虫一般体长 12 ~ 20mm，背部为黑褐色，腹部为深褐色。椭圆形，体表多密集黑斑点，无毛，有光泽，复眼，红褐色。成虫有触脚，呈念珠状，共 11 节，触角末端长大于宽。第 1 节与第 2 节长度之和大于第 3 节的长度，第 3 节的长度约为第 2 节长度的 2 倍。鞘翅末端圆滑，后翅退化，不能飞行，但爬行速度快。喜暗惧光，夜间活动较多。初羽化的成虫壳为银白色，头橘色，2d 后变为黄褐色，进而成为红褐色，4 ~ 5d 后变为黑褐色，开始觅食，由此进入性成熟期，开始交配。成虫一生中多次交配，多次产卵，雌雄比例为 1:1.05。交配后便产卵，每次产卵 5 ~ 40 粒，最多 50 粒，其产量高峰为羽化后的 60d 以上，每条雌虫一生可产卵 50 ~ 450 粒，产量最多的在 680 粒。若科学管理，可以延长产卵期和增加产卵量，如利用复合生物饲料，适当增加营养，且提供适宜的温、湿度，产卵量最多可提高到 800 粒以上。其寿命一般在 60 ~ 180d 之间，平均寿命在 60d 以上（见下图）。

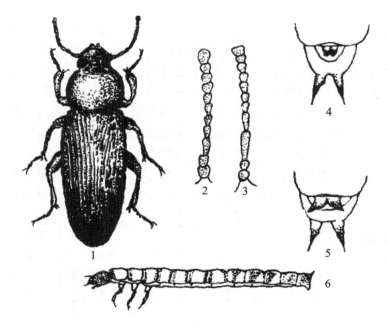

图　黄粉虫
1. 成虫　2. 黄粉虫触角　3. 黑粉虫触角　4. 雄性蛹乳突　5. 雌性蛹乳突　6. 幼虫

1. 消化系统　黄粉虫幼虫和成虫的消化道结构是不同的，幼虫的消化道平直而且较长，直肠较粗，且壁厚质硬，可能与回收水分有关；成虫的消化道较短，中肠部分较发达，质地较硬，由于生殖系统同时占有腹腔空间，肠管不及幼虫发达。因此，在饲料配方及加工方面，可以将成虫饲料的营养成分提高一些，加工更精细些。

2. 雄虫生殖系统　雄虫管状附腺与豆状附腺发达成对，可见睾丸内有许多精珠。雄虫羽化5d后睾丸和附腺已十分发达、清晰。活体解剖雄性管状附腺不断伸缩，向射精管输送液体。可能管状附腺与豆状附腺在雌雄交配时有助射精和输送精液的作用。交配时睾丸中的精珠与附腺排出的产物一同从射精管排出。每个雄虫有10~30个精珠，每只雄虫一生可交配多次。

3. 雌虫卵巢发育与繁殖　刚羽化的雌成虫卵巢整体纤细，卵粒小而均匀，卵子小而均匀，卵子不成熟。受精囊腺体展开而不收缩，说明卵巢是在羽化后逐渐发育成熟的。羽化5d以后的黄粉虫，卵巢发生很大变化，长大的卵进入两侧输卵管，但卵仍不十分成熟，受精囊及其附腺较前期发达，较粗壮一些，特别是受精囊附腺开始具有收缩功能。黄粉虫羽化15d后，到了产卵盛期，大量的成熟卵在两侧输卵管存积，使两侧输卵管变为圆形，端部卵巢小卵不断分裂出新卵，如果此时营养充足，护理好，端部会出现端丝。端丝的出现有望增加更多的卵。黄粉虫活体解剖发现受精囊附腺能大幅度伸长和收缩弯曲，以此可为受精囊输送水分和补充营养，同时也有助于排卵运动，在卵后增加压力使卵排出，并输送黏液以保护卵。成熟卵可能在1d中全部产出。黄粉虫排卵28 d后卵巢逐渐退化，如果此时再补充优良饲料，可促进雌性腺发育，这时会出现一侧卵巢退化而另侧卵巢特别发达的情况，可继续产卵，提高产卵量。

1. 生殖习性　黄粉虫至成虫期才具有生殖能力，寿命20~180d。羽化后4~5d即开始交配产卵，产卵期平均4个月以上，但80%以上的卵在1个月内产出，平均产卵量为276粒。成虫饲料质量直接影响产卵量，温度、湿度的变化亦间接影响成虫的产卵率。

2. 运动习性　成虫后翅退化，不能飞行，但爬行很快，善抓善钻，易聚堆。幼虫亦善爬行，倒行也很灵活，见缝就钻，抓住就上，不采取措施极难使虫就范于盒中。因此，为防止其逃逸，饲养繁殖筛以及各种分离筛内壁均需贴上不干胶带，以防逃逸。由于虫体不断运动，相互之间摩擦生热，运动量达到一定程度，可使局部温度升高2~5℃。因此，夏季应适时减小密度，提高散热量，以防止因高温致死。相反，在冬季及幼龄虫阶段，密度适当，有利于由于运动相互摩擦而增加活性，促进虫体血液循环及加强虫体消化系统的功能，利于虫的健康发育、生长和繁殖。

3. 群居性和自相残杀性　群居生存，由于相互摩擦，比散养有利于生长。黄粉虫喜群聚，可高密度饲养。自相残杀性主要是指成虫食卵，咬食幼虫和蛹；高龄幼虫咬食低龄幼虫和蛹；强壮成虫或幼虫咬食病弱成虫或幼虫的现象。自残现象常发生于饲养密度过大，或者是成虫及幼虫不同龄期混养；其次，饲料跟不上，缺水，也会造成相互残食。

4. 负趋光性　黄粉虫原为仓储害虫，由于长期隐藏于阴暗角落之中，适应了黑暗环境，且夜间活动较多，故怕光。白天光线稍暗，对幼虫尤其是成虫的生长、繁殖都有好处。因此，养殖黄粉虫采用分盒、高架、多层立体式饲养，既避光，又能充分利用空间。为给黄粉虫创造一个适宜的生活环境，必要时也可增设窗帘或窗户雨搭，以遮蔽光线。

黄粉虫的天然敌害有老鼠、蚂蚁、蟑螂、蟾蜍、鸡、鸭、鹅和狗，在庭院暂养时尤其要加以注意和防范。

三、黄粉虫的经济价值

经测定黄粉虫蛋白质含量平均在 60% 左右，其中，生长期的黄粉虫（干品）蛋白质含量可达 50% 以上，越冬的黄粉虫（干品）蛋白质含量在 40% 左右。加工成粉后其蛋白质含量可达到 56.58%，脱脂、提油后的蛋白质含量可提高至 70%，在经提取壳聚糖后其蛋白质含量可高达 80%，其脂肪含量平均在 28%。重要的是，黄粉虫含有丰富的氨基酸，符合人体需要的就有 17 种之多，接近 WHO/FAO 氨基酸模式。并且黄粉虫还含多种维生素，如维生素 E 和维生素 B_2，以及多种矿物质元素，其营养价值极高。

1. 黄粉虫活体作为传统的特种养殖业的优质饲料　如喂养虫类（蝎子等）、蛙类、龟、鳖类、鱼类、鸟类、珍禽类等，应用范围很广，且有百年的历史，具有"动物蛋白饲料之王"的称誉。值得注意的是，饲料市场近年来由于肉骨粉的不安全，优质鱼粉产量的逐年下降，动物性蛋白需要量越来越大。黄粉虫有可能成为替代鱼粉的优质蛋白饲料的加工原料。

2. 深加工产品　黄粉虫深加工产品的应用领域广阔，可用来生产食用蛋白质粉、食用虫油、保健饮料、调味品、化妆品添加剂、绿色保鲜剂、微生态制剂、工业用润滑油等。其副产品还可利用虫蜕生产甲壳素，利用虫粪作为饲料添加剂，利用虫粪生产优质生物肥。

黄粉虫除自身可开发的系列产品，如动物蛋白质粉、特种高蛋白饵料、虫油、保鲜剂、微生物制剂、生物肥等会产生巨大的经济效益外，还可带动、促进其他加工业、食品业、化工业、特种养殖业等的发展。其他行业的兴起和发展，反过来又会把以黄粉虫为首的昆虫产业推向更高、更广，形成新的产业群。

研究昆虫资源，利用昆虫资源，开发昆虫产业，已然成为新世纪全球性的热潮。美国、日本及西欧发达国家都投入巨大的人力、物力、财力，制定并实施昆虫开发工程。墨西哥、印度、澳大利亚等古老国度则发挥自己传统食虫文化的优势，以"新蛋白质来源"提供者的姿态在全世界开拓它们的昆虫食品市场。我国亦紧随其后，外贸部门率先引进、输出，利用国内巨大的资源和特定优势，不断地加大开拓国外市场的力度，争取尽可能大的国外市场份额。原料、半成品、成品的大量出口，刺激了国内市场，带动和促进了国内昆虫养殖业、加工业的迅猛发展，形成了新的经济增长点。

第二节　黄粉虫养殖技术

一、黄粉虫养殖的条件

养殖黄粉虫最重要的是种虫，成龄幼虫、蛹、成虫都可作种虫。选择种虫时应首先考虑个体大，每千克 3 500～4 000 只为宜；其二，生活力要强，不挑食，爬行快，喜黑暗，不停地活动，把虫子放在手心时，会迅速爬动；第三，形体要健壮，色泽金黄，体表发亮，充实饱满，腹面白色明显，体长在3cm以上，生长较快；第四，雌雄比例要合适，黄粉虫在人工饲养下雌雄比例为1∶1较为合适。

买到成龄幼虫后，将其放入盛有麦麸的木盘中喂养，添加新鲜菜叶。如买到蛹，每0.5kg蛹放在一个盛有麦麸的筛盘里，再放在盛有饲料的木盘中，编号上架，等其羽化，注意清除死蛹。如买到成虫，将其放在盛有饲料的筛盘中，每隔7d将成虫筛出换盘，筛下的饲料中混有卵，在木盘中继续上架孵化。经过细心挑选和饲养的各期虫，都可以作种虫繁殖。不过最好还是幼虫作种虫，运输也较为方便。

1. 饲料原料　①麦麸。麦麸是传统饲养的主要饲料。②青菜。有各种新鲜蔬菜叶或东瓜、西葫芦、土豆、萝卜和各种便宜水果等，用以补充维生素、微量元素及水分的需要。③食用米粉。如少量的配比玉米面、花生饼粉、豆饼粉、芝麻粉、豌豆粉及糖果渣末等甜食，作为黄粉虫的饲料添加配比。④农作物秸秆、糠粉等生物饲料。工厂化规模生产黄粉虫，可使用发酵饲料，利用麦草、树叶、杂草等，经发酵后饲喂。用发酵饲料不仅生产成本低，而且营养丰富，是理想的黄粉虫饲料。高纤维素农副产品，如木屑、麦草、稻草、玉米秆、树叶等，均可经发酵处理后用于饲喂黄粉虫。黄粉虫消化道含有纤维素酶，经长期用木屑饲喂的黄粉虫可以逐渐适应消化木质纤维素。采用含木质纤维的饲料，既可降低养殖成本，将废弃的农林副产品转化为优质的动物蛋白质，不与畜禽争饲料，同时也为黄粉虫的开发利用提供新的饲料来源。⑤为了提纯复壮种群，加快繁殖生长，也可在饲料中添加少量葡萄糖粉、鱼粉等。

2. 配方举例

（1）麦麸70%，玉米粉25%，大豆4.5%，饲用复合维生素0.5%。本配方适用于幼虫。

（2）麦麸40%，玉米粉40%，豆饼18%，饲用复合维生素0.5%，混合盐1.5%。本配方主要用于饲喂成虫和幼虫。

（3）麦麸75%，鱼粉4%，玉米粉15%，食糖4%，饲用复合维生素0.8%，混合盐1.2%。本配方主要用于喂养产卵期的成虫。

（4）纯麦粉（质量较差的麦子或麦芽等磨成的粉，含麸）95%，食糖2%，蜂王浆0.2%，饲用复合维生素0.4%，混合盐2.4%。本配方主要用于饲喂繁殖育种的成虫。

（5）单用麦麸喂养，在冬季加适量玉米粉。

黄粉虫食性较杂，除了饲喂上述饲料外，尚需补充蔬菜叶或瓜果皮，以及补充水分和维生素C。

1. 饲养房　养殖黄粉虫必须有饲养房，饲养房要透光、通风，冬季要有取暖保温设施。饲养房的大小，可视其养殖黄粉虫的多少而定。一般情况下每20m²的一间房能养300~1 000盘。

2. 饲养盘　饲养黄粉虫的木盘制作抽屉状木盘，一般是长方形，规格是60cm×45cm×（6~8）cm，板厚1cm。底部用纤维板钉好。筛盘也是长方形，它要放在木盘中，规格是55cm×40cm×6cm，板厚为1cm，底部用12目的铁丝网做底，用三合板条钉好。

制作饲养盘的木料最好是软杂木，而且是没有异味的。为了防止虫往外爬，要在饲养盘的四框上边贴好塑料胶条。

3. 摆放饲养盘用的木架　根据饲养量和饲养盘数的多少制作木架，用方木将木架连起来固定好，防止歪斜或倾倒，然后就可以按顺序把饲养盘排放上架。

4. 筛子　用粗细几种铁筛网做底，12目大孔的可以筛虫卵做筛盘；30目中孔的可以做1~2个筛子，用来筛大龄虫的虫粪；60目小孔的也可做1~2个筛子，用来筛小龄虫的虫粪。

5. 饲养房内部要求　冬夏温度都要保持在15~25℃之间，低于0℃虫不食也不生长，超过35℃以上，虫体发热会烧死。湿度要保持在60%~80%之间，地面不宜过湿。冬季要取暖，夏季要通风，室内要备有温度计和湿度计。

二、黄粉虫各时期饲养技术

从长速快、肥壮的老熟幼虫盘中，把刚刚变出、健康肥壮的蛹用手轻拿放入蛹盘内，蛹盘是12目的筛盘。操作步骤是先在虫盘均匀放入1cm厚的麦麸子，然后把12目的筛盘套放在木盘里，再均匀的放入1cm厚的麦麸子，最后放入挑出的蛹。选蛹时切勿用劲捏，不能甩扔，以防蛹体内外受损。目前挑蛹的方法也只是用手捡，不能用镊子、筷子夹。挑蛹要及时，以防被虫咬伤。每个蛹盘放薄薄的一层蛹，蛹不能堆积成厚层，不能挤压、翻动、撞击。将蛹盘送入种虫室，可以横竖交替的摞起来，待其羽化出成虫开始喂饲的时候再上架，以便于管理。

蛹羽化的温度控制在25~30℃，空气相对湿度60%~70%为好，6~8d将有90%以上的蛹羽化成成虫。刚羽化的成虫很稚嫩，不大活动，约5d后体色变深，鞘翅变硬。雄雌成虫群集交尾时一般在暗处，交尾时间较长，产卵时雌虫尾部插在筛孔中产出。黄粉虫是一生多次交配、多次产卵的昆虫，每只雌成虫1次产卵3~5粒，一生产卵50~350个卵子，卵的寿命为30~80d。在产卵期不要随意搅动，发现筛盘底部附着一层卵粒时，就可以换盘了。这时将成虫筛卵后放在盛有饲料的另一盘中，挑出死虫，添加饲料，3~7d换1次卵盘。因为产卵期的成虫需要大量的营养和水分，所以必须及时添加麦麸子和菜，也可增加点鱼粉，若营养不足，成虫间会互相咬杀，造成损失。控制室温25~30℃，空气相对湿度60%~70%，室内暗光、弱光为好。开始成虫外翅由白、软，渐变黄至黑硬，由弱变强，此期间可以不喂饲。

成虫繁殖期内，有部分成虫繁殖后死亡，属自然死亡，每隔一段时间要将被活虫咬成空壳的死成虫用簸箕簸出。成虫期要防成虫逃外，要经常检查，找出逃跑原因。如果逃出来与卵接触，会把产出的卵吃掉，损失严重。同时防止高温及天敌，室温高于35℃时成虫产卵明显下降，烦燥不安。为了提高利用率、孵化率和成活率，也可以在产卵盛期过后，死虫太多，将产卵量少的成虫全盘淘汰，作为饵料喂饲。要控制好种虫室内适宜的温度、湿度，夏季要注意通风、降温，冬季要保温、增湿。当室内温度低于15℃，产卵极少，低于10℃，成虫不大活动。

成虫羽化后6~11d开始产卵，产卵前在网筛下放一张白纸，让虫卵从孔落到纸上，每 2 ~ 3d 换纸 1 次，产卵盛期要 1d 换 1 次，白纸上要写明产卵日期。也可将成虫放在一张白纸上，撒些糠麸在纸上，任成虫产卵，每隔 2 ~ 3d 换纸 1 次。孵化前先进行筛卵，首先将箱中的饲料及其他碎屑筛下，然后将粘有卵的产卵纸卷成筒状，也可把产卵的一面向下，平放在幼虫饲养箱内，一个饲养箱可以铺放 5 ~ 8 层产卵纸。铺放产卵纸时，不可将产卵纸压得过紧，在纸与纸之间放少量麸皮。产卵纸上的卵一般在 10d 内即可孵化出幼虫。黄粉虫受精卵孵化时间与环境温度关系很大，在 25 ~ 30℃ 条件下，只需 4 ~ 7d 便可孵出。

人工培育黄粉虫，为了缩短孵化周期，应尽可能保持室内温暖，人为地创造孵化的最适温度。一般情况下，间隔 7d 左右就将产卵箱移至另一孵化箱，原孵化箱的饲料要保留，直至幼虫全部孵出，把饲料吃完，把粪筛除，再换上新饲料。

卵孵化到幼虫化蛹前这段时间称为幼虫期。各龄幼虫都是中国林蛙最好的饲料，目前，饲养黄粉虫的目的也是获得大龄的幼虫作为特种养殖的饵料。幼虫期大约 100d（80 ~ 180d），此期适宜的温度为 20 ~ 30℃，空气相对湿度 50% ~ 65%。

黄粉虫的卵经过 7 ~ 9d 孵化后，头部先钻出卵壳，体长约 2mm。它啃食部分卵壳后爬至孵化盘的麸子内，以麸皮为食。长到 4 ~ 5mm 时，体色变淡黄，停食 1 ~ 2d，便进行第 1 次蜕皮。蜕皮后体白，约 2d 又变淡黄色，以后 8 ~ 10d 蜕 1 次皮，逐渐长大。每蜕 1 次皮为 1 龄，2 龄的小虫平均体重 0.03 ~ 0.05g。

在正常管理下，每盘要保证 10 万条。小虫虽然耗料少也要有足够的饲料，以免食卵或小幼虫。要经常在麸皮表面撒碎菜叶，也可适量在麸皮表面喷雾葡萄糖水，以调节湿度。当麸皮吃完后，在虫粪积的多的时候要用 60 目的筛子把粪筛掉，筛后添加新麸子和菜叶正常喂饲。如果虫量多，可以一盘分二盘，否则因虫运动发热，使料温增高，如果室内气温是 30℃，那么盘内的料温很可能 36 ~ 38℃，幼虫会因高温死亡。幼虫在 3 ~ 4 龄的时候体长有 10 ~ 20mm，体宽 1 ~ 2mm，平均个体重 0.07 ~ 0.15g，此时生长发育加快，耗料增多，排粪也增多，要注意加强饲养管理。每天喂养麸子和菜叶，这个时期麦麸子和菜类的日投喂量为幼虫体重的 10% 左右，并要根据环境条件灵活掌握。保证 10 ~ 15d 用 30 目的筛子筛一次粪，然后添加新饲料，如果虫量大，还要注意筛虫的同时分盘。经过 2 ~ 3 个月的正常管理成为大龄幼虫。当幼虫体长达 22 ~ 32mm 时，体重为最大值（0.15 ~ 0.20g），这时的老幼虫也是用作活饵料的最佳时期。这个时期每天喂麸皮、青菜，注意投菜不能太湿，投量不能太多，如果虫盘过湿，虫容易沾水死亡。如果大龄幼虫逐渐变蛹，应挑出留种，以避免幼虫啃食蛹体。

幼虫在饲料表层化蛹。在化蛹前大龄幼虫爬到饲料表层，静卧后虫体慢慢伸缩，在蜕最后一次皮过程中完成化蛹。在蛹期从表面看，不食不动，但体内的器官却在发生着巨大变化，对外界环境条件也很敏感，要保持适宜的温度 25 ~ 30℃，空气相对湿度 65%。注意不要翻动不挤压蛹体，及时挑蛹，以免被幼虫咬伤。化成成虫要及时喂食，以免成虫咬伤未羽化的蛹。在蛹期要防鼠、蚂蚁等危害。有的蛹在化蛹过程中受病毒感染，化蛹后成为死蛹，因此要经常检查，发现这种情况用漂白粉溶液喷雾空间以消毒灭菌，同时将死蛹及时挑出处理掉。

三、疾病防治

1. 软腐病　此病多发于雨季，发病后幼虫行动迟缓，食欲下降，粪便稀清，最后变黑而死亡。发病原因是室内空气潮湿，放养密度过大，清粪、运输时用力过大造成虫体受伤。发现软虫体、死虫要及时取出，停放青料、清理残食，调节室内湿度。药物防治可用 0.25g 氯毒素或金霉素与麦麸子 250g 拌匀投喂。

2. 干枯病　虫体患病后，尾、头部干枯发展到全身干枯而死亡。病因是空气太干燥，饲料过干，尤其冬季生炉子，空气过于干燥，此病高发。蛹是最怕干的，湿度小，蛹极易死亡。防治办法是空气干燥季节及时投喂青菜，在地面洒水或蒸汽，设水盆增湿。

3. 螨害　7~9 月份螨害易发生，饵料带螨卵是螨害发生的主要原因。因此，黄粉虫饵料在此季节要密封贮存，米糠、麸皮、土杂粮面、粗玉米面最好先暴晒消毒后再投喂。另外，掺在饵料中的果皮、蔬菜、野菜不能太湿，因夏季气温太高易导致腐败变质。还要及时清除虫粪、残食，保持饲养盘内的清洁和干燥。如果发现饵料带螨，可移至太阳下晒 5~10min（饵料平摊开）即可以杀灭螨虫。还可用 40% 的三氯杀螨醇 1 000 倍溶液喷洒饲养场所，如墙角、饲养盘、喂虫器皿，或者直接喷洒在饲料上，杀螨效果可达到 80%~95%。

复习思考题

1. 不同时期黄粉虫的形态特点有哪些?
2. 黄粉虫有哪些营养价值?
3. 黄粉虫对温度和湿度的要求有何特点?
4. 黄粉虫的蛹、成虫及卵的分离与收集中应注意哪些问题?
5. 黄粉虫常发生的疾病主要有哪些? 应如何防治?

第二十六章　蚯 蚓

蚯蚓属于环节动物门（Annelida）、寡毛纲（Oligochaeta）。蚯蚓因生活环境的不同分为陆生蚯蚓和水生蚯蚓两大类，目前全世界蚯蚓种类达 3 000 种以上，其中 3/4 是陆生蚯蚓，陆生蚯蚓为后孔目（Ophisthopora）、正蚓科（Lumbricidae）。我国陆生蚯蚓有 180 多种，广泛分布于全国各地。

蚯蚓性寒，味微咸，具有清热解毒、利尿、平喘、降压、抗惊厥等作用，可用于治疗高热神昏、抽搐、半身不遂、肢体麻木、小儿惊风；癫痫、高血压、风湿、痹症、膀胱结石等多种疾病。蚯蚓也是一种高蛋白饲料，可以代替鱼粉、大豆、蝇蛆作为养殖蛇、蜈蚣、林蛙、蟾蜍、全蝎、蛤蚧等的优质动物性饲料。蚯蚓富含蛋白质、脂肪和碳水化合物，粗蛋白含量高达 72%，并含有人体所需的氨基酸、维生素和铁、铜、锌等微量元素，不仅能作动物性饲料及生产药品和化妆品，而且也可以供人食用。

第一节　蚯蚓的生物学特性

一、形态特征

蚯蚓个体呈圆筒形，成虫体长差异较大，一般为 90 ~ 250mm，宽 5 ~ 12mm，由多数同形环节组成。节与节之间有一深槽，叫节间沟。头尾稍尖，无骨。蚯蚓有各种体色，背部侧面通常呈棕、紫、褐、绿等颜色，腹部体色较浅。蚯蚓的体壁由角质层、表皮层、神经组织、肌肉组织和腹膜壁组成。眼及触手等感觉器官全部退化，6 ~ 9 节有受精囊孔 3 对，14 ~ 16 节为生殖带，有雌性生殖孔 1 个和雄性生殖孔 1 个，肛门在身体末端（见下图）。

图　参环毛蚓

二、生活习性

蚯蚓多生活在土壤潮湿近水的环境中，在土壤中栖息深度为 10 ~ 20cm。在菜园、耕地、沟渠边最多。蚯蚓为夜行动物，白天潜伏在泥土里，夜间活动。适宜土壤温度为 5 ~ 25℃，当气温低于 5℃ 时，在土壤中栖息进入休眠状态。土壤干燥时，不吃不动，干燥时间过长，会造成蚯蚓体内水分大量流失而危及生命。湿度过大对蚯蚓的呼吸不利，被水浸泡或淹没的土壤中的蚯蚓经常逃逸。蚯蚓的食谱很广，属杂食性动物，以各种腐烂的有机物为食，如畜禽粪便、垃圾、活性污泥和青菜、青草及各种树叶、果皮等均可采食利用。

蚯蚓无呼吸器官，用皮肤进行呼吸，皮肤上还有触觉、嗅觉和味觉的感受器。蚯蚓敏感性强，怕噪音、震动和阳光。体色因环境不同而异，具有保护色功能。在土壤中打孔的方式是先将头伸长缩尖，打个小洞再将头部涨大挤压分开土壤前进。蚯蚓呈纵向地层栖息，头朝下吃食，有规律地将粪便排积在地面。蚯蚓受伤或被切断之后，能够生长出新的组织代替丢失的部分，具有很强的再生能力。

第二节　蚯蚓的繁殖特性

蚯蚓是雌雄同体动物，但是繁殖时通常是异体受精。蚯蚓属于直接发育的环节动物，一生经卵茧期、幼蚓期、若蚓期、成蚓期和衰老期 5 个发育阶段。雄性生殖器官主要包括精巢、精巢囊、贮精囊、前列腺及雄性生殖孔等。雌性生殖器官包括卵巢、输卵管、受精囊、雌性生殖孔等。每年 8 ~ 10 月份进行繁殖，大多数种类通过异体交配，体外受精，个别种类行孤雌生殖。

一、交配与卵袋形成

交配时两条蚯蚓各以其前部若干环节腹面，由副性腺分泌的黏液使双方紧紧相贴合，头端相互交错，双方精液由雄性生殖孔排出后通过对方雌性生殖孔进入受精囊里贮存起来，相互交换精液，完成交配后两条蚯蚓分离。此过程常在晚上进行。

交配后不久，生殖带环节表皮中腺细胞分泌一种物质，在生殖带的外面凝固成一环状膜，套在生殖带外面，即卵袋。

二、受精与卵茧形成

成熟卵在交尾 1 周后，开始由雌性生殖孔排入卵袋，随后通过体壁肌肉的逆行蠕动，卵袋向前移动。当行至受精囊时，囊里贮存的精液流出，进入卵袋完成受精。

卵袋中有 2 ~ 3 个受精卵，继续向前端滑行、脱落，卵袋两端自动收缩，封闭其口，成为椭圆形的囊，通常称为卵茧或蚓茧。蚓茧的形态因蚯蚓品种不同而异，平均直径为 2 ~ 4mm，重 20 ~ 30mg。蚓茧刚生出来时乳白色，接触空气后即变成绿色，至孵化时呈深红色。

三、孵化及发育

在适宜的温、湿度条件下，蚓茧孵化，受精卵在蚓茧内发育成小蚯蚓而出茧生活。蚓茧孵化需要 21 ~ 25d，幼蚓发育成熟至产卵需要 60 ~ 90d，最适温度为 20 ~ 32℃，湿度 60% ~ 70%。野外生活的蚯蚓每年在 8 ~ 10 月间温度较低时繁殖。刚孵化出来的幼体白色，2 ~ 3d 后变为桃红色，长到 1cm 时即变为红色。幼体经过 90d 左右发育为成蚓，完成一个世代。

第三节　蚯蚓的饲养管理

一、养殖场建造

人工养殖蚯蚓有多种方式，包括简易养殖（如土沟、养殖池、木箱、缸盆等）、田间养殖（如饲草地、农作物地）和大规模养殖（如室内多层式、塑料大棚、温室、通气加温等）等多种形式，可根据条件和规模采用适合的方式，因地制宜建场。

简易养殖就是利用箱、筐、盆、缸等容器，或者在房前屋后的空地就地取材进行养殖。可以在背阴潮湿、土质肥沃的地方挖一宽1m、深60~70cm的养殖沟，沟底铺5cm厚的家畜粪便，粪便上铺5cm厚的切碎的青草和菜叶，再铺约3cm厚的肥土，土上放蚯蚓（每平方米可放20~40条性成熟的大蚯蚓）。同上法放3层蚯蚓，最后上部覆盖土3~5cm厚，沟上用苇席或稻草等遮盖。此法适宜在4月中旬至9月中旬进行。放养60d左右可进行第1次收蚓，以后每月收蚓1次。或者制备长40cm、宽30cm、高30cm的木箱，或适当大小的缸盆（要在底部钻些小孔），底层放一层菜园土，中层放20cm厚的马粪或猪粪（污泥、兔粪等也可），上铺5cm厚的经水浸渍的稻草，然后放入200条蚯蚓，其上再用稻草等遮盖，将箱中温度调到25℃左右即可。

田间养殖就是利用桑园、菜园、果园、饲养田等灌溉肥沃的土地饲养蚯蚓，饲养蚯蚓可以起到改良土壤的功效。在地里要间隔留上种植带、养殖带和人行道，种植和养殖的比例可根据自己的需要随意选定。在行间开宽、深各15~20cm的土沟，然后投入饲料，放进蚓种，含水量保持在30%左右。

大规模饲养时可选用通气加温养殖法，用食品残渣、农产品和畜产品废弃物作为蚯蚓的饲料，放置在10~20cm深度的土壤中，在土壤中埋设许多有细孔的管子。通过管道向土壤中放入适宜温、湿度的空气，并可排出废气，这样全年保持最适宜的温、湿度。

二、引种

蚓种应选择生长快、繁殖力强、能适应有机物丰富的饲料，且抗病力强的品种。要求种蚓个体粗壮，饱满健壮，抗病力强，体色暗红，有光泽。种蚓可以野外捕捉，捕捉法主要有灌水法和堆料诱集法。但规模养殖一般从其他养殖场引进优良品种。目前国内优良品种有赤子爱胜蚓、威廉环毛蚓、大平2号蚯蚓等。

三、饲养管理

蚯蚓常将蚓茧产于粪层中，应使蚓茧与蚓粪分离，每隔5~7d从繁殖蚓床刮取蚓粪和蚓茧。湿度大时可摊开晾晒，然后用8目铁丝网过筛，也可以沟内放入优质碎细的饲料作为前期幼蚓的基料和诱集物。孵化床面用草帘或塑料薄膜覆盖保温防干。在孵化过程中，用小铲翻动蚓茧、蚓粪混合物1~2次，基料上稍加一点水，利用蚯蚓喜湿习性，诱集幼蚓与蚓茧分开。孵化温度为18~30℃，湿度60%~70%。

刚诱出的幼蚓体积小，新陈代谢旺盛，发育极快。可按每平方米 4 万～5 万条高密度饲养，饲料要细碎，湿度保持在 60% 左右，铺料厚度 8～10cm，每隔 10～15d 清粪补料 1 次。

养殖密度为每平方米 1 万条左右，要保证饲料供应。每隔 5～15d 要清理粪便取茧 1 次。保持安静和黑暗的环境。为了防止蚯蚓外逃，可在养殖场四周挖 50cm 深的蓄水沟，沟内有 10～15cm 深的水。

四、病害防治

饲料酸化、蚓床湿度过大都可以引起蚯蚓蛋白质中毒或毒素中毒，表现为蚯蚓全身出现痉挛状的结节，体形变粗短，环带红肿，最后身体变白而死亡。防治方法主要是保持适宜的湿度，饲料必须经发酵后才能投喂，向蚓床喷洒苏打水等。

蚯蚓的天敌主要有蚂蚁、青蛙、蟾蜍、蛇、喜鹊、八哥、田鼠、鼠类、蜈蚣等。可用诱捕和设沟防范等方法消灭、驱赶。

五、采收与加工

采收时间以夏、秋为好。采收方法主要有：光照法、诱捕法、水驱法、挖取法等，可结合具体实际情况选用。

将蚯蚓洗净黏液和泥土，晒干或用热草木灰呛死后晾干。也可剖开腹腔去内脏、泥杂等，放在干燥箱 40℃ 烘干，置干燥处密封保存。

复习思考题

1. 蚯蚓有哪些生活特性？掌握蚯蚓的生活特性对饲养管理有什么样的指导意义？
2. 蚯蚓有哪些繁殖特性？卵茧孵化需要的适宜温、湿度条件如何？
3. 在蚯蚓生长发育各时期饲养管理要点有哪些？

实训指导

实训一　经济动物品种识别与综合操作技术

[目的与要求]　通过现场介绍，并补充幻灯、光盘或录像资料，掌握不同家兔、狐、貉、茸用鹿、水貂、犬、珍禽等经济动物品种的外貌特征。通过实际操作训练，掌握家兔与狐、貉的捕捉方法、家兔雌雄鉴别、家兔年龄鉴别、家兔公兔去势、家兔及茸用鹿打耳号技术。

[材料与用具]　不同品种、不同年龄阶段、不同性别的经济动物若干，打耳号及去势手术用器材，捕捉钳，幻灯、光盘或录像资料。

[方法与步骤]　教师讲解掌握这几项操作技术的意义与要领，由教师或饲养员作示范表演，学生分组或逐个进行操作练习。

1. 品种识别

教师带领学生参观兔场、养鹿场及毛皮动物养殖场，现场介绍不同动物品种的外貌特征。学生指认不同品种，复述其外形特征及经济用途。

2. 捕捉方法

（1）捕捉家兔。打开成年兔笼门，待兔安静下来后，用右手从头部顺毛抚摸几下，然后抓住两耳和耳下的颈皮，将兔轻轻提起，左手顺势托起臀部，使家兔的主要体重落在左手掌上，以降低对两耳和颈皮的拉力，将兔捉到笼外。这样操作既使兔体免受伤害，也避免家兔抓伤人。只提两只耳朵、两条后腿或只抓起背皮等提兔方法都是不正确的。

（2）捕捉狐、貉。选用合适大小的捕捉钳，夹住狐、貉颈部进行捕捉，也可以用自制的带有握柄的捕捉套索进行捕捉。

3. 家兔雌雄鉴别

用正确的提兔方法将兔捉到笼外，左手食指和中指夹住尾巴向后翻，拇指向上推，打开外生殖器。性成熟的公兔会显出阴茎，母兔会显出外阴部黏膜。性成熟之前的仔、幼兔，雌性生殖孔远肛门端突起明显，而近肛门端突起不明显，呈 V 字形，距肛门的距离较近。雄性仔、幼兔生殖孔圆形，略小于肛门，距肛门较远，生殖孔呈 O 形。

4. 家兔年龄鉴别

家兔的年龄鉴别主要通过爪、牙、毛、皮及外部形态与行为进行。

爪：通过检查对比家兔爪进行年龄鉴定时，要观察后爪。幼兔和青年兔的爪短尖平直，隐在脚毛之中不外露，1.5 ~ 2.5 岁时，爪露在脚毛之外，仍显平直，2.5 岁的兔爪露出一半，开始变得弯曲；老年兔爪明显长而弯曲，爪尖钝圆。白色被毛的家兔，爪的基部呈粉红色，尖部呈白色，界限分明，1 岁时红白几乎相等，1 岁以上的兔白色多于红色。

牙：青年兔的门齿短小、洁白、整齐；中年兔的门齿长，齿面微黄；老年兔的门齿厚而长，齿面污黄，间有破损。

毛：青年和中年兔，被毛光亮、完整；老年兔被毛粗糙无光，针毛中半截毛较多。

皮：用手抓一下被皮，青年兔被皮紧，弹性好，老年兔被皮厚而松弛，弹性差；用手捏压皮肤，感觉皮肤厚度时，青年兔皮肤比较薄，老年兔皮肤较厚。

外部形态与行为：青年兔外形紧凑，两眼有神，行动活跃敏捷；老年兔体形粗重，两眼无神，行动稳重、笨拙。

5. 公兔去势

（1）阉割法。将兔腹部向上，用绳索把四肢固定在手术架上，剪去阴囊附近的绒毛，左手将睾丸从腹股沟挤入阴囊，捏紧，用酒精消毒术部，用手术刀沿体轴方向切开皮肤，长约1cm，挤出睾丸，切断精索，缝合伤口1~2针或不缝合，成年兔要缝合，涂以酒精或碘酒。术后应单笼饲养，防止伤口感染，一般经3~5d可康复。

（2）结扎法。把兔固定后，将睾丸挤入阴囊，用尼龙线或橡皮筋在阴囊的基部扎紧，使血液不通，经10d左右睾丸枯萎、脱落。此种方法家兔的痛苦时间长。

6. 家兔打耳号

家兔编号以打耳号为主要方法，通常在断奶前3~5d进行。断奶后准备留作种用的幼兔，在耳朵中间位置打号，同时要注意避开大血管。打号的内容包括个体号、性别、品种、品系、家系以及出生日期等。

（1）钳刺法。用特制的耳号钳在兔耳上打号。将编好的刺号装入耳号钳，将兔固定在保定箱内或另一人配合保定，在耳内侧中部血管少的地方，消毒术部，待酒精挥发后，用耳号钳快而有力地钳刺，然后涂上醋墨。醋墨是用2:8的食用醋和墨汁混合而成。

（2）针刺法。将兔耳垫在硬板上，用蘸水笔蘸上醋墨，直接在耳内侧血管少的地方穿刺，间隔1mm刺一个孔。该方法工作效率低，现在已很少采用。

7. 茸用鹿编号

（1）编号。编号要考虑出生年代、公鹿号、出生先后顺序等内容。按鹿出生的先后顺序依次编号时，编号时应根据鹿群大小，采用百位或千位。公、母鹿编号可用奇偶号数加以分别。按出生年代编号时，为便于区分鹿只年龄，每年都从1号开始编号，在编号之前冠以年代。如2008年出生的第6只仔母鹿，即可编号为086号。按公鹿号编号时，为区别不同公鹿的后代，在编号之前可冠以公鹿号。如082号仔鹿为983号公鹿的后代，则082号仔鹿可标记为983/082。

（2）标记。标记方法有剪耳号、打牌号两种方法，一般鹿场多采用剪耳号法标记鹿只。剪耳号通常在仔鹿出生后2~3d进行，方法是在鹿的左右耳的不同部位用特制的剪耳钳打缺口，每个缺口用相应的数字表示，其所有数字之和即为该鹿的号。鹿的右耳上（内）、下（外）缘每一缺口分别代表1和3，耳尖缺口代表100，耳中间圆孔代表400；左耳上（内）、下（外）缘每一缺口分别代表10与30，耳尖缺口代表200，耳中间圆孔代表800。耳的上下缘最多只能分别打3个缺口，耳尖只能打1个缺口，耳中间只能打1个圆孔。刻口的深度与部位必须适当，如果刻口的位置不当，容易认错鹿号，一般刻口深度以0.5~0.7cm为宜。

打牌号法是用耳标钳将一印有组合数字的一凹与一凸的组件穿戴于仔鹿的耳上。

[**实训要求**] 能够准确识别主要经济动物品种，掌握各项操作技术要点，按程序与操作步骤写出实训报告。

实训二 家兔自然采光兔舍自然采光设计

[**目的与要求**] 了解兔舍自然采光效果在生产上的意义，熟悉并掌握兔自然采光设计的一般方法与技术。设计的兔舍在春分和秋分时舍内要几乎洒满阳光，摆放的兔笼能接受到阳光直射，夏至时，能够有阳光入舍，并做到可调。

[**材料与用具**] 计算器、绘图工具、环境卫生参考书、电脑、三角函数表等。

[**方法与步骤**]

1. 计算获得环境卫生学基本资料

根据地区纬度计算太阳高度角，根据太阳高度角计算高度为 3m 的正常房舍阳光入舍最大跨度与最小跨度。中午太阳高度角：

$$h_o = 90° - (\varphi \pm \delta)。$$

式中：h_o——当地中午的太阳高度角；

φ——当地的地理纬度；

δ——赤纬值（太阳光线垂直照射地点与地球赤道所夹的圆心角，为 23°27′）。

2. 设计兔舍舍内设施与布局

根据教师所给条件和本人设想，设计兔舍宽度及舍内粪尿沟、过道、笼具类型与摆放位置。

3. 通过计算设计采光窗

设计采光前窗密度与上下尺寸、设计天窗位置尺寸布局。生产实践与试验得知，理想的自然采光兔舍，采光系数达到 1:3.3 比较理想。

4. 绘制设计图

绘制的设计图，要能反映兔舍舍内设施与布局、兔舍采光窗户具体位置与尺寸数据，春分、秋分、夏至时光线入舍情况。

[**实训报告**] 填写兔舍自然采光效果表实－1，按照操作程序写出实训报告。

表实－1 兔舍自然采光效果

项目	采光系数	入射角	透光角	光线入舍最大跨度	光线入舍最小跨度
南窗					
天窗					
合计					

注：1. 在冬至时太阳光线照射舍内地面南北距离为光线入舍最大跨度。

2. 在夏至时太阳光线照射兔舍内地面南北距离为光线入舍最小跨度。

实训三 梅花鹿人工授精

[**目的要求**] 了解梅花鹿人工授精的环节与步骤，掌握梅花鹿人工授精各环节的技

术要点。

[材料与用具] 种公鹿、种母鹿、保定器材及药品、电刺激采精器、水浴锅、集精杯、试管、诱导母鹿发情的药品等。

[方法与步骤]

1. 电刺激采精法

（1）原理。采用输出频率 20～50Hz 的电流正弦波，刺激公鹿直肠壶腹部的低级射精中枢，引起射精反射，达到采精目的。特点：安全，成功率高（98%），鹿无痛苦（按摩感觉）。技术参数：输出电压 0～20V；最大输出电流 1A，输出频率 20～50Hz；输出波形为正弦波；电源电压 220V；消耗功率不超过 50W。

（2）采精器使用方法。①接通电源。打开开关，指示灯亮，旋转"输出调节"旋钮，所示读数与电压表读数相符，表示仪器正常（空载时电压表读数为零）；②调节仪器。"输出调节"旋钮调至"0V"位置，在输出插座接上探棒，将探棒插入采精鹿直肠内适当位置，此时仪器即可工作；③调节刺激时间。旋动"输出调节"旋钮到所需位置（由低档开始，逐步升高），每档可随机掌握刺激时间，将旋钮调至"0V"位置，则刺激停止；④反复刺激。在每档刺激间隔一定时间后，再旋动"输出调节"旋钮逐步提高输出电压，反复刺激，直至射精；⑤采精完毕。关上电源，从直肠中取出探棒，并将"输出调节"旋钮调至"0V"位置，拔出电源插头。

（3）采精。①保定采精鹿。目前多应用麻醉保定采精鹿，方法是肌肉注射眠乃宁或鹿眠宝 2ml，经过 5～7min，待鹿倒地后即可采精；②采精操作。剪净鹿尿道口附近的被毛，用生理盐水冲洗包皮内污物并擦干，用创布覆盖鹿躯体；用温肥皂水或 1%～3% 盐水灌肠排除蓄粪，将探棒涂上液体石蜡插入直肠约 15cm；接通电源，打开输出开关，先从 1 挡（3V）开始刺激，刺激 5～6s 间歇 10～30s，连续刺激 6～8 次之后升高到 2 挡（6V）、3 挡（9V）、4 挡（12V）……，刺激间歇方法同前。当鹿在某个挡射精时不再升挡，用集精杯收集精液，直至射精结束。一般情况下鹿在 2～6 挡射精。如果升至 7 挡（14～20V）仍不射精，可休息 4～6min，再从 1 挡重新开始刺激。

2. 假阴道采精法

此法需要有驯化良好的采精公鹿和有一定驯化基础的母鹿作台鹿（或制作假台鹿）。母鹿发情分泌外激素（在假台鹿臀部涂上发情母鹿的尿液），刺激公鹿性欲，在台鹿臀下安装假阴道，诱导公鹿爬跨时进行采精。假阴道由外壳、内胎、集精杯、气卡、胶塞等构成。采精前要保证假阴道内外胎不漏水，内胎无皱褶、无弯曲，松紧适度，再装上集精杯，用 75% 的酒精消毒，酒精挥发后用稀释液冲洗 1～2 次。由注水孔向内胎注入 45～55℃ 水 400～500ml，内胎 1/3～1/2 涂润滑剂。向内胎吹气，调节压力，采精前保持假阴道内温度为 38～40℃。

梅花鹿的射精量：假阴道采精 0.6～1ml；电刺激采精 1～2ml。鹿精液 pH 为 6.6～7.3。

1. 稀释目的

稀释的目的是扩大精液体积、增加配种母鹿数量、提供精子营养、缓冲酸碱度、延长精子存活时间、便于保存、运输和提高种公鹿利用率。依据精子活力和密度确定精液稀释倍数，用电刺激采精法所得鹿精液活力和密度不如假阴道采精法，稀释倍数一般为1~4倍。

2. 稀释液配方

（1）常温输精稀释液配方：①蒸馏水100ml，柠檬酸钠2.98g，卵黄20ml，青、链霉素各10万单位。②12%乳糖80ml，卵黄20ml，青、链霉素各10万单位。

（2）冷冻精稀释液配方：①基础液：乳糖10g，双蒸水80ml，鲜脱脂牛奶20ml，卵黄20ml；稀释液：取基础液45ml，葡萄糖3g，甘油5ml，青、链霉素各5万单位。②基础液：葡萄糖30g，蒸馏水100ml，柠檬酸钠1.4g。稀释液：取基础液75ml，甘油5ml，青、链霉素各10万单位。

3. 精液的稀释方法

根据精子活力、密度和精液量确定稀释倍数和稀释液量。原则是预计解冻后每粒冻精含有效精子数不少于1 500万。稀释时，多采用两次稀释法，即先将与精液等温（20~25℃）不含甘油的第一稀释液沿试管壁缓慢加入精液中，达最终稀释倍数的一半，并缓慢降温（大于60min）至4~5℃，再加入与精液等温的第二稀释液。第二稀释液的加入可采用1次、多次以及缓慢滴入等方法，甘油最终浓度为5%~7%。转动试管，均匀混合。

4. 精液的平衡

是指稀释液中的甘油与精子相互作用，达到保护精子的目的。方法是将稀释好的精液用硫酸纸封好管口，再用棉花包好试管或直接将试管放入装有200ml与精液等温（20~25℃）的水杯中，一并放入5℃的冰箱中缓慢降温平衡3~5h。

1. 颗粒冷冻法

（1）滴冻：将0.4~1.0mm铜网放在5L的广口液氮罐内，铜网距液氮罐口8~10cm，距离液氮面5~7cm，网面中心温度在-120~-80℃。如果没有低温温度计，可根据滴冻时颗粒上是否出现一束上升的白雾来判断温度是否适宜，并调整铜网距液氮面的距离。每毫升精液滴冻10粒为宜，滴冻结束后，盖上容器盖，停留2~3min，然后将已冻精粒投入液氮中。随机抽样检查，解冻后活力0.3以上为合格，装入纱布袋，标记后放入液氮中保存。

（2）解冻：在解冻管内加入2.9%柠檬酸钠溶液0.2ml，在40~43℃温水中加热2~3min，然后放入1粒冻精，轻轻摇晃，使之融化，待融化2/3时取出放在手中，借手温全部融化，取少许放在玻片上镜检。

2. 细管冷冻法

（1）细管印字：细管又称麦管。使用无毒聚乙烯制成，容量有0.25ml和0.5ml两种。在细管上印有代号、品种、编号、生产日期等，放在冰箱内预冷。

（2）分装：用法国凯劳式分装机要在平衡后分装，用日产式分装机要在分装后平衡。

（3）冷冻：将0.4~1.0mm铜网放于5L的广口液氮罐内，铜网距液氮面5~7cm，距液氮罐口7~8cm，网面温度-120℃。将平衡后的精液细管铺在铜网上，盖上容器盖，冷冻8~10min，然后浸入液氮中。抽样检查解冻后精子活力在0.3以上为合格，装入纱布袋，标记后放入液氮中保存。

1. 母鹿发情控制 发情控制是指利用某些激素制剂，人为调控鹿的发情周期，促使母鹿按照人们的要求在一定的时间内发情、排卵及配种。诱导母鹿发情的方法有异性刺激法和激素法两种。激素法通常采用肌肉注射孕马血清促性腺激素（PMSG）800～1 000IU，间隔10～15d，连注2次。此外还有肌肉注射前列腺素（PGF）法，以及孕马血清促性腺激素与前列腺素结合等方法。

2. 母鹿发情鉴定及输精　输精前先用试情公鹿试情，确认母鹿发情后在适当时间进行输精。实践证明，确认母鹿发情后3～4h内输精受胎率可达66.7%，6～7h内输精，受胎率可达75%。由此可见，应在母鹿发情后3～9h内2次输精为宜。

先用保定器保定或用眠乃宁麻醉保定母鹿，再用开腔器撑开阴道，将吸入精液的输精器通过子宫颈口2～3cm。现多采用直径4cm、长约30cm、前端内壁装有光源的聚乙烯管代替开腔器实施输精，效果较好。

［实训要求］　按程序写出鹿人工授精的技术要点及注意事项。

实训四　鹿茸适时合理收取与初加工

［目的与要求］　了解收茸种类，熟悉收茸方法，掌握鹿茸适时合理收取与初步加工技术。

［材料与用具］　茸锯、麻醉箭或长杆式注射器、麻醉药及解救药、5ml注射器及针头、细绳、血盆、鹿茸、毛刷、毛巾、茸架、真空泵等排液设备、煮炸锅、烘干器、风干室等。

［方法与步骤］

1. 确定收茸种类与时间　观察鹿茸生长发育情况，确定收茸种类与时间。确定梅花鹿收茸种类时要参考往年的收茸记录，对于那些羊角茸、爬头茸、三杈阶段掌状顶的怪角茸应该收取二杠茸（梅花鹿在第一分支已经分生，第二分支分生前的鹿茸），3～4岁小鹿以收二杠茸为主，对于在3岁时收取的二杠茸鲜茸重量超过0.5kg以上的鹿，4岁时可根据长势和鹿茸差价适当收取部分三杈茸。成年鹿以收取三杈茸为主。鹿茸长势好，比较肥嫩的应适当延长生长期，对于比较干瘦的鹿茸应适当早收。确定具体的收茸时间，应在收茸前1d下午进行认真观察，确定具体收茸个体，以便第2天早饲前收茸。

2. 收茸操作　在早饲前收茸，按照麻醉保定→确定下锯部位→锯茸→止血→注射解救药（麻醉剂颉颃剂）苏醒→放鹿等操作程序进行。注射麻醉药与解救药要准确估计鹿的体重，按用药说明准确用药。锯茸前要对茸锯进行消毒，以避免细菌感染。锯茸时下锯部位要准，距茸根2cm左右下锯，且注意锯口要平、动作要快而稳，锯茸后马上用止血药进行止血。

3. 鹿茸初加工　刚收取的鹿茸如果具备条件应该及时进行加工。排血茸加工大致工序是：称重、测尺→记台账→排液→鹿茸清理→破伤茸处理→上茸架→第一水煮炸加工（按间歇冷凉前后煮两排）→风干→第2天进行第二水煮炸（煮两排）→去掉茸架→烘烤→风干→第3天或第4天进行第三水煮炸→烘烤→风干→第4天或第5天进行第四水煮炸→烘烤→风干→定期风干煮头。

第一水煮炸时要特别注意避免鹿茸鼓皮现象，一旦出现鼓皮现象要及时停止煮炸，用针头将气放出，涂以蛋清面后再继续煮炸。第一水煮炸时为受热均匀要进行撞水（搅水），为了不影响茸血排出锯口不要入水，但当第二排煮炸快要结束前，为了避免出现生根现象（茸根未煮透发黑），锯口要入水煮炸几次。烘烤鹿茸的温度要在 70 ~ 75℃，过高容易将茸烤裂，过低时如果湿度过高，容易受闷出现暗皮现象。

[实训报告]　　按照操作程序写出实训报告，鹿茸加工内容可参照表实 - 2。

表实 - 2　排血茸加工

加工工序	内容与技术要点
加工前预处理	
第一水煮炸	
第二水煮炸与烘烤	
第三水煮炸与烘烤	
第四水煮炸与烘烤	
顶头整形	
备注	

实训五　狐的人工授精

[目的要求]　　了解狐人工授精意义，熟悉狐人工授精一般操作规程，掌握狐人工授精技术。

[材料与用具]　　采精保定架、集精管、输精针、开腔器、稀释液、显微镜、酒精等消毒药、载玻片、红细胞计数器、发情检测仪、公狐母狐。

[方法与步骤]

1. 仪器设备与稀释液的准备

（1）采精保定架。采精架平台宽 40cm，长 60cm，高 55cm；架内固定板长 30cm，宽 15cm，高 15cm。前端上方固定横板，分为左右两扇，右侧扇固定，左侧扇可张开又合并，中间有一圆孔，直径 8cm，用以卡住狐颈部，这时可进行采精。

（2）集精管的准备。收集狐的精液，采用自己研制的玻璃集精管，长 12cm，直径上端 2cm，下端 0.5cm。采精前对集精管要认真清洗，蒸煮 15 ~ 20min，把消毒好的集精管放在保温杯装有 40℃ 温水里，以便采精时集精管不凉，采下的精子不受冷刺激。

（3）输精器与开腔器。狐用注射式输精器（输精针）长 210mm，直径 2 ~ 3mm。开腔器（阴道扩张器）长 120mm，直径 8mm。

（4）稀释液的配制。

配方一：制作 500ml 稀释液，蒸馏水 344.14ml，三羟甲基氨基甲烷 12.21g，果糖 5g，甘油 30.65g，柠檬酸 7g，卵黄 100g，青霉素 10 万单位。先将前 5 种药剂和蒸馏水配制成 400g，输精前按需要稀释液用量和按比例再加鲜卵黄和青霉素。

配方二：三羟甲基氨基甲烷 18.17g，果糖 2.50g，蒸馏水 430ml，使用前加 14% 卵黄。

配方三：柠檬酸钠（含 1 分子水）11.85g，葡萄糖 4g，蒸馏水 400ml，使用前加 20% 卵黄。

配方四：蒸馏水 100ml，蔗糖 11g，使用前加 16ml 卵黄，青霉素 5 万单位。

2. 采精与精液稀释

（1）保定。保定者先用捕狐钳子将狐脖子套住，再用左手抓住狐尾部将公狐固定于采精架上，呈站立姿势，狐颈部用活页板孔卡住。

（2）采精。待公狐安静后，用 42℃ 0.1% 高锰酸钾水（或 0.1% 新洁尔灭）对阴茎及其周围部位进行消毒。然后，操作人员右手拇指、食指和中指握阴茎体，上下轻轻滑动，待阴茎稍有突起时将阴茎由公狐两后腿间拉向后方，上下按摩数次，20～30s，公狐即可产生射精反应。操作人员左手持集精杯随时准备接取精液。银黑狐和北极狐的采精方法有一定差异，北极狐以刺激阴茎膨大部为主，银黑狐则刺激阴茎膨大部和龟头相结合。该方法采精时，应预先训练 2～3d，使之形成条件反射，操作人员的技术要求熟练，动作要有规律，宜轻勿重，快慢适宜，忌粗暴。此外，公狐对操作手法也有一定的适应性和依赖性。采精频率：1 次/d，连续 2～3 次休息 1～2d。

（3）精液品质检查。狐排精量 0.5～2.5ml，精子数目 3 亿～6 亿，活力大于 0.7。采精后对精液的精子密度、活力和畸形进行检查。若活力低于 0.7，畸形率高于 10%，狐的受胎率明显下降。

（4）精液的稀释及保存。采精前，把精液稀释液移至试管内，置于盛有 35～37℃ 水的广口保温瓶内或水浴锅中预热保存。采精后，将预热的稀释液慢慢加入到精液中，先作 1 倍稀释。在确定原精液的精子密度后，再进一步稀释，使稀释后的精液精子密度在 5 000 万～15 000 万/ml 的范围内。精液稀释后要避免升温、震荡和光线直射，经精子活力检查符合要求后方可输精。

3. 发情鉴定与输精

（1）发情鉴定。阴门的肿胀程度开始消退，而且上部有轻微皱褶，有些母狐还有白色或微黄色黏液及凝乳状的分泌物，这时阴道根部变软，用公狐试情，母狐接近公狐，主动抬尾，接受交配，此时称为输精适宜期。此时成熟的卵细胞逐渐排出，进行显微镜检查时阴道涂片里角质化的无核细胞占优势。如果用发情检测仪进行发情鉴定，没有发情的母狐检测仪的数值在 150 左右，发情以后逐渐升高，最高达 1 900 左右，当数值开始回落到 600 左右（不同狐属有所差异）即可输精。

（2）输精方法。一人保定，一人输精。用捕狐钳子将发情母狐的脖子套住，头朝下提起尾，母狐的阴道向后上方倾斜，与脊柱呈 45°，用 70% 酒精棉球进行外阴部消毒。输精员用稀释液棉球擦拭消毒过的输精器前端和开腔器，将消毒过的扩张器缓慢地插入母狐的阴道，并抵达阴道底部。用左手的拇指、食指和中指 3 个手指隔着腹壁沿着扩张器前端触摸且固定子宫颈。然后用输精器吸取精液，用右手的拇指、食指和中指 3 个手指握住消毒过的输精针，调整输精针的标志对准右手的虎口。左手在固定子宫颈的同时，略向上抬举，保持扩张器前端与子宫颈的吻合，适度调整子宫颈方向，使输精针前端插入子宫颈口内 1～2cm，将精液缓慢注入母狐的子宫，慢慢取出输精针、扩张器。每次输精 0.5～1.5ml，每只母狐每次所输入的精子不应少于 3 000 万个。一个发情期给母狐输精 2～3 次，每天 1 次。

[**实训报告**] 按照操作程序写出实训报告。

实训六 毛皮初加工

[目的要求] 熟悉不同毛皮动物的打皮季节，了解毛皮动物不同的剥皮方法，掌握珍贵毛皮动物圆筒式剥皮的初步加工工序与技术。

[材料与用具] 剥皮刀、刮油刀、剪刀、手术刀柄及刀片 4～6 套，20～50ml 注射器及针头，硬质锯末，楦板、圆木楦各 4～6 个，打皮操作台，风干机，实验动物，毛巾等。

[方法与步骤]

1. 毛皮成熟鉴定 观察毛皮脱换是否完成，水貂针毛是否灵活，蓝狐等长毛型毛皮动物是否毛大绒足，毛被是否有裂纹现象；将毛绒分开，观察皮板是否呈白色或类白色。只有毛皮成熟的动物方能处死。

2. 毛皮动物的处死 分别选用药物处死法、断颈椎法、心脏注空气法等方法进行实施操作。

3. 剥皮 采用圆筒式剥皮，剥水貂皮、狐皮或兔皮进行操作练习。具体操作技术和注意事项参照教材，实验教师补充讲解。

4. 毛皮初步加工 按照刮油→洗皮→上楦→干燥→毛皮整理程序进行。具体操作技术和注意事项参照教材，实验教师补充讲解。

[实训报告] 按照操作程序写出实训报告。

实训七 毛皮质量鉴定

[目的要求] 了解不同毛皮动物的正产季节，熟悉不同毛皮动物毛皮的收购规格，掌握特种毛皮动物毛皮质量鉴定技术。

[材料与用具] 实习用狐皮、貂皮，卷尺，不同色差的样皮，设有固定灯光的实验室等。

[实习组织] 结合打皮季节到相关养殖场进行，或结合教学实习、课堂实习在实验室进行。

[方法与步骤]

①在固定灯光下观察毛皮板质、毛质。

②与样皮比较色差。

③测量毛皮尺码（圆筒式剥皮的皮张测量长度，袜筒式及片状剥皮的皮张测量面积）。

④填写鉴定记录表（以貂皮为例）。

[实训报告] 按操作程序写出毛皮品质鉴定实训报告，将鉴定结果及价格计算结果填入相应表中（表实－3、表实－4）。

表实－3　皮质量鉴定

项目	评价
被毛颜色	
被毛品质	
皮板面积或尺码	
皮板质地	
皮板颜色	
伤残	
备注	

表实－4　毛皮价格计算

标准 项目	实际比差（%）	100%时各项标准	合计
毛色比差			
等级比差			
性别比差			
尺码比差			
基础价格		合计	

实训八　毛皮动物的疫苗接种

[目的要求]　　熟悉不同毛皮动物主要接种的疫苗种类，掌握不同毛皮动物疫苗接种时机、方法。

[材料与用具]　　注射器、针头、酒精棉、75%酒精、止血钳或镊子，实验毛皮动物，疫苗。

[方法与步骤]　　结合相关养殖场疫苗注射生产实际进行，或结合教学实习、课堂实习在实验室进行；实习过程中每3~5人划分成一个实习小组，每组人数不要过多；不同的小组间彼此轮换进行不同动物的免疫接种。如果现场进行，每组要有1名指导教师，在指导教师指导下认真、有效、无误地完成疫苗接种注射。

①选择2.0~5.0ml注射器或连续注射器。

②各组根据接种对象由药品架上各自选择疫苗。

③按适当剂量抽取疫苗。

④选择动物颈部、肩部、臀部或股内侧等适当待注射部位进行消毒。

⑤右手持注射器，针头与动物皮肤呈垂直角度，采用皮下注射方法接种疫苗。

⑥填写疫苗接种记录表（表实－5）。

表实－5　毛皮动物疫苗接种记录

项目 动物	疫苗种类	接种时机 （年龄、季节等）	接种方法	备注
水貂				
北极狐				
貉				
家兔				
其他				

[讨 论]

①不同毛皮动物各自主要接种哪些疫苗？接种的时机如何掌握？

②接种通常采用哪种注射方法？为什么？

③哪些因素对疫苗免疫效果有显著影响？应如何尽量避免？

[实训报告]　按照操作程序、结合讨论内容写出疫苗注射实训报告，并填写毛皮动物疫苗接种记录表。

实训九　鸽的雌雄鉴别

[目的要求]　掌握捉鸽、持鸽及鸽雌雄鉴别的方法。

[材料与用品]　在生产鸽舍内进行，每个学生分别鉴别不同生理阶段鸽子 5 对。

[方法与步骤]

1. 捉鸽　笼内捉鸽时，先把鸽子赶到笼内一角，用拇指搭住鸽背，其他四指握住鸽腹，轻轻将鸽子按住，然后用食指和中指夹住鸽子的双脚，头部向前往外拿。鸽舍群内抓鸽时，先决定抓哪一只，然后把鸽子赶到舍内一角，张开双手，从上往下，将鸽子轻轻压住。注意不要让它扑打翼羽，以防掉羽。

2. 持鸽方法　让鸽子的头对着人胸部，当用右手抓住鸽子后，用左手的食指与中指夹住其双脚，把鸽子腹部放在手掌上，用大拇指与无名指、小指由下向上握住翅膀，用右手托住鸽胸。

3. 鸽的雌雄鉴别

（1）雏鸽的雌雄鉴别方法：4～5 日龄的乳鸽，可观察其肛门的形状：从侧面看，雄鸽肛门下缘短、上缘覆盖着下缘，雌鸽则相反；从后面看肛门，雄鸽的肛门两端稍向上弯，而雌鸽则稍向下弯。此外，还可从外形进行比较：雄鸽体型常稍大、颈短粗、鼻瘤大而扁平、喙长而宽、尾脂腺（鸽尾斗）尖端开叉、出壳 10 日龄左右时，遇有人把手伸到其面前时，常仰头站立、反应灵敏、用嘴啄击、羽毛竖起，能走时爱离巢活动、行动活泼，当亲鸽哺喂时常争先抢喂，而雌鸽则相反。

（2）成年鸽雌雄鉴别方法：雄鸽体型大、活泼、好斗、眼有神，5 月龄左右发情后，常追逐母鸽，昂头挺胸、频繁上下点头，并常发出"咕嘟"的鸣叫声，鸣叫时颈部气囊膨胀、颈和背部羽毛蓬松、尾羽散开似扇形。雄鸽鼻瘤较大（4～5 年以上老龄鸽不能分辨）、头顶圆阔或略方、颈部粗短且硬、喙部厚而较短，耻骨间距短窄、龙骨突出、胸峰较长、脚胫骨粗圆，雌鸽在上述几个方面则相反。此外还可进行翻肛检查：雄鸽肛门闭合时向外突起，张开时呈六角形（山形）；雌鸽肛门闭合时向内凹进，张开时呈星状（花形）。还有一点值得注意的是雄鸽孵蛋时间多在上午 9 时至下午 4 时，雌鸽多在下午 4 时至第 2 天上午 9 时。

[实训要求]　通过捉鸽、持鸽、雌雄鉴别的练习，写出雌雄鉴别要点和体会。

实训十 珍禽的孵化

[**目的要求**] 掌握珍禽种蛋选择、消毒的方法，掌握胚胎生物学检查的一般方法；了解孵化机的构造，掌握机器孵化的主要管理操作技术。

[**材料与用具**] 新鲜种禽蛋，保存 1 个月以上的种禽蛋及各种畸形蛋若干枚；孵化各日龄的胚蛋，胚胎发育图，孵化记录资料，高锰酸钾、福尔马林，照蛋器、干湿温度计、消毒柜、孵化机、出雏机等。

[**方法与步骤**]

1. 种蛋的选择

（1）考察种蛋是否来源于健康、高产、公母比例适当的种禽群。

（2）通过看、摸、听、嗅等感官和照蛋器对种蛋作综合鉴定，判断种蛋是否新鲜；蛋形、蛋重、蛋色是否符合品种特征；蛋壳是否致密、厚薄适度、无破损、无皱纹，表面清洁。剔除过长、过圆、两头尖等畸形蛋和蛋白变稀、气室较大、系带松弛、蛋黄膜破裂、蛋壳有裂纹的种蛋。

2. 种蛋的消毒

（1）熏蒸法。按每立方米空间用甲醛溶液 30ml、高锰酸钾 15g 熏蒸消毒 20～30min。

（2）高锰酸钾溶液浸泡法。将种蛋放入 40℃ 左右的 0.01%～0.05% 高锰酸钾溶液，浸泡 2～3min，取出晾干。

（3）碘溶液浸泡法。将种蛋放入 40℃ 左右的 0.1% 碘溶液内，浸泡 1min 左右，洗去污物，可杀死蛋壳上的杂菌和白痢杆菌。

（4）新洁尔灭溶液浸泡法。将种蛋放入 40℃ 左右的 0.2% 新洁尔灭溶液内，浸泡 1～2min，取出晾干。使用时，应避免肥皂、碘、高锰酸钾、碱等物质渗入，防止药液失效。

3. 孵化前的准备

（1）孵化机的检查：入孵前 1 周对机器各部件进行仔细检查。在孵化器上、中、下蛋盘内放置校正好的标准水银温度计，调节电导温度计到需要的数值，将孵化机连续运转 24h 以上，检查孵化机温度计是否准确，自动控温装置是否正常，警铃和抽风设备是否有效。如有不正常，必须及时、彻底修好。入孵前 1～2d 开机调整机内温度和湿度，使之达到孵化所需的各种条件。

（2）孵化室和孵化器消毒。入孵前对孵化室屋顶、地面及各个角落，孵化器的内外进行彻底的清扫和刷洗，然后用福尔马林熏蒸消毒。按每立方米空间甲醛溶液 30ml、高锰酸钾 15g 计算。消毒条件是温度 25℃，相对湿度 70% 左右，熏蒸时间 60min。最后打开机门，开动风扇，散去福尔马林气味，即可孵化。

（3）种蛋预温。种蛋从贮存室取出立刻孵化，蛋面会出汗而降低孵化率。所以，种蛋入孵前要预温 12～20h，使蛋温逐渐缓慢升至 30℃ 左右，然后再入孵。

（4）种蛋装盘。将经过选择、消毒、预温的种蛋大头向上略微倾斜地装入蛋盘，尽可能将种蛋放在蛋盘中间。往机内装蛋盘时，一定要卡好盘，以防翻蛋时蛋盘自行滑落、脱出。蛋盘放入孵化机内即可开始孵化。

4. 提供舒适的孵化条件

（1）温度。种蛋含脂量相对较高，蛋壳膜、蛋壳、气孔和内外壳膜等结构特殊，孵化初期种蛋受热较慢，而中后期胚胎代谢产生大量热，因此，孵化温度采用前高、中平、后低。孵化各阶段温度要严格控制，绝不能超温。孵化前期超温不利于尿囊合拢；后期超温不利于封门或提早封门。温度高，出雏期提前，雏禽个体小，畸形增多，成活率低；若温度偏低，则出雏期推迟，雏出壳后站立不稳，有的腹部浮肿。

（2）湿度。供湿的原则是两头高中间低。前期湿度高，可使种蛋受热良好、均匀，中期低，有利于胚蛋的新陈代谢，孵化后期和出雏阶段，提高湿度利于散热和便于啄壳出雏。湿度过小，出雏早，雏禽体重轻、绒毛干枯；湿度过大，出雏迟，雏禽与蛋壳粘连，孵出的禽多肚子大。

（3）通风换气。通风换气的原则是前少后多。随着胚龄的增大，逐渐增加换气次数。在不影响孵化温、湿度的情况下，应加大通风换气。在孵化过程中蛋周围空气中的二氧化碳含量不能超过 0.5%。

（4）翻蛋。翻蛋可以促进胚胎活动，防止内容物粘连蛋壳，受热均匀。前期翻蛋最为关键，要求每 $2\sim3h$ 翻蛋 1 次，胚胎转入出雏器后停止翻蛋。

（5）晾蛋。晾蛋可以加强胚胎的气体交换，排除蛋的积热。特别是孵化后期的胚蛋，随着胚龄的增加，蛋温急剧增高，必须向外排出多余的热量，使胚蛋不致超温。

几种特禽蛋的孵化条件见表实 – 6。

5. 孵化期的管理

（1）拟定孵化计划：根据生产情况和销售合同制定孵化计划。计划入孵种蛋数时按入孵蛋孵化率70% ~90% 、公母出雏比例为1：1进行推算。

（2）孵化期的日常管理。实习期间应经常检查孵化机和孵化室的温、湿度情况，观察机器的运转情况，特别是电机和风扇的运转情况。机内水盘每天要加 1 次温水。湿度计的纱布要保持干净，最好出雏 1 次更换 1 次。

（3）照蛋。孵化过程中应随时抽检胚蛋，以掌握胚胎发育情况，并据此控制和调整孵化条件。一般进行 2 次全面照蛋检查。第一次照蛋在起珠时进行，拣出无精蛋和死胚蛋；第二次在胚胎转身——"斜口"后进行，剔除死胚蛋，将发育正常的胚蛋移至出雏盘。

（4）出雏。开始出雏后，每隔 5 ~10h 拣雏 1 次。每次仅拣羽毛已干的幼雏。刚出壳、羽毛潮湿的幼雏应暂留出雏器内，待下次再拣。

（5）熟悉孵化规程与记录表格。仔细阅览孵化操作规程、孵化日程表、工作时间表等，做好孵化记录；掌握安排孵化日程和孵化计划的方法。

（6）孵化效果的分析。根据孵化结果分析孵化过程中存在的问题。

[实训要求]　按程序写出种蛋选择、消毒的步骤；画出 3 个典型时期胚胎发育的特征；根据孵化记录，分析孵化效果。

表实－6　几种特禽蛋的孵化条件

孵化条件		乌鸡	雉鸡	鹌鹑	肉鸽	火鸡	鸵鸟	野鸭	大雁
孵化温度（℃）	前期	37.8~38.0	37.8~38.0	38.0	38.7	37.5~37.8	36.5	38.0~38.5	38.0~38.5
	中期	37.5~37.8	37.5~37.8	37.8	38.3	37.2~37.5	36.0	37.5~37.8	37.0~37.5
	后期	37.3~37.5	37~37.5	37.5	38.0	36.4~37.0	35.5	36.5~37.5	36.0~37.0
孵化湿度（%）	前期	65~70	65~70	65~70	65~70	55~60	22~28	65~70	60~65
	中期	50~55	50~55	55~60	60~65	50~55	18~22	60~65	60~65
	后期	65~70	70~75	65~70	70~80	65~75	22~28	70~75	70~75
照蛋时间（d）	头照	7~8	7~8	5	5	7~8	14	7~8	7~8
	二照	15	14	12~13	10	14	24	18	14
	三照	18	18~19	—	—	24~25	36~38	24~25	26~28
落盘时间（d）		18~20	21	14~15	15~16	25~26	39~40	25~26	28~30
出雏时间（d）		20~21	23~24	16~17	17~18	27~28	40~42	26~28	30~31
孵化期（d）		21	24	17	18	28	42	28	31

实训十一　林蛙油的加工、质量鉴定与真伪鉴别

[目的要求]　掌握林蛙油的加工方法与真伪鉴别技术。

[材料与用具]　烘干箱、手术刀、玻璃容器、林蛙。

[方法与步骤]

将林蛙用60~70℃的水烫死，然后用铁丝或麻绳从上下颌或左右眼睛穿过，将林蛙穿成串，放在通风良好的地方晾晒7~10d即可自然干燥。干制过程中要注意防止受冻或发霉，阴雨天或夜间要收于室内。或用火炕加温干制，室温在20~25℃，4d基本可以干燥，但不可直接放在火炉上烘烤，如若烘烤，必须在空气中干燥1d使体重减轻30%~40%之后，再放在火炉上烘干。目前，最好的干燥方法是机械干燥法，即采用烘干箱进行干燥，温度在50~55℃，约经48h可完全干燥。

1. 鲜剥林蛙油　鲜剥林蛙油，是将活蛙杀死之后，从体内取出输卵管，再经干制而成林蛙油，具体操作方法为：将活蛙装入桶内，用50~60℃热水烫死，在冷水中冷却5~10min后，在蛙体正中线用手术剪刀剪开，再向左右各剪一横口，用小镊子夹住输卵管，先从下边连接子宫的部分切断，剪刀经输卵管背面将系膜剪断，一边剪一边用镊子提起输卵管，一直剪到肺根附近，将输卵管全部剪下来。剪下一根之后，再将另一侧输卵管剪下来，将剪下的输卵管堆成一小堆，放在50~60℃的烘干箱内烘干，经4~6h即可干燥好。

2. 干剥林蛙油　把干制的林蛙放于60~70℃的温水中浸泡10min（注意不要把口腔部浸入水中，且浸泡时间不要过长，否则，水浸入腹腔，油即膨胀且和卵巢粘在一起很难剥离，降低油的质量）。将浸泡好的蛙取出后，装入盆或其他容器里，用湿润的麻袋等物加以覆盖，放在温暖的室内，经6~7h，皮肤和肌肉变软后即可剥油（输卵管）。剥油的方法有：

（1）将颈部向背面折断，去掉脊柱，从背面撕开腹部，即可取出油块。

（2）从腰部向背面折断，去掉肋骨和脊柱，从背面剥开腹部取出油块。

（3）将前肢沿左右方向朝上掰开露出腹部，从腹面剖开腹部，去掉内脏和卵巢取出油块。

剥油时要取净全部油块，不要丢掉细小的油块，特别注意将延伸到肺根附近的小块油取出，并将内脏器官，如肝脏、肾脏、卵粒等从油里挑干净。

刚剥出的林蛙油，水分多，要放在通风干燥处晾 3～5d，待充分干燥后，以油的色泽、块的大小及杂物含量等分级。其等级标准如下：

一等：金黄或黄白色，块大整齐，透明有光泽，干净无皮肌、卵粒等杂物，干而不潮者。

二等：淡黄色，干而纯净，粉籽、皮肌及碎块等杂物不超过 1%，无碎末，干而不潮者。

三等：油色不纯白，不变质，碎块和粉籽、皮肉等杂物少于 5%，无碎末，干而不潮者。

四等（等外）：油呈黑红色，少有皮肉、粉籽及其他杂物，但不超过 10%，干而不潮者。

林蛙油可用木制、玻璃容器盛装，容器内衬油纸或白纸，装入后加盖严封，贮存在干燥的环境中，防止潮湿发霉和生虫。夏季容易受鞘翅目昆虫危害，应设法防除。一般采用白酒喷洒，或将启盖的酒瓶放入装林蛙油的箱中用日光晒也能防潮灭虫。

1. 性状鉴别 干品为不规则弯曲、相互重叠的厚块，略呈卵形，长 1.5～2cm，厚 1.5～3mm。外表乳白（入蛰后生产的）或黄白色（出蛰后生产的），显脂肪样光泽，偶有带灰白色薄膜状的干皮，手摸有滑腻感，遇水可膨胀 10～15 倍。气味特殊、微甘，嚼之黏滑。

而雄性鳕鱼精巢干制品呈片状或条状，重叠集聚在一个系带上。片状断裂物呈小扇形翻卷成扭曲。黄色或土黄，质松、无光泽。断端有白茬，不整齐，有鱼腥气，味咸，稍苦。

中华大蟾蜍的输卵管呈粉条状弯曲盘旋，不堆黏成团，乳白色或黄白色，质坚有弹性，无光泽，断裂后成段，不成块，气稍腥，味甘辛麻舌。

琼脂蛋白胨加工品成团状、块状或弯曲粉条状，边缘有刀切痕，色灰白、稍透明，有光泽，质轻有弹性，不易破碎和断裂，气微味淡。

2. 火试与水试 林蛙油遇火易燃，离火自熄，燃烧时发泡，并有劈啪之响声，无烟，吸焦糊气不刺鼻。遇水膨胀，膨胀时输卵管壁破裂，24h 后呈白色棉絮状，体积可增大 15～20 倍，加热煮沸不溶化，手捏不粘手。脱水干燥后可恢复原样，但失去了光泽。

雄鲜鱼的精巢，遇火易燃，燃烧处融化卷缩，并发出吱吱声，有烟，燃烧后有烤鱼之香气，遇水变为乳白色，稍有膨胀，形态不变，并有碎块脱落，使水呈混浊状，水表面出现油滴漂浮。气极腥，煮沸不溶化，呈凝团状。

中华大蟾蜍的输卵管，遇火易燃，遇水稍膨胀，输卵管管壁不破裂，只见粉条状物加粗，但形态不变。遇水虽变软，但不能将其拉直。断裂处呈狮子头样膨大，但不呈棉絮状。

黑龙江林蛙与中国林蛙相似，油为土黄色或棕黄色，吸水后体积增大约 15 倍。

琼脂蛋白胨加工品，遇火易燃，燃烧时卷缩，并发出吱吱声，有烟，焦烟气刺鼻。遇水膨胀不明显，呈透明胶冻状。有韧性，煮沸后溶化，冷却后凝固。

3. 显微镜检查　林蛙油加碘酒染色后，在显微镜下呈金黄色，腺体细胞肥大，呈长椭圆形，排列整齐，细胞壁明显。靠腺体内腔一端较狭，细胞壁凸起，细胞核椭圆形，位于细胞中间偏向腺体内腔一面，腺体低部较宽，上端极狭，呈圆锥形，腺体开口呈心脏形内凹，腺体内腔较宽，整个腺体布满细小纹理。

黑龙江林蛙输卵管，腺体细胞较短，呈方形，细胞核不太明显。腺体较狭，大约为中国林蛙的 3/4，腺体内腔宽度约为中国林蛙油的 1/2，腺体上纹理少于林蛙油。

雄鳕鱼精巢，遇碘酒后迅速凝固，压片后凝固或呈韧性很强的片状物。没有腺体和腺体细胞。精巢表面细胞为多角形，不明显，清晰可见不规则的细胞碎块和细丝组成的条状物。

中华大蟾蜍的输卵管。腺体宽而呈三角形，腺体内腔较粗，腺体开口凹陷较大。腺体细胞形态不一，排列不齐，细胞较小，大约为林蛙油的 1/4。细胞壁不明显，细胞核近圆形，位于腺体内腔一侧。腺体细小、纹理少，在显微镜下显得光亮而鲜艳。

琼脂蛋白胨加工品，遇碘酒后不易着色，镜检只见大量的糊化固体。

[**实训要求**]　按程序写出实训报告及体会。

实训十二　蛇毒的采收及干毒的制备

[**目的要求**]　掌握蛇毒采收和干燥的基本方法。

[**材料与用具**]　蝮蛇、真空泵、漏斗、试管、取毒器、有色玻璃瓶、钳子、瓷碟、鲜奶（胆汁）、高筒硬胶靴、防护手套、急救药械。

[**方法与步骤**]

将蝮蛇关在竹篓或细孔铁笼内，冲洗干净。取毒时一人从蛇篓内钩起毒蛇，第二人先用钳子夹住蛇头，然后用左手捉住蛇的头颈部，右手捉住蛇体，轻重适宜，使蛇安静不动，第三人左手拿取毒器，伸入蛇口，使毒牙卡在取毒器的小漏斗边缘，双牙外露，呈咬皿状，毒液便从毒牙中滴出，顺漏斗边缘流入取毒器。如不咬皿或不排毒时，可将拇指和食指上下轻压毒蛇头部两侧（相当于颊窝部）毒腺囊，毒液即由毒牙管流出。将取毒器及漏斗固定，一人即可完成上述操作过程。为避免温度影响酶活力而降低蛇毒质量，可将取毒器放在装有冰块的广口保温瓶中，小漏斗通过带孔胶塞将毒液输入取毒器（30～50ml试管）中。

1. 普通真空干燥法

（1）检查真空干燥装置，开动真空泵 3～5min，关闭静止 30min，真空干燥器内仍然保持较低负压，可确认设备良好。

（2）先将蛇毒高速离心 0.5h 左右，除掉杂质，小心迅速接入真空干燥器中，干燥器下层事先放入干燥剂（五氧化二磷，装在较大的培养皿内）。密封后立即开动真空泵，待真空泵转动正常时，再打开活塞，观察抽气是否正常。

（3）在抽气过程中，必须随时观察毒液的蒸发情况，当水分迅速蒸发时，毒液表面很快变成黏稠状。开始有气泡产生时，应注意调节干燥器的排气阀，控制抽气速度，气泡多易使蛇毒外溅，应及时关闭排气阀，停止抽气，待气泡消失后，继续抽气，如此反复直至蛇毒表面发生"龟裂"，即可关严排气阀，在真空状态下再静止 1h，使蛇毒彻底干燥。

（4）逐渐打开干燥器的排气阀，使干燥器内外气压平衡，然后开启，取出蛇毒，置于无菌瓶中避光保存。

2. 冷冻真空干燥法

（1）先将离心后的蛇毒移入玻璃真空装置的真空球内，再把真空球置入装有 −25 ~ −30℃ 酒精溶液的低温浴槽内，迅速旋转真空球，使蛇毒在真空球内冻结成均匀的一层。

（2）迅速安装好玻璃真空装置，将其底端放入浴槽内，开动真空泵。

（3）暴露在空气中的装有蛇毒的真空球的表面开始结霜，一直不间断地真空抽气，直至真空球表面的霜层融化尽，无水滴为止，即干燥完毕。

（4）关闭排气阀，停止抽气，取下真空球，再关闭低温浴槽的开关。

新鲜蛇毒为均匀一致的半透明的黄白色黏稠状液体，干燥后均为疏松的淡黄色粉末，冷冻干燥的呈乳白色粉末，形似奶粉。干毒吸水性较强，放置一定时间变为金黄色结晶体。

［**实训要求**］ 按程序写出实训报告及体会。

实训十三　蝎子的采收与加工

［**目的要求**］ 熟悉蝎子的采收、加工及蝎毒的采取方法，掌握相应操作技能。

［**材料用具**］ 蝎子、桶、盆、簸箕、刷子、筷子、镊子、锅、笊篱、食盐、白酒、生理实验多用仪、小烧杯、手套、长筒靴、布袋、喷雾器、冰箱等。

［**方法与步骤**］

除留作种用以外，其他成蝎、已交配的雄蝎、已产仔蝎 3 ~ 4 次以上的雌蝎以及一些肢残、患病体弱的蝎子均可采收以制成商品蝎。

1. 野生、盆养、缸养和池养蝎采收　蝎子的数量较少，可用竹筷或镊子夹入盆内，数量再多时，用大号、中号毛刷，将蝎子扫入簸箕内，倒入光滑的塑料桶或盆内，遇有垛体时，将瓦片或砖块一一拆掉，一边拆，一边将蝎子夹入或扫入盆内。

2. 房养蝎子　数量较多，室内设置较为复杂，不易一一拆卸。用喷雾器将30°左右的白酒对养殖房喷雾。喷雾前将门窗关好，仅留下墙基脚的两个出气孔不堵塞。喷雾约30min 后，蝎子耐不住酒精的刺激，便会从出气孔向外逃窜。在出气孔处放一较深的塑料盆（桶），蝎子逃出时逐个掉入盆（桶）内。

采收蝎子时要谨慎操作，防止人、蝎受伤。对采收到的蝎子进行分捡，将中小蝎子捡出留作种用，非种用大蝎用于加工。

1. 预处理　将蝎子放入塑料盆、桶内，加入冷水浸泡，冲洗掉蝎子身上的泥土，使其排出体内的粪便，保持蝎体清洁。反复冲洗几次，洗净后捞出。

2. 加工方法

（1）咸全蝎：将洗净的蝎子放入盐水锅内，浸泡0.5~2h。一般500g活蝎，加150g食盐，2.5L水，盐水以没过蝎子为度。经过浸泡，用文火慢慢将盐水烧开，煮20min左右，用手指捏其尾端，如能挺直竖立，背见抽沟、腹瘪，即可捞出，置于通风处阴干（不可晒干）即可。

（2）淡全蝎：将洗净的蝎直接放入不加食盐的沸水中，待重新沸腾后2~3min即可捞出，快速晒干或烘干。

3. 保存　咸全蝎在湿热的夏季会吸水返潮，返卤起盐，但不易遭受虫蛀，不易发霉；淡全蝎不会返卤，形态较为完整，但易受到虫蛀或发霉，干时碰压易碎。

加工好的成品蝎宜放入布袋或塑料袋中置阴凉干燥通风处保存，每千克干品蝎可拌入香油20ml，以防潮湿，放入适量樟脑以防虫蛀。

4. 产品质量要求　优质的全蝎体轻、质脆、气腥、味咸，颜色正，新货有光泽，虫体完整，大小均匀，体内无杂质，无虫蛀，不返卤，不含盐粒和泥沙等其他杂质。

1. 人工采毒　取6龄以上的蝎子，用镊子夹住蝎子的一个触肢，不能夹破。蝎子因自卫便会排毒。先用玻片接取蝎毒，用注射器收集毒液，然后分装于深色安瓿内，抽去空气，密封，放入-10~-5℃低温冰箱中保存。

2. 电刺激取毒　用生理实验多用仪，调频到128Hz，电压6~10V，以1只电极夹住蝎的一个触肢，1个金属镊夹住第二尾节处，用另一电极不断接触镊子，蝎子即可排毒；为防接触不良，可在电极与触肢的接触处滴上生理盐水。毒液先清后浊，排量较大，用小烧杯收集毒液，达一定数量时，用注射器吸取并分装于深色安瓿内，抽去空气，密封，放入-10~-5℃低温冰箱中保存。10d后方可再次取毒。

[**实训要求**]　按程序写出实训报告及体会。

参考文献

[1] 陈思平．高效养鳖短平快．北京：中国致公出版社，1997.

[2] 陈树林．特种动物养殖．北京：中央广播电视大学出版社，2006.

[3] 余四九．特种经济动物养殖学．北京：中国农业出版社，2003.

[4] 马丽娟．经济动物生产学．长春：吉林科学技术出版社，1999.

[5] 杨嘉实．特种经济动物饲料配方．北京：中国农业出版社，1999.

[6] 华树芳．实用养貂技术．北京：金盾出版社，2005.

[7] 陈德牛．蚯蚓养殖技术．北京：金盾出版社，1997.

[8] 高文玉．经济动物学．北京：中国农业科学技术出版社，2008.

[9] 李家瑞．特种经济动物养殖．北京：中国农业出版社，2002.

[10] 潘红平．药用动物养殖．北京：中国农业大学出版社，2001.

[11] 韩俊彦．经济动物养殖．北京：高等教育出版社，1995.

[12] 王林瑶．药用地鳖虫养殖．北京：金盾出版社，2003.

[13] 丹东市农业学校．经济动物饲养．北京：中国农业出版社，1998.

[14] 徐汉涛．种草养兔．北京：中国农业出版社，2002.

[15] 徐立德，蔡流灵．养兔法．北京：中国农业出版社，2002.

[16] 沈钧，夏欣．彩图实用鸟类百料．上海：上海文化出版社，2006.

[17] 李福来，刘斌．养鸟．北京：气象出版社，1993.

[18] 王峰．绿头野鸭、瘤头鸭、大雁饲养技术．北京：中国劳动社会保障出版社，2001.

[19] 陈梦林，韦永梅．竹鼠养殖技术．南宁：广西科学技术出版社，1998.

[20] 佟煜人等．中国毛皮动物饲养技术大全．北京：中国农业科学技术出版社，1990.

[21] 魏艳等．养兔学．北京：中国农业出版社，1985.

[22] 崔保维．鸵鸟养殖技术．北京：中国农业出版社，1999.

[23] 黄炎坤．新编特种经济禽类生产手册．郑州：中原农民出版社，2004.

[24] 李生．珍禽高效养殖技术．北京：化学工业出版社，2008.

[25] 张宏福，张子仪．动物营养参数与饲养标准．北京：中国农业出版社，1998.

[26] 白秀娟．养狐手册．北京：中国农业大学出版社，2007.

[27] 朴厚坤，张南奎．毛皮动物饲养学．长春：毛皮动物饲养编辑委员会，1981.

［28］白庆余．药用动物养殖学．北京：中国林业出版社，1988．

［29］崔松元．特种药用动物养殖学．北京：北京农业大学出版社，1991．

［30］赵万里．特种经济禽类生产．北京：中国农业出版社，1993．

［31］高玉鹏，任战军．毛皮与药用动物养殖大全．北京：中国农业出版社，2006．

［32］丁伯良．特种禽类养殖技术手术．北京：中国农业出版社，2000．

［33］程德君．珍禽养殖与疾病防治．北京：中国农业大学出版社，2004．